高等学校公共基础课系列教材

高等数学

（上册）

主　编　杨有龙
副主编　张　丽
参　编　（排名不分先后）
陈慧婵　吴　艳　李菊娥
柴华岳　田　阒

西安电子科技大学出版社

内 容 简 介

本书是西安电子科技大学高等数学教学团队核心成员进行线上线下混合式教学改革的成果，分上、下两册出版. 上册内容包括：函数、极限与连续，导数与微分，微分中值定理及导数的应用，不定积分，定积分，定积分的应用以及微分方程.

本书在保持高等数学内容系统性和完整性的基础上，突出问题驱动，通过一些带有实际背景的典型例子或问题引出高等数学的基本概念，并用直观的语言解释数学符号，在提高学生学习兴趣的同时，培养学生运用高等数学知识解决实际问题的能力. 在习题的选配上，每节分为基础题、提高题两类，每章末都编排了总习题. 同时本书还配置了有效的数字化资源，包括知识图谱、教学目标、思考题、相关定理证明、习题参考答案等，读者可通过扫描二维码的方式获取相应的资源.

本书可作为高等院校理工科各专业高等数学课程的教材，也可作为相关专业学生考研的参考资料，还可供相关工程技术人员和广大教师参考.

图书在版编目(CIP)数据

高等数学. 上册 / 杨有龙主编. —西安：西安电子科技大学出版社，2022.6
ISBN 978 - 7 - 5606 - 6278 - 7

Ⅰ. ① 高…　Ⅱ. ① 杨…　Ⅲ. ① 高等数学—高等学校—教材　Ⅳ. ① O13

中国版本图书馆 CIP 数据核字(2022)第 042667 号

策　　划　刘小莉
责任编辑　赵远璐　刘小莉
出版发行　西安电子科技大学出版社(西安市太白南路 2 号)
电　　话　(029)88202421　88201467　　　邮　　编　710071
网　　址　www.xduph.com　　　电子邮箱　xdupfxb001@163.com
经　　销　新华书店
印刷单位　咸阳华盛印务有限责任公司
版　　次　2022 年 6 月第 1 版　2022 年 6 月第 1 次印刷
开　　本　787 毫米×1092 毫米　1/16　印张　25.5
字　　数　605千字
印　　数　1～2000 册
定　　价　63.00 元
ISBN 978 - 7 - 5606 - 6278 - 7 / O
XDUP 6580001 - 1

本书编委会名单

（西安电子科技大学高等数学教学团队）

前　言

高等数学不仅是学习其他自然科学和工程技术的重要基础和工具，而且是培养和训练学生逻辑推理和理性思维的重要载体. 高等数学的教学对大学生全面素质的提高、分析能力的加强和创新意识的启迪都至关重要.

本书既可作为理工科各专业学生学习高等数学的教材，又可作为他们参加数学竞赛和备考研究生的复习资料. 每章均包括知识图谱、教学目标、基本内容、典型例题以及知识延展五部分内容. 本书在经典的微积分内容中加入问题驱动，力求在释疑解惑中渗透现代数学的思想与方法. 全书纸质内容与数字化资源一体化设计，紧密配合，使学生能够更加深入、细致地理解高等数学的基本概念、基本理论和基本方法. 同时知识延展部分为学有余力的学生提供了深入探讨微积分进阶内容的平台. 本书旨在为线上线下混合式教学提供有效的教学资源与参考，为理工科大学生的高等数学自主学习提供同步辅导.

本书共十二章，分上、下两册出版，上册内容包括函数、极限与连续，导数与微分，微分中值定理及导数的应用，不定积分，定积分，定积分的应用与微分方程，共七章. 本书由杨有龙教授主持立项、整体把控，张丽副教授具体协调，参与撰写本书的核心成员均是教学一线经验丰富的高等数学教师. 第一章由杨有龙、田阗负责，前期参与的还有李宏；第二章由陈慧婵负责，前期参与的还有武燕；第三章由张丽负责，前期参与的还有吴婷；第四章由吴艳负责，前期参与的还有冯晓慧；第五章由柴华岳负责，前期参与的还有郭晓峰、宋宜美；第六章由李菊娥负责，前期参与的还有董小娟；第七章由杨有龙负责，前期参与的还有张丽、田阗、柴华岳、陈慧婵、李菊娥、吴艳.

本书在编写过程中得到了西安电子科技大学数学与统计学院领导和广大高等数学教师的热情支持，他们对本书的编写提出了许多宝贵的建议和修改意见，长期致力于高等数学教学和研究的老教师们给予了鼓励和支持，编者在此致以深深的谢意.

本书获西安电子科技大学本科教材立项资助，并得到西安电子科技大学出版社领导及编辑的大力支持，编者在此一并表示感谢.

由于编者水平有限，书中难免存在不妥之处，恳请读者批评指正，以便再版时及时更正.

编　者

2021 年 9 月

目　录

第一章　函数、极限与连续

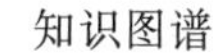

知识图谱

初等数学研究的是不变的量(常量)和规则的图形，而高等数学研究客观世界中大量存在着的变量和不规则图形. 函数是变量之间依赖关系的数学表达，它是高等数学的基本概念，也是高等数学的研究对象. 极限研究变量在不同条件下的变化趋势，高等数学中的许多基本概念，像导数、定积分等本身就是某种特殊形式的极限. 连续是函数的一个重要局部性态，它描述了函数在一点周围变化的不间断性. 本章将介绍函数、极限和函数的连续性等基本概念以及它们的一些性质.

本章教学目标

第一节　函　　数

教学目标

一、函数的概念

一个自然现象或技术过程，往往涉及多个变量. 为了探索并掌握它们的变化规律，必须深入研究变量的变化状态和变量之间的依赖关系. 这里考虑两个变量的简单情形.

集合与区间

定义 1.1.1　设 x 和 y 是两个变量，D 是一个给定的非空数集，如果对于每一个 $x\in D$，变量 y 按照一定的法则(或关系)总有唯一确定的数值与它对应，则称 y 是 x 的函数，记作

$$y=f(x),\quad x\in D,$$

其中 x 称为自变量，y 称为因变量(或函数)，数集 D 称为这个函数的定义域，也可记作 D_f，而因变量 y 的变化范围称为函数 $f(x)$ 的值域，记作 R 或 R_f.

高等数学研究的基本对象是定义在实数集上的函数，通常情况下，函数的定义域和值域为实数集 **R** 或它的子集.

在具体问题中，常根据问题的实际意义确定函数的定义域. 如果不考虑函数的实际意义，而抽象地研究用算式表达的函数，在没有特别指明时，通常约定使得算式有意义的一切实数组成函数的定义域，这种定义域称为函数的**自然定义域**. 在这种约定下，一般的用算式表达的函数可用 $y=f(x)$ 表达，而不必再表出 D_f. 例如，函数 $y=\dfrac{1}{x}-\sqrt{x^2-4}$ 的定义域为 $D=\{x \mid |x|\geqslant 2\}$.

函数的概念和表示方法

在自变量的不同变化范围内，对应法则用不同式子来表示的函数称为**分段函数**. 在自然科学和工程技术中，经常会遇到分段函数，下面介绍几个常

用的分段函数.

例 1.1.1　绝对值函数 $y=|x|=\begin{cases}x, & x\geqslant 0\\ -x, & x<0\end{cases}$，其定义域 $D=(-\infty, +\infty)$，值域 $R=[0, +\infty)$. 它的图形如图 1.1.1 所示.

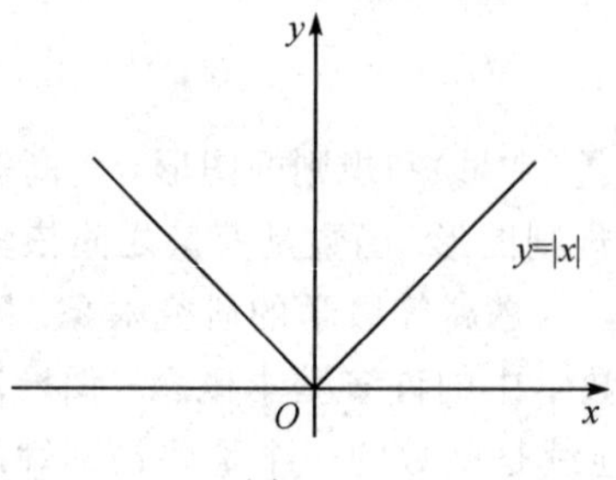

图 1.1.1

例 1.1.2　符号函数 $y=\operatorname{sgn}x=\begin{cases}1, & x>0\\ 0, & x=0\\ -1, & x<0\end{cases}$，其定义域 $D=(-\infty, +\infty)$，值域 $R=\{-1, 0, 1\}$. 它的图形如图 1.1.2 所示. 对于任何实数 x，$x=\operatorname{sgn}x\cdot|x|$.

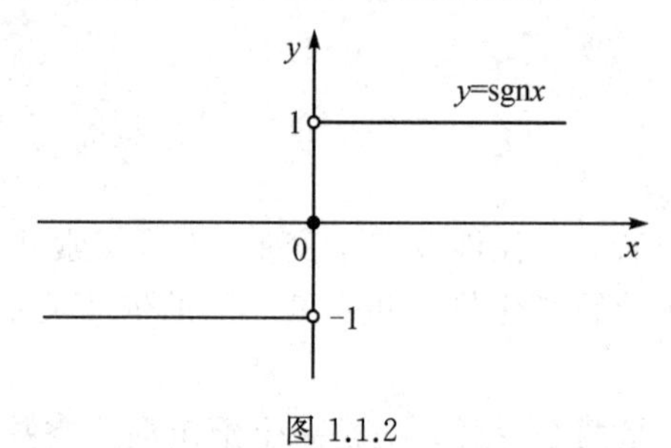

图 1.1.2

例 1.1.3　取整函数 $y=[x]$，其定义域 $D=(-\infty, +\infty)$，值域 $R=\mathbf{Z}$. 这里的符号 $[x]$ 表示不超过 x 的最大整数，例如 $[\sqrt{2}]=1$，$[\pi]=3$，$[-1]=-1$，$[-3.5]=-4$. $y=[x]$ 的图形如图 1.1.3 所示.

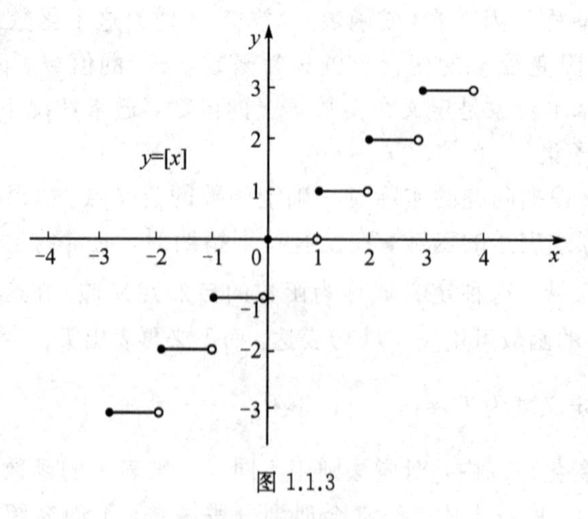

图 1.1.3

二、函数的几种特性

1. 有界性

设函数 $f(x)$ 的定义域为 D，数集 $X \subset D$. 如果存在数 K_1，对任一 $x \in X$，有 $f(x) \leqslant K_1$，则称函数 $f(x)$ 在 X 上有上界，而称 K_1 为函数 $f(x)$ 在 X 上的一个上界. 如果存在数 K_2，对任一 $x \in X$，有 $f(x) \geqslant K_2$，则称函数 $f(x)$ 在 X 上有下界，而称 K_2 为函数 $f(x)$ 在 X 上的一个下界.

如果存在正数 M，对任一 $x \in X$，有 $|f(x)| \leqslant M$，则称函数 $f(x)$ 在 X 上有界；如果这样的 M 不存在，则称函数 $f(x)$ 在 X 上无界. 容易证明，函数 $f(x)$ 在 X 上有界的充分必要条件是它在 X 上既有上界又有下界.

一个函数，如果在其整个定义域内有界，则称其为**有界函数**. 有界函数的图形特点是 $y=f(x)$ 的图形位于两条直线 $y=-M$ 和 $y=M$ 之间(见图 1.1.4).

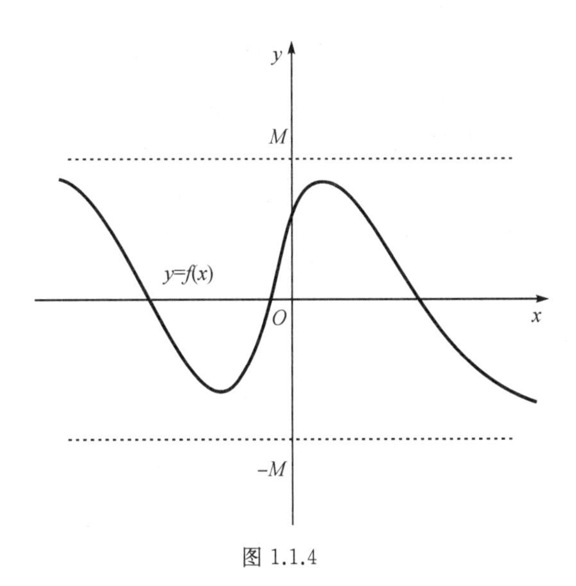

图 1.1.4

例如，$f(x)=\sin x$，$f(x)=\cos x$ 都是实数域 $\mathbf{R}$ 上的有界函数；$f(x)=x^2$ 在实数域 $\mathbf{R}$ 上无界，而在区间 $(0, 1)$ 内有界；$f(x)=\dfrac{1}{x}$ 在区间 $(0, 1)$ 内无界，在区间 $[1, +\infty)$ 内有界.

2. 单调性

设函数 $y=f(x)$ 的定义域为 D，区间 $I \subset D$. 如果对于区间 I 上任意两点 x_1 及 x_2，当 $x_1 < x_2$ 时，恒有 $f(x_1) < f(x_2)$，则称函数 $f(x)$ 在区间 I 上单调增加(见图 1.1.5)；如果对于区间 I 上任意两点 x_1 及 x_2，当 $x_1 < x_2$ 时，恒有 $f(x_1) > f(x_2)$，则称函数 $f(x)$ 在区间 I 上单调减少(见图 1.1.6). 单调增加和单调减少的函数统称为**单调函数**.

例如，$f(x)=x^2$ 在区间 $(-\infty, 0]$ 上单调减少，在区间 $[0, +\infty)$ 上单调增加，在区间 $(-\infty, +\infty)$ 内不是单调的；$f(x)=\mathrm{e}^x$ 是单调增加函数.

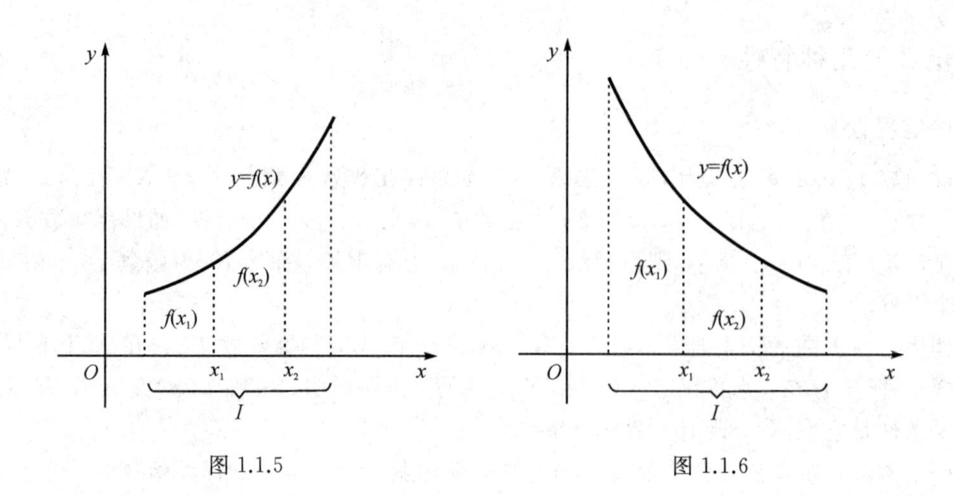

图 1.1.5　　图 1.1.6

3. 奇偶性

设函数 $f(x)$的定义域 D 关于原点对称(即若 $x\in D$，则 $-x\in D$)，如果对于任一 $x\in D$，有 $f(-x)=f(x)$，则称 $f(x)$为**偶函数**；如果对于任一 $x\in D$，有 $f(-x)=-f(x)$，则称 $f(x)$为**奇函数**.

偶函数的图形关于 y 轴对称(见图 1.1.7)，奇函数的图形关于原点对称(见图 1.1.8).

例如，函数 $y=x^2$，$y=\cos x$ 都是偶函数；函数 $y=x^3$，$y=\sin x$ 都是奇函数；函数 $y=\sin x+\cos x$是非奇非偶函数.

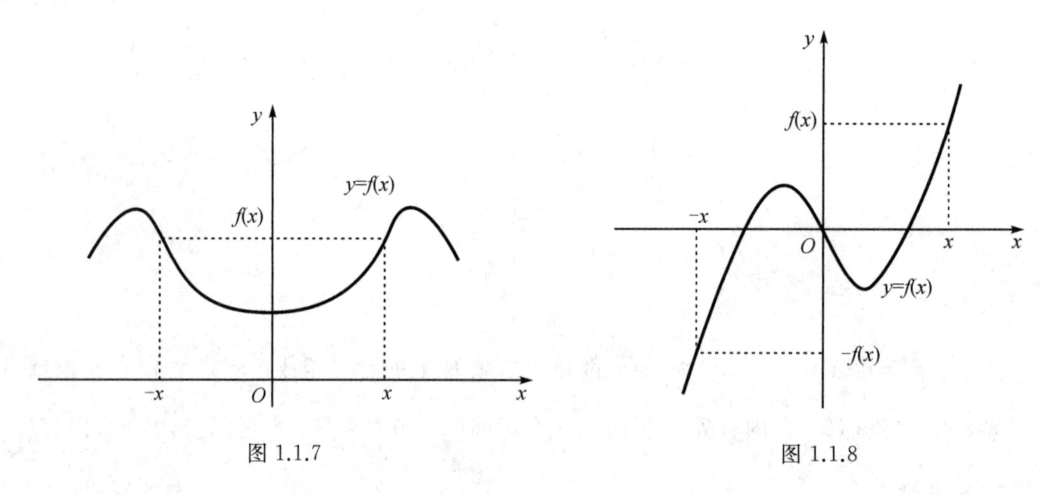

图 1.1.7　　图 1.1.8

4. 周期性

设函数 $f(x)$的定义域为 D，如果存在一个正数 l，使得对于任一 $x\in D$，有$(x\pm l)\in D$，且 $f(x+l)=f(x)$，则称 $f(x)$为**周期函数**，正数 l 称为 $f(x)$的周期. 在函数的定义域内，周期函数在每个长度为一个周期的区间上都有相同的形状.

如果正数 T 是周期函数的周期，那么 T 的正整数倍也是这个函数的周期(见图 1.1.9)，即周期函数的周期不唯一. 通常我们所说的周期 T 是指函数的最小正周期.

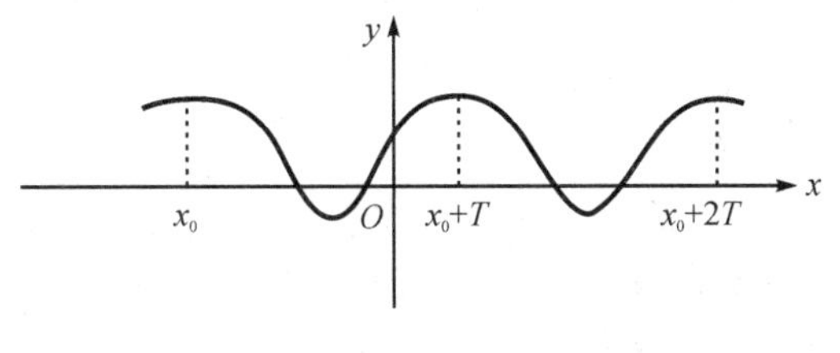

图 1.1.9

思考题

例如，函数 $y=\sin x$，$y=\cos x$ 都是以 2π 为周期的周期函数；$y=\tan x$ 是以 π 为周期的周期函数；$y=x-[x]$是以 1 为周期的周期函数(见图 1.1.10).

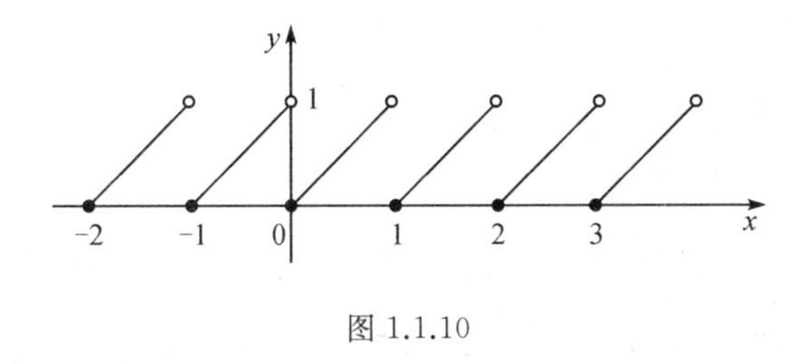

图 1.1.10

三、反函数与复合函数

1. 反函数

在自由落体运动过程中，物体下落的距离 h 可表示为时间 t 的函数：$h=\dfrac{1}{2}gt^2$(g 为重力加速度)，在其定义域内任意确定一个时刻 t，即可由该函数得到下落的距离 h. 如果考虑此问题的逆问题，即已知下落距离 h，求时间 t，则有 $t=\sqrt{\dfrac{2h}{g}}$. 在这里，原来的因变量和自变量进行了交换，这样将自变量和因变量交换所得到的新函数即原来函数的反函数.

定义 1.1.2　设函数 $y=f(x)$，$x\in D$，若对函数值域 R 内的任一值 y，在函数的定义域内都有唯一满足 $y=f(x)$的值 x 与之对应，则变量 x 是变量 y 的函数，把这个函数用 $x=f^{-1}(y)$表示，称为函数 $y=f(x)$的反函数.

相对于反函数 $x=f^{-1}(y)$来说，原来的函数 $y=f(x)$称为**直接函数**. 显然，如果 $x=f^{-1}(y)$是 $y=f(x)$的反函数，那么 $y=f(x)$也是 $x=f^{-1}(y)$的反函数. 习惯上，我们把自变量用 x 表示，因变量用 y 表示，可将 $x=f^{-1}(y)$写成 $y=f^{-1}(x)$. 函数的实质是自变量和因变量的对应关系，x 和 y 仅仅是记号而已，$x=f^{-1}(y)$和 $y=f^{-1}(x)$中表示对应关系的符号 f^{-1}并没有改变，它们实质上是同一个函数.

若函数 $y=f(x)$的反函数为 $y=f^{-1}(x)$，则对函数 $y=f(x)$图形上的任一点 $P(a,b)$，有 $b=f(a)$，因而 $a=f^{-1}(b)$，即反函数 $y=f^{-1}(x)$的图形上必有一点 $Q(b,a)$与 $P(a,b)$对应. 而 P、Q 两点是关于直线 $y=x$ 对称的(即直线 $y=x$ 垂直平分线段 PQ). 同样可以说，对反函数 $y=f^{-1}(x)$图形上的任意一点，也必有函数 $y=f(x)$图形上的一点与之对应，并且这两点同样是关于直线 $y=x$ 对称的. 因此，我们可以得到关于反函数图形的一个性质：在同一个坐标平面内，函数 $y=f(x)$ 的图形与其反函数 $y=f^{-1}(x)$ 的图形是关于直线 $y=x$ 对称的(见图 1.1.11).

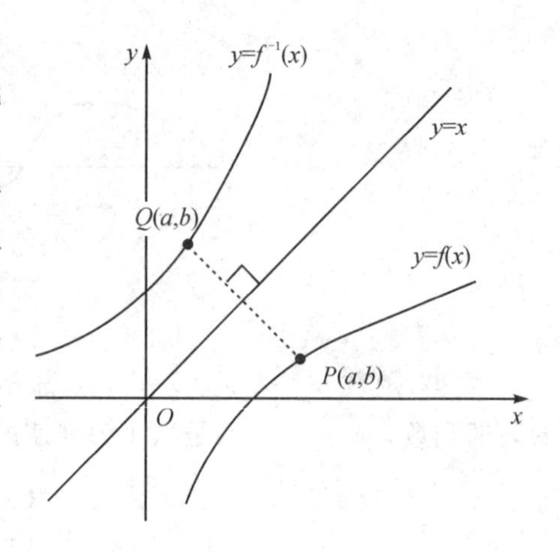

图 1.1.11

如果 $y=f(x)$ 在区间 I 上单调，则其对应法则 f 是一一对应的，并且存在反函数，反函数的单调性与直接函数的单调性一致. 例如，指数函数 $y=e^x$ 在 $(-\infty, +\infty)$ 内是单调增加的，其值域为 $(0, +\infty)$；而它的反函数是对数函数 $y=\ln x$，这个函数在其定义域 $(0, +\infty)$ 内也是单调增加的.

2. 复合函数

在实际问题中，经常会遇到一个函数和另一个函数发生联系. 例如，球的体积 V 是其半径 r 的函数：$V=\frac{4}{3}\pi r^3$，由于热胀冷缩，随着温度的改变，球的半径也会发生变化. 根据物理学知识，半径 r 随温度 T 变化的规律是 $r=r_0(1+\alpha T)$，其中 r_0 和 α 为常数，将这个关系式代入球的体积公式，即得到体积 V 与温度 T 的函数关系：$V=\frac{4}{3}\pi[r_0(1+\alpha T)]^3$. 这种将一个函数代入另一个函数而得到的函数称为上述两个函数的复合函数.

定义 1.1.3 若函数 $y=f(u)$ 的定义域为 D_f，函数 $u=g(x)$ 的定义域为 D_g，且函数 $u=g(x)$ 的值域 $R_g\subset D_f$，则由 $y=f[g(x)]$，$x\in D_g$ 确定的函数称为由函数 $u=g(x)$ 和函数 $y=f(u)$ 构成的复合函数，其中 u 称为中间变量. 函数 $u=g(x)$ 与函数 $y=f(u)$ 构成的复合函数通常记为 $f\circ g$，即 $(f\circ g)(x)=f[g(x)]$.

例如，设 $y=\cos u$，$u=x^2$，则由这两个函数复合而成的函数为 $y=\cos x^2$，它的定义域为 $(-\infty, +\infty)$. 复合函数也可由两个以上函数构成. 例如，设 $y=\sqrt{u}$，$u=\cot v$，$v=\frac{x}{2}$，则由这三个函数构成的复合函数为 $y=\sqrt{\cot\frac{x}{2}}$，这里 u 和 v 都是中间变量.

思考题

四、函数的运算

设函数 $f(x)$，$g(x)$ 的定义域依次为 D_1，D_2，$D=D_1\cap D_2\neq\varnothing$，则我们可以定义这两个函数的下列运算：

和(差) $f\pm g$： $(f\pm g)(x)=f(x)\pm g(x)$，$x\in D$；

积 $f\cdot g$： $(f\cdot g)(x)=f(x)\cdot g(x)$，$x\in D$；

商 $\frac{f}{g}$： $\left(\frac{f}{g}\right)(x)=\frac{f(x)}{g(x)}$，$x\in D\backslash\{x\mid g(x)=0, x\in D\}$.

例 1.1.4 设函数 $f(x)$ 的定义域为 $(-l, l)$，证明必存在 $(-l, l)$ 上的偶函数 $g(x)$ 及奇函数 $h(x)$，使得 $f(x)=g(x)+h(x)$.

分析　如果 $f(x)=g(x)+h(x)$，则 $f(-x)=g(x)-h(x)$，于是

$$g(x)=\frac{1}{2}[f(x)+f(-x)],\quad h(x)=\frac{1}{2}[f(x)-f(-x)].$$

证明　作

$$g(x)=\frac{1}{2}[f(x)+f(-x)],\quad h(x)=\frac{1}{2}[f(x)-f(-x)],$$

则

$$f(x)=g(x)+h(x),$$

而且

$$g(-x)=\frac{1}{2}[f(-x)+f(x)]=g(x),$$

$$h(-x)=\frac{1}{2}[f(-x)-f(x)]=-\frac{1}{2}[f(x)-f(-x)]=-h(x).$$

五、初等函数

基本初等函数的性质

幂函数、指数函数、对数函数、三角函数和反三角函数称为**基本初等函数**. 由上述五类函数和常数经过有限次的四则运算和函数复合步骤构成的函数称为**初等函数**. 初等函数必定是能用一个式子表示的函数. 例如函数 $y=\ln\arctan\sqrt{1+x^2}$，$y=\sin^2 x$，$y=\frac{1}{2}\ln\frac{1+x}{1-x}$ 等都是初等函数.

不是初等函数的函数称为非初等函数，例如分段函数、用表格表示的函数等. 但 $y=|x|$ 是初等函数，因为它可表示为 $y=\sqrt{x^2}$.

习　题　1－1

基　础　题

1. 求下列函数值或表达式：

(1) $f(x)=\frac{|x-2|}{x-1}$，求 $f(2)$，$f(-2)$，$f(0)$；

(2) $f(x)=\begin{cases}1+x^2, & -\infty<x\leqslant 0\\ 2^x, & 0<x<+\infty\end{cases}$，求 $f(-2)$，$f(0)$，$f(2)$；

(3) $f(x)=\frac{1-x}{1+x}$，求 $f(-x)$，$f(x+1)$，$f\left(\frac{1}{x}\right)$.

2. 求下列函数的自然定义域：

(1) $y=\frac{1}{\sqrt{1-x^2}}$；　　(2) $y=\ln(21-7x)$；

(3) $y=\frac{1}{\sin\pi x}$；　　(4) $y=\arccos\frac{2x}{1+x}$；

(5) $y=\sqrt{2+x-x^2}$；　　(6) $f(x)=\begin{cases} x^2-1, & x<0 \\ \dfrac{1}{x}, & 0\leqslant x<1. \\ \mathrm{e}^x, & 1\leqslant x\leqslant 2 \end{cases}$

3. 证明函数 $f(x)=\ln(x+\sqrt{1+x^2})$为奇函数.

4. 证明函数 $y=x-[x]$为周期函数，并求其最小正周期.

5. 写出由下列函数组构成的复合函数，并求其定义域：

(1) $y=\arcsin v$，$v=(1-x)^2$；　　(2) $y=\ln u$，$u=1-x^2$；

(3) $y=\dfrac{1}{2}\sqrt{u^2}$，$u=\log_a v$，$v=\sqrt{x^2+2x}$；　　(4) $y=\sqrt{1+u^2}$，$u=\log_a v$，$v=\tan x$.

6. 求下列复合函数：

(1)设 $f(x)=x^2$，$\varphi(x)=2^x$，求 $f[\varphi(x)]$和 $\varphi[f(x)]$；

(2)设 $f(x)=\dfrac{1}{1-x}$，求 $f[f(x)]$；

(3)设 $f(x+1)=x^2-3x+2$，求 $f(x)$.

7. 求下列函数的反函数及反函数的定义域：

(1) $y=x^2(0\leqslant x<+\infty)$；　　(2) $y=\sqrt{1-x^2}(-1\leqslant x\leqslant 0)$；

(3) $y=\dfrac{1}{x-1}$；　　(4) $y=10^{x+1}$；

(5) $y=\dfrac{1-x}{1+x}$；　　(6) $y=\begin{cases} x, & -\infty<x<1 \\ x^2, & 1\leqslant x\leqslant 4 \\ 2^x, & 4<x<+\infty \end{cases}$.

提　高　题

1. 求下列函数的定义域和值域：

(1) $y=\sqrt{\sin x}$；　　(2) $y=(-1)^x$；

(3) $y=\lg(1-2\cos x)$.

2. 求下列周期函数的最小正周期：

(1) $y=\sin\dfrac{x}{2}$；　　(2) $y=\cos 2x$；

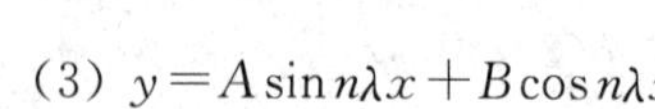

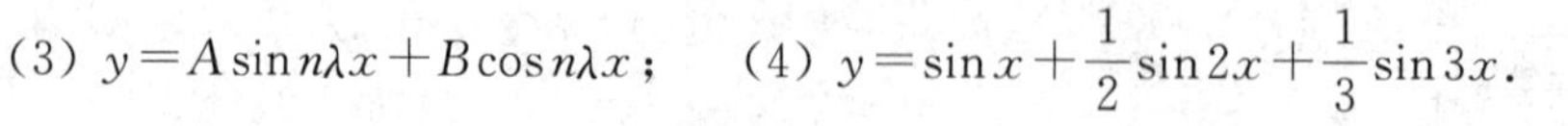

(3) $y=A\sin n\lambda x+B\cos n\lambda x$；　　(4) $y=\sin x+\dfrac{1}{2}\sin 2x+\dfrac{1}{3}\sin 3x$.

习题 1－1
参考答案

第二节　数列的极限

如果说有一种平面图形，它的面积是有限的，而周长却是无限的，你相信吗？“雪花曲线”就是这样的平面图形. 那么，什么是“雪花曲线”呢？

如图 1-2-1 所示，从一个等边三角形开始，把它的各边分成相等的三段，再在各边中间一段上向外画出一个小等边三角形，形成六角星图形；然后在六角星的各边上，用同样的方法向外画出更小的等边三角形，形成一个有 18 个尖角的图形. 如果在其各边上，再用同样的方法向外画出更小的等边三角形，继续下去，图形的轮廓就能形成分支越来越多的曲线，反复进行这一过程，会得到一个“雪花”样子的曲线，这就是瑞典数学家科赫于 1904 年提出的著名的“雪花曲线”，也叫科赫雪花曲线.

教学目标

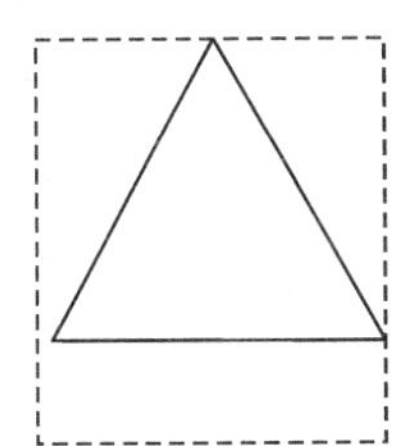
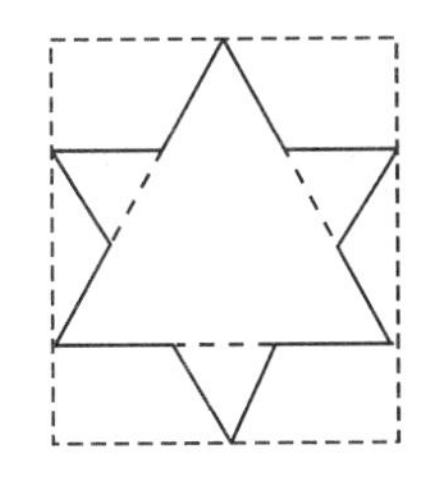
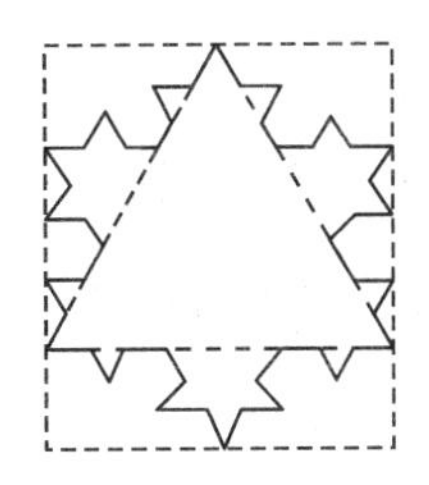

图 1.2.1

现在来计算“雪花曲线”(所围成的图形)的面积和周长. 从以上过程可以看出，“雪花曲线”是一个边长、边数不断变化，同一图形边长相等的对称图形. 通过研究图形的边长、边数和面积的变化规律，可以得到：如果初始三角形的面积为 S，周长为 C，那么经过 n 次变化所得到的图形面积为 $\frac{8}{5}S-\frac{3}{5}\cdot\left(\frac{4}{9}\right)^{n}S$，而曲线周长为 $\left(\frac{4}{3}\right)^{n}C$.

“雪花曲线”的面积和周长

我们用两个数列分别给出了“雪花曲线”的面积和周长，它们究竟等于多少，就需要研究当项数 n 无限增大时，数列的项的变化趋势. 这就是这一节要讨论的数列极限问题.

一、数列极限的定义

如果按照一定的法则，有第一个数 x_1，第二个数 x_2……依次排列下去，使得任何一个正整数 n 对应着一个确定的数 x_n，那么，我们称这列有次序的数 x_1，x_2，…，x_n，…为**数列**，简记为数列$\{x_n\}$. 数列中的每个数叫作数列的项，第 n 项 x_n 叫作数列的一般项或通项.

从函数的观点看，一个数列的通项 x_n 可以看作某个函数当自变量取正整数 n 时的函数值，即 $x_n=f(n)(n=1, 2, \cdots)$，这个函数称为整标函数. 例如，由 $x_n=f(n)=\frac{1}{n}(n=1, 2, 3, \cdots)$，可得数列$\left\{\frac{1}{n}\right\}$. 故数列可看作是函数的一种特殊情形.

在几何上，数列$\{x_n\}$可以看作数轴上的一个动点，它依次取数轴上的点 x_1，x_2，…，x_n，…(见图 1.2.2).

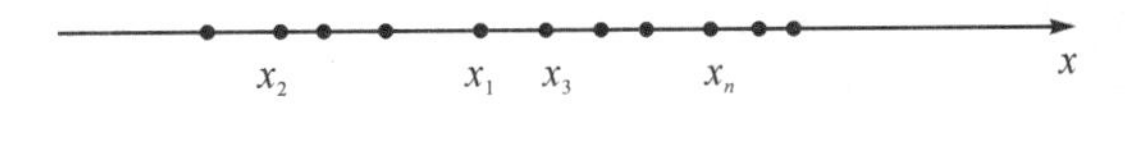

图 1.2.2

考虑如下几个数列：

$$1,\ \frac{1}{2},\ \frac{1}{3},\ \cdots,\ \frac{1}{n},\ \cdots;$$

$$2,\ 4,\ 8,\ \cdots,\ 2^n,\ \cdots;$$

$$\frac{1}{2},\ \frac{1}{4},\ \frac{1}{8},\ \cdots,\ \frac{1}{2^n},\ \cdots;$$

$$1,\ -1,\ 1,\ \cdots,\ (-1)^{n+1},\ \cdots;$$

$$2,\ \frac{1}{2},\ \frac{4}{3},\ \cdots,\ \frac{n+(-1)^{n-1}}{n},\ \cdots.$$

可以看到，当 n 无限变大时，对于有些数列，x_n 可以与某常数 a 无限接近，有些数列则不能. 例如，当 n 无限变大时，$\frac{1}{n}$，$\frac{1}{2^n}$与常数 $a=0$ 无限接近，$\frac{n+(-1)^{n-1}}{n}$与常数 $a=1$ 无限接近；而2^n无限变大，$(-1)^{n+1}$在-1与 1 之间来回摆动，不与任何常数 a 无限接近.

如果 n 无限增大时，数列$\{x_n\}$的通项无限接近一个确定的常数 a，就称 a 是数列$\{x_n\}$当 n 趋向于无穷大时的极限，或者称数列$\{x_n\}$收敛于 a；如果数列没有极限，就说数列是发散的. 这一定义称为数列极限的描述性定义. 由定义知，数列$\left\{\frac{1}{n}\right\}$，$\left\{\frac{1}{2^n}\right\}$收敛于零，数列$\left\{\frac{n+(-1)^{n-1}}{n}\right\}$收敛于 1；而数列$\{2^n\}$和$\{(-1)^{n+1}\}$均发散.

在上述数列极限的描述性定义中，使用了“无限增大”和“无限接近”来描述极限概念，给极限一个精确的定义，关键是要给出“无限增大”和“无限接近”的定量刻画. 我们知道，两个数 a 与 b 之间的接近程度可以用这两个数之差的绝对值$|b-a|$来度量，$|b-a|$越小，a 与 b 就越接近.

设 $x_n=\frac{n+(-1)^{n-1}}{n}$，下面来说明数列$\{x_n\}$以 1 为极限.

由$|x_n-1|=\left|(-1)^{n-1}\frac{1}{n}\right|=\frac{1}{n}$可知，当 n 越来越大时，$\frac{1}{n}$越来越小，从而 x_n 就越来越接近 1. 因为只要 n 足够大，$|x_n-1|$即$\frac{1}{n}$可以小于任意给定的正数，所以，当 n 无限增大时，x_n 无限接近于 1.

例如，给定正数$\frac{1}{100}$，欲使$\frac{1}{n}<\frac{1}{100}$，只要 $n>100$，即从第 101 项起，都能使不等式$|x_n-1|<\frac{1}{100}$成立. 同样地，如果给定正数$\frac{1}{10\ 000}$，则从第 10 001 项起，都能使不等式$|x_n-1|<\frac{1}{10\ 000}$成立.

一般地，无论给定的正数 ε 多么小，总存在一个正整数 $N>\frac{1}{\varepsilon}$，使得当 $n>N$ 时，不等式$|x_n-1|=\frac{1}{n}<\frac{1}{N}<\varepsilon$ 都成立. 这就是数列 $x_n=\frac{n+(-1)^{n-1}}{n}$$(n=1,\ 2,\ \cdots)$当 n 无限增大

时无限接近于 1 的实质. 这样的一个数 1 就叫作数列 $x_n=\dfrac{n+(-1)^{n-1}}{n}$ $(n=1, 2, \cdots)$ 当 n 趋于无穷大时的极限.

根据以上的讨论，可给出数列极限的如下定义：

定义 1.2.1　设有数列 $\{x_n\}$，如果对于任意给定的正数 ε（无论它多么小），总存在一个正整数 N，使得当 $n>N$ 时，不等式

$$|x_n-a|<\varepsilon$$

恒成立，则称常数 a 为数列 $\{x_n\}$ 的极限，或称数列 $\{x_n\}$ **收敛**于 a，记为

$$\lim_{n\to\infty}x_n=a$$

或

$$x_n\to a\ (n\to\infty).$$

如果不存在这样的常数 a，就说数列 $\{x_n\}$ 没有极限，或者说数列 $\{x_n\}$ 是**发散**的.

注　以上定义中的正数 ε 只有任意给定，不等式 $|x_n-a|<\varepsilon$ 才能表达出 x_n 与 a 无限接近的意思. 此外，定义中的正整数 N 与任意给定的正数 ε 是有关的，它是随着 ε 的给定而选定的.

为了表达方便，引入记号“$\forall$”表示“对于任意给定的”或者“对于每个”，记号“$\exists$”表示“存在”. 于是，“对于任意给定的 $\varepsilon>0$”写成“$\forall\varepsilon>0$”，“存在正整数 N”写成“$\exists$ 正整数 N”，数列极限 $\lim\limits_{n\to\infty}x_n=a$ 的定义可表示为

$$\lim_{n\to\infty}x_n=a\Leftrightarrow\forall\varepsilon>0，\exists \text{正整数} N，\text{当} n>N \text{时，有} |x_n-a|<\varepsilon.$$

数列极限的定义并未直接指出如何去求一个数列的极限. 尽管如此，它也是十分重要的. 我们在后面将按照这种定义证明各种求极限的方法，而现在只先举几个例子说明极限概念.

例 1.2.1　证明数列 $\dfrac{1}{2}, \dfrac{2}{3}, \dfrac{3}{4}, \cdots, \dfrac{n}{n+1}, \cdots$ 的极限为 1.

分析　为使 $|x_n-a|=\left|\dfrac{n}{n+1}-1\right|<\varepsilon$，只需要 $\left|\dfrac{1}{n+1}\right|<\varepsilon$ 或 $n+1>\dfrac{1}{\varepsilon}$，即 $n>\dfrac{1}{\varepsilon}-1$.

证明　任意给定正数 ε，取 $N=\left[\dfrac{1}{\varepsilon}-1\right]+2$，则 $n>N$ 时的一切 x_n 满足

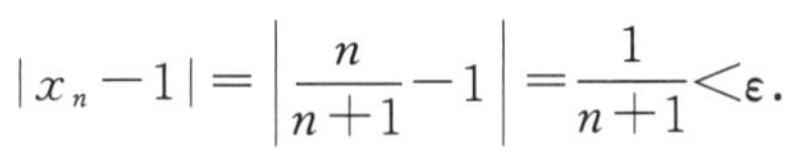

$$|x_n-1|=\left|\frac{n}{n+1}-1\right|=\frac{1}{n+1}<\varepsilon.$$

因此，$\lim\limits_{n\to\infty}\dfrac{n}{n+1}=1$.

思考题

基于以上的讨论，在应用极限定义验证极限时，为了证明简便，还可对不等式作适当的放大. 下面通过几个例子理解这一技巧.

例 1.2.2　已知 $x_n=\dfrac{(-1)^n}{(n+1)^2}$，证明数列 $\{x_n\}$ 的极限是 0.

分析　为使 $|x_n-a|=\left|\dfrac{(-1)^n}{(n+1)^2}-0\right|<\varepsilon$，只需要 $\left|\dfrac{1}{(n+1)^2}\right|<\varepsilon$. 由于

$$\left|\frac{1}{(n+1)^2}\right|=\frac{1}{(n+1)^2}<\frac{1}{n+1},$$

因此当$\frac{1}{n+1}<\varepsilon$，即$n+1>\frac{1}{\varepsilon}$或$n>\frac{1}{\varepsilon}-1$时，$\left|\frac{1}{(n+1)^2}\right|<\varepsilon$.

证明 任意给定正数ε，取$N=\left[\frac{1}{\varepsilon}-1\right]+2$，则$n>N$时的一切$x_n$满足

$$|x_n-0|=\left|\frac{(-1)^n}{(n+1)^2}-0\right|=\frac{1}{(n+1)^2}<\frac{1}{n+1}<\varepsilon.$$

因此，$\lim\limits_{n\to\infty}\frac{(-1)^n}{(n+1)^2}=0$.

例 1.2.3 设$|q|<1$，证明等比数列$1, q, q^2, \cdots, q^{n-1}, \cdots$的极限是0.

分析 任给$\varepsilon>0$(设$\varepsilon<1$)，有

$$|x_n-0|=|q^{n-1}-0|=|q|^{n-1},$$

为使$|x_n-0|<\varepsilon$，只需$|q|^{n-1}<\varepsilon$，取自然对数得$(n-1)\ln|q|<\ln\varepsilon$，即$n>1+\frac{\ln\varepsilon}{\ln|q|}$.

证明 任意给定正数ε，取$N=\left[1+\frac{\ln\varepsilon}{\ln|q|}\right]$，则当$n>N$时，有

$$|x_n-0|=|q^{n-1}-0|=|q|^{n-1}<\varepsilon.$$

因此，$\lim\limits_{n\to\infty}q^{n-1}=0$.

思考题

对于前面讨论的“雪花曲线”，它所围成图形的面积是当n趋于无穷大时，数列$\left\{\frac{8}{5}S-\frac{3}{5}\cdot\left(\frac{4}{9}\right)^n S\right\}$的极限，这里$S$为初始三角形的面积. 而例1.2.3证明了当$|q|<1$时，$\lim\limits_{n\to\infty}q^{n-1}=0$. 由此可得，“雪花曲线”的面积是初始等边三角形面积的$\frac{8}{5}$倍，当然是有限的.

但是“雪花曲线”的周长为当n趋于无穷大时，数列$\left(\frac{4}{3}\right)^n C$的极限，这里$C$为初始三角形的周长. 每一次变化后，周长都比原来增加$\frac{1}{3}$，随着变化的持续进行，周长会变得越来越大，以至无穷. 这就是“雪花曲线”的非同寻常之处：它的面积是有限的，周长却是无限的. 是不是“不可思议”呢？

二、数列极限的几何意义

如图 1.2.3 所示，在几何上，数列$\{x_n\}$是数轴上的一系列点，若$\lim\limits_{n\to\infty}x_n=a$，则对于任意给定的正数$\varepsilon$，能够找到$N$，使得当$n>N$时，$|x_n-a|<\varepsilon$或$a-\varepsilon<x_n<a+\varepsilon$成立，即点$x_{N+1}, x_{N+2}, x_{N+3}, \cdots$全部落在开区间$(a-\varepsilon, a+\varepsilon)$内，而只有有限个点(最多有$N$个)落在该区间之外.

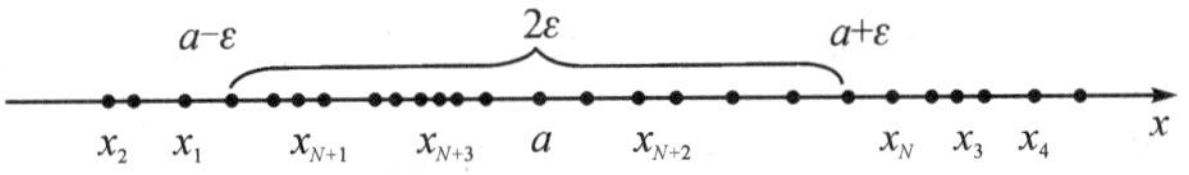

图 1.2.3

三、收敛数列的性质

1. 收敛数列的唯一性

定理 1.2.1　任何收敛数列$\{x_n\}$的极限是唯一的.

证明　用反证法. 设$\lim\limits_{n\to\infty}x_n=a$，$\lim\limits_{n\to\infty}x_n=b$，且$a<b$. 取$\varepsilon=\dfrac{b-a}{2}$. 由$\lim\limits_{n\to\infty}x_n=a$知，存在正整数$N_1$，当$n>N_1$时，有$|x_n-a|<\dfrac{b-a}{2}$，即

$$\frac{3a-b}{2}<x_n<\frac{a+b}{2}.$$

由$\lim\limits_{n\to\infty}x_n=b$知，存在正整数$N_2$，当$n>N_2$时，有$|x_n-b|<\dfrac{b-a}{2}$，即

$$\frac{a+b}{2}<x_n<\frac{3b-a}{2}.$$

取$N=\max\{N_1, N_2\}$(这个式子表示N是N_1和N_2中较大的那个数)，则当$n>N$时，有

$$x_n<\frac{a+b}{2}，且\ x_n>\frac{a+b}{2},$$

矛盾. 同理可得$a>b$时也矛盾，故$a=b$，即数列$\{x_n\}$的极限是唯一的.

例 1.2.4　设$x_n=(-1)^{n+1}(n=1, 2, 3,\cdots)$，证明数列$\{x_n\}$发散.

证明　用反证法. 假设数列$\{x_n\}$收敛，由定理 1.2.1 知，它的极限是唯一的. 设$\lim\limits_{n\to\infty}x_n=a$，由数列极限的定义知，对$\varepsilon=\dfrac{1}{2}$，存在正整数$N$，当$n>N$时，有$|x_n-a|<\dfrac{1}{2}$. 但当$n=2k$时，

$$x_n=-1,\quad |x_n-a|=|-1-a|=|1+a|<\frac{1}{2};$$

当$n=2k+1$时，

$$x_n=1,\quad |x_n-a|=|1-a|<\frac{1}{2}.$$

而$2=|1+a+1-a|\leqslant|1+a|+|1-a|<\dfrac{1}{2}+\dfrac{1}{2}=1$，即$2<1$，矛盾，所以数列$\{x_n\}$发散.

2. 收敛数列的有界性

下面先介绍数列有界性的概念，然后证明收敛数列的有界性.

对于数列$\{x_n\}$，如果存在正数M，使得对于一切x_n，都满足不等式$|x_n|\leqslant M$，则称数列$\{x_n\}$是有界的，如果这样的正数不存在，就说数列$\{x_n\}$是无界的.

例如，数列 $x_n=\dfrac{n}{n+1}(n=1, 2, \cdots)$是有界的，因为可取 $M=1$，使得$\left|\dfrac{n}{n+1}\right|\leqslant 1$ 对一切正整数 n 都成立；数列 $x_n=2^n(n=1, 2, \cdots)$是无界的，因为当 n 无限增大时，2^n 可超过任何正数.

数轴上对应于有界数列的点 x_n 都落在区间$[-M, M]$上，于是可得如下定理：

定理 1.2.2 如果数列$\{x_n\}$收敛，则数列$\{x_n\}$一定有界.

证明 如果数列$\{x_n\}$收敛，则它的极限是唯一的. 设$\lim\limits_{n\to\infty}x_n=a$，由数列极限的定义知，对 $\varepsilon=1$，存在正整数 N，当 $n>N$ 时，有$|x_n-a|<1$. 于是，当 $n>N$ 时，有

$$|x_n|=|(x_n-a)+a|\leqslant|x_n-a|+|a|<1+|a|.$$

取 $M=\max\{|x_1|, |x_2|, \cdots, |x_N|, 1+|a|\}$，则对一切 x_n，有$|x_n|\leqslant M$，即数列$\{x_n\}$是有界的.

定理 1.2.2 指出，数列有界是数列收敛的必要条件，但不是充分条件. 也就是说，收敛数列必有界，但有界数列不一定收敛. 例如，数列 $x_n=(-1)^{n+1}(n=1, 2, 3, \cdots)$是有界的，但它是发散的.

无界数列一定是发散的，因为它不满足数列收敛的必要条件.

3. 收敛数列的保号性

定理 1.2.3 如果数列$\{x_n\}$收敛于 a，且 $a>0$(或 $a<0$)，那么存在正整数 N，当 $n>N$ 时，有 $x_n>0$(或 $x_n<0$).

证明 就 $a>0$ 的情形证明. 由数列极限的定义知，对 $\varepsilon=\dfrac{a}{2}>0$，$\exists$正整数 N，当 $n>N$ 时，有

$$|x_n-a|<\frac{a}{2},$$

从而

$$x_n>a-\frac{a}{2}=\frac{a}{2}>0.$$

推论 如果数列$\{x_n\}$从某项起有 $x_n\geqslant 0$(或 $x_n\leqslant 0$)，且数列$\{x_n\}$收敛于 a，那么 $a\geqslant 0$(或 $a\leqslant 0$).

证明 就 $x_n\geqslant 0$ 的情形证明. 设数列$\{x_n\}$从第 N_1 项起，即当 $n>N_1$时，有 $x_n\geqslant 0$. 现在用反证法证明，假设 $a<0$，则由定理 1.2.3 知，$\exists$正整数 N_2，当 $n>N_2$时，有 $x_n<0$. 取 $N=\max\{N_1, N_2\}$，则当 $n>N$ 时，按假设有 $x_n\geqslant 0$，按定理 1.2.3 有 $x_n<0$，矛盾. 所以必有 $a\geqslant 0$.

4. 收敛数列与其子数列间的关系

在数列$\{x_n\}$中，任意取出无穷多项并保持这些项在原数列中的先后次序不变，得到一个新数列 $x_{n_1}, x_{n_2}, \cdots, x_{n_k}, \cdots$，称为数列$\{x_n\}$的一个子数列，简称为子列，记为$\{x_{n_k}\}$.

x_{n_k}在$\{x_{n_k}\}$中是第 k 项，在$\{x_n\}$中是第 n_k 项. 显然，$n_k\geqslant k$.

例如，数列 $1, \dfrac{1}{2}, \dfrac{1}{3}, \cdots, \dfrac{1}{n}, \cdots$的一个子列为 $\dfrac{1}{2}, \dfrac{1}{4}, \cdots, \dfrac{1}{2^k}, \cdots$.

定理 1.2.4　设数列$\{x_n\}$收敛于a，则它的任一子数列也收敛，且极限也是a.

证明　设$\{x_{n_k}\}$是数列$\{x_n\}$的任一子数列. 因为$\lim\limits_{n\to\infty}x_n=a$，所以$\forall\varepsilon>0$，$\exists$正整数$N$，当$n>N$时，有$|x_n-a|<\varepsilon$成立. 取$K=N$，则当$k>K$时，有$n_k>n_K=n_N\geqslant N$，于是$|x_{n_k}-a|<\varepsilon$，这就证明了$\lim\limits_{k\to\infty}x_{n_k}=a$.

由定理 1.2.4 可知，如果数列$\{x_n\}$有两个子列收敛于不同的极限，则数列$\{x_n\}$必发散.

例如，数列$x_n=(-1)^{n+1}(n=1,2,3,\cdots)$，它的奇子列$\{x_{2k+1}\}$收敛于 1，偶子列$\{x_{2k}\}$收敛于$-1$，所以数列$\{x_n\}$是发散的.

同时，这个例子也说明，一个发散数列也可能有收敛的子列.

习 题 1-2

基 础 题

1. 写出下列数列的前五项：

(1) $x_n=\dfrac{\sin n}{n}$；

(2) $x_n=\dfrac{(-1)^{n+1}}{n}$；

(3) $x_n=\dfrac{m(m-1)(m-2)\cdots(m-n+1)}{n!}x^n$；

(4) $x_n=\dfrac{1}{\sqrt{n^2+1}}+\dfrac{1}{\sqrt{n^2+2}}+\cdots+\dfrac{1}{\sqrt{n^2+n}}$.

2. 设$x_n=\dfrac{1}{n!}(n=1,2,\cdots)$，证明：$\lim\limits_{n\to\infty}x_n=0$. 对于任意给定的$\varepsilon>0$，求出数$N=N(\varepsilon)$，使得当$n>N$时，有$|x_n-0|<\varepsilon$，并填写表 1.2.1.

表 1.2.1

ε	0.1	0.01	0.001	0.0001	…
N					

3. 下列关于数列$\{x_n\}$的极限是a的定义，哪些是对的，哪些是错的？如果是对的，请说明理由；如果是错的，请给出一个反例.

(1) 对于任意给定的$\varepsilon>0$，存在$N\in\mathbf{N}^+$，当$n>N$时，不等式$x_n-a<\varepsilon$成立；

(2) 对于任意给定的$\varepsilon>0$，存在$N\in\mathbf{N}^+$，当$n>N$时，有无穷多项x_n，使不等式$|x_n-a|<\varepsilon$成立；

(3) 对于任意给定的$\varepsilon>0$，存在$N\in\mathbf{N}^+$，当$n>N$时，不等式$|x_n-a|<2\varepsilon$成立；

(4) 对于任意给定的$m\in\mathbf{N}^+$，存在$N\in\mathbf{N}^+$，当$n>N$时，不等式$|x_n-a|<\dfrac{1}{m}$成立.

4. 用数列极限的"$\varepsilon-N$"定义证明：

(1) $\lim\limits_{n\to\infty}\frac{\sin n}{n}=0$；　(2) $\lim\limits_{n\to\infty}(\sqrt{n+1}-\sqrt{n})=0$；

(3) $\lim\limits_{n\to\infty}(0.\underbrace{999\cdots9}_{n个})=1$，并说明 n 为何值，才可使 $|0.\underbrace{999\cdots9}_{n个}-1|<0.000\ 1$；

(4) $\lim\limits_{n\to\infty}\frac{3n^2+n}{2n^2-1}=\frac{3}{2}$.

5. 证明：若 $\lim\limits_{n\to\infty}x_n=a$，则 $\lim\limits_{n\to\infty}|x_n|=|a|$.

6. 证明：若数列 $\{x_n\}$ 的奇子列 $\{x_{2k-1}\}$ 和偶子列 $\{x_{2k}\}$ 都收敛于 a，则数列 $\{x_n\}$ 也收敛于 a.

提 高 题

1. 根据数列极限的定义证明：

(1) $\lim\limits_{n\to\infty}\frac{3^n}{n!}=0$；

(2) $\lim\limits_{n\to\infty}\frac{n}{a^n}=0(a>1)$.

2. 证明：若数列 $\{x_n\}$ 无界，则数列 $\{x_n\}$ 必有一个子列 $\{x_{n_k}\}$，使 $\lim\limits_{k\to\infty}x_{n_k}=\infty$.

习题 1-2
参考答案

第三节　数列极限的四则运算法则与极限存在准则

本节讨论数列极限的求法，先建立数列极限的四则运算法则，再探讨数列极限的存在准则，以后还会介绍数列极限的其他求法.

教学目标

一、数列极限的四则运算法则

问题　在数列极限的计算中，经常遇到两个数列的和、差、积、商(分母不为0)的极限，它们存在吗？

我们分情况讨论：

(1) 两个收敛数列的情形；

(2) 一个收敛数列与一个发散数列的情形；

(3) 两个发散数列的情形.

对于上述问题中的(1)，我们有以下定理：

定理 1.3.1　设有数列 $\{x_n\}$ 和 $\{y_n\}$，如果 $\lim\limits_{n\to\infty}x_n=a$，$\lim\limits_{n\to\infty}y_n=b$，那么

(1) $\lim\limits_{n\to\infty}(x_n\pm y_n)=\lim\limits_{n\to\infty}x_n\pm\lim\limits_{n\to\infty}y_n=a\pm b$；

(2) $\lim\limits_{n\to\infty}(x_n\cdot y_n)=\lim\limits_{n\to\infty}x_n\cdot\lim\limits_{n\to\infty}y_n=a\cdot b$；

(3) 当 $y_n\neq0(n=1,2,\cdots)$ 且 $b\neq0$ 时，$\lim\limits_{n\to\infty}\dfrac{x_n}{y_n}=\dfrac{\lim\limits_{n\to\infty}x_n}{\lim\limits_{n\to\infty}y_n}=\dfrac{a}{b}$.

证明　(1) 由于 $\lim\limits_{n\to\infty}x_n=a$，因此 $\forall\varepsilon>0$，$\exists N_1\in\mathbf{N}^+$，当 $n>N_1$ 时，有 $|x_n-a|<\dfrac{\varepsilon}{2}$；又 $\lim\limits_{n\to\infty}y_n=b$，则对于相同的正数 ε，$\exists N_2\in\mathbf{N}^+$，当 $n>N_2$ 时，有 $|y_n-a|<\dfrac{\varepsilon}{2}$. 取 $N=\max\{N_1,N_2\}$，当 $n>N$ 时，有

$$|(x_n\pm y_n)-(a\pm b)|=|(x_n-a)\pm(y_n-b)|\leqslant|x_n-a|+|y_n-b|<\frac{\varepsilon}{2}+\frac{\varepsilon}{2}=\varepsilon.$$

所以 $\lim\limits_{n\to\infty}(x_n\pm y_n)=\lim\limits_{n\to\infty}x_n\pm\lim\limits_{n\to\infty}y_n=a\pm b$.

(2) 若 $\lim\limits_{n\to\infty}y_n=b$，则由收敛数列的有界性知，$\exists M>0$，使得 $|y_n|\leqslant M$. 由于 $\lim\limits_{n\to\infty}x_n=a$，因此 $\forall\varepsilon>0$，$\exists N_1\in\mathbf{N}^+$，当 $n>N_1$ 时，有 $|x_n-a|<\dfrac{\varepsilon}{2M}$；由于 $\lim\limits_{n\to\infty}y_n=b$，因此 $\exists N_2\in\mathbf{N}^+$，当 $n>N_2$ 时，有 $|y_n-b|<\dfrac{\varepsilon}{2(|a|+1)}$（注意这里 $|a|+1$ 是为了避免分母为 0）. 取 $N=\max\{N_1,N_2\}$，当 $n>N$ 时，有

$$\begin{aligned}|(x_n\cdot y_n)-(a\cdot b)|&=|x_n\cdot y_n-y_n\cdot a+y_n\cdot a-a\cdot b|\\&\leqslant|y_n||x_n-a|+|a||y_n-b|\\&<M\cdot\frac{\varepsilon}{2M}+|a|\cdot\frac{\varepsilon}{2(|a|+1)}<\varepsilon,\end{aligned}$$

所以 $\lim\limits_{n\to\infty}(x_n\cdot y_n)=\lim\limits_{n\to\infty}x_n\cdot\lim\limits_{n\to\infty}y_n=a\cdot b$.

(3) 先证 $\lim\limits_{n\to\infty}\dfrac{1}{y_n}=\dfrac{1}{b}$.

由于 $\lim\limits_{n\to\infty}y_n=b$，且 $b\neq0$，因此 $\exists N_1\in\mathbf{N}^+$，当 $n>N_1$ 时，有 $|y_n|>\dfrac{|b|}{2}>0$（令 $\varepsilon=\dfrac{|b|}{2}$，由定义可证，请读者自证），即 $0<\dfrac{1}{|y_n|}<\dfrac{2}{|b|}$. 由于 $\lim\limits_{n\to\infty}y_n=b$，因此 $\forall\varepsilon>0$，$\exists N_2\in\mathbf{N}^+$，当 $n>N_2$ 时，有 $|y_n-b|<\dfrac{b^2\varepsilon}{2}$. 取 $N=\max\{N_1,N_2\}$，当 $n>N$ 时，有

$$\left|\frac{1}{y_n}-\frac{1}{b}\right|=\frac{|y_n-b|}{|b||y_n|}<\frac{2}{b^2}|y_n-b|<\varepsilon,$$

所以 $\lim\limits_{n\to\infty}\dfrac{1}{y_n}=\dfrac{1}{b}$.

于是 $\lim\limits_{n\to\infty}\dfrac{x_n}{y_n}=\lim\limits_{n\to\infty}x_n\cdot\lim\limits_{n\to\infty}\dfrac{1}{y_n}=\dfrac{a}{b}$.

注　(1) 应用数列极限的四则运算法则的前提是各数列的极限都存在，且分母的极限不为 0，否则不能进行四则运算.

(2) 有限个收敛数列的代数和以及积的极限都存在.

推论 1　若 $\lim\limits_{n\to\infty}x_n=a$，$c$ 为常数，则 $\lim\limits_{n\to\infty}(c\cdot x_n)=c\cdot\lim\limits_{n\to\infty}x_n=c\cdot a$.

推论 2 若$\lim\limits_{n\to\infty}x_n=a$，$K\in\mathbf{N}^+$，则$\lim\limits_{n\to\infty}(x_n)^K=\left(\lim\limits_{n\to\infty}x_n\right)^K=a^K$.

一个收敛数列与一个发散数列的和、差一定发散(利用反证法可以证明). 一个收敛数列与一个发散数列的积可能收敛，也可能发散，具体如下：

(1) 若数列$\{x_n\}$收敛，但不收敛于 0，数列$\{y_n\}$发散，则数列$\{x_n\cdot y_n\}$必发散(利用反证法可以证明).

(2) 若数列$\{x_n\}$收敛于 0，数列$\{y_n\}$发散，则数列$\{x_n\cdot y_n\}$可能收敛，也可能发散. 例如，设$x_n=\dfrac{1}{n}$，$y_n=n$，则$x_n\cdot y_n=1$，故数列$\{x_n\cdot y_n\}$收敛；设$x_n=\dfrac{1}{n}$，$y_n=(-1)^n n$，则$x_n\cdot y_n=(-1)^n$，故数列$\{x_n\cdot y_n\}$发散.

(3) 若数列$\{x_n\}$收敛于 0，数列$\{y_n\}$发散但有界，则数列$\{x_n\cdot y_n\}$收敛于 0.

两个发散数列的和、差、积、商可能收敛，也可能发散. 举例如下：

(1) 取$x_n=y_n=(-1)^n$，则$x_n+y_n=2\cdot(-1)^n$，$x_n-y_n=0$，$x_n\cdot y_n=1$，$\dfrac{x_n}{y_n}=1$，故数列$\{x_n+y_n\}$发散，而数列$\{x_n-y_n\}$，$\{x_n\cdot y_n\}$，$\left\{\dfrac{x_n}{y_n}\right\}$收敛.

(2) 取$x_n=1-(-1)^n$，$y_n=(-1)^n$，则

$$x_n+y_n=1,\quad x_n-y_n=1-2\cdot(-1)^n,\quad x_n\cdot y_n=(-1)^n-1,\quad \frac{x_n}{y_n}=(-1)^n-1,$$

故数列$\{x_n+y_n\}$收敛，而数列$\{x_n-y_n\}$，$\{x_n\cdot y_n\}$，$\left\{\dfrac{x_n}{y_n}\right\}$发散.

例 1.3.1 计算下列极限：

(1) $\lim\limits_{n\to\infty}\left[\dfrac{1}{2!}+\dfrac{2}{3!}+\cdots+\dfrac{n}{(n+1)!}\right]$；　　(2) $\lim\limits_{n\to\infty}\left(1-\dfrac{1}{2^2}\right)\left(1-\dfrac{1}{3^2}\right)\cdots\left(1-\dfrac{1}{n^2}\right)$；

(3) $\lim\limits_{n\to\infty}\dfrac{3^n+4^n}{3^{n+1}+4^{n+1}}$；　　(4) $\lim\limits_{n\to\infty}\left(\dfrac{1}{3}+\dfrac{2}{3^2}+\cdots+\dfrac{n}{3^n}\right)$.

解 (1) 由于$\dfrac{n}{(n+1)!}=\dfrac{1}{n!}-\dfrac{1}{(n+1)!}$，因此

$$\frac{1}{2!}+\frac{2}{3!}+\cdots+\frac{n}{(n+1)!}=\left(\frac{1}{1!}-\frac{1}{2!}\right)+\left(\frac{1}{2!}-\frac{1}{3!}\right)+\cdots+\left[\frac{1}{n!}-\frac{1}{(n+1)!}\right]=1-\frac{1}{(n+1)!}.$$

于是，原式$=\lim\limits_{n\to\infty}\left[1-\dfrac{1}{(n+1)!}\right]=1-\lim\limits_{n\to\infty}\dfrac{1}{(n+1)!}=1$ $\left(\lim\limits_{n\to\infty}\dfrac{1}{(n+1)!}=0\text{ 可用定义证明}\right)$.

(2) 由于$1-\dfrac{1}{n^2}=\dfrac{(n-1)(n+1)}{n^2}=\dfrac{n-1}{n}\cdot\dfrac{n+1}{n}$，因此

$$\begin{aligned}\text{原式}&=\lim_{n\to\infty}\left(\frac{1}{2}\cdot\frac{3}{2}\right)\left(\frac{2}{3}\cdot\frac{4}{3}\right)\cdots\left(\frac{n-1}{n}\cdot\frac{n+1}{n}\right)\\&=\lim_{n\to\infty}\frac{1}{2}\cdot\frac{n+1}{n}=\frac{1}{2}\lim_{n\to\infty}\left(1+\frac{1}{n}\right)=\frac{1}{2}.\end{aligned}$$

(3) 原式$=\lim\limits_{n\to\infty}\dfrac{\left(\dfrac{3}{4}\right)^n+1}{\left(\dfrac{3}{4}\right)^n\cdot 3+4}=\dfrac{\lim\limits_{n\to\infty}\left(\dfrac{3}{4}\right)^n+1}{\lim\limits_{n\to\infty}\left(\dfrac{3}{4}\right)^n\cdot 3+4}=\dfrac{1}{4}$.

(4) 令 $a_n=\frac{1}{3}+\frac{2}{3^2}+\cdots+\frac{n}{3^n}$，则 $3a_n=1+\frac{2}{3}+\cdots+\frac{n}{3^{n-1}}$，两式相减，得

$$2a_n=1+\frac{1}{3}+\frac{1}{3^2}+\cdots+\frac{1}{3^{n-1}}-\frac{n}{3^n}=\frac{1-\frac{1}{3^n}}{1-\frac{1}{3}}-\frac{n}{3^n}=\frac{3}{2}\left(1-\frac{1}{3^n}\right)-\frac{n}{3^n},$$

故 $a_n=\frac{3}{4}\left(1-\frac{1}{3^n}\right)-\frac{1}{2}\cdot\frac{n}{3^n}$. 于是，

$$\text{原式}=\frac{3}{4}\left(1-\lim_{n\to\infty}\frac{1}{3^n}\right)-\frac{1}{2}\lim_{n\to\infty}\frac{n}{3^n}=\frac{3}{4}\quad\left(\lim_{n\to\infty}\frac{n}{3^n}=0\text{ 可用定义证明}\right).$$

例 1.3.2　设 $x_1=a$，$x_2=b$，$x_3=\frac{1}{2}(x_1+x_2)$，$x_4=\frac{1}{2}(x_2+x_3)$，…，$x_n=\frac{1}{2}(x_{n-2}+x_{n-1})$，…，求 $\lim\limits_{n\to\infty}x_n$.

解　由题设知

$$x_2-x_1=b-a,$$

$$x_3-x_2=\frac{1}{2}(x_1+x_2)-x_2=-\frac{1}{2}(x_2-x_1)=(-1)^1\frac{1}{2}(b-a),$$

$$x_4-x_3=\frac{1}{2}(x_2+x_3)-x_3=-\frac{1}{2}(x_3-x_2)=(-1)^2\frac{1}{2^2}(b-a),$$

$$\vdots$$

$$x_n-x_{n-1}=\frac{1}{2}(x_{n-2}+x_{n-1})-x_{n-1}=-\frac{1}{2}(x_{n-1}-x_{n-2})=(-1)^{n-2}\frac{1}{2^{n-2}}(b-a).$$

以上各式相加，得

$$\begin{aligned}&(x_2-x_1)+(x_3-x_2)+\cdots+(x_n-x_{n-1})\\&=(b-a)+(-1)\frac{1}{2}(b-a)+\cdots+(-1)^{n-2}\frac{1}{2^{n-2}}(b-a)\\&=\frac{(b-a)\left[1-\left(-\frac{1}{2}\right)^{n-1}\right]}{1+\frac{1}{2}},\end{aligned}$$

即 $x_n=\frac{2}{3}(b-a)\left[1-\left(-\frac{1}{2}\right)^{n-1}\right]+a$，因此

$$\lim_{n\to\infty}x_n=\frac{2}{3}(b-a)+a=\frac{2}{3}b+\frac{1}{3}a.$$

二、数列极限的存在准则

求数列极限的首要问题是判定数列极限的存在性，若数列极限存在，就算求不出数列极限，也可求出其近似值. 数列极限存在的充分条件与充要条件都可以作为判断数列极限存在的准则. 下面介绍四种数列极限存在准则：夹逼准则、单调有界准则、施笃兹定理以及柯西收敛准则.

1. 夹逼准则

 **问题**　在市场经济条件下，私营个体商品所标价格 a 与真实价格 b 之间有较大差距. 假设消费者采用“对半还价法”：消费者第一次还价减去定价的一半，商家第一次讨价则加上两者差价的一半；消费者第二次还价再减去两者差价的一半，商家第二次讨价再加上两者差价的一半……如此下去，最终达成一致价格. 问最终价格应是多少？

分析　设消费者给出价格、商家给出价格及最终价格对应的数列分别为$\{x_n\}$，$\{y_n\}$及$\{z_n\}$.

第一次，消费者还价 $x_1=\frac{a}{2}$，商家讨价 $y_1=x_1+\frac{a-x_1}{2}=\frac{a}{2}+\frac{a}{4}$，则 $x_1\leqslant z_1\leqslant y_1$；第二次，消费者还价

$$x_2=y_1-\frac{y_1-x_1}{2}=\frac{a}{2}+\frac{a}{4}-\frac{a}{8},$$

商家讨价

$$y_2=x_2+\frac{y_1-x_2}{2}=\frac{a}{2}+\frac{a}{4}-\frac{a}{8}+\frac{a}{16},$$

则 $x_2\leqslant z_2\leqslant y_2$. 依此类推，得

$$x_n=\left(a-\frac{a}{2}\right)+\left(\frac{a}{4}-\frac{a}{8}\right)+\cdots+\left(\frac{a}{2^{2n-2}}-\frac{a}{2^{2n-1}}\right)=\sum_{k=1}^{n}\frac{a}{2^{2k-1}},$$

$$y_n=a+\left(\frac{a}{16}-\frac{a}{8}\right)+\cdots+\left(\frac{a}{2^{2n}}-\frac{a}{2^{2n-1}}\right)=a-\sum_{k=1}^{n}\frac{a}{2^{2k}},$$

则 $x_n\leqslant z_n\leqslant y_n$. 由于

$$\lim_{n\to\infty}x_n=\frac{a}{2}+\frac{a}{4}\cdot\frac{1}{1+\frac{1}{2}}=\frac{2}{3}a=\lim_{n\to\infty}y_n,$$

因此$\lim\limits_{n\to\infty}z_n=\frac{2}{3}a$，这是最终达成一致的价格.

定理 1.3.2(夹逼准则)　如果数列$\{x_n\}$，$\{y_n\}$及$\{z_n\}$满足下列条件：

(1) $x_n\leqslant z_n\leqslant y_n$ ($\exists N\in\mathbf{N}^+$，$n=N+1, N+2, \cdots$)；

(2) $\lim\limits_{n\to\infty}x_n=a$，$\lim\limits_{n\to\infty}y_n=a$，

那么数列$\{z_n\}$的极限存在，且$\lim\limits_{n\to\infty}z_n=a$.

证明　因为$\lim\limits_{n\to\infty}x_n=a$，$\lim\limits_{n\to\infty}y_n=a$，所以根据数列极限的定义知，$\forall\varepsilon>0$，$\exists N_1\in\mathbf{N}^+$，当 $n>N_1$时，有$|x_n-a|<\varepsilon$；$\exists N_2\in\mathbf{N}^+$，当 $n>N_2$ 时，有$|y_n-a|<\varepsilon$. 取 $N_3=\max\{N, N_1, N_2\}$，当 $n>N_3$ 时，有

$$a-\varepsilon<x_n\leqslant z_n\leqslant y_n<a+\varepsilon,$$

即$|z_n-a|<\varepsilon$，这就证明了$\lim\limits_{n\to\infty}z_n=a$.

注　使用夹逼准则的关键是对数列进行适当的缩小和放大，并确保两边数列极限存在且相等.

例 1.3.3　证明：$\lim\limits_{n\to\infty}\sqrt[n]{a_1^n+a_2^n+\cdots+a_k^n}=\max\limits_{1\leqslant i\leqslant k}\{a_i\}$ ($a_i\geqslant 0$，$i=1, 2, \cdots, k$).

证明　不妨设 $M=\max\limits_{1\leqslant i\leqslant k}\{a_i\}$，则

$$M=\sqrt[n]{M^n}\leqslant\sqrt[n]{a_1^n+a_2^n+\cdots+a_k^n}\leqslant\sqrt[n]{k\cdot M^n}=M\cdot\sqrt[n]{k},$$

而 $M\cdot\sqrt[n]{k}\to M\ (n\to\infty)$，故由夹逼准则得 $\lim\limits_{n\to\infty}\sqrt[n]{a_1^n+a_2^n+\cdots+a_k^n}=M=\max\limits_{1\leqslant i\leqslant k}\{a_i\}$.

例 1.3.4　求 $\lim\limits_{n\to\infty}\sqrt[n]{1+a^n+\left(\dfrac{a^2}{2}\right)^n}\ (a\geqslant 0)$.

解　需要根据 a 的取值范围分情况讨论：

当 $0\leqslant a\leqslant 1$ 时，由例 1.3.3 得

$$1\leqslant\sqrt[n]{1+a^n+\left(\frac{a^2}{2}\right)^n}\leqslant\sqrt[n]{3},$$

而 $\sqrt[n]{3}\to 1(n\to\infty)$，于是由夹逼准则知 $\lim\limits_{n\to\infty}\sqrt[n]{1+a^n+\left(\dfrac{a^2}{2}\right)^n}=1$；

当 $1<a\leqslant 2$ 时，由例 1.3.3 得

$$a<\sqrt[n]{1+a^n+\left(\frac{a^2}{2}\right)^n}\leqslant\sqrt[n]{3}\,a,$$

而 $\sqrt[n]{3}\,a\to a(n\to\infty)$，于是由夹逼准则知 $\lim\limits_{n\to\infty}\sqrt[n]{1+a^n+\left(\dfrac{a^2}{2}\right)^n}=a$；

当 $a>2$ 时，由例 1.3.3 得

$$\frac{a^2}{2}<\sqrt[n]{1+a^n+\left(\frac{a^2}{2}\right)^n}\leqslant\sqrt[n]{3}\,\frac{a^2}{2},$$

而 $\sqrt[n]{3}\,\dfrac{a^2}{2}\to\dfrac{a^2}{2}(n\to\infty)$，于是由夹逼准则知 $\lim\limits_{n\to\infty}\sqrt[n]{1+a^n+\left(\dfrac{a^2}{2}\right)^n}=\dfrac{a^2}{2}$.

综上可知

$$\lim_{n\to\infty}\sqrt[n]{1+a^n+\left(\frac{a^2}{2}\right)^n}=\begin{cases}1, & 0\leqslant a\leqslant 1\\ a, & 1<a\leqslant 2\\ \dfrac{a^2}{2}, & a>2\end{cases}.$$

2. 单调有界准则

问题　我们已经知道，收敛数列一定有界，但它的逆命题不成立，即有界数列不一定有极限. 如果加上条件：数列是单调的，则单调有界数列有极限吗？

定义 1.3.1　如果数列 $\{x_n\}$ 满足条件 $x_1\leqslant x_2\leqslant\cdots\leqslant x_n\leqslant x_{n+1}\leqslant\cdots$，就称数列 $\{x_n\}$ 是单调增加的；如果数列 $\{x_n\}$ 满足条件 $x_1\geqslant x_2\geqslant\cdots\geqslant x_n\geqslant x_{n+1}\geqslant\cdots$，就称数列 $\{x_n\}$ 是单调减少的.

单调增加和单调减少的数列统称为单调数列.

定理 1.3.3(单调有界准则)　单调有界数列必有极限.

具体说：单调增加有上界的数列必有极限；单调减少有下界的数列必有极限.

证明　不妨设数列 $\{x_n\}$ 单调增加有上界. 由于 $\{x_n\}$ 有上界，因此 $\exists M>0$，使得 $x_1\leqslant x_2\leqslant$

确界和确界原理

$\cdots \leqslant x_n \leqslant \cdots \leqslant M$. 由确界原理知，$\{x_n\}$有上确界 a. 由上确界定义知，对一切 n，有 $x_n \leqslant a$. 又 $\forall \varepsilon>0$，$a-\varepsilon$ 不是$\{x_n\}$的上界，所以存在 $N \in \mathbf{N}^+$，使得 $x_N > a-\varepsilon$. 又$\{x_n\}$是单调增加的，故当 $n>N$ 时，有 $x_n > x_N > a-\varepsilon$. 因此，当 $n>N$ 时，有 $a-\varepsilon < x_n \leqslant a < a+\varepsilon$，即 $|x_n - a| < \varepsilon$. 这就证明了数列$\{x_n\}$的极限存在，且极限是上确界 a.

定理 1.3.3 的几何解释 单调增加数列在数轴上对应的点只可能向右侧一个方向移动，或者无限向右移动，或者无限趋近于某一定点 a，而对有界数列只可能发生后者情况(见图 1.3.1).

x_1 x_2 x_n x_{n+1} M x

图 1.3.1

注 单调有界是数列收敛的充分条件，但不是必要条件.

复利是经济学中的一个基本概念，它是指按本金计算的每个存款周期的利息在期末加入本金，并在以后的各期内再计利息. 设某银行年利率为 r，一年支付 n 次，初始存款为 P 元，则 t 年后在银行的存款余额为 $P\left(1+\dfrac{r}{n}\right)^{nt}$.

当 $n\to\infty$时，$P\left(1+\dfrac{r}{n}\right)^{nt}$ 的极限称为 t 年后按连续复利计息得到的存款余额，即需要求$\lim\limits_{n\to\infty} P\left(1+\dfrac{r}{n}\right)^{nt}$，这就涉及重要极限$\lim\limits_{n\to\infty}\left(1+\dfrac{1}{n}\right)^{n}$ 的结果.

由单调有界准则，可以证明重要极限$\lim\limits_{n\to\infty}\left(1+\dfrac{1}{n}\right)^{n}$ 存在，并将其极限值记为 e. 这里 e=2.718 281 82…是一个无理数，也就是自然对数的底 e.

证明 令 $x_n=\left(1+\dfrac{1}{n}\right)^{n}$，先证$\{x_n\}$是单调增加数列.

由二项式定理知

$$\begin{aligned} x_n &= 1+n\cdot\frac{1}{n}+\frac{n(n-1)}{2!}\cdot\frac{1}{n^2}+\cdots+\frac{n(n-1)\cdots 2\cdot 1}{n!}\cdot\frac{1}{n^n} \\ &= 1+1+\frac{1}{2!}\left(1-\frac{1}{n}\right)+\cdots+\frac{1}{n!}\left(1-\frac{1}{n}\right)\left(1-\frac{2}{n}\right)\cdots\left(1-\frac{n-1}{n}\right), \end{aligned}$$

$$\begin{aligned} x_{n+1} = {} & 1+1+\frac{1}{2!}\left(1-\frac{1}{n+1}\right)+\cdots+\frac{1}{n!}\left(1-\frac{1}{n+1}\right)\left(1-\frac{2}{n+1}\right)\cdots\left(1-\frac{n-1}{n+1}\right)+ \\ & \frac{1}{(n+1)!}\left(1-\frac{1}{n+1}\right)\left(1-\frac{2}{n+1}\right)\cdots\left(1-\frac{n}{n+1}\right). \end{aligned}$$

从第三项起，x_n 的每项都小于 x_{n+1}的对应项，且 x_{n+1}还多了最后一个正项，因此 $x_n < x_{n+1}$，即$\{x_n\}$是单调增加数列.

再证$\{x_n\}$是有界数列.

因为

$$x_n = 1+1+\frac{1}{2!}\left(1-\frac{1}{n}\right)+\cdots+\frac{1}{n!}\left(1-\frac{1}{n}\right)\left(1-\frac{2}{n}\right)\cdots\left(1-\frac{n-1}{n}\right) \leqslant$$

$$1+1+\frac{1}{2!}+\cdots+\frac{1}{n!}<1+1+\frac{1}{2}+\cdots+\frac{1}{2^{n-1}}<3,$$

所以$\{x_n\}$是有界数列.

由单调有界准则知，$x_n=\left(1+\dfrac{1}{n}\right)^n$ 的极限存在，将此极限记为 e，即$\lim\limits_{n\to\infty}\left(1+\dfrac{1}{n}\right)^n=\mathrm{e}$.

下面按连续复利计息，设初始存款为 P，年利率为 r，则 t 年后的存款余额为

$$\lim_{n\to\infty}P\left(1+\frac{r}{n}\right)^{nt}=\lim_{n\to\infty}P\left[\left(1+\frac{r}{n}\right)^{\frac{n}{r}}\right]^{rt}=P\left[\lim_{n\to\infty}\left(1+\frac{r}{n}\right)^{\frac{n}{r}}\right]^{rt}=P\mathrm{e}^{rt}.$$

例 1.3.5　设 $a>0$，$x_1>0$，$x_{n+1}=\dfrac{1}{3}\left(2x_n+\dfrac{a}{x_n^2}\right)(n=1, 2, \cdots)$，证明$\{x_n\}$收敛，并求其极限.

证明　因为 $x_{n+1}=\dfrac{1}{3}\left(x_n+x_n+\dfrac{a}{x_n^2}\right)\geqslant\sqrt[3]{x_nx_n\dfrac{a}{x_n^2}}=\sqrt[3]{a}$，所以$\{x_n\}$有下界. 又

$$x_{n+1}-x_n=\frac{1}{3}\left(2x_n+\frac{a}{x_n^2}\right)-x_n=\frac{a-x_n^3}{3x_n^2}\leqslant 0,$$

故$\{x_n\}$单调减少. 由单调有界准则知，数列$\{x_n\}$收敛.

设$\lim\limits_{n\to\infty}x_n=b$，对 $x_{n+1}=\dfrac{1}{3}\left(2x_n+\dfrac{a}{x_n^2}\right)$两边取极限，得 $b=\dfrac{1}{3}\left(2b+\dfrac{a}{b^2}\right)$，解得 $b=\sqrt[3]{a}$.

例 1.3.6　已知 $a>0$，$x_1=\sqrt{a}$，$x_2=\sqrt{a+\sqrt{a}}$，…，$x_n=\sqrt{a+\sqrt{a+\cdots+\sqrt{a}}}$，证明$\{x_n\}$收敛，并求其极限.

证明　先证$\{x_n\}$的单调性.

由已知得 $x_2=\sqrt{a+x_1}>x_1$. 假设当 $n=k$ 时，$x_k>x_{k-1}$，则当 $n=k+1$ 时，

$$x_{k+1}=\sqrt{a+x_k}>\sqrt{a+x_{k-1}}=x_k,$$

即 $x_{k+1}>x_k$，因此当 $n=k+1$ 时，不等式也成立. 由数学归纳法知，$\{x_n\}$是单调增加的.

再证$\{x_n\}$的有界性.

显然，$x_1=\sqrt{a}<\sqrt{a}+1$，假设当 $n=k$ 时，$x_k<\sqrt{a}+1$，则当 $n=k+1$ 时，

$$x_{k+1}=\sqrt{a+x_k}<\sqrt{a+\sqrt{a}+1}<\sqrt{a+2\sqrt{a}+1}=\sqrt{(\sqrt{a}+1)^2}=\sqrt{a}+1.$$

由数学归纳法知，$\{x_n\}$有上界.

由单调有界准则知，$\{x_n\}$收敛.

设$\lim\limits_{n\to\infty}x_n=b$，对递推公式 $x_{k+1}=\sqrt{a+x_k}$ 两边取极限，得 $b=\sqrt{a+b}$，即 $b^2-b-a=0$，解得 $b=\dfrac{1}{2}(1\pm\sqrt{1+4a})$. 由于 $x_n>0$，因此根据收敛数列的保号性，舍去负值，于是

$$\lim_{n\to\infty}x_n=\frac{1}{2}(1+\sqrt{1+4a}).$$

例 1.3.7　设 $a>b>0$，有两个数列$\{x_n\}$和$\{y_n\}$：

$$x_1=\frac{1}{2}(a+b),\ x_2=\frac{1}{2}(x_1+y_1),\ \cdots,\ x_n=\frac{1}{2}(x_{n-1}+y_{n-1}),\ \cdots;$$

$$y_1=\sqrt{ab},\ y_2=\sqrt{x_1y_1},\ \cdots,\ y_n=\sqrt{x_{n-1}y_{n-1}},\ \cdots.$$

证明：$\lim\limits_{n\to\infty}x_n=\lim\limits_{n\to\infty}y_n$.

证明 由于 $x_n-y_n=\dfrac{1}{2}(x_{n-1}+y_{n-1})-\sqrt{x_{n-1}y_{n-1}}=\dfrac{1}{2}(\sqrt{x_{n-1}}-\sqrt{y_{n-1}})^2\geqslant 0$，即 $x_n\geqslant y_n$，因此

$$x_n-x_{n-1}=\frac{1}{2}(x_{n-1}+y_{n-1})-x_{n-1}=\frac{1}{2}(y_{n-1}-x_{n-1})\leqslant 0，即\ x_n\leqslant x_{n-1}；$$

$$y_n-y_{n-1}=\sqrt{x_{n-1}y_{n-1}}-y_{n-1}=\sqrt{y_{n-1}}(\sqrt{x_{n-1}}-\sqrt{y_{n-1}})\geqslant 0，即\ y_n\geqslant y_{n-1}.$$

由此可知，$\{x_n\}$是单调减少数列，$\{y_n\}$是单调增加数列. 又

$$\sqrt{ab}=y_1\leqslant y_n\leqslant x_n\leqslant x_1=\frac{1}{2}(a+b),$$

所以$\{x_n\}$和$\{y_n\}$均有界. 由单调有界准则知，$\{x_n\}$和$\{y_n\}$的极限都存在.

设$\lim\limits_{n\to\infty}x_n=l_1$，$\lim\limits_{n\to\infty}y_n=l_2$，对 $x_n=\dfrac{1}{2}(x_{n-1}+y_{n-1})$两边取极限，得 $l_1=\dfrac{1}{2}(l_1+l_2)$，即 $l_1=l_2$，于是$\lim\limits_{n\to\infty}x_n=\lim\limits_{n\to\infty}y_n$.

在求两个数列的商的极限时，如果分母的数列单调增加且无上界，那么这个商的极限可用这两个数列相邻两项差的商的极限来求，这就是著名的施笃兹定理. 这种方法对不易求前 n 项和的数列特别有效.

施笃兹定理

例 1.3.8 求$\lim\limits_{n\to\infty}\dfrac{1^k+2^k+\cdots+n^k}{n^{k+1}}$.

解 令 $x_n=1^k+2^k+\cdots+n^k$，$y_n=n^{k+1}$（$\{y_n\}$严格单调增加且趋于$+\infty$），则

$$x_{n-1}=1^k+2^k+\cdots+(n-1)^k,\quad y_{n-1}=(n-1)^{k+1},$$

于是，

$$\begin{aligned}
原式&=\lim_{n\to\infty}\frac{x_n}{y_n}=\lim_{n\to\infty}\frac{x_n-x_{n-1}}{y_n-y_{n-1}}=\lim_{n\to\infty}\frac{n^k}{n^{k+1}-(n-1)^{k+1}}\\
&=\lim_{n\to\infty}\frac{n^k}{n^{k+1}-[\mathrm{C}_{k+1}^0n^{k+1}-\mathrm{C}_{k+1}^1n^k+\mathrm{C}_{k+1}^2n^{k-1}-\cdots+(-1)^{k+1}\mathrm{C}_{k+1}^{k+1}]}\\
&=\lim_{n\to\infty}\frac{n^k}{\mathrm{C}_{k+1}^1n^k-\mathrm{C}_{k+1}^2n^{k-1}+\cdots-(-1)^{k+1}\mathrm{C}_{k+1}^{k+1}}\\
&=\lim_{n\to\infty}\frac{1}{\mathrm{C}_{k+1}^1-\mathrm{C}_{k+1}^2\dfrac{1}{n}+\cdots-(-1)^{k+1}\mathrm{C}_{k+1}^{k+1}\dfrac{1}{n^k}}=\frac{1}{k+1}.
\end{aligned}$$

在数列$\{x_n\}$极限的“$\varepsilon-N$”定义中，判别数列$\{x_n\}$的极限是否存在，需要事先给出确定的常数 a. 如果数列$\{x_n\}$不具有单调有界性，试想：能否只根据$\{x_n\}$本身的特性，而不必借助常数 a，就判别出数列$\{x_n\}$的极限是否存在？柯西收敛准则是一个充要条件，它根据数列自身各项之间的关系判别数列的收敛性.

柯西收敛准则

习　题　1－3

基　础　题

1. 讨论下列数列的单调性和有界性，若数列有极限，求出极限值.

(1) $x_n=\dfrac{n+1}{n}(n=1,\ 2,\ \cdots)$；　　(2) $x_n=\left(-\dfrac{1}{3}\right)^n(n=1,\ 2,\ \cdots)$；

(3) $x_n=2^n(n=1,\ 2,\ \cdots)$；　　(4) $x_n=n\sin\dfrac{n\pi}{2}(n=1,\ 2,\ \cdots)$.

2. 计算下列极限：

(1) $\lim\limits_{n\to\infty}\dfrac{1+2+3+\cdots+n}{n^2}$；　　(2) $\lim\limits_{n\to\infty}\left[1+\left(\dfrac{1}{2}\right)^2+\cdots+\left(\dfrac{1}{2^{n-1}}\right)^2\right]$；

(3) $\lim\limits_{n\to\infty}\dfrac{1+2+2^2+\cdots+2^n}{3^n}$；　　(4) $\lim\limits_{n\to\infty}\left[\dfrac{1}{1\cdot 2}+\dfrac{1}{2\cdot 3}+\cdots+\dfrac{1}{n(n-1)}\right]$；

(5) $\lim\limits_{n\to\infty}\sqrt{n}\,(\sqrt{n+1}-\sqrt{n-1})$；　　(6) $\lim\limits_{n\to\infty}\left[\sqrt{1+2+\cdots+n}-\sqrt{1+2+\cdots+(n-1)}\right]$.

3. 计算下列极限：

(1) $\lim\limits_{n\to\infty}\left(\dfrac{1}{n^3+1}+\dfrac{2^2}{n^3+2}+\cdots+\dfrac{n^2}{n^3+n}\right)$；　(2) $\lim\limits_{n\to\infty}\sqrt[n]{1+\dfrac{1}{n}}$；

(3) $\lim\limits_{n\to\infty}\left(1+\dfrac{2}{n}\right)^{2n}$；　　(4) $\lim\limits_{n\to\infty}\left(\dfrac{n+2}{n+3}\right)^n$.

4. 已知 $a_n=\sqrt[n]{1+x^n}$ $(x\geqslant 0)$，求 $\lim\limits_{n\to\infty}a_n$.

5. (1) 设 $a>0$，$x_1>0$，$x_{n+1}=\dfrac{1}{2}\left(x_n+\dfrac{a}{x_n}\right)(n=1,\ 2,\ \cdots)$，证明数列 $\{x_n\}$ 收敛，并求其极限.

(2) 设 $x_1=10$，$x_{n+1}=\sqrt{6+x_n}\,(n=1,\ 2,\ \cdots)$，证明数列 $\{x_n\}$ 收敛，并求其极限.

提　高　题

1. 设 $\lim\limits_{n\to\infty}a_n=a$，利用施笃兹定理证明：

(1) $\lim\limits_{n\to\infty}\dfrac{a_1+a_2+\cdots+a_n}{n}=a$；

(2) $\lim\limits_{n\to\infty}\sqrt[n]{a_1\cdot a_2\cdot\cdots\cdot a_n}=a$，$a_i>0$ $(i=1,\ 2,\ \cdots,\ n)$.

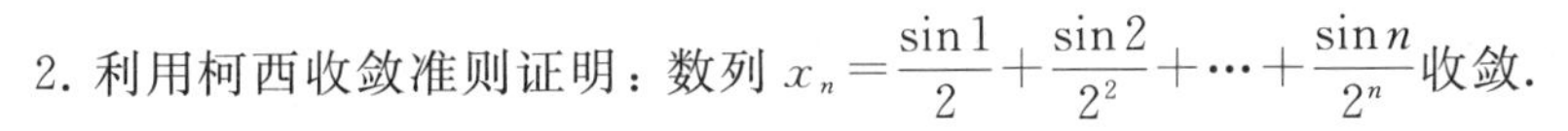

2. 利用柯西收敛准则证明：数列 $x_n=\dfrac{\sin 1}{2}+\dfrac{\sin 2}{2^2}+\cdots+\dfrac{\sin n}{2^n}$ 收敛.

习题 1－3
参考答案

第四节　函数的极限

前面学习了数列的极限，而数列可看作一类特殊的函数，即自变量取 1，2，…，若自变量不再限于正整数，而是连续变化的，就得到了函数. 那么该如何由数列极限推广出函数极限的一般概念呢？

教学目标

在自变量的某个变化过程中，如果对应的函数值无限接近于某个确定的数，那么这个确定的数就叫作在这一变化过程中函数的极限. 与数列不同，函数的自变量 x 是连续变化的，且在数列($x_n=f(n)$，$n\in \mathbf{N}^+$)取极限的过程中，n 是趋向于正无穷大的，而函数的自变量 x 可趋向于正无穷大(记为 $x\to+\infty$)，也可趋向于负无穷大(记为 $x\to-\infty$)，或者绝对值 $|x|$ 无限变大(记为 $x\to\infty$)，还可趋向于某个点 x_0(记为 $x\to x_0$). 下面我们分别来讨论自变量的不同变化过程中函数的极限问题.

一、自变量趋于无穷大时函数的极限

1. 极限的定义

设函数 $f(x)$ 当 $|x|>a$ 时有定义，如果在 $x\to\infty$ 的过程中，对应的函数值 $f(x)$ 无限趋近于某个常数 A，则常数 A 称为 $f(x)$ 当 $x\to\infty$ 时的极限. 类似于数列极限，我们给出这种极限的定义.

定义 1.4.1　设函数 $f(x)$ 当 $|x|>a$ 时有定义，如果对于任意给定的正数 ε(无论它多么小)，总存在一个正数 X，使得对满足不等式 $|x|>X$ 的一切 x，对应的函数值 $f(x)$ 都满足 $|f(x)-A|<\varepsilon$，则常数 A 称为函数 $f(x)$ 当 $x\to\infty$ 时的极限，记作

$$\lim_{x\to\infty}f(x)=A$$

或

$$f(x)\to A\quad(x\to\infty).$$

定义 1.4.1 可以简单地叙述为

$$\lim_{x\to\infty}f(x)=A\Leftrightarrow\forall\varepsilon>0,\ \exists X>0,\ \text{当}|x|>X\text{ 时，有}|f(x)-A|<\varepsilon.$$

类似可定义：

$$\lim_{x\to+\infty}f(x)=A\Leftrightarrow\forall\varepsilon>0,\ \exists X>0,\ \text{当}x>X\text{ 时，有}|f(x)-A|<\varepsilon.$$

$$\lim_{x\to-\infty}f(x)=A\Leftrightarrow\forall\varepsilon>0,\ \exists X>0,\ \text{当}x<-X\text{ 时，有}|f(x)-A|<\varepsilon.$$

例 1.4.1　用函数极限的定义证明 $\lim\limits_{x\to\infty}\dfrac{1}{x}=0$.

证明　$\forall\varepsilon>0$，要证 $\exists X>0$，当 $|x|>X$ 时，有

$$\left|\frac{1}{x}-0\right|=\frac{1}{|x|}<\varepsilon\text{，即}|x|>\frac{1}{\varepsilon},$$

可取 $X=\dfrac{1}{\varepsilon}$，则当 $|x|>X=\dfrac{1}{\varepsilon}$ 时，有

$$\left|\frac{1}{x}-0\right|=\left|\frac{1}{x}\right|<\frac{1}{X}=\varepsilon.$$

由函数极限的定义知，$\lim\limits_{x\to\infty}\frac{1}{x}=0$.

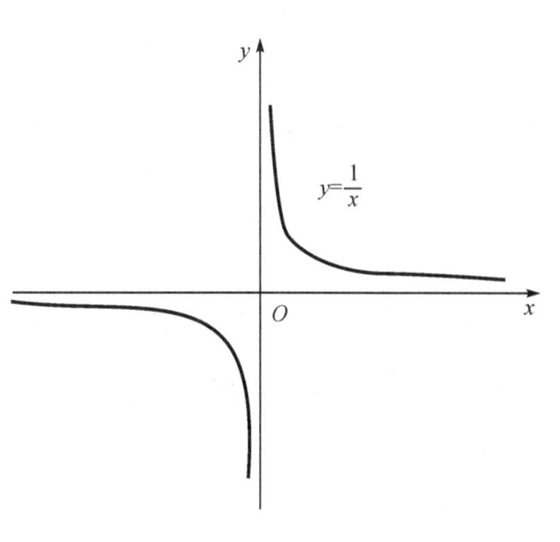

图 1.4.1

如图 1.4.1 所示，当 $x\to\infty$ 时，曲线 $y=\frac{1}{x}$ 越来越趋近于 x 轴. 这与 $\lim\limits_{x\to\infty}\frac{1}{x}=0$ 的结论是一致的. 直线 $y=0$ 称为曲线 $y=\frac{1}{x}$ 的水平渐近线.

2. 几何意义

$\lim\limits_{x\to\infty}f(x)=A$ 的几何意义　对于任意给定的正数 ε，作直线 $y=A-\varepsilon$ 和 $y=A+\varepsilon$，则总存在一个正数 X，使得当 $|x|>X$ 时，有 $|f(x)-A|<\varepsilon$ 或 $A-\varepsilon<f(x)<A+\varepsilon$，即函数 $y=f(x)$ 的图形位于两直线之间，如图 1.4.2 所示.

图 1.4.2

一般地，如果 $\lim\limits_{x\to\infty}f(x)=c$，则 $y=c$ 是曲线 $y=f(x)$ 的水平渐近线.

例 1.4.2　用函数极限的定义证明 $\lim\limits_{x\to\infty}\frac{\sin x}{x}=0$.

证明　因为 $\left|\frac{\sin x}{x}-0\right|=\left|\frac{\sin x}{x}\right|\leqslant\frac{1}{|x|}$，所以 $\forall\varepsilon>0$，要使 $\left|\frac{\sin x}{x}-0\right|<\varepsilon$，只要 $\frac{1}{|x|}<\varepsilon$，即 $|x|>\frac{1}{\varepsilon}$，因此可取 $X=\frac{1}{\varepsilon}$，则当 $|x|>X=\frac{1}{\varepsilon}$ 时，有 $\left|\frac{\sin x}{x}-0\right|<\frac{1}{X}=\varepsilon$. 由函数极限的定义知，$\lim\limits_{x\to\infty}\frac{\sin x}{x}=0$.

例 1.4.3　用函数极限的定义证明 $\lim\limits_{x\to-\infty}\mathrm{e}^{x}=0$.

证明　由于 $|\mathrm{e}^{x}-0|=\mathrm{e}^{x}$，因此 $\forall\varepsilon>0$，要使 $\mathrm{e}^{x}<\varepsilon$，只要 $x<\ln\varepsilon$. $\forall\varepsilon\in(0,1)$，可取 $X=-\ln\varepsilon$，则当 $x<-X$ 时，有 $|\mathrm{e}^{x}-0|<\varepsilon$. 由函数极限的定义知，$\lim\limits_{x\to-\infty}\mathrm{e}^{x}=0$.

思考题

二、自变量趋于有限值时函数的极限

1. 邻域

设 a 为实数，则以点 a 为中心的任何开区间称为点 a 的邻域，记作 $U(a)$.设 δ 是一正数，则称开区间$(a-\delta, a+\delta)$为点 a 的 δ 邻域，记作$U(a, \delta)$，即

$$U(a, \delta)=\{x \mid a-\delta<x<a+\delta\}=\{x \mid |x-a|<\delta\},$$

其中点 a 称为邻域的中心，δ 称为邻域的半径. $U(a, \delta)$在数轴上表示如图 1.4.3 所示.

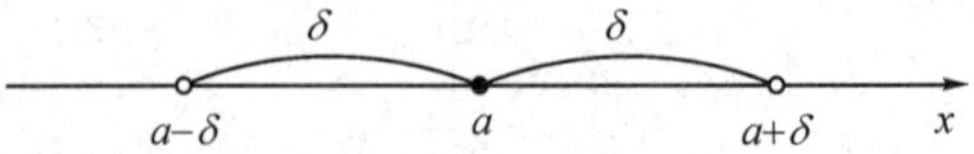

图 1.4.3

有时用到的邻域需要将邻域中心去掉，点 a 的 δ 邻域去掉中心 a 之后所得邻域称为点 a 的去心 δ 邻域，记作 $\mathring{U}$，即

$$\mathring{U}(a, \delta)=\{x \mid 0<|x-a|<\delta\}.$$

$\mathring{U}(a, \delta)$在数轴上表示如图 1.4.4 所示.

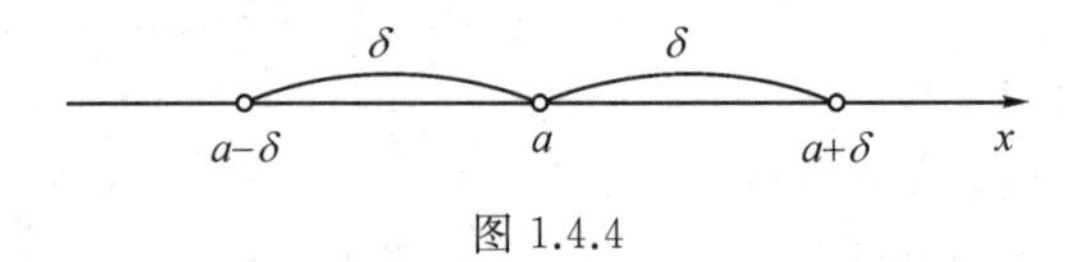

图 1.4.4

为了方便，将开区间$(a-\delta, a)$称为点 a 的左邻域，将开区间$(a, a+\delta)$称为点 a 的右邻域.

2. 极限的定义

设函数 $f(x)$在点 x_0 的某去心邻域内有定义，如果 x 以任意方式趋向于 x_0 时，对应的函数值 $f(x)$与某个常数 A 无限接近，那么就说 A 为函数 $f(x)$当 $x \to x_0$ 时的极限.

x 以任意方式趋向于 x_0，即$|x-x_0|$任意小；对应的函数值 $f(x)$与某个常数 A 无限接近，即$|f(x)-A|$可任意小. 当$|x-x_0|$任意小时，就有$|f(x)-A|$任意小，也就是说，$\forall \varepsilon>0$，能找到 $\delta>0$，当 $0<|x-x_0|<\delta$ 时，有$|f(x)-A|<\varepsilon$，这就是 A 为函数 $f(x)$当 $x \to x_0$ 时的极限的实质. 下面我们给出这种极限的确切的数学定义.

定义 1.4.2 设函数 $f(x)$在点 x_0 的某一去心邻域内有定义，如果对于任意给定的正数 ε(无论它多么小)，总存在正数 δ，使得对于满足不等式 $0<|x-x_0|<\delta$ 的所有 x，对应的函数值 $f(x)$都满足不等式$|f(x)-A|<\varepsilon$，则常数 A 称为函数 $f(x)$当 $x \to x_0$ 时的极限，记作$\lim\limits_{x \to x_0} f(x)=A$ 或 $f(x) \to A(x \to x_0)$.

注 定义 1.4.2 中只要求 $f(x)$在点 x_0 的去心邻域内有定义，并不要求 $f(x)$在点 x_0 处一定有定义. 这是因为，我们研究的是 x 无限趋近于 x_0 时函数 $f(x)$的变化趋势，它与 $f(x)$在 $x=x_0$ 处是否有定义无关. 也就是说，在 $x \to x_0$ 这一变化过程中，尽管 x 无限趋近于 x_0，但它永远不等于 x_0.

定义 1.4.2 可以简单地叙述为

$$\lim_{x \to x_0} f(x)=A \Leftrightarrow \forall \varepsilon>0, \exists \delta>0, \text{当 } 0<|x-x_0|<\delta \text{ 时，有 } |f(x)-A|<\varepsilon.$$

3.几何意义

$\lim\limits_{x \to x_0} f(x)=A$ 的几何意义 如图 1.4.5 所示，无论给定的正数 ε 多么小，作直线

$y=A-\varepsilon$和$y=A+\varepsilon$，总能找到x_0的一个δ邻域$(x_0-\delta, x_0+\delta)$，使曲线$y=f(x)$在这个邻域内的部分完全落在两条直线之间. 只有点$(x_0, f(x_0))$可能例外.

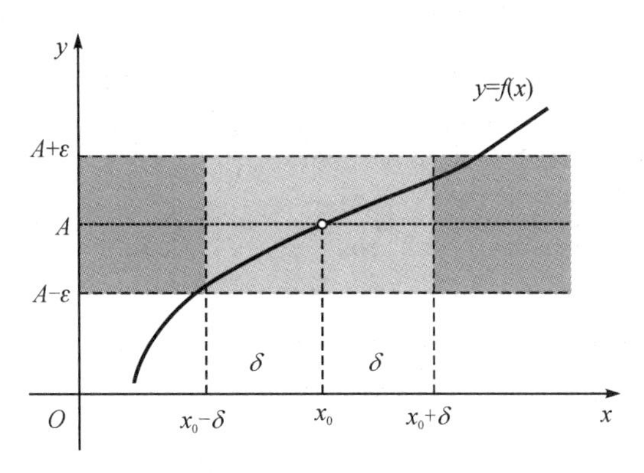

图 1.4.5

例 1.4.4　证明$\lim\limits_{x \to x_0} c=c$（$c$为常数).

证明　由于$|f(x)-A|=|c-c|=0$，因此对于任意给定的正数ε，可任取一正数δ，当$0<|x-x_0|<\delta$时，不等式$|f(x)-A|=|c-c|=0<\varepsilon$恒成立，所以

$$\lim_{x \to x_0} c=c.$$

例 1.4.5　证明$\lim\limits_{x \to x_0} x=x_0$.

证明　由于$|f(x)-A|=|x-x_0|$，因此对于任意给定的正数ε，可取$\delta=\varepsilon$，当$0<|x-x_0|<\delta$时，不等式$|f(x)-A|=|x-x_0|<\delta=\varepsilon$恒成立，所以

$$\lim_{x \to x_0} x=x_0.$$

例 1.4.6　证明$\lim\limits_{x \to x_0} \sqrt{x}=\sqrt{x_0}\ (x_0>0)$.

证明　由于

$$|f(x)-A|=|\sqrt{x}-\sqrt{x_0}|=\frac{|x-x_0|}{\sqrt{x}+\sqrt{x_0}}\leqslant\frac{|x-x_0|}{\sqrt{x_0}},$$

因此要使$|\sqrt{x}-\sqrt{x_0}|<\varepsilon$，只要$|x-x_0|<\sqrt{x_0}\,\varepsilon$即可. 又$x\geqslant 0$，故$|x-x_0|\leqslant x_0$，所以对于任意给定的正数$\varepsilon$，可取$\delta=\min\{x_0, \sqrt{x_0}\,\varepsilon\}$，当$0<|x-x_0|<\delta$时，不等式

$$|\sqrt{x}-\sqrt{x_0}|\leqslant\frac{|x-x_0|}{\sqrt{x_0}}<\frac{\sqrt{x_0}\,\varepsilon}{\sqrt{x_0}}=\varepsilon$$

恒成立，于是$\lim\limits_{x \to x_0} \sqrt{x}=\sqrt{x_0}$.

例 1.4.7　证明$\lim\limits_{x \to 2} x^2=4$.

证明　由于$x\to 2$，因此可设$|x-2|<1$，即$1<x<3$. 而

$$|x^2-4|=|x-2|\,|x+2|<5|x-2|,$$

所以对于任意给定的正数ε，可取$\delta=\min\left\{\frac{\varepsilon}{5}, 1\right\}$，当$0<|x-2|<\delta$时，不等式$|x^2-4|<5\delta\leqslant\varepsilon$恒成立，于是$\lim\limits_{x \to 2} x^2=4$.

例 1.4.8　证明$\lim\limits_{x\to x_0}\sin x=\sin x_0$.

证明　由于

$$\sin x-\sin x_0=2\cos\frac{x+x_0}{2}\cdot\sin\frac{x-x_0}{2},$$

而$\left|\cos\frac{x+x_0}{2}\right|\leqslant 1$，因此利用不等式$|\sin x|\leqslant|x|$ $\left(0<|x|<\frac{\pi}{2}\right)$有

$$|\sin x-\sin x_0|=2\left|\cos\frac{x+x_0}{2}\right|\cdot\left|\sin\frac{x-x_0}{2}\right|$$

$$\leqslant 2\cdot 1\cdot\frac{|x-x_0|}{2}=|x-x_0|.$$

$\forall\varepsilon>0$，取$\delta=\varepsilon$，当$0<|x-x_0|<\delta$时，便有$|\sin x-\sin x_0|<\varepsilon$，从而

$$\lim_{x\to x_0}\sin x=\sin x_0.$$

特别地，当$x_0=0$时，有$\lim\limits_{x\to 0}\sin x=\sin 0=0$.

三、单侧极限

定义 1.4.2 给出的是当$x\to x_0$时函数$f(x)$极限的定义，x是既从x_0的左侧也从x_0的右侧以任意方式趋向于x_0的. 但有时只能或者只需考虑x仅从x_0的左侧趋向于x_0(记作$x\to x_0^-$)的情形，或x仅从x_0的右侧趋向于x_0(记作$x\to x_0^+$)的情形. 对于$x\to x_0^-$的情形，x在x_0的左侧，$x<x_0$. 在$\lim\limits_{x\to x_0}f(x)=A$的定义中，把$0<|x-x_0|<\delta$改为$0<x_0-x<\delta$，那么$A$就叫作函数$f(x)$当$x\to x_0$时的**左极限**，记作$\lim\limits_{x\to x_0^-}f(x)=A$或$f(x_0^-)=A$.

类似地，在$\lim\limits_{x\to x_0}f(x)=A$的定义中，把$0<|x-x_0|<\delta$改为$0<x-x_0<\delta$，那么$A$就叫作函数$f(x)$当$x\to x_0$时的**右极限**，记作$\lim\limits_{x\to x_0^+}f(x)=A$或$f(x_0^+)=A$.

左极限和右极限统称为单侧极限.

根据$x\to x_0$时函数$f(x)$的极限定义以及左极限和右极限的定义，容易证明：$\lim\limits_{x\to x_0}f(x)$存在的充分必要条件是$\lim\limits_{x\to x_0^-}f(x)$及$\lim\limits_{x\to x_0^+}f(x)$各自存在并且相等.

因此，即使$\lim\limits_{x\to x_0^-}f(x)$和$\lim\limits_{x\to x_0^+}f(x)$都存在，但若不相等，则$\lim\limits_{x\to x_0}f(x)$也不存在.

我们经常用这个结论来判断一个函数的极限是否存在.

例 1.4.9　判断当$x\to 0$时，函数$f(x)=\frac{|x|}{x}$的极限是否存在.

解　因为当$x<0$时，$|x|=-x$，当$x>0$时，$|x|=x$，所以

$$\lim_{x\to 0^-}f(x)=\lim_{x\to 0^-}\frac{-x}{x}=-1,\qquad \lim_{x\to 0^+}f(x)=\lim_{x\to 0^+}\frac{x}{x}=1.$$

由于$\lim\limits_{x\to 0^+}f(x)\neq\lim\limits_{x\to 0^-}f(x)$，因此当$x\to 0$时，函数$f(x)=\frac{|x|}{x}$的极限不存在.

四、函数极限的性质

下面我们仅以“$x\to x_0$”为代表给出函数极限的性质，其他形式的极限性质可类似推出.

定理 1.4.1(唯一性)　如果$\lim\limits_{x\to x_0}f(x)$存在，则这极限是唯一的.

定理 1.4.2(局部有界性)　如果$\lim\limits_{x\to x_0}f(x)=A$，则存在常数$M>0$和$\delta>0$，使得当$0<|x-x_0|<\delta$时，有$|f(x)|\leqslant M$.

定理 1.4.1 和定理 1.4.2 的证明与数列极限相应定理的证明完全类似，这里略去不证.

定理 1.4.3(局部保号性)　如果$\lim\limits_{x\to x_0}f(x)=A$，且$A>0$(或$A<0$)，则存在常数$\delta>0$，使得当$0<|x-x_0|<\delta$时，有$f(x)>0$(或$f(x)<0$).

证明　设$A>0$，由$\lim\limits_{x\to x_0}f(x)=A$知，对$\varepsilon=\dfrac{A}{2}$，$\exists\,\delta>0$，当$0<|x-x_0|<\delta$时，有

$$|f(x)-A|<\frac{A}{2}\Rightarrow f(x)>A-\frac{A}{2}=\frac{A}{2}>0.$$

类似地可以证明$A<0$的情形.

由定理 1.4.3 的证明可知，在定理 1.4.3 的条件下，可有下面更强的结论：

推论 1　如果$\lim\limits_{x\to x_0}f(x)=A\neq0$，那么一定存在点$x_0$的去心邻域$\mathring{U}(x_0,\delta)$，使得当$x\in(x_0,\delta)$时，必有$|f(x)|>\dfrac{|A|}{2}$.

推论 2　如果在点x_0的某一去心邻域内有$f(x)\geqslant0$(或$f(x)\leqslant0$)，且$\lim\limits_{x\to x_0}f(x)=A$，那么必有$A\geqslant0$(或$A\leqslant0$).

证明　用反证法. 设在点x_0的某一去心邻域内有$f(x)\geqslant0$，而$A<0$，由$\lim\limits_{x\to x_0}f(x)=A$及定理 1.4.3 知，存在点$x_0$的去心邻域$\mathring{U}(x_0,\delta)$，使得当$x\in\mathring{U}(x_0,\delta)$时，必有$f(x)<0$，这与$f(x)\geqslant0$矛盾，所以$A\geqslant0$.

类似地可以证明$f(x)\leqslant0$的情形.

注　即使$f(x)$在点x_0的某一去心邻域内恒大于零，也不能确保$\lim\limits_{x\to x_0}f(x)=A>0$. 例如，$f(x)=x^2$在$\mathring{U}(0,\delta)$内恒大于零，但$\lim\limits_{x\to0}x^2=0$.

五、函数极限与数列极限的关系

我们知道，数列极限是函数极限的特殊情形，函数极限在某种意义下可归结为数列极限，下面的定理给出了函数极限与数列极限的一种关系.

定理 1.4.4　如果极限$\lim\limits_{x\to x_0}f(x)$存在，$\{x_n\}$为函数$f(x)$的定义域内任一收敛于$x_0$的数列，且$x_n\neq x_0(n\in\mathbf{N}^+)$，则数列$\{f(x_n)\}$必收敛，且$\lim\limits_{n\to\infty}f(x_n)=\lim\limits_{x\to x_0}f(x)$.

证明　设$\lim\limits_{x\to x_0}f(x)=A$，则$\forall\,\varepsilon>0$，$\exists\,\delta>0$，当$0<|x-x_0|<\delta$时，有$|f(x)-A|<\varepsilon$. 又$\lim\limits_{n\to\infty}x_n=x_0$，故对$\delta>0$，$\exists$正整数$N$，当$n>N$时，有$|x_n-x_0|<\delta$. 由于$x_n\neq x_0(n\in\mathbf{N}^+)$，因此当$n>N$时，$0<|x_n-x_0|<\delta$，从而$|f(x_n)-A|<\varepsilon$，即$\lim\limits_{n\to\infty}f(x_n)=A=\lim\limits_{x\to x_0}f(x)$.

根据定理 1.4.4，函数在一点处的极限可化为函数值数列的极限. 由此可以很容易地证明函数$f(x)$在点x_0处的极限不存在，具体方法如下：

找到两个收敛于 x_0 的数列$\{x_n\}$和$\{y_n\}$，如果数列$\{f(x_n)\}$和$\{f(y_n)\}$收敛于不同的极限，那么函数 $f(x)$在点 x_0 处的极限不存在.

例 1.4.10 证明：当 $x\to 0$ 时，函数 $f(x)=\sin\dfrac{1}{x}$的极限不存在.

证明 取 $x_n=\dfrac{1}{2n\pi+\dfrac{\pi}{2}}$，$y_n=\dfrac{1}{2n\pi-\dfrac{\pi}{2}}$，则当 $n\to\infty$时，$x_n\to 0$，$y_n\to 0$，但 $\sin\dfrac{1}{x_n}\to 1$，$\sin\dfrac{1}{y_n}\to -1$，所以当 $x\to 0$ 时，函数 $f(x)=\sin\dfrac{1}{x}$的极限不存在.

海涅定理

关于函数极限和数列极限之间的关系，海涅定理给出了更完整的表述.

习 题 1-4

基 础 题

1. 写出下列函数极限的严格数学定义：

(1) $\lim\limits_{x\to a^-}f(x)=b$；　(2) $\lim\limits_{x\to+\infty}f(x)=b$.

2. 应用函数极限的定义证明：

(1) $\lim\limits_{x\to 1}\dfrac{1}{(1-x)^2}=+\infty$；　(2) $\lim\limits_{x\to\infty}\dfrac{3x+1}{2x+1}=\dfrac{3}{2}$；　(3) $\lim\limits_{x\to 0}\dfrac{1-x^2}{1+x^2}=1$；

(4) $\lim\limits_{x\to 2}\dfrac{x^2-1}{x^2+1}=\dfrac{3}{5}$；　(5) $\lim\limits_{x\to 0}\dfrac{x}{x+1}=0$；　(6) $\lim\limits_{x\to\infty}\dfrac{2x^2+x}{x^2+2}=2$；

(7) $\lim\limits_{x\to 0}\dfrac{1+2x}{x}=\infty$；　(8) $\lim\limits_{x\to 2^+}\sqrt{x-2}=0$.

3. 设 $f(x)=\begin{cases}3x, & -1<x<1\\ 2, & x=1\\ 3x^2, & 1<x<2\end{cases}$，求$\lim\limits_{x\to 0}f(x)$及$\lim\limits_{x\to 1}f(x)$.

提 高 题

1. 对于任意给定的 $\varepsilon>0$，若存在 $\delta>0$，对适合不等式 $|x-a|<\delta$ 的一切 x，有 $|f(x)-L|<\varepsilon$，则(　　).

A. $f(x)$在点 a 处不存在极限

B. $f(x)$在$(a-\delta, a+\delta)$内严格单调

C. $f(x)$在$(a-\delta, a+\delta)$内无界

D. 对任意 $x\in(a-\delta, a+\delta)$，$f(x)=L$

2. 对于任意给定的 $\delta>0$，若存在 $\varepsilon>0$，对适合不等式 $|x-a|<\delta$ 的一切 x，有 $|f(x)-L|<\varepsilon$，则(　　).

A. $\lim\limits_{x\to a} f(x)=L$

B. $f(x)$在 $\mathbf{R}$ 上无界

C. $f(x)$在 $\mathbf{R}$ 上有界

D. $f(x)$在 $\mathbf{R}$ 上单调

习题 1-4
参考答案

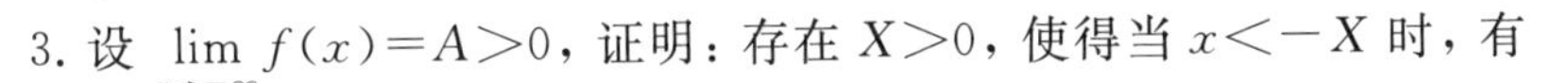

3. 设 $\lim\limits_{x\to -\infty} f(x)=A>0$，证明：存在 $X>0$，使得当 $x<-X$ 时，有

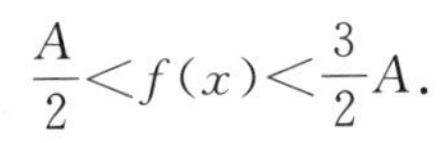

$\frac{A}{2}<f(x)<\frac{3}{2}A$.

第五节　函数极限的运算法则和两个重要极限

问题　数列可以表示为自变量取正整数的函数，即 $x_n=f(n)(n=1,2,\cdots)$，数列极限就是这类特殊函数的极限，那么，数列极限的四则运算法则和极限存在准则是否可以推广到函数极限呢?

本节就来探讨这个问题. 我们先给出函数极限的四则运算法则，再讨论复合函数的极限运算法则，最后探讨函数极限存在准则和两个重要极限. 以后我们还会介绍函数极限的其他求法.

教学目标

在以下讨论中，记号“lim”下面没有标明自变量的变化过程，是指下面定理对 $x\to x_0$ 和 $x\to\infty$ 都成立. 我们只给出了 $x\to x_0$ 情形的证明，至于 $x\to\infty$ 的情形稍加修改即可.

一、函数极限的四则运算法则

前面学习了数列极限的四则运算法则，将其推广到函数极限的情形，即有以下定理:

定理 1.5.1　若 $\lim f(x)=A$，$\lim g(x)=B$，则有

(1) $\lim[f(x)\pm g(x)]=\lim f(x)\pm\lim g(x)=A\pm B$;

(2) $\lim[f(x)\cdot g(x)]=\lim f(x)\cdot\lim g(x)=A\cdot B$;

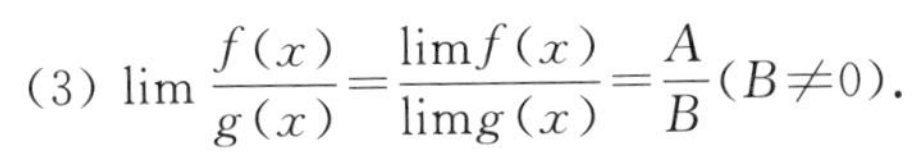

(3) $\lim\frac{f(x)}{g(x)}=\frac{\lim f(x)}{\lim g(x)}=\frac{A}{B}(B\neq 0)$.

函数极限的四则
运算法则证明

定理 1.5.1 的证明类似于数列极限的四则运算法则，请参考资料.

注　函数极限的和、差、积的运算法则可推广到有限个函数的情形. 例如，已知 $\lim f(x)=A$，$\lim g(x)=B$，$\lim h(x)=C$，则有

$$\lim[f(x)-g(x)+h(x)]=\lim f(x)-\lim g(x)+\lim h(x)=A-B+C;$$

$$\lim[f(x)\cdot g(x)\cdot h(x)]=\lim f(x)\cdot\lim g(x)\cdot\lim h(x)=A\cdot B\cdot C.$$

推论 1　若 $\lim f(x)=A$，C 为常数，则

$$\lim[Cf(x)]=C\lim[f(x)]=CA.$$

推论 2　若 $\lim f(x)=A$，N 为正整数，则

$$\lim[f(x)]^N=[\lim f(x)]^N=A^N.$$

例 1.5.1 已知有理整函数(多项式)$f(x)=a_0x^n+a_1x^{n-1}+\cdots+a_n$，求极限$\lim\limits_{x\to x_0}f(x)$.

解 由函数极限的和、差、积的运算法则得

$$\begin{aligned}\lim_{x\to x_0}f(x)&=\lim_{x\to x_0}(a_0x^n+a_1x^{n-1}+\cdots+a_n)\\&=a_0\left(\lim_{x\to x_0}x\right)^n+a_1\left(\lim_{x\to x_0}x\right)^{n-1}+\cdots+\lim_{x\to x_0}a_n\\&=a_0x_0^n+a_1x_0^{n-1}+\cdots+a_n=f(x_0).\end{aligned}$$

例 1.5.2 设有理分式函数 $F(x)=\dfrac{P(x)}{Q(x)}$，其中 $P(x)$和 $Q(x)$都是多项式，并且 $Q(x_0)\neq0$，求极限$\lim\limits_{x\to x_0}F(x)$.

解 由例 1.5.1 知

$$\lim_{x\to x_0}P(x)=P(x_0),\qquad \lim_{x\to x_0}Q(x)=Q(x_0).$$

又 $Q(x_0)\neq0$，故根据函数极限的商的运算法则，有

$$\lim_{x\to x_0}F(x)=\frac{\lim\limits_{x\to x_0}P(x)}{\lim\limits_{x\to x_0}Q(x)}=\frac{P(x_0)}{Q(x_0)}=F(x_0).$$

注 求有理整函数(多项式)当 $x\to x_0$ 的极限时，只要把 $x=x_0$ 代入函数即可；求有理分式函数当 $x\to x_0$ 的极限时，若分母 $Q(x_0)\neq0$，则把 $x=x_0$ 代入函数即可. 在例1.5.2中，若 $Q(x_0)=0$，则不能直接应用函数极限的商的运算法则，需特别考虑.

例 1.5.3 求极限$\lim\limits_{x\to1}\dfrac{x^2-3x+2}{x^2-1}$.

解 因为分母的极限$\lim\limits_{x\to1}(x^2-1)=0$，所以不能使用函数极限的商的运算法则. 由于分子和分母中都含有极限为 0 的因子 $x-1$，而 $x\to1$ 时，$x\neq1$，$x-1\neq0$，可约去这个不为零的公因子，因此

$$\lim_{x\to1}\frac{x^2-3x+2}{x^2-1}=\lim_{x\to1}\frac{(x-1)(x-2)}{(x-1)(x+1)}=\lim_{x\to1}\frac{x-2}{x+1}=-\frac{1}{2}.$$

问题 根据函数极限的局部保号性，若$\lim\limits_{x\to x_0}f(x)=A$ 且$A>0$，则$\exists\,\delta>0$，使得当 $0<|x-x_0|<\delta$ 时，$f(x)>0$. 由此，试想：若$\lim\limits_{x\to x_0}f(x)=A$，$\lim\limits_{x\to x_0}g(x)=B$，且 $A>B$，是否$\exists\,\delta>0$，使得当 $0<|x-x_0|<\delta$ 时，有 $f(x)>g(x)$?

分析 令 $\varphi(x)=f(x)-g(x)$，则由函数极限的差的运算法则可得

$$\lim_{x\to x_0}\varphi(x)=\lim_{x\to x_0}f(x)-\lim_{x\to x_0}g(x)=A-B>0.$$

由函数极限的局部保号性知，$\exists\,\delta>0$，使得当 $0<|x-x_0|<\delta$ 时，$\varphi(x)>0$，即 $f(x)>g(x)$. 于是我们得到下面的定理：

定理 1.5.2(局部保序性) 若$\lim\limits_{x\to x_0}f(x)=A$，$\lim\limits_{x\to x_0}g(x)=B$，且 $A>B$(或 $A<B$)，则$\exists\,\delta>0$，使得当 $0<|x-x_0|<\delta$ 时，有 $f(x)>g(x)$(或 $f(x)<g(x)$).

推论 若在点 x_0 的某去心邻域内有 $f(x)\geqslant g(x)$(或 $f(x)\leqslant g(x)$)且$\lim\limits_{x\to x_0}f(x)=A$，$\lim\limits_{x\to x_0}g(x)=B$，则 $A\geqslant B$(或 $A\leqslant B$).

此推论可利用反证法证明，请读者自行完成.

注　当 $x\to\infty$ 时，也有类似的结论.

二、复合函数的极限运算法则

问题　对于复合函数 $y=f[g(x)]$，如果两个函数 $u=g(x)$ 与 $y=f(u)$ 都有极限，不妨设 $\lim\limits_{x\to x_0}g(x)=u_0$，$\lim\limits_{u\to u_0}f(u)=A$，那么需要满足什么条件，复合函数 $y=f[g(x)]$ 当 $x\to x_0$ 时的极限也等于 A？

关于上述问题，有以下定理：

定理 1.5.3(复合函数的极限运算法则)　设函数 $y=f[g(x)]$ 由函数 $y=f(u)$ 与函数 $u=g(x)$ 复合而成，$f[g(x)]$ 在点 x_0 的某去心邻域内有定义，若 $\lim\limits_{x\to x_0}g(x)=u_0$，$\lim\limits_{u\to u_0}f(u)=A$，且在 x_0 的某去心邻域内 $g(x)\neq u_0$，则

$$\lim_{x\to x_0}f[g(x)]=\lim_{u\to u_0}f(u)=A.$$

证明　按函数极限的定义，要证结论成立，即证 $\forall\varepsilon>0$，$\exists\delta>0$，当 $0<|x-x_0|<\delta$ 时，有 $|f[g(x)]-A|<\varepsilon$. 设当 $0<|x-x_0|<\delta_0$ 时，$g(x)\neq u_0$.

因为 $\lim\limits_{u\to u_0}f(u)=A$，所以 $\forall\varepsilon>0$，$\exists\eta>0$，当 $0<|u-u_0|<\eta$ 时，有 $|f(u)-A|<\varepsilon$. 又 $\lim\limits_{x\to x_0}g(x)=u_0$，故对上述 $\eta>0$，$\exists\delta_1>0$，当 $0<|x-x_0|<\delta_1$ 时，有 $|g(x)-u_0|<\eta$.

取 $\delta=\min\{\delta_0,\delta_1\}$，则当 $0<|x-x_0|<\delta$ 时，有 $0<|g(x)-u_0|<\eta$，从而

$$|f[g(x)]-A|=|f(u)-A|<\varepsilon.$$

注　(1) 把定理 1.5.3 中的 $\lim\limits_{x\to x_0}g(x)=u_0$ 换成 $\lim\limits_{x\to x_0}g(x)=\infty$ 或 $\lim\limits_{x\to\infty}g(x)=\infty$，而把 $\lim\limits_{u\to u_0}f(u)=A$ 换成 $\lim\limits_{u\to\infty}f(u)=A$，有类似结果.

(2) 在定理 1.5.3 的条件下，求复合函数的极限时，作变量代换 $u=g(x)$，可把 $\lim\limits_{x\to x_0}f[g(x)]$ 化为求 $\lim\limits_{u\to u_0}f(u)$，其中 $u_0=\lim\limits_{x\to x_0}g(x)$.

(3) 当 $\lim\limits_{u\to u_0}f(u)=\infty$ 时，必有 $\lim\limits_{x\to x_0}f[g(x)]=\lim\limits_{u\to u_0}f(u)=\infty$.

(4) 当 $\lim\limits_{u\to u_0}f(u)$ 不存在时，不要误认为 $\lim\limits_{x\to x_0}f[g(x)]$ 也不存在. 事实上，$\lim\limits_{x\to x_0}f[g(x)]$ 可能存在. 例如，设 $f(u)=\mathrm{e}^{-\frac{1}{u}}$，则 $\lim\limits_{u\to 0}f(u)$ 不存在. 取 $u=g(x)=x^2>0$，则有 $\lim\limits_{x\to 0}u=0$，此时 $\lim\limits_{x\to 0}f[g(x)]=\lim\limits_{x\to 0}\mathrm{e}^{-\frac{1}{x^2}}=0$.

(5) 若在 x_0 的某去心邻域内有 $g(x)=u_0$，即使内、外两个函数极限都存在，复合函数的极限也可能不等于极限 A. 例如，设 $f(u)=\begin{cases}u, & u\neq 1\\ 2, & u=1\end{cases}$，$u=g(x)=1$，则 $\lim\limits_{x\to 1}g(x)=1=u_0$，$\lim\limits_{u\to 1}f(u)=1=A$，而 $\lim\limits_{x\to 1}f[g(x)]=2\neq A$.

例 1.5.4　证明 $\lim\limits_{x\to 0}\cos x=1$.

证明　由于 $\cos x=1-2\sin^2\dfrac{x}{2}$，而 $\lim\limits_{x\to 0}\sin x=0$，因此

$$\lim_{x\to 0}\cos x=\lim_{x\to 0}\left(1-2\sin^2\frac{x}{2}\right)=1-2\lim_{x\to 0}\sin^2\frac{x}{2}=1.$$

例 1.5.5 求$\lim\limits_{x\to 1}\cos\left(\dfrac{x-1}{x^2+1}\right)$.

解 令 $u=\dfrac{x-1}{x^2+1}$，则$\lim\limits_{x\to 1}u=\lim\limits_{x\to 1}\dfrac{x-1}{x^2+1}=0$，故

$$\lim_{x\to 1}\cos\left(\frac{x-1}{x^2+1}\right)=\lim_{u\to 0}\cos u=1.$$

三、函数极限存在准则

1. 夹逼准则

数列极限的夹逼准则同样可推广到函数极限，有如下定理：

定理 1.5.4 如果函数 $f(x)$，$g(x)$及 $h(x)$满足下列条件：

(1) 当 $x\in \mathring{U}(x_0, \delta)$(或$|x|>M$)时，有 $f(x)\leqslant h(x)\leqslant g(x)$；

(2) $\lim\limits_{\substack{x\to x_0\\(x\to\infty)}} f(x)=A$，$\lim\limits_{\substack{x\to x_0\\(x\to\infty)}} g(x)=A$，

那么 $\lim\limits_{\substack{x\to x_0\\(x\to\infty)}} h(x)=A$.

此定理可采用类似数列极限的证明方法，请读者自行完成.

例 1.5.6 求 $\lim\limits_{x\to 0^+}x\left[\dfrac{1}{x}\right]$.

解 由于$\dfrac{1}{x}-1\leqslant\left[\dfrac{1}{x}\right]\leqslant\dfrac{1}{x}$，因此 $1-x\leqslant x\left[\dfrac{1}{x}\right]\leqslant 1$，于是由夹逼准则知，

$$\lim_{x\to 0^+}x\left[\frac{1}{x}\right]=1.$$

2. 单调有界准则

相应于数列极限的单调有界准则，函数极限也有类似的准则. 以 $x\to x_0^-$ 为例，叙述如下：

定理 1.5.5 设 $f(x)$在点 x_0 的某个左邻域内单调且有界，则 $f(x)$在点 x_0 的左极限必存在.

证明 不妨设 $f(x)$在点 x_0 的某个左邻域(a, x_0)内单调增加且有界，令

$$x_n=x_0-\frac{1}{n},\quad x_N=x_0-\frac{1}{N}>a,$$

则当 $n>N$ 时，x_n，$x_{n+1}\in(a, x_0)$，$x_n<x_{n+1}$，故数列 $f(x_n)$单调增加且有界，因此必有极限，设$\lim\limits_{n\to\infty}f(x_n)=A$.

任给 $x\in(x_N, x_0)$，令 $n=\left[\dfrac{1}{x_0-x}\right]$，得 $n\leqslant\dfrac{1}{x_0-x}<n+1$，从而

$$x_0-\frac{1}{n}\leqslant x<x_0-\frac{1}{n+1},$$

即 $x_n \leqslant x < x_{n+1}$，所以 $f(x_n) \leqslant f(x) < f(x_{n+1})$. 由于 $\lim\limits_{n\to\infty} f(x_n) = \lim\limits_{n\to\infty} f(x_{n+1}) = A$，因此由夹逼准则知，$\lim\limits_{x\to x_0^-} f(x) = \lim\limits_{n\to\infty} f(x_n) = A$.

四、两个重要极限

求函数极限时，经常需要知道一些已知函数的极限. 下面利用夹逼准则证明两个重要极限.

1. $\lim\limits_{x\to 0}\dfrac{\sin x}{x}=1$ **（记为 $\dfrac{0}{0}$ 型）**

首先注意到，函数 $\dfrac{\sin x}{x}$ 对于一切 $x\neq 0$ 都有定义. 如图 1.5.1 所示，在单位圆内作圆心角 $\angle AOB = x\left(0<x<\dfrac{\pi}{2}\right)$，且 $BC\perp OA$，$DA\perp OA$. 显然 $\sin x = CB$，$\tan x = AD$. 因为

$$S_{\triangle AOB} < S_{\text{扇形}AOB} < S_{\triangle AOD},$$

所以

$$\frac{1}{2}\sin x < \frac{1}{2}x < \frac{1}{2}\tan x,$$

即

$$\sin x < x < \tan x.$$

不等号各边都除以 $\sin x$，则有

$$1 < \frac{x}{\sin x} < \frac{1}{\cos x},$$

即

$$\cos x < \frac{\sin x}{x} < 1.$$

因为当 x 用 $-x$ 代替时，$\cos x$ 与 $\dfrac{\sin x}{x}$ 都不变，所以上面的不等式当 $-\dfrac{\pi}{2}<x<0$ 时也成立. 而 $\lim\limits_{x\to 0}\cos x = 1$，故由夹逼准则知，$\lim\limits_{x\to 0}\dfrac{\sin x}{x} = 1$.

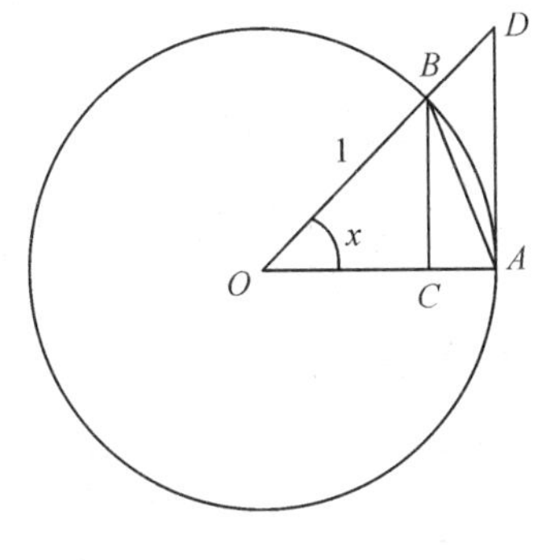

图 1.5.1

注　在极限 $\lim\dfrac{\sin\alpha(x)}{\alpha(x)}$ 中，只要 $\lim\alpha(x)=0$，就有 $\lim\dfrac{\sin\alpha(x)}{\alpha(x)}=1$. 这是因为，令

$u=\alpha(x)$，则 $u\to 0$，于是由复合函数的极限运算法则知，$\lim\dfrac{\sin\alpha(x)}{\alpha(x)}=\lim\limits_{u\to 0}\dfrac{\sin u}{u}=1$.

例 1.5.7　计算下列极限：

(1) $\lim\limits_{x\to 0}\dfrac{\tan x}{x}$；　(2) $\lim\limits_{x\to 0}\dfrac{1-\cos x}{x^2}$；　(3) $\lim\limits_{x\to\infty}x\sin\dfrac{1}{x}$；　(4) $\lim\limits_{x\to\pi}\dfrac{\sin x}{x-\pi}$.

解　(1) 原式 $=\lim\limits_{x\to 0}\left(\dfrac{\sin x}{x}\cdot\dfrac{1}{\cos x}\right)=\lim\limits_{x\to 0}\dfrac{\sin x}{x}\cdot\lim\limits_{x\to 0}\dfrac{1}{\cos x}=1$.

(2) 原式 $=\lim\limits_{x\to 0}\dfrac{2\sin^2\dfrac{x}{2}}{x^2}=\dfrac{1}{2}\lim\limits_{x\to 0}\left(\dfrac{\sin\dfrac{x}{2}}{\dfrac{x}{2}}\right)^2=\dfrac{1}{2}\left(\lim\limits_{x\to 0}\dfrac{\sin\dfrac{x}{2}}{\dfrac{x}{2}}\right)^2=\dfrac{1}{2}$.

(3) 原式 $=\lim\limits_{x\to\infty}\dfrac{\sin\dfrac{1}{x}}{\dfrac{1}{x}}=1$.

(4) 令 $t=x-\pi$，则当 $x\to\pi$ 时，$t\to 0$. 于是

$$\lim_{x\to\pi}\frac{\sin x}{x-\pi}=\lim_{t\to 0}\frac{\sin(\pi+t)}{t}=-\lim_{t\to 0}\frac{\sin t}{t}=-1.$$

2. $\lim\limits_{x\to\infty}\left(1+\dfrac{1}{x}\right)^x=\mathrm{e}$(记为 1^∞ 型)

首先证明 $\lim\limits_{x\to+\infty}\left(1+\dfrac{1}{x}\right)^x=\mathrm{e}$. 对任何实数 $x>1$，有 $n\leqslant x<n+1$，从而

$$\left(1+\frac{1}{n+1}\right)^n<\left(1+\frac{1}{x}\right)^x<\left(1+\frac{1}{n}\right)^{n+1}.$$

因为

$$\lim_{n\to\infty}\left(1+\frac{1}{n+1}\right)^n=\lim_{n\to\infty}\left[\left(1+\frac{1}{n+1}\right)^{n+1}\left(1+\frac{1}{n+1}\right)^{-1}\right]=\mathrm{e},$$

$$\lim_{n\to\infty}\left(1+\frac{1}{n}\right)^{n+1}=\lim_{n\to\infty}\left[\left(1+\frac{1}{n}\right)^n\left(1+\frac{1}{n}\right)\right]=\mathrm{e},$$

所以由夹逼准则，有

$$\lim_{x\to+\infty}\left(1+\frac{1}{x}\right)^x=\mathrm{e}.$$

下面证明 $\lim\limits_{x\to-\infty}\left(1+\dfrac{1}{x}\right)^x=\mathrm{e}$. 令 $t=-x$，则 $x\to-\infty$时，$t\to+\infty$，于是

$$\begin{aligned}\lim_{x\to-\infty}\left(1+\frac{1}{x}\right)^x&=\lim_{t\to+\infty}\left(1-\frac{1}{t}\right)^{-t}=\lim_{t\to+\infty}\left(\frac{t-1}{t}\right)^{-t}=\lim_{t\to+\infty}\left(\frac{t}{t-1}\right)^t\\&=\lim_{t\to+\infty}\left[\left(1+\frac{1}{t-1}\right)^{t-1}\left(1+\frac{1}{t-1}\right)\right]=\mathrm{e}.\end{aligned}$$

综上，有

$$\lim_{x\to\infty}\left(1+\frac{1}{x}\right)^x=\mathrm{e}.$$

注　(1) 令 $t=\frac{1}{x}$，得到这个重要极限的另一种形式：

$$\lim_{t\to 0}(1+t)^{\frac{1}{t}}=\mathrm{e}.$$

(2) 在应用时，由复合函数的极限运算法则知，若 $\lim\varphi(x)=\infty$，则 $\lim\left[1+\frac{1}{\varphi(x)}\right]^{\varphi(x)}=\mathrm{e}$；若 $\lim\varphi(x)=0$，则 $\lim\left[1+\varphi(x)\right]^{\frac{1}{\varphi(x)}}=\mathrm{e}$.

例 1.5.8　计算下列极限：

(1) $\lim\limits_{x\to 0}(1-4x)^{\frac{1}{2x}}$；　　(2) $\lim\limits_{x\to\infty}\left(\frac{2x+1}{2x-1}\right)^{2x}$.

解　(1) 原式 $=\lim\limits_{x\to 0}\left[(1-4x)^{\left(-\frac{1}{4x}\right)}\right]^{\frac{-4x}{2x}}=\lim\limits_{x\to 0}\left[(1-4x)^{\left(-\frac{1}{4x}\right)}\right]^{-2}$

$$=\frac{1}{\left[\lim\limits_{x\to 0}(1-4x)^{\left(-\frac{1}{4x}\right)}\right]^{2}}=\frac{1}{\mathrm{e}^{2}}.$$

(2) 原式 $=\lim\limits_{x\to\infty}\left(\frac{1+\frac{1}{2x}}{1-\frac{1}{2x}}\right)^{2x}=\frac{\lim\limits_{x\to\infty}\left(1+\frac{1}{2x}\right)^{2x}}{\lim\limits_{x\to\infty}\left(1-\frac{1}{2x}\right)^{2x}}=\frac{\lim\limits_{x\to\infty}\left(1+\frac{1}{2x}\right)^{2x}}{\lim\limits_{x\to\infty}\left[\left(1-\frac{1}{2x}\right)^{-2x}\right]^{-1}}=\frac{\mathrm{e}}{\mathrm{e}^{-1}}=\mathrm{e}^{2}.$

习　题　1－5

基　础　题

1. 求下列极限：

(1) $\lim\limits_{x\to+\infty}\left[x\left(\sqrt{x^{2}+2}-x\right)\right]$；　　(2) $\lim\limits_{x\to 1}\frac{x^{3}-1}{2-x-x^{2}}$；

(3) $\lim\limits_{x\to 0}\frac{\sqrt{2-x}-\sqrt{2+x}}{\sqrt{x+1}-\sqrt{1-x}}$；　　(4) $\lim\limits_{x\to 1}\left(\frac{2}{x^{2}-1}-\frac{3}{x^{2}+x-2}\right)$.

2. 用极限定义证明当 $x\to\infty$ 时，函数极限的夹逼准则.

3. 求下列极限：

(1) $\lim\limits_{x\to 0}\sqrt[n]{1+x}$；　　(2) $\lim\limits_{x\to 1}(x-1)\tan\left(\frac{\pi}{2}x\right)$；

(3) $\lim\limits_{x\to 0}\frac{1-\sqrt{\cos x}\cos 2x}{x^{2}}$；　　(4) $\lim\limits_{x\to 0}\left(\frac{1-2x}{1+x}\right)^{\frac{1}{x}}$；

(5) $\lim\limits_{x\to 1}x^{\frac{3}{1-x}}$；　　(6) $\lim\limits_{x\to 0}\sqrt[x]{1-2x}$；

(7) $\lim\limits_{x\to 0}(\cos x)^{\frac{1}{1-\cos x}}$.

4. 求 $\lim\limits_{x\to-\infty}\left[x\left(\sqrt{x^{2}+10}+x\right)\right]$.

提 高 题

习题 1-5 参考答案

1. 已知 $\lim\limits_{x\to-\infty}(\sqrt{x^2-x+1}-ax-b)=0$，求 a，b.

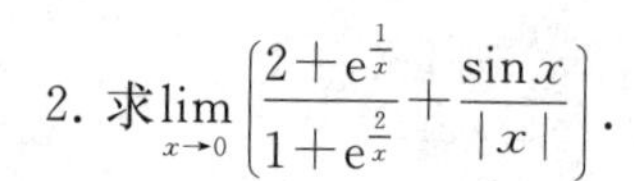

2. 求$\lim\limits_{x\to 0}\left(\dfrac{2+\mathrm{e}^{\frac{1}{x}}}{1+\mathrm{e}^{\frac{2}{x}}}+\dfrac{\sin x}{|x|}\right)$.

第六节　无穷小与无穷大

教学目标

在自变量的某一变化过程中，函数值的绝对值无限变小和函数值的绝对值无限变大是求极限中经常遇到的两种情形. 这两种情形的极限具有某些特性，本节我们就来讨论这两种情形的函数的极限. 以下定义和定理中自变量的变化过程以 $x\to x_0$ 为例，其他变化过程有类似的结果.

一、无穷小

1. 无穷小的定义

定义 1.6.1　如果函数 $f(x)$当 $x\to x_0$ 时的极限为零，那么称函数 $f(x)$为当 $x\to x_0$ 时的无穷小.

特别地，以零为极限的数列$\{x_n\}$称为 $n\to\infty$时的无穷小.

下面给出无穷小的"$\varepsilon-\delta$"定义：

$\lim\limits_{x\to x_0}f(x)=0 \Leftrightarrow \forall\varepsilon>0$，$\exists\delta>0$，当 $0<|x-x_0|<\delta$ 时，有 $|f(x)|<\varepsilon$.

例如，因为 $\lim\limits_{x\to-\infty}\dfrac{1}{\sqrt{1-x}}=0$，所以函数$\dfrac{1}{\sqrt{1-x}}$为当 $x\to-\infty$时的无穷小；因为$\lim\limits_{x\to 0}\sin x=0$，所以函数 $\sin x$ 为当 $x\to 0$ 时的无穷小；因为$\lim\limits_{n\to\infty}\dfrac{1}{n+1}=0$，所以数列$\left\{\dfrac{1}{n+1}\right\}$为当 $n\to\infty$时的无穷小.

注　(1) 无穷小是这样的函数：在 $x\to x_0$(或 $x\to\infty$)的过程中，极限为零. 很小很小的数，只要它不是零，作为常函数，在自变量的任何变化过程中，其极限就是这个常数本身，不会为零. 0 是可以作为无穷小的唯一常数.

(2) 当 $x\to x_0$(或 $x\to\infty$)时，$|\alpha(x)|$是无穷小的充要条件是 $\alpha(x)$是无穷小.

2. 无穷小的运算性质

定理 1.6.1　在自变量的同一变化过程中，有限个无穷小的代数和是无穷小.

证明　考虑两个无穷小的和. 设 α 及 β 是当 $x\to x_0$ 时的两个无穷小，而 $\gamma=\alpha+\beta$.

任意给定 $\varepsilon>0$. 因为 α 是当 $x\to x_0$ 时的无穷小，所以对于 $\dfrac{\varepsilon}{2}>0$，$\exists\delta_1>0$，当 $0<|x-x_0|<\delta_1$时，不等式

$$|\alpha|<\frac{\varepsilon}{2}$$

成立. 因为 β 是当 $x\to x_0$ 时的无穷小，所以对于 $\frac{\varepsilon}{2}>0$，$\exists\,\delta_2>0$，当 $0<|x-x_0|<\delta_2$ 时，不等式

$$|\beta|<\frac{\varepsilon}{2}$$

成立. 取 $\delta=\min\{\delta_1,\delta_2\}$，则当 $0<|x-x_0|<\delta$ 时，有

$$|\alpha|<\frac{\varepsilon}{2}\quad 及\quad |\beta|<\frac{\varepsilon}{2}$$

同时成立，从而 $|\gamma|=|\alpha+\beta|\leqslant|\alpha|+|\beta|<\frac{\varepsilon}{2}+\frac{\varepsilon}{2}=\varepsilon$. 这就证明了 γ 也是当 $x\to x_0$ 时的无穷小.

由数学归纳法可以证明有限个无穷小的和是无穷小. 类似可以证明有限个无穷小的差是无穷小.

例如，当 $x\to 0$ 时，x 与 $\sin x$ 都是无穷小，$x+\sin x$ 也是无穷小.

定理 1.6.2　有界函数与无穷小的乘积是无穷小.

证明　设函数 u 在 x_0 的某一去心邻域 $\mathring{U}(x_0,\delta_1)$ 内有界，则 $\exists M>0$，当 $0<|x-x_0|<\delta_1$ 时，有 $|u|\leqslant M$. 又设 α 是当 $x\to x_0$ 时的无穷小，则 $\forall\,\varepsilon>0$，$\exists\,\delta_2>0$，当 $0<|x-x_0|<\delta_2$ 时，有 $|\alpha|<\varepsilon$. 取 $\delta=\min\{\delta_1,\delta_2\}$，则当 $0<|x-x_0|<\delta$ 时，有

$$|u\cdot\alpha|=|u|\cdot|\alpha|<M\varepsilon.$$

这说明 $u\cdot\alpha$ 也是当 $x\to x_0$ 时的无穷小.

例如，当 $x\to\infty$ 时，$\frac{1}{x}$ 是无穷小，$\arctan x$ 是有界函数，所以 $\frac{1}{x}\arctan x$ 也是无穷小.

思考题

推论 1　常数与无穷小的乘积是无穷小.

推论 2　有限个无穷小的乘积也是无穷小.

3. 无穷小与函数极限的关系

定理 1.6.3　在自变量的同一变化过程 $x\to x_0$ 中，函数 $f(x)$ 具有极限 A 的充分必要条件是 $f(x)=A+\alpha$，其中 α 是当 $x\to x_0$ 时的无穷小.

证明　设 $\lim\limits_{x\to x_0}f(x)=A$，则 $\forall\varepsilon>0$，$\exists\delta>0$，使当 $0<|x-x_0|<\delta$ 时，有

$$|f(x)-A|<\varepsilon.$$

令 $\alpha=f(x)-A$，则 α 是 $x\to x_0$ 时的无穷小，且

$$f(x)=A+\alpha.$$

这就证明了 $f(x)$ 等于它的极限 A 与一个无穷小 α 之和.

反之，设 $f(x)=A+\alpha$，其中 A 是常数，α 是当 $x\to x_0$ 时的无穷小，于是

$$|f(x)-A|=|\alpha|.$$

因 α 是当 $x\to x_0$ 时的无穷小，故 $\forall\,\varepsilon>0$，$\exists\,\delta>0$，使当 $0<|x-x_0|<\delta$ 时，有

$$|\alpha|<\varepsilon,$$

即

$$|f(x)-A|<\varepsilon.$$

这就证明了 A 是 $f(x)$ 当 $x\to x_0$ 时的极限.

例如，因为 $\frac{1+x^3}{2x^3}=\frac{1}{2}+\frac{1}{2x^3}$，而 $\lim\limits_{x\to\infty}\frac{1}{2x^3}=0$，所以 $\lim\limits_{x\to\infty}\frac{1+x^3}{2x^3}=\frac{1}{2}$.

注 利用定理 1.6.3 很容易证明函数极限的四则运算法则，请读者自行完成.

例 1.6.1 计算下列极限：

(1) $\lim\limits_{x\to0+}x^k\cos\frac{1}{x}\ (k>0)$；　(2) $\lim\limits_{x\to+\infty}(\cos\sqrt{x+1}-\cos\sqrt{x})$.

解 (1) 由于 $\lim\limits_{x\to0+}x^k=0\ (k>0)$，$\cos\frac{1}{x}$ 在其定义域内有界，因此 $\lim\limits_{x\to0+}x^k\cos\frac{1}{x}=0$.

(2) 因为

$$\begin{aligned}\cos\sqrt{x+1}-\cos\sqrt{x}&=-2\sin\frac{\sqrt{x+1}+\sqrt{x}}{2}\sin\frac{\sqrt{x+1}-\sqrt{x}}{2}\\&=-2\sin\frac{\sqrt{x+1}+\sqrt{x}}{2}\sin\frac{1}{2(\sqrt{x+1}+\sqrt{x})},\end{aligned}$$

而当 $x\to+\infty$ 时，

$$\left|\sin\frac{\sqrt{x+1}+\sqrt{x}}{2}\right|\leqslant1,$$

$$0\leqslant\left|\sin\frac{1}{2(\sqrt{x+1}+\sqrt{x})}\right|\leqslant\frac{1}{2(\sqrt{x+1}+\sqrt{x})}\to0,$$

即 $\lim\limits_{x\to+\infty}\sin\frac{1}{2(\sqrt{x+1}+\sqrt{x})}=0$，所以

$$\lim_{x\to+\infty}(\cos\sqrt{x+1}-\cos\sqrt{x})=0.$$

二、无穷大

1. 无穷大的定义

定义 1.6.2 如果当 $x\to x_0$ 时，对应的函数值的绝对值 $|f(x)|$ 无限增大，就称函数 $f(x)$ 为当 $x\to x_0$ 时的无穷大，记为 $\lim\limits_{x\to x_0}f(x)=\infty$.

下面给出无穷大的"$M-\delta$"定义：

$\lim\limits_{x\to x_0}f(x)=\infty\Leftrightarrow\forall M>0$，$\exists\delta>0$，当 $0<|x-x_0|<\delta$ 时，有 $|f(x)|>M$.

正无穷大与负无穷大：

$\lim\limits_{x\to x_0}f(x)=+\infty\Leftrightarrow\forall M>0$，$\exists\delta>0$，当 $0<|x-x_0|<\delta$ 时，有 $f(x)>M$；

$\lim\limits_{x\to x_0}f(x)=-\infty\Leftrightarrow\forall M>0$，$\exists\delta>0$，当 $0<|x-x_0|<\delta$ 时，有 $f(x)<-M$.

注 (1) 按函数极限的定义来说，当 $x\to x_0$(或 $x\to\infty$)时为无穷大的函数 $f(x)$ 的极限是不存在的. 但为了便于叙述函数的这一性态，我们也说"函数的极限是无穷大".

(2) 函数为无穷大时必定局部无界，但函数无界却不一定是无穷大. 例如，对于函数 $f(x)=x\cos x$，$x\in(-\infty,+\infty)$，因 $f(2n\pi)=2n\pi\to+\infty(n\to\infty)$，故 $f(x)$ 无界. 但 $f\left(2n\pi+\frac{\pi}{2}\right)=0$，所以当 $x\to\infty$ 时，$f(x)=x\cos x$ 不是无穷大.

例 1.6.2 证明 $\lim\limits_{x\to 0}\frac{1+2x}{x}=\infty$.

证明 由于

$$\left|\frac{1+2x}{x}\right|=\left|2+\frac{1}{x}\right|\geqslant\left|\frac{1}{x}\right|-2,$$

因此 $\forall M>0$，要使 $\left|\frac{1+2x}{x}\right|>M$，只要 $\left|\frac{1}{x}\right|-2>M$，即 $|x|<\frac{1}{M+2}$. 取 $\delta=\frac{1}{M+2}$，当 $0<|x-0|<\delta$ 时，有 $\left|\frac{1+2x}{x}\right|>M$，所以 $\lim\limits_{x\to 0}\frac{1+2x}{x}=\infty$.

2. 铅直渐近线

定义 1.6.3 如果 $\lim\limits_{x\to x_0}f(x)=\infty$，则称直线 $x=x_0$ 是函数 $y=f(x)$ 的图形的铅直渐近线.

3. 无穷大与无穷小之间的关系

定理 1.6.4 在自变量的同一变化过程中，如果 $f(x)$ 为无穷大，则 $\frac{1}{f(x)}$ 为无穷小；反之，如果 $f(x)$ 为无穷小，且 $f(x)\neq 0$，则 $\frac{1}{f(x)}$ 为无穷大.

证明 如果 $\lim\limits_{x\to x_0}f(x)=\infty$，那么 $\forall\varepsilon>0$，对于 $M=\frac{1}{\varepsilon}$，$\exists\delta>0$，当 $0<|x-x_0|<\delta$ 时，有

$$|f(x)|>M=\frac{1}{\varepsilon},$$

即

$$\left|\frac{1}{f(x)}\right|<\varepsilon,$$

所以 $\frac{1}{f(x)}$ 为当 $x\to x_0$ 时的无穷小.

如果 $\lim\limits_{x\to x_0}f(x)=0$，且 $f(x)\neq 0$，那么 $\forall M>0$，对于 $\varepsilon=\frac{1}{M}$，$\exists\delta>0$，当 $0<|x-x_0|<\delta$ 时，有

$$|f(x)|<\varepsilon=\frac{1}{M}.$$

由于当 $0<|x-x_0|<\delta$ 时，$f(x)\neq 0$，因此

$$\left|\frac{1}{f(x)}\right|>M,$$

从而$\dfrac{1}{f(x)}$为当$x\to x_0$时的无穷大.

注　(1) 根据定理 1.6.4，关于无穷大的问题都可以转化为无穷小来讨论.

(2) 关于无穷大有下列结论：

① 无穷大与有界量之和是无穷大；

② 任意两个正(负)无穷大之和是正(负)无穷大；

③ 正无穷大与负无穷大之和可能不是无穷大；

④ 两个无穷大的乘积是无穷大；

⑤ 无穷大与满足$|\varphi(x)|\geqslant M>0$的$\varphi(x)$的乘积仍是无穷大.

例 1.6.3　求$\lim\limits_{x\to -1}\dfrac{x^2+x+1}{(x+1)^2}$.

解　因为分母的极限$\lim\limits_{x\to -1}(x+1)^2=0$，所以不能用函数极限的商的运算法则. 但$\lim\limits_{x\to -1}\dfrac{(x+1)^2}{x^2+x+1}=\dfrac{0}{1}=0$，从而由无穷小与无穷大的关系知，$\lim\limits_{x\to -1}\dfrac{x^2+x+1}{(x+1)^2}=\infty$.

例 1.6.4　求$\lim\limits_{x\to\infty}\dfrac{x^2-3x+2}{x^2-1}$.

解　当$x\to\infty$时，分子和分母的极限都是无穷大，记为$\dfrac{\infty}{\infty}$型. 通过分子、分母同除以分母关于自变量的最高次幂x^2，从分子、分母中分出无穷小，再利用极限运算法则可得

$$\lim_{x\to\infty}\frac{x^2-3x+2}{x^2-1}=\lim_{x\to\infty}\frac{1-\dfrac{3}{x}+\dfrac{2}{x^2}}{1-\dfrac{1}{x^2}}=1.$$

一般地，有如下结果：

$$\lim_{x\to\infty}\frac{a_0x^m+a_1x^{m-1}+\cdots+a_m}{b_0x^n+b_1x^{n-1}+\cdots+b_n}=\begin{cases}\dfrac{a_0}{b_0}, & n=m\\ 0, & n>m\\ \infty, & n<m\end{cases}\quad (a_0,\ b_0\neq 0,\ n,\ m\text{ 为非负整数}).$$

例 1.6.5　求$\lim\limits_{x\to+\infty}\left(\sqrt{x+\sqrt{x+\sqrt{x}}}-\sqrt{x}\right)$(记为$\infty-\infty$型).

解

$$\begin{aligned}\text{原式}&=\lim_{x\to+\infty}\frac{x+\sqrt{x+\sqrt{x}}-x}{\sqrt{x+\sqrt{x+\sqrt{x}}}+\sqrt{x}}\text{(分子有理化)}\\&=\lim_{x\to+\infty}\frac{\sqrt{1+\dfrac{1}{\sqrt{x}}}}{\sqrt{1+\sqrt{\dfrac{1}{x}+\dfrac{1}{x\sqrt{x}}}}+1}\text{(无穷小分出法)}\\&=\frac{1}{2}.\end{aligned}$$

例 1.6.6　求 $\lim\limits_{x\to-\infty}\dfrac{\sqrt{9x^2+x-2}+x+2}{\sqrt{x^2+\sin x}}$ $\left(记为\dfrac{\infty}{\infty}型\right)$.

解　由于 $x\to-\infty$，计算时易出错，因此作变换 $x=-t$，得

$$原式=\lim_{t\to+\infty}\frac{\sqrt{9t^2-t-2}-t+2}{\sqrt{t^2-\sin t}}=\lim_{t\to+\infty}\frac{\sqrt{9-\dfrac{1}{t}-\dfrac{2}{t^2}}-1+\dfrac{2}{t}}{\sqrt{1-\dfrac{1}{t^2}\sin t}}=2.$$

三、无穷小的比较

问题　在自变量的同一变化过程中，两个无穷小的和、差、积都是无穷小，那么两个无穷小的商会出现什么情况呢?

例如，当 $x\to0$ 时，$2x$，x^2，$\sqrt[3]{x}$，$\sin x$，$x\sin\dfrac{1}{x}$都是无穷小，但

$$\lim_{x\to0}\frac{x^2}{2x}=0,\quad \lim_{x\to0}\frac{\sqrt[3]{x}}{2x}=\infty,\quad \lim_{x\to0}\frac{\sin x}{2x}=\frac{1}{2},\quad \lim_{x\to0}\frac{x\sin\dfrac{1}{x}}{2x}不存在.$$

以上不同的两个无穷小的商的极限会出现不同情况，说明有些无穷小可以作比较，有些无穷小不能作比较. 对于能作比较的两个无穷小，它们趋于 0 的速度有快有慢，甚至相差很大，有必要对它们的量级(阶)建立比较.

1. 定义

定义 1.6.4　设 $\alpha(x)$，$\beta(x)$是同一自变量变化过程中的两个无穷小，$\lim\dfrac{\beta(x)}{\alpha(x)}$也是该变化过程中的极限.

(1) 若 $\lim\dfrac{\beta(x)}{\alpha(x)}=0$，则称 $\beta(x)$是比 $\alpha(x)$高阶的无穷小，记作 $\beta(x)=o(\alpha(x))$；

(2) 若 $\lim\dfrac{\beta(x)}{\alpha(x)}=\infty$，则称 $\beta(x)$是比 $\alpha(x)$低阶的无穷小；

(3) 若 $\lim\dfrac{\beta(x)}{\alpha(x)}=l\neq0$，则称 $\beta(x)$与 $\alpha(x)$是同阶无穷小；

(4) 若 $\lim\dfrac{\beta(x)}{\alpha^k(x)}=l\neq0(k>0)$，则称 $\beta(x)$是关于 $\alpha(x)$的 k 阶无穷小；

(5)若 $\lim\dfrac{\beta(x)}{\alpha(x)}=1$，则称 $\beta(x)$与 $\alpha(x)$是等价无穷小，记作 $\beta(x)\sim\alpha(x)$.

注　(1) 对具体的无穷小进行比较时，需要指出自变量的变化过程. 无穷小的比较，是讨论$\dfrac{0}{0}$型未定式问题. 例如，当 $x\to0$ 时，x^2 是比 $2x$ 高阶的无穷小，即 $x^2=o(x)$；$\sqrt[3]{x}$是比 $2x$ 低阶的无穷小；$\sin x$ 与 $2x$ 是同阶无穷小；$\sin x$ 与 x 是等价无穷小，即 $\sin x\sim x$；$2x$ 是关于$\sqrt[3]{x}$的 3 阶无穷小.

(2) 已知 $\alpha(x)$，$\beta(x)$，$\gamma(x)$是同一自变量变化过程中的三个无穷小，由等价无穷小的定义，可知等价无穷小具有下列性质：

① 自反性，即 $\alpha(x)\sim\alpha(x)$；

② 对称性，即若 $\alpha(x)\sim\beta(x)$，则 $\beta(x)\sim\alpha(x)$；

③ 传递性，即若 $\alpha(x)\sim\beta(x)$，$\beta(x)\sim\gamma(x)$，则 $\alpha(x)\sim\gamma(x)$.

常用的等价无穷小如下：

(1) $\sin x\sim x$(当 $x\to 0$ 时)；　　(2) $\arcsin x\sim x$(当 $x\to 0$ 时)；

(3) $\tan x\sim x$(当 $x\to 0$ 时)；　　(4) $\arctan x\sim x$(当 $x\to 0$ 时)；

(5) $1-\cos x\sim\dfrac{1}{2}x^2$(当 $x\to 0$ 时)；　　(6) $\ln(1+x)\sim x$(当 $x\to 0$ 时)；

(7) $e^x-1\sim x$(当 $x\to 0$ 时)；　　(8) $a^x-1\sim x\ln a$，$a>0$，$a\neq 1$(当 $x\to 0$ 时)；

(9) $(1+x)^\lambda-1\sim\lambda x$，$\lambda\neq 0$ (当 $x\to 0$ 时).

以上等价无穷小可推广到一般情形，即若 $\lim f(x)=0$，且 $f(x)\neq 0$，则可以将以上等价无穷小关系式中的 x 换成 $f(x)$.

2. 等价无穷小的性质

定理 1.6.5 α 与 β 是等价无穷小的充要条件为 $\beta=\alpha+o(\alpha)$.

证明 必要性：设 $\alpha\sim\beta$，则

$$\lim\frac{\beta-\alpha}{\alpha}=\lim\left(\frac{\beta}{\alpha}-1\right)=\lim\frac{\beta}{\alpha}-1=0,$$

因此 $\beta-\alpha=o(\alpha)$，即 $\beta=\alpha+o(\alpha)$.

充分性：设 $\beta=\alpha+o(\alpha)$，则

$$\lim\frac{\beta}{\alpha}=\lim\frac{\alpha+o(\alpha)}{\alpha}=\lim\left(1+\frac{o(\alpha)}{\alpha}\right)=1,$$

因此 $\alpha\sim\beta$.

定理 1.6.6(等价无穷小替换定理) 设 α，α'，β，β'都是同一自变量变化过程中的无穷小，且 $\alpha\sim\alpha'$，$\beta\sim\beta'$，$\lim\dfrac{\beta'}{\alpha'}$存在，则

$$\lim\frac{\beta}{\alpha}=\lim\frac{\beta'}{\alpha'}.$$

证明 $\lim\dfrac{\beta}{\alpha}=\lim\left(\dfrac{\beta}{\beta'}\cdot\dfrac{\beta'}{\alpha'}\cdot\dfrac{\alpha'}{\alpha}\right)=\lim\dfrac{\beta}{\beta'}\cdot\lim\dfrac{\beta'}{\alpha'}\cdot\lim\dfrac{\alpha'}{\alpha}=\lim\dfrac{\beta'}{\alpha'}.$

注 在求商的极限时，分子、分母中的无穷小因子都可以用简单的等价无穷小进行替换，从而简化计算.

思考题

例 1.6.7 求极限$\lim\limits_{x\to 0}\dfrac{\sin x-\tan x}{x\sin x^2}$.

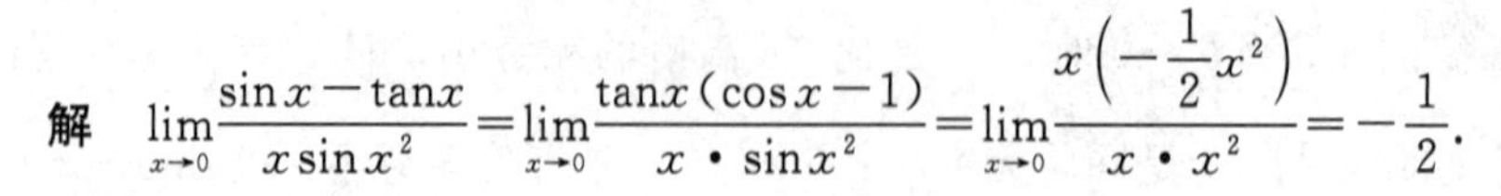

解 $\lim\limits_{x\to 0}\dfrac{\sin x-\tan x}{x\sin x^2}=\lim\limits_{x\to 0}\dfrac{\tan x(\cos x-1)}{x\cdot\sin x^2}=\lim\limits_{x\to 0}\dfrac{x\left(-\frac{1}{2}x^2\right)}{x\cdot x^2}=-\dfrac{1}{2}.$

思考题

例 1.6.8　求极限$\lim\limits_{x\to 0}\dfrac{1}{x}\sin\left(x^2\sin\dfrac{1}{x}\right)$.

解　因为当 $x\neq 0$ 时，$\left|\sin\left(x^2\sin\dfrac{1}{x}\right)\right|\leqslant\left|x^2\sin\dfrac{1}{x}\right|\leqslant x^2$，所以

$$0\leqslant\left|\frac{1}{x}\sin\left(x^2\sin\frac{1}{x}\right)\right|\leqslant|x|\to 0\ (x\to 0).$$

于是由夹逼准则知，$\lim\limits_{x\to 0}\left|\dfrac{1}{x}\sin\left(x^2\sin\dfrac{1}{x}\right)\right|=0$，从而$\lim\limits_{x\to 0}\dfrac{1}{x}\sin\left(x^2\sin\dfrac{1}{x}\right)=0$.

例 1.6.9　已知$\lim\limits_{x\to x_0}\alpha(x)=a$，$\lim\limits_{x\to x_0}\beta(x)=a$，求$\lim\limits_{x\to x_0}\dfrac{e^{\alpha(x)}-e^{\beta(x)}}{\alpha(x)-\beta(x)}$.

解　$\lim\limits_{x\to x_0}\dfrac{e^{\alpha(x)}-e^{\beta(x)}}{\alpha(x)-\beta(x)}=\lim\limits_{x\to x_0}e^{\beta(x)}\cdot\lim\limits_{x\to x_0}\dfrac{e^{\alpha(x)-\beta(x)}-1}{\alpha(x)-\beta(x)}=e^a\lim\limits_{x\to x_0}\dfrac{\alpha(x)-\beta(x)}{\alpha(x)-\beta(x)}=e^a$.

例 1.6.10　求极限$\lim\limits_{x\to 0}\dfrac{\sin x+x^2\sin\dfrac{1}{x}}{(1+\cos x)\ln(1+x)}$.

解　原式$=\lim\limits_{x\to 0}\left(\dfrac{1}{1+\cos x}\cdot\dfrac{\sin x+x^2\sin\dfrac{1}{x}}{x}\right)=\lim\limits_{x\to 0}\left[\dfrac{1}{1+\cos x}\left(\dfrac{\sin x}{x}+x\sin\dfrac{1}{x}\right)\right]$

$$=\lim_{x\to 0}\frac{1}{1+\cos x}\cdot\left(\lim_{x\to 0}\frac{\sin x}{x}+\lim_{x\to 0}x\sin\frac{1}{x}\right)=\frac{1}{2}.$$

在求函数极限中，有如下重要结论：

若$\lim\limits_{x\to x_0}\dfrac{\beta(x)}{\alpha(x)}=a\,(a\neq\infty)$，且$\lim\limits_{x\to x_0}\alpha(x)=0$，则$\lim\limits_{x\to x_0}\beta(x)=0$.

事实上，由函数极限与无穷小的关系知，$\dfrac{\beta(x)}{\alpha(x)}=a+\gamma(x)$，其中$\lim\limits_{x\to x_0}\gamma(x)=0$，则

$$\beta(x)=a\alpha(x)+\gamma(x)\alpha(x),$$

所以

$$\lim_{x\to x_0}\beta(x)=a\lim_{x\to x_0}\alpha(x)+\lim_{x\to x_0}\gamma(x)\alpha(x)=0.$$

这表明：当 $x\to x_0$ 时，若分式$\dfrac{\beta(x)}{\alpha(x)}$的极限存在，且分母 $\alpha(x)$是无穷小，则分子 $\beta(x)$必定也是无穷小(分子是分母的同阶、高阶或等价无穷小).

例 1.6.11　设$\lim\limits_{x\to+\infty}[(x^5+7x^4+2)^a-x]=b$，$b\neq 0$，求常数 a，b.

解　令 $x=\dfrac{1}{t}$，则

$$\lim_{x\to+\infty}[(x^5+7x^4+2)^a-x]=\lim_{t\to 0^+}\frac{t^{1-5a}(1+7t+2t^5)^a-1}{t}.$$

由于分母是无穷小，根据极限存在的条件知，必有

$$\lim_{t\to 0^+}[t^{1-5a}(1+7t+2t^5)^a-1]=0,$$

而要使该极限存在，必须取 $5a=1$. 把 $a=\dfrac{1}{5}$代入原极限，并利用等价无穷小替换得

$$\lim_{x\to+\infty}[(x^5+7x^4+2)^a-x]=\lim_{t\to0+}\frac{[1+(7t+2t^5)]^a-1}{t}=\lim_{t\to0+}\frac{a(7t+2t^5)}{t}=7a.$$

根据原极限等于 b 的条件得 $b=7a$，所以 $a=\frac{1}{5}$，$b=\frac{7}{5}$.

例 1.6.12　已知 $\lim\limits_{x\to0}\frac{\sqrt{1+2f(x)\sin4x}-1}{e^{2x}-1}=3$，求 $\lim\limits_{x\to0}f(x)$.

解　因为 $\lim\limits_{x\to0}(e^{2x}-1)=0$，所以

$$\lim_{x\to0}(\sqrt{1+2f(x)\sin4x}-1)=0,$$

从而 $\lim\limits_{x\to0}f(x)\sin4x=0$. 又当 $x\to0$ 时，

$$\sqrt{1+2f(x)\sin4x}-1\sim f(x)\sin4x,\quad e^{2x}-1\sim2x,$$

故

$$3=\lim_{x\to0}\frac{\sqrt{1+2f(x)\sin4x}-1}{e^{2x}-1}=\lim_{x\to0}\frac{f(x)\sin4x}{2x}=2\lim_{x\to0}\left[f(x)\cdot\frac{\sin4x}{4x}\right]=2\lim_{x\to0}f(x),$$

因此 $\lim\limits_{x\to0}f(x)=\frac{3}{2}$.

习　题　1－6

基　础　题

1. 当 $x\to0$ 时，确定无穷小 $\sqrt{a+x^3}-\sqrt{a}$ $(a>0)$ 对于 x 的阶数.

2. 设当 $x\to0$ 时，$(1+ax^2)^{\frac{1}{3}}-1$ 与 $\cos x-1$ 是等价无穷小，求常数 a.

3. 设当 $x\to0$ 时，$e^{\tan x}-e^{\sin x}$ 与 x^n 是同阶无穷小，求正整数 n.

4. 设当 $x\to0$ 时，$(1-\cos x)\ln(1+x^2)$ 是比 $x\sin^n x$ 高阶的无穷小，而 $x\sin^n x$ 是比 $e^{x^2}-1$ 高阶的无穷小，求正整数 n.

5. 计算下列极限：

(1) $\lim\limits_{x\to\infty}x^2\left(1-\cos\frac{\pi}{x}\right)$；　　(2) $\lim\limits_{x\to0^+}\frac{1-\sqrt{\cos x}}{x(1-\cos\sqrt{x})}$.

6. 已知 $\lim\limits_{x\to1}\frac{x^3+ax^2+b}{x-1}=5$，求 a，b.

提　高　题

1. 已知 $\lim\limits_{x\to-\infty}(3x+\sqrt{ax^2+bx+1})=1$，求 a，b.

2. 已知 $\lim\limits_{x\to0}\frac{\ln\left[1+\frac{f(x)}{\sin x}\right]}{3^{2x}-1}=2$，求 $\lim\limits_{x\to0}\frac{f(x)}{x^2}$.

习题 1－6
参考答案

3. 若 $f(x)=\dfrac{x}{\sqrt{1+x^2}}$，$f_n(x)=f(f(\cdots f(x)\cdots))$，求 $\lim\limits_{n\to\infty}\sqrt{n}\sin[f_n(x)]$.

第七节　函数的连续性与间断点

客观世界的许多现象和事物不仅是运动变化的，而且其运动变化的过程往往是连续不断的，如日月星空、岁月流逝、植物生长、物种变化等，这些连续不断发展变化的事物在量上的反映就是函数的连续性. 而另外一些量的变化呈现出一定的跳跃性，如出租车价格的“起步价”，为节约资源实行的阶梯水价和电价等. 本节将要引入的连续函数就是刻画这些连续变化的数学模型. 连续函数是微积分学的主要研究对象. 微积分中的主要概念、定理、公式与法则，往往都要求函数具有连续性.

教学目标

如何刻画连续函数的特性？直观上，连续函数的图形就是一条连绵不断的曲线. 如图1.7.1所示，函数 $y=x^2$，$y=|x|$ 在区间$[-1, 1]$上的图形均连绵不断.

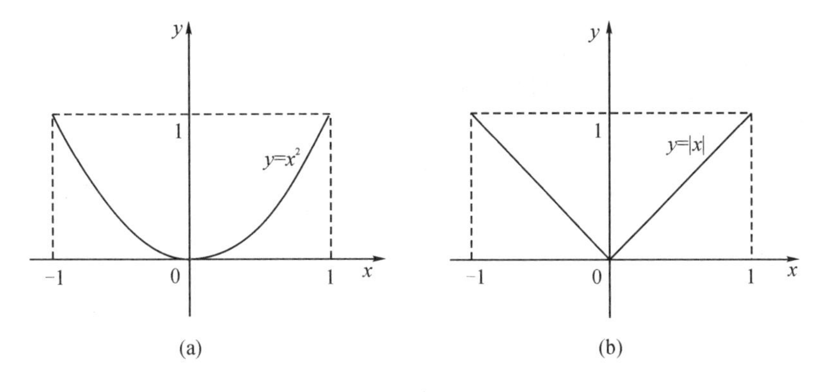

图 1.7.1

当然我们不能满足于这种直观的认识，而应给出函数连续性的精确定义，并由此出发研究连续函数的性质. 例如，就气温的变化来看，当时间变动很微小时，气温的变化也很微小. 类似的例子还可以举出很多，抛开这些例子的具体内容，如何加以抽象得到连续函数的共性？

一、函数连续性的定义

1. 函数在一点的连续性

由于函数是对定义域中 x 值与值域中 y 值之间映射关系的描述，函数图形的连绵不断就是平面上的点(x, y)随着 x 值的变化不间断，因此我们需要讨论**自变量 x 的增量**与**因变量 y 的增量**的关系.

定义 1.7.1　设变量 x 从它的一个初值 x_1 变到终值 x_2，终值与初值的差 x_2-x_1 就叫作变量 x 的增量，记作 Δx，即

$$\Delta x = x_2 - x_1.$$

注　(1) 增量 Δx 可以是正的，也可以是负的. 当 Δx 为正时，变量 x(从 x_1 变到 x_2)是增大的；当 Δx 为负时，变量 x 是减小的.

(2) 记号 Δx 并不表示某个量 Δ 与变量 x 的乘积，而是一个整体不可分割的记号.

设函数 $y=f(x)$在点 x_0 的某一邻域内有定义. 当自变量 x 在这邻域内从 x_0 变到 $x_0+\Delta x$ 时，函数值或因变量 $f(x)$相应地从 $f(x_0)$变到 $f(x_0+\Delta x)$，因此函数值或因变量$f(x)$的对应增量为

$$\Delta y = f(x_0+\Delta x) - f(x_0).$$

习惯上也称 Δy 为函数的增量.

假如保持 x_0 不变而让自变量的增量 Δx 变动，一般说来，函数的增量 Δy 也要随之变动. 现在我们可以这样描述连续性的概念：如果当 Δx 趋于零时，对应的函数的增量 Δy 也趋于零，即

$$\lim_{\Delta x\to 0}\Delta y = 0$$

或

$$\lim_{\Delta x\to 0}[f(x_0+\Delta x) - f(x_0)] = 0,$$

那么称函数 $y=f(x)$在点 x_0 连续，即有下述定义：

定义 1.7.2(函数在点 x_0 连续的定义)　设函数 $y=f(x)$在点 x_0 的某一邻域内有定义，如果

$$\lim_{\Delta x\to 0}\Delta y = 0,$$

那么称函数 $y=f(x)$在点 x_0 连续.

注　(1) $\lim\limits_{\Delta x\to 0}\Delta y = \lim\limits_{\Delta x\to 0}[f(x_0+\Delta x) - f(x_0)] = 0.$

(2) 设 $x=x_0+\Delta x$，则当 $\Delta x\to 0$ 时，$x\to x_0$，因此

$$\lim_{\Delta x\to 0}\Delta y = 0 \Leftrightarrow \lim_{x\to x_0}[f(x) - f(x_0)] = 0 \Leftrightarrow \lim_{x\to x_0} f(x) = f(x_0).$$

定义 1.7.3(函数在点 x_0 连续的等价定义 1)　设函数 $y=f(x)$在点 x_0 的某一邻域内有定义，如果

$$\lim_{x\to x_0} f(x) = f(x_0),$$

那么称函数 $y=f(x)$在点 x_0 连续.

定义 1.7.4(函数在点 x_0 连续的等价定义 2)　设函数 $y=f(x)$在点 x_0 的某一邻域内有定义，如果对于任意给定的正数 ε，总存在正数 δ，使得对于满足不等式

$$|x - x_0| < \delta$$

的一切 x，对应的函数值 $f(x)$都满足不等式

$$|f(x) - f(x_0)| < \varepsilon,$$

那么称函数 $y=f(x)$在点 x_0 连续.

思考题

函数在区间端点处的连续性如何定义呢？下面给出函数在某点左连续或右连续的概念.

定义 1.7.5(左连续和右连续) 如果 $\lim\limits_{x\to x_0^-} f(x)=f(x_0)$，则称 $y=f(x)$ 在点 x_0 左连续.如果 $\lim\limits_{x\to x_0^+} f(x)=f(x_0)$，则称 $y=f(x)$ 在点 x_0 右连续.

定理 1.7.1(左、右连续与连续的关系) 函数 $y=f(x)$ 在点 x_0 连续等价于函数 $y=f(x)$ 在点 x_0 左连续且右连续.

思考题

2. 函数在区间上的连续性

在区间上每一点都连续的函数，称为该区间上的连续函数，或者说函数在该区间上连续.如果区间包括端点，那么函数在右端点连续是指在该点左连续，在左端点连续是指在该点右连续.

思考题

连续函数的图形是一条连续而不间断的曲线.

由例 1.5.1 知，如果 $f(x)$ 是有理整函数(多项式)，则函数 $f(x)$ 在区间 $(-\infty, +\infty)$ 内是连续的. 这是因为 $f(x)$ 在 $(-\infty, +\infty)$ 内任意一点 x_0 处都有定义，且 $\lim\limits_{x\to x_0} f(x)=f(x_0)$.

由例 1.4.6 知，函数 $f(x)=\sqrt{x}$ 在区间 $[0, +\infty)$ 内是连续的.

例 1.7.1 证明：函数 $y=\cos x$ 在区间 $(-\infty, +\infty)$ 内是连续的.

证明 设 x 是区间 $(-\infty, +\infty)$ 内任意取定的一点. 当 x 有增量 Δx 时，对应的函数的增量为

$$\Delta y=\cos(x+\Delta x)-\cos x=-2\sin\left(x+\frac{\Delta x}{2}\right)\sin\frac{\Delta x}{2},$$

注意到

$$\left|\sin\left(x+\frac{\Delta x}{2}\right)\right|\leqslant 1,$$

从而

$$|\Delta y|=|\cos(x+\Delta x)-\cos x|\leqslant\left|2\sin\frac{\Delta x}{2}\right|.$$

因为对于任意的角度 α，当 $\alpha\neq 0$ 时，有 $|\sin\alpha|<|\alpha|$，所以

$$0\leqslant|\Delta y|=|\cos(x+\Delta x)-\cos x|<|\Delta x|.$$

因此，当 $\Delta x\to 0$ 时，由夹逼准则得 $|\Delta y|\to 0$，这就证明了函数 $y=\cos x$ 在区间 $(-\infty, +\infty)$ 内是连续的.

由例 1.4.8 知，函数 $y=\sin x$ 在区间 $(-\infty, +\infty)$ 内是连续的.

二、函数的间断点及其分类

1. 间断点的定义

根据函数在点 x_0 连续的定义知，函数 $f(x)=\sin\dfrac{1}{x}$ 在 $x_0=0$ 处无定义，所以其在点 $x_0=0$ 不连续；函数 $h(x)=\begin{cases}x^2, & x\neq 0\\ 1, & x=0\end{cases}$ 在 $x_0=0$ 处有定义，极限 $\lim\limits_{x\to 0}h(x)$ 存在(左、右极限

存在且相等)，但$\lim\limits_{x\to 0}h(x)\neq h(0)$，所以其在点$x_0=0$不连续；函数$g(x)=\begin{cases}\ln|x|, & x\neq 0\\ 0, & x=0\end{cases}$在$x_0=0$处有定义，但极限$\lim\limits_{x\to 0}g(x)$不存在，所以其在点$x_0=0$不连续；符号函数$\mathrm{sgn}x=\begin{cases}1, & x>0\\ 0, & x=0\\ -1, & x<0\end{cases}$在$x_0=0$处的左、右极限存在，但不相等，所以其在点$x_0=0$不连续.

定义 1.7.6　如果函数$f(x)$在点x_0不连续，则称函数$f(x)$在点x_0是间断的，而点x_0称为函数$f(x)$的间断点.

设函数$f(x)$在点x_0的某去心邻域内有定义，如果点x_0为函数$f(x)$的间断点，则由连续的定义知必出现下列三种情形之一：

(1) 函数$f(x)$在$x=x_0$处没有定义；

(2) 虽然函数$f(x)$在$x=x_0$处有定义，但$\lim\limits_{x\to x_0}f(x)$不存在；

(3) 虽然函数$f(x)$在$x=x_0$处有定义且$\lim\limits_{x\to x_0}f(x)$存在，但$\lim\limits_{x\to x_0}f(x)\neq f(x_0)$.

2. 间断点的分类

通常把间断点分成两类：如果x_0是函数$f(x)$的间断点，且左极限$f(x_0^-)$及右极限$f(x_0^+)$都存在，那么x_0称为函数$f(x)$的第一类间断点. 不是第一类间断点的间断点，称为第二类间断点.在第一类间断点中，左、右极限相等者称为可去间断点，不相等者称为跳跃间断点. 无穷间断点和振荡间断点属于第二类间断点.

1) 第一类间断点(函数在该点处的左、右极限均存在)

可去间断点：$\lim\limits_{x\to x_0}f(x)$存在，但$\lim\limits_{x\to x_0}f(x)\neq f(x_0)$或者函数在$x=x_0$处无定义.

跳跃间断点：$\lim\limits_{x\to x_0^+}f(x)$及$\lim\limits_{x\to x_0^-}f(x)$均存在但不相等.

2) 第二类间断点(函数在该点处的左、右极限不全存在)

无穷间断点：$\lim\limits_{x\to x_0}f(x)=\infty$.

振荡间断点：在$x\to x_0$的过程中，$f(x)$做无穷次振荡，使得极限不存在. 例如函数$f(x)=\sin\dfrac{1}{x}$，当$x\to 0$时，$f(x)$无穷次振荡而不存在极限.

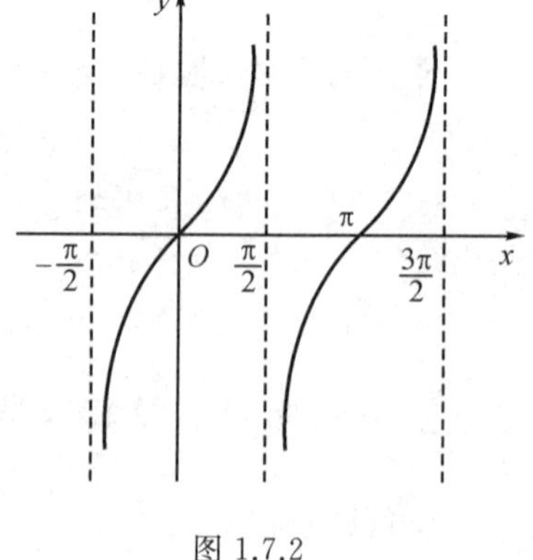

图 1.7.2

例 1.7.2　正切函数$y=\tan x$在$x=\dfrac{\pi}{2}$处没有定义，所以点$x=\dfrac{\pi}{2}$是函数$\tan x$的间断点. 因$\lim\limits_{x\to \frac{\pi}{2}}\tan x=\infty$，故称$x=\dfrac{\pi}{2}$为函数$\tan x$的无穷间断点(见图 1.7.2).

例 1.7.3　函数$y=\dfrac{x^2-1}{x-1}$在$x=1$处没有定义，所以点$x=1$是函数的间断点(见图

1.7.3). 因$\lim\limits_{x\to1}\dfrac{x^2-1}{x-1}=\lim\limits_{x\to1}(x+1)=2$，如果补充定义：令 $x=1$ 时 $y=2$，则所给函数在 $x=1$ 处连续，故$x=1$称为该函数的可去间断点.

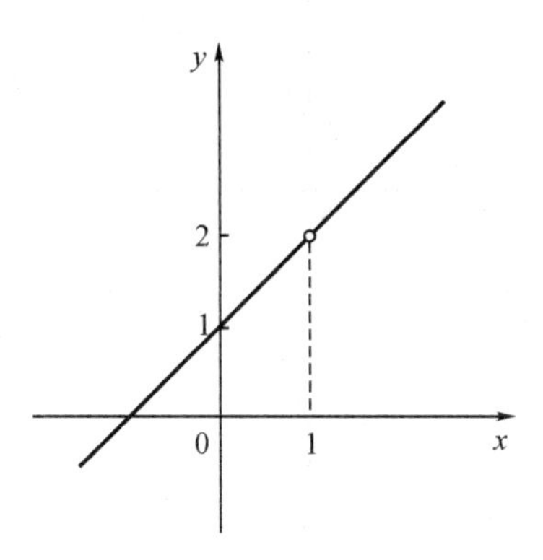

图 1.7.3

例 1.7.4　函数 $y=f(x)=\begin{cases}x, & x\neq1\\ \dfrac{1}{2}, & x=1\end{cases}$. 因为$\lim\limits_{x\to1}f(x)=\lim\limits_{x\to1}x=1$，$f(1)=\dfrac{1}{2}$，即 $\lim\limits_{x\to1}f(x)\neq f(1)$，所以 $x=1$ 是函数 $f(x)$的间断点(见图 1.7.4). 如果改变函数 $f(x)$在 $x=1$处的定义：令 $f(1)=1$，则函数 $f(x)$在 $x=1$ 处连续，故 $x=1$ 也称为该函数的可去间断点.

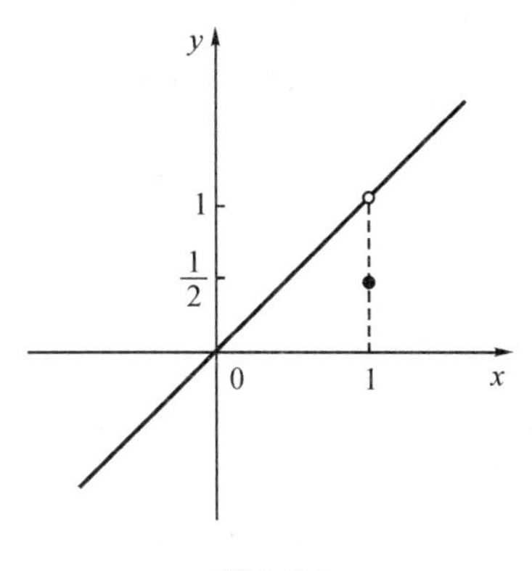

图 1.7.4

例 1.7.5　函数 $f(x)=\begin{cases}x-1, & x<0\\ 0, & x=0\\ x+1, & x>0\end{cases}$. 因为

$$\lim_{x\to0^-}f(x)=\lim_{x\to0^-}(x-1)=-1,\quad \lim_{x\to0^+}f(x)=\lim_{x\to0^+}(x+1)=1,$$

显然 $\lim\limits_{x\to0^+}f(x)\neq\lim\limits_{x\to0^-}f(x)$，所以极限$\lim\limits_{x\to0}f(x)$不存在，从而 $x=0$ 是函数 $f(x)$的间断点(见图 1.7.5). 因 $f(x)$的图形在 $x=0$ 处产生跳跃现象，故称 $x=0$ 为函数 $f(x)$的跳跃间断点.

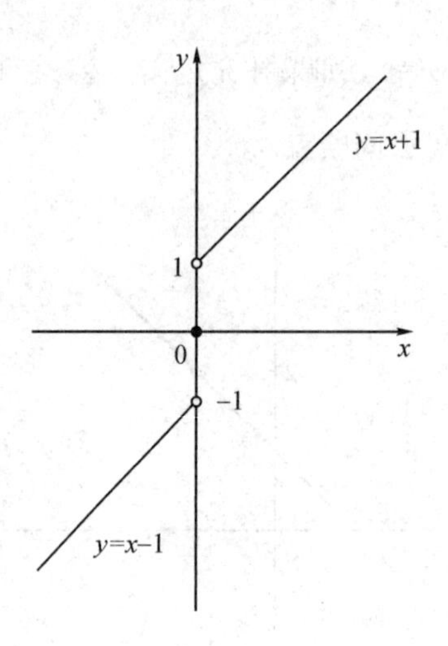

图 1.7.5

例 1.7.6　试判断函数 $f(x)=\dfrac{x^2-x}{x^2-1}\sqrt{1+\dfrac{1}{x^2}}$ 的间断点类型.

解　因 $f(x)$ 在 $x=0$, $x=\pm 1$ 处无定义，故 $x=0$, $x=\pm 1$ 为函数 $f(x)$ 的间断点.由于

$$\lim_{x\to 0^-} f(x)=\lim_{x\to 0^-}\frac{x^2-x}{x^2-1}\sqrt{1+\frac{1}{x^2}}=\lim_{x\to 0^-}\frac{x}{x+1}\cdot\frac{\sqrt{x^2+1}}{-x}=-\lim_{x\to 0^-}\frac{\sqrt{x^2+1}}{x+1}=-1,$$

$$\lim_{x\to 0^+} f(x)=\lim_{x\to 0^+}\frac{x^2-x}{x^2-1}\sqrt{1+\frac{1}{x^2}}=\lim_{x\to 0^+}\frac{x}{x+1}\cdot\frac{\sqrt{x^2+1}}{x}=\lim_{x\to 0^+}\frac{\sqrt{x^2+1}}{x+1}=1,$$

因此 $x=0$ 是 $f(x)$ 的跳跃间断点；

由于

$$\lim_{x\to 1} f(x)=\lim_{x\to 1}\frac{x^2-x}{x^2-1}\sqrt{1+\frac{1}{x^2}}=\lim_{x\to 1}\frac{x}{x+1}\sqrt{1+\frac{1}{x^2}}=\frac{\sqrt{2}}{2},$$

因此 $x=1$ 是 $f(x)$ 的可去间断点；

由于

$$\lim_{x\to -1} f(x)=\lim_{x\to -1}\frac{x^2-x}{x^2-1}\sqrt{1+\frac{1}{x^2}}=\lim_{x\to -1}\frac{x}{x+1}\sqrt{1+\frac{1}{x^2}}=\infty,$$

因此 $x=-1$ 是 $f(x)$ 的无穷间断点.

例 1.7.7　试判断函数 $f(x)=\lim\limits_{n\to\infty}\dfrac{2e^{(n+1)x}+1}{e^{nx}+x^n+1}$ 的间断点类型.

解　因为当 $x<0$ 时，$0<e^x<1$，$\lim\limits_{n\to\infty}e^{nx}=0$，当 $|x|<1$ 时，$\lim\limits_{n\to\infty}x^n=0$，所以

当 $x<-1$ 时，$\lim\limits_{n\to\infty}e^{nx}=0$，$\lim\limits_{n\to\infty}x^n=\infty$，$f(x)=\lim\limits_{n\to\infty}\dfrac{2e^{nx}\cdot e^x+1}{e^{nx}+x^n+1}=0$；

当 $-1<x<0$ 时，$\lim\limits_{n\to\infty}e^{nx}=0$，$\lim\limits_{n\to\infty}x^n=0$，$f(x)=\lim\limits_{n\to\infty}\dfrac{2e^{nx}\cdot e^x+1}{e^{nx}+x^n+1}=1$；

当 $x=0$ 时，$f(x)=\dfrac{3}{2}$；

当 $0<x<1$ 时，$\lim\limits_{n\to\infty}e^{nx}=+\infty$，$\lim\limits_{n\to\infty}x^n=0$，$f(x)=\lim\limits_{n\to\infty}\dfrac{2e^x+\dfrac{1}{e^{nx}}}{1+\dfrac{x^n+1}{e^{nx}}}=2e^x$；

当 $x\geqslant1$ 时，$\lim\limits_{n\to\infty}e^{nx}=+\infty$，$\lim\limits_{n\to\infty}x^n=+\infty$，且 $e^x>x$，则

$$\lim_{n\to\infty}\frac{x^n}{e^{nx}}=\lim_{n\to\infty}\left(\frac{x}{e^x}\right)^n=0\quad\left(\frac{x}{e^x}<1\right),$$

$$f(x)=\lim_{n\to\infty}\frac{2e^x+\dfrac{1}{e^{nx}}}{1+\dfrac{x^n}{e^{nx}}+\dfrac{1}{e^{nx}}}=2e^x.$$

综上可知 $f(x)=\lim\limits_{n\to\infty}\dfrac{2e^{(n+1)x}+1}{e^{nx}+x^n+1}=\begin{cases}0, & x<-1\\ 1, & -1<x<0\\ \dfrac{3}{2}, & x=0\\ 2e^x, & x>0\end{cases}$，且点 $x=-1$、$x=0$ 为 $f(x)$的跳跃间断点.

习　题　1－7

基　础　题

1. 当 $x=0$ 时，下列函数 $f(x)$无定义，试定义 $f(0)$的值，使 $f(x)$在点 $x=0$ 连续.

(1) $f(x)=\dfrac{\sqrt{1+x}-1}{\sqrt[3]{1+x}-1}$；　　(2) $f(x)=\sin x\cdot\sin\dfrac{1}{x}$.

2. 指出下列函数的间断点并判定其类型：

(1) $f(x)=\dfrac{1+x}{1+x^3}$；　　(2) $f(x)=\dfrac{x^2-x}{|x|(x^2-1)}$；

(3) $f(x)=\begin{cases}e^{\frac{1}{x-1}}, & x>0\\ \ln(1+x), & -1<x\leqslant0\end{cases}$；　　(4) $f(x)=\dfrac{x}{\tan x}$.

3. 设函数 $f(x)$在点 $x=0$ 连续，$\lim\limits_{x\to0}\dfrac{\sqrt{1+f(x)\sin2x}-1}{e^{3x}-1}=2$，求 $f(0)$.

4. 讨论函数 $f(x)=\lim\limits_{n\to\infty}\dfrac{1-x^{2n}}{1+x^{2n}}$的连续性，若有间断点，则判断其类型.

5. 设函数 $f(x)$在$(-\infty,+\infty)$上有定义，且对任何 x_1，x_2 有 $f(x_1+x_2)=f(x_1)+f(x_2)$. 证明：若 $f(x)$在点 $x=0$ 连续，则 $f(x)$在$(-\infty,+\infty)$上连续.

提 高 题

1. 设 $f(x)=\begin{cases}x, & x\in\mathbf{Q}\\0, & x\in\mathbf{R}\backslash\mathbf{Q}\end{cases}$，证明：

(1) $f(x)$在点 $x=0$ 连续；

(2) $f(x)$在非零的 x 处都不连续.

2. 试举出具有以下性质的函数 $f(x)$的例子：

$x=0$，±1，±2，$\pm\frac{1}{2}$，…，$\pm n$，$\pm\frac{1}{n}$，…是 $f(x)$的所有间断点，且它们都是无穷间断点.

习题 1－7 参考答案

第八节　连续函数的运算与初等函数的连续性

一、连续函数的性质

教学目标

连续函数是指在定义区间内的每一点均连续的函数. 函数的连续性反映的是函数的局部性质. 若函数 $f(x)$在点 x_0 连续，则 $f(x)$在点 x_0 有极限，且极限值等于函数值 $f(x_0)$. 根据函数极限的性质，可以推出函数 $f(x)$在某一邻域 $U(x_0)$的哪些性态？

定理 1.8.1(局部有界性)　若函数 $f(x)$在点 x_0 连续，则 $f(x)$在某一邻域 $U(x_0)$上有界.

定理 1.8.2(局部保号性)　若函数 $f(x)$在点 x_0 连续，且 $f(x_0)>0$(或 $f(x_0)<0$)，则对任何正数 $r<f(x_0)$(或 $r<-f(x_0)$)，存在某一邻域 $U(x_0)$，使得对一切 $x\in U(x_0)$有 $f(x)>r$(或 $f(x)<-r$).

定理 1.8.3　设函数 $f(x)$和 $g(x)$在点 x_0 连续，则它们的和(差)$f(x)\pm g(x)$、积 $f(x)\cdot g(x)$及商$\frac{f(x)}{g(x)}$(当 $g(x_0)\neq0$ 时)都在点 x_0 连续.

证明　下面证明 $f(x)\pm g(x)$的连续性，其他情形可类似证明.

因为 $f(x)$和 $g(x)$在点 x_0 连续，所以它们在 x_0 处有定义，从而 $f(x)\pm g(x)$在 x_0 处也有定义，于是由极限运算法则和连续性的定义，有

$$\lim_{x\to x_0}[f(x)\pm g(x)]=\lim_{x\to x_0}f(x)\pm\lim_{x\to x_0}g(x)=f(x_0)\pm g(x_0).$$

由函数在某点连续的定义知，$f(x)\pm g(x)$在点 x_0 连续.

推广　有限个连续函数的和、差、积都是连续的.

思考题

例 1.8.1　由于 $\sin x$ 和 $\cos x$ 都在区间$(-\infty,+\infty)$内连续，因此由定理 1.8.3 知 $\tan x$，$\cot x$，$\sec x$，$\csc x$ 在它们的定义域内是连续的，从而有三角函数 $\sin x$，$\cos x$，$\sec x$，$\csc x$，$\tan x$，$\cot x$ 在其定义域内都是连续的.

定理 1.8.4(反函数的连续性)　如果函数 $y=f(x)$ 在区间 I_x 上单调增加(或单调减少)且连续，那么它的反函数 $x=f^{-1}(y)$ 也在对应的区间 $I_y=\{y\,|\,y=f(x),\ x\in I_x\}$ 上单调增加(或单调减少)且连续.

例 1.8.2　由于 $y=\sin x$ 在闭区间 $\left[-\frac{\pi}{2},\ \frac{\pi}{2}\right]$ 上单调增加且连续，因此它的反函数 $y=\arcsin x$ 在闭区间 $[-1,\ 1]$ 上也是单调增加且连续的.

同样，$y=\arccos x$ 在闭区间 $[-1,\ 1]$ 上单调减少且连续；$y=\arctan x$ 在区间 $(-\infty,\ +\infty)$ 内单调增加且连续；$y=\operatorname{arccot} x$ 在区间 $(-\infty,\ +\infty)$ 内单调减少且连续.

总之，反三角函数 $\arcsin x$，$\arccos x$，$\arctan x$，$\operatorname{arccot} x$ 在它们的定义域内都是连续的.

定理 1.8.5　设函数 $y=f[g(x)]$ 由函数 $u=g(x)$ 与函数 $y=f(u)$ 复合而成，$\mathring{U}(x_0)\subset D_{f\circ g}$. 若 $\lim\limits_{x\to x_0}g(x)=u_0$，而函数 $y=f(u)$ 在点 $u=u_0$ 连续，则

$$\lim_{x\to x_0}f[g(x)]=\lim_{u\to u_0}f(u)=f(u_0).$$

证明　即证 $\forall\varepsilon>0$，$\exists\delta>0$，当 $0<|x-x_0|<\delta$ 时，有

$$|f[g(x)]-f(u_0)|<\varepsilon.$$

因为 $f(u)$ 在点 u_0 连续，所以 $\forall\varepsilon>0$，$\exists\eta>0$，当 $|u-u_0|<\eta$ 时，有 $|f(u)-f(u_0)|<\varepsilon$. 又 $\lim\limits_{x\to x_0}g(x)=u_0$，故对上述 $\eta>0$，$\exists\delta>0$，当 $0<|x-x_0|<\delta$ 时，有 $|g(x)-u_0|<\eta$，从而 $|f[g(x)]-f(u_0)|<\varepsilon$.

注　(1) 定理 1.8.5 的结论也可写成 $\lim\limits_{x\to x_0}f[g(x)]=f[\lim\limits_{x\to x_0}g(x)]$，即在定理 1.8.5 的条件下，求复合函数 $f[g(x)]$ 的极限时，函数符号 f 与极限符号可以交换次序.

(2) $\lim\limits_{x\to x_0}f[g(x)]=\lim\limits_{u\to u_0}f(u)$ 表明：在定理 1.8.5 的条件下，如果作代换 $u=g(x)$，那么求 $\lim\limits_{x\to x_0}f[g(x)]$ 就转化为求 $\lim\limits_{u\to u_0}f(u)$，这里 $u_0=\lim\limits_{x\to x_0}g(x)$.

(3) 把定理 1.8.5 中的 $x\to x_0$ 换成 $x\to\infty$，可得类似的定理.

例 1.8.3　求 $\lim\limits_{x\to 3}\sqrt{\dfrac{x-3}{x^2-9}}$.

解　$y=\sqrt{\dfrac{x-3}{x^2-9}}$ 由 $u=\dfrac{x-3}{x^2-9}$ 与 $y=\sqrt{u}$ 复合而成. 因为 $\lim\limits_{x\to 3}\dfrac{x-3}{x^2-9}=\dfrac{1}{6}$，函数 $y=\sqrt{u}$ 在点 $u=\dfrac{1}{6}$ 连续，所以

$$\lim_{x\to 3}\sqrt{\frac{x-3}{x^2-9}}=\sqrt{\lim_{x\to 3}\frac{x-3}{x^2-9}}=\sqrt{\frac{1}{6}}=\frac{\sqrt{6}}{6}.$$

定理 1.8.6(复合函数的连续性)　设函数 $y=f[g(x)]$ 由函数 $u=g(x)$ 与函数 $y=f(u)$ 复合而成，$U(x_0)\subset D_{f\circ g}$. 若函数 $u=g(x)$ 在点 $x=x_0$ 连续，且 $g(x_0)=u_0$，而函数 $y=f(u)$ 在点 $u=u_0$ 连续，则复合函数 $y=f[g(x)]$ 在点 $x=x_0$ 也连续.

证明　因为函数 $u=g(x)$ 在点 $x=x_0$ 连续，且 $g(x_0)=u_0$，所以

$$\lim_{x\to x_0}g(x)=g(x_0)=u_0.$$

又函数 $y=f(u)$在点 $u=u_0$ 连续，故

$$\lim_{x\to x_0} f[g(x)]=f(u_0)=f[g(x_0)].$$

这就证明了复合函数 $y=f[g(x)]$在点 $x=x_0$ 连续.

注 定理 1.8.6 表明：两个连续函数的复合函数是连续的.

推广 由有限个连续函数经有限次复合而成的函数是连续的.

例 1.8.4 讨论函数 $y=\sin\dfrac{1}{x}$的连续性.

解 函数 $y=\sin\dfrac{1}{x}$可看作由 $u=\dfrac{1}{x}$及 $y=\sin u$ 复合而成. 当 $-\infty<x<0$ 和 $0<x<+\infty$时 $\dfrac{1}{x}$是连续的，当 $-\infty<u<+\infty$时 $\sin u$ 是连续的，由定理 1.8.6 知，函数 $\sin\dfrac{1}{x}$在无限区间$(-\infty, 0)$和$(0, +\infty)$内是连续的.

二、初等函数的连续性

在基本初等函数中，我们已经证明了三角函数及反三角函数在它们的定义域内是连续的.

我们指出，指数函数 a^x $(a>0, a\neq 1)$对于一切实数 x 都有定义，且在区间$(-\infty, +\infty)$内是单调的和连续的，它的值域为$(0, +\infty)$.

由指数函数的单调性和连续性，引用定理 1.8.4 可得：对数函数$\log_a x$ $(a>0, a\neq 1)$在区间$(0, +\infty)$内单调且连续.

幂函数 $y=x^{\mu}$ 的定义域随μ 的值而异，但无论 μ 为何值，在区间$(0, +\infty)$内幂函数总是有定义的. 可以证明，在区间$(0, +\infty)$内幂函数是连续的. 事实上，设 $x>0$，则

$$y=x^{\mu}=a^{\mu\log_a x},$$

因此，幂函数 x^{μ} 可看作是由 $y=a^u$，$u=\mu\log_a x$ 复合而成的，由定理 1.8.6 知，它在$(0, +\infty)$内是连续的. 如果对于 μ 取不同值加以讨论，则可以证明幂函数在它的定义域内是连续的.

综合起来得到：**基本初等函数在它们的定义域内都是连续的.**

最后，根据初等函数的定义，由基本初等函数的连续性以及本节有关定理可得下列重要结论：**一切初等函数在其定义区间内都是连续的.** 所谓定义区间，就是包含在定义域内的区间.

思考题

上述关于初等函数连续性的结论提供了求函数极限的一个方法：如果 $f(x)$是初等函数，且 x_0 是 $f(x)$的定义区间内的点，则$\lim\limits_{x\to x_0} f(x)=f(x_0)$.

例 1.8.5 求$\lim\limits_{x\to 0}\sqrt{1-x^2}$.

解 因为点 $x_0=0$ 是初等函数 $f(x)=\sqrt{1-x^2}$ 的定义区间$[-1, 1]$上的点，所以

$$\lim_{x\to 0}\sqrt{1-x^2}=\sqrt{1}=1.$$

例 1.8.6 求$\lim\limits_{x\to\frac{\pi}{2}}\ln\sin x$.

解　因为点 $x_0=\dfrac{\pi}{2}$ 是初等函数 $f(x)=\ln\sin x$ 的一个定义区间 $(0,\pi)$ 内的点，所以

$$\lim_{x\to\frac{\pi}{2}}\ln\sin x=\ln\sin\frac{\pi}{2}=0.$$

例 1.8.7　求 $\lim\limits_{x\to 0}\dfrac{\sqrt{1+x^2}-1}{x}$.

解　$\lim\limits_{x\to 0}\dfrac{\sqrt{1+x^2}-1}{x}=\lim\limits_{x\to 0}\dfrac{(\sqrt{1+x^2}-1)(\sqrt{1+x^2}+1)}{x(\sqrt{1+x^2}+1)}=\lim\limits_{x\to 0}\dfrac{x}{\sqrt{1+x^2}+1}=\dfrac{0}{2}=0.$

例 1.8.8　求 $\lim\limits_{x\to 0}\dfrac{\log_a(1+x)}{x}$.

解　$\lim\limits_{x\to 0}\dfrac{\log_a(1+x)}{x}=\lim\limits_{x\to 0}\log_a(1+x)^{\frac{1}{x}}=\log_a e=\dfrac{1}{\ln a}.$

例 1.8.9　求 $\lim\limits_{x\to 0}\dfrac{a^x-1}{x}$.

解　令 $a^x-1=t$，则 $x=\log_a(1+t)$，当 $x\to 0$ 时 $t\to 0$，于是

$$\lim_{x\to 0}\frac{a^x-1}{x}=\lim_{t\to 0}\frac{t}{\log_a(1+t)}=\ln a.$$

例 1.8.10　求 $\lim\limits_{x\to 0}(1+2x)^{\frac{3}{\sin x}}$.

解　因为

$$(1+2x)^{\frac{3}{\sin x}}=(1+2x)^{\frac{1}{2x}\cdot\frac{x}{\sin x}\cdot 6}=e^{6\cdot\frac{x}{\sin x}\ln(1+2x)^{\frac{1}{2x}}},$$

利用定理 1.8.5 及极限运算法则，有

$$\lim_{x\to 0}(1+2x)^{\frac{3}{\sin x}}=e^{\lim\limits_{x\to 0}\left[6\cdot\frac{x}{\sin x}\ln(1+2x)^{\frac{1}{2x}}\right]}=e^6.$$

一般地，对形如 $u(x)^{v(x)}$ $(u(x)>0,\ u(x)\neq 1)$ 的函数(通常称为幂指函数)，如果

$$\lim u(x)=a>0,\quad \lim v(x)=b,$$

那么

$$\lim u(x)^{v(x)}=a^b.$$

注　这里三个 lim 都表示在同一自变量变化过程中的极限.

例 1.8.11　设 $f(x)=\lim\limits_{n\to\infty}\dfrac{x^{2n-1}+ax+b}{x^{2n}+1}$ 是连续函数，试确定 a 和 b 的值.

解　当 $|x|<1$ 时，$f(x)=ax+b$；当 $|x|>1$ 时，$f(x)=\lim\limits_{n\to\infty}\dfrac{\dfrac{1}{x}+\dfrac{a}{x^{2n-1}}+\dfrac{b}{x^{2n}}}{1+\dfrac{1}{x^{2n}}}=\dfrac{1}{x}$；当 $x=1$ 时，$f(x)=\dfrac{1+a+b}{2}$；当 $x=-1$ 时，$f(x)=\dfrac{-1-a+b}{2}$.

综上可知

$$f(x)=\begin{cases}\dfrac{-1-a+b}{2}, & x=-1\\ ax+b, & |x|<1\\ \dfrac{1}{x}, & |x|>1\\ \dfrac{1+a+b}{2}, & x=1\end{cases}.$$

这是一个分段函数，$x=\pm1$ 为分界点. 下面分别讨论 $f(x)$在分界点的连续性.

因为

$$f(1^-)=\lim_{x\to1^-}(ax+b)=a+b,\quad f(1^+)=\lim_{x\to1^+}\frac{1}{x}=1,\quad f(1)=\frac{1+a+b}{2},$$

所以为使 $f(x)$在点 $x=1$ 连续，必须有 $1=a+b=\dfrac{1+a+b}{2}$，即 $a+b=1$；

又

$$f(-1^-)=\lim_{x\to-1^-}\frac{1}{x}=-1,\quad f(-1^+)=\lim_{x\to-1^+}(ax+b)=-a+b,\quad f(-1)=\frac{-1-a+b}{2},$$

为使 $f(x)$在点 $x=-1$ 连续，必须有 $-1=-a+b=\dfrac{-1-a+b}{2}$，即 $a-b=1$.

由 $\begin{cases}a-b=1\\ a+b=1\end{cases}$ 解得 $a=1$，$b=0$. 因此，当 $a=1$，$b=0$ 时，$f(x)$为连续函数.

例 1.8.12 判断函数 $f(x)=\begin{cases}\dfrac{x+1}{x^2-1}, & x\leqslant0\\ \dfrac{x}{\sin\pi x}, & x>0\end{cases}$ 的连续性，并指出其间断点类型.

解 显然 $x=-1$，$x=n(n=1, 2, \cdots)$是 $f(x)$的间断点. 因为

$$\lim_{x\to-1}f(x)=\lim_{x\to-1}\frac{x+1}{x^2-1}=\lim_{x\to-1}\frac{1}{x-1}=-\frac{1}{2},$$

所以 $x=-1$ 为 $f(x)$的可去间断点；因为

$$\lim_{x\to n}f(x)=\lim_{x\to n}\frac{x}{\sin\pi x}=\infty,$$

所以 $x=n(n=1, 2, \cdots)$为 $f(x)$的无穷间断点；因为

$$\lim_{x\to0^-}f(x)=\lim_{x\to0^-}\frac{x+1}{x^2-1}=-1,\quad \lim_{x\to0^+}f(x)=\lim_{x\to0^+}\frac{x}{\sin\pi x}=\frac{1}{\pi},$$

所以 $x=0$ 为 $f(x)$的跳跃间断点.

综上可知，$f(x)$在点 $x=-1$，$x=0$，$x=n(n=1, 2, \cdots)$不连续，除此之外，在$(-\infty, +\infty)$内的其余点均连续.

习 题 1-8

基 础 题

1. 设 $f(x)=\begin{cases}2(x+1)\arctan\dfrac{1}{x}, & x>0\\ a, & x=0\\ \dfrac{x\sin bx}{\ln(1+x^2)} & x<0\end{cases}$ 在点 $x=0$ 连续，求 a 和 b.

2. 求下列极限：

(1) $\lim\limits_{x\to 0}\dfrac{\ln(x+a)-\ln a}{x}$；　　(2) $\lim\limits_{x\to 0}(x+e^x)^{\frac{1}{x}}$；

(3) $\lim\limits_{x\to\frac{\pi}{3}}\dfrac{\sin\left(x-\dfrac{\pi}{3}\right)}{1-2\cos x}$；　　(4) $\lim\limits_{x\to 0}(\cos x)^{\frac{1}{\sin^2 x}}$；

(5) $\lim\limits_{x\to+\infty}(\sqrt{x^2+x}-\sqrt{x^2-x})$；　　(6) $\lim\limits_{x\to 0}\dfrac{\left(1-\dfrac{1}{2}x^2\right)^{\frac{2}{3}}-1}{x\ln(1+x)}$；

(7) $\lim\limits_{x\to\infty}\left(\dfrac{3+x}{6+x}\right)^{\frac{x-1}{2}}$；　　(8) $\lim\limits_{x\to 0}\dfrac{\sqrt{1+\tan x}-\sqrt{1+\sin x}}{x\sqrt{1+\sin^2 x}-x}$；

(9) $\lim\limits_{x\to e}\dfrac{\ln x-1}{x-e}$；　　(10) $\lim\limits_{x\to 0}\dfrac{e^{3x}-e^{2x}-e^x+1}{\sqrt{(1-x)(1+x)}-1}$.

提 高 题

1. 设 $f(x)$在 $\mathbf{R}$ 上连续，且 $f(x)\neq 0$，$\varphi(x)$在 $\mathbf{R}$ 上有定义，且有间断点，则下列陈述中，哪些是对的，哪些是错的？如果是对的，试说明理由；如果是错的，试给出一个反例.

(1) $\varphi[f(x)]$必有间断点；

(2) $[\varphi(x)]^2$ 必有间断点；

(3) $f[\varphi(x)]$未必有间断点；

(4) $\dfrac{\varphi(x)}{f(x)}$必有间断点.

习题 1-8
参考答案

2. 设函数 $f(x)$在点 $x=0$ 连续，并且满足 $f(x)=f(2x)$，$x\in(-\infty,+\infty)$，证明$f(x)$为$(-\infty,+\infty)$上的常量函数.

3. 设 $f(x)=\begin{cases}(2x^2+\cos^2 x)^{x^{-2}}, & x<0\\ a, & x=0\\ \dfrac{b^x-1}{x}, & x>0\end{cases}$ 是$(-\infty,+\infty)$上的连续函数，求 a 和 b 的值.

第九节　闭区间上连续函数的性质

上一节研究了连续函数的一般性质，这些性质从本质上说都是逐点成立的，或者是在连续点的附近成立的，所以我们称之为连续函数的局部性质. 那么在有界闭区间上连续函数有什么整体性质吗？

一、有界性与最大值最小值定理

如果函数 $f(x)$在开区间(a,b)内连续，在右端点 b 左连续，在左端点 a 右连续，那么函数 $f(x)$在闭区间$[a,b]$上连续.

对于在区间 I 上有定义的函数 $f(x)$，如果有 $x_0\in I$，使得对于任一 $x\in I$ 都有

$$f(x)\leqslant f(x_0)\quad (f(x)\geqslant f(x_0)),$$

则称 $f(x_0)$是函数 $f(x)$在区间 I 上的**最大值(最小值)**.

例如，函数 $f(x)=1+\sin x$ 在区间$[0,2\pi]$上有最大值 2 和最小值 0. 又如，函数 $f(x)=\mathrm{sgn}x$ 在区间$(-\infty,+\infty)$内有最大值 1 和最小值-1. 在开区间$(0,+\infty)$内，$f(x)=\mathrm{sgn}x$ 的最大值和最小值都是 1. 但函数 $f(x)=x$ 在开区间(a,b)内既无最大值也无最小值.

定理 1.9.1(最大值与最小值定理)　在闭区间上连续的函数在该区间上一定能取得它的最大值和最小值.

注　(1) 定理 1.9.1 说明，如果函数 $f(x)$在闭区间$[a,b]$上连续，那么至少有一点 $\xi_1\in[a,b]$，使 $f(\xi_1)$是 $f(x)$在$[a,b]$上的最大值，又至少有一点 $\xi_2\in[a,b]$，使 $f(\xi_2)$是 $f(x)$在$[a,b]$上的最小值(见图 1.9.1).

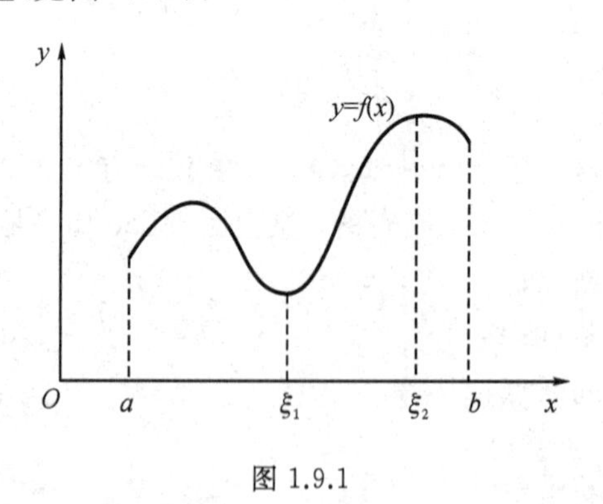

图 1.9.1

(2) 如果函数在开区间内连续，或函数在闭区间上有间断点，那么函数在该区间上不一定有最大值或最小值.

定理 1.9.1 的几何意义　闭区间上的连续函数的曲线必有最低点和最高点.

定理 1.9.2(有界性定理)　在闭区间上连续的函数一定在该区间上有界.

例 1.9.1　证明：若函数 $f(x)$在$(-\infty,+\infty)$内连续，且$\lim\limits_{x\to\infty}f(x)$存在，则函数 $f(x)$在$(-\infty,+\infty)$内有界.

证明　设$\lim\limits_{x \to \infty} f(x)=A$，取$\varepsilon=1$，$\exists X>0$，当$|x|>X$时，总有$|f(x)-A|<\varepsilon=1$. 又$|f(x)|-|A| \leqslant |f(x)-A|$，从而$|x|>X$时，有$|f(x)|<1+|A|$.

因为函数$f(x)$在$(-\infty, +\infty)$内连续，而$[-X, X] \subset (-\infty, +\infty)$，所以函数$f(x)$在$[-X, X]$上连续. 在闭区间$[-X, X]$上运用连续函数的有界性定理可知，存在$M_1>0$，使得当$x \in [-X, X]$时，有$|f(x)| \leqslant M_1$.

取$M=\max\{M_1, 1+|A|\}$，则$\forall x \in (-\infty, +\infty)$，恒有$|f(x)| \leqslant M$. 于是$f(x)$在$(-\infty, +\infty)$内有界.

二、零点定理与介值定理

如果x_0使$f(x_0)=0$，那么x_0称为函数$f(x)$的零点.

设$f(x)$是闭区间$[a, b]$上的连续函数，且$f(a)$和$f(b)$异号，这时点$(a, f(a))$和$(b, f(b))$分别位于x轴的两侧. 因为连续函数$f(x)$的图形是一条连绵不断的曲线，所以若连接$(a, f(a))$和$(b, f(b))$两点，则所得曲线必与x轴相交(见图1.9.2). 这就是连续函数的**零点定理**. 具体表述如下：

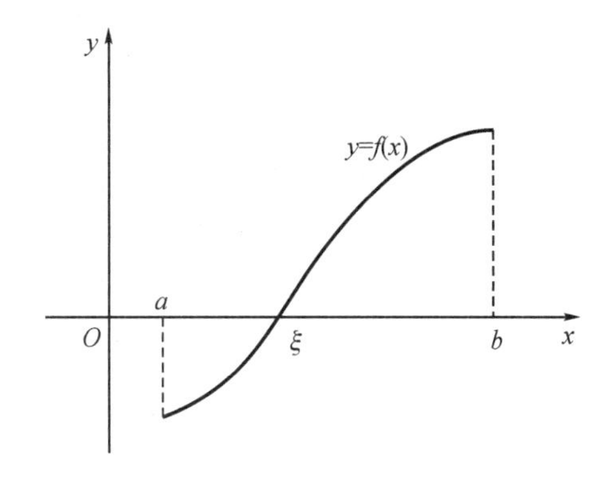

图 1.9.2

定理 1.9.3(零点定理)　设函数$f(x)$在闭区间$[a, b]$上连续，且$f(a)$与$f(b)$异号(即$f(a) \cdot f(b)<0$)，那么在开区间(a, b)内至少有一点ξ使$f(\xi)=0$.

定理 1.9.3 的几何解释　若连续曲线弧$y=f(x)$的两个端点位于x轴的不同侧，则曲线弧与x轴至少有一个交点.

注　(1) 零点定理中的ξ可能不止一个，即ξ没有唯一性.

(2) 利用零点定理可证明方程根的存在性. 如果方程的根不易求出，常利用零点定理确定根的存在范围，再利用数值方法求近似解.

(3) 证明与零点有关的命题时，先作辅助函数，然后验证辅助函数满足零点定理的条件，再由零点定理得出命题的结论.

例 1.9.2　证明方程$x^3-4x^2+1=0$在区间$(0, 1)$内至少有一个根.

证明　易知函数$f(x)=x^3-4x^2+1$在闭区间$[0, 1]$上连续，且

$$f(0)=1>0, \quad f(1)=-2<0.$$

由零点定理知，在$(0, 1)$内至少有一点ξ，使得$f(\xi)=0$，即方程$x^3-4x^2+1=0$在区间

(0, 1)内至少有一个根.

零点定理的零点仅是一个介于闭区间左、右端点之间的值. 零点定理说明，一个连续变化的物理过程由一个状态变化到另外一个状态，它一定经过这两个状态的中间状态. 例如，一个物体的温度由-5℃上升到10℃，就必须经过0℃这个状态. 事实上，物体温度会经过所有介于-5℃和10℃之间的温度数. 抛开这些过程的具体物理意义，就可以抽象出连续函数的介值性.

定理 1.9.4(介值定理)　设函数$f(x)$在闭区间$[a, b]$上连续，且在这区间的两端点取不同的函数值

$$f(a)=A \quad 及 \quad f(b)=B,$$

那么对于A与B之间的任意一个数C，在开区间(a, b)内至少有一点ξ，使得

$$f(\xi)=C.$$

证明　设$\varphi(x)=f(x)-C$，则$\varphi(x)$在闭区间$[a, b]$上连续，且$\varphi(a)=A-C$与$\varphi(b)=B-C$异号. 由零点定理知，在开区间(a, b)内至少有一点ξ，使得$\varphi(\xi)=0(a<\xi<b)$. 因此，$f(\xi)=C(a<\xi<b)$.

定理 1.9.4 的几何意义　连续曲线弧$y=f(x)$与水平直线$y=C$至少相交于一点(见图1.9.3).

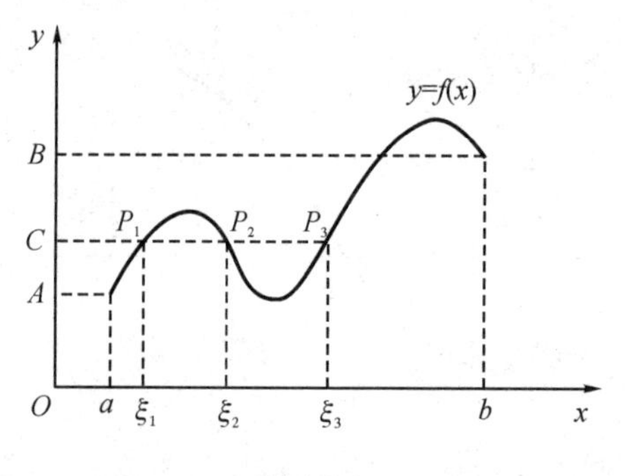

图 1.9.3

推论　在闭区间上连续的函数必取得介于其在该闭区间上最大值M与最小值m之间的任何值.

例 1.9.3　设$f(x)$在$[a, b]$上连续，$a<x_1<x_2<b$，证明：$\exists\xi\in[a, b]$，使

$$5f(\xi)=2f(x_1)+3f(x_2).$$

证明　由于$f(x)$在$[a, b]$上连续，因此存在最大值M与最小值m，使$\forall x\in[a, b]$，有$m\leqslant f(x)\leqslant M$，于是

$$m=\frac{2m+3m}{5}\leqslant\frac{2f(x_1)+3f(x_2)}{5}\leqslant\frac{2M+3M}{5}=M.$$

由连续函数的介值定理知，$\exists\xi\in[a, b]$，使得

$$f(\xi)=\frac{2f(x_1)+3f(x_2)}{5},$$

即

$$5f(\xi)=2f(x_1)+3f(x_2).$$

例 1.9.4　设函数 $f(x)$ 连续，$t_i \in (0, 1)(i=1, 2, \cdots, k)$，且 $\sum_{i=1}^{k} t_i = 1$，证明对于任意 k 个点 $x_1 \leqslant x_2 \leqslant \cdots \leqslant x_k$，至少存在一点 $\xi \in [x_1, x_k]$，使得 $f(\xi) = \sum_{i=1}^{k} t_i f(x_i)$.

证明　记 $M = \max\limits_{1 \leqslant i \leqslant k} f(x_i)$，$m = \min\limits_{1 \leqslant i \leqslant k} f(x_i)$，则 $m \leqslant \sum_{i=1}^{k} t_i f(x_i) \leqslant M$. 由于 $f(x)$ 在闭区间 $[x_1, x_k]$ 上连续，因此 $f(x)$ 在该区间上存在最大值与最小值，从而 M 不超过 $f(x)$ 在 $[x_1, x_k]$ 上的最大值，m 不小于 $f(x)$ 在 $[x_1, x_k]$ 上的最小值. 于是由介值定理知，至少存在一点 $\xi \in [x_1, x_k]$，使得 $f(\xi) = \sum_{i=1}^{k} t_i f(x_i)$.

特例：例 1.9.4 中，若取 $t_1 = t_2 = \cdots = t_k = \dfrac{1}{k}$，则 $f(\xi) = \dfrac{1}{k} \sum_{i=1}^{k} f(x_i)$.

定义 1.9.1（零点与不动点）　对于函数 $f(x)$，如果存在定义域内一点 x_0，使得 $f(x_0)=0$，则称 x_0 为函数 $f(x)$ 的零点；如果存在点 x^*，使得 $f(x^*)=x^*$，则称 x^* 为函数 $f(x)$ 的不动点. 显然函数 $f(x)$ 的不动点 x^* 是函数 $F(x)=f(x)-x$ 的零点.

例 1.9.5（不动点定理）　设 $f(x)$ 是闭区间 $[a, b]$ 上的连续函数，并且 $f([a, b]) \subset [a, b]$. 证明：存在一点 $\xi \in [a, b]$，使得 $f(\xi)=\xi$.

证明　引入辅助函数 $F(x)=f(x)-x$. 由 $f([a, b]) \subset [a, b]$ 知

$$F(a)=f(a)-a \geqslant 0, \quad F(b)=f(b)-b \leqslant 0,$$

因此 $F(a)F(b) \leqslant 0$. 如果等号成立，即 $F(a)F(b)=0$，则 $f(a)=a$ 或 $f(b)=b$；否则，由零点定理可知，存在一点 $\xi \in (a, b)$，使得 $F(\xi)=0$，即 $f(\xi)=\xi$.

三、知识延展——一致连续性

函数在区间 I 上连续是指函数在 I 上的每一点都连续，从而这种连续性是逐点的、点态的. 这里的区间 I 可以是开的、闭的、半开半闭的. 如果用“$\varepsilon - \delta$”语言来叙述，就是对区间 I 上的每一点 x_0 以及任意给定的正数 ε，总存在这样一个正数 $\delta = \delta(\varepsilon, x_0)$，只要 I 中的点 x 满足 $|x-x_0|<\delta$，就有 $|f(x)-f(x_0)|<\varepsilon$. 由此可以看到，这里的正数 $\delta(\varepsilon, x_0)$ 不仅依赖于事先给定的正数 ε，还与所考察的点 x_0 有关. 也就是说，即使是同一个 $\varepsilon>0$，对区间 I 上不同的点 x_0，使不等式 $|f(x)-f(x_0)|<\varepsilon$ 成立的 x 与 x_0 的距离也可能不一样.

例如 $f(x)=\dfrac{1}{x}$，$x \in (0, +\infty)$，函数曲线越往右越平坦，越往左越陡峭. 从函数图形上看（见图 1.9.4），对同样的带宽 ε，自变量越接近原点，需要的 δ 越小，不存在一个最小的、统一共同的正数 δ 适合区间上所有的点. 形象地讲，就是对 $f(x)=\dfrac{1}{x}$，$x \in (0, +\infty)$ 所表示的曲线，我们找不到一段细管子，能从曲线的一端沿水平方向穿过另一端. 一般而言，上述问题不仅与所讨论的函数有关，还与区间有关，这样产生的连续

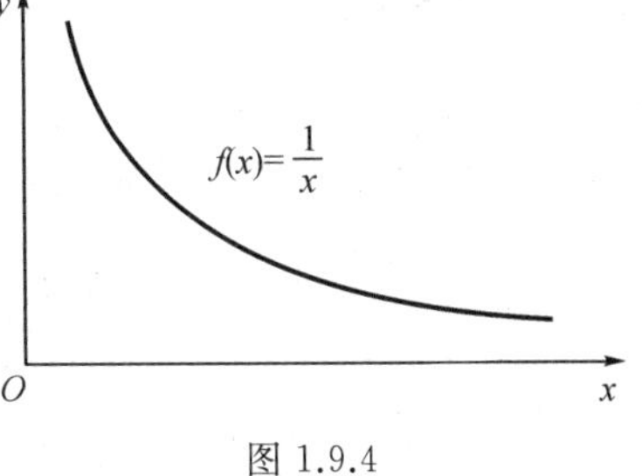

图 1.9.4

性是一致的，它具有一种整体的性质.

定义 1.9.2(一致连续) 设函数 $f(x)$在区间 I 上有定义，如果$\forall \varepsilon>0$，$\exists \delta=\delta(\varepsilon)>0$，使得对 I 内的任意两点 x_1 和 x_2，当$|x_1-x_2|<\delta$ 时，就有不等式$|f(x_1)-f(x_2)|<\varepsilon$ 成立，则称 $f(x)$在区间 I 上一致连续.

注 当考虑函数在点 x_0 的极限或连续性时，首先固定点 x_0，要求 x 充分接近x_0，即点 x_0 是定点，x 是动点；而在一致连续的定义中，x_1 和 x_2 是 I 内任意变化的两个点，唯一的要求是在变化过程中它们始终是彼此接近的，即$|x_1-x_2|<\delta$. 简单地说，函数 $f(x)$在区间 I 上一致连续就是指：当自变量充分接近时，函数值的变化量非常小.

例 1.9.6 证明正弦函数 $f(x)=\sin x$ 在区间$(-\infty, +\infty)$上一致连续.

证明 对于区间$(-\infty, +\infty)$上的任意两点 x_1 和 x_2，有如下关系式：

$$|\sin x_1-\sin x_2|=2\left|\cos\frac{x_1+x_2}{2}\right|\left|\sin\frac{x_1-x_2}{2}\right|\leqslant|x_1-x_2|.$$

对任意给定的正数 ε，取 $\delta=\varepsilon$，则对区间$(-\infty, +\infty)$上的任意两点 x_1 和 x_2，当$|x_1-x_2|<\delta$ 时，就有不等式$|\sin x_1-\sin x_2|<\varepsilon$ 成立，所以正弦函数在区间$(-\infty, +\infty)$上一致连续.

例 1.9.7 证明函数 $f(x)=\dfrac{1}{x}$在区间$[a, 1](0<a<1)$上一致连续，但在$(0, 1]$上非一致连续.

证明 (1) 对于区间$[a, 1](0<a<1)$上的任意两点 x_1 和 x_2，有

$$\frac{1}{x_1}\leqslant\frac{1}{a},\quad \frac{1}{x_2}\leqslant\frac{1}{a},$$

所以

$$\left|\frac{1}{x_1}-\frac{1}{x_2}\right|=\frac{|x_1-x_2|}{|x_1||x_2|}\leqslant\frac{1}{a^2}|x_1-x_2|.$$

对任意给定的正数 ε，为使$\left|\dfrac{1}{x_1}-\dfrac{1}{x_2}\right|<\varepsilon$，只要$\dfrac{1}{a^2}|x_1-x_2|<\varepsilon$，即$|x_1-x_2|<a^2\varepsilon$，从而对区间$[a, 1](0<a<1)$上的任意两点 x_1 和 x_2，取 $\delta=a^2\varepsilon$，当$|x_1-x_2|<\delta$ 时，就有不等式$\left|\dfrac{1}{x_1}-\dfrac{1}{x_2}\right|<\varepsilon$ 成立，于是函数 $f(x)=\dfrac{1}{x}$在区间$[a, 1](0<a<1)$上一致连续.

(2) 若函数 $f(x)=\dfrac{1}{x}$在$(0, 1]$上非一致连续，则存在正数 ε_0，对任意正数 δ，在区间$(0, 1]$内总存在两点 x_1 和 x_2，当$|x_1-x_2|<\delta$ 时，有$|f(x_1)-f(x_2)|\geqslant\varepsilon_0$.

由(1) 的证明可知，要选择 x_1 和 x_2 很接近于零，为此，选择

$$x_1=\frac{1}{n+1},\quad x_2=\frac{1}{n},$$

有

$$|f(x_1)-f(x_2)|=n+1-n=1.$$

又$|x_1-x_2|=\dfrac{1}{n(n+1)}<\dfrac{1}{n^2}$，所以可取 $\varepsilon_0=1$，$\forall\delta>0$，当 $n>\dfrac{1}{\sqrt{\delta}}$时，有$|x_1-x_2|<\delta$，但

$|f(x_1)-f(x_2)|\geqslant\varepsilon_0$.

注　函数的一致连续性不仅与函数的表达式有关，还与所考虑的区间有关. 当然应该注意，如果两个函数的表达式相同，而定义域不同，它们就是两个不同的函数，它们的一致连续性自然也是不同的. 由一致连续的定义可知，**一致连续函数一定是连续函数**；反过来，则未必成立. 但是，有界闭区间上的连续函数一定在该区间上一致连续.

定理 1.9.5(一致连续性定理)　设 $f(x)$是有界闭区间$[a, b]$上的连续函数，则 $f(x)$在$[a, b]$上是一致连续的.

证明　用反证法. 假设函数 $f(x)$在有界闭区间$[a, b]$上连续，而非一致连续，则存在某个正数 ε_0，对任意给定的正数 δ，在区间$[a, b]$上总存在两点 x'和 x''，当$|x'-x''|<\delta$时，有不等式$|f(x')-f(x'')|\geqslant\varepsilon_0$ 成立.

取 $\delta=\dfrac{1}{n}(n=1, 2, \cdots)$，则存在 x'_n，$x''_n\in[a, b]$，满足

$$|x'_n-x''_n|<\frac{1}{n},\ |f(x'_n)-f(x''_n)|\geqslant\varepsilon_0\quad(n=1, 2, \cdots),$$

由此得到两个有界数列$\{x'_n\}$和$\{x''_n\}$，存在收敛的子列$\{x'_{n_k}\}$，不妨设$\lim\limits_{k\to+\infty}x'_{n_k}=c\in[a, b]$. 由于$|x'_{n_k}-x''_{n_k}|<\dfrac{1}{n_k}$，因此极限$\lim\limits_{k\to+\infty}x''_{n_k}=c$ 成立. 根据函数 $f(x)$的连续性，有

$$\lim_{k\to+\infty}f(x'_{n_k})=\lim_{k\to+\infty}f(x''_{n_k})=f(c),$$

这与关系式$|f(x'_n)-f(x''_n)|\geqslant\varepsilon_0$ 矛盾，从而定理得证.

显然，由一致连续可以推出连续. 对于函数而言，我们知道闭区间上的连续函数一致连续，可见定义在闭区间上的函数连续与一致连续没有任何区别. 那么函数 $f(x)=\dfrac{1}{x}$在区间$(0, 1]$上连续而不一致连续，其直观解释是什么呢？假设有一段“管子”套在函数的图形上，对于任给的“管子直径”，不存在确定的“管子长度”，使得这样的“管子”在函数图形上可以任意滑动(不一致连续). 但是在某定点 x_0 处，对于任给的“管子直径”，存在确定的“管子长度”，使得这样的“管子”在图形上点 x_0 左右可以任意滑动(一致连续).

习　题　1－9

基　础　题

1. 证明方程 $x^5-3x=1$ 至少有一个实根介于 1 和 2 之间.

2. 设函数 $f(x)$在区间$[0, 2a]$上连续，$f(0)=f(2a)$，证明在区间$[0, a]$上至少存在一点 x_0 使得 $f(x_0)=f(x_0+a)$.

3. 假设函数 $f(x)$在闭区间$[0, 1]$上连续，并且对$[0, 1]$上任一点 x 有 $0\leqslant f(x)\leqslant 1$. 试证明$[0, 1]$中必存在一点 c，使得 $f(c)=c$(c 称为 $f(x)$的不动点).

4. 证明方程 $x=a\sin x+b(a>0, b>0)$ 至少有一个正根，并且它不超过 $a+b$.

5. 证明任一最高次幂的指数为奇数的代数方程 $a_0x^{2n+1}+a_1x^{2n}+\cdots+a_{2n}x+a_{2n+1}=0$

至少有一实根，其中 $a_0, a_1, \cdots, a_{2n}, a_{2n+1}$ 均为常数，$n\in\mathbf{N}$.

6. 证明：若 $f(x)$ 在 $[a, b]$ 上连续，$a<x_1<x_2<\cdots<x_n<b(n\geqslant 3)$，则在 (x_1, x_n) 内至少有一点 ξ，使得 $f(\xi)=\dfrac{f(x_1)+f(x_2)+\cdots+f(x_n)}{n}$.

7. 设函数 $f(x)$ 在 $[a, b]$ 上连续，且 $a<c<d<b$. 证明：对任意实数 $\alpha>0$，$\beta>0$，至少存在一点 $\xi\in[a, b]$，使得 $(\alpha+\beta)f(\xi)=\alpha f(c)+\beta f(d)$.

提 高 题

1. 设函数 $f(x)$ 对于闭区间 $[a, b]$ 上的任意两点 x，y，恒有 $|f(x)-f(y)|\leqslant L|x-y|$，其中 L 为正常数，且 $|f(a)\cdot f(b)|<0$. 证明：至少有一点 $\xi\in(a, b)$，使得 $f(\xi)=0$.

2. 证明：若 $f(x)$ 在 $(-\infty, +\infty)$ 内连续，且 $\lim\limits_{x\to\infty}f(x)$ 存在，则 $f(x)$ 必在 $(-\infty, +\infty)$ 内有界.

3. 在什么条件下，(a, b) 内的连续函数 $f(x)$ 为一致连续？

习题 1-9
参考答案

总 习 题 一

基 础 题

1. 设 $0<x_1<1$，$x_{n+1}=2x_n-x_n^2$，$n=1, 2, \cdots$，证明数列 $\{x_n\}$ 的极限存在，并求该极限.

2. 设函数 $f(x)=\lim\limits_{n\to\infty}\dfrac{x^{2n-1}+ax^2+bx}{x^{2n}+1}$，求 $f(x)$.

3. 证明：$x^2+x^3\sin\dfrac{1}{x}=o(\tan x)$，$x\to 0$.

4. 求函数 $f(x)=\dfrac{1}{1+\dfrac{1}{x}}$ 的间断点，并判定其类型.

5. 求下列极限：

(1) $\lim\limits_{x\to\infty}\dfrac{(4x-7)^{81}(5x-8)^{19}}{(2x-3)^{100}}$；　　(2) $\lim\limits_{x\to 0}\dfrac{2\sin x-\sin 2x}{x^3}$；

(3) $\lim\limits_{x\to 0}\dfrac{\cos x-\cos x^2}{x^2}$；　　(4) $\lim\limits_{x\to 1}\left(\dfrac{1}{1-x}-\dfrac{3}{1-x^3}\right)$；

(5) $\lim\limits_{x\to+\infty}\dfrac{x\sqrt{x}\sin\dfrac{1}{x}}{\sqrt{x}-1}$；　　(6) $\lim\limits_{x\to 1}\left(\dfrac{2x}{x+1}\right)^{\frac{2x}{x-1}}$；

(7) $\lim\limits_{x\to 0}\arccos[\ln(1+x)]$；　　(8) $\lim\limits_{n\to\infty}\sqrt[n]{1+x^n}\,(0\leqslant x\leqslant 1)$.

6. 设 $g(x)$ 在点 $x=0$ 连续，$g(0)=0$，且 $|f(x)|\leqslant|g(x)|$，试证：$f(x)$ 在点 $x=0$ 连续.

7. 设 $f(x)$在$[0, 1]$上为非负连续函数，且 $f(0)=f(1)=0$，试证：对任意一个小于 1 的正数 c，必存在点 $\xi \in [0, 1)$，使得 $f(\xi)=f(\xi+c)$.

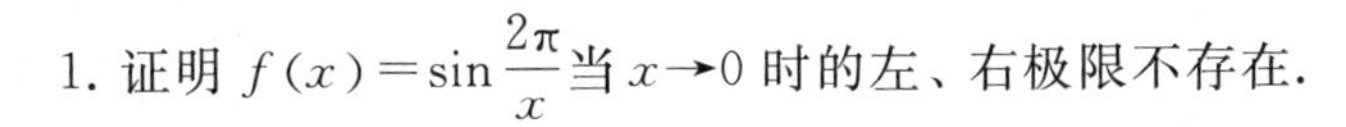

提 高 题

总习题一
参考答案

1. 证明 $f(x)=\sin\dfrac{2\pi}{x}$ 当 $x\to 0$ 时的左、右极限不存在.

2. 证明方程 $\dfrac{a_1}{x-\lambda_1}+\dfrac{a_2}{x-\lambda_2}+\dfrac{a_3}{x-\lambda_3}=0$ 在(λ_1, λ_2)和(λ_2, λ_3)内各有一根，其中 a_1，a_2，a_3 均为大于 0 的常数，且 $\lambda_1<\lambda_2<\lambda_3$.

第二章　导数与微分

知识图谱

在自然科学的许多领域中，当研究运动的各种形式时，都需要从数量上研究函数相对于自变量的变化快慢程度，如物体运动的速度、电流强度、线密度、化学反应速度以及生物繁殖率等，而当物体沿曲线运动时，还需要考虑速度的方向，即曲线的切线问题. 所有这些问题在数量上都归结为函数的变化率，即导数. 而微分则与导数密切相关，它指明当自变量有微小改变时，函数大体上变化了多少. 因此，在这一章中，除了阐明导数与微分的概念之外，我们还将建立起一整套的微分法公式和法则，从而系统地解决初等函数的求导问题. 至于导数的应用，将在第三章中讨论.

本章教学目标

第一节　导数概念

教学目标

一、引例

在实际问题中，常常需要研究自变量 x 的增量 Δx 与相应的函数 $y=f(x)$的增量 Δy 之间的关系. 例如，研究它们的比 $\Delta y/\Delta x$ 以及 $\Delta x\to 0$ 时 $\Delta y/\Delta x$ 的极限，下面看两个实例.

1. 变速直线运动的速度问题

设某质点做变速直线运动. 在直线上引入原点 O、正方向和单位点(即表示实数 1 的点)，使直线成为数轴. 设运动开始时($t=0$)质点位于 O 点，经过一段时间之后，质点在直线上的位置的坐标为 s(简称位置 s). 显然，位置 s 是时间 t 的函数 $s=s(t)$(该函数称为质点的位置函数)，假设位置函数 $s=s(t)$连续，现在计算做变速直线运动的质点在某一时刻 t_0 的速度 v(也叫瞬时速度).

我们知道，平均速度公式为

$$\text{平均速度}=\frac{\text{路程}}{\text{时间}}.$$

当时间由 t_0 变到 $t_0+\Delta t$ 时，位置函数 $s=s(t)$相应的增量为

$$\Delta s=s(t_0+\Delta t)-s(t_0),$$

于是在时间间隔 Δt 内质点的平均速度为

$$\bar{v}=\frac{\Delta s}{\Delta t}=\frac{s(t_0+\Delta t)-s(t_0)}{\Delta t},$$

它给出了位置函数 $s(t)$从 t_0 到 $t_0+\Delta t$ 这段时间内的平均变化率.

在变速直线运动中，由于 t_0 固定，$\bar{v}$显然是 Δt 的函数，当 Δt 甚小时，$\bar{v}$近似地等于质

点在时刻 t_0 的瞬时速度，并且 Δt 越小，近似程度越高. 当 $\Delta t \to 0$ 时，若 $\bar{v}$ 趋向于一确定的极限值，则该值就是质点在时刻 t_0 的速度 v，即

$$v=\lim_{\Delta t\to 0}\frac{\Delta s}{\Delta t}=\lim_{\Delta t\to 0}\frac{s(t_0+\Delta t)-s(t_0)}{\Delta t}.$$

2. 曲线的切线斜率问题

在平面几何中，圆的切线定义为“与圆只有一个公共点的直线”. 这个定义不能适用于一般曲线. 例如，x 轴、y 轴都与抛物线 $y=(x-1)^2$ 只有一个公共点，但显然只有 x 轴是抛物线在点(1, 0)处的切线. 那么平面曲线上某点处的切线应如何定义呢？

设有曲线 C 及 C 上的一点 M(见图 2.1.1)，在点 M 外另取 C 上一点 N，作割线 MN，当点 N 沿曲线移动时，割线 MN 将绕点 M 转动. 当点 N 沿曲线 C 趋于点 M 时，割线 MN 的极限位置 MT 就称为曲线 C 在点 M 处的切线. 这里极限位置的含义：只要弦长 $|MN|$ 趋于零，$\angle NMT$ 也趋于零.

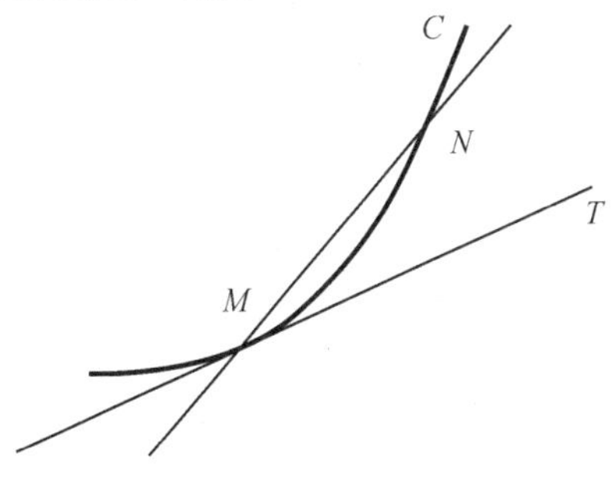

图 2.1.1

现在就曲线 C 为函数 $y=f(x)$ 的图形的情形来讨论切线斜率问题. 设点 $M(x_0, y_0)$ 是曲线 C：$y=f(x)$ 上一点，给 x 一个增量 Δx，得到曲线上另一点 $N(x_0+\Delta x, y_0+\Delta y)$，由图 2.1.2 知，曲线 $y=f(x)$ 的割线 MN 的斜率为

$$\tan\varphi=\frac{\Delta y}{\Delta x}=\frac{f(x_0+\Delta x)-f(x_0)}{\Delta x},$$

其中 φ 是割线 MN 的倾角. 显然，当 $\Delta x\to 0$ 时，点 N 沿曲线 $y=f(x)$ 移动而趋于点 M，这时割线 MN 的极限位置 MT 就是曲线 $y=f(x)$ 在点 M 处的切线. 相应地，割线 MN 的斜率 $\tan\varphi$ 随 $\Delta x\to 0$ 而趋于切线 MT 的斜率 $\tan\alpha$(α 为切线 MT 的倾角)，即

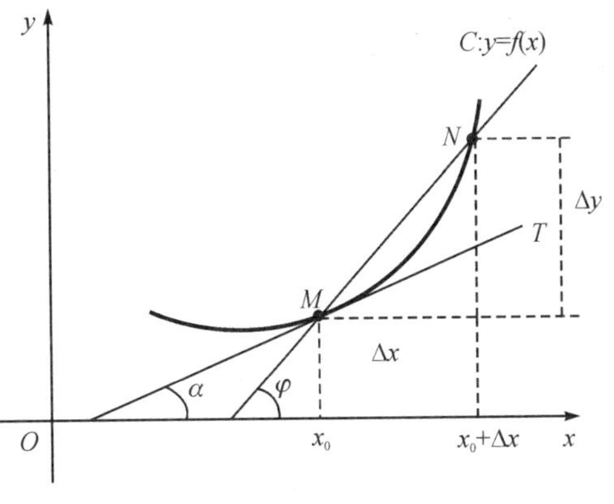

图 2.1.2

$$k=\tan\alpha=\lim_{\Delta x\to 0}\frac{\Delta y}{\Delta x}=\lim_{\Delta x\to 0}\frac{f(x_0+\Delta x)-f(x_0)}{\Delta x}.$$

切线的斜率也称为函数 $y=f(x)$ 在点 x_0 的瞬时变化率.

通过对上面两个变化率问题的讨论，我们发现：尽管两个例子的意义各不相同，但是它们的数学表达形式完全相同. 如果抛开它们所代表的具体意义，仅考虑它们在数量关系上的共性，这两个问题讨论的都是当自变量的增量趋近于零时，函数的增量与自变量增量的比值的极限. 在数学上我们把这一极限称为导数.

二、导数的定义

1. 函数在一点处的导数

定义 2.1.1　设函数 $y=f(x)$ 在点 x_0 的某个邻域内有定义，当自变量 x 从 x_0 增加到

$x_0+\Delta x(\Delta x\neq 0$，点 $x_0+\Delta x$ 仍在该邻域内)时，相应地，函数 y 取得增量

$$\Delta y=f(x_0+\Delta x)-f(x_0).$$

若极限

$$\lim_{\Delta x\to 0}\frac{\Delta y}{\Delta x}=\lim_{\Delta x\to 0}\frac{f(x_0+\Delta x)-f(x_0)}{\Delta x}$$

存在，则称函数 $y=f(x)$在点 x_0 处**可导**，并称这个极限为函数 $y=f(x)$在点 x_0 处的**导数**，记作

$$f'(x_0),\quad y'\big|_{x=x_0},\quad \frac{\mathrm{d}y}{\mathrm{d}x}\bigg|_{x=x_0},\quad \frac{\mathrm{d}f(x)}{\mathrm{d}x}\bigg|_{x=x_0},$$

即

$$f'(x_0)=\lim_{\Delta x\to 0}\frac{\Delta y}{\Delta x}=\lim_{\Delta x\to 0}\frac{f(x_0+\Delta x)-f(x_0)}{\Delta x}.\tag{2.1.1}$$

函数 $y=f(x)$在点 x_0 处可导有时也说成 $f(x)$在点 x_0 处具有导数或导数存在，函数 $y=f(x)$在点 x_0 处的导数 $f'(x_0)$又可称为 $y=f(x)$在点 x_0 处的变化率.

若式(2.1.1)中的极限不存在，则称 $y=f(x)$在点 x_0 处无导数或不可导. 如果不可导的原因在于比式$\frac{\Delta y}{\Delta x}$当 $\Delta x\to 0$ 时趋于无穷大，为了方便起见，也往往说函数 $y=f(x)$在点 x_0 处的导数为无穷大.

在式(2.1.1)中，令 $\Delta x=h$，可得导数 $f'(x_0)$的等价定义：

$$f'(x_0)=\lim_{h\to 0}\frac{f(x_0+h)-f(x_0)}{h}.\tag{2.1.2}$$

在式(2.1.1)中，如果令 $x_0+\Delta x=x$，则有

$$\Delta x=x-x_0,\ \Delta y=f(x)-f(x_0),$$

当 $\Delta x\to 0$ 时，$x\to x_0$，从而导数 $f'(x_0)$的定义又可以写成

$$f'(x_0)=\lim_{x\to x_0}\frac{f(x)-f(x_0)}{x-x_0}.\tag{2.1.3}$$

利用导数定义求极限举例

用式(2.1.3)计算函数 $f(x)$在点 x_0 处的导数，不必计算 $f(x_0+\Delta x)$，因而比较简便.

2. 单侧导数

由于导数是比式$\frac{\Delta y}{\Delta x}$当 $\Delta x\to 0$ 时的极限，而极限存在的充分必要条件是左、右极限都存在且相等，因此我们也往往需要考察当 $\Delta x\to 0^-$ 与 $\Delta x\to 0^+$ 时，比式$\frac{\Delta y}{\Delta x}$的极限是否存在.

如果极限 $\lim\limits_{\Delta x\to 0^-}\frac{\Delta y}{\Delta x}$存在，那么称这个极限值为函数 $y=f(x)$在点 x_0 处的**左导数**，并且说，$f(x)$在点 x_0 左可导，记作 $f'_-(x_0)$，即

$$f'_-(x_0)=\lim_{\Delta x\to 0^-}\frac{\Delta y}{\Delta x}=\lim_{\Delta x\to 0^-}\frac{f(x_0+\Delta x)-f(x_0)}{\Delta x};$$

如果极限$\lim\limits_{\Delta x\to 0^+}\dfrac{\Delta y}{\Delta x}$存在，那么称这个极限值为函数$y=f(x)$在点$x_0$处的**右导数**，并且说，$f(x)$在点$x_0$右可导，记作$f'_+(x_0)$，即

$$f'_+(x_0)=\lim_{\Delta x\to 0^+}\frac{\Delta y}{\Delta x}=\lim_{\Delta x\to 0^+}\frac{f(x_0+\Delta x)-f(x_0)}{\Delta x}.$$

左导数和右导数统称为**单侧导数**. 根据左、右极限与极限的关系，我们有下面的定理.

定理 2.1.1　函数$f(x)$在点x_0处可导的充分必要条件是$f(x)$在点x_0处的左导数$f'_-(x_0)$和右导数$f'_+(x_0)$都存在且相等.

3. 导函数

定义 2.1.2　如果函数$y=f(x)$在开区间I内的每点处都可导，就称函数$y=f(x)$在开区间I内可导. 此时，对于区间I内的每一个x，都有一个确定的导数值$f'(x)$与之对应，这样就得到一个定义在I内的新函数，这个函数称为函数$y=f(x)$在区间I内的**导函数**，简称**导数**，记作$f'(x)$，y'，$\dfrac{\mathrm{d}y}{\mathrm{d}x}$或$\dfrac{\mathrm{d}f(x)}{\mathrm{d}x}$，即

$$f'(x)=\lim_{\Delta x\to 0}\frac{f(x+\Delta x)-f(x)}{\Delta x}. \tag{2.1.4}$$

式(2.1.4)中，虽然x可以取区间I内的任何数值，但在计算极限过程中，应注意x是常量，而Δx是变量.

显然，函数$f(x)$在点x_0处的导数$f'(x_0)$就是导函数$f'(x)$在点$x=x_0$处的函数值，即

$$f'(x_0)=f'(x)\big|_{x=x_0}.$$

定义 2.1.3　在区间上每一点都可导的函数，叫作**该区间上的可导函数**，或者说**函数在该区间上可导**. 如果区间包含端点，那么函数在右端点可导是指左可导，在左端点可导是指右可导.

思考题

有了“导数”这个术语，前面所讨论的两个实际问题可以分别表述如下：

(1) 变速直线运动的瞬时速度是位置函数$s=s(t)$对时间t的导数，即

$$v=\frac{\mathrm{d}s}{\mathrm{d}t},$$

它是导数的物理意义之一.

(2) 设函数$y=f(x)$在点x_0处的导数$f'(x_0)$存在，则曲线$y=f(x)$在点$M(x_0, f(x_0))$处切线的斜率就是函数$f(x)$在点x_0处的导数$f'(x_0)$，即

$$k=\tan\alpha=f'(x_0)\ (\alpha\ \text{是切线的倾角}).$$

这就是**导数的几何意义**.

进一步，根据导数的几何意义及直线点斜式方程，可知曲线$y=f(x)$在点$M(x_0, f(x_0))$处的切线方程为

$$y-y_0=f'(x_0)(x-x_0).$$

过切点$M(x_0, f(x_0))$且与切线垂直的直线叫作曲线$y=f(x)$在点M处的法线. 如果$f'(x_0)\neq 0$，那么法线的斜率为$-\dfrac{1}{f'(x_0)}$，从而法线方程为

$$y-y_0=-\frac{1}{f'(x_0)}(x-x_0).$$

如果 $f'(x_0)=0$，则

切线方程：$y=f(x_0)$(切线平行于 x 轴)；

法线方程：$x=x_0$(法线垂直于 x 轴).

如果 $f'(x_0)=\infty$，则

切线方程：$x=x_0$(切线垂直于 x 轴)；

法线方程：$y=f(x_0)$(法线平行于 x 轴).

例 2.1.1 求等边双曲线 $f(x)=\frac{1}{x}$在点$\left(\frac{1}{2},2\right)$处的切线的斜率，并写出曲线在该点处的切线方程和法线方程.

解 根据导数的几何意义，所求切线的斜率为

$$k_1=f'\left(\frac{1}{2}\right)=\lim_{x\to\frac{1}{2}}\frac{f(x)-f\left(\frac{1}{2}\right)}{x-\frac{1}{2}}=\lim_{x\to\frac{1}{2}}\frac{\frac{1}{x}-2}{x-\frac{1}{2}}=-\lim_{x\to\frac{1}{2}}\frac{2}{x}=-4.$$

从而所求切线方程为

$$y-2=-4\left(x-\frac{1}{2}\right),$$

即

$$4x+y-4=0.$$

因所求法线的斜率为 $k_2=-\frac{1}{k_1}=\frac{1}{4}$，故所求法线方程为

思考题

$$y-2=\frac{1}{4}\left(x-\frac{1}{2}\right),$$

即

$$2x-8y+15=0.$$

三、求导举例

根据导数的定义，求函数 $y=f(x)$的导数 $f'(x)$可按下列步骤进行：

(1)(求增量)求函数 $y=f(x)$的改变量 $\Delta y=f(x+\Delta x)-f(x)$；

(2)(求差商)求$\frac{\Delta y}{\Delta x}=\frac{f(x+\Delta x)-f(x)}{\Delta x}$；

(3)(求极限)当 $\Delta x\to 0$ 时，求差商$\frac{\Delta y}{\Delta x}$的极限即得所求的导数$\frac{\mathrm{d}y}{\mathrm{d}x}$或 $f'(x)$.

下面我们用导数定义计算一些简单函数的导数.

例 2.1.2 求常值函数 $y=C$ 的导数.

解 因为$\forall x\in(-\infty,+\infty)$，函数 y 恒等于常数 C，所以当自变量 x 取得增量 Δx 时，函数的增量总等于零，即有 $\Delta y\equiv 0$，因此

$$\frac{\mathrm{d}y}{\mathrm{d}x}=\lim_{\Delta x\to 0}\frac{\Delta y}{\Delta x}=0,$$

即

$$(C)'=0.$$

例 2.1.3　求函数 $y=x^n(n\in\mathbf{N}^+)$的导数.

解　给 x 以增量 Δx，得

$$\begin{aligned}\Delta y&=(x+\Delta x)^n-x^n\\&=x^n+nx^{n-1}(\Delta x)+\frac{n(n-1)}{2!}x^{n-2}(\Delta x)^2+\cdots+(\Delta x)^n-x^n\\&=nx^{n-1}(\Delta x)+\frac{n(n-1)}{2!}x^{n-2}(\Delta x)^2+\cdots+(\Delta x)^n,\end{aligned}$$

从而

$$\frac{\Delta y}{\Delta x}=nx^{n-1}+\frac{n(n-1)}{2!}x^{n-2}(\Delta x)+\cdots+(\Delta x)^{n-1}.$$

由于上式右端是 Δx 的连续函数，因此

$$\frac{\mathrm{d}y}{\mathrm{d}x}=\lim_{\Delta x\to 0}\frac{\Delta y}{\Delta x}=\lim_{\Delta x\to 0}\left[nx^{n-1}+\frac{n(n-1)}{2!}x^{n-2}(\Delta x)+\cdots+(\Delta x)^{n-1}\right]=nx^{n-1},$$

即

$$(x^n)'=nx^{n-1}\quad(-\infty<x<+\infty).$$

注　对于幂函数 $y=x^\mu$(μ 为实数)，它的导数公式为

$$(x^\mu)'=\mu x^{\mu-1}.$$

该公式的证明将在本章第四节(例 2.4.7)中讨论. 利用这个公式，可以很方便地求出幂函数的导数. 例如：

当 $\mu=1$ 时，$y=x$ 的导数为$(x)'=1$；

当 $\mu=\dfrac{1}{2}$时，$y=\sqrt{x}=x^{\frac{1}{2}}(x>0)$的导数为

$$(\sqrt{x})'=(x^{\frac{1}{2}})'=\frac{1}{2}x^{\frac{1}{2}-1}=\frac{1}{2}x^{-\frac{1}{2}}=\frac{1}{2\sqrt{x}};$$

当 $\mu=-1$ 时，$y=\dfrac{1}{x}=x^{-1}(x\neq 0)$的导数为

$$(x^{-1})'=(-1)x^{-1-1}=-x^{-2}.$$

例 2.1.4　求函数 $f(x)=\sin x$ 的导数.

解　$$\begin{aligned}f'(x)&=\lim_{\Delta x\to 0}\frac{f(x+\Delta x)-f(x)}{\Delta x}=\lim_{\Delta x\to 0}\frac{\sin(x+\Delta x)-\sin x}{\Delta x}\\&=\lim_{\Delta x\to 0}\frac{2\cos\left(x+\frac{\Delta x}{2}\right)\sin\frac{\Delta x}{2}}{\Delta x}\\&=\lim_{\Delta x\to 0}\cos\left(x+\frac{\Delta x}{2}\right)\cdot\frac{\sin\frac{\Delta x}{2}}{\frac{\Delta x}{2}}=\cos x,\end{aligned}$$

即

$$(\sin x)'=\cos x \quad (-\infty<x<+\infty).$$

同理可得

$$(\cos x)'=-\sin x \quad (-\infty<x<+\infty).$$

例 2.1.5　求函数 $f(x)=a^x(a>0, a\neq 1)$的导数.

解　$f'(x)=\lim\limits_{\Delta x\to 0}\dfrac{f(x+\Delta x)-f(x)}{\Delta x}=\lim\limits_{\Delta x\to 0}\dfrac{a^{x+\Delta x}-a^x}{\Delta x}$

$=a^x\cdot\lim\limits_{\Delta x\to 0}\dfrac{a^{\Delta x}-1}{\Delta x}$(当 $\Delta x\to 0$ 时，$a^{\Delta x}-1\sim\Delta x\ln a$)

$=a^x\cdot\lim\limits_{\Delta x\to 0}\dfrac{\Delta x\ln a}{\Delta x}=a^x\ln a$，

即

$$(a^x)'=a^x\ln a \quad (-\infty<x<+\infty).$$

当 $a=\mathrm{e}$ 时，

$$(\mathrm{e}^x)'=\mathrm{e}^x \quad (-\infty<x<+\infty).$$

例 2.1.6　求对数函数 $f(x)=\log_a x$ $(a>0, a\neq 1, x>0)$的导数.

解　$f'(x)=\lim\limits_{\Delta x\to 0}\dfrac{f(x+\Delta x)-f(x)}{\Delta x}$

$=\lim\limits_{\Delta x\to 0}\dfrac{\log_a(x+\Delta x)-\log_a x}{\Delta x}$

$=\lim\limits_{\Delta x\to 0}\dfrac{1}{\Delta x}\log_a\left(\dfrac{x+\Delta x}{x}\right)=\lim\limits_{\Delta x\to 0}\dfrac{1}{x}\log_a\left(1+\dfrac{\Delta x}{x}\right)^{\frac{x}{\Delta x}}$

$=\dfrac{1}{x}\log_a\left[\lim\limits_{\Delta x\to 0}\left(1+\dfrac{\Delta x}{x}\right)^{\frac{x}{\Delta x}}\right]=\dfrac{1}{x}\log_a \mathrm{e}=\dfrac{1}{x\ln a}$，

即

$$(\log_a x)'=\frac{1}{x\ln a} \quad (x>0).$$

当 $a=\mathrm{e}$ 时，有

$$(\ln x)'=\frac{1}{x} \quad (x>0).$$

例 2.1.7　讨论函数 $f(x)=\begin{cases}\cos x, & x<0\\ 1-x^2, & x\geqslant 0\end{cases}$在点 $x=0$ 处的可导性.

解　因 $x=0$ 是函数图形的分界点，故通过左、右导数讨论函数在这一点的可导性.

$$f'_-(0)=\lim_{x\to 0^-}\frac{f(x)-f(0)}{x-0}=\lim_{x\to 0^-}\frac{\cos x-1}{x}=\lim_{x\to 0^-}\frac{-\frac{1}{2}x^2}{x}=0,$$

$$f'_+(0)=\lim_{x\to 0^+}\frac{f(x)-f(0)}{x-0}=\lim_{x\to 0^+}\frac{(1-x^2)-1}{x}=\lim_{x\to 0^+}(-x)=0.$$

因为 $f'_-(0)=f'_+(0)=0$，所以函数 $f(x)$在点 $x=0$ 处可导，且 $f'(0)=0$.

该函数的图形如图 2.1.3 所示，显然在点(0, 1)处，曲线的切线平行于 x 轴，且左、右

两段曲线平滑相连.

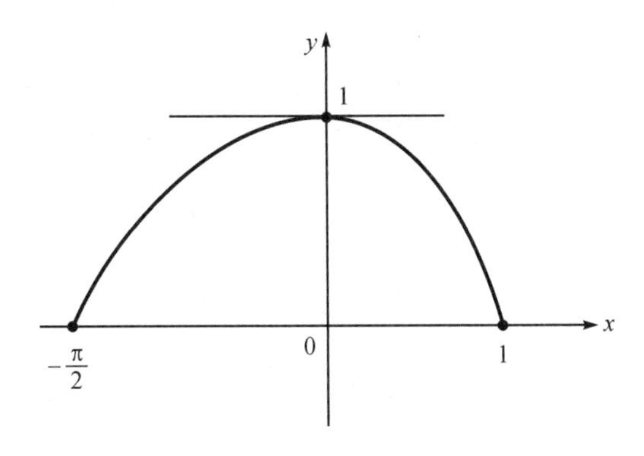

图 2.1.3

至此，我们讨论了函数 $y=f(x)$ 在一点处的导数，它反映了 y 关于 x 的变化率，其几何意义为函数图形在这点的切线的斜率，刻画了函数图形的平滑度这一性态，那么导数与函数的另一性态连续性有什么关系？下面我们来讨论这一问题.

四、函数可导性与连续性的关系

定理 2.1.2　如果函数 $y=f(x)$ 在点 x 处可导，则函数在该点必连续.

证明　由于函数 $y=f(x)$ 在点 x 处可导，因此

$$\lim_{\Delta x\to 0}\frac{\Delta y}{\Delta x}=f'(x).$$

根据函数极限与无穷小的关系，由上式可得

$$\frac{\Delta y}{\Delta x}=f'(x)+\alpha,$$

其中 α 为当 $\Delta x\to 0$ 时的无穷小，两端各乘 Δx，即得

$$\Delta y=f'(x)\Delta x+\alpha\Delta x.$$

由此可见，当 $\Delta x\to 0$ 时，$\Delta y\to 0$. 这就是说，函数 $y=f(x)$ 在点 x 是连续的.

注　(1) 定理 2.1.2 的逆否命题一定成立. 也就是说，如果函数 $y=f(x)$ 在点 x 不连续，则函数在该点处一定不可导，即**不连续一定不可导**(请读者自己证明).

(2) 定理 2.1.2 的逆命题不一定成立. 也就是说，函数 $y=f(x)$ 在点 x 连续，但 $f(x)$ 在点 x 处不一定可导，即**连续未必可导**.

例 2.1.8　证明函数

$$f(x)=\sqrt{x^2}=|x|=\begin{cases}x, & x\geqslant 0\\ -x, & x<0\end{cases}$$

在点 $x=0$ 连续但不可导.

证明　因为

$$\lim_{x\to 0^-}f(x)=\lim_{x\to 0^-}(-x)=0,\ \lim_{x\to 0^+}f(x)=\lim_{x\to 0^+}x=0,$$

而 $f(0)=0$，所以函数 $f(x)$ 在点 $x=0$ 连续.

在求 $f'_-(0)$ 时，由于 $\Delta x<0$，因此 $f(0+\Delta x)=f(\Delta x)=-\Delta x$，而 $f(0)=0$，于是

$$f'_-(0)=\lim_{\Delta x\to 0-}\frac{f(0+\Delta x)-f(0)}{\Delta x}=\lim_{\Delta x\to 0-}\frac{-\Delta x}{\Delta x}=-1.$$

同理可得

$$f'_+(0)=\lim_{\Delta x\to 0+}\frac{f(0+\Delta x)-f(0)}{\Delta x}=\lim_{\Delta x\to 0+}\frac{\Delta x}{\Delta x}=1.$$

因左、右导数存在但不相等，故函数 $f(x)$ 在点 $x=0$ 处不可导.

例 2.1.9　讨论 $f(x)=\begin{cases} x\sin\dfrac{1}{x}, & x\neq 0 \\ 0, & x=0 \end{cases}$ 在 $x=0$ 处的连续性与可导性.

解　由于无穷小与有界变量的乘积为无穷小，因此

$$\lim_{x\to 0}f(x)=\lim_{x\to 0}x\sin\frac{1}{x}=0=f(0),$$

即 $f(x)$ 在点 $x=0$ 连续. 又

$$\frac{f(0+\Delta x)-f(0)}{\Delta x}=\frac{\Delta x\sin\dfrac{1}{\Delta x}}{\Delta x}=\sin\frac{1}{\Delta x},$$

而当 $\Delta x\to 0$ 时(不论是 $\Delta x\to 0^-$ 还是 $\Delta x\to 0^+$)，$\sin\dfrac{1}{\Delta x}$ 没有极限，所以 $f'(0)$ 不存在，即函数 $f(x)$ 在点 $x=0$ 处不可导，且曲线 $y=f(x)$ 在点 $(0, 0)$ 处的切线不存在(见图 2.1.4).

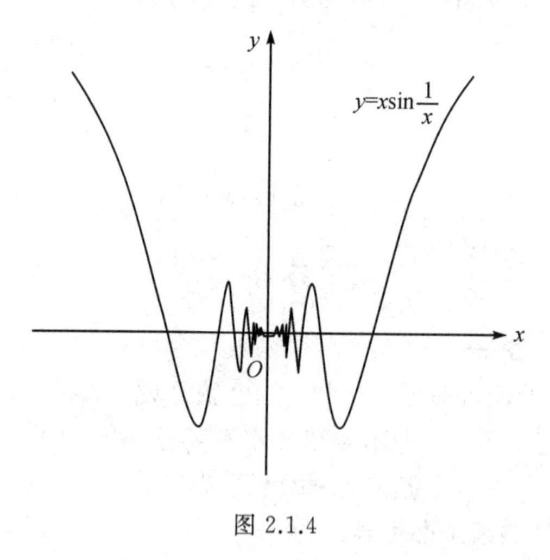

图 2.1.4

思考题

总之，**函数连续是可导的必要而非充分条件.**

五、变化率模型

前面我们从实际问题中抽象出了导数的概念，并利用导数定义求出了一些函数的导数，现在我们从抽象的概念回到具体的问题中. 在科学技术中常把导数称为变化率，因为对于一个被赋予具体含义的一般函数 $y=f(x)$ 来讲，

$$\frac{\Delta y}{\Delta x}=\frac{f(x_0+\Delta x)-f(x_0)}{\Delta x} \tag{2.1.5}$$

表示自变量 x 在以 x_0 与 $x_0+\Delta x$ 为端点的区间中每改变一个单位时，函数 y 的平均变化量，所以式(2.1.5)称为函数 $y=f(x)$ 在区间 $[x_0, x_0+\Delta x]$ 或 $[x_0+\Delta x, x_0]$ 上的**平均变化率**. 当 $\Delta x\to 0$ 时，平均变化率的极限 $f'(x_0)$ 或 $\left.\frac{\mathrm{d}y}{\mathrm{d}x}\right|_{x=x_0}$ 称为函数 $y=f(x)$ 在点 x_0 处的**变化率**，它刻画了函数 $y=f(x)$ 随自变量 x 在点 x_0 变化而变化的快慢程度. 显然，当函数有不同的实际含义时，变化率的含义也不同. 为了加深读者对变化率概念的理解，同时使读者能看到变化率在科学技术中的广泛应用，我们列举一些变化率的例子.

1. 加速度模型

若运动的速度 v 不是常量，而是关于时间 t 的函数：$v=f(t)$，给时间 t 一个增量 Δt，速度 v 的增量为 Δv，则在时间 Δt 内，速度的平均变化率为

$$\bar{a}=\frac{\Delta v}{\Delta t}.$$

速度的平均变化率也称为平均加速度. 当 $\Delta t\to 0$ 时，它的极限就给出在所给时刻运动的加速度，即

$$a=\lim_{\Delta t\to 0}\bar{a}=\lim_{\Delta t\to 0}\frac{\Delta v}{\Delta t}=\frac{\mathrm{d}v}{\mathrm{d}t}.$$

这样，加速度是速度关于时间的导数.

2. 物体的热容量模型

用 θ 表示物体的温度(单位为℃)，用 W 表示物体从 0℃加热至 θ℃所需要的热量(单位为 J)，显然 W 是 θ 的函数：$W=f(\theta)$. 给温度 θ 一个增量 $\Delta\theta$，则 W 亦得一增量 ΔW，物体从 θ℃加热至 $(\theta+\Delta\theta)$℃的平均热容量就是

$$\bar{c}=\frac{\Delta W}{\Delta\theta}.$$

当 $\Delta\theta\to 0$ 时，对上式取极限，得到在所给温度 θ 的热容量为

$$c=\lim_{\Delta\theta\to 0}\bar{c}=\lim_{\Delta\theta\to 0}\frac{\Delta W}{\Delta\theta}=\frac{\mathrm{d}W}{\mathrm{d}\theta}.$$

因此，物体的热容量是热量关于温度的导数.

3. 电流强度模型

用 t 表示从某一时刻算起的时间(单位为 s)，用 Q 表示在这时间内流过导线的横截面的电量(单位为 C)，显然 Q 是 t 的函数：$Q=f(t)$. 给时间 t 一个增量 Δt，则 Q 有增量 ΔQ，故在时间 Δt 内的平均电流强度是

$$\bar{I}=\frac{\Delta Q}{\Delta t}.$$

当 $\Delta t\to 0$ 时，对上式取极限，得到在所给时刻的电流强度为

$$I=\lim_{\Delta t\to 0}\bar{I}=\lim_{\Delta t\to 0}\frac{\Delta Q}{\Delta t}=\frac{\mathrm{d}Q}{\mathrm{d}t}.$$

因此，电流强度是流过导线横截面的电量关于时间的导数.

4. 细杆的线密度模型

考虑一个单位横截面的细杆，这个细杆在长度方向上的材质不同. 令 $M(x)$ 表示从左侧

起到 x 处细杆的质量，则从 x 到 $x+h$ 这一段细杆的平均密度(质量/体积)为

$$\bar{\mu}=\frac{M(x+h)-M(x)}{x+h-x}=\frac{\text{细杆在区间}[x,x+h]\text{部分的质量}}{h}.$$

当 $h\to 0$ 时，对上式取极限，得到细杆在点 x 处的密度为

$$\mu=\lim_{h\to 0}\frac{M(x+h)-M(x)}{h}=\frac{\mathrm{d}M}{\mathrm{d}x}.$$

因此，线密度就是细杆的质量关于细杆的长度的导数.

5. 边际成本模型

某公司生产某种产品，成本函数为 $C(x)$，它表示生产 x 件产品的成本. 若已生产 x 件产品，再增加 Δx 件产品，则新增后每件产品的平均成本是

$$\frac{\Delta C}{\Delta x}=\frac{C(x+\Delta x)-C(x)}{\Delta x}.$$

对上式取极限可得

$$\lim_{\Delta x\to 0}\frac{\Delta C}{\Delta x}=C'(x),$$

$C'(x)$ 称为边际成本. 实际上，我们不能让 $\Delta x\to 0$，因为 Δx 表示产品的数量，为整数. 下面是边际成本的一个有用解释.

设 $\Delta x=1$，则 $\Delta C=C(x+1)-C(x)$ 是增加一件产品的成本，从而

$$\frac{\Delta C}{\Delta x}=\frac{C(x+1)-C(x)}{1}.$$

如果成本曲线的斜率在 x 附近变化不大，那么

$$\frac{\Delta C}{\Delta x}\approx\lim_{\Delta x\to 0}\frac{\Delta C}{\Delta x}=C'(x).$$

因此，边际成本是在生产 x 件产品后再多生产一件产品的近似成本.

这些应用说明导数的概念与各领域内的基本概念是很紧密地关联着的. 导数的应用如此广泛，导数的计算就显得尤为重要，下面我们就以分段函数为例说明导数的计算.

六、知识延展——分段函数在分界点处可导性的判定

例 2.1.10 讨论下列函数在点 $x=0$ 处的可导性时，下面的做法是否正确?

(1) $f(x)=\begin{cases}\cos x, & x<0\\ 1-x^2, & x\geqslant 0\end{cases}$;

(2) $f(x)=\operatorname{sgn}x=\begin{cases}-1, & x<0\\ 0, & x=0.\\ 1, & x>0\end{cases}$

解 (1) 当 $x<0$ 时，

$$f'(x)=-\sin x,\quad f'_-(0)=\lim_{x\to 0^-}(-\sin x)=0,$$

当 $x>0$ 时，

$$f'(x)=-2x,\quad f'_+(0)=\lim_{x\to 0^+}(-2x)=0,$$

所以 $f'(0)=0$.

(2) 当 $x<0$ 时，

$$f'(x)=0,\quad f'_-(0)=\lim_{x\to 0^-}0=0,$$

当 $x>0$ 时，

$$f'(x)=0,\quad f'_+(0)=\lim_{x\to 0^+}0=0,$$

所以 $f'(0)=0$.

答　本例中(2) 的计算结果显然是错误的，因为函数 $\operatorname{sgn}x$ 在点 $x=0$ 不连续，所以函数 $\operatorname{sgn}x$ 在点 $x=0$ 处不可导；本例中(1) 的结果与前面例 2.1.7 计算的结果完全一致，注意到 $\cos x$ 及 $1-x^2$ 在 $(-\infty,+\infty)$ 内可导，且 $\lim\limits_{x\to 0^-}(-\sin x)=0$，$\lim\limits_{x\to 0^+}(-2x)=0$，所以 $f'_-(0)=\lim\limits_{x\to 0^-}(-\sin x)=0$，$f'_+(0)=\lim\limits_{x\to 0^+}(-2x)=0$，故(1) 的计算过程是完全正确的. 这也表明，若函数满足一定的条件，则单侧导数可以不用定义来求，且有如下的定理：

定理 2.1.3　(1) 若 $f(x)$ 在 $[x_0, x_0+\delta)$ 上连续，在 $(x_0, x_0+\delta)$ 内可导，且 $\lim\limits_{x\to x_0^+}f'(x)=A$ 存在，则 $f'_+(x_0)$ 存在，并且 $f'_+(x_0)=\lim\limits_{x\to x_0^+}f'(x)=A$.

(2) 若 $f(x)$ 在 $(x_0-\delta, x_0]$ 上连续，在 $(x_0-\delta, x_0)$ 内可导，且 $\lim\limits_{x\to x_0^-}f'(x)=B$ 存在，则 $f'_-(x_0)$ 存在，并且 $f'_-(x_0)=\lim\limits_{x\to x_0^-}f'(x)=B$.

定理 2.1.3 的证明过程将在第三章中给出.

定理 2.1.3 表明：

(1) 如果分段函数在分界点连续的一侧导函数的极限存在，那么可以不必用定义求单侧导数. 例如函数

$$f(x)=\begin{cases}\sin x, & x\geqslant 1\\ x^2, & x<1\end{cases}$$

在点 $x=1$ 右连续，且 $\lim\limits_{x\to 1^+}(\sin x)'=\lim\limits_{x\to 1^+}\cos x=\cos 1$，从而

$$f'_+(1)=\lim_{x\to 1^+}f'(x)=\lim_{x\to 1^+}(\sin x)'=\lim_{x\to 1^+}\cos x=\cos 1.$$

但 $f(x)$ 在点 $x=1$ 不左连续，因此左导数只能用定义求解，即

$$f'_-(1)=\lim_{x\to 1^-}\frac{f(x)-f(1)}{x-1}=\lim_{x\to 1^-}\frac{x^2-\sin 1}{x-1}=-\infty,$$

所以 $f(x)$ 在点 $x=1$ 处不可导.

(2) 如果分段函数在分界点连续，且两侧导函数的极限均存在，那么左、右导数都可用公式来求. 例如函数

$$f(x)=\begin{cases}\sqrt{x}, & x\geqslant 1\\ x^3, & x<1\end{cases}$$

在点 $x=1$ 连续，则函数 $f(x)$ 在 $x=1$ 处既可以用表达式 $\sqrt{x}$ 定义，也可用表达式 x^3 定义. 又 $x=1$ 左、右两侧的导函数都是连续的，故 $f(x)$ 在 $x=1$ 处的左、右导数均可以用公式求得，即

$$f'_+(1)=(\sqrt{x})'\Big|_{x=1}=\frac{1}{2\sqrt{x}}\Bigg|_{x=1}=\frac{1}{2},$$

$$f'_-(1)=(x^3)'\big|_{x=1}=3x^2\big|_{x=1}=3.$$

(3) 如果分段函数在分界点两侧由同一表达式表示，且在分界点连续，那么分界点处的导数可通过导函数的极限求得. 例如函数

$$f(x)=\begin{cases}x^5, & x\neq 1\\ 1, & x=1\end{cases}$$

在点 $x=1$ 连续，且$\lim\limits_{x\to 1}f'(x)=\lim\limits_{x\to 1}5x^4=5$，所以 $f'(1)=5$.

综上所述，判断分段函数在分界点的可导性的策略如下：

(1) 如果分段函数 $f(x)$在分界点 x_0 不连续，则函数 $f(x)$在点 x_0 处一定不可导.

(2) 如果分段函数 $f(x)$在分界点 x_0 连续，在 $U(x_0,\delta)$内可导，且 $\lim\limits_{x\to x_0^-}f'(x)$及 $\lim\limits_{x\to x_0^+}f'(x)$存在，则

$$f'_-(x_0)=\lim_{x\to x_0^-}f'(x),\quad f'_+(x_0)=\lim_{x\to x_0^+}f'(x).$$

进一步，若左、右导数存在且相等，则函数 $f(x)$在分界点 x_0 处可导；若左、右导数存在但不相等，则函数 $f(x)$在分界点 x_0 处不可导.

(3) 忽略考察分段函数 $f(x)$在分界点 x_0 的连续性，也可以直接利用左、右导数的定义判断分段函数 $f(x)$在分界点 x_0 处的可导性.

例 2.1.11 讨论函数 $f(x)=\begin{cases}\dfrac{2}{3}x^3, & x\geqslant 1\\ x^2, & x<1\end{cases}$在点 $x=1$ 处的可导性.

解 方法 1：因为$\lim\limits_{x\to 1^-}f(x)=\lim\limits_{x\to 1^-}x^2=1$，$\lim\limits_{x\to 1^+}f(x)=\lim\limits_{x\to 1^+}\dfrac{2}{3}x^3=\dfrac{2}{3}$，而 $f(1)=\dfrac{2}{3}$，所以 $f(x)$在点 $x=1$ 不连续，从而 $f(x)$在点 $x=1$ 处不可导.

方法 2：因为

$$f'_+(1)=\lim_{x\to 1^+}\frac{f(x)-f(1)}{x-1}=\lim_{x\to 1^+}\frac{\dfrac{2}{3}x^3-\dfrac{2}{3}}{x-1}=2,$$

$$f'_-(1)=\lim_{x\to 1^-}\frac{f(x)-f(1)}{x-1}=\lim_{x\to 1^-}\frac{x^2-\dfrac{2}{3}}{x-1}=\infty,$$

所以 $f(x)$在点 $x=1$ 处不可导.

错解：当 $x>1$ 时，$f'(x)=2x^2$，当 $x<1$ 时，$f'(x)=2x$. 在分界点 $x=1$ 处，

$$f'_+(1)=\lim_{x\to 1^+}f'(x)=\lim_{x\to 1^+}2x^2=2,$$

$$f'_-(1)=\lim_{x\to 1^-}f'(x)=\lim_{x\to 1^-}2x=2,$$

所以 $f'(1)=2$.

上述结果是错误的. 错误的原因是使用定理 2.1.3 时没有验证“连续”这一重要条件. 事实上，函数 $f(x)$在点 $x=1$ 不连续，所以函数在该点处不可导.

另一方面，根据定理 2.1.3，我们可以得到下面的结论：

若函数 $f(x)$在 I 上可导，则导函数 $f'(x)$的间断点都是属于第二类的.

采用反证法证明如下：

设 x_0 是导函数 $f'(x)$的第一类间断点，已知 $f'(x_0)$存在，则

$$f'(x_0)=f'_+(x_0)=\lim_{x\to x_0^+}f'(x),\ f'(x_0)=f'_-(x_0)=\lim_{x\to x_0^-}f'(x),$$

所以导函数 $f'(x)$在点 x_0 连续，这与假设 x_0 是导函数 $f'(x)$的第一类间断点相矛盾，从而 x_0 不是 $f'(x)$的第一类间断点，而是第二类间断点.

例如，函数 $f(x)=\begin{cases}x^2\sin\dfrac{1}{x}, & x\neq 0\\ 0, & x=0\end{cases}$ 在$(-\infty,+\infty)$内每一点都可导，并且它的导函数为

$$f'(x)=\begin{cases}2x\sin\dfrac{1}{x}-\cos\dfrac{1}{x}, & x\neq 0\\ 0, & x=0\end{cases},$$

但是

$$\lim_{x\to 0}f'(x)=\lim_{x\to 0}\left(2x\sin\frac{1}{x}-\cos\frac{1}{x}\right)$$

不存在，所以 $x=0$ 是导函数 $f'(x)$的第二类间断点.

习 题 2-1

基 础 题

1. 选择题：

(1) 设 $f(x)=\begin{cases}\dfrac{1-\cos x}{\sqrt{x}}, & x>0\\ x^2g(x), & x\leqslant 0\end{cases}$，其中 $g(x)$是有界函数，则 $f(x)$在点 $x=0$ 处(　　).

A. 极限不存在　　　　B. 极限存在但不连续

C. 连续但不可导　　　　D. 可导

(2) 设 $f(x)=\begin{cases}(x-1)\arctan\dfrac{1}{x-1}, & x<1\\ x^2-1, & x\geqslant 1\end{cases}$，则 $f(x)$在 $x=1$ 处(　　).

A. 左导数不存在、右导数存在

B. 左导数存在、右导数不存在

C. 左、右导数都存在

D. 左、右导数都不存在

(3) 下列函数在 $x=a$ 处不可导的是(　　).

A. $f(x)=(x-a)|x-a|$　　　　B. $f(x)=|x-a|$

C. $f(x)=|x-a|\sin|x-a|$　　　　D. $f(x)=\cos|x-a|$

(4) 设 $f(x)=|x^3-1|\varphi(x)$，其中 $\varphi(x)$在点 $x=1$ 连续，则 $\varphi(1)=0$ 是 $f(x)$在$x=1$

处可导的(　　).

A. 充分必要条件　　　　B. 充分但非必要条件

C. 必要但非充分条件　　　　D. 既非必要又非充分条件

2. 用导数的定义证明$(\cos x)'=-\sin x$.

3. 已知$f'(x_0)$存在，求下列极限：

(1) $\lim\limits_{\Delta x\to 0}\dfrac{f(x_0+2\Delta x)-f(x_0)}{\Delta x}$;

(2) $\lim\limits_{h\to 0}\dfrac{f(x_0-\sin h)-f(x_0)}{e^h-1}$;

(3) $\lim\limits_{x\to 0}\dfrac{f(x_0+x)-f(x_0-x)}{2x}$.

4. 求下列函数$f(x)$的$f'_-(0)$及$f'_+(0)$，并判断$f'(0)$是否存在.

(1) $y=\sin|x|$;　　　　(2) $f(x)=\begin{cases}x^2\sin\dfrac{1}{x}, & x>0\\ e^{x^2}-1, & x\leqslant 0\end{cases}$.

5. 设$g(x)=|(x-1)^2(x-2)|$，试用导数的定义讨论$g(x)$在$x_0=1$，$x_1=2$处的可导性.

6. 如果$f(x)$为偶函数，且$f'(0)$存在，用导数定义证明$f'(0)=0$.

7. 设$f(x)$在点$x=0$连续，且$\lim\limits_{x\to 0}\dfrac{f(x)}{x}$存在，证明：$f(x)$在$x=0$处可导.

8. 做直线运动的质点，它所经过的路程与时间的关系为$s=t\sqrt[3]{t}$，求$t=8$时刻质点的运动速度.

9. 求曲线$y=\dfrac{1}{x^2}$上点$\left(2,\dfrac{1}{4}\right)$处的切线方程和法线方程.

10. 设生产x个单位某产品的总收入为$R(x)=200x-0.01x^2$，求生产100个单位该产品的总收入、平均收入及当生产第100个单位该产品时总收入的变化率.

11. 能量是做功的能力，功率是使用或消耗能量的变化率，所以如果$E(t)$是一个系统的能量函数，那么$P(t)=E'(t)$就是功率函数. 能量的单位是千瓦·时(kW·h)，对应的功率单位是千瓦(kW). 假设一座大型建筑在一个24小时的周期内累计消耗的能量为

$$E(t)=100t+4t^2-\frac{t^3}{9}(\text{kW}\cdot\text{h}),\quad 其中\ t=0\ 表示午夜.$$

(1) 求区间[0, 24]上的功率函数.

(2) 求在区间[0, 24]上何时功率达到最大值.

12. 证明：双曲线$xy=a^2$上任一点处的切线与两坐标轴构成的三角形面积都等于$2a^2$.

提 高 题

1. 选择题：

(1) 函数$f(x)=\lim\limits_{n\to\infty}\sqrt[n]{1+|x|^n+e^{nx}}$的不可导点的个数为(　　).

A. 3　　B. 2　　C. 1　　D. 0

(2) 设 $f(x)$ 在点 $x=0$ 连续，则下列命题错误的是(　　).

A. 若 $\lim\limits_{x\to0}\dfrac{f(x)}{x}$ 存在，则 $f(0)=0$

B. 若 $\lim\limits_{x\to0}\dfrac{f(x)+f(-x)}{x}$ 存在，则 $f(0)=0$

C. 若 $\lim\limits_{x\to0}\dfrac{f(x)}{x}$ 存在，则 $f'(0)=0$

D. 若 $\lim\limits_{x\to0}\dfrac{f(x)+f(-x)}{x}$ 存在，则 $f'(0)=0$

(3) 下列函数在 $x=0$ 处不可导的是(　　).

A. $f(x)=|x|\sin\sqrt{|x|}$　　B. $f(x)=|x|\sin|x|$

C. $f(x)=\cos\sqrt{|x|}$　　D. $f(x)=\cos|x|$

(4) 已知函数 $f(x)=\begin{cases}x, & x\leqslant0,\\ \dfrac{1}{n}, & \dfrac{1}{n+1}<x\leqslant\dfrac{1}{n}\end{cases}$ $(n=1, 2, 3, \cdots)$，则(　　).

A. $x=0$ 是 $f(x)$ 的第一类间断点

B. $x=0$ 是 $f(x)$ 的第二类间断点

C. $f(x)$ 在 $x=0$ 处连续但不可导

D. $f(x)$ 在 $x=0$ 处可导

2. 填空题：

(1) 设 $f'(x)$ 存在，且 $\lim\limits_{x\to0}\dfrac{f(1)-f(1-x)}{2x}=-1$，则 $f'(1)=$________.

(2) 设函数 $f(x)$ 在 $x=a$ 处可导，则 $\lim\limits_{x\to0}\dfrac{f(a+\sin x)-f(a-\sin x)}{x}=$________.

(3) 设 $f(x)$ 满足 $f(0)=0$，且 $f'(0)$ 存在，则 $\lim\limits_{x\to0}\dfrac{f(1-\sqrt{\cos x})}{\ln(1-x\sin x)}=$________.

(4) 设曲线 $y=f(x)$ 与 $y=\sin x$ 在原点相切，则 $\lim\limits_{x\to+\infty}\sqrt{xf\left(\dfrac{2016}{x}\right)}=$________.

(5) 设 $a>0$，且曲线 $y=ax^2$ 与曲线 $y=\ln x$ 在点 M 相切，则常数 $a=$________，点 M 的坐标为________.

3. 设 $f(1+x)=af(x)$，且 $f'(0)=b(a, b\neq0)$，求 $f'(1)$.

4. 设 $f(x)=\begin{cases}x^2, & x\leqslant1\\ ax+b, & x>1\end{cases}$，试确定 a，b 的值，使 $f(x)$ 在 $x=1$ 处连续且可导.

习题 2-1
参考答案

5. 设函数 $f(x)$ 满足下列条件：

(1) $f(x+y)=f(x)\cdot f(y)$，$\forall x, y\in\mathbf{R}$；

(2) $f(x)=1+xg(x)$，$\lim\limits_{x\to0}g(x)=1$.

证明：当 $x\in(-\infty, +\infty)$ 时，$f'(x)=f(x)$.

第二节　函数的求导法则

我们已经知道，导数在科学技术中有着广泛的应用，对于一些比较复杂的函数，如果用定义求导数，定然十分繁难. 倘若没有一套化繁为简、化难为易的求导法则，导数的应用势必会受到很大的限制. 从这一节起我们将系统地介绍一套求导法则，这些法则都很重要，请读者务必牢固掌握，并能熟练而灵活地应用. 这一节，我们先介绍计算导数的基本法则，同时得出上一节末讨论的几个基本初等函数的导数公式，进而就能比较方便地求出常见初等函数的导数.

一、四则运算求导法则

函数 $f(x)$在点 x 处的导数是一个极限，而函数极限有四则运算法则，相应地，我们可以推出导数的四则运算法则.

定理 2.2.1　如果函数 $u=u(x)$及 $v=v(x)$都在点 x 有导数，那么它们的和、差、积、商(除分母为零的点外)都在点 x 有导数，且有

(1) $[u(x)\pm v(x)]'=u'(x)\pm v'(x)$；

(2) $[u(x)v(x)]'=u'(x)v(x)+u(x)v'(x)$，

特别地，当 $v(x)=C$(C 为常数)时，$[Cu(x)]'=Cu'(x)$ ；

(3) $\left[\dfrac{u(x)}{v(x)}\right]'=\dfrac{u'(x)v(x)-u(x)v'(x)}{v^2(x)}$ $(v(x)\neq 0)$，

特别地，当 $u(x)=1$ 时，$\left[\dfrac{1}{v(x)}\right]'=-\dfrac{v'(x)}{v^2(x)}$ $(v(x)\neq 0)$.

证明　(1)

$$
\begin{aligned}
&[u(x)\pm v(x)]'\\
&=\lim_{\Delta x\to 0}\frac{[u(x+\Delta x)\pm v(x+\Delta x)]-[u(x)\pm v(x)]}{\Delta x}\\
&=\lim_{\Delta x\to 0}\frac{u(x+\Delta x)-u(x)}{\Delta x}\pm\lim_{\Delta x\to 0}\frac{v(x+\Delta x)-v(x)}{\Delta x}\\
&=u'(x)\pm v'(x).
\end{aligned}
$$

于是法则(1) 得到证明，法则(1)可简单地表示为

$$(u\pm v)'=u'\pm v'.$$

(2)

$$
\begin{aligned}
[u(x)v(x)]'&=\lim_{h\to 0}\frac{u(x+h)v(x+h)-u(x)v(x)}{h}\\
&=\lim_{h\to 0}\left[\frac{u(x+h)-u(x)}{h}\cdot v(x+h)+u(x)\cdot\frac{v(x+h)-v(x)}{h}\right]\\
&=\lim_{h\to 0}\frac{u(x+h)-u(x)}{h}\cdot\lim_{h\to 0}v(x+h)+\lim_{h\to 0}\frac{v(x+h)-v(x)}{h}\cdot\lim_{h\to 0}u(x)\\
&=u'(x)v(x)+u(x)v'(x).
\end{aligned}
$$

其中$\lim\limits_{h\to 0}v(x+h)=v(x)$是由于 $v(x)$在点 x 可导，因此 $v(x)$在点 x 连续. 于是法则(2) 得到证明，法则(2)可简单地表示为

$$(uv)'=u'v+uv'.$$

(3) 先来证明 $\left[\frac{1}{v(x)}\right]'=-\frac{v'(x)}{v^2(x)}\ (v(x)\neq 0)$.

$$\begin{aligned}\left[\frac{1}{v(x)}\right]'&=\lim_{h\to 0}\frac{\frac{1}{v(x+h)}-\frac{1}{v(x)}}{h}\\&=-\lim_{h\to 0}\left[\frac{v(x+h)-v(x)}{h}\cdot\frac{1}{v(x+h)v(x)}\right]\\&=-\lim_{h\to 0}\frac{v(x+h)-v(x)}{h}\cdot\lim_{h\to 0}\frac{1}{v(x+h)v(x)}\\&=-\frac{v'(x)}{v^2(x)}.\end{aligned}$$

这就是说，若函数 $v(x)$ 在点 x 处可导，当 $v(x)\neq 0$ 时，函数 $\frac{1}{v(x)}$ 在点 x 也可导，且 $\left[\frac{1}{v(x)}\right]'=-\frac{v'(x)}{v^2(x)}$ 成立.

既然 $u(x)$ 与 $\frac{1}{v(x)}$ 均在点 x 处可导，应用法则(2)，得

$$\begin{aligned}\left[\frac{u(x)}{v(x)}\right]'&=\left[u(x)\cdot\frac{1}{v(x)}\right]'\\&=u'(x)\cdot\frac{1}{v(x)}+u(x)\cdot\left[\frac{1}{v(x)}\right]'\\&=\frac{u'(x)}{v(x)}-\frac{u(x)v'(x)}{v^2(x)}\\&=\frac{u'(x)v(x)-u(x)v'(x)}{v^2(x)}.\end{aligned}$$

于是法则(3) 得到证明，法则(3) 可简单地表示为

$$\left(\frac{u}{v}\right)'=\frac{u'v-uv'}{v^2}.$$

定理 2.2.1 中的法则(1)、(2) 可以推广到任意有限个可导函数的情形. 例如，设

$$u=u(x)、v=v(x)、w=w(x)$$

均可导，则

$$(u+v-w)'=u'+v'-w',$$

$$\begin{aligned}(uvw)'&=[(uv)w]'=(uv)'w+(uv)w'\\&=(u'v+uv')w+uvw'=u'vw+uv'w+uvw'.\end{aligned}$$

例 2.2.1　设 $y=3x^4-2^x+3\cos x-e^2$，求 y'.

解　$$\begin{aligned}y'&=(3x^4-2^x+3\cos x-e^2)'=(3x^4)'-(2^x)'+(3\cos x)'-(e^2)'\\&=3\cdot 4x^3-2^x\ln 2+3\cdot(-\sin x)-0\\&=12x^3-2^x\ln 2-3\sin x.\end{aligned}$$

例 2.2.2　设 $f(\theta)=\theta^2\sin\theta\cos\theta$，求 $f'(\theta)$ 及 $f'\left(\frac{\pi}{2}\right)$.

解 $f'(\theta)=(\theta^2\sin\theta\cos\theta)'$

$$=(\theta^2)'\sin\theta\cos\theta+\theta^2(\sin\theta)'\cos\theta+\theta^2\sin\theta(\cos\theta)'$$
$$=2\theta\sin\theta\cos\theta+\theta^2\cos^2\theta-\theta^2\sin^2\theta$$
$$=\theta\sin2\theta+\theta^2\cos2\theta,$$

$$f'\left(\frac{\pi}{2}\right)=\frac{\pi}{2}\sin\left(2\cdot\frac{\pi}{2}\right)+\frac{\pi^2}{4}\cos\pi=-\frac{\pi^2}{4}.$$

例 2.2.3 设 $y=\frac{(x^2+1)\ln x}{\sqrt{x}}$，求 y'.

解 $y'=\frac{[(x^2+1)\ln x]'\sqrt{x}-(x^2+1)\ln x\cdot(\sqrt{x})'}{(\sqrt{x})^2}$

$$=\frac{\left[2x\ln x+(x^2+1)\cdot\frac{1}{x}\right]\sqrt{x}-(x^2+1)\ln x\cdot\frac{1}{2\sqrt{x}}}{(\sqrt{x})^2}$$

$$=\frac{(3x^2-1)\ln x+2(x^2+1)}{2x^{3/2}}.$$

本例也可以把所给函数化为 $y=(x^{\frac{3}{2}}+x^{-\frac{1}{2}})\ln x$ 后用乘积的求导法则求导.

例 2.2.4 求正切函数与余切函数的导数.

解 $(\tan x)'=\left(\frac{\sin x}{\cos x}\right)'=\frac{(\sin x)'\cos x-\sin x(\cos x)'}{\cos^2 x}$

$$=\frac{\cos x\cdot\cos x-\sin x\cdot(-\sin x)}{\cos^2 x}$$
$$=\frac{\cos^2 x+\sin^2 x}{\cos^2 x}$$
$$=\frac{1}{\cos^2 x}=\sec^2 x\ (\cos x\neq0),$$

利用导数定义证明商的求导法则

即

$$(\tan x)'=\sec^2 x\quad\left(x\neq(2k+1)\frac{\pi}{2},\ k\in\mathbf{Z}\right).$$

同理可得

$$(\cot x)'=-\csc^2 x\quad(x\neq k\pi,\ k\in\mathbf{Z}).$$

例 2.2.5 求正割函数与余割函数的导数.

解 $(\sec x)'=\left(\frac{1}{\cos x}\right)'=-\frac{(\cos x)'}{\cos^2 x}=\frac{\sin x}{\cos^2 x}=\sec x\cdot\tan x,$

即

$$(\sec x)'=\sec x\cdot\tan x\quad\left(x\neq(2k+1)\frac{\pi}{2},\ k\in\mathbf{Z}\right).$$

同理可得

$$(\csc x)'=-\csc x\cot x\quad(x\neq k\pi,\ k\in\mathbf{Z}).$$

例 2.2.6 求 $y=e^{-x}$ 及双曲正弦、双曲余弦和双曲正切函数的导数.

解　$(\mathrm{e}^{-x})'=\left(\dfrac{1}{\mathrm{e}^{x}}\right)'=-\dfrac{(\mathrm{e}^{x})'}{\mathrm{e}^{2x}}=-\dfrac{\mathrm{e}^{x}}{\mathrm{e}^{2x}}=-\mathrm{e}^{-x}$，

$$(\mathrm{sh}x)'=\frac{1}{2}(\mathrm{e}^{x}-\mathrm{e}^{-x})'=\frac{1}{2}(\mathrm{e}^{x}+\mathrm{e}^{-x})=\mathrm{ch}x,$$

$$(\mathrm{ch}x)'=\frac{1}{2}(\mathrm{e}^{x}+\mathrm{e}^{-x})'=\frac{1}{2}(\mathrm{e}^{x}-\mathrm{e}^{-x})=\mathrm{sh}x,$$

$$(\mathrm{th}x)'=\left(\frac{\mathrm{sh}x}{\mathrm{ch}x}\right)'=\frac{(\mathrm{sh}x)'\mathrm{ch}x-\mathrm{sh}x(\mathrm{ch}x)'}{\mathrm{ch}^{2}x}$$

$$=\frac{\mathrm{ch}^{2}x-\mathrm{sh}^{2}x}{\mathrm{ch}^{2}x}=\frac{1}{\mathrm{ch}^{2}x}.$$

思考题

二、反函数的求导法则

关于反函数求导，有下述定理.

定理 2.2.2(反函数的求导法则)　设函数 $x=\varphi(y)$在区间 I_y 内单调、可导，且 $\varphi'(y)\neq 0$，则它的反函数 $y=f(x)$在区间 $I_x=\{x\,|\,x=\varphi(y),\ y\in I_y\}$内也可导，且

$$f'(x)=\frac{1}{\varphi'(y)}\quad 或\quad \frac{\mathrm{d}y}{\mathrm{d}x}=\frac{1}{\dfrac{\mathrm{d}x}{\mathrm{d}y}}.$$

证明　已知 $x=\varphi(y)$是直接函数，$y=f(x)$是它的反函数.

由于 $x=\varphi(y)$在 I_y 内单调、可导(从而连续)，因此 $x=\varphi(y)$的反函数 $y=f(x)$存在，且 $y=f(x)$在 I_x 内也单调、连续.

任取 $x\in I_x$，给 x 以增量 Δx($\Delta x\neq 0$，$x+\Delta x\in I_x$)，由 $y=f(x)$的单调性可知 $\Delta y=f(x+\Delta x)-f(x)\neq 0$，于是

$$\frac{\Delta y}{\Delta x}=\frac{1}{\dfrac{\Delta x}{\Delta y}}.$$

因为 $y=f(x)$连续，所以 $\lim\limits_{\Delta x\to 0}\Delta y=0$，又 $\lim\limits_{\Delta y\to 0}\dfrac{\Delta x}{\Delta y}=\varphi'(y)\neq 0$，故

$$f'(x)=\lim_{\Delta x\to 0}\frac{\Delta y}{\Delta x}=\lim_{\Delta y\to 0}\frac{1}{\dfrac{\Delta x}{\Delta y}}=\frac{1}{\varphi'(y)}.$$

注　(1) 定理 2.2.2 的结论可简单地说成：反函数的导数等于直接函数导数的倒数. 这里所给函数的自变量、因变量所使用的字母与通常有所不同.

(2) 公式 $f'(x)=\dfrac{1}{\varphi'(y)}$或$\dfrac{\mathrm{d}y}{\mathrm{d}x}=\dfrac{1}{\dfrac{\mathrm{d}x}{\mathrm{d}y}}$从几何上看是很明显的. 因为反函数 $x=\varphi(y)$与直接函数 $y=f(x)$表示同一图形(见图 2.2.1). 又根据导数的几何意义有

$$f'(x)=\tan\alpha,\quad \varphi'(y)=\tan\beta,$$

而 $\alpha+\beta=\dfrac{\pi}{2}$，所以

$$\tan\alpha=\tan\left(\frac{\pi}{2}-\beta\right)=\cot\beta=\frac{1}{\tan\beta}.$$

由此即得公式 $f'(x)=\dfrac{1}{\varphi'(y)}$.

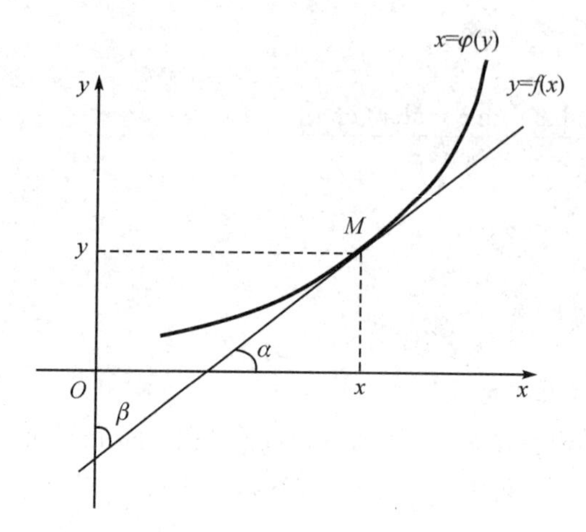

图 2.2.1

作为定理 2.2.2 的应用，下面推导反三角函数的导数公式.

例 2.2.7 推导反正弦函数与反余弦函数的导数公式.

解 设 $x=\sin y$，$y\in\left[-\dfrac{\pi}{2},\ \dfrac{\pi}{2}\right]$为直接函数，则 $y=\arcsin x$ 是它的反函数. 由于函数 $x=\sin y$ 在开区间 $I_y=\left(-\dfrac{\pi}{2},\ \dfrac{\pi}{2}\right)$内单调、可导，且$(\sin y)'=\cos y>0$，因此根据反函数的求导法则，在区间 $I_x=(-1,\ 1)$内有

$$(\arcsin x)'=\frac{1}{(\sin y)'}=\frac{1}{\cos y}.$$

又 $\cos y=\sqrt{1-\sin^2 y}=\sqrt{1-x^2}$(因为当$-\dfrac{\pi}{2}<y<\dfrac{\pi}{2}$时，$\cos y>0$，所以根号前只取正号)，从而得反正弦函数的导数公式为

$$(\arcsin x)'=\frac{1}{\sqrt{1-x^2}}\quad(-1<x<1).$$

同理可得

$$(\arccos x)'=-\frac{1}{\sqrt{1-x^2}}\quad(-1<x<1).$$

例 2.2.8 推导反正切函数与反余切函数的导数公式.

解 设 $x=\tan y$，$y\in\left(-\dfrac{\pi}{2},\ \dfrac{\pi}{2}\right)$为直接函数，则 $y=\arctan x$ 是它的反函数. 由于函数 $x=\tan y$ 在开区间 $I_y=\left(-\dfrac{\pi}{2},\ \dfrac{\pi}{2}\right)$内单调、可导，且$(\tan y)'=\sec^2 y\neq 0$，因此根据反函数

的求导法则，在区间 $I_x=(-\infty, +\infty)$ 内有

$$(\arctan x)'=\frac{1}{(\tan y)'}=\frac{1}{\sec^2 y}.$$

又 $\sec^2 y=1+\tan^2 y=1+x^2$，从而得到反正切函数的导数公式为

$$(\arctan x)'=\frac{1}{1+x^2} \quad (-\infty<x<+\infty).$$

同理可得

$$(\operatorname{arccot} x)'=-\frac{1}{1+x^2} \quad (-\infty<x<+\infty).$$

三、复合函数的求导法则

问题 求函数 $\sin 2x$ 的导数时，下面的解答是否正确？

由于 $(\sin x)'=\cos x$，因此 $(\sin 2x)'=\cos 2x$.

分析 上述解答是错误的. 事实上，根据乘积的求导法则，可得

$$\begin{aligned}(\sin 2x)'&=2\ (\sin x\cos x)'\\&=2[(\sin x)'\cos x+\sin x\ (\cos x)']\\&=2[\cos x\cdot\cos x+\sin x(-\sin x)]\\&=2\cos 2x.\end{aligned}$$

产生错误的原因是没有意识到 $(\sin 2x)'$ 是对自变量 x 求导，而不是对 $2x$ 求导. 换言之，也就是 $\sin 2x$ 是复合函数，简单粗暴地套用公式求导是不合适的.

关于复合函数的求导问题，有下面的求导法则.

定理 2.2.3 如果 $u=g(x)$ 在点 x 可导，而 $y=f(u)$ 在点 $u=g(x)$ 可导，则复合函数 $y=f[g(x)]$ 在点 x 可导，且其导数为

$$\frac{\mathrm{d}y}{\mathrm{d}x}=f'(u)\cdot g'(x) \quad 或 \quad \frac{\mathrm{d}y}{\mathrm{d}x}=\frac{\mathrm{d}y}{\mathrm{d}u}\cdot\frac{\mathrm{d}u}{\mathrm{d}x}.$$

证明 由于 $y=f(u)$ 在点 u 可导，因此 $\lim\limits_{\Delta u\to 0}\frac{\Delta y}{\Delta u}=f'(u)$ 存在，根据极限与无穷小的关系有

$$\frac{\Delta y}{\Delta u}=f'(u)+\alpha,$$

其中 α 是 $\Delta u\to 0$ 时的无穷小. 上式中的 $\Delta u\neq 0$，用 Δu 乘上式两边，得

$$\Delta y=f'(u)\Delta u+\alpha\cdot\Delta u. \tag{2.2.1}$$

当 $\Delta u=0$ 时，补充定义 $\alpha=0$，即

$$\alpha=\begin{cases}\dfrac{\Delta y}{\Delta u}-f'(u), & \Delta u\neq 0\\ 0, & \Delta u=0\end{cases}.$$

那么，当 $\Delta u=0$ 时，$f'(u)\Delta u+\alpha\cdot\Delta u=0$，而 $\Delta y=f(u+\Delta u)-f(u)=0$，故当 $\Delta u=0$ 时，表达式 $\Delta y=f'(u)\Delta u+\alpha\cdot\Delta u$ 仍然成立，即无论 Δu 是否为零，表达式 $\Delta y=f'(u)\Delta u+\alpha\cdot\Delta u$

总是成立的.

用 $\Delta x\neq 0$ 除式(2.2.1)两边，得

$$\frac{\Delta y}{\Delta x}=f'(u)\cdot\frac{\Delta u}{\Delta x}+\alpha\cdot\frac{\Delta u}{\Delta x}.$$

由 $u=g(x)$ 在点 x 可导知，$u=g(x)$ 在点 x 连续，所以当 $\Delta x\to 0$ 时，有 $\Delta u\to 0$，从而

$$\lim_{\Delta x\to 0}\alpha=\lim_{\Delta u\to 0}\alpha=0.$$

又 $u=g(x)$ 在点 x 可导，故有

$$\lim_{\Delta x\to 0}\frac{\Delta u}{\Delta x}=g'(x),$$

于是得到

$$\begin{aligned}\frac{\mathrm{d}y}{\mathrm{d}x}&=\lim_{\Delta x\to 0}\frac{\Delta y}{\Delta x}=\lim_{\Delta x\to 0}\left[f'(u)\cdot\frac{\Delta u}{\Delta x}+\alpha\cdot\frac{\Delta u}{\Delta x}\right],\\&=f'(u)\cdot\lim_{\Delta x\to 0}\frac{\Delta u}{\Delta x}+\lim_{\Delta x\to 0}\alpha\cdot\lim_{\Delta x\to 0}\frac{\Delta u}{\Delta x}\\&=f'(u)\cdot g'(x)+0\cdot g'(x)\\&=f'(u)\cdot g'(x),\end{aligned}$$

这就证明了函数 $y=f[g(x)]$ 在点 x 可导，且有

$$\frac{\mathrm{d}y}{\mathrm{d}x}=f'(u)\cdot g'(x)\quad 或\quad \frac{\mathrm{d}y}{\mathrm{d}x}=\frac{\mathrm{d}y}{\mathrm{d}u}\cdot\frac{\mathrm{d}u}{\mathrm{d}x}.$$

由定理 2.2.3 可知，如果 $u=g(x)$ 在区间 I 可导，$y=f(u)$ 在区间 I_1 可导，且当 $x\in I$ 时，相应的 $u\in I_1$，那么复合函数 $y=f[g(x)]$ 在区间 I 必可导.

思考题

例 2.2.9 求函数 $y=\sin 2x$ 的导数.

解 函数 $y=\sin 2x$ 可以看作由 $y=\sin u$，$u=2x$ 复合而成，因 $\frac{\mathrm{d}y}{\mathrm{d}u}=\cos u$，$\frac{\mathrm{d}u}{\mathrm{d}x}=2$，故按复合函数的求导法则，有

$$\frac{\mathrm{d}y}{\mathrm{d}x}=\frac{\mathrm{d}y}{\mathrm{d}u}\cdot\frac{\mathrm{d}u}{\mathrm{d}x}=\cos u\cdot 2=2\cos 2x.$$

显然，这一结果与利用前面的解法所得结果完全相同，但对复合函数求导时，显然利用复合函数的求导法则更为便利.

例 2.2.10 设 $y=\cot\frac{2x}{1+x^2}$，求 $\frac{\mathrm{d}y}{\mathrm{d}x}$.

解 $y=\cot\frac{2x}{1+x^2}$ 可看作由 $y=\cot u$，$u=\frac{2x}{1+x^2}$ 复合而成. 因为

$$\frac{\mathrm{d}y}{\mathrm{d}u}=-\csc^2 u,$$

$$\frac{\mathrm{d}u}{\mathrm{d}x}=\left(\frac{2x}{1+x^2}\right)'=\frac{2(1+x^2)-2x\cdot 2x}{(1+x^2)^2}=\frac{2(1-x^2)}{(1+x^2)^2},$$

所以

$$\frac{\mathrm{d}y}{\mathrm{d}x}=\frac{\mathrm{d}y}{\mathrm{d}u}\cdot\frac{\mathrm{d}u}{\mathrm{d}x}=-\csc^2 u\cdot\frac{2(1-x^2)}{(1+x^2)^2}=\frac{2(x^2-1)}{(1+x^2)^2}\cdot\csc^2\frac{2x}{1+x^2}.$$

例 2.2.11　设 $f(x)$为可导函数，且 $f(x)\neq 0$，求函数 $y=\ln|f(x)|$的导数.

解　分两种情况考虑. 当 $f(x)>0$ 时，$y=\ln|f(x)|=\ln f(x)$可看成由 $y=\ln u$，$u=f(x)$复合而成，因此

$$\frac{\mathrm{d}y}{\mathrm{d}x}=\frac{\mathrm{d}y}{\mathrm{d}u}\cdot\frac{\mathrm{d}u}{\mathrm{d}x}=\frac{1}{u}\cdot f'(x)=\frac{f'(x)}{f(x)}.$$

当 $f(x)<0$ 时，$y=\ln|f(x)|=\ln[-f(x)]$可看成由 $y=\ln u$，$u=-f(x)$复合而成，因此

$$\frac{\mathrm{d}y}{\mathrm{d}x}=\frac{\mathrm{d}y}{\mathrm{d}u}\cdot\frac{\mathrm{d}u}{\mathrm{d}x}=\frac{1}{u}\cdot[-f'(x)]=\frac{f'(x)}{f(x)}.$$

综上可得

$$(\ln|f(x)|)'=\frac{f'(x)}{f(x)}\quad(f(x)\neq 0).$$

特别地，当 $f(x)=x$ 时，

$$(\ln|x|)'=\frac{1}{x}\quad(x\neq 0).$$

从以上例子可以看出，应用复合函数的求导法则时，首先要分析所给函数由哪些函数复合而成，或者说，所给函数能分解成哪些函数. 如果所给函数能分解成比较简单的函数，而这些简单函数的导数我们已经会求，那么应用复合函数的求导法则就可以求所给函数的导数了.

对复合函数的分解比较熟练后，就不必再写出中间变量，而采用下列例题的方式来计算.

例 2.2.12　设 $y=\sqrt[3]{1-2x^2}$，求$\dfrac{\mathrm{d}y}{\mathrm{d}x}$.

解　$\dfrac{\mathrm{d}y}{\mathrm{d}x}=[(1-2x^2)^{\frac{1}{3}}]'=\dfrac{1}{3}(1-2x^2)^{-\frac{2}{3}}\cdot(1-2x^2)'=\dfrac{-4x}{3\sqrt[3]{(1-2x^2)^2}}.$

例 2.2.13　设 $y=\arctan\sqrt{x}$，求$\dfrac{\mathrm{d}y}{\mathrm{d}x}$.

解　$\dfrac{\mathrm{d}y}{\mathrm{d}x}=(\arctan\sqrt{x})'=\dfrac{1}{1+(\sqrt{x})^2}\cdot(\sqrt{x})'=\dfrac{1}{1+x}\cdot\dfrac{1}{2\sqrt{x}}=\dfrac{1}{2\sqrt{x}(1+x)}.$

复合函数的求导法则可以推广到任意有限个可导函数复合的情形. 就三个可导函数 $y=f(u)$，$u=\varphi(v)$，$v=\psi(x)$复合而成的函数 $y=f\{\varphi[\psi(x)]\}$而言，我们有

$$\frac{\mathrm{d}y}{\mathrm{d}x}=f'(u)\cdot\frac{\mathrm{d}u}{\mathrm{d}x}=f'(u)\cdot\left(\varphi'(v)\cdot\frac{\mathrm{d}v}{\mathrm{d}x}\right)=f'(u)\cdot\varphi'(v)\cdot\psi'(x).$$

也可以写成

$$\frac{\mathrm{d}y}{\mathrm{d}x}=\frac{\mathrm{d}y}{\mathrm{d}u}\cdot\frac{\mathrm{d}u}{\mathrm{d}v}\cdot\frac{\mathrm{d}v}{\mathrm{d}x}.$$

由此可见，复合函数 $y=f\{\varphi[\psi(x)]\}$的导数等于在构成复合关系的变量 y，u，v，x 中，

每一个在前面的变量对在后面的相邻变量的导数的乘积，所以复合函数的求导法则形象地称为**链式法则**.

例 2.2.14　设 $y=\ln(x+\sqrt{x^2+a^2})$($a>0$ 且为常数)，求 y'.

解　$$y'=\left[\ln(x+\sqrt{x^2+a^2})\right]'=\frac{1}{x+\sqrt{x^2+a^2}}\cdot(x+\sqrt{x^2+a^2})'$$

$$=\frac{1}{x+\sqrt{x^2+a^2}}\cdot\left[(x)'+(\sqrt{x^2+a^2})'\right]$$

$$=\frac{1}{x+\sqrt{x^2+a^2}}\cdot\left(1+\frac{x}{\sqrt{x^2+a^2}}\right)=\frac{1}{\sqrt{x^2+a^2}}.$$

同理可得

$$[\ln(x+\sqrt{x^2-a^2})]'=\frac{1}{\sqrt{x^2-a^2}}.$$

例 2.2.15　设 $y=a^{\operatorname{arccot}\frac{1}{x}}+\ln^3(2x+1)$($a>0$，$a\neq1$)，求 $\frac{dy}{dx}$.

解　$$\frac{dy}{dx}=(a^{\operatorname{arccot}\frac{1}{x}})'+[\ln^3(2x+1)]'$$

$$=a^{\operatorname{arccot}\frac{1}{x}}\ln a\cdot\left(\operatorname{arccot}\frac{1}{x}\right)'+3\ln^2(2x+1)\cdot[\ln(2x+1)]'$$

$$=a^{\operatorname{arccot}\frac{1}{x}}\ln a\cdot\left[-\frac{1}{1+\left(\frac{1}{x}\right)^2}\cdot\left(\frac{1}{x}\right)'\right]+3\ln^2(2x+1)\cdot\frac{1}{2x+1}\cdot(2x+1)'$$

$$=a^{\operatorname{arccot}\frac{1}{x}}\ln a\cdot\left[-\frac{x^2}{1+x^2}\cdot\left(-\frac{1}{x^2}\right)\right]+3\ln^2(2x+1)\cdot\frac{1}{2x+1}\cdot2$$

$$=\frac{\ln a}{1+x^2}\cdot a^{\operatorname{arccot}\frac{1}{x}}+\frac{6\ln^2(2x+1)}{2x+1}.$$

幂指函数导数的求法

例 2.2.16　设 $y=x^{\sin x}$($x>0$)，求 $\frac{dy}{dx}$.

解　由于 $y=x^{\sin x}=e^{\sin x\cdot\ln x}$，因此

$$y'=e^{\sin x\ln x}\cdot(\sin x\ln x)'=x^{\sin x}\cdot\left(\cos x\ln x+\frac{\sin x}{x}\right).$$

例 2.2.17　设 $y=a^{bx}+x^{ab}+b^{x^a}$(a，$b>0$，$a\neq1$，$b\neq1$)，求 y'.

解　$$y'=(a^{bx})'+(x^{ab})'+(b^{x^a})'$$

$$=a^{b^x}\ln a\cdot(b^x)'+a^bx^{a^b-1}+b^{x^a}\ln b\cdot(x^a)'$$

$$=a^{b^x}\ln a\cdot b^x\ln b+a^bx^{a^b-1}+b^{x^a}\ln b\cdot ax^{a-1}.$$

例 2.2.18　若 $f(u)$可导，且 $y=f(\sin^2x)+f(\cos^2x)$，求 $\frac{dy}{dx}$.

解　$$\frac{dy}{dx}=f'(\sin^2x)\cdot(\sin^2x)'+f'(\cos^2x)\cdot(\cos^2x)'$$

$$=f'(\sin^2x)\cdot2\sin x\cos x+f'(\cos^2x)\cdot2\cos x(-\sin x)$$

$$=[f'(\sin^2x)-f'(\cos^2x)]\cdot\sin 2x.$$

例 2.2.19　设 $y=f\left(\frac{3x-2}{3x+2}\right)$，$f'(x)=\arcsin x^2$，求 $\left.\frac{\mathrm{d}y}{\mathrm{d}x}\right|_{x=0}$.

解　因为

$$\frac{\mathrm{d}y}{\mathrm{d}x}=f'\left(\frac{3x-2}{3x+2}\right)\cdot\left(\frac{3x-2}{3x+2}\right)'=f'\left(\frac{3x-2}{3x+2}\right)\cdot\frac{3(3x+2)-3(3x-2)}{(3x+2)^2}$$

$$=\arcsin\left(\frac{3x-2}{3x+2}\right)^2\cdot\frac{12}{(3x+2)^2},$$

所以

$$\left.\frac{\mathrm{d}y}{\mathrm{d}x}\right|_{x=0}=\arcsin\left(\frac{3x-2}{3x+2}\right)^2\cdot\left.\frac{12}{(3x+2)^2}\right|_{x=0}=\arcsin 1\cdot 3=\frac{3}{2}\pi.$$

思考题

注　在使用复合函数的链式法则求导时，要注意下面两点：

(1) 由外向内求导，中间不能有遗漏；

(2) 逐层求导时要一求到底，直到对自变量求导.

四、基本导数公式与求导法则

基本初等函数的导数公式与本节中所讨论的求导法则，在初等函数的求导运算中起着重要的作用，我们必须熟练地掌握它们. 为了便于查阅，现在把这些导数公式和求导法则归纳如下：

1. 常数和基本初等函数的导数公式

(1) $(C)'=0$，　(2) $(x^\mu)'=\mu x^{\mu-1}$，

(3) $(\sin x)'=\cos x$，　(4) $(\cos x)'=-\sin x$，

(5) $(\tan x)'=\sec^2 x$，　(6) $(\cot x)'=-\csc^2 x$，

(7) $(\sec x)'=\sec x\tan x$，　(8) $(\csc x)'=-\csc x\cot x$，

(9) $(a^x)'=a^x\ln a$ $(a>0, a\neq1)$，　(10) $(\mathrm{e}^x)'=\mathrm{e}^x$，

(11) $(\log_a x)'=\frac{1}{x\ln a}$ $(a>0, a\neq1)$，　(12) $(\ln x)'=\frac{1}{x}$，

(13) $(\arcsin x)'=\frac{1}{\sqrt{1-x^2}}$，　(14) $(\arccos x)'=-\frac{1}{\sqrt{1-x^2}}$，

(15) $(\arctan x)'=\frac{1}{1+x^2}$，　(16) $(\mathrm{arccot}\, x)'=-\frac{1}{1+x^2}$.

2. 函数的和、差、积、商的求导法则

设 $u=u(x)$，$v=v(x)$都可导，则

(1) $(u\pm v)'=u'\pm v'$，　(2) $(Cu)'=Cu'$（C 是常数），

(3) $(uv)'=u'v+uv'$，　(4) $\left(\frac{u}{v}\right)'=\frac{u'v-uv'}{v^2}$ $(v\neq0)$.

3. 反函数的求导法则

设 $x=\varphi(y)$在区间 I_y 内单调、可导，且 $\varphi'(y)\neq0$，则它的反函数 $y=f(x)$在 $I_x=$

$\{x \mid x=\varphi(y),\ y\in I_y\}$内也可导，且

$$f'(x)=\frac{1}{\varphi'(y)} \quad 或 \quad \frac{\mathrm{d}y}{\mathrm{d}x}=\frac{1}{\frac{\mathrm{d}x}{\mathrm{d}y}}.$$

4. 复合函数的求导法则

设 $y=f(u)$，而 $u=g(x)$且 $f(u)$及 $g(x)$都可导，则复合函数 $y=f[g(x)]$的导数为

$$\frac{\mathrm{d}y}{\mathrm{d}x}=\frac{\mathrm{d}y}{\mathrm{d}u}\cdot\frac{\mathrm{d}u}{\mathrm{d}x} \quad 或 \quad \frac{\mathrm{d}y}{\mathrm{d}x}=f'(u)\cdot g'(x).$$

下面再举两个综合运用这些法则和导数公式的例子.

例 2.2.20 设 $y=\ln\sqrt{\frac{\mathrm{e}^{2x}}{\mathrm{e}^{2x}+1}}-\arctan\frac{1-x^2}{1+x^2}$，求 y'.

解 由于

$$\ln\sqrt{\frac{\mathrm{e}^{2x}}{\mathrm{e}^{2x}+1}}=\frac{1}{2}[\ln\mathrm{e}^{2x}-\ln(\mathrm{e}^{2x}+1)]=x-\frac{1}{2}\ln(\mathrm{e}^{2x}+1),$$

因此

$$\begin{aligned}
y'&=\left(\ln\sqrt{\frac{\mathrm{e}^{2x}}{\mathrm{e}^{2x}+1}}\right)'-\left(\arctan\frac{1-x^2}{1+x^2}\right)'\\
&=\left[x-\frac{1}{2}\ln(\mathrm{e}^{2x}+1)\right]'-\frac{1}{1+\left(\frac{1-x^2}{1+x^2}\right)^2}\cdot\left(\frac{1-x^2}{1+x^2}\right)'\\
&=\left(1-\frac{1}{2}\cdot\frac{2\mathrm{e}^{2x}}{\mathrm{e}^{2x}+1}\right)-\frac{(1+x^2)^2}{2(1+x^4)}\cdot\frac{(-2x)\cdot(1+x^2)-(1-x^2)\cdot 2x}{(1+x^2)^2}\\
&=\frac{1}{\mathrm{e}^{2x}+1}+\frac{2x}{1+x^4}.
\end{aligned}$$

例 2.2.21 设 $y=\sin nx\cdot\sin^n x$（n 为常数），求 y'.

解
$$\begin{aligned}
y'&=(\sin nx)'\cdot\sin^n x+\sin nx\cdot(\sin^n x)'\\
&=n\cos nx\cdot\sin^n x+\sin nx\cdot n\sin^{n-1}x\cdot\cos x\\
&=n\sin^{n-1}x(\cos nx\cdot\sin x+\sin nx\cdot\cos x)\\
&=n\sin^{n-1}x\cdot\sin(n+1)x.
\end{aligned}$$

五、知识延展——几类函数的导数

1. 奇函数和偶函数的导数

定理 2.2.4 可导的奇函数的导数是偶函数，可导的偶函数的导数是奇函数.

证明 设函数 $f(x)$可导，且为奇函数，则

$$f(-x)=-f(x).$$

对上式两边求导，得

$$f'(-x)(-x)'=-f'(x)\Rightarrow -f'(-x)=-f'(x),$$

即 $f'(-x)=f'(x)$，所以导函数 $f'(x)$是偶函数.

同理可证明可导的偶函数的导数是奇函数.

2. 周期函数的导数

定理 2.2.5　以 l 为周期的可导周期函数的导数仍然是以 l 为周期的周期函数.

证明　设函数 $f(x)$可导，且是以 l 为周期的周期函数，则

$$f(x+l)=f(x).$$

对上式两边求导，得

$$f'(x+l)\cdot(x+l)'=f'(x),$$

所以 $f'(x+l)=f'(x)$，从而导函数 $f'(x)$是以 l 为周期的周期函数.

定理 2.2.5 的几何解释　周期函数的图形一个周期后会重复，所以曲线的斜率(导数)也会重复.

例 2.2.22　设周期函数 $f(x)$在$(-\infty,+\infty)$内可导，其周期为 4，又

$$\lim_{x\to 0}\frac{f(1)-f(1-x)}{2x}=-1,$$

求曲线 $y=f(x)$在点$(5,f(5))$处的切线斜率.

解　因为导数的周期也为 4，所以曲线 $y=f(x)$在点$(5,f(5))$处的切线斜率 $k=f'(5)=f'(1)$. 又

$$-1=\lim_{x\to 0}\frac{f(1)-f(1-x)}{2x}=\frac{1}{2}\lim_{x\to 0}\frac{f(1-x)-f(1)}{-x}=\frac{1}{2}f'(1),$$

即 $f'(1)=-2$，故曲线 $y=f(x)$在点$(5,f(5))$处的切线斜率为

$$k=f'(1)=-2.$$

习 题 2-2

基 础 题

1. 推导余切函数及余割函数的导数公式：

$$(\cot x)'=-\csc^2 x,\quad (\csc x)'=-\csc x\cot x.$$

2. 求下列函数的导数：

(1) $y=3x^4-\dfrac{1}{x\sqrt{x}}+5x+e^2$；　(2) $y=5x^3-2^x+4\ln x$；

(3) $y=x\tan x-2\cot x$；　(4) $y=\left(x-\dfrac{1}{x}\right)\left(x^2-\dfrac{1}{x^2}\right)$；

(5) $y=(x^2+1)\ln x$；　(6) $y=e^x(\cos x+x\sin x)$；

(7) $y=x\ln x+\dfrac{\ln x}{x}$；　(8) $y=\log_5(3x^2e^x)$；

(9) $y=\dfrac{1}{1+\sqrt{x}}-\dfrac{1}{1-\sqrt{x}}$；　(10) $y=\dfrac{2\csc x}{1+x^2}$；

(11) $y=\dfrac{10^x-1}{10^x+1}$；　(12) $y=e^{-x}\cos x+\dfrac{\operatorname{sh}x}{\operatorname{ch}x}$.

3. 求下列函数在给定点处的导数：

(1) $y=\csc^2 x$，求$y'\big|_{x=\frac{\pi}{4}}$；

(2) $\rho=\theta\sin\theta+\frac{1}{2}\cos\theta$，求$\frac{\mathrm{d}\rho}{\mathrm{d}\theta}\bigg|_{\theta=\frac{\pi}{4}}$；

(3) $f(t)=\frac{t^2}{(1-t)(1+t)}$，求 $f'(2)$.

4. 求曲线 $y^2=8x$ 与曲线 $xy=8$ 的交角(两曲线的交角就是在交点处两曲线的切线的夹角).

5. 以初速度 v_0 竖直上抛的物体，其上升高度 h 与时间 t 的关系是 $h=v_0t-\frac{1}{2}gt^2$(g 为重力加速度)，求：

(1) 该物体的速度 $v(t)$；

(2) 该物体达到最高点的时刻.

6. 设 $y=x+\mathrm{e}^x+\mathrm{e}^2$，求$\frac{\mathrm{d}x}{\mathrm{d}y}$.

7. 求下列函数的导数：

(1) $y=(4x+3)^7$；　　(2) $y=\sin(3-2x)^3$；

(3) $y=\arcsin(\mathrm{e}^x)$；　　(4) $y=(\arctan x)^2$；

(5) $y=\mathrm{e}^{-\cos^2\frac{1}{x}}$；　　(6) $y=\log_2(x^2+x+1)$；

(7) $y=(4+\cos x)^{\sqrt{3}}$；　　(8) $y=\tan^2\frac{1}{x}$；

(9) $y=\arctan\ln(2x^3-1)$；　　(10) $y=\arcsin\sqrt{\sin x}$.

8. 求下列函数的导数：

(1) $y=\frac{\arcsin x}{\arccos x}$；　　(2) $y=\arctan\frac{x+1}{x-1}$；

(3) $y=\ln[\ln(\ln x)]$；　　(4) $y=\ln(\csc x-\cot x)$；

(5) $y=\ln(x+\sqrt{x^2-1})$；　　(6) $y=\cos^n x\sin nx$；

(7) $y=\sqrt{4-x^2}-x\arccos\frac{x}{2}$；　　(8) $y=\sqrt{x+\sqrt{x+\sqrt{x}}}$；

(9) $y=\frac{\sqrt{1+x}-\sqrt{1-x}}{\sqrt{1+x}+\sqrt{1-x}}$；　　(10) $y=\arcsin\frac{2t}{1+t^2}$；

(11) $y=\frac{x}{2}\sqrt{x^2+a^2}+\frac{a^2}{2}\ln(x+\sqrt{x^2+a^2})(a>0)$；

(12) $y=\frac{\sin x}{2\cos^2 x}-\frac{1}{2}\ln\tan\left(\frac{\pi}{4}-\frac{x}{2}\right)$；

(13) $y=x(\arcsin x)^2+2\sqrt{1-x^2}\arcsin x-2x$.

9. 设 $f(u)$可导，求下列函数的导数：

(1) $y=f(\sqrt{x}+1)$；　　(2) $y=f\{f[f(x)]\}$；

(3) $y=\ln[1+f^2(x)]$；　　(4) $y=f(\arcsin x)+f(\arccos x)$；

(5) $y=\dfrac{f(\mathrm{e}^x)}{\mathrm{e}^{f(x)}}$；　　(6) $y=f(\ln^2 x)\mathrm{e}^{f^2(x)}$.

10. 思考题：

(1) 如果 $f'(x)$是周期函数，那么 $f(x)$是不是周期函数？为什么？

(2) 如果 $f'(x)$是偶函数，那么 $f(x)$是不是奇函数？为什么？

11. 设 $f(x)$与 $g(x)$均为可导函数，如果 $f(t)=g(t+x)$，试证：

$$f'(x)=g'(2x).$$

提　高　题

1. 填空题：

(1) 设函数 $f(x)=\begin{cases}\ln\sqrt{x}, & x\geqslant 1\\ 2x-1, & x<1\end{cases}$，$y=f[f(x)]$，则$\left.\dfrac{\mathrm{d}y}{\mathrm{d}x}\right|_{x=\mathrm{e}}=$__________.

(2) 设 $f(x)=x\ln 2x$ 在点 x_0 处可导，且 $f'(x_0)=2$，则 $f(x_0)=$________.

(3) 已知 $f(x)=(x-1)(x-2)\cdots(x-2015)$，则 $f'(2015)=$________.

(4) 已知 $f(x)=\begin{cases}x^{\lambda}\cos\dfrac{1}{x}, & x\neq 0\\ 0, & x=0\end{cases}$ 的导函数在点 $x=0$ 连续，则 λ 的取值范围是______.

(5) 设 $f(x)$在 $x=\mathrm{e}$ 具有连续的一阶导数，且 $f'(\mathrm{e})=-1$，则 $\lim\limits_{x\to 0^+}\dfrac{\mathrm{d}}{\mathrm{d}x}f(\mathrm{e}^{\cos\sqrt{x}})=$________.

2. 如果 $f(x)=(ax+b)\sin x+(cx+d)\cos x$，试确定常数 a，b，c，d 的值，使得$f'(x)=x\cos x$.

习题 2-2
参考答案

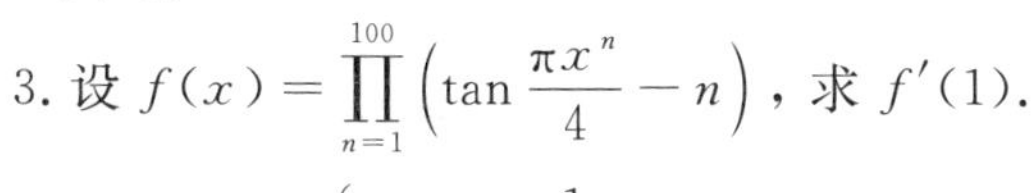

3. 设 $f(x)=\prod\limits_{n=1}^{100}\left(\tan\dfrac{\pi x^n}{4}-n\right)$，求 $f'(1)$.

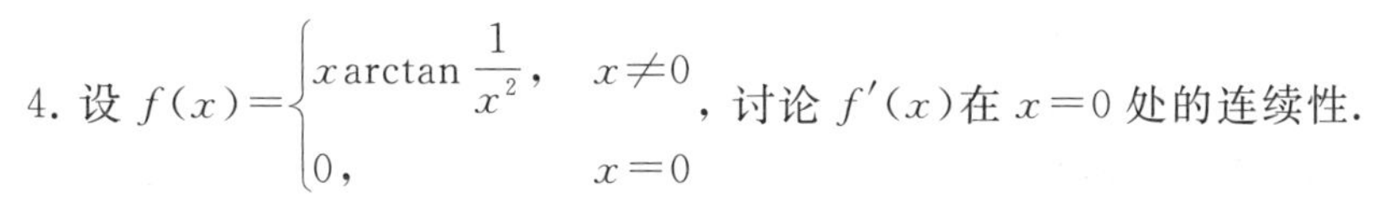

4. 设 $f(x)=\begin{cases}x\arctan\dfrac{1}{x^2}, & x\neq 0\\ 0, & x=0\end{cases}$，讨论 $f'(x)$在 $x=0$ 处的连续性.

第三节　高阶导数

本节继续讨论导数的计算之高阶导数.

一、高阶导数的概念

教学目标

在变速直线运动中，速度 $v(t)$是位置函数 $s(t)$对时间 t 的导数，即

$$v(t)=\frac{\mathrm{d}s}{\mathrm{d}t}\quad 或\quad v(t)=s'(t),$$

而加速度 a 又是速度 $v(t)$对时间 t 的导数，即

$$a=\frac{\mathrm{d}v}{\mathrm{d}t}\quad 或\quad a=v'(t).$$

综合上述结果，有

$$a=\frac{\mathrm{d}}{\mathrm{d}t}\left(\frac{\mathrm{d}s}{\mathrm{d}t}\right) \quad 或 \quad a=[s'(t)]'.$$

这就是说，变速直线运动的加速度是位置函数 $s(t)$ 对时间 t 的导数的导数，数学上把这种导数的导数 $\frac{\mathrm{d}}{\mathrm{d}t}\left(\frac{\mathrm{d}s}{\mathrm{d}t}\right)$ 或 $[s'(t)]'$ 叫作 $s(t)$ 对 t 的二阶导数. 这就产生了高阶导数的概念.

定义 2.3.1 一般地，若函数 $y=f(x)$ 的导函数 $y'=f'(x)$ 仍然可导，则称 $y'=f'(x)$ 的导数为函数 $y=f(x)$ 的**二阶导数**，记为 y''、$f''(x)$ 或 $\frac{\mathrm{d}^2y}{\mathrm{d}x^2}$，即

$$y''=(y')',\ f''(x)=[f'(x)]' \quad 或 \quad \frac{\mathrm{d}^2y}{\mathrm{d}x^2}=\frac{\mathrm{d}}{\mathrm{d}x}\left(\frac{\mathrm{d}y}{\mathrm{d}x}\right).$$

同理，二阶导数的导数称为**三阶导数**，三阶导数的导数称为**四阶导数**……$(n-1)$阶导数的导数称为 n **阶导数**，分别记为

$$y''',\ y^{(4)},\ \cdots,\ y^{(n)}$$

或

$$f'''(x),\ f^{(4)}(x),\ \cdots,\ f^{(n)}(x)$$

或

$$\frac{\mathrm{d}^3y}{\mathrm{d}x^3},\ \frac{\mathrm{d}^4y}{\mathrm{d}x^4},\ \cdots,\ \frac{\mathrm{d}^ny}{\mathrm{d}x^n}.$$

二阶及二阶以上的导数统称为**高阶导数**. 相对于高阶导数，也将 $f'(x)$ 称为一阶导数.

问题 高阶导数能否用极限进行表示?

由函数 $f(x)$ 在点 $x=x_0$ 处的导数的定义

$$f'(x_0)=\lim_{\Delta x\to 0}\frac{f(x+\Delta x)-f(x_0)}{\Delta x} \quad 或 \quad f'(x_0)=\lim_{x\to x_0}\frac{f(x)-f(x_0)}{x-x_0},$$

可得函数 $f(x)$ 在点 $x=x_0$ 处的二阶导数的定义.

设函数 $f(x)$ 在点 $x=x_0$ 的某个邻域内可导，则函数 $f(x)$ 在点 $x=x_0$ 处的二阶导数为

$$f''(x_0)=\lim_{\Delta x\to 0}\frac{f'(x_0+\Delta x)-f'(x_0)}{\Delta x} \quad 或 \quad f''(x_0)=\lim_{x\to x_0}\frac{f'(x)-f'(x_0)}{x-x_0}.$$

一般地，设函数 $f(x)$ 在点 $x=x_0$ 的某个邻域内有$(n-1)$阶导数，则函数 $f(x)$ 在点 $x=x_0$ 处的 n 阶导数为

$$f^{(n)}(x_0)=\lim_{\Delta x\to 0}\frac{f^{(n-1)}(x_0+\Delta x)-f^{(n-1)}(x_0)}{\Delta x}$$

或

$$f^{(n)}(x_0)=\lim_{x\to x_0}\frac{f^{(n-1)}(x)-f^{(n-1)}(x_0)}{x-x_0}.$$

由高阶导数的定义可知，如果函数 $f(x)$ 在一点有某阶导数，则 $f(x)$ 在该点的某个邻域内有各低阶导数，且低阶导数在该点连续. 特别地，若函数 $f(x)$ 在点 $x=x_0$ 处有二阶导

数，则函数 $f(x)$在点 $x=x_0$ 的某个邻域内可导，且导数 $f'(x)$在点 $x=x_0$ 连续(利用可导必连续的性质). 另外，根据高阶导数的定义还可以看到，求高阶导数就是按前面学过的求导法则多次接连地求导数，若需要求函数的高阶导数公式，则需要在逐次求导过程中，善于寻求它的某种规律.

例 2.3.1　设 $y=\sqrt{a^2+x^2}$，求$\dfrac{d^2y}{dx^2}$.

解　$\dfrac{dy}{dx}=\dfrac{2x}{2\sqrt{a^2+x^2}}=\dfrac{x}{\sqrt{a^2+x^2}}=x\cdot(a^2+x^2)^{-\frac{1}{2}}$,

$$\frac{d^2y}{dx^2}=(a^2+x^2)^{-\frac{1}{2}}+x\cdot\left(-\frac{1}{2}\right)(a^2+x^2)^{-\frac{3}{2}}\cdot 2x=\frac{a^2}{(a^2+x^2)^{\frac{3}{2}}}.$$

例 2.3.2　若 $f(x)$存在二阶导数，求函数 $y=f(\ln x)$的二阶导数.

解　$y'=f'(\ln x)(\ln x)'=\dfrac{f'(\ln x)}{x}$,

$$y''=\left[\frac{f'(\ln x)}{x}\right]'=\frac{f''(\ln x)\cdot\dfrac{1}{x}\cdot x-f'(\ln x)\cdot 1}{x^2}=\frac{f''(\ln x)-f'(\ln x)}{x^2}.$$

例 2.3.3　设 $f'(\cos x)=\cos 2x$，求 $f''(x)$.

解　由于 $f'(\cos x)=\cos 2x=2\cos^2 x-1$，因此

$$f'(x)=2x^2-1,\quad f''(x)=4x.$$

下面介绍几个初等函数的 n 阶导数.

例 2.3.4　求函数 $y=a^x$ 的 n 阶导数.

解　$y'=(a^x)'=a^x\cdot\ln a$,

$y''=(y')'=(a^x\cdot\ln a)'=\ln a\cdot(a^x)'=a^x\cdot(\ln a)^2$,

$y'''=(y'')'=[a^x\cdot(\ln a)^2]'=(\ln a)^2\cdot(a^x)'=a^x\cdot(\ln a)^3$,

$y^{(4)}=(y''')'=[a^x\cdot(\ln a)^3]'=(\ln a)^3\cdot(a^x)'=a^x\cdot(\ln a)^4$.

一般地，可得

$$y^{(n)}=(a^x)^{(n)}=a^x\cdot(\ln a)^n.$$

当 $a=\mathrm{e}$ 时，

$$(\mathrm{e}^x)^{(n)}=\mathrm{e}^x.$$

例 2.3.5　求正弦函数与余弦函数的 n 阶导数.

解　对于正弦函数 $y=\sin x$，

$(\sin x)'=\cos x=\sin\left(x+\dfrac{\pi}{2}\right)$,

$(\sin x)''=\cos\left(x+\dfrac{\pi}{2}\right)=\sin\left(x+\dfrac{\pi}{2}+\dfrac{\pi}{2}\right)=\sin\left(x+2\cdot\dfrac{\pi}{2}\right)$,

$(\sin x)'''=\cos\left(x+2\cdot\dfrac{\pi}{2}\right)=\sin\left(x+3\cdot\dfrac{\pi}{2}\right)$,

$(\sin x)^{(4)}=\cos\left(x+3\cdot\dfrac{\pi}{2}\right)=\sin\left(x+4\cdot\dfrac{\pi}{2}\right)$.

一般地，可得

$$(\sin x)^{(n)}=\sin\left(x+n\cdot\frac{\pi}{2}\right).$$

类似地，可得

$$(\cos x)^{(n)}=\cos\left(x+n\cdot\frac{\pi}{2}\right).$$

例 2.3.6　求函数 $y=\ln(1+x)$的 n 阶导数.

解　$y=\ln(1+x)$，$y'=\dfrac{1}{1+x}$，

$$y''=-\frac{1}{(1+x)^2},\quad y'''=\frac{1\cdot 2}{(1+x)^3},\quad y^{(4)}=-\frac{1\cdot 2\cdot 3}{(1+x)^4},$$

一般地，可得

$$y^{(n)}=[\ln(1+x)]^{(n)}=(-1)^{n-1}\frac{(n-1)!}{(1+x)^n}.$$

通常规定 $0!=1$，于是上式在 $n=1$ 时也成立.

利用例 2.3.6 的结果可得

$$\left(\frac{1}{x+1}\right)^{(n)}=(-1)^n\frac{n!}{(x+1)^{n+1}},$$

$$\left(\frac{1}{ax+b}\right)^{(n)}=(-1)^n\frac{n!\cdot a^n}{(ax+b)^{n+1}}.$$

例 2.3.7　求函数 $y=x^\mu(\mu\in\mathbf{R})$的 n 阶导数.

常用函数的 n 阶导数公式

解　$y'=\mu x^{\mu-1}$，$y''=\mu(\mu-1)x^{\mu-2}$，$y'''=\mu(\mu-1)(\mu-2)x^{\mu-3}$，

$$y^{(4)}=\mu(\mu-1)(\mu-2)(\mu-3)x^{\mu-4},$$

一般地，可得

$$y^{(n)}=\mu(\mu-1)\cdots(\mu-n+1)x^{\mu-n}\quad(n\geqslant 1).$$

当 $\mu=n$ 时，$(x^n)^{(n)}=n(n-1)\cdots 3\cdot 2\cdot 1=n!$，而

$$(x^n)^{(n+k)}=0\quad(k=1,2,\cdots).$$

二、高阶导数的运算法则

关于高阶导数，有以下运算法则.

定理 2.3.1　若函数 $u=u(x)$，$v=v(x)$都在点 x 处具有 n 阶导数，那么

$$u(x)\pm v(x)、Cu(x)、u(x)\cdot v(x)$$

也在点 x 处具有 n 阶导数，且

(1) $(u\pm v)^{(n)}=u^{(n)}\pm v^{(n)}$；

(2) $(Cu)^{(n)}=Cu^{(n)}$(C 为任意常数)；

(3) $(uv)^{(n)}=u^{(n)}v^{(0)}+C_n^1u^{(n-1)}v'+C_n^2u^{(n-2)}v''+\cdots+C_n^ku^{(n-k)}v^{(k)}+\cdots+C_n^nu^{(0)}v^{(n)}$

$$=\sum_{k=0}^{n}C_n^ku^{(n-k)}v^{(k)},$$

其中 $u^{(0)}=u$，$v^{(0)}=v$，C_n^k 表示从 n 个不同元素中取出 k 个元素的组合数，即

$$\mathrm{C}_n^k=\frac{n!}{k!\,(n-k)!},$$

这一公式通常叫作**莱布尼茨**(Leibniz)公式. 将这个公式与二项展开式

$$(u+v)^n=\mathrm{C}_n^0u^nv^0+\mathrm{C}_n^1u^{n-1}v^1+\cdots+\mathrm{C}_n^ku^{n-k}v^k+\cdots+\mathrm{C}_n^nu^0v^n$$

(这里 $u^0=1$，$v^0=1$)对比一下，发现只要在二项展开式中，将 k 次幂改为 k 阶导数(零阶导数理解为函数本身)，再把左端的 $u+v$ 换成 uv，就得到莱布尼茨公式. 这样对比便于记忆.

定理 2.3.1 中法则(1)、(2)、(3) 都可以用数学归纳法加以证明. 这里只给出莱布尼茨公式的证明.

首先，当 $n=1$ 时，

$$(uv)'=u'v+uv',$$

而这一公式在前面早已证明过是成立的，即 $n=1$ 时莱布尼茨公式成立. 假设 $n=m$ 时莱布尼茨公式成立，则有

$$(uv)^{(m)}=\sum_{k=0}^{m}\mathrm{C}_m^ku^{(m-k)}v^{(k)}.$$

对上式再求一次导数，就得到

$$\begin{aligned}(uv)^{(m+1)}&=[(uv)^{(m)}]'=\Big(\sum_{k=0}^{m}\mathrm{C}_m^ku^{(m-k)}v^{(k)}\Big)'\\&=\sum_{k=0}^{m}\mathrm{C}_m^k(u^{(m-k)}v^{(k)})'\\&=\sum_{k=0}^{m}\mathrm{C}_m^k(u^{(m-k+1)}v^{(k)}+u^{(m-k)}v^{(k+1)})\\&=\sum_{k=0}^{m}\mathrm{C}_m^ku^{(m-k+1)}v^{(k)}+\sum_{k=0}^{m}\mathrm{C}_m^ku^{(m-k)}v^{(k+1)},\end{aligned}$$

最后的两个和式中含有许多同类项，为了合并它们而将结果表示成一个和式，我们在第二个和式中以 $k-1$ 代替 k，则 k 就从 1 取到 $m+1$，而第二个和式也就变成

$$\sum_{k=1}^{m+1}\mathrm{C}_m^{k-1}u^{(m-k+1)}v^{(k)},$$

故

$$\begin{aligned}(uv)^{(m+1)}&=\sum_{k=0}^{m}\mathrm{C}_m^ku^{(m-k+1)}v^{(k)}+\sum_{k=1}^{m+1}\mathrm{C}_m^{k-1}u^{(m-k+1)}v^{(k)}\\&=u^{(m+1)}v^{(0)}+\sum_{k=1}^{m}(\mathrm{C}_m^k+\mathrm{C}_m^{k-1})u^{(m-k+1)}v^{(k)}+u^{(0)}v^{(m+1)}.\end{aligned}$$

这里利用了 $\mathrm{C}_m^0=\mathrm{C}_m^m=1$，并且注意到 $\mathrm{C}_m^k+\mathrm{C}_m^{k-1}=\mathrm{C}_{m+1}^k$，从而

$$\begin{aligned}(uv)^{(m+1)}&=u^{(m+1)}v^{(0)}+\sum_{k=1}^{m}\mathrm{C}_{m+1}^ku^{(m-k+1)}v^{(k)}+u^{(0)}v^{(m+1)}\\&=\sum_{k=0}^{m+1}\mathrm{C}_{m+1}^ku^{(m+1-k)}v^{(k)}.\end{aligned}$$

这就是说，当 $n=m+1$ 时莱布尼茨公式也成立. 于是根据数学归纳法，莱布尼茨公式对任意的自然数 n 成立.

例 2.3.8 设 $y=x^2e^{2x}$，求 $y^{(20)}$.

解 设 $u=e^{2x}$，$v=x^2$，则

$$u^{(k)}=2^k e^{2k} \quad (k=1, 2, 3, \cdots, 20),$$

$$v'=2x, \quad v''=2, \quad v^{(k)}=0 \quad (k=3, 4, \cdots, 20),$$

代入莱布尼茨公式，得

$$\begin{aligned} y^{(20)} &= (x^2e^{2x})^{(20)} = 2^{20}e^{2x}\cdot x^2+20\cdot 2^{19}e^{2x}\cdot 2x+\frac{20\cdot 19}{2!}\cdot 2^{18}e^{2x}\cdot 2 \\ &= 2^{20}e^{2x}(x^2+20x+95). \end{aligned}$$

本例是求乘积的高阶导数，采用莱布尼茨公式求解显然很方便. 但这里有一个选择谁是 u 谁是 v 的问题，如果把 x^2 当作 u，把 e^{2x} 当作 v，将会导致写法上的麻烦.

三、知识延展——高阶导数的计算方法

通过学习，我们发现计算函数 $y=f(x)$ 的高阶导数常用以下方法.

方法 1：利用高阶导数的定义及归纳法，直接求高阶导数.

例 2.3.9 问常数 α 取何值时，函数

$$f(x)=\begin{cases}(x-1)^{\alpha}\sin\dfrac{1}{x-1}, & x\neq 1\\ 0, & x=1\end{cases}$$

在点 $x=1$ 处二阶可导？

解 要使函数 $f(x)$ 在点 $x=1$ 处二阶可导，首先要使函数 $f(x)$ 在点 $x=1$ 处一阶可导，即极限

$$\lim_{x\to 1}\frac{f(x)-f(1)}{x-1}=\lim_{x\to 1}(x-1)^{\alpha-1}\sin\frac{1}{x-1}$$

存在，只有 $\alpha-1>0$，得 $\alpha>1$，此时 $f'(1)=0$.

当 $x\neq 1$ 时，$f'(x)=\alpha(x-1)^{\alpha-1}\sin\dfrac{1}{x-1}-(x-1)^{\alpha-2}\cos\dfrac{1}{x-1}$. 要使函数 $f(x)$ 在点 $x=1$处二阶可导，即使极限

$$\lim_{x\to 1}\frac{f'(x)-f'(1)}{x-1}=\lim_{x\to 1}\left[\alpha(x-1)^{\alpha-2}\sin\frac{1}{x-1}-(x-1)^{\alpha-3}\cos\frac{1}{x-1}\right]$$

存在，只有 $\begin{cases}\alpha-2>0\\ \alpha-3>0\end{cases}$，解得 $\alpha>3$，此时 $f''(1)=0$.

综上，当 α 的取值范围为 $(3, +\infty)$ 时，函数 $f(x)$ 在点 $x=1$ 处二阶可导.

方法 2：利用归纳法，直接求高阶导数.

例 2.3.10 设函数 $y=e^{ax}\sin bx$（a，b 为常数），求 $y^{(n)}$.

解
$$\begin{aligned} y' &= ae^{ax}\sin bx+be^{ax}\cos bx=e^{ax}(a\sin bx+b\cos bx) \\ &= e^{ax}\sqrt{a^2+b^2}\left(\frac{a}{\sqrt{a^2+b^2}}\sin bx+\frac{b}{\sqrt{a^2+b^2}}\cos bx\right) \\ &= e^{ax}\sqrt{a^2+b^2}\sin(bx+\varphi)\ \left(\text{其中 } \varphi=\arctan\frac{b}{a}\right), \end{aligned}$$

$$y''=\sqrt{a^2+b^2}[a\mathrm{e}^{ax}\sin(bx+\varphi)+b\mathrm{e}^{ax}\cos(bx+\varphi)]$$
$$=\sqrt{a^2+b^2}\,\mathrm{e}^{ax}\sqrt{a^2+b^2}\sin(bx+2\varphi)$$
$$=\mathrm{e}^{ax}(\sqrt{a^2+b^2})^2\sin(bx+2\varphi),$$

一般地，有

$$y^{(n)}=\mathrm{e}^{ax}(a^2+b^2)^{\frac{n}{2}}\sin(bx+n\varphi)\quad\left(\text{其中 }\varphi=\arctan\frac{b}{a}\right).$$

方法 3：利用恒等变形以及已知函数的高阶导数公式(包括莱布尼茨公式)，间接求高阶导数.

例 2.3.11　设 $y=\dfrac{1}{x^2-1}+\dfrac{1-x}{1+x}$，求 $y^{(n)}$.

解　由于

$$y=\frac{1}{x^2-1}+\frac{1-x}{1+x}=\frac{1}{2}\left(\frac{1}{x-1}-\frac{1}{x+1}\right)+\left(-1+\frac{2}{1+x}\right)=-1+\frac{1}{2}\cdot\frac{1}{x-1}+\frac{3}{2}\cdot\frac{1}{x+1},$$

因此利用高阶导数公式 $\left(\dfrac{1}{ax+b}\right)^{(n)}=(-1)^n\dfrac{n!\ a^n}{(ax+b)^{n+1}}$，得

$$y^{(n)}=(-1)^{(n)}+\frac{1}{2}\left(\frac{1}{x-1}\right)^{(n)}+\frac{3}{2}\left(\frac{1}{x+1}\right)^{(n)}=\frac{1}{2}\left[\frac{(-1)^n n!}{(x-1)^{n+1}}+\frac{3(-1)^n n!}{(x+1)^{n+1}}\right].$$

例 2.3.12　设 $y=\sin^6 x+\cos^6 x$，求 $y^{(n)}$.

解　由于

$$\begin{aligned}y&=(\sin^2 x)^3+(\cos^2 x)^3\\&=(\sin^2 x+\cos^2 x)(\sin^4 x-\sin^2 x\cos^2 x+\cos^4 x)\\&=(\sin^2 x+\cos^2 x)^2-3\sin^2 x\cos^2 x\\&=1-\frac{3}{4}\sin^2 2x=\frac{5}{8}+\frac{3}{8}\cos 4x,\end{aligned}$$

因此

$$y^{(n)}=\left(\frac{5}{8}\right)^{(n)}+\frac{3}{8}(\cos 4x)^{(n)}=\frac{3}{8}\cdot 4^n\cos\left(4x+n\cdot\frac{\pi}{2}\right).$$

例 2.3.13　设 $f(x)=(x\sin x)^2$，求 $f^{(n)}(x)\ (n\geqslant 3)$.

解　由于

$$f(x)=x^2\sin^2 x=x^2\cdot\frac{1-\cos 2x}{2}=\frac{1}{2}x^2-\frac{1}{2}x^2\cos 2x,$$

因此利用高阶导数的运算法则，得

$$\begin{aligned}f^{(n)}(x)&=\frac{1}{2}(x^2)^{(n)}-\frac{1}{2}(x^2\cos 2x)^{(n)}\\&=0-\frac{1}{2}[x^2(\cos 2x)^{(n)}+2nx(\cos 2x)^{(n-1)}+n(n-1)(\cos 2x)^{(n-2)}]\\&=-2^{n-3}\left[4x^2\cos\left(2x+\frac{n}{2}\pi\right)+4nx\cos\left(2x+\frac{n-1}{2}\pi\right)+n(n-1)\cos\left(2x+\frac{n-2}{2}\pi\right)\right]\\&=2^{n-3}\left[(n^2-n-4x^2)\cos\left(2x+\frac{n}{2}\pi\right)-4nx\sin\left(2x+\frac{n}{2}\pi\right)\right]\quad(n\geqslant 3).\end{aligned}$$

习 题 2-3

基 础 题

1. 问自然数 n 至少取多少时，函数 $f(x)=\begin{cases} x^n \sin\dfrac{1}{x}, & x\neq 0 \\ 0, & x=0 \end{cases}$ 在点 $x=0$ 处二阶可导?

2. 求下列函数的二阶导数：

(1) $y=2x^2+\ln x$；　(2) $y=\cos^3 x$；

(3) $y=e^{-t}\cos t$；　(4) $y=\ln(1-x^2)$；

(5) $y=x^2 e^x$；　(6) $y=(1+x^2)\text{arccot}\, x$；

(7) $y=\dfrac{\sin x}{x}$；　(8) $y=x\sqrt{2x-3}$；

(9) $y=\sqrt{a^2-x^2}\ (a>0)$；　(10) $y=\dfrac{e^x}{x}$；

(11) $y=\ln(x+\sqrt{x^2-1})$；　(12) $y=\cos^2 x\cdot\ln x$.

3. 设 $f''(x)$ 存在，求下列函数的二阶导数 $\dfrac{d^2 y}{dx^2}$：

(1) $y=f(e^x+\sin x)$；　(2) $y=\ln[f(x)]$.

4. 试从 $\dfrac{dx}{dy}=\dfrac{1}{y'}$ 导出：

(1) $\dfrac{d^2 x}{dy^2}=-\dfrac{y''}{(y')^3}$；　(2) $\dfrac{d^3 x}{dy^5}=\dfrac{3(y'')^2-y'y'''}{(y')^5}$.

5. 一质点做直线运动，其路程函数为 $s(t)=\dfrac{1}{2}(e^t-e^{-t})$，证明其加速度 $a(t)=s(t)$.

6. 验证函数 $s=Ae^{-kt}\sin(\omega t+\varphi)$ 满足方程

$$\frac{d^2 s}{dt^2}+2k\frac{ds}{dt}+(k^2+\omega^2)s=0,$$

其中 A，k，ω，φ 都是常数.

7. 求下列函数所指定的阶的导数：

(1) $y=(x^2+a^2)\arctan\dfrac{x}{a}$ (a 为非零常数)，求 y'''；

(2) $y=\sin x\cos x$，求 $y^{(16)}$；

(3) $y=x^2\sin 2x$，求 $y^{(50)}$.

8. 求下列各函数的 n 阶导数：

(1) $y=xe^{-x}$；

(2) $y=\sin^2 x$；

(3) $y=a_0x^n+a_1x^{n-1}+\cdots+a_{n-1}x+a_n$，其中 a_0，a_1，$\cdots$，a_n 都是常数；

(4) $y=\dfrac{1-x}{1+x}$.

提　高　题

1. 填空题：

(1) 设 $f(x)=\sin x\sin 3x\sin 5x$，则 $f''(0)=$__________.

(2) 设 $f(x)=\arctan x-\dfrac{x}{1+ax^2}$，且 $f'''(0)=1$，则 $a=$__________.

(3) 设 $y=f(x)$的反函数是 $x=\varphi(y)$，且 $f(a)=3$，$f'(a)=2$，$f''(a)=1$，则 $\varphi''(3)=$ __________.

(4) 设 $y(x)=(x-1)(x-2)^2(x-3)^3(x-4)^4$，则 $y'''(3)=$__________.

(5) 设 $f(x)=x^3\sin x$，则 $f^{(6)}(0)=$__________.

(6) 设 $y=\ln(1-2x)$，则 $y^{(n)}(0)=$__________.

2. 设 $f(x)=(x-a)^3\varphi(x)$，其中 $\varphi(x)$有二阶连续的导数，问 $f'''(a)$是否存在？若不存在，请说明理由；若存在，求出其值.

3. 设 $f(x)$在$(-\infty,+\infty)$内二阶可导，令

$$F(x)=\begin{cases} f(x), & x\leqslant x_0 \\ A(x-x_0)^2+B(x-x_0)+C, & x>x_0 \end{cases},$$

求常数 A，B，C 的值，使 $F(x)$在$(-\infty,+\infty)$内二阶可导.

4. 把 y 看作自变量，x 看作因变量，变换方程

$$\frac{\mathrm{d}y}{\mathrm{d}x}\cdot\frac{\mathrm{d}^3y}{\mathrm{d}x^3}-3\left(\frac{\mathrm{d}^2y}{\mathrm{d}x^2}\right)^2=x.$$

习题 2－3

参考答案

5. 求下列各函数的 n 阶导数：

(1) $y=\sin^4x-\cos^4x$；　　(2) $y=\ln\sqrt{4-9x^2}$；

(3) $f(t)=\lim\limits_{x\to\infty}t\left(\dfrac{x+t}{x-t}\right)^x$；　　(4) $y=\dfrac{x^n}{1-x}+x\cos^2x$.

6. 已知 $f(x)$具有任意阶导数，且 $f'(x)=[f(x)]^2$，求 $f^{(n)}(x)$.

第四节　隐函数的导数

一、隐函数的定义及求导方法

教学目标

1. 隐函数的定义

函数 $y=f(x)$表示两个变量 y 与 x 之间的对应关系，这种对应关系可以用各种不同的方式表达. 前面我们所提到的函数都可以表示成 $y=f(x)$的形式，其中因变量 y 可由含有自变量 x 的式子直接表示出来，这样的函数叫作**显函数**. 例如 $y=\tan x$，$y=\mathrm{e}^x\sin x+\ln x$，$y=\ln(x+\sqrt{1-x^2})$等. 但是有些函数的表达方式却不是这

样的，例如方程

$$x+y^3-5=0$$

表示一个函数，因为当变量 x 在$(-\infty, +\infty)$内取值时，变量 y 有确定的值与之对应. 又如，当$|x|\leqslant\rho$ 时，方程 $x^2+y^2=\rho^2$ 也确定了 y 是 x 的函数. 通常我们把未解出因变量的二元方程 $F(x, y)=0$ 所确定的 y 与 x 之间的函数叫作**隐函数**.

一般地，如果变量 y 和 x 满足方程$F(x, y)=0$，在一定条件下，当 x 在某区间内取任意一值时，总有满足方程的 y 值与之对应，那么就称方程 $F(x, y)=0$ 在该区间内确定了一个隐函数.

学习和理解隐函数的概念，应注意以下两点：

(1) 并非每一个二元方程 $F(x, y)=0$ 都能确定 y 是 x 的函数. 例如方程 $x^2+y^2+1=0$ 就不能确定 y 是 x 的函数，因为没有 x 与 y 的一对实数值能满足这个方程. 究竟一个二元方程 $F(x, y)=0$ 在什么条件下能确定出隐函数这个问题比较复杂，后面我们将在第九章第五节详细阐述这一问题.

(2) 每一个显函数都能化为隐函数，但不是每一个隐函数都能化为显函数. 有些方程所确定的隐函数是比较容易化为显函数的，例如，由方程 $x+y^3-5=0$ 解出 y，可得显函数 $y=\sqrt[3]{5-x}$；当$|x|\leqslant\rho$ 时，由方程 $x^2+y^2=\rho^2$ 可得两个连续的显函数$y=\pm\sqrt{\rho^2-x^2}$. 将一个隐函数化为显函数的过程称为隐函数显化. 一般来说，并非每一个隐函数都能显化. 有时隐函数虽然存在，但却不易写成显函数的形式. 例如开普勒在研究行星运动方位时，提出这样一个方程：

思考题

$$y-x-\varepsilon\sin y=0 \quad (\varepsilon \text{ 为常数}, 0<\varepsilon<1),$$

可以证明它确定了 y 是 x 的函数，但这个方程中的 y 不能表示成 x 的显函数.

2. 隐函数的求导方法

以上我们介绍了有关隐函数的概念，一般来说，隐函数不一定能表示为显函数的形式. 而实际问题往往需要计算隐函数的导数，那么就需要有一种方法，无论隐函数能否显化，都能直接由方程算出它所确定的隐函数的导数. 下面我们就来介绍隐函数的求导方法.

把方程 $F(x, y)=0$ 所确定的隐函数 $y=f(x)$代入原方程，得恒等式

$$F[x, f(x)]\equiv 0.$$

将这个恒等式的两端对 x 求导，所得的结果也必然相等. 但应注意，y 是 x 的函数，所以当对方程 $F(x, y)=0$ 的两端关于 x 求导时，需应用复合函数的求导法则，这样，求导之后得到一个关于$\frac{\mathrm{d}y}{\mathrm{d}x}$的方程，解此方程便可得导数$\frac{\mathrm{d}y}{\mathrm{d}x}$的表达式，在此表达式中允许含有 y. 下面通过举例说明这种方法.

例 2.4.1 设函数 $y=f(x)$由方程 $y^5+2y=x$ 确定，试求$\frac{\mathrm{d}y}{\mathrm{d}x}$和$\left.\frac{\mathrm{d}y}{\mathrm{d}x}\right|_{x=0}$.

解 将方程 $y^5+2y-x=0$ 的两端对 x 求导，得

$$\frac{\mathrm{d}}{\mathrm{d}x}(y^5+2y-x)=0,$$

即

$$5y^4 \cdot \frac{dy}{dx} + 2 \cdot \frac{dy}{dx} - 1 = 0,$$

从而

$$\frac{dy}{dx} = \frac{1}{5y^4 + 2}.$$

当 $x=0$ 时，由原方程可得 $y=0$，于是

$$\left.\frac{dy}{dx}\right|_{x=0} = \left.\frac{1}{5y^4+2}\right|_{y=0} = \frac{1}{2}.$$

例 2.4.2　求由方程 $y-x-\varepsilon\sin y=0(0<\varepsilon<1)$所确定的隐函数 $y=y(x)$的二阶导数$\frac{d^2y}{dx^2}$.

解　将方程的两端对 x 求导，得

$$\frac{dy}{dx} - 1 - \varepsilon\cos y\,\frac{dy}{dx} = 0,$$

于是

$$\frac{dy}{dx} = \frac{1}{1-\varepsilon\cos y},$$

上式两边再对 x 求导，得

$$\frac{d^2y}{dx^2} = \frac{\varepsilon\cdot(-\sin y)\cdot\frac{dy}{dx}}{(1-\varepsilon\cos y)^2} = \frac{-\varepsilon\sin y}{(1-\varepsilon\cos y)^3}.$$

例 2.4.3　求曲线 $3y=2x+x^4y^3$ 在点(0, 0)处的切线方程.

解　将曲线方程的两端对 x 求导，得

$$3y' = 2 + 4x^3y^3 + x^4\cdot 3y^2\cdot y',$$

将 $x=0$，$y=0$ 代入上式，得

$$y'\Big|_{x=0} = \frac{2}{3},$$

所以曲线 $3y=2x+x^4y^3$ 在点(0, 0)处的切线方程为 $y=\frac{2}{3}x$.

例 2.4.4　证明圆 $x^2+y^2=a^2$ 在点 $M(x_0, y_0)$处的切线方程为

$$x_0x + y_0y = a^2.$$

证明　将方程 $x^2+y^2=a^2$ 的两端对 x 求导，得

$$2x + 2y\cdot y' = 0,$$

解出 y'，并将点 $M(x_0, y_0)$代入，得所求切线斜率为

$$k = y'\big|_{M(x_0, y_0)} = -\frac{x}{y}\Big|_{\substack{x=x_0\\y=y_0}} = -\frac{x_0}{y_0},$$

所以所求切线方程是

$$y - y_0 = -\frac{x_0}{y_0}(x - x_0),$$

即

$$x_0x+y_0y=x_0^2+y_0^2.$$

注意到$M(x_0, y_0)$是圆上的一点，故$x_0^2+y_0^2=a^2$，从而切线方程为

$$x_0x+y_0y=a^2.$$

用同样的方法，可以证明椭圆$\frac{x^2}{a^2}+\frac{y^2}{b^2}=1$和双曲线$\frac{x^2}{a^2}-\frac{y^2}{b^2}=1$在点$(x_0, y_0)$处的切线方程分别为$\frac{x_0x}{a^2}+\frac{y_0y}{b^2}=1$及$\frac{x_0x}{a^2}-\frac{y_0y}{b^2}=1$，请读者自行完成.

例 2.4.5 证明曲线C_1：$3y=2x+x^4y^3$与C_2：$2y+3x+y^5=x^3y$在原点处正交.

证明 因为原点的坐标(0，0)代入两个方程都成立，所以两曲线在原点处相交.

把曲线C_1的方程两端对x求导，得

$$3y'=2+4x^3y^3+3x^4y^2\cdot y',$$

所以

$$y'=\frac{2+4x^3y^3}{3-3x^4y^2},$$

因此，曲线C_1在原点处的切线斜率为

$$k_1=y'|_{(0,0)}=\left.\frac{2+4x^3y^3}{3-3x^4y^2}\right|_{(0,0)}=\frac{2}{3}.$$

把曲线C_2的方程两端对x求导，得

$$2y'+3+5y^4\cdot y'=3x^2y+x^3\cdot y',$$

所以

$$y'=\frac{3x^2y-3}{2-x^3+5y^4},$$

因此，曲线C_2在原点处的切线斜率为

$$k_2=y'|_{(0,0)}=\left.\frac{3x^2y-3}{2-x^3+5y^4}\right|_{(0,0)}=-\frac{3}{2}.$$

由于$k_1k_2=\left(\frac{2}{3}\right)\left(-\frac{3}{2}\right)=-1$，因此$C_1$与$C_2$在原点处正交.

例 2.4.6 证明$y=(\arcsin x)^2$满足方程

$$(1-x^2)y^{(n+1)}-(2n-1)xy^{(n)}-(n-1)^2y^{(n-1)}=0,$$

并求$y^{(n)}(0)$ $(n=2, 3, 4, \cdots)$.

分析 题中给出的是显函数，可以直接求出函数的高阶导数$y^{(n+1)}$、$y^{(n)}$、$y^{(n-1)}$，然后代入方程进行验证，但比较麻烦. 如果我们换位思考，将显函数理解为隐函数进行验证则比较简单.

证明 易知$y'=2\arcsin x\cdot\frac{1}{\sqrt{1-x^2}}$，变形得

$$y'\sqrt{1-x^2}=2\arcsin x.$$

上式两端对x求导，得

$$y''\sqrt{1-x^2}+y'\cdot\frac{-2x}{2\sqrt{1-x^2}}=\frac{2}{\sqrt{1-x^2}},$$

整理得

$$y''(1-x^2)-y'\cdot x=2.$$

上式两端对 x 求 $n-1$ 阶导数，得

$$[y''(1-x^2)]^{(n-1)}-[y'\cdot x]^{(n-1)}=0,$$

利用莱布尼茨公式，得

$$y^{(n+1)}\cdot(1-x^2)+(n-1)\cdot y^{(n)}\cdot(-2x)+\frac{(n-1)(n-2)}{2}\cdot y^{(n-1)}\cdot(-2)$$
$$-y^{(n)}\cdot x-(n-1)\cdot y^{(n-1)}=0,$$

即

$$(1-x^2)y^{(n+1)}-(2n-1)xy^{(n)}-(n-1)^2y^{(n-1)}=0.$$

把 $x=0$ 代入上式可得递推关系式

$$y^{(n+1)}(0)=(n-1)^2y^{(n-1)}(0),$$

因为 $y(0)=0$，$y'(0)=0$，$y''(0)=2$，所以由此递推关系式可得

$$y^{(n)}(0)=\begin{cases}0, & n=2k+1\\ 2^{2k-1}[(k-1)!]^2, & n=2k\end{cases}\quad(k=1,2,\cdots).$$

二、对数求导法

思考题

根据隐函数的求导方法，可以得到一个简化求导运算的法则，它适用于由几个因子通过乘、除、乘方、开方所构成的比较复杂的函数 $y=f(x)$（包括幂指函数）的求导. 这个法则先将 $y=f(x)$ 两边取对数，化乘、除为加、减，化乘方、开方为乘积，然后利用隐函数的求导方法求导，这种方法称为**对数求导法**.

例 2.4.7　证明幂函数 $y=x^\mu$（μ 为任意实数）的导数公式为

$$y'=\mu x^{\mu-1}.$$

证明　设 x 为幂函数 x^μ 的定义域内的任意一点且 $x\neq0$，因 y 可正可负，故对 $y=x^\mu$ 两端先取绝对值再取自然对数，得

$$\ln|y|=\mu\ln|x|,$$

上式两端对 x 求导，得

$$\frac{1}{y}\cdot y'=\mu\cdot\frac{1}{x},$$

所以

$$y'=\mu\cdot\frac{y}{x}=\mu x^{\mu-1}.$$

例 2.4.8　设 $f(x)$ 与 $g(x)$ 都为可导函数，且 $f(x)>0$，求幂指函数 $y=f(x)^{g(x)}$ 的导数.

解　因 $y=f(x)^{g(x)}>0$，故对其两端取自然对数，得

$$\ln y=g(x)\ln f(x),$$

上式两端对 x 求导，得

$$\frac{1}{y}\cdot y'=g'(x)\ln f(x)+g(x)\cdot\frac{f'(x)}{f(x)},$$

所以

$$y'=f(x)^{g(x)}\left[g'(x)\ln f(x)+g(x)\frac{f'(x)}{f(x)}\right].$$

例 2.4.9 求函数 $y=2^x\sqrt{x^2+1}\sin x$ 的导数.

解 因 y 可正可负，故对 $y=2^x\sqrt{x^2+1}\sin x$ 两端先取绝对值再取自然对数，得

$$\ln|y|=x\ln2+\frac{1}{2}\ln(x^2+1)+\ln|\sin x|,$$

上式两端对 x 求导，得

$$\frac{1}{y}\cdot y'=\ln2+\frac{1}{2}\cdot\frac{2x}{x^2+1}+\frac{\cos x}{\sin x},$$

所以

$$\begin{aligned}y'&=y\left(\ln2+\frac{x}{x^2+1}+\cot x\right)\\&=2^x\sqrt{x^2+1}\sin x\left(\ln2+\frac{x}{x^2+1}+\cot x\right).\end{aligned}$$

例 2.4.10 设 $y=\sqrt[3]{\frac{(x-1)(x-2)^2}{(x-3)(x-4)}}$，求 y'.

解 因 y 可正可负，故对 $y=\sqrt[3]{\frac{(x-1)(x-2)^2}{(x-3)(x-4)}}$ 两端先取绝对值再取自然对数，得

$$\ln|y|=\frac{1}{3}(\ln|x-1|+2\ln|x-2|-\ln|x-3|-\ln|x-4|),$$

上式两端对 x 求导，得

$$\frac{1}{y}\cdot y'=\frac{1}{3}\left(\frac{1}{x-1}+\frac{2}{x-2}-\frac{1}{x-3}-\frac{1}{x-4}\right),$$

于是

$$\begin{aligned}y'&=\frac{y}{3}\cdot\left(\frac{1}{x-1}+\frac{2}{x-2}-\frac{1}{x-3}-\frac{1}{x-4}\right)\\&=\frac{1}{3}\sqrt[3]{\frac{(x-1)(x-2)^2}{(x-3)(x-4)}}\left(\frac{1}{x-1}+\frac{2}{x-2}-\frac{1}{x-3}-\frac{1}{x-4}\right).\end{aligned}$$

例 2.4.11 设方程 $y^x=xy$(x，y 均大于零)确定了函数 $y=y(x)$，求 $y=y(x)$的导数.

解 这里隐函数中出现了幂指函数，且 x，y 均大于零，故对 $y^x=xy$ 两端直接取对数，得

$$x\ln y=\ln x+\ln y,$$

上式两端同时对 x 求导，得

$$\ln y+x\cdot\frac{1}{y}\cdot y'=\frac{1}{x}+\frac{1}{y}\cdot y',$$

所以

$$y'=\frac{y(1-x\ln y)}{x(x-1)}.$$

三、隐函数的常用求导方法小结

求由方程 $F(x, y)=0$ 确定的隐函数 $y=f(x)$ 的导数常用下列方法.

方法 1：将方程两边同时对自变量(如 x)求导，在求导过程中，自始至终把另一变量(如 y)视为 x 的函数($y=f(x)$)，由复合函数求导法则得出 $\frac{dy}{dx}$ 满足的方程，从而求出 $\frac{dy}{dx}$.

方法 2：将方程两边同时微分，由微分四则运算法则及一阶微分形式的不变性(见本章第六节函数的微分)，可得 dx 与 dy 的关系式，并写成 $g(x, y)dy=h(x, y)dx$ 的形式，即可求出 $\frac{dy}{dx}=\frac{h(x, y)}{g(x, y)}$.

方法 3(公式法)：利用多元复合函数求导法则，得出由二元方程 $F(x, y)=0$ 确定的隐函数 $y=f(x)$ 的导数公式 $\frac{dy}{dx}=-\frac{F_x(x, y)}{F_y(x, y)}$(见第九章第五节隐函数的求导公式)，然后代入公式就可求出 $\frac{dy}{dx}$.

例 2.4.12　设函数 $y=y(x)$ 由方程 $\sin(x^2+y^2)+e^x-xy^2=0$ 所确定，求 $\frac{dy}{dx}$.

解　方法 1：将方程两边直接对 x 求导数(注意 y 是 x 的函数)，得

$$\cos(x^2+y^2)\cdot\left(2x+2y\cdot\frac{dy}{dx}\right)+e^x-y^2-x\cdot 2y\cdot\frac{dy}{dx}=0,$$

解得

$$\frac{dy}{dx}=\frac{y^2-e^x-2x\cos(x^2+y^2)}{2y\cos(x^2+y^2)-2xy}.$$

方法 2：方程 $\sin(x^2+y^2)+e^x-xy^2=0$ 两边同时求微分，得

$$\cos(x^2+y^2)\cdot(2x\,dx+2y\,dy)+e^x dx-y^2 dx-2xy\,dy=0,$$

解得

$$\frac{dy}{dx}=\frac{y^2-e^x-2x\cos(x^2+y^2)}{2y\cos(x^2+y^2)-2xy}.$$

方法 3(公式法)：设 $F(x, y)=\sin(x^2+y^2)+e^x-xy^2$，则

$$F_x(x, y)=2x\cos(x^2+y^2)+e^x-y^2,$$

$$F_y(x, y)=2y\cos(x^2+y^2)-2xy,$$

代入隐函数的求导公式，得

$$\frac{dy}{dx}=-\frac{F_x(x, y)}{F_y(x, y)}=\frac{y^2-e^x-2x\cos(x^2+y^2)}{2y\cos(x^2+y^2)-2xy}.$$

习 题 2-4

基 础 题

1. 求由下列方程所确定的隐函数 $y=y(x)$ 的导数：

(1) $x\cot y=\cos(xy)$； (2) $e^x+x=e^y+y$；

(3) $x^3+y^3-3x+6y=0$； (4) $x^y=y^x(x, y>0, x, y\neq 1)$；

(5) $\ln(x^2+y^2)=x+y-1$； (6) $1+\sin(x+y)=e^{-xy}$.

2. 求由下列方程所确定的隐函数 $y=y(x)$ 的二阶导数：

(1) $y=\tan(x+y)$；

(2) $y=1+xe^y$；

(3) $x^3+y^3-3axy=0$(其中 a 为不等于零的常数)；

(4) $\sqrt{x^2+y^2}=e^{\arctan\frac{y}{x}}$.

3. 用对数求导法求下列函数的导数：

(1) $y=(x-1)(x-2)^2(x-3)^3$； (2) $y=\sqrt{\dfrac{3x-2}{(5-2x)(x-1)}}$；

(3) $y=(\sin x)^{\cos x}(\sin x>0)$； (4) $y=\dfrac{(2x+3)^4\cdot\sqrt{x-6}}{\sqrt[3]{x+1}}$.

4. 证明：曲线 $\sqrt{x}+\sqrt{y}=\sqrt{a}$ 上任一点的切线所截两坐标轴的截距之和等于 a.

提 高 题

1. 填空题：

(1) 由方程 $x^y=y^x(x, y>0, x, y\neq 1)$ 确定了函数 $x=x(y)$，则 $\dfrac{dx}{dy}=$__________.

(2) 由方程 $y^{-x}e^y=1$ 确定了函数 $y=y(x)$，则 $y''(x)=$__________.

(3) 曲线 $(x-1)^3=y^2$ 上点(5, 8)处的切线方程为__________.

(4) 曲线 $\dfrac{x^2}{a^2}-\dfrac{y^2}{b^2}=1$ 在点 $M_0(2a, \sqrt{3}b)$ 处的法线方程为__________.

(5) 设曲线 $y=x^2+ax+b$ 和 $2y=-1+xy^3$ 在点(1, −1)处相切，其中 a, b 为常数，则 $a=$__________, $b=$__________.

2. 设 $y=y(x)$ 是由方程 $\sin(xy)=\ln\dfrac{x+e}{y}+1$ 所确定的隐函数，求 $y'(0)$ 及 $y''(0)$.

3. 设 $y=f(x+y)$，其中 f 具有二阶导数，且一阶导数不等于1，求 $\dfrac{dy}{dx}$, $\dfrac{d^2y}{dx^2}$.

4. 已知函数 $f(u)$ 具有二阶导数，且 $f'(0)=1$，函数 $y=y(x)$ 由方程 $y-xe^{y-1}=1$ 所

确定. 设 $z=f(\ln y-\sin x)$，求 $\left.\frac{\mathrm{d}z}{\mathrm{d}x}\right|_{x=0}$，$\left.\frac{\mathrm{d}^2 z}{\mathrm{d}x^2}\right|_{x=0}$.

习题 2－4
参考答案

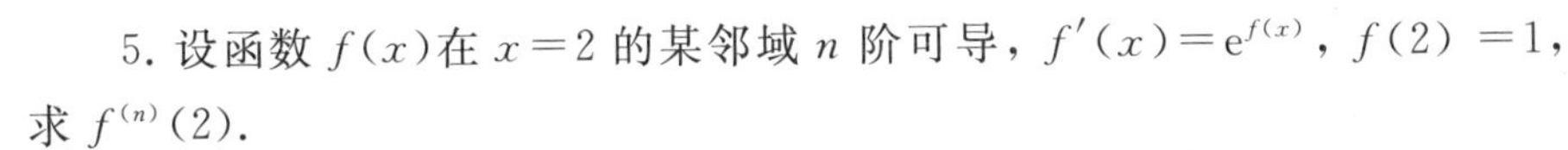

5. 设函数 $f(x)$在 $x=2$ 的某邻域 n 阶可导，$f'(x)=\mathrm{e}^{f(x)}$，$f(2)=1$，求 $f^{(n)}(2)$.

6. 证明函数 $f(x)=\arctan x$ 满足方程

$$(1+x^2)f^{(n+1)}(x)+2nxf^{(n)}(x)+n(n-1)f^{(n-1)}(x)=0,$$

并求 $f^{(n)}(0)$.

第五节　由参数方程所确定的函数的导数与相关变化率

一、由参数方程所确定的函数的导数

教学目标

1. 由参数方程所确定的函数的概念

在前几节中，我们讨论的都是由 $y=f(x)$或 $F(x, y)=0$ 给出的函数关系. 但在运动学中，平面曲线常被看作是质点运动的轨迹，由于动点位置 $M(x, y)$随时间 t 变化，因此动点坐标 x、y 可以用时间 t 的函数表示. 例如，圆心在原点，半径为 R 的圆周可以看作质点进行匀速圆周运动的轨迹. 设质点运动的角速度为 ω 弧度/秒，经过 t 秒后，质点从 A 点按逆时针方向运动到 M 点，则点 M 的坐标 x 与 y 可表示为

$$\begin{cases} x=R\cos\omega t \\ y=R\sin\omega t \end{cases}. \tag{2.5.1}$$

对于 t 的每一个值，由式(2.5.1)就有圆上的一点 $M(x, y)$与之对应. 当 t 的值从 0 变到 $\frac{2\pi}{\omega}$ 时，点 M 就从点 A 开始按逆时针方向描出唯一一个圆(见图 2.5.1).

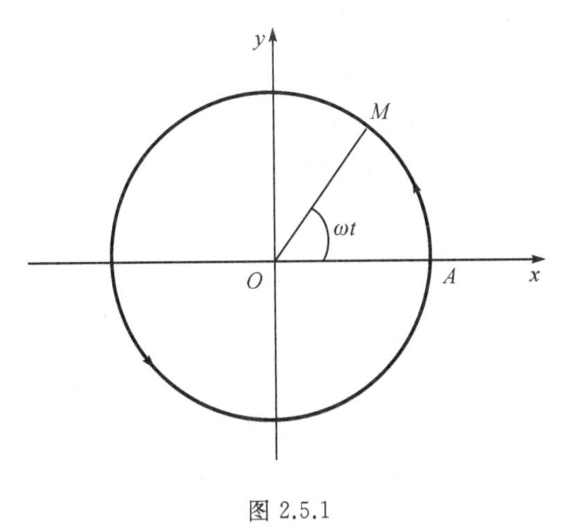

图 2.5.1

一般来说，我们有如下定义：

定义 2.5.1 假设平面曲线 L 上任意动点 $M(x, y)$ 的坐标 x 与 y 由另一个辅助变量 t 通过方程

$$\begin{cases} x=\varphi(t) \\ y=\psi(t) \end{cases} \quad (\alpha \leqslant t \leqslant \beta) \tag{2.5.2}$$

表出，其中 $\varphi(t)$ 与 $\psi(t)$ 在 $[\alpha, \beta]$ 上连续. 如果点 $M(x, y)$ 随着 t 在 $[\alpha, \beta]$ 内变化而唯一描出曲线 L，那么方程(2.5.2)称为曲线 L 的**参数方程**，其中 t 称为参数.

式(2.5.1)就是圆的参数方程，参数 t 表示时间. 在数学上，若不考虑参数 t 的物理意义，也可将圆的参数方程简写为

$$\begin{cases} x=R\cos\theta \\ y=R\sin\theta \end{cases} \quad (0 \leqslant \theta \leqslant 2\pi). \tag{2.5.3}$$

又如，以原点为中心，长半轴长为 a，短半轴长为 b 的椭圆的参数方程为

$$\begin{cases} x=a\cos t \\ y=b\sin t \end{cases} \quad (0 \leqslant t \leqslant 2\pi), \tag{2.5.4}$$

其中 t 为参数离心角. 当 t 从 0 增加到 2π 时，椭圆上的对应点 M 就从点 A 开始按逆时针方向描出唯一一个椭圆.

消去曲线 L 的参数方程中的参数，即得 L 的直角坐标方程. 例如将方程(2.5.3)，(2.5.4)中的参数分别消去，即得圆和椭圆的直角坐标方程分别为

$$x^2+y^2=R^2, \quad \frac{x^2}{a^2}+\frac{y^2}{b^2}=1.$$

应当注意，把参数方程化为直角坐标方程后，曲线的方向随之消失. 通常我们取参数增大时曲线移动的方向作为**曲线的正向**.

定义 2.5.2 如果因变量 y 与自变量 x 的函数关系是通过参变量 t 表示的，即

$$\begin{cases} x=\varphi(t) \\ y=\psi(t) \end{cases} \quad (\alpha\leqslant t\leqslant\beta),$$

则称此关系所表示的函数为由参数方程所确定的函数.

2. 由参数方程所确定的函数的求导方法

对由参数方程所确定的函数求导，我们完全可以先将参数方程中的参数消去，然后对所得到的直角坐标方程求导，但这样做往往比较麻烦.

下面的定理告诉我们如何借助参数方程计算由参数方程所确定的函数的导数.

定理 2.5.1 设有参数方程

$$\begin{cases} x=\varphi(t) \\ y=\psi(t) \end{cases} \quad (\alpha \leqslant t \leqslant \beta), \tag{2.5.5}$$

其中 $\varphi(t)$ 与 $\psi(t)$ 都是 t 的可导函数，且 $\varphi'(t)\neq 0$，那么由参数方程(2.5.5)所确定的函数 $y=f(x)$ 的导数是

$$\frac{\mathrm{d}y}{\mathrm{d}x}=\frac{\mathrm{d}y}{\mathrm{d}t}\Big/\frac{\mathrm{d}x}{\mathrm{d}t}=\frac{\psi'(t)}{\varphi'(t)}.$$

证明 由在区间 $[\alpha, \beta]$ 上 $\varphi'(t)\neq 0$，可知函数 $x=\varphi(t)$ 的反函数 $t=\varphi^{-1}(x)$ 是存在的，则

$$y=\psi[\varphi^{-1}(x)]=f(x).$$

根据复合函数求导法则及反函数求导公式，得

$$\frac{\mathrm{d}y}{\mathrm{d}x}=\frac{\mathrm{d}y}{\mathrm{d}t}\cdot\frac{\mathrm{d}t}{\mathrm{d}x}=\frac{\dfrac{\mathrm{d}y}{\mathrm{d}t}}{\dfrac{\mathrm{d}x}{\mathrm{d}t}}=\frac{\psi'(t)}{\varphi'(t)}.$$

这就是由参数方程(2.5.5)确定的函数的求导公式.

如果 $x=\varphi(t)$、$y=\psi(t)$ 二阶可导，则按照复合函数求导法则和商的求导法则还可以得到由参数方程(2.5.5)确定的函数的二阶导数公式：

$$\begin{aligned}\frac{\mathrm{d}^2y}{\mathrm{d}x^2}&=\frac{\mathrm{d}}{\mathrm{d}x}\left(\frac{\mathrm{d}y}{\mathrm{d}x}\right)=\frac{\mathrm{d}}{\mathrm{d}t}\left(\frac{\psi'(t)}{\varphi'(t)}\right)\cdot\frac{\mathrm{d}t}{\mathrm{d}x}\\&=\frac{\psi''(t)\varphi'(t)-\psi'(t)\varphi''(t)}{\varphi'^2(t)}\cdot\frac{1}{\varphi'(t)},\end{aligned}$$

即

$$\frac{\mathrm{d}^2y}{\mathrm{d}x^2}=\frac{\psi''(t)\varphi'(t)-\psi'(t)\varphi''(t)}{\varphi'^3(t)}.$$

同样地，如果 $x=\varphi(t)$、$y=\psi(t)$ 三阶可导，则进一步还有

$$\frac{\mathrm{d}^3y}{\mathrm{d}x^3}=\frac{\mathrm{d}}{\mathrm{d}x}\left(\frac{\mathrm{d}^2y}{\mathrm{d}x^2}\right)=\left[\frac{\mathrm{d}}{\mathrm{d}t}\left(\frac{\mathrm{d}^2y}{\mathrm{d}x^2}\right)\right]\bigg/\frac{\mathrm{d}x}{\mathrm{d}t}.$$

注　(1) 定理 2.5.1 中所说的曲线的参数方程是曲线的直角坐标参数方程. 若已知曲线的极坐标方程为

$$\rho=\rho(\theta),\tag{2.5.6}$$

利用直角坐标与极坐标之间的关系

$$x=\rho\cos\theta,\quad y=\rho\sin\theta$$

可得

$$x=\rho(\theta)\cos\theta,\quad y=\rho(\theta)\sin\theta,$$

这就是曲线(2.5.6)的参数方程，其中参数为极角 θ，于是由该参数方程确定的函数的求导公式是

$$\begin{aligned}\frac{\mathrm{d}y}{\mathrm{d}x}&=\frac{\mathrm{d}y}{\mathrm{d}\theta}\bigg/\frac{\mathrm{d}x}{\mathrm{d}\theta}\\&=\frac{\rho'(\theta)\sin\theta+\rho(\theta)\cos\theta}{\rho'(\theta)\cos\theta-\rho(\theta)\sin\theta}\\&=\frac{\rho'(\theta)\tan\theta+\rho(\theta)}{\rho'(\theta)-\rho(\theta)\tan\theta}.\end{aligned}$$

(2) 若参数方程 $\begin{cases}x=\varphi(t)\\y=\psi(t)\end{cases}(\alpha\leqslant t\leqslant\beta)$ 确定了函数 $x=x(y)$，其中 $\varphi(t)$ 与 $\psi(t)$ 都是 t 的可导函数，且 $\psi'(t)\neq0$，则函数 $x=x(y)$ 的导数是

$$\frac{\mathrm{d}x}{\mathrm{d}y}=\frac{\mathrm{d}x}{\mathrm{d}t}\bigg/\frac{\mathrm{d}y}{\mathrm{d}t}=\frac{\varphi'(t)}{\psi'(t)}.$$

如果 $x=\varphi(t)$、$y=\psi(t)$ 二阶可导，则进一步还有

$$\frac{d^2x}{dy^2}=\frac{d}{dy}\left(\frac{dx}{dy}\right)=\left[\frac{d}{dt}\left(\frac{\varphi'(t)}{\psi'(t)}\right)\right]\Big/\frac{dy}{dt}.$$

思考题

3. 由参数方程所确定的函数求导举例

例 2.5.1 求由参数方程 $\begin{cases}x=\dfrac{2t}{1+t^2}\\ y=\dfrac{1-t^2}{1+t^2}\end{cases}$ $(|t|\neq 1)$ 所确定的函数的一阶导数及二阶导数.

解 由于

$$\frac{dy}{dt}=\frac{-2t(1+t^2)-2t(1-t^2)}{(1+t^2)^2}=-\frac{4t}{(1+t^2)^2},$$

$$\frac{dx}{dt}=\frac{2(1+t^2)-2t\cdot 2t}{(1+t^2)^2}=\frac{2(1-t^2)}{(1+t^2)^2},$$

因此一阶导数为

$$\frac{dy}{dx}=\frac{dy}{dt}\Big/\frac{dx}{dt}=-\frac{4t}{(1+t^2)^2}\Big/\frac{2(1-t^2)}{(1+t^2)^2}=\frac{2t}{t^2-1}.$$

又

$$\frac{d}{dt}\left(\frac{dy}{dx}\right)=\frac{2(t^2-1)-2t\cdot 2t}{(t^2-1)^2}=\frac{-2(1+t^2)}{(t^2-1)^2},$$

所以二阶导数为

$$\frac{d^2y}{dx^2}=\frac{d}{dx}\left(\frac{dy}{dx}\right)=\frac{d}{dt}\left(\frac{dy}{dx}\right)\Big/\frac{dx}{dt}$$

$$=\frac{-2(1+t^2)}{(t^2-1)^2}\Big/\frac{2(1-t^2)}{(1+t^2)^2}=\frac{(t^2+1)^3}{(t^2-1)^3}.$$

例 2.5.2 在不计空气阻力的情况下，以初速度 v_0、发射角 α 将炮弹射出，它的运动轨迹由参数方程

$$\begin{cases}x=v_0\cos\alpha\cdot t\\ y=v_0\sin\alpha\cdot t-\dfrac{1}{2}gt^2\end{cases}$$

表示，t 为参数，g 是重力加速度. 试求炮弹在任意时刻 t 的水平及铅直分速度大小及炮弹运动的方向.

解 炮弹的运动轨迹是一个抛物线(见图 2.5.2).

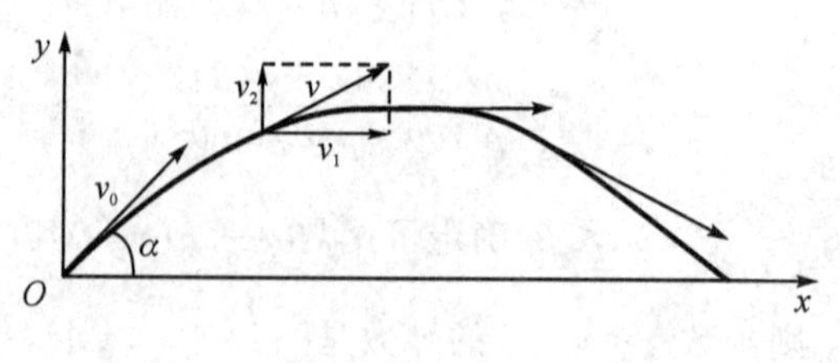

图 2.5.2

设炮弹在任意时刻 t 的水平、铅直分速度分别为 v_1、v_2，则

$$v_1=\frac{\mathrm{d}x}{\mathrm{d}t}=(v_0 t\cos\alpha)'=v_0\cos\alpha,$$

$$v_2=\frac{\mathrm{d}y}{\mathrm{d}t}=\left(v_0 t\sin\alpha-\frac{1}{2}gt^2\right)'=v_0\sin\alpha-gt,$$

故炮弹在时刻 t 的速度大小为

$$v=\sqrt{v_1^2+v_2^2}=\sqrt{v_0^2\cos^2\alpha+(v_0\sin\alpha-gt)^2}.$$

因为速度是沿轨迹切线方向的，所以只需求出轨迹的切线斜率. 设时刻 t 切线的倾角为 φ，根据导数的几何意义，得

$$\tan\varphi=\frac{\mathrm{d}y}{\mathrm{d}x}=\frac{\dfrac{\mathrm{d}y}{\mathrm{d}t}}{\dfrac{\mathrm{d}x}{\mathrm{d}t}}=\frac{v_0\sin\alpha-gt}{v_0\cos\alpha}.$$

由于 $\tan\varphi=\dfrac{\mathrm{d}y}{\mathrm{d}x}$，$\varphi$ 是轨迹上点的切线与水平方向的夹角，因此它决定了炮弹运动的方向.

例 2.5.3　求椭圆

$$\begin{cases}x=a\cos t\\ y=b\sin t\end{cases}$$

在 $t=\dfrac{\pi}{4}$ 相应的点处的切线斜率.

解　我们先来解释一下参数 t 的几何意义.

易知椭圆的标准方程为

$$\frac{x^2}{a^2}+\frac{y^2}{b^2}=1.$$

以 O 为圆心，作两个同心圆，它们分别以 a 和 b 为半径($a>b$)，从点 O 出发任作一射线，这射线与大圆、小圆分别交于 A、B 两点，再过点 A、B 分别引 AQ、BQ' 垂直于 x 轴，AQ 交椭圆于点 P(见图 2.5.3). 设点 P 的坐标为(x，y)，$\angle QOA=t$(称为离心角)，则

$$x=a\cos t,$$

代入椭圆标准方程，得

$$y=b\sin t.$$

又由图 2.5.3 可知 $b\sin t=BQ'$，故有 $BQ'=PQ$. 因此我们也可以说，过点 A 作 AQ 垂直于 x 轴，过点 B 作 BP 平行于 x 轴，它们的交点 P 必落在椭圆上. 又

$$\frac{\mathrm{d}y}{\mathrm{d}t}=(b\sin t)'=b\cos t,\quad \frac{\mathrm{d}x}{\mathrm{d}t}=(a\cos t)'=-a\sin t,$$

故椭圆在 $t=\dfrac{\pi}{4}$ 相应的点处的切线斜率为

$$k=\left.\frac{\mathrm{d}y}{\mathrm{d}x}\right|_{t=\frac{\pi}{4}}=\left.\frac{\dfrac{\mathrm{d}y}{\mathrm{d}t}}{\dfrac{\mathrm{d}x}{\mathrm{d}t}}\right|_{t=\frac{\pi}{4}}=\left.\frac{b\cos t}{-a\sin t}\right|_{t=\frac{\pi}{4}}=-\frac{b}{a}.$$

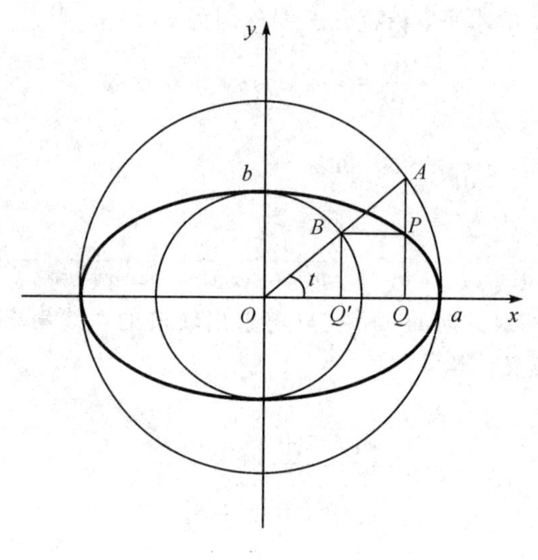

图 2.5.3

例 2.5.4 一个半径为 a 的圆在正 x 轴上无滑动地滚动，该圆上的一个固定点 M 所描出的曲线叫作摆线(旋轮线).

(1) 求摆线的参数方程；

(2) 试确定摆线在每一点的切线方向.

解 (1) 设圆周开始滚动时，点 M 在原点 O 的位置. 在任意一个时刻，固定点 M、圆心 P 及切点 T 形成$\angle MPT$，记作 t(即圆周按顺时针方向转过一个角 t)(见图 2.5.4)，则点 M 的坐标为(x, y)，$\overset{\frown}{MT}=OT$，过点 M 作 $MN\perp PT$ 于点 N，从而有

$$\begin{cases}x=OT-MN=\overset{\frown}{MT}-MN=at-a\sin t\\ y=TP-NP=a-a\cos t\end{cases}\quad(0<t<2\pi),$$

即

$$\begin{cases}x=a(t-\sin t)\\ y=a(1-\cos t)\end{cases}\quad(0<t<2\pi).$$

这就是摆线的一拱，即 $t\in(0, 2\pi)$时的参数方程. 当动圆继续向 x 轴正向滚动时，可以得出摆线的其他各拱，动圆向 x 轴负向滚动时，情况也一样.

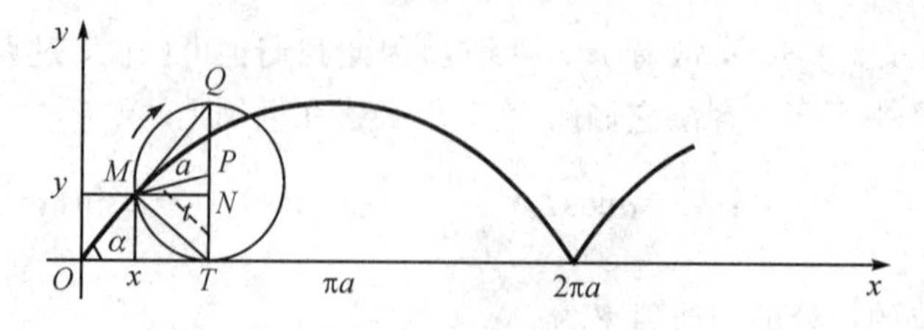

图 2.5.4

(2) 设摆线在点 M 处的切线的倾角为 α，则所求的斜率为

$$\tan\alpha=\frac{\mathrm{d}y}{\mathrm{d}x}=\frac{\frac{\mathrm{d}y}{\mathrm{d}t}}{\frac{\mathrm{d}x}{\mathrm{d}t}}=\frac{a\sin t}{a(1-\cos t)}=\cot\frac{t}{2}=\tan\left(\frac{\pi}{2}-\frac{t}{2}\right).$$

我们还可以用这个结果证明摆线的一个重要性质：**摆线在一点处的切线必经过动圆的最高点，在该点处的法线必经过动圆的最低点**．证明如下：

由(2) 的结果知

$$\alpha=\frac{\pi}{2}-\frac{t}{2}.$$

过动圆的圆心 P 作垂直于 x 轴的直径 TQ，显然，Q 与 T 分别是动圆的最高点与最低点．连接 MQ 与 MT，注意到 $MN\perp TQ$，于是$\angle QMN=\frac{\pi}{2}-\angle MQN$，而$\angle MQN=\frac{t}{2}$，所以

$$\angle QMN=\frac{\pi}{2}-\frac{t}{2}=\alpha.$$

这就是说，MQ 正是摆线在点M 处的切线，而 $MQ\perp MT$，故 MT 是摆线在点M 处的法线．

例 2.5.5　求由摆线的参数方程$\begin{cases}x=a(t-\sin t)\\ y=a(1-\cos t)\end{cases}$所确定的函数 $x=x(y)$的二阶导数$\frac{\mathrm{d}^2x}{\mathrm{d}y^2}$.

解　$\frac{\mathrm{d}x}{\mathrm{d}y}=\frac{\mathrm{d}x}{\mathrm{d}t}\Big/\frac{\mathrm{d}y}{\mathrm{d}t}=\frac{a(1-\cos t)}{a\sin t}=\tan\frac{t}{2}$,

$$\frac{\mathrm{d}^2x}{\mathrm{d}y^2}=\frac{\mathrm{d}}{\mathrm{d}y}\left(\frac{\mathrm{d}x}{\mathrm{d}y}\right)=\frac{\mathrm{d}}{\mathrm{d}t}\left(\frac{\mathrm{d}x}{\mathrm{d}y}\right)\Big/\frac{\mathrm{d}y}{\mathrm{d}t}=\frac{\frac{1}{2}\sec^2\frac{t}{2}}{a\sin t}=\frac{1}{4a}\sec^3\frac{t}{2}\csc\frac{t}{2}.$$

例 2.5.6　求曲线$\begin{cases}x+t(1-t)=0\\ te^y+y+1=0\end{cases}$在 $t=0$ 相应的点处的切线方程．

解　当 $t=0$ 时，$x=0$，$y=-1$，即 $t=0$ 相应的点为$(0,-1)$．由于 $x=t^2-t$，因此

$$\frac{\mathrm{d}x}{\mathrm{d}t}=2t-1,\ \left.\frac{\mathrm{d}x}{\mathrm{d}t}\right|_{t=0}=-1.$$

又由 $t=-\frac{y+1}{\mathrm{e}^y}$得 $\frac{\mathrm{d}t}{\mathrm{d}y}=-\frac{\mathrm{e}^y-(y+1)\mathrm{e}^y}{\mathrm{e}^{2y}}=\frac{y}{\mathrm{e}^y}$，故

$$\frac{\mathrm{d}y}{\mathrm{d}t}=\frac{\mathrm{e}^y}{y},\ \left.\frac{\mathrm{d}y}{\mathrm{d}t}\right|_{t=0}=\left.\frac{\mathrm{e}^y}{y}\right|_{y=-1}=-\mathrm{e}^{-1}$$

（或由 $\mathrm{e}^y+t\mathrm{e}^y\frac{\mathrm{d}y}{\mathrm{d}t}+\frac{\mathrm{d}y}{\mathrm{d}t}=0$ 可得$\frac{\mathrm{d}y}{\mathrm{d}t}=-\frac{\mathrm{e}^y}{1+t\mathrm{e}^y}$，故$\left.\frac{\mathrm{d}y}{\mathrm{d}t}\right|_{t=0}=-\mathrm{e}^{-1}$），从而

$$k_{切线}=\left.\frac{\mathrm{d}y}{\mathrm{d}x}\right|_{t=0}=\left.\frac{\frac{\mathrm{d}y}{\mathrm{d}t}}{\frac{\mathrm{d}x}{\mathrm{d}t}}\right|_{t=0}=\mathrm{e}^{-1},$$

于是所求切线方程为 $y+1=\mathrm{e}^{-1}x$.

例 2.5.7 求对数螺线 $\rho=e^{\theta}$ 在点 $\left(e^{\frac{\pi}{2}}, \frac{\pi}{2}\right)$ 处的切线方程.

解 对数螺线 $\rho=e^{\theta}$ 的参数方程为

$$\begin{cases}x=e^{\theta}\cos\theta \\ y=e^{\theta}\sin\theta\end{cases},$$

则

$$\left.\frac{dy}{dx}\right|_{\theta=\frac{\pi}{2}}=\left.\left(\frac{dy}{d\theta}\Big/\frac{dx}{d\theta}\right)\right|_{\theta=\frac{\pi}{2}}=\left.\frac{e^{\theta}\sin\theta+e^{\theta}\cos\theta}{e^{\theta}\cos\theta-e^{\theta}\sin\theta}\right|_{\theta=\frac{\pi}{2}}=-1.$$

又点 $\left(e^{\frac{\pi}{2}}, \frac{\pi}{2}\right)$ 的直角坐标为 $(0, e^{\frac{\pi}{2}})$，因此对数螺线 $\rho=e^{\theta}$ 在点 $\left(e^{\frac{\pi}{2}}, \frac{\pi}{2}\right)$ 处的切线方程为

$$y-e^{\frac{\pi}{2}}=-(x-0),$$

即

$$x+y=e^{\frac{\pi}{2}}.$$

例 2.5.8 设 $x=\alpha\ln\cot\theta$，$y=\tan\theta$，求 $\frac{dy}{dx}$ 与 $\frac{d^2y}{dx^2}$.

解 方法 1：利用由参数方程所确定的函数的导数公式.

因为

$$\frac{dy}{d\theta}=\sec^2\theta,\ \frac{dx}{d\theta}=\alpha\cdot\frac{1}{\cot\theta}\cdot(-\csc^2\theta)=-\alpha\tan\theta\csc^2\theta,$$

所以

$$\frac{dy}{dx}=\frac{dy}{d\theta}\Big/\frac{dx}{d\theta}=\frac{\sec^2\theta}{-\alpha\tan\theta\csc^2\theta}=-\frac{1}{\alpha}\tan\theta,$$

$$\frac{d^2y}{dx^2}=\frac{d}{dx}\left(\frac{dy}{dx}\right)=\frac{d}{d\theta}\left(\frac{dy}{dx}\right)\Big/\frac{dx}{d\theta}=\frac{-\frac{1}{\alpha}\sec^2\theta}{-\alpha\tan\theta\csc^2\theta}=\frac{\tan\theta}{\alpha^2}.$$

方法 2：消去参数，转化为显函数求导.

由 $x=\alpha\ln\cot\theta$ 得 $\cot\theta=e^{\frac{x}{\alpha}}$，代入 $y=\tan\theta=\frac{1}{\cot\theta}$，得

$$y=e^{-\frac{x}{\alpha}}.$$

故根据复合函数的求导法则，得

$$\frac{dy}{dx}=-\frac{1}{\alpha}e^{-\frac{x}{\alpha}},$$

$$\frac{d^2y}{dx^2}=\left(-\frac{1}{\alpha}e^{-\frac{x}{\alpha}}\right)'=-\frac{1}{\alpha}\left[e^{-\frac{x}{\alpha}}\cdot\left(-\frac{1}{\alpha}\right)\right]=\frac{1}{\alpha^2}e^{-\frac{x}{\alpha}}.$$

方法 3：消去参数，利用隐函数的求导方法.

由于 $x=\alpha\ln\cot\theta$，$y=\tan\theta$，因此 $ye^{\frac{x}{\alpha}}=1$. 方程 $ye^{\frac{x}{\alpha}}=1$ 两边同时对 x 求导，得

$$e^{\frac{x}{\alpha}}\frac{dy}{dx}+y\cdot\frac{1}{\alpha}e^{\frac{x}{\alpha}}=0,$$

解得

$$\frac{dy}{dx}=-\frac{y}{\alpha}.$$

方程$\frac{dy}{dx}=-\frac{y}{\alpha}$两边同时对 x 求导，得

$$\frac{d^2y}{dx^2}=-\frac{1}{\alpha}\cdot\frac{dy}{dx},$$

将$\frac{dy}{dx}=-\frac{y}{\alpha}$代入上式并整理，得

$$\frac{d^2y}{dx^2}=-\frac{1}{\alpha}\cdot\left(-\frac{y}{\alpha}\right)=\frac{y}{\alpha^2}.$$

由此例可知，计算由参数方程所确定的函数的导数时，要具体问题具体分析，尽量选择简单快捷的方法.

二、相关变化率

1. 相关变化率的定义

定义 2.5.3　设 $x=x(t)$和 $y=y(t)$都是可导函数，而变量 x 和 y 之间存在某种关系，从而变化率$\frac{dx}{dt}$与$\frac{dy}{dt}$之间也存在一定关系，称这两个相互依赖的变化率为**相关变化率**.

相关变化率问题就是研究两个变化率之间的关系，以便从其中一个已知变化率求出另一个未知变化率.

例 2.5.9　一气球从离开观察员 500 m 处离地面铅直上升，当气球高度为 500 m 时，其速率为 140 m/min. 求此时观察员视线的仰角增加的速率是多少.

解　设气球上升 t min 后，其高度为 h m，观察员视线的仰角为 α rad，则

$$\tan\alpha=\frac{h}{500},$$

其中 α 及 h 都与 t 存在可导的函数关系. 上式两边关于 t 求导，得

$$\sec^2\alpha\cdot\frac{d\alpha}{dt}=\frac{1}{500}\cdot\frac{dh}{dt}.$$

由已知条件，存在 t_0，使 $h\big|_{t=t_0}=500$ m，$\left.\frac{dh}{dt}\right|_{t=t_0}=140$ m/min. 又 $\tan\alpha\big|_{t=t_0}=1$，$\sec^2\alpha\big|_{t=t_0}=2$，代入上式得

$$2\left.\frac{d\alpha}{dt}\right|_{t=t_0}=\frac{1}{500}\cdot 140,$$

所以

$$\left.\frac{d\alpha}{dt}\right|_{t=t_0}=\frac{70}{500}=0.14(\text{rad/min}).$$

即此时观察员视线的仰角增加的速率是 0.14 rad/min.

例 2.5.10　一辆摩托车从 O 点出发以 60 km/h 的速率向东驶去，同时有一辆卡车在 O 点正南 80 km 的 A 点处以 50 km/h 的速率沿直线驶向 O 点，试求在开始时及开始后一小

时末两车间距离的增长速率.

解 设两车同时出发后，在时刻 t 的瞬间两车间的距离为 s(见图 2.5.5)，则

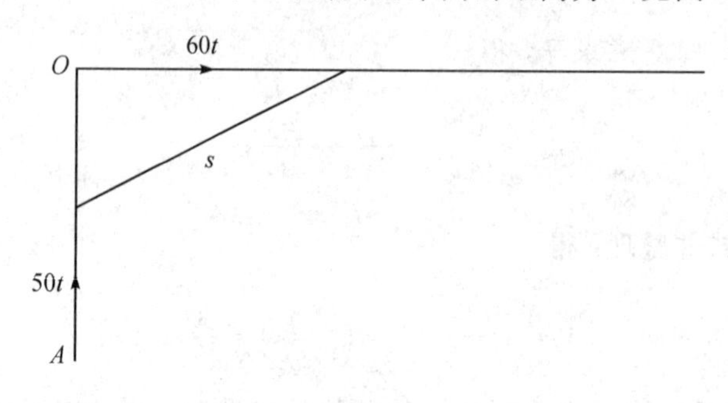

图 2.5.5

$$s=\sqrt{(80-50t)^2+(60t)^2} \quad \left(0\leqslant t\leqslant \frac{8}{5}\right),$$

上式对 t 求导，得

$$\frac{\mathrm{d}s}{\mathrm{d}t}=\frac{(80-50t)\cdot(-50)+60t\cdot 60}{\sqrt{(80-50t)^2+(60t)^2}}=\frac{10(61t-40)}{\sqrt{64-80t+61t^2}},$$

$$\left.\frac{\mathrm{d}s}{\mathrm{d}t}\right|_{t=0}=-50,\quad \left.\frac{\mathrm{d}s}{\mathrm{d}t}\right|_{t=1}=14\sqrt{5}.$$

所以，在开始时，两车间的距离以 50 km/h 的速率在缩减；在开始后一小时末，两车间距离以 $14\sqrt{5}$ km/h 的速率在增加.

例 2.5.11 一个长方形的长 l 以 2 cm/s 的速率增加，宽 w 以 3 cm/s 的速率增加，问当 $l=12$ cm，$w=5$ cm 时，它的对角线的增加速率是多少？

分析 与对角线的变化率“相关”的变化率有两个，即长的变化率和宽的变化率.

解 设对角线长为 x，则 x，l，w 都是隐含变量时间 t 的函数，由勾股定理知

$$x^2=l^2+w^2.$$

方程两端关于 t 求导，得

$$x\cdot\frac{\mathrm{d}x}{\mathrm{d}t}=l\cdot\frac{\mathrm{d}l}{\mathrm{d}t}+w\cdot\frac{\mathrm{d}w}{\mathrm{d}t}.$$

将 $l=12$ cm，$w=5$ cm，$x=13$ cm(勾股定理)，$\frac{\mathrm{d}l}{\mathrm{d}t}=2$ cm/s，$\frac{\mathrm{d}w}{\mathrm{d}t}=3$ cm/s 代入上式，得

$$13\cdot\frac{\mathrm{d}x}{\mathrm{d}t}=12\cdot 2+5\cdot 3,$$

所以

$$\frac{\mathrm{d}x}{\mathrm{d}t}=\frac{39}{13}=3(\mathrm{cm/s}).$$

即对角线的增加速率是 3 cm/s.

例 2.5.12 设有一个正圆锥体，其表面积始终保持不变，而其高 h 以 0.04 m/min 的速率在缩短，问当圆锥的高 $h=4$ m，底面半径 $R=3$ m 时，其底面半径及体积的变化情况如何？

解　设正圆锥体的体积为 V、表面积为 A，则

$$A=\pi(R^2+R\sqrt{R^2+h^2}),$$

其中 R 及 h 都与 t 存在可导的函数关系. 上式两边关于 t 求导，得

$$\frac{\mathrm{d}A}{\mathrm{d}t}=\pi\left[\left(2R+\sqrt{R^2+h^2}+\frac{R^2}{\sqrt{R^2+h^2}}\right)\frac{\mathrm{d}R}{\mathrm{d}t}+\frac{Rh}{\sqrt{R^2+h^2}}\cdot\frac{\mathrm{d}h}{\mathrm{d}t}\right].$$

由已知条件，A 是常量，故将 $h=4\ \mathrm{m}$，$R=3\ \mathrm{m}$，$\frac{\mathrm{d}h}{\mathrm{d}t}=-0.04\ \mathrm{m/min}$ 代入上式，得

$$\frac{64}{5}\times\frac{\mathrm{d}R}{\mathrm{d}t}=\frac{12}{5}\times 0.04,$$

即

$$\frac{\mathrm{d}R}{\mathrm{d}t}=\frac{0.48}{64}=0.0075\ (\mathrm{m/min}).$$

又正圆锥体的体积为

$$V=\frac{\pi}{3}R^2h,$$

而 R 及 h 都与 t 存在可导的函数关系，所以 V 也与 t 存在可导的函数关系. 上式两边关于 t 求导，得

$$\frac{\mathrm{d}V}{\mathrm{d}t}=\frac{\pi}{3}\left(2Rh\cdot\frac{\mathrm{d}R}{\mathrm{d}t}+R^2\frac{\mathrm{d}h}{\mathrm{d}t}\right),$$

将 $h=4\ \mathrm{m}$，$R=3\ \mathrm{m}$，$\frac{\mathrm{d}h}{\mathrm{d}t}=-0.04\ \mathrm{m/min}$，$\frac{\mathrm{d}R}{\mathrm{d}t}=0.0075\ \mathrm{m/min}$ 代入上式后求得

$$\frac{\mathrm{d}V}{\mathrm{d}t}=-0.06\,\pi(\mathrm{m^3/min}).$$

于是圆锥体的底面半径以每分钟 0.0075 m 的速率增加，其体积以每分钟 $0.06\,\pi\ \mathrm{m^3}$ 的速率减少.

2. 相关变化率问题的解题步骤

有关相关变化率的计算通常都是具有实际背景的“应用题”，这部分内容可以开拓学生的思维，培养学生利用“导数”知识解决实际问题的能力. 一般地，相关变化率问题的解题步骤如下：

(1) 根据题意确定要计算相关变化率的变量 x，y(有时变量可以多于两个)；

(2) 找出与变量 x，y 都相关的“隐含”变量 t(t 通常是时间或角度)，注意一般不用写出 x，y 与 t 之间的确切的函数关系 $x=x(t)$，$y=y(t)$；

(3) 根据题意找出变量 x 和 y 之间的等量关系，即列出方程 $F(x,y)=0$，将方程 $F(x,y)=0$两端对 t 求导数(结合复合函数的求导法则)，得到目标方程 $G\left(\frac{\mathrm{d}x}{\mathrm{d}t},\frac{\mathrm{d}y}{\mathrm{d}t},x,y\right)=0$；

(4) 在目标方程 $G\left(\frac{\mathrm{d}x}{\mathrm{d}t},\frac{\mathrm{d}y}{\mathrm{d}t},x,y\right)=0$ 中，代入指定时刻的变量值及已知变化率，求出相应未知的相关变化率.

习题 2-5

基础题

1. 求下列由参数方程所确定的函数($y=f(x)$或$\rho=\varphi(\theta)$)的一阶导数与二阶导数:

(1) $\begin{cases} x=\sqrt{1+t} \\ y=\sqrt{1-t} \end{cases}$; (2) $\begin{cases} x=a\cos^3\theta \\ y=a\sin^3\theta \end{cases}$;

(3) $\begin{cases} x=\ln(1+t^2) \\ y=t-\arctan t \end{cases}$; (4) $\begin{cases} x=a(t-\sin t) \\ y=a(1-\cos t) \end{cases}$;

(5) $\begin{cases} \theta=\omega t \\ \rho=\rho_0+vt \end{cases}$; (6) $\begin{cases} \theta=\tan\alpha-\alpha \\ \rho=R\sec\alpha \end{cases}$.

2. 求曲线$\begin{cases} x=2e^{\sqrt{2}\sin t} \\ y=e^{-\sqrt{2}\cos t} \end{cases}$在$t=\dfrac{\pi}{4}$对应的点处的切线方程及法线方程.

3. 证明:$x=e^t\sin t$,$y=e^t\cos t$ 满足方程

$$(x+y)^2\frac{d^2y}{dx^2}=2\left(x\frac{dy}{dx}-y\right).$$

4. 注水入深 8 m、上顶直径为 8 m 的正圆锥形容器中,注水速率为 4 m^3/min,当水深为 5 m 时,水面上升的速率为多少?

5. 一长为 5 m 的梯子斜靠在墙上. 如果梯子下端以 0.5 m/s 的速率滑离墙壁,试求梯子下端离墙 3 m 时,梯子上端向下滑落的速率.

提高题

1. 设$\begin{cases} x=\sin t \\ y=t\sin t+\cos t \end{cases}$($t$ 为参数),则$\left.\dfrac{d^2y}{dx^2}\right|_{t=\frac{\pi}{4}}=$__________.

2. 曲线$\begin{cases} x=e^t\sin 2t \\ y=e^t\cos t \end{cases}$在点(0, 1)处的法线方程为__________.

3. 心形线 $\rho=a(1+\cos\theta)$ 在点 $(\rho,\theta)=\left(a,\dfrac{\pi}{2}\right)$ 处的切线的直角坐标方程为__________.

4. 设 $y=y(x)$由方程组$\begin{cases} x=3t^2+2t+3 \\ e^y\sin t-y+1=0 \end{cases}$所确定,求$\left.\dfrac{dy}{dx}\right|_{t=0}$及$\left.\dfrac{d^2y}{dx^2}\right|_{t=0}$.

5. 设函数 $x=x(y)$由参数方程$\begin{cases} x=2\arctan t-(t+1)^2 \\ y=\ln(1+t^2)+1 \end{cases}$所确定,求$\dfrac{dx}{dy}$,$\dfrac{d^2x}{dy^2}$.

习题 2-5 参考答案

6. 设 $f(t)$三阶可导且 $f''(t)\neq0$，又$\begin{cases}y=tf'(t)-f(t)\\x=f'(t)\end{cases}$，求$\frac{\mathrm{d}y}{\mathrm{d}x}$，$\frac{\mathrm{d}^2y}{\mathrm{d}x^2}$及$\frac{\mathrm{d}^3y}{\mathrm{d}x^3}$.

第六节　函数的微分

教学目标

一、微分的定义

在研究函数 $y=f(x)$的导数时，我们主要讨论了当 $\Delta x\to0$ 时，函数的增量 $\Delta y=f(x_0+\Delta x)-f(x_0)$与自变量的增量 Δx 之比$\frac{\Delta y}{\Delta x}$的极限，即 $f'(x_0)=\lim\limits_{\Delta x\to0}\frac{\Delta y}{\Delta x}$. 但在计算导数时，我们并不直接求这个极限，因为 Δy 本身是 Δx 的十分复杂的函数. 在许多实际问题中，我们需要研究当自变量有一个微小的改变时，函数相应的改变量的大小. 而计算 Δy 的准确值有时确实太复杂，于是就产生了这样一个问题：如何寻找一种近似公式，使 Δy 是 Δx 的线性函数，而误差相对小？这就是函数的微分要解决的问题. 下面我们先来看一个具体的实例.

设有一块正方形金属薄片，受温度变化的影响，其边长由 x_0 变到 $x_0+\Delta x$(见图 2.6.1)，问此薄片的面积改变了多少？

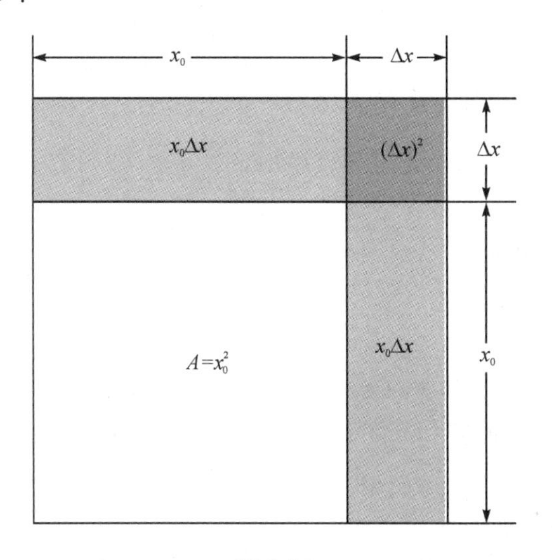

图 2.6.1

设此薄片的边长为 x，面积为 A，则有 $A=x^2$. 当薄片受热后膨胀，其边长 x 由 x_0 变到 $x_0+\Delta x$ 时，薄片面积的改变量为

$$\Delta A=(x_0+\Delta x)^2-x_0^2=2x_0\Delta x+(\Delta x)^2.$$

由上式可以看出，ΔA 由两部分组成，第一部分 $2x_0\Delta x$ 是 Δx 的线性函数，而第二部分$(\Delta x)^2$ 当 $\Delta x\to0$ 时是比 Δx 高阶的无穷小，即$(\Delta x)^2=o(\Delta x)$. 因此，第一部分是 ΔA 的主要部分，当 Δx 很小时，可用它来近似代替 ΔA. 我们称 $2x_0\Delta x$ 为函数 $A=x^2$ 在点 x_0 处的微分.

一般地，我们给出如下定义：

定义 2.6.1　设函数 $y=f(x)$在某区间内有定义，x_0 及 $x_0+\Delta x$ 在这区间内，如果函数的增量

$$\Delta y=f(x_0+\Delta x)-f(x_0)$$

可表示为

$$\Delta y=A\Delta x+o(\Delta x),$$

其中 A 是不依赖于 Δx 的常数，$o(\Delta x)$当 $\Delta x\to 0$ 时是比 Δx 高阶的无穷小，那么称函数 $y=f(x)$在点 x_0 是可微的，而 $A\Delta x$ 叫作函数 $y=f(x)$在点 x_0 相应于自变量增量 Δx 的微分，记作 $\mathrm{d}y$，即

$$\mathrm{d}y=A\Delta x.$$

二、可微与可导的关系

设函数 $y=f(x)$在点 x_0 处可微，则按定义有 $\Delta y=A\Delta x+o(\Delta x)$成立，两边除以 Δx，得

$$\frac{\Delta y}{\Delta x}=A+\frac{o(\Delta x)}{\Delta x}.$$

于是，当 $\Delta x\to 0$ 时，由上式就得到

$$f'(x_0)=\lim_{\Delta x\to 0}\frac{\Delta y}{\Delta x}=\lim_{\Delta x\to 0}\left[A+\frac{o(\Delta x)}{\Delta x}\right]=A$$

存在，即 $f(x)$在点 x_0 处可导，且有 $f'(x_0)=A$.

反之，设 $y=f(x)$在点 x_0 处可导，即 $\lim\limits_{\Delta x\to 0}\dfrac{\Delta y}{\Delta x}=f'(x_0)$存在，由极限与无穷小的关系，有

$$\frac{\Delta y}{\Delta x}=f'(x_0)+\alpha(\Delta x),\ \text{且}\lim_{\Delta x\to 0}\alpha(\Delta x)=0.$$

由上式就得到

$$\Delta y=[f'(x_0)+\alpha(\Delta x)]\Delta x=f'(x_0)\Delta x+\alpha(\Delta x)\cdot\Delta x.$$

又 $\alpha(\Delta x)\cdot\Delta x=o(\Delta x)$，而 $f'(x_0)$不依赖于 Δx，故 $y=f(x)$在点 x_0 处可微，且

$$\mathrm{d}y=f'(x_0)\Delta x.$$

由此可以推出下面的定理：

定理 2.6.1　函数 $y=f(x)$在点 x_0 处可微的充分必要条件是函数 $y=f(x)$在点 x_0 处可导，且当 $y=f(x)$在点 x_0 处可微时，其微分

$$\mathrm{d}y=f'(x_0)\Delta x.$$

当 $f'(x_0)\neq 0$ 时，有

$$\lim_{\Delta x\to 0}\frac{\Delta y}{\mathrm{d}y}=\lim_{\Delta x\to 0}\frac{\Delta y}{f'(x_0)\Delta x}=\frac{1}{f'(x_0)}\lim_{\Delta x\to 0}\frac{\Delta y}{\Delta x}=1.$$

从而当 $\Delta x\to 0$ 时，Δy 与 $\mathrm{d}y$ 是等价无穷小，于是由定理 1.6.5 可知

$$\Delta y=\mathrm{d}y+o(\mathrm{d}y),$$

即 $\mathrm{d}y$ 是函数增量 Δy 的主要部分. 又 $\mathrm{d}y=f'(x_0)\Delta x$ 是 Δx 的线性函数，所以在 $f'(x_0)\neq 0$ 的

条件下，我们说 $\mathrm{d}y$ 是 Δy 的**线性主部**(当 $\Delta x \to 0$ 时). 于是我们得到结论：在 $f'(x_0) \neq 0$ 的条件下，以微分 $\mathrm{d}y = f'(x_0)\Delta x$ 近似代替增量 $\Delta y = f(x_0 + \Delta x) - f(x_0)$ 时，其误差为 $o(\mathrm{d}y)$. 因此，在 $|\Delta x|$ 很小时，有近似等式

$$\Delta y \approx \mathrm{d}y.$$

函数 $y = f(x)$ 在任意点 x 的微分，称为**函数的微分**，记为 $\mathrm{d}y$ 或 $\mathrm{d}f(x)$，即

$$\mathrm{d}y = f'(x)\Delta x.$$

对于特殊的函数 $y = x$ 来说，它的导数是 1，从而 $\mathrm{d}y = \mathrm{d}x = \Delta x$，所以通常我们把自变量 x 的增量 Δx 称为自变量的微分，记作 $\mathrm{d}x$，即 $\mathrm{d}x = \Delta x$. 这样，函数 $y = f(x)$ 的微分又可写成

$$\mathrm{d}y = f'(x)\mathrm{d}x.$$

上式两端同除以 $\mathrm{d}x$，有

$$\frac{\mathrm{d}y}{\mathrm{d}x} = f'(x).$$

这就是说，在定义了函数的微分 $\mathrm{d}y$ 和自变量的微分 $\mathrm{d}x$ 之后，原来用以表示函数的导数的整体记号 $\frac{\mathrm{d}y}{\mathrm{d}x}$ 可以看成是函数的微分 $\mathrm{d}y$ 与自变量的微分 $\mathrm{d}x$ 之商. 因此导数又称为**微商**. 同时不难看出用记号 $\frac{\mathrm{d}y}{\mathrm{d}x}$ 表示导数的方便之处，例如反函数的求导公式

思考题

$$\frac{\mathrm{d}y}{\mathrm{d}x} = \frac{1}{\frac{\mathrm{d}x}{\mathrm{d}y}}$$

可以看作是 $\mathrm{d}y$ 与 $\mathrm{d}x$ 相除的一种代数变形.

例 2.6.1　求函数 $y = x^3$ 当 $x = 1$，$\Delta x = 0.02$ 时的微分.

解　因函数在任意点 x 的微分

$$\mathrm{d}y = (x^3)'\Delta x = 3x^2\Delta x,$$

故当 $x = 1$，$\Delta x = 0.02$ 时，函数的微分为

$$\mathrm{d}y\Big|_{\substack{x=1 \\ \Delta x=0.02}} = (3x^2\Delta x)\Big|_{\substack{x=1 \\ \Delta x=0.02}} = 3 \cdot 1^2 \cdot 0.02 = 0.06.$$

例 2.6.2　求函数 $y = \sin^2 x \tan x$ 的微分.

解　因

$$y' = 2\sin x \cos x \tan x + \sin^2 x \sec^2 x = 2\sin^2 x + \tan^2 x,$$

故函数的微分为

$$\mathrm{d}y = y'\mathrm{d}x = (2\sin^2 x + \tan^2 x)\mathrm{d}x.$$

例 2.6.3　已知函数 $f(x) = \begin{cases} x^3 \sin \frac{1}{x}, & x \neq 0 \\ 0, & x = 0 \end{cases}$，讨论 $f(x)$、$f'(x)$ 在 $x = 0$ 处的可微性.

解　当 $x \neq 0$ 时，

$$f'(x)=\left(x^3\sin\frac{1}{x}\right)'=3x^2\sin\frac{1}{x}+x^3\cos\frac{1}{x}\cdot\left(-\frac{1}{x^2}\right)=3x^2\sin\frac{1}{x}-x\cos\frac{1}{x},$$

$$f'(0)=\lim_{x\to 0}\frac{f(x)-f(0)}{x-0}=\lim_{x\to 0}\frac{x^3\sin\frac{1}{x}}{x}=\lim_{x\to 0}x^2\sin\frac{1}{x}=0.$$

显然，函数 $f(x)$在 $x=0$ 处可微，且$\mathrm{d}f(x)\big|_{x=0}=f'(0)\mathrm{d}x=0$.

而$\lim\limits_{x\to 0}\dfrac{f'(x)-f'(0)}{x-0}=\lim\limits_{x\to 0}\left(3x\sin\dfrac{1}{x}-\cos\dfrac{1}{x}\right)$，此极限不存在. 由导数的定义可知 $f'(x)$在 $x=0$ 处不可导，故 $f'(x)$在 $x=0$ 处不可微.

三、微分的几何意义

设函数 $y=f(x)$在点 x_0 处可导，则曲线 $y=f(x)$在点 $M(x_0, y_0)$有切线 MT，由导数的几何意义知 $f'(x_0)=\tan\alpha$(α 为切线的倾角). 给自变量一个微小的增量 Δx，就得到曲线上对应点 $N(x_0+\Delta x, y_0+\Delta y)$(见图 2.6.2). 显然

$$MQ=\Delta x,$$

$$QN=\Delta y,$$

$$QP=MQ\cdot\tan\alpha=\Delta x\cdot f'(x_0),$$

所以有

$$\mathrm{d}y=QP.$$

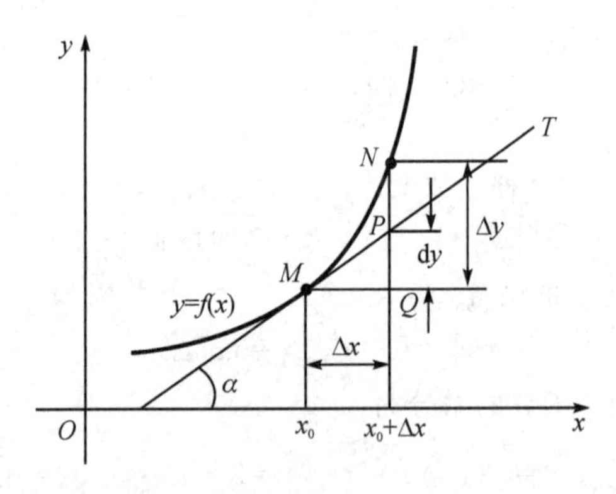

图 2.6.2

由此可见，对于可微函数 $y=f(x)$而言，当 Δy 是曲线 $y=f(x)$上点的纵坐标的增量时，$\mathrm{d}y$ 就是曲线切线上点的纵坐标的相应增量. 当$|\Delta x|$很小时，$|\Delta y-\mathrm{d}y|$比$|\Delta x|$小得多. 因此在点 M 的邻近，我们可以用切线段来近似代替曲线段. 在局部范围内用线性函数近似代替非线性函数，在几何上就是局部用切线段近似代替曲线段，这在数学上称为非线性函数的局部线性化，这是微分学的基本思想方法之一. 这种思想在自然科学和工程问题的研究中是经常采用的.

四、基本初等函数的微分公式及微分运算法则

由于函数 $f(x)$在任一点 x 的微分 $\mathrm{d}y=f'(x)\mathrm{d}x$，因此要计算函数的微分，只要计算

函数的导数，再乘自变量的微分即可.

1. 基本初等函数的微分公式

由基本初等函数的导数公式，可以直接写出基本初等函数的微分公式. 为了方便学习和理解，对照列表 2.6.1 如下：

表 2.6.1

导数公式	微分公式
$(C)'=0$（C 为任意常数）	$\mathrm{d}(C)=0$（C 为任意常数）
$(x^{\mu})'=\mu x^{\mu-1}$	$\mathrm{d}(x^{\mu})=\mu x^{\mu-1}\mathrm{d}x$
$(a^{x})'=a^{x}\ln a$（$a>0$ 且 $a\neq1$）	$\mathrm{d}(a^{x})=a^{x}\ln a\,\mathrm{d}x$（$a>0$ 且 $a\neq1$）
$(\mathrm{e}^{x})'=\mathrm{e}^{x}$	$\mathrm{d}(\mathrm{e}^{x})=\mathrm{e}^{x}\mathrm{d}x$
$(\log_a\lvert x\rvert)'=\dfrac{1}{x\ln a}$（$a>0$ 且 $a\neq1$）	$\mathrm{d}(\log_a\lvert x\rvert)=\dfrac{1}{x\ln a}\mathrm{d}x$（$a>0$ 且 $a\neq1$）
$(\ln\lvert x\rvert)'=\dfrac{1}{x}$	$\mathrm{d}(\ln\lvert x\rvert)=\dfrac{1}{x}\mathrm{d}x$
$(\sin x)'=\cos x$	$\mathrm{d}(\sin x)=\cos x\,\mathrm{d}x$
$(\cos x)'=-\sin x$	$\mathrm{d}(\cos x)=-\sin x\,\mathrm{d}x$
$(\tan x)'=\sec^2 x$	$\mathrm{d}(\tan x)=\sec^2 x\,\mathrm{d}x$
$(\cot x)'=-\csc^2 x$	$\mathrm{d}(\cot x)=-\csc^2 x\,\mathrm{d}x$
$(\sec x)'=\sec x\tan x$	$\mathrm{d}(\sec x)=\sec x\tan x\,\mathrm{d}x$
$(\csc x)'=-\csc x\cot x$	$\mathrm{d}(\csc x)=-\csc x\cot x\,\mathrm{d}x$
$(\arcsin x)'=\dfrac{1}{\sqrt{1-x^2}}$	$\mathrm{d}(\arcsin x)=\dfrac{1}{\sqrt{1-x^2}}\mathrm{d}x$
$(\arccos x)'=-\dfrac{1}{\sqrt{1-x^2}}$	$\mathrm{d}(\arccos x)=-\dfrac{1}{\sqrt{1-x^2}}\mathrm{d}x$
$(\arctan x)'=\dfrac{1}{1+x^2}$	$\mathrm{d}(\arctan x)=\dfrac{1}{1+x^2}\mathrm{d}x$
$(\mathrm{arccot}x)'=-\dfrac{1}{1+x^2}$	$\mathrm{d}(\mathrm{arccot}x)=-\dfrac{1}{1+x^2}\mathrm{d}x$

2. 微分的四则运算法则

设 $u=u(x)$，$v=v(x)$均可导，则

$$\mathrm{d}[u(x)\pm v(x)]=\mathrm{d}[u(x)]\pm\mathrm{d}[v(x)];$$

$$\mathrm{d}[u(x)v(x)]=v(x)\cdot\mathrm{d}[u(x)]+u(x)\cdot\mathrm{d}[v(x)];$$

$$\mathrm{d}[Cu(x)]=C\mathrm{d}[u(x)]\ (C\text{ 为常数});$$

$$\mathrm{d}\left[\frac{u(x)}{v(x)}\right]=\frac{v(x)\cdot \mathrm{d}[u(x)]-u(x)\cdot \mathrm{d}[v(x)]}{v^2(x)}\quad (v(x)\neq 0).$$

现在我们以商的微分法则为例加以证明.

根据函数的微分表达式，有

$$\mathrm{d}\left[\frac{u(x)}{v(x)}\right]=\left[\frac{u(x)}{v(x)}\right]'\mathrm{d}x\quad (v(x)\neq 0).$$

根据商的求导法则，有

$$\left[\frac{u(x)}{v(x)}\right]'=\frac{u'(x)v(x)-u(x)v'(x)}{v^2(x)}\quad (v(x)\neq 0).$$

于是

$$\begin{aligned}\mathrm{d}\left[\frac{u(x)}{v(x)}\right]&=\left[\frac{u'(x)v(x)-u(x)v'(x)}{v^2(x)}\right]\mathrm{d}x\\&=\frac{v(x)[u'(x)\mathrm{d}x]-u(x)[v'(x)\mathrm{d}x]}{v^2(x)}.\end{aligned}$$

由于

$$u'(x)\mathrm{d}x=\mathrm{d}[u(x)],\quad v'(x)\mathrm{d}x=\mathrm{d}[v(x)],$$

因此

$$\mathrm{d}\left[\frac{u(x)}{v(x)}\right]=\frac{v(x)\cdot \mathrm{d}[u(x)]-u(x)\cdot \mathrm{d}[v(x)]}{v^2(x)}\quad (v(x)\neq 0).$$

3. 复合函数的微分法则

设 $y=f(u)$ 和 $u=g(x)$ 都可导，则复合函数 $y=f[g(x)]$ 的微分为

$$\mathrm{d}y=y'(x)\cdot \mathrm{d}x=f'(u)\cdot g'(x)\mathrm{d}x.$$

由于 $\mathrm{d}u=g'(x)\mathrm{d}x$，因此复合函数 $y=f[g(x)]$ 的微分公式也可以写成

$$\mathrm{d}y=f'(u)\mathrm{d}u\quad 或\quad \mathrm{d}y=y'(u)\mathrm{d}u.$$

由此可见，无论 u 是自变量还是中间变量，函数 y 的微分形式 $\mathrm{d}y=f'(u)\mathrm{d}u$ 保持不变. 这一性质称为**微分形式的不变性**. 它表明，当变换自变量时，微分形式 $\mathrm{d}y=f'(u)\mathrm{d}u$ 并不改变.

下面我们举一些利用微分的运算法则来求函数的微分的例子.

例 2.6.4 求函数 $y=x^4-5\ln x+3^x+\dfrac{1+x^2}{1+x}$ 的微分.

解 利用微分的四则运算法则，得

$$\begin{aligned}\mathrm{d}y&=\mathrm{d}(x^4)-5\mathrm{d}(\ln x)+\mathrm{d}(3^x)+\mathrm{d}\left(\frac{1+x^2}{1+x}\right)\\&=4x^3\mathrm{d}x-\frac{5}{x}\mathrm{d}x+3^x\ln 3\mathrm{d}x+\frac{(1+x)\cdot \mathrm{d}(1+x^2)-(1+x^2)\cdot \mathrm{d}(1+x)}{(1+x)^2}\\&=4x^3\mathrm{d}x-\frac{5}{x}\mathrm{d}x+3^x\ln 3\mathrm{d}x+\frac{(1+x)\cdot 2x\mathrm{d}x-(1+x^2)\cdot \mathrm{d}x}{(1+x)^2}\\&=\left[4x^3-\frac{5}{x}+3^x\ln 3+\frac{x^2+2x-1}{(1+x)^2}\right]\mathrm{d}x.\end{aligned}$$

例 2.6.5 求函数 $y=x^2\mathrm{e}^x\cos x$ 的微分.

解 利用积的微分法则，得

$$\begin{aligned}\mathrm{d}y&=\mathrm{d}(x^2\mathrm{e}^x\cos x)=\mathrm{e}^x\cos x\,\mathrm{d}(x^2)+x^2\cos x\,\mathrm{d}(\mathrm{e}^x)+x^2\mathrm{e}^x\,\mathrm{d}(\cos x)\\&=\mathrm{e}^x\cos x\cdot 2x\,\mathrm{d}x+x^2\cos x\cdot\mathrm{e}^x\,\mathrm{d}x+x^2\mathrm{e}^x\cdot(-\sin x)\,\mathrm{d}x\\&=(2x\mathrm{e}^x\cos x+x^2\mathrm{e}^x\cos x\,\mathrm{d}x-x^2\mathrm{e}^x\sin x)\,\mathrm{d}x\\&=x\mathrm{e}^x(2\cos x+x\cos x-x\sin x)\,\mathrm{d}x.\end{aligned}$$

由此例可以得到，若函数 u，v，w 均可微，则

$$\mathrm{d}(uvw)=vw\,\mathrm{d}u+uw\,\mathrm{d}v+uv\,\mathrm{d}w.$$

例 2.6.6 设函数 $f(x)$可微，求函数 $y=f(\ln x)\mathrm{e}^{f(x)}$的微分.

解 利用积的微分法则及微分形式的不变性，得

$$\begin{aligned}\mathrm{d}y&=\mathrm{d}[f(\ln x)\mathrm{e}^{f(x)}]\\&=\mathrm{e}^{f(x)}\mathrm{d}[f(\ln x)]+f(\ln x)\mathrm{d}[\mathrm{e}^{f(x)}]\\&=\mathrm{e}^{f(x)}\cdot f'(\ln x)\mathrm{d}(\ln x)+f(\ln x)\cdot\mathrm{e}^{f(x)}\mathrm{d}[f(x)]\\&=\mathrm{e}^{f(x)}\cdot f'(\ln x)\cdot\frac{1}{x}\mathrm{d}x+f(\ln x)\cdot\mathrm{e}^{f(x)}\cdot f'(x)\mathrm{d}x\\&=\mathrm{e}^{f(x)}\left[\frac{f'(\ln x)}{x}+f(\ln x)f'(x)\right]\mathrm{d}x.\end{aligned}$$

例 2.6.7 设函数 $y=y(x)$由方程 $2^{xy}=x+y$ 所确定，求 $y=y(x)$在 $x=0$ 的微分.

解 把 $x=0$ 代入 $2^{xy}=x+y$，得 $y=1$. 方程 $2^{xy}=x+y$ 两端微分，得

$$\mathrm{d}(2^{xy})=\mathrm{d}(x+y),$$

即

$$2^{xy}\ln 2\,\mathrm{d}(xy)=\mathrm{d}x+\mathrm{d}y,$$

亦即

$$2^{xy}\ln 2(y\,\mathrm{d}x+x\,\mathrm{d}y)=\mathrm{d}x+\mathrm{d}y,$$

故

$$\mathrm{d}y=\frac{1-y2^{xy}\ln 2}{x2^{xy}\ln 2-1}\mathrm{d}x.$$

将 $x=0$，$y=1$ 代入，则有

$$\mathrm{d}y\big|_{x=0}=(\ln 2-1)\mathrm{d}x.$$

例 2.6.8 设 $\mathrm{d}f(x)=\cos 2x\,\mathrm{d}x$，求 $f(x)$.

解 由于

$$\mathrm{d}(\sin 2x)=2\cos 2x\,\mathrm{d}x,$$

因此

$$\cos 2x\,\mathrm{d}x=\frac{1}{2}\mathrm{d}(\sin 2x)=\mathrm{d}\left(\frac{1}{2}\sin 2x\right).$$

又常数的导数是零，故

$$\mathrm{d}\left(\frac{1}{2}\sin 2x+C\right)=\cos 2x\,\mathrm{d}x\quad(C\text{ 为任意常数}),$$

所以

$$f(x)=\frac{1}{2}\sin 2x+C \quad (C\text{ 为任意常数}).$$

五、微分在近似计算中的应用

1. 函数的近似计算

问题 在工程问题中，经常会遇到一些复杂的计算公式. 如果直接进行计算，是很费力耗时的，那么可否利用微分把一些复杂的计算公式用简单的近似公式代替呢?

前面说过，如果函数 $y=f(x)$ 在点 x_0 处的导数 $f'(x_0)\neq 0$，且当 $|\Delta x|$ 很小时，我们有

$$\Delta y\approx \mathrm{d}y=f'(x_0)\Delta x.$$

这个式子可以写成

$$\Delta y=f(x_0+\Delta x)-f(x_0)\approx f'(x_0)\Delta x \tag{2.6.1}$$

或

$$f(x_0+\Delta x)\approx f(x_0)+f'(x_0)\Delta x. \tag{2.6.2}$$

在式(2.6.2)中令 $x=x_0+\Delta x$，即 $\Delta x=x-x_0$，那么式(2.6.2)变为

$$f(x)\approx f(x_0)+f'(x_0)(x-x_0). \tag{2.6.3}$$

如果 $f(x_0)$ 与 $f'(x_0)$ 都容易计算，当 $|\Delta x|$ 很小时，我们可以利用式(2.6.1)近似计算 Δy，利用式(2.6.2)近似计算点 x_0 附近的函数值，或利用式(2.6.3)近似计算 $f(x)$. 这种近似计算的实质就是用 x 的线性函数 $f(x_0)+f'(x_0)(x-x_0)$ 近似表达函数 $f(x)$. 由导数的几何意义可知，这也就是用曲线 $y=f(x)$ 在点 $(x_0, f(x_0))$ 处的切线近似代替该曲线(就切点邻近部分来说).

例 2.6.9 利用微分计算 $\sin 29°30'$ 的近似值.

解 本问题可转化为求函数 $f(x)=\sin x$ 在 $x=29°30'$ 时的近似值. 取 $x_0=30°=\frac{\pi}{6}$，$\Delta x=-30'=-\frac{\pi}{360}$，而 $f'(x)=\cos x$，则

$$\begin{aligned}\sin 29°30'&=f(29°30')\approx f\left(\frac{\pi}{6}\right)+f'\left(\frac{\pi}{6}\right)\cdot\Delta x\\&=\sin\frac{\pi}{6}+\cos\frac{\pi}{6}\cdot\left(-\frac{\pi}{360}\right)\\&=\frac{1}{2}+\frac{\sqrt{3}}{2}\cdot\left(-\frac{\pi}{360}\right)\\&\approx 0.5000-0.0076=0.4924.\end{aligned}$$

例 2.6.10 半径为 10 cm 的圆盘加热后，其半径增大了 0.05 cm，问圆盘面积近似增加了多少?

解 设圆盘半径为 r，则其面积为 $A=\pi r^2$，$\Delta A\approx \mathrm{d}A=2\pi r\Delta r$，取 $r=10$，$\Delta r=0.05$，得圆盘面积增加量为

$$\Delta A\approx 2\cdot 10\cdot \pi\cdot 0.05=\pi\approx 3.1416\ \text{cm}^2.$$

下面我们推导一些常用的近似公式. 特别地，在近似公式(2.6.3)中取 $x_0=0$，得

$$f(x)\approx f(0)+f'(0)x. \tag{2.6.4}$$

当$|x|$很小时，应用近似公式(2.6.4)，可以推得以下几个在工程上常用的近似公式：

(1) $(1+x)^{\alpha}\approx 1+\alpha x(\alpha\in\mathbf{R})$；

(2) $\sin x\approx x$(x 用弧度作单位来表达)；

(3) $\tan x\approx x$(x 用弧度作单位来表达)；

(4) $e^{x}\approx 1+x$；

(5) $\ln(1+x)\approx x$.

这几个公式请读者自证.

2. 误差估计

**问题**　什么是误差？如何用微分来估计误差？

误差通常有两种，若某个量的精确值为 A，它的近似值是 a，我们称$|A-a|$为 a 的**绝对误差**，称$\left|\frac{A-a}{a}\right|$为 a 的**相对误差**. 如果已知$|A-a|\leqslant\delta$，则称 δ 为 a 的最大绝对误差(δ 也叫作测量 A 的绝对误差限)，而称$\frac{\delta}{|a|}$为 a 的最大相对误差($\frac{\delta}{|a|}$也叫作测量 A 的相对误差限).

设有两个变量 x 和 y，且 $y=f(x)$. 当 x 有误差 Δx 时，由公式 $y=f(x)$来计算 y 的值，就有相应的绝对误差$|\Delta y|$及相对误差$\left|\frac{\Delta y}{y}\right|$. 如果$|\Delta x|\leqslant\delta_x$，当 $y'\neq 0$ 时，我们有

$$|\Delta y|\approx|\mathrm{d}y|=|f'(x)|\cdot|\Delta x|\leqslant|f'(x)|\cdot\delta_x,$$

即 y 的绝对误差限约为

$$\delta_y=|f'(x)|\cdot\delta_x;$$

y 的相对误差限约为

$$\frac{\delta_y}{|y|}=\left|\frac{f'(x)}{f(x)}\right|\cdot\delta_x.$$

以后常把绝对误差限与相对误差限简称为**绝对误差**和**相对误差**.

例 2.6.11　多次测量一根圆钢，测得其直径平均值约为 $D=50$ mm，测量 D 的绝对误差限为 $\delta_D=0.04$ mm，试计算其截面积，并估计其误差.

解　如果我们把测量 D 时所产生的误差作为自变量 D 的增量 ΔD，那么利用圆面积公式 $A=\frac{\pi}{4}D^2$ 来计算 A 时所产生的误差就是函数 A 的对应增量 ΔA. 当$|\Delta D|$很小时，可以利用微分 $\mathrm{d}A$ 近似代替增量 ΔA，即

$$\Delta A\approx\mathrm{d}A=A'\cdot\Delta D=\frac{\pi}{2}D\cdot\Delta D.$$

由于 D 的绝对误差限为 $\delta_D=0.04$ mm，所以

$$|\Delta D|\leqslant\delta_D=0.04,$$

而

$$|\Delta A| \approx |\mathrm{d}A| = \frac{\pi}{2}D \cdot |\Delta D| \leqslant \frac{\pi}{2}D \cdot \delta_D,$$

因此得出 A 的绝对误差(限)约为

$$\delta_A = \frac{\pi}{2}D \cdot \delta_D = \frac{\pi}{2} \times 50 \times 0.04 = \pi \approx 3.142(\mathrm{mm}^2);$$

A 的相对误差(限)约为

$$\frac{\delta_A}{A} = \frac{\frac{\pi}{2}D \cdot \delta_D}{\frac{\pi}{4}D^2} = 2\frac{\delta_D}{D} = 2 \times \frac{0.04}{50} \approx 0.16\%.$$

例 2.6.12 测量一立方体的棱长，其准确度如何，才能使立方体体积的相对误差不超过 1%？

解 设 x 和 V 分别表示立方体的棱长和体积，则 $V = x^3$，两边取对数并微分，得

$$\frac{\mathrm{d}V}{V} = 3\frac{\mathrm{d}x}{x},$$

于是

$$\left|\frac{\Delta V}{V}\right| \approx \left|\frac{\mathrm{d}V}{V}\right| = 3\left|\frac{\mathrm{d}x}{x}\right|.$$

现在要求 $\left|\frac{\Delta V}{V}\right| \leqslant \frac{1}{100}$，故 $\left|\frac{\mathrm{d}x}{x}\right|$ 必须不超过 $\frac{1}{300}$. 也就是说，棱长的相对误差不超过0.333%，才能使立方体体积的相对误差不超过 1%.

六、知识延展——高阶微分

问题 在导数部分我们学习了高阶导数，类似地，高阶微分是如何定义的？高阶微分又该如何计算？

高阶微分的定义与高阶导数的定义相仿. 函数 $y = f(x)$ 的微分 $\mathrm{d}y$ 在点 x 的微分，叫作函数在该点的**二阶微分**，记作

$$\mathrm{d}^2y = \mathrm{d}(\mathrm{d}y);$$

二阶微分 d^2y 的微分叫作函数的三阶微分，记作

$$\mathrm{d}^3y = \mathrm{d}(\mathrm{d}^2y);$$

一般地，函数 $y = f(x)$ 的 $n-1$ 阶微分 $\mathrm{d}^{n-1}y$ 的微分叫作 $f(x)$ 的 n 阶微分，记作

$$\mathrm{d}^ny = \mathrm{d}(\mathrm{d}^{n-1}y).$$

如果应用函数符号，也可以记作

$$\mathrm{d}^2f(x),\ \mathrm{d}^3f(x),\ \cdots,\ \mathrm{d}^nf(x).$$

在计算高阶微分时，要注意 $\mathrm{d}x$ 是与 x 无关的数，在对 x 求微分时，必须把 $\mathrm{d}x$ 看作常数，且每次求微分时取的 $\mathrm{d}x$ 都相同. 这样我们就有

$$\mathrm{d}^2y = \mathrm{d}(\mathrm{d}y) = \mathrm{d}(y'\mathrm{d}x) = (y'\mathrm{d}x)'\mathrm{d}x = y''\mathrm{d}x^2,$$

$$\mathrm{d}^3y = \mathrm{d}(\mathrm{d}^2y) = \mathrm{d}(y''\mathrm{d}x^2) = (y''\mathrm{d}x^2)'\mathrm{d}x = y'''\mathrm{d}x^3,$$

一般地，利用数学归纳法易得

$$d^n y = y^{(n)} dx^n,$$

由此可见 $y^{(n)}=\dfrac{d^n y}{dx^n}$. 这也说明作为 n 阶导数整体记号的$\dfrac{d^n y}{dx^n}$，当 x 为自变量时，可以看成微分 $d^n y$ 与 dx^n 之商了.

复合函数的一阶微分具有形式的不变性(见本节复合函数的微分法则)，但对于高阶微分就没有这样的性质了. 假设 $y=f(u)$，$u=g(x)$可微，我们来研究复合函数$y=f[g(x)]$的二阶微分. 易知

$$dy=f'(u)du=f'(u)g'(x)dx.$$

将上式再对 x 微分，得

$$\begin{aligned} d^2 y &= d[f'(u)g'(x)dx]=[f'(u)g'(x)dx]'dx \\ &= \{f''(u)[g'(x)]^2+f'(u)g''(x)\}d^2 x \\ &= f''(u)[g'(x)dx]^2+f'(u)[g''(x)d^2 x] \\ &= f''(u)du^2+f'(u)d^2 u, \end{aligned}$$

该结果比 u 为自变量时的二阶微分 $f''(u)du^2$ 多了一项 $f'(u)d^2 u$，这是因为 u 已不是自变量，du 不再是常数.

例如，设 $y=u^2$，这里 u 是自变量，则

$$dy=2u\,du,\quad d^2 y=2du^2.$$

如果 $u=\sin x$，那么 $du=\cos x\,dx$，$d^2 u=-\sin x\,dx^2$，且 $y=\sin^2 x$，于是

$$\begin{aligned} dy &= 2\sin x\cos x\,dx=2u\,du, \\ d^2 y &= 2(\cos^2 x-\sin^2 x)dx^2 \\ &= 2(\cos x\,dx)^2+2\sin x(-\sin x\,dx^2) \\ &= 2du^2+2u\,d^2 u. \end{aligned}$$

思考题

由此可见，当 u 不是自变量时，微分式 $d^2 y$ 比 u 是自变量时多了一项 $2u\,d^2 u$.

例 2.6.13　设方程$\sqrt{x^2+y^2}=a\,e^{\arctan\frac{y}{x}}$ $(a>0)$确定了函数 $y=y(x)$，求 $d^2 y$.

解　方法 1：利用二阶微分的定义直接计算.

对方程$\sqrt{x^2+y^2}=a\,e^{\arctan\frac{y}{x}}$ $(a>0)$两端取自然对数，得

$$\frac{1}{2}\ln(x^2+y^2)=\ln a+\arctan\frac{y}{x},$$

对方程$\dfrac{1}{2}\ln(x^2+y^2)=\ln a+\arctan\dfrac{y}{x}$两端微分，得

$$\frac{1}{2(x^2+y^2)}\cdot(2x\,dx+2y\,dy)=\frac{1}{1+\left(\dfrac{y}{x}\right)^2}\cdot\frac{x\,dy-y\,dx}{x^2},$$

化简整理，得

$$x\,dx+y\,dy=x\,dy-y\,dx,$$

于是

$$dy=\frac{x+y}{x-y}dx.$$

再对方程 $x\mathrm{d}x+y\mathrm{d}y=x\mathrm{d}y-y\mathrm{d}x$ 两端微分，得

$$\mathrm{d}x^2+(\mathrm{d}y)^2+y\mathrm{d}^2y=\mathrm{d}x\mathrm{d}y+x\mathrm{d}^2y-\mathrm{d}y\mathrm{d}x,$$

即

$$(x-y)\mathrm{d}^2y=\mathrm{d}x^2+(\mathrm{d}y)^2,$$

将 $\mathrm{d}y=\dfrac{x+y}{x-y}\mathrm{d}x$ 代入上式并化简得

$$(x-y)\mathrm{d}^2y=\mathrm{d}x^2+\left(\frac{x+y}{x-y}\right)^2\mathrm{d}x^2=\frac{2(x^2+y^2)}{(x-y)^2}\mathrm{d}x^2,$$

所以

$$\mathrm{d}^2y=\frac{2(x^2+y^2)}{(x-y)^3}\mathrm{d}x^2.$$

方法 2：利用二阶微分的公式 $\mathrm{d}^2y=y''\cdot\mathrm{d}x^2$ 计算.

对方程$\sqrt{x^2+y^2}=a\mathrm{e}^{\arctan\frac{y}{x}}\ (a>0)$两端取自然对数，得

$$\frac{1}{2}\ln(x^2+y^2)=\ln a+\arctan\frac{y}{x},$$

对方程$\dfrac{1}{2}\ln(x^2+y^2)=\ln a+\arctan\dfrac{y}{x}$两端求导，得

$$\frac{1}{2(x^2+y^2)}\cdot(2x+2y\cdot y')=\frac{1}{1+\left(\dfrac{y}{x}\right)^2}\cdot\frac{x\cdot y'-y}{x^2},$$

化简整理，得 $x+y\cdot y'=x\cdot y'-y$，即

$$y'=\frac{x+y}{x-y}.$$

对方程 $x+y\cdot y'=x\cdot y'-y$ 两端求导，得

$$1+y'\cdot y'+y\cdot y''=y'+x\cdot y''-y',$$

将 $y'=\dfrac{x+y}{x-y}$代入上式并化简得

$$y''=\frac{2(x^2+y^2)}{(x-y)^3},$$

所以

$$\mathrm{d}^2y=y''\cdot\mathrm{d}x^2=\frac{2(x^2+y^2)}{(x-y)^3}\mathrm{d}x^2.$$

习 题 2-6

基 础 题

1. 思考下列问题：

(1) 函数 $f(x)$的导数 $f'(x)$与微分 $f'(x)\Delta x$ 是否都跟 x 和 Δx 有关?

(2) 在微分的表达式 $\mathrm{d}y=f'(x)\mathrm{d}x$ 中，当 x 为自变量时，$\mathrm{d}x=\Delta x$；当 x 不是自变量

时，$\mathrm{d}x=\Delta x$ 是否仍然成立？为什么？

(3) 函数 $y=f(x)$ 的微分 $\mathrm{d}y$ 是否一定为正？当 $\mathrm{d}x>0$ 时，$\mathrm{d}y$ 是否一定为正？

2. 已知函数 $y=f(x)$ 的图形如图 2.6.3，试分别指出图 2.6.3(a)、(b)、(c)、(d)中在 x 处表示 Δy、$\mathrm{d}y$ 和 $\Delta y-\mathrm{d}y$ 的线段，并说明其正负.

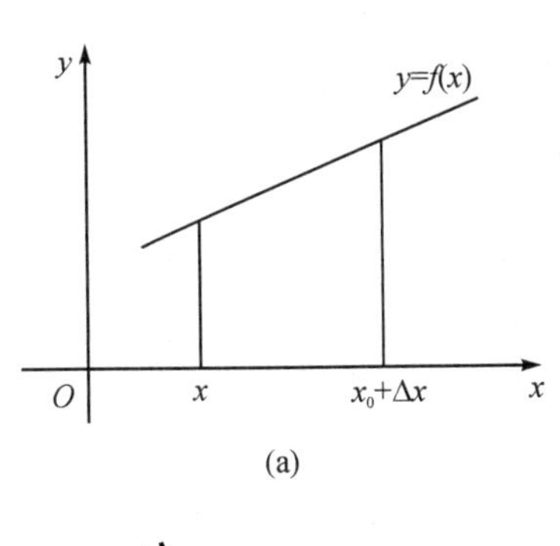

(a)

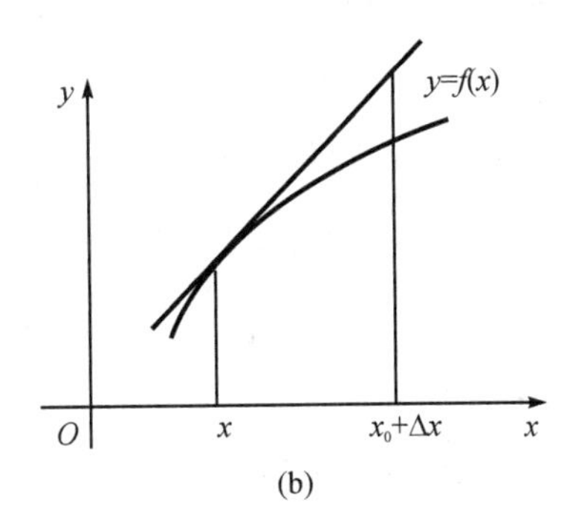

(b)

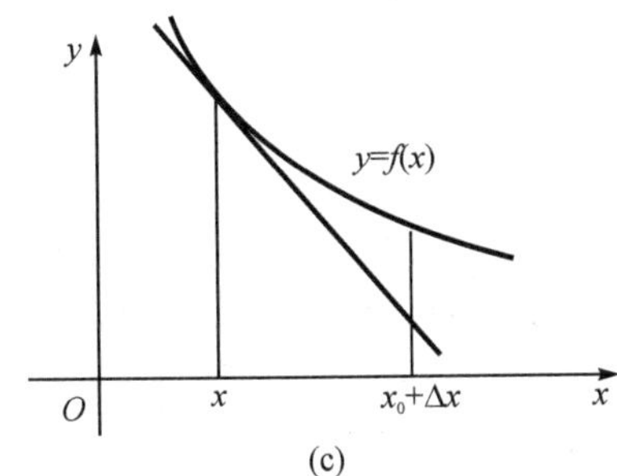

(c)

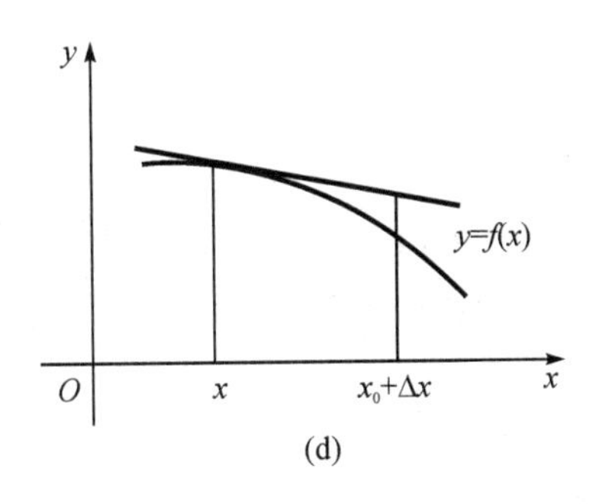

(d)

图 2.6.3

3. 填空题：

(1) 设函数 $f(u)$ 可导，且函数 $y=f(x^2)$ 当自变量 x 在 $x=-1$ 处取得增量 $\Delta x=-0.1$ 时，相应的函数增量 Δy 的线性主部为 0.1，则 $f'(1)=$________.

(2) $\dfrac{\mathrm{d}}{\mathrm{d}x^2}\left(\dfrac{\sin x}{x}\right)=$________.

(3) 设 $x=x(y)$ 是由方程 $x^y=y^x$ 所确定的隐函数，则 $\mathrm{d}x=$________.

(4) 设 $y=y(x)$ 是由方程 $x^3+y^3-\sin 3x+6y=0$ 所确定的隐函数，则 $\mathrm{d}y\big|_{x=0}=$________.

(5) 设函数 $y=f(x)$ 在点 x_0 处的导数为 $\dfrac{1}{2}$，则当 $\Delta x\to 0$ 时，该函数在点 x_0 处的微分 $\mathrm{d}y$ 是 Δx 的________无穷小.

4. 求下列函数的微分：

(1) $y=3\mathrm{e}^x\cos x+x^x+x\ln x$；　　(2) $y=\ln\sqrt{1+x^2}-5^{\sin\frac{1}{x}}$；

(3) $y=(\arccos x)^2-1$；　　(4) $y=\arctan\dfrac{1-x^2}{1+x^2}$；

(5) $y=\arcsin\sqrt{1-x^2}$；　　(6) $y=\tan^2(1+2x^2)$.

5. 将适当的函数填入下列括号中，使各等式成立：

(1) $2\sin 2x\,dx = d(\quad)$；

(2) $\frac{1}{1+x^2}dx = d(\quad)$；

(3) $\sec x\tan x\,dx = d(\quad)$；

(4) $\sqrt{a+bx}\,dx = d(\quad)$；

(5) $\frac{1}{x^2-1}dx = d(\quad)$；

(6) $\ln x \cdot \frac{1}{x}dx = d(\quad)$；

(7) $(4x^3+\cot x)dx = d(\quad)$；

(8) $3x e^{-2x^2}dx = d(\quad)$.

6. 求由下列方程所确定的隐函数 $y=y(x)$ 的微分：

(1) $xy = e^{x+y}$；

(2) $y = x + \arctan y$；

(3) $x^2+y^2=9$；

(4) $xy=a$.

7. 计算下列函数值的近似值：

(1) $\tan 136°$；

(2) $\arcsin 0.5002$.

8. 当 $|x|$ 较小时，证明下列近似公式：

(1) $\ln(1+x)\approx x$；

(2) $\frac{1}{1+x}\approx 1-x$.

提 高 题

1. 设函数 $y=f(x)$ 具有二阶导数，且 $f'(x)>0$，$f''(x)>0$，Δx 为自变量 x 在点 x_0 的增量，Δy 与 dy 分别为 $f(x)$ 在点 x_0 的增量与微分，若 $\Delta x>0$，则(　　).

A. $0<dy<\Delta y$

B. $0<\Delta y<dy$

C. $\Delta y<dy<0$

D. $dy<\Delta y<0$

2. 完成下列各题：

(1) 设 $y=e^{\tan\frac{1}{x}}\sin\frac{1}{x}$，求 dy.

(2) 设 $y=\arctan e^x - \ln\sqrt{\frac{e^{2x}}{1+e^{2x}}}$，求 $dy|_{x=1}$.

(3) 设函数 $y=y(x)$ 由方程 $\sin(x^2+y^2)+e^x-xy^2=0$ 所确定，求 dy.

(4) 设 $y=f(\ln x)e^{f(x^3)}$，其中 $f(x)$ 可微，求 dy.

习题 2-6
参考答案

总习题二

基 础 题

1. 在“充分”“必要”“充分必要”三者中选择一个正确的填入下列空格内：

(1) $f(x)$ 在点 x_0 可导是 $f(x)$ 在点 x_0 连续的__________条件，$f(x)$ 在点 x_0 连续是 $f(x)$ 在点 x_0 可导的__________条件.

(2) $f(x)$ 在点 x_0 的左导数 $f'_-(x_0)$ 及右导数 $f'_+(x_0)$ 都存在且相等是 $f(x)$ 在点 x_0 可导的__________条件.

(3) $f(x)$在点 x_0 可导是 $f(x)$在点 x_0 可微的____________条件.

2. 已知 $f(x)=x(x+1)(x+2)\cdots(x+n)(n\geqslant 2)$，则 $f'(0)=$____________.

3. 下述题干中给出了四个结论，从中选出一个正确的结论：

设 $f(x)$在 $x=a$ 的某个邻域内有定义，则 $f(x)$在 $x=a$ 处可导的一个充分条件是(　　).

A. $\lim\limits_{h\to+\infty} h\left[f\left(a+\dfrac{1}{h}\right)-f(a)\right]$存在

B. $\lim\limits_{h\to 0}\dfrac{f(a+2h)-f(a+h)}{h}$存在

C. $\lim\limits_{h\to 0}\dfrac{f(a)-f(a-h)}{h}$存在

D. $\lim\limits_{h\to 0}\dfrac{f(a+h)-f(a-h)}{2h}$存在

4. 设物体绕定轴旋转，在时间间隔$[0, t]$上转过角度 θ，从而转角 θ 是 t 的函数：$\theta=\theta(t)$. 如果旋转是匀速的，那么称 $\omega=\dfrac{\theta}{t}$为该物体旋转的角速度. 如果旋转是非匀速的，应怎样确定该物体在时刻 t_0 的角速度？

5. 根据导数定义，求 $f(x)=\tan x$ 的导数.

6. 求下列函数 $f(x)$的 $f'_-(0)$及 $f'_+(0)$，并判断 $f'(0)$是否存在.

(1) $f(x)=\begin{cases}\sin x, & x<0\\ \ln(x+1), & x\geqslant 0\end{cases}$；

(2) $f(x)=\begin{cases}\dfrac{x}{1+e^{\frac{1}{x}}}, & x\neq 0\\ 0, & x=0\end{cases}$.

7. 设 $f(x)=\begin{cases}x^2\sin\dfrac{1}{x}, & x>0\\ 0, & x\leqslant 0\end{cases}$，讨论 $f'(x)$在 $x=0$ 处的连续性.

8. 设 $f(x)=\begin{cases}x^2\sin\dfrac{\pi}{x}, & x<0\\ A, & x=0\\ ax^2+b, & x>0\end{cases}$，求常数 A，a，b 的值，使 $f(x)$在$(-\infty, +\infty)$内处处可导，并求 $f'(x)$.

9. 求下列函数的导数：

(1) $y=\arccos(\cos x)$；

(2) $y=\operatorname{arccot}\dfrac{1-x}{1+x}$；

(3) $y=\ln\tan\dfrac{x}{2}-\cos x\cdot\ln\tan x$；

(4) $y=\ln(e^x+\sqrt{1+e^{2x}})$；

(5) $y=\left(\dfrac{1}{x}\right)^x (x>0)$.

10. 求下列函数的二阶导数：

(1) $y=\sin^2 x\cdot\ln x$；　　(2) $y=\dfrac{x}{\sqrt{1-x^2}}$.

11. 求曲线$\begin{cases}x=2\cos^3\theta\\ y=2\sin^3\theta\end{cases}$在$t=\dfrac{\pi}{4}$对应的点处的切线方程及法线方程.

提 高 题

1. 设函数 $y=y(x)$由方程 $e^y+xy=e$ 所确定，求 $y''(0)$.

2. 求下列函数的 n 阶导数：

(1) $y=\sqrt[m]{1+x}$；　　(2) $y=\dfrac{x^2+x-1}{x^2+x-2}$.

3. 设 $f(x)$是二阶可导的函数，函数

$$F(x)=\lim_{t\to\infty}t^2\left[f\left(x+\frac{2}{t}\right)-f(x)\right]\sin\frac{x}{t},$$

求 $dF(x)$.

4. 已知 $f(x)$是周期为 5 的连续函数，它在 $x=0$ 的某个邻域内满足关系式

$$f(1+\sin x)-3f(1-\sin x)=8x+o(x),$$

且 $f(x)$在 $x=1$ 处可导，求曲线 $y=f(x)$在点$(6, f(6))$处的切线方程.

5. 甲船以 6 km/h 的速率向东行驶，乙船以 8 km/h 的速率向南行驶. 在中午 12 点整，乙船位于甲船之北 16 km 处. 问下午 1 点整两船相离的速率为多少？

总习题二
参考答案

6. 已知单摆的振动周期 $T=2\pi\sqrt{\dfrac{l}{g}}$，其中 $g=980\ \mathrm{cm/s^2}$，l 为摆长，单位为 cm. 设原摆长为 20 cm，为使周期 T 增大 0.05 s，摆长约需增加多少？

第三章　微分中值定理及导数的应用

知识图谱

第二章从分析实际问题中因变量相对于自变量的变化快慢出发，引进了导数概念，并系统地介绍了微分法. 本章将把导数应用于讨论函数及其图形的各项性质，其中一些关键结论都依赖于中值定理. 中值定理建立了函数在整个区间上的改变量与导数的关系，是研究函数在区间上全局性质的基础.

第一节　微分中值定理及其应用

本章教学目标

中值定理是微积分理论体系的基础，其本身也有实际应用. 下面我们依次给出罗尔定理、拉格朗日中值定理、柯西中值定理及其应用.

一、罗尔定理

教学目标

想象你开车沿着一条公路行驶，开始一段奇妙的旅程，我看到你在一家加油站停了下来，然后你继续前行，始终没有改变方向，虽然你随时可以调转方向. 过了一段时间，我又在这家加油站看见了你，但我不曾跟着你，那么我可以断定：我不曾跟着你的某时刻，你的车速为零. 无论你向哪个方向走，都可能会停下来很多次，但我可以确定你至少停下来一次！

问题　如何用数学理论来说明这一生活事实呢？

设 $f(t)$ 是汽车运动时 t 时刻的位移(这意味着 $f'(t)$ 是汽车在 t 时刻的速度)且 $f(t)$ 在时间段 $[T_0, T_1]$ 连续，在 (T_0, T_1) 可导(这个假设在大多数情况下都很合理)，并设在 $t=a$，$t=b$ 时刻汽车出现在同一个加油站，那么必然有某一时刻 $t=c$，$c\in(a, b)$，汽车在该时刻瞬时速度为零(至少存在一个这样的时刻)，即 $f'(c)=0$. 这就是罗尔定理告诉我们的物理事实.

定理 3.1.1(罗尔定理)　设函数 $f(x)$ 在闭区间 $[a, b]$ 上连续，在开区间 (a, b) 内可导且 $f(a)=f(b)$，则在开区间 (a, b) 内至少存在一点 ξ 使得

$$f'(\xi)=0.$$

证明　如果 $f(x)$ 是常函数，则 $f'(x)\equiv 0$，定理的结论显然成立. 如果 $f(x)$ 不是常函数，由 $f(a)=f(b)$ 知，$f(x)$ 在 (a, b) 内至少有一个最大值点或最小值点，不妨设有一个最大值点 $\xi\in(a, b)$，于是

$$f(x)\leqslant f(\xi),\quad \forall x\in[a, b].$$

根据 $f(x)$ 在点 ξ 可导，可知极限

$$\lim_{x\to\xi}\frac{f(x)-f(\xi)}{x-\xi} \qquad (3.1.1$$

存在，并等于 $f'(\xi)$. 注意到 $f(x)\leqslant f(\xi)$，从而

$$\lim_{x\to\xi^+}\frac{f(x)-f(\xi)}{x-\xi}\leqslant 0,\quad \lim_{x\to\xi^-}\frac{f(x)-f(\xi)}{x-\xi}\geqslant 0.$$

由于极限(3.1.1)存在要求右极限与左极限相等，因此

$$f'(\xi)=\lim_{x\to\xi}\frac{f(x)-f(\xi)}{x-\xi}=0.$$

费马引理

当函数的最小值在区间内部取到时，讨论完全类似.

通常称导数为零的点为函数的驻点(或稳定点，临界点).

罗尔定理的证明本质上依赖于闭区间上连续函数的最大值最小值定理，接下来我们从几何上进一步解释罗尔定理.

罗尔定理的几何意义 如图 3.1.1 所示，对于闭区间上的连续曲线，若其上每一点(端点除外)处都有不垂直于 x 轴的切线，且两个端点的纵坐标相等，则曲线上至少有一点处的切线平行于 x 轴.

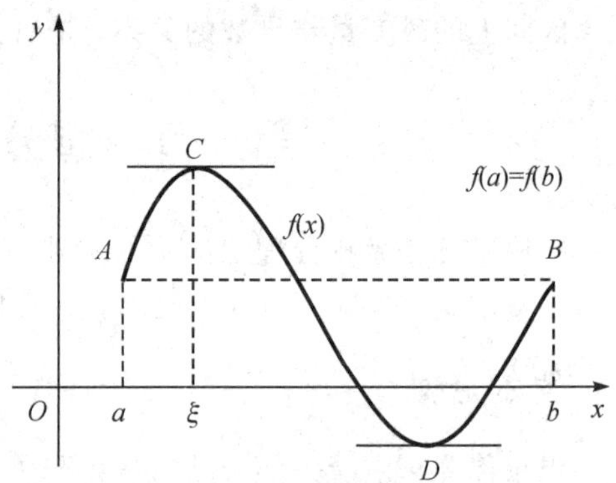

图 3.1.1

关于罗尔定理的应用，请看一些例子.

例 3.1.1 设位置函数为 $f(t)$，在任意时刻 t，速度大于零，即 $v(t)=f'(t)>0$，证明：没有一条水平直线会与位置函数 $f(t)$的图形相交两次.

证明 假设有一条水平直线 $y=L$(L 是实数)与 $y=f(t)$的图形相交两次，即存在 a，b使 $f(a)=f(b)=L$，不妨令 $a<b$，则在$[a,b]$上 $f(x)$满足罗尔定理的条件，故存在 $c\in(a,b)$使 $f'(c)=0$，显然与 $v(t)=f'(t)>0$ 矛盾，因此没有一条水平直线会与位置函数 $f(t)$的图形相交两次.

事实上，如果 $f(x)$在$[a,b]$上满足罗尔定理的条件，那么必存在 $\xi\in(a,b)$使得$f'(\xi)=0$，即 $f'(x)\Big|_{x=\xi}=0$，也就是导函数方程 $f'(x)=0$ 有根 $\xi\in(a,b)$. 因此，罗尔定理也可以看作导函数方程 $f'(x)=0$ 根的存在性定理.

思考题

例 3.1.2 设 $f(x)$在区间$[0,\pi]$上连续，在$(0,\pi)$内可导，求证：在$(0,\pi)$内方程$f'(x)\sin x+f(x)\cos x=0$ 至少有一个根.

分析 要证明结论成立，即证明 $\exists\xi\in(0,\pi)$满足导函数方程

$$f'(x)\sin x+f(x)\cos x=0,$$

即

$$[f(x)\sin x]'\Big|_{x=\xi}=0.$$

证明 构造辅助函数 $F(x)=f(x)\sin x$. 显然，$F(x)$在区间$[0,\pi]$上连续，在$(0,\pi)$内可导，且 $F(0)=F(\pi)=0$，即 $F(x)$满足罗尔定理的条件，所以 $\exists\xi\in(0,\pi)$使得 $F'(\xi)=0$. 因

$$F'(x)=f'(x)\sin x+f(x)\cos x,$$

故

$$f'(\xi)\sin\xi+f(\xi)\cos\xi=0,$$

从而方程 $f'(x)\sin x+f(x)\cos x=0$ 在$(0,\pi)$内至少有一个根.

注　(1) 在应用罗尔定理时，应注意三个条件缺一不可，缺少其中任何一个条件，定理的结论就有可能不成立. 例如，函数 $f(x)=|x|$在$[-1,1]$上连续，$f(-1)=f(1)$，但在$(-1,1)$内有 $x=0$，$f(x)$在 $x=0$ 处不可导，从而由图 3.1.2(a)可知，不存在$\xi\in(-1,1)$使得$f'(\xi)=0$. 又如函数 $g(x)=x$ 在$[0,1]$上连续且在$(0,1)$内可导，但 $g(0)\neq g(1)$，故由图 3.1.2(b)可知，不存在 $\xi\in(-1,1)$使得 $g'(\xi)=0$. 再如函数

$$h(x)=\begin{cases}x^2, & -1\leqslant x<0,\ 0<x<1\\ 1, & x=0\end{cases}$$

在 $x=0$ 处不连续，则由图 3.1.2(c)可知，不存在 $\xi\in(-1,1)$使得 $h'(\xi)=0$.

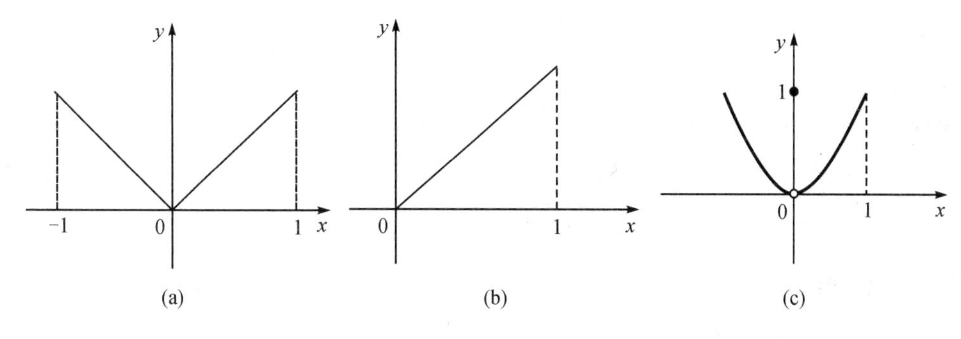

图 3.1.2

(2) 罗尔定理的条件是充分的，而不是必要的，当条件不满足时结论也可能成立. 例如，函数

$$f(x)=\begin{cases}x^2, & -1\leqslant x<1\\ 4-2x, & 1\leqslant x\leqslant 2\end{cases}$$

在$[-1,2]$上有定义，但在 $x=1$ 处间断，且 $f(-1)=1$，$f(2)=0$，罗尔定理中的三个条件都不满足，却存在 $\xi=0$，使得 $f'(\xi)=f'(0)=0$(见图 3.1.3).

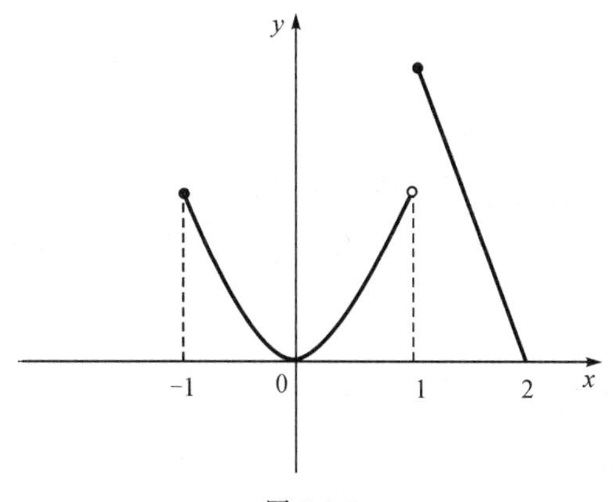

图 3.1.3

常见构造辅助函数的模型

二、拉格朗日中值定理

想象你驾车开始了另一段旅程，你在两小时内行驶了 100 km，那么是否一定有一个时刻(哪怕只是一瞬间)，你的车速为平均速度 50 km/h? 答案是肯定的.

问题 这一生活事实用数学语言该如何描述呢?

假设 $f(t)$是 t 时刻的位移，开始和结束的时刻分别为 $t=a$，$t=b$，那么汽车行驶的平均速度为

$$\bar{v}=\frac{f(b)-f(a)}{b-a},$$

从而至少存在一个时刻 $t=c$ 使得汽车在该时刻的瞬时速度为平均速度，即

$$v(c)=f'(c)=\frac{f(b)-f(a)}{b-a}.$$

这一物理事实就引出了拉格朗日中值定理.

定理 3.1.2(拉格朗日中值定理) 设函数 $f(x)$在闭区间$[a, b]$上连续，在开区间(a, b)内可导，则至少存在一点 $\xi\in(a, b)$使

$$f'(\xi)=\frac{f(b)-f(a)}{b-a}.$$

证明 引进辅助函数

$$F(x)=f(x)-f(a)-\frac{f(b)-f(a)}{b-a}(x-a).$$

容易验证函数 $F(x)$满足罗尔定理的条件：$F(a)=F(b)=0$，$F(x)$在闭区间$[a, b]$上连续，在开区间(a, b)内可导. 根据罗尔定理可知，在开区间(a, b)内至少有一点 ξ，使 $F'(\xi)=0$. 由于

$$F'(x)=f'(x)-\frac{f(b)-f(a)}{b-a},$$

因此

$$f'(\xi)-\frac{f(b)-f(a)}{b-a}=0,$$

即有

$$f'(\xi)=\frac{f(b)-f(a)}{b-a}.$$

拉格朗日中值定理的几何意义 如果连续曲线 $y=f(x)$上除端点外处处具有不垂直于 x 轴的切线，那么曲线 $y=f(x)$上至少存在一点 C，使得曲线在该点处的切线平行于连接两端点的弦(见图 3.1.4).

几何直观有助于人们对问题进行分析与判断. 比如，拉格朗日中值定理的证明就是根据其几何意义构造辅助函数完成的. 拉格朗日中值定理的结论还有以下几种形式：

$$f(b)-f(a)=f'(\xi)(b-a),\quad a<\xi<b \tag{3.1.2}$$

公式(3.1.2)叫作拉格朗日中值公式，这个公式对于 $b<a$ 也成立.

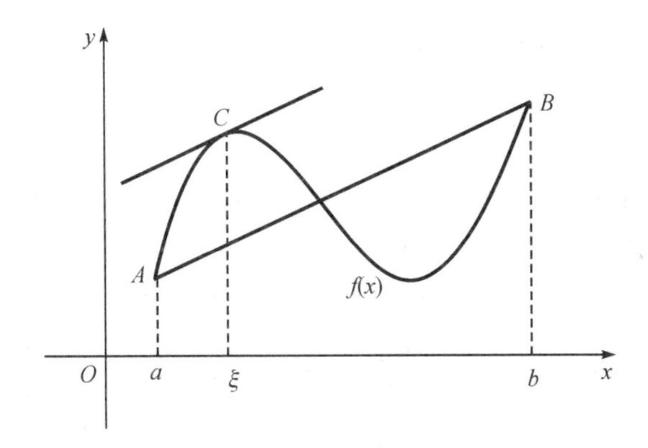

图 3.1.4

设 x 为区间$[a, b]$内一点，$x+\Delta x$ 为这区间内的另一点($\Delta x>0$ 或 $\Delta x<0$)，则在区间$[x, x+\Delta x]$ ($\Delta x>0$) 或$[x+\Delta x, x]$($\Delta x<0$)应用拉格朗日中值公式，得

$$f(x+\Delta x)-f(x)=f'(x+\theta\Delta x)\Delta x, \quad 0<\theta<1.$$

如果记 $f(x)$为 y，则上式又可写为

$$\Delta y=f'(x+\theta\Delta x)\Delta x, \quad 0<\theta<1. \tag{3.1.3}$$

公式(3.1.3)称为有限增量公式.

思考题

作为拉格朗日中值定理的应用，我们得到如下推论：

推论 1　如果函数 $f(x)$在区间 I 上的导数恒为零，那么 $f(x)$在区间 I 上是一个常数.

证明　在区间 I 上任取两点 x_1，x_2(不妨设 $x_1<x_2$)，应用拉格朗日中值定理，得

$$f(x_2)-f(x_1)=f'(\xi)(x_2-x_1), \quad x_1<\xi<x_2.$$

由假定知 $f'(\xi)=0$，从而 $f(x_2)-f(x_1)=0$，即

$$f(x_2)=f(x_1).$$

因为 x_1，x_2 是 I 上任意两点，所以上面的等式表明：$f(x)$在 I 上的函数值总是相等的，这就是说，$f(x)$在区间 I 上是一个常数.

推论 2　在区间 I 上具有相同导函数的函数相差一个常数.

以上两个推论是我们将在积分学中用到的两个重要结论，请读者熟记. 应用拉格朗日中值定理，还可以解决一些恒等式和不等式证明问题.

例 3.1.3　证明：$\arctan x+\operatorname{arccot} x=\dfrac{\pi}{2}$，$x\in(-\infty, +\infty)$.

证明　构造辅助函数 $F(x)=\arctan x+\operatorname{arccot} x$，因

$$F'(x)=\frac{1}{1+x^2}-\frac{1}{1+x^2}=0, \quad x\in(-\infty, +\infty),$$

所以 $F(x)=\arctan x+\operatorname{arccot} x\equiv C$($C$ 为常数).

令 $x=1$，有

$$F(1)=\arctan 1+\operatorname{arccot} 1=\frac{\pi}{2}.$$

由 $F(x)=F(1)$，得

$$\arctan x+\operatorname{arccot} x=\frac{\pi}{2}, \quad x\in(-\infty \ +\infty).$$

例 3.1.4 证明：当 $x>0$ 时，$\frac{x}{1+x}<\ln(1+x)<x$.

证明 设 $f(t)=\ln(1+t)$，$\forall x>0$，显然 $f(t)$在区间$[0, x]$上满足拉格朗日中值定理的条件，根据定理，就有

$$f(x)-f(0)=f'(\xi)(x-0), \quad 0<\xi<x.$$

由于 $f(0)=0$，$f'(t)=\frac{1}{1+t}$，因此上式即

$$\ln(1+x)=\frac{x}{1+\xi}.$$

又 $0<\xi<x$，故

$$1<1+\xi<1+x,$$

即

$$\frac{1}{1+x}<\frac{1}{1+\xi}<1,$$

于是有

$$\frac{x}{1+x}<\ln(1+x)<x.$$

例 3.1.5 设函数 $y=f(x)$可导且 $f'(x)>4$，证明：函数 $y=f(x)$的图形与线性函数 $y=3x-2$ 的图形最多只有一个交点.

证明 用反证法.假设两函数图形不止一个交点，任取两个交点，记它们的横坐标分别为 a，b，则有

$$f(a)=3a-2, \quad f(b)=3b-2.$$

不妨设 $a<b$，由于 $f(x)$可导，因此其在$[a, b]$上连续，在(a, b)内可导，从而由拉格朗日中值定理可知，至少存在一点 $c\in(a, b)$使

$$f'(c)=\frac{f(b)-f(a)}{b-a}=\frac{3b-2-(3a-2)}{b-a}=\frac{3(b-a)}{b-a}=3,$$

显然与 $f'(x)>4$ 矛盾，于是函数 $y=f(x)$的图形与线性函数 $y=3x-2$ 的图形最多只有一个交点.

计算分段函数导数的新方法

本例也说明当函数 $y=f(x)$可导且 $f'(x)>4$ 时，方程 $f(x)=3x-2$ 最多只有一个根.

三、柯西中值定理

问题 以上我们讨论的曲线均由直角坐标下的显式函数表达式给出，然而在实际应用中，很多曲线都由参数方程的形式给出，那么怎么描述这种形式下切线的平行性质呢？

设曲线弧 C 由参数方程

$$\begin{cases}X=F(x)\\Y=f(x)\end{cases}\quad(a\leqslant x\leqslant b)$$

表示，其中 x 为参数. 如果曲线 C 上除端点外处处具有不垂直于横轴的切线，那么在曲线 C 上必有一点 $x=\xi$，使曲线在该点处的切线平行于连接曲线两端点的弦. 又曲线 C 上点 $x=\xi$处的切线斜率为

$$\frac{\mathrm{d}Y}{\mathrm{d}X}=\frac{f'(\xi)}{F'(\xi)},$$

连接曲线两端点的弦的斜率为

$$\frac{f(b)-f(a)}{F(b)-F(a)},$$

于是

$$\frac{f(b)-f(a)}{F(b)-F(a)}=\frac{f'(\xi)}{F'(\xi)}.$$

这就是柯西中值定理.

定理 3.1.3(柯西中值定理)　如果函数 $f(x)$及 $g(x)$在闭区间$[a, b]$上连续，在开区间(a, b)内可导，且 $g'(x)$在(a, b)内的每一点处均不为零，那么在(a, b)内至少存在一点 ξ，使等式

$$\frac{f(b)-f(a)}{g(b)-g(a)}=\frac{f'(\xi)}{g'(\xi)}\tag{3.1.4}$$

成立.

证明　由 $g'(x)\neq 0$ 及拉格朗日中值定理可推出 $g(a)\neq g(b)$，构造辅助函数

$$\varphi(x)=f(x)-\frac{f(b)-f(a)}{g(b)-g(a)}[g(x)-g(a)],$$

则容易验证 $\varphi(x)$在闭区间$[a, b]$上连续，在开区间(a, b)内可导，且 $\varphi(a)=\varphi(b)=f(a)$，从而由罗尔定理可得，至少存在一点 $\xi\in(a, b)$使得 $\varphi'(\xi)=0$，即

$$f'(\xi)-\frac{f(b)-f(a)}{g(b)-g(a)}g'(\xi)=0.$$

于是柯西中值定理得证.

显然，如果取 $g(x)=x$，那么 $g(b)-g(a)=b-a$，$g'(x)=1$，因而式(3.1.4)就可以写成：

$$f(b)-f(a)=f'(\xi)(b-a),\quad a<\xi<b.$$

这样就变成了拉格朗日中值公式.

中值定理揭示了函数在某区间上的整体性质与该区间内某一点导数之间的关系，因此中值定理既是解决微分学自身发展问题的理论基石，又是利用微分学解决实际应用问题的模型.三个定理中，拉格朗日中值定理是核心，罗尔定理是它的特例，柯西中值定理是它的推广，三个定理的关系如下：

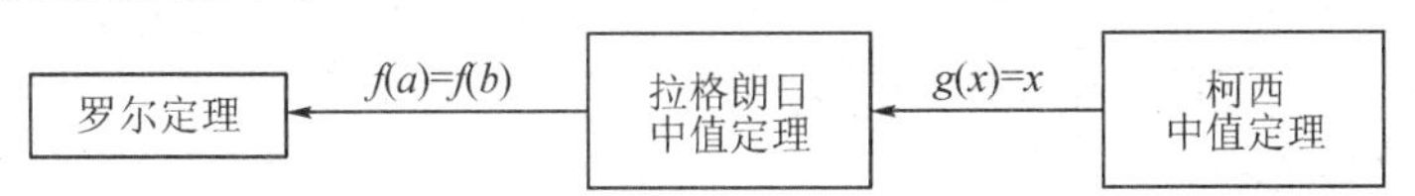

问题 能否用下述方法证明柯西中值定理？为什么？

对 $f(x)$，$g(x)$在区间$[a, b]$上分别利用拉格朗日中值定理得

$$\frac{f(b)-f(a)}{g(b)-g(a)}=\frac{f'(\xi)(b-a)}{g'(\xi)(b-a)}=\frac{f'(\xi)}{g'(\xi)}.$$

分析 该证明方法是错误的. 因为对函数 $f(x)$，$g(x)$分别利用拉格朗日中值定理时，

$$f(b)-f(a)=f'(\xi_1)(b-a), \quad \xi_1\in(a, b),$$

$$g(b)-g(a)=g'(\xi_2)(b-a), \quad \xi_2\in(a, b),$$

公式中出现的中值 ξ_1，ξ_2 是不同的，不能混淆为相同的中值.

例 3.1.6 设 $f(x)$在闭区间$[a, b]$上连续，在开区间$(a, b)(a>0)$内可导，证明：$\exists\xi\in(a, b)$，使

$$2\xi[f(b)-f(a)]=(b^2-a^2)f'(\xi).$$

分析 证明与中值有关的等式，首先从结论出发构造辅助函数，然后验证中值定理的条件. 从结论看所证问题可化为

$$\frac{f(b)-f(a)}{b^2-a^2}=\frac{f'(\xi)}{2\xi},$$

因此只需构造辅助函数 $g(x)=x^2$ 即可.

证明 令 $g(x)=x^2$，则在$(a, b)(a>0)$内，$g'(x)=2x\neq0$，$f(x)$与 $g(x)$在$[a, b]$上满足柯西中值定理的条件，从而

$$\frac{f(b)-f(a)}{b^2-a^2}=\frac{f'(\xi)}{2\xi}, \quad \xi\in(a, b),$$

即 $2\xi[f(b)-f(a)]=(b^2-a^2)f'(\xi)$.

四、知识延展——广义罗尔定理

问题 微分中值定理是研究可微函数性态的理论基础和有力工具，然而定理的条件比较严格，那么能否将定理的条件适当放宽呢？

以下我们将以罗尔定理为例讨论定理的推广.

定理 3.1.4(广义罗尔定理) 设(a, b)为有限或无限区间，$f(x)$在(a, b)内可导且$\lim\limits_{x\to a^+}f(x)=\lim\limits_{x\to b^-}f(x)=A$($A$ 有限或为$\pm\infty$)，则存在 $\xi\in(a, b)$使 $f'(\xi)=0$.

证明 先证 A 有限的情形.

(1) 当(a, b)为有限区间时，令

$$F(x)=\begin{cases}f(x), & x\in(a, b)\\ A, & x=a \text{ 或 } x=b\end{cases},$$

则 $F(x)$在$[a, b]$上连续，在(a, b)内可导且 $F(a)=F(b)$，故由罗尔定理得

$$\exists\xi\in(a, b)，使 F'(\xi)=0.$$

而在(a, b)内 $f'(x)=F'(x)$，于是 $f'(\xi)=0$.

(2) 当$(a, b)=(a, +\infty)$时，令

$$x=\varphi(t)=\frac{1}{t}+a-1,$$

则 $\varphi(1)=a$，$\varphi(t)\to+\infty(t\to0^{+})$，从而 $f[\varphi(t)]$ 在 $(0, 1)$ 内可导，在有限区间内满足(1)，故

$$\exists t_0\in(0, 1)，使 f'[\varphi(t_0)]\varphi'(t_0)=0.$$

又 $\varphi'(t_0)=-\frac{1}{t_0^2}\neq0$，所以 $f'(\xi)=0(\xi=\varphi(t_0))$.

当 $a=-\infty$，b 有限时类似可证.

(3) 当 $(a, b)=(-\infty, +\infty)$ 时，可令

$$x=\tan t,\quad -\frac{\pi}{2}<t<\frac{\pi}{2},$$

则 $F(t)=f(\tan t)$ 在有限区间 $\left(-\frac{\pi}{2}, \frac{\pi}{2}\right)$ 内满足(1)，故

$$\exists t_0\in\left(-\frac{\pi}{2}, \frac{\pi}{2}\right)，使 F'(t_0)=f'(\tan t_0)\sec^2 t_0=0.$$

因 $\sec^2 t_0\neq0$，所以 $f'(\xi)=0(\xi=\tan t_0)$.

再证 $A=\pm\infty$ 的情形. 先考虑 $A=+\infty$. 任取定点 $x_0\in(a, b)$，因为

$$\lim_{x\to a^{+}}f(x)=\lim_{x\to b^{-}}f(x)=+\infty,$$

所以对任意 $M>\max\{0, f(x_0)\}$，存在充分接近 a 的点 $a_1\in(a, x_0)$ 和充分接近 b 的点 $b_1\in(x_0, b)$ 使

$$f(a_1)\geqslant M,\quad f(b_1)\geqslant M.$$

又 $f(x)$ 在 $[a_1, b_1]\subset(a, b)$ 上连续，故存在最小值点 $\xi\in[a_1, b_1]$. 注意到 $x_0\in(a_1, b_1)$，且 $f(x_0)<M\leqslant f(a_1)$（或 $f(b_1)$），从而 $\xi\neq a_1$，$\xi\neq b_1$，即 $\xi\in(a_1, b_1)$，于是 $f'(\xi)=0$.

当 $A=-\infty$ 时同理可证.

注 广义罗尔定理的详细证明可参见刘三阳，李广民编著的《数学分析十讲》.

关于广义罗尔定理的应用，我们不妨来看看下面这道例题.

例 3.1.7 设函数 $f(x)$ 在 $[0, +\infty)$ 可导，且 $0\leqslant f(x)\leqslant\frac{x}{1+x^2}$. 证明：存在 $\xi>0$ 使

$$f'(\xi)=\frac{1-\xi^2}{(1+\xi^2)^2}.$$

分析 由于要证明的等式右端为

$$\frac{1-\xi^2}{(1+\xi^2)^2}=\left(\frac{x}{1+x^2}\right)'\Big|_{x=\xi},$$

因此考虑构造辅助函数 $F(x)=f(x)-\frac{x}{1+x^2}$，利用罗尔定理证明. 但此题所给区间是 $[0, +\infty)$ 这个无限区间，从而利用广义罗尔定理证明.

证明 令 $F(x)=f(x)-\frac{x}{1+x^2}$，则 $F(x)$ 在 $[0, +\infty)$ 上连续，在 $(0, +\infty)$ 内可导. 由 $f(x)$ 在 $x=0$ 处可导必连续知，$\lim\limits_{x\to0}f(x)=f(0)$. 又 $0\leqslant f(x)\leqslant\frac{x}{1+x^2}$ 且 $\lim\limits_{x\to0}\frac{x}{1+x^2}=0$，故

根据夹逼准则，$F(0)=f(0)=0$. 另一方面，由于 $\lim\limits_{x\to+\infty}\dfrac{x}{1+x^2}=0$，因此根据夹逼准则，$\lim\limits_{x\to+\infty}F(x)=\lim\limits_{x\to+\infty}f(x)=0$，从而

$$F(0)=\lim_{x\to+\infty}F(x),$$

于是由广义罗尔定理知，存在 $\xi>0$，使 $F'(\xi)=0$，即

$$f'(\xi)=\frac{1-\xi^2}{(1+\xi^2)^2}.$$

思考题

罗尔定理及广义罗尔定理都讨论了函数中存在的导数为零的点，也就是函数的驻点.

五、高阶挑战——达布定理

一般来说，一个可微函数的导数并不一定连续，但它像连续函数一样具有介值性，这就是著名的达布(Darboux)定理.

定理 3.1.5(达布定理)　若设 $f(x)$ 在 $[a,b]$ 上可微，且 $f'(a)<f'(b)$，则对任何 $\lambda\in(f'(a),f'(b))$，存在 $\xi\in(a,b)$ 使 $f'(\xi)=\lambda$.

证明　令

$$F(x)=f(x)-\lambda x,\quad x\in[a,b],$$

则

$$F'(a)=f'(a)-\lambda<0,\quad F'(b)=f'(b)-\lambda>0.$$

由于

$$\lim_{x\to a^+}\frac{F(x)-F(a)}{x-a}=F'(a)<0,$$

因此存在 $\delta>0$，使得当 $x\in(a,a+\delta)$ 时，$F(x)-F(a)<0$，从而 a 不是 $F(x)$ 在 $[a,b]$ 上的最小值点. 同理可证 b 不是 $F(x)$ 在 $[a,b]$ 上的最小值点. 此外因 $F(x)$ 连续，故它在 $[a,b]$ 上有最小值，设 $F(\xi)$ 是函数 $F(x)$ 在 $[a,b]$ 上的最小值，则 $\xi\in(a,b)$，由费马引理知，$F'(\xi)=0$，也即 $f'(\xi)=\lambda$.

达布定理是应用费马引理的一个很好的例子，也是研究可导函数的导数性质的重要工具.

习　题　3－1

基　础　题

1. 验证罗尔定理对函数 $f(x)=x^3+4x^2-7x-10$ 在区间 $[-1,2]$ 上的正确性，并求出使得 $f'(\xi)=0$ 的点 ξ.

2. 设 $f(x)=\sum\limits_{i=0}^{n}a_i x^{n-i}$ 在 $(-\infty,+\infty)$ 内有 n 个零点 $a_1, a_2, \cdots, a_n$，且

$$a_1<a_2<\cdots<a_n,$$

问：

(1) $f'(x)$ 有多少个零点？这些零点各位于什么区间内？

(2) $f''(x)$ 有多少个零点？

(3) $f^{(n)}(x)$ 是否存在零点？

3. 设 $f(x)$ 在 $[0, 3]$ 上连续，在 $(0, 3)$ 内可导，且 $f(0)+f(1)+f(2)=3$，$f(3)=1$. 试证：必存在 $\xi \in (0, 3)$，使 $f'(\xi)=0$.

4. 设 $f(x)$ 在 $[0, 1]$ 上连续，在 $(0, 1)$ 内可导，$f(0)=f(1)=0$，$f\left(\frac{1}{2}\right)=1$，试证：

(1) 存在 $\eta \in \left(\frac{1}{2}, 1\right)$，使 $f(\eta)=\eta$；

(2) 对任意实数 λ，存在 $\xi \in (0, \eta)$，使得 $f'(\xi)-\lambda[f(\xi)-\xi]=1$.

5. 设 $f(x)$ 在 $[0, 1]$ 上连续，在 $(0, 1)$ 内可导，$f(0)=0$，k 为正整数. 求证：存在 $\xi \in (0, 1)$，使得 $\xi f'(\xi)+kf(\xi)=f'(\xi)$.

6. 设 $f(x)$，$g(x)$ 在 (a, b) 内可导，且 $f'(x)g(x) \neq f(x)g'(x)$，求证：$f(x)$ 在 (a, b) 内任意两个零点之间至少有一个 $g(x)$ 的零点.

7. 设 $f(x)$，$g(x)$ 在 $[a, b]$ 上二阶可导，$g'(x) \neq 0$，且 $f(a)=f(b)=g(a)=g(b)=0$，求证：

(1) 在 (a, b) 内 $g(x) \neq 0$；

(2) 存在 $\xi \in (a, b)$，使 $\frac{f''(\xi)}{g''(\xi)}=\frac{f(\xi)}{g(\xi)}$.

8. 验证拉格朗日中值定理对函数 $f(x)=\arctan x$ 在区间 $[0, 1]$ 上的正确性，并求出使得 $f'(\xi)=0$ 的点 ξ.

9. 设 $a>b>0$，证明：$\frac{a-b}{a}<\ln\frac{a}{b}<\frac{a-b}{b}$.

10. 证明不等式：$|\arctan a-\arctan b| \leqslant |a-b|$.

11. 证明恒等式：$\arctan x=\arcsin\frac{x}{\sqrt{1+x^2}}$，$x \in (-\infty, +\infty)$.

12. 设 $f(x)$ 在 $(-\infty, +\infty)$ 内可导，且 $\lim\limits_{x\to\infty} f'(x)=\mathrm{e}$，

$$\lim_{x\to\infty}\left(\frac{x+c}{x-c}\right)^x=\lim_{x\to\infty}[f(x)-f(x-1)],$$

求 c 的值.

13. 设 $f(x)$ 是周期为 1 的连续函数，在 $(0, 1)$ 内可导，且 $f(1)=0$，又正实数 M 是 $f(x)$ 在 $[1, 2]$ 上的最大值，证明：存在 $\xi \in (1, 2)$，使得 $|f'(\xi)| \geqslant 2M$.

14. 设 $f(x)$ 在 $[a, b]$ $(a>0)$ 上连续，在 (a, b) 内可导，证明：在 (a, b) 内至少存在一点 ξ，使得

$$f(b)-f(a)=\xi f'(\xi)\ln\frac{b}{a}.$$

15. 设 $f(x)$ 在 $[a, b]$ $(a>0)$ 上连续，在 (a, b) 内可导，证明：$\exists \xi, \eta \in (a, b)$，使得

$$abf'(\xi)=\eta^2 f'(\eta).$$

16. 设函数 $y=f(x)$ 在 $x=0$ 的某邻域内具有 n 阶导数，且

$$f(0)=f'(0)=\cdots=f^{(n-1)}(0)=0,$$

试用柯西中值定理证明：

$$\frac{f(x)}{x^n}=\frac{f^{(n)}(\theta x)}{n!}\quad(0<\theta<1).$$

提 高 题

1. 求下列中值点的极限：

(1) 由拉格朗日中值定理，$\forall x>-1$，$\exists\theta\in(0,1)$ 使得 $\ln(1+x)=\dfrac{x}{1+\theta x}$，求证：$\lim\limits_{x\to0}\theta=\dfrac{1}{2}$.

(2) 由拉格朗日中值定理，$\forall x>0$，$\exists\theta\in(0,1)$ 使得 $\sqrt{1+x}-\sqrt{x}=\dfrac{1}{2\sqrt{\theta+x}}$，求证：$\lim\limits_{x\to0^+}\theta=\dfrac{1}{4}$，$\lim\limits_{x\to+\infty}\theta=\dfrac{1}{2}$.

(3) 由拉格朗日中值定理，$\forall x\in[-1,1]$，$\exists\theta\in(0,1)$ 使得 $\arcsin x=\dfrac{x}{\sqrt{1-(\theta x)^2}}$，求证：$\lim\limits_{x\to0}\theta=\dfrac{1}{\sqrt{3}}$.

2. 设奇函数 $f(x)$ 在 $[-1,1]$ 上具有二阶导数，且 $f(1)=1$，证明：

(1) 存在 $\xi\in(0,1)$，使得 $f'(\xi)=1$；

(2) 存在 $\eta\in(-1,1)$，使得 $f''(\eta)+f'(\eta)=1$.

3. 设 $e<a<b<e^2$，证明：$\ln^2 b-\ln^2 a>\dfrac{4}{e^2}(b-a)$.

4. 设 $0<a<b$，证明：$(1+a)\ln(1+a)+(1+b)\ln(1+b)<(1+a+b)\ln(1+a+b)$.

5. 设 $f(x)$ 在有限区间 (a,b) 内可导，$f'(x)$ 在 (a,b) 内有界，即存在常数 $M_1>0$，使得

$$|f'(x)|\leqslant M_1,\quad x\in(a,b),$$

求证：$f(x)$ 在 (a,b) 内有界. 若 (a,b) 为无界区间，相应结论是否成立？请在 $(1,+\infty)$ 上考察 $f(x)=\sqrt{x}$.

6. 已知函数 $f(x)$ 在 $[0,1]$ 上连续，在 $(0,1)$ 内可导，且 $f(0)=0$，$f(1)=1$. 证明：

(1) 存在 $\xi\in(0,1)$，使得 $f(\xi)=1-\xi$；

(2) 存在两个不同的点 $\eta,\zeta\in(0,1)$，使得 $f'(\eta)f'(\zeta)=1$.

7. (1) 证明：对任意的正整数 n，都有 $\dfrac{1}{n+1}<\ln\left(1+\dfrac{1}{n}\right)<\dfrac{1}{n}$ 成立.

(2) 设 $a_n=1+\dfrac{1}{2}+\cdots+\dfrac{1}{n}-\ln n\ (n=1,2,\cdots)$，证明数列 $\{a_n\}$ 收敛.

8. 设函数 $f(x)$ 在 $[a,b]$ 上有 n 阶导数，且

$$f(a)=f'(a)=\cdots=f^{(n-1)}(a)=0,$$

$$f(b)=f'(b)=\cdots=f^{(n-1)}(b)=0,$$

证明：方程 $f^{(n)}(x)-f(x)=0$ 在$[a,b]$内有根.

9. 设 $f(x)$ 在$[0,+\infty)$上有连续导数，且 $f'(x)\geqslant k>0$，$f(0)<0$. 证明：$f(x)$ 在$(0,+\infty)$内有且仅有一个实根.

习题 3-1 参考答案

第二节　泰勒中值定理及其应用

教学目标

对于一些较复杂的函数，为了便于研究，我们往往希望用一些简单的函数来近似表达. 由于多项式函数只涉及对自变量的有限次加法及乘法运算，计算函数值或进行其他运算都比较简单，因此我们经常用多项式函数来近似表达一般函数，这种方法称为函数的多项式逼近. 本节我们将学习用泰勒多项式逼近函数，并讨论泰勒中值定理及其应用.

一、泰勒多项式

在第二章中我们已经知道，函数 $f(x)$在点 x_0 的线性近似为

$$f(x)\approx f(x_0)+f'(x_0)(x-x_0),$$

记 $P_1(x)=f(x_0)+f'(x_0)(x-x_0)$，这是一个关于 $x-x_0$ 的一次多项式函数，也就是说用一次多项式函数 $P_1(x)$近似表达函数 $f(x)$. 这种近似有以下两个特点：

(1) $f(x)$与 $P_1(x)$在点 x_0 有相同的函数值和导数值，即

$$f(x_0)=P_1(x_0),\quad f'(x_0)=P'_1(x_0).$$

(2) 当 $x\to x_0$ 时，其误差 $f(x)-P_1(x)=o(x-x_0)$是 $x-x_0$ 的高阶无穷小.

不难看出，这种线性近似的精确度不高，当 x 远离 x_0 时误差过大. 为了提高精确度，自然想到用更高次的多项式来逼近函数.

问题　能否找出一个关于 $x-x_0$ 的 n 次多项式

$$P_n(x)=a_0+a_1(x-x_0)+a_2(x-x_0)^2+\cdots+a_n(x-x_0)^n$$

来近似表达函数 $f(x)$?

假设 $f(x)$在点 x_0 具有 n 阶导数，且 $P_n(x)$与 $f(x)$在点 x_0 有相同的函数值及直到 n 阶的导数值，即

$$P_n^{(k)}(x_0)=f^{(k)}(x_0)\quad (k=0,1,2,\cdots,n).$$

对 n 次多项式 $P_n(x)$依次求各阶导数，并令 $x=x_0$ 得

$$P_n(x_0)=a_0,\ P'_n(x_0)=a_1,\ P''_n(x_0)=a_2\cdot 2!,\ \cdots,\ P_n^{(n)}(x_0)=a_n\cdot n!,$$

从而

$$a_0=f(x_0),\ a_1=f'(x_0),\ a_2=\frac{f''(x_0)}{2!},\ \cdots,\ a_n=\frac{f^{(n)}(x_0)}{n!},$$

所以

$$P_n(x)=f(x_0)+f'(x_0)(x-x_0)+\frac{f'(x_0)}{2!}(x-x_0)^2+\cdots+\frac{f^{(n)}(x_0)}{n!}(x-x_0)^n. \tag{3.2.1}$$

根据以上讨论，只要函数 $f(x)$ 在点 x_0 具有 n 阶导数，就能找出一个关于 $x-x_0$ 的 n 次多项式 $P_n(x)$ 来近似表达函数 $f(x)$，此时称 $P_n(x)$ 为函数 $f(x)$ 在点 x_0 的 n 次泰勒多项式.

二、泰勒中值定理

问题　如果用 n 次泰勒多项式(3.2.1)来近似表达函数 $f(x)$，那么所产生的误差该如何定量给出？这种近似的精确度如何？

这个问题可以由下面形式的泰勒中值定理给出答案.

定理 3.2.1(泰勒中值定理 1)　设函数 $f(x)$ 在区间 I 内有 $n+1$ 阶导数，则对 I 内任意取定的一点 x_0 及任意的 $x\in I$，有

$$f(x)=f(x_0)+f'(x_0)(x-x_0)+\cdots+\frac{f^{(n)}(x_0)}{n!}(x-x_0)^n+R_n(x), \tag{3.2.2}$$

其中

$$R_n(x)=\frac{f^{(n+1)}(\xi)}{(n+1)!}(x-x_0)^{n+1}. \tag{3.2.3}$$

证明　若 $x=x_0$，则公式(3.2.2)显然成立，因此不妨设 $x\neq x_0$.

由于 $R_n(x)=f(x)-P_n(x)$，其中 $P_n(x)$ 由公式(3.2.1)给出，令 $G(x)=(x-x_0)^{n+1}$，则容易验证

$$R_n(x_0)=G(x_0)=0,$$

$$R_n^{(k)}(x_0)=G^{(k)}(x_0)=0,\quad k=1,2,\cdots,n.$$

对函数 $R_n(x)$ 与 $G(x)$ 在以 x_0 及 x 为端点的区间上应用柯西中值定理得

$$\frac{R_n(x)}{G(x)}=\frac{R_n(x)-R_n(x_0)}{G(x)-G(x_0)}=\frac{R'_n(x_1)}{G'(x_1)},$$

其中 x_1 是介于 x 与 x_0 之间的一点，再对函数 $R'_n(x)$ 与 $G'(x)$ 在以 x_0 及 x_1 为端点的区间上应用柯西中值定理得

$$\frac{R'_n(x_1)}{G'(x_1)}=\frac{R'_n(x_1)-R'_n(x_0)}{G'(x_1)-G'(x_0)}=\frac{R''_n(x_2)}{G''(x_2)},$$

其中 x_2 是介于 x_1 与 x_0 之间的一点，也是介于 x 与 x_0 之间的一点，如此下去，共使用 $n+1$ 次柯西中值定理，最后得到

$$\frac{R_n(x)}{G(x)}=\frac{R_n^{(n+1)}(x_{n+1})}{G^{(n+1)}(x_{n+1})},$$

其中 x_{n+1} 是介于 x_n 与 x_0 之间的一点，也是介于 x 与 x_0 之间的一点.

另一方面，不难得到

$$R_n^{(n+1)}(x)=f^{(n+1)}(x),\quad G^{(n+1)}(x)=(n+1)!,$$

于是

$$\frac{R_n(x)}{G(x)}=\frac{f^{(n+1)}(x_{n+1})}{(n+1)!},$$

即

$$R_n(x)=\frac{f^{(n+1)}(x_{n+1})}{(n+1)!}(x-x_0)^{n+1}.$$

将 x_{n+1} 换成 ξ 就得到式(3.2.3)，定理证毕.

由于定理 3.2.1 是拉格朗日中值定理($n=0$ 的情形)的推广，因此 $R_n(x)$ 的表达式(3.2.3)称为拉格朗日余项，公式(3.2.2)称为函数 $f(x)$ 在 x_0 处的带拉格朗日余项的 n 阶泰勒公式，该公式中的余项也可记作

$$R_n(x)=\frac{f^{(n+1)}[x_0+\theta(x-x_0)]}{(n+1)!}(x-x_0)^{n+1}\quad(0<\theta<1).$$

由定理 3.2.1 可知，当用 n 次多项式 $P_n(x)$ 近似表达函数 $f(x)$ 时，所产生的误差为 $|R_n(x)|$. 如果 M 是 $|f^{(n+1)}(x)|$ 在 $[x, x_0]$ 或 $[x_0, x]$ 上的一个上界，则有以下估计式：

$$|R_n(x)|\leqslant\frac{M}{(n+1)!}|x-x_0|^{n+1}.$$

若区间 I 是有限区间 (a, b)，则有

$$|R_n(x)|\leqslant\frac{M}{(n+1)!}|b-a|^{n+1}\to0\ (n\to\infty).$$

因此，只要 $f^{(n+1)}(x)$ 在有限区间 I 上有界，用 n 次泰勒多项式 $P_n(x)$ 来近似表达函数 $f(x)$ 时，其绝对误差 $|R_n(x)|$ 随着 n 的增大可变得任意小.

在很多应用中，如果不需要余项的具体表达式，则可以得到另一个应用广泛的公式.

定理 3.2.2(泰勒中值定理 2)　若函数 $f(x)$ 在 x_0 处 n 阶可导，则存在 x_0 的一个邻域，对于该邻域内的任一 x，有

$$f(x)=f(x_0)+f'(x_0)(x-x_0)+\frac{f''(x_0)}{2!}(x-x_0)^2+\cdots+\frac{f^{(n)}(x_0)}{n!}(x-x_0)^n+R_n(x),\tag{3.2.4}$$

其中

$$R_n(x)=o((x-x_0)^n).\tag{3.2.5}$$

证明　记 $R_n(x)=f(x)-P_n(x)$，则

$$R_n(x_0)=R'_n(x_0)=\cdots=R_n^{(n)}(x_0)=0.$$

于是，对 $R_n(x)$ 和 $G(x)=(x-x_0)^n$ 及它们的各阶导函数应用柯西中值定理，得

$$\frac{R_n(x)}{G(x)}=\frac{R_n(x)-R_n(x_0)}{G(x)-G(x_0)}=\frac{R'_n(x_1)}{G'(x_1)}=\cdots=\frac{R_n^{(n-1)}(x_{n-1})}{G^{(n-1)}(x_{n-1})}$$

$$=\frac{R_n^{(n-1)}(x_{n-1})-R_n^{(n-1)}(x_0)}{n!\ (x_{n-1}-x_0)}\to\frac{R_n^{(n)}(x_0)}{n!}=0\quad(x\to x_0),$$

即 $R_n(x)=o\big((x-x_0)^n\big)$，定理证毕.

公式(3.2.4)称为函数 $f(x)$ 在 x_0 处的带佩亚诺余项的 n 阶泰勒公式，而 $R_n(x)$ 的表达式(3.2.5)称为佩亚诺余项.

问题　设函数 $f(x)$ 在 x_0 处 n 阶可导，如果

$$f(x)=a_0+a_1(x-x_0)+a_2(x-x_0)^2+\cdots+a_n(x-x_0)^n+o_1\big((x-x_0)^n\big),$$

那么是否一定有

$$a_k=\frac{f^{(k)}(x_0)}{k!}(k=0,1,2,\cdots,n)?$$

对于这个问题，我们仅讨论 $x_0=0$ 的情形(当 $x_0\neq0$ 时，可令 $x-x_0=t$ 进行转化). 若

$$f(x)=f(0)+f'(0)x+\frac{f''(0)}{2!}x^2+\cdots+\frac{f^{(n)}(0)}{n!}x^n+o(x^n),$$

$$f(x)=a_0+a_1x+a_2x^2+\cdots+a_nx^n+o_1(x^n),$$

则两式相减，得

$$0=[a_0-f(0)]+[a_1-f'(0)]x+\left[a_2-\frac{f''(0)}{2!}\right]x^2+\cdots+\left[a_n-\frac{f^{(n)}(0)}{n!}\right]x^n+[o_1(x^n)-o(x^n)]. \tag{3.2.6}$$

因为 $\lim\limits_{x\to0}\frac{o_1(x^n)-o(x^n)}{x^n}=0$，所以 $\lim\limits_{x\to0}\frac{o_1(x^n)-o(x^n)}{x^k}=0$，$k=0,1,2,\cdots,n-1$，从而在式(3.2.6)中令 $x\to0$，取极限可得 $a_0=f(0)$. 于是，有

$$0=[a_1-f'(0)]x+\left[a_2-\frac{f''(0)}{2!}\right]x^2+\cdots+\left[a_n-\frac{f^{(n)}(0)}{n!}\right]x^n+[o_1(x^n)-o(x^n)]. \tag{3.2.7}$$

在式(3.2.7)中同除以 x 并令 $x\to0$，取极限可得 $a_1=f'(0)$. 同理可得

$$a_k=\frac{f^{(k)}(0)}{k!}\quad(k=0,1,2,\cdots,n).$$

于是得到泰勒公式的唯一性定理.

定理 3.2.3 设函数 $f(x)$ 在点 x_0 附近有定义，且在点 x_0 处 n 阶可导，若存在 $n+1$ 个常数 $a_0,a_1,a_2,\cdots,a_n$ 使得

$$f(x)=a_0+a_1(x-x_0)+a_2(x-x_0)^2+\cdots+a_n(x-x_0)^n+o_1\big((x-x_0)^n\big)$$

成立，则有

$$a_k=\frac{f^{(k)}(x_0)}{k!}\quad(k=0,1,2,\cdots,n),$$

其中 $f^{(0)}(x_0)=f(x_0)$.

泰勒公式与微分的区别

这就是说，如果函数 $f(x)$ 可以用 $x-x_0$ 的某个 n 次多项式逼近，其误差是当 $x\to x_0$ 时 $(x-x_0)^n$ 的高阶无穷小，那么这个 $x-x_0$ 的 n 次多项式再加上 $o\big((x-x_0)^n\big)$ 就一定是 $f(x)$ 在点 x_0 处的带佩亚诺余项的泰勒公式.

三、麦克劳林公式

问题 前面讨论的泰勒公式是将函数 $f(x)$ 按 $x-x_0$ 的幂展开，那么如何将函数 $f(x)$ 按 x 的幂展开呢?

事实上，只要在泰勒公式中取 $x_0=0$，即可得到

$$f(x)=f(0)+f'(0)x+\frac{f''(0)}{2!}x^2+\cdots+\frac{f^{(n)}(0)}{n!}x^n+$$
$$\frac{f^{(n+1)}(\theta x)}{(n+1)!}x^{n+1}\quad(0<\theta<1)\tag{3.2.8}$$

或

$$f(x)=f(0)+f'(0)x+\frac{f''(0)}{2!}x^2+\cdots+\frac{f^{(n)}(0)}{n!}x^n+o(x^n).\tag{3.2.9}$$

公式(3.2.8)和(3.2.9)分别称为函数 $f(x)$的带拉格朗日余项的 n 阶麦克劳林公式和带佩亚诺余项的 n 阶麦克劳林公式.

麦克劳林公式是泰勒公式的一种特殊情形，在工程及近似计算中应用广泛，接下来不妨计算几个常用函数的麦克劳林公式.

例 3.2.1　写出函数 $f(x)=e^x$ 的带拉格朗日余项的 n 阶麦克劳林公式.

解　因为

$$f'(x)=f''(x)=\cdots=f^{(n)}(x)=e^x,$$

所以

$$f'(0)=f''(0)=\cdots=f^{(n)}(0)=1.$$

把这些值代入公式(3.2.8)，并注意到 $f^{(n+1)}(\theta x)=e^{\theta x}$，可得

$$e^x=1+x+\frac{1}{2!}x^2+\cdots+\frac{1}{n!}x^n+\frac{e^{\theta x}}{(n+1)!}x^{n+1}\quad(0<\theta<1).$$

由这个公式可知，e^x 的 n 次泰勒多项式为

$$P_n(x)=1+x+\frac{1}{2!}x^2+\cdots+\frac{1}{n!}x^n.$$

$P_1(x)$，$P_2(x)$，$P_3(x)$，$P_4(x)$及 e^x 在$(0,+\infty)$上的图形如图 3.2.1 所示，不难看出，对相同的 x，n 越大，多项式越逼近 e^x.

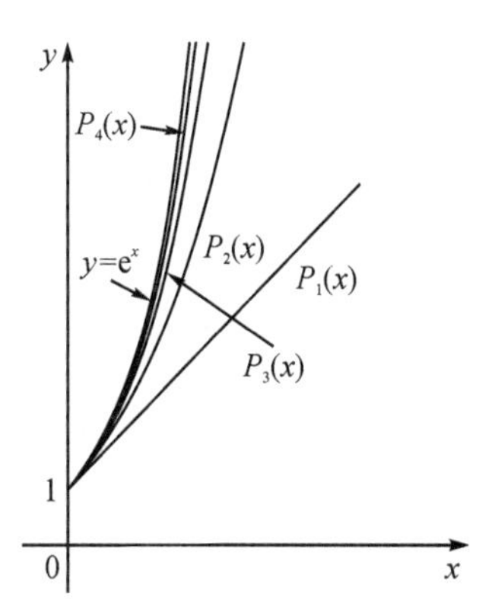

图 3.2.1

这时所产生的绝对误差为

$$|R_n(x)|=\left|\frac{e^{\theta x}}{(n+1)!}x^{n+1}\right|<\frac{e^{|x|}}{(n+1)!}|x|^{n+1}\quad(0<\theta<1).$$

注　e^x 的带佩亚诺余项的 n 阶麦克劳林公式为

$$\mathrm{e}^x=1+x+\frac{1}{2!}x^2+\cdots+\frac{1}{n!}x^n+o(x^n).$$

例 3.2.2 求函数 $f(x)=\sin x$ 的带拉格朗日余项的 n 阶麦克劳林公式.

解 因为

$$f^{(n)}(x)=\sin\left(x+\frac{n\pi}{2}\right)\ (n=1,2,\cdots),$$

所以

$$f^{(n)}(0)=\sin\frac{n\pi}{2}=\begin{cases}0, & n=2m\\ (-1)^{m-1}, & n=2m-1\end{cases}.$$

又

$$f^{(2m+1)}(\theta x)=\sin\left[\theta x+\frac{(2m+1)\pi}{2}\right]=(-1)^m\cos\theta x\quad(0<\theta<1),$$

故按公式(3.2.8)并令 $n=2m$，得

$$\sin x=x-\frac{x^3}{3!}+\frac{x^5}{5!}-\cdots+(-1)^{m-1}\frac{x^{2m-1}}{(2m-1)!}+$$
$$(-1)^m\frac{\cos\theta x}{(2m+1)!}x^{2m+1}\quad(0<\theta<1).$$

由这个公式可知，正弦函数 $\sin x$ 的 $n(n=2m-1)$次泰勒多项式为

$$P_n(x)=x-\frac{x^3}{3!}+\frac{x^5}{5!}-\cdots+(-1)^{m-1}\frac{x^{2m-1}}{(2m-1)!}.$$

$P_1(x)$，$P_3(x)$，$P_5(x)$及 $\sin x$ 在$(0,+\infty)$上的图形如图 3.2.2 所示，不难看出，对相同的 x，m 越大，多项式越逼近 $\sin x$.

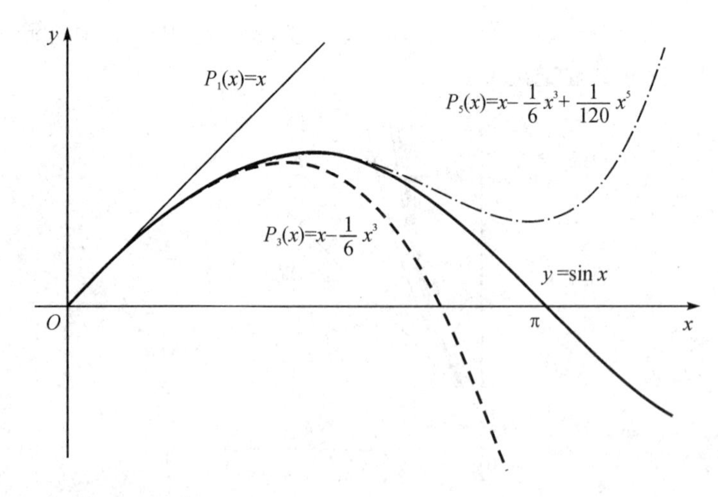

图 3.2.2

如果取 $m=1$，那么得近似公式

$$\sin x\approx x,$$

这时绝对误差为

$$\left|\frac{-\cos\theta x}{3!}x^3\right|\leqslant\frac{|x|^3}{6}\quad(0<\theta<1).$$

如果分别取 $m=2$，3，则得近似公式

$$\sin x\approx x-\frac{1}{3!}x^3,$$

和

$$\sin x\approx x-\frac{1}{3!}x^3+\frac{1}{5!}x^5,$$

其绝对误差分别不超过$\frac{|x|^5}{5!}$和$\frac{|x|^7}{7!}$.

注 $\sin x$ 的带佩亚诺余项的 $n(n=2m)$阶麦克劳林公式为

$$\sin x=x-\frac{x^3}{3!}+\frac{x^5}{5!}-\cdots+(-1)^{m-1}\frac{x^{2m-1}}{(2m-1)!}+o(x^{2m}).$$

常用初等函数的麦克劳林公式

以上我们通过直接求导代值的方法求出了几个初等函数的麦克劳林公式，除此之外，根据这些已知的公式，通过恒等变形、变量代换等方法也可以求出其他函数的麦克劳林公式.

例 3.2.3 求函数 e^{-x}，e^{x^2} 的带佩亚诺余项的 n 阶麦克劳林公式.

解 因为

$$e^t=1+t+\frac{1}{2!}t^2+\cdots+\frac{1}{n!}t^n+o(t^n),$$

所以令 $t=-x$ 得

$$e^{-x}=1-x+\frac{1}{2!}x^2-\cdots+\frac{(-1)^n}{n!}x^n+o(x^n),$$

令 $t=x^2$ 得

$$e^{x^2}=1+x^2+\frac{1}{2!}x^4+\cdots+\frac{1}{n!}x^{2n}+o(x^{2n}).$$

例 3.2.4 写出 $f(x)=\sqrt{1+x}\sin x$ 的带佩亚诺余项的 3 阶麦克劳林公式，并计算 $f'''(0)$.

解 因为

$$\sqrt{1+x}=(1+x)^{\frac{1}{2}}=1+\frac{1}{2}x+\frac{\frac{1}{2}\left(\frac{1}{2}-1\right)}{2!}x^2+\frac{\frac{1}{2}\left(\frac{1}{2}-1\right)\left(\frac{1}{2}-2\right)}{3!}x^3+o(x^3)$$
$$=1+\frac{1}{2}x-\frac{1}{8}x^2+\frac{1}{16}x^3+o(x^3),$$

$$\sin x=x-\frac{1}{3!}x^3+o(x^3),$$

所以

$$f(x)=\left[1+\frac{1}{2}x-\frac{1}{8}x^2+\frac{1}{16}x^3+o(x^3)\right]\left[x-\frac{1}{6}x^3+o(x^3)\right]$$
$$=x+\frac{1}{2}x^2-\frac{7}{24}x^3+o(x^3).$$

由于以上两式相乘时，所有高于3次的部分，当 $x\to 0$ 时都是比 x^3 更高阶的无穷小，因此可用 $o(x^3)$ 表示. 又 $f(x)$ 的带佩亚诺余项的3阶麦克劳林公式为

$$f(x)=f(0)+f'(0)x+\frac{f''(0)}{2!}x^2+\frac{f'''(0)}{3!}x^3+o(x^3),$$

比较可得 $\frac{f'''(0)}{3!}=-\frac{7}{24}$，故 $f'''(0)=-\frac{7}{4}$.

例 3.2.5 计算函数 $y=2^x$ 的麦克劳林公式中 x^n 项的系数.

解 因为

$$e^t=1+t+\frac{1}{2!}t^2+\cdots+\frac{1}{n!}t^n+o(t^n),$$

而 $y=2^x=e^{x\ln 2}$，所以令 $t=x\ln 2$ 得

$$2^x=1+x\ln 2+\frac{1}{2!}(x\ln 2)^2+\cdots+\frac{1}{n!}(x\ln 2)^n+o(x^n).$$

于是 x^n 项的系数是 $\frac{(\ln 2)^n}{n!}$.

四、近似计算

利用泰勒公式进行近似计算，就是通过函数及其导数在特殊点的值，计算函数在这个特殊点附近的一般点的函数值的近似值，并且其误差可以控制在任意指定的范围之内. 用泰勒多项式近似表达函数时，其误差常用拉格朗日余项来估计.

例 3.2.6 求绝对误差小于 10^{-6} 的 e 的近似值.

解 函数 e^x 的带拉格朗日余项的 n 阶麦克劳林公式为

$$e^x=1+x+\frac{1}{2!}x^2+\cdots+\frac{1}{n!}x^n+\frac{e^{\theta x}}{(n+1)!}x^{n+1}\quad(0<\theta<1).$$

由这个公式可知，若把 e^x 用它的 n 次泰勒多项式表达，所产生的绝对误差为

$$|R_n(x)|<\frac{e^{|x|}}{(n+1)!}|x|^{n+1}.$$

令 $x=1$，则得无理数 e 的近似表达式为

$$e\approx 1+1+\frac{1}{2!}+\cdots+\frac{1}{n!},$$

其绝对误差为

$$|R_n(1)|<\frac{e}{(n+1)!}<\frac{3}{(n+1)!}.$$

要使得绝对误差小于 10^{-6}，只要

$$|R_n(1)|<\frac{3}{(n+1)!}<10^{-6}.$$

当 $n=10$ 时，$R_{10}(1)<\frac{3}{11!}<10^{-6}$，此时

$$e\approx 2.718\ 282.$$

例 3.2.7 利用3阶泰勒公式求 $\sin 18°$ 的近似值，并估计误差.

解 已知 $\sin x \approx x - \dfrac{x^3}{3!}$，$R_4(x) = \dfrac{\sin\left(\xi + \dfrac{5}{2}\pi\right)}{5!}x^5$，$\xi$ 介于 0 与$\dfrac{\pi}{10}$之间，故

$$\sin 18° = \sin\frac{\pi}{10} \approx \frac{\pi}{10} - \frac{1}{3!}\left(\frac{\pi}{10}\right)^3 \approx 0.3090,$$

$$|R_4| \leqslant \frac{1}{5!}\left(\frac{\pi}{10}\right)^5 \approx 2.55 \times 10^{-5}.$$

注 利用 $R_3(x) = \dfrac{\sin\left(\xi + \dfrac{4}{2}\pi\right)}{4!}x^4$，$\xi \in \left(0, \dfrac{\pi}{10}\right)$，可得误差

$$|R_3| \leqslant \frac{1}{4!}\left(\frac{\pi}{10}\right)^4 \approx 1.3 \times 10^{-4}.$$

关于近似计算问题，在第二章第六节中也提到过，读者可以比较这两种近似计算方法的不同之处.

五、知识延展——泰勒公式的应用

泰勒公式除了在近似计算和误差估计中应用广泛外，在极限计算、不等式证明等诸多方面也有其独到的作用.

1. 利用泰勒公式计算极限

设$\lim\limits_{x\to a} f(x) = \lim\limits_{x\to a} g(x) = 0$，$f(x)$和 $g(x)$有泰勒展式

$$f(x) = \frac{1}{n!}f^{(n)}(a)(x-a)^n + o((x-a)^n),$$

$$g(x) = \frac{1}{m!}g^{(m)}(a)(x-a)^m + o((x-a)^m),$$

其中 $f^{(n)}(a) \neq 0$，$g^{(n)}(a) \neq 0$，则

$$\lim_{x\to a}\frac{f(x)}{g(x)} = \begin{cases} f^{(n)}(a)/g^{(n)}(a), & n = m \\ 0, & n > m. \\ \infty, & n < m \end{cases}$$

因此泰勒公式是求$\dfrac{0}{0}$型未定式(见本章第三节)的值的有效工具.

例 3.2.8 利用泰勒公式计算下列函数的极限：

(1) $\lim\limits_{x\to 0}\dfrac{\cos x - e^{-\frac{x^2}{2}}}{x^4}$； (2) $\lim\limits_{x\to 0}\dfrac{e^x - 1 - x - \dfrac{x}{2}\sin x}{\sin x - x\cos x}$.

解 (1) 因为

$$\cos x = 1 - \frac{x^2}{2!} + \frac{x^4}{4!} + o(x^4),$$

$$e^{-\frac{x^2}{2}} = 1 - \frac{x^2}{2} + \frac{1}{2!}\left(-\frac{x^2}{2}\right)^2 + o(x^4),$$

所以

$$\lim_{x\to 0}\frac{\cos x-\mathrm{e}^{-\frac{x^2}{2}}}{x^4}=\lim_{x\to 0}\frac{\left[1-\frac{x^2}{2}+\frac{x^4}{24}+o(x^4)\right]-\left[1-\frac{x^2}{2}+\frac{x^4}{8}+o(x^4)\right]}{x^4}$$

$$=\lim_{x\to 0}\frac{\left(\frac{1}{24}-\frac{1}{8}\right)x^4+o(x^4)}{x^4}=-\frac{1}{12}.$$

这里我们用到了下述事实：$o(x^4)-o(x^4)=o(x^4)$. 很多初学者会认为这个式子等于零，从而出现错误.

(2) 粗略地估计分子分母都是关于 x 的 3 阶无穷小，于是，将分子、分母展开至 x^3 项，得

$$\mathrm{e}^x-1-x-\frac{x}{2}\sin x=1+x+\frac{x^2}{2}+\frac{x^3}{6}+o(x^3)-1-x-\frac{x}{2}\left(x-\frac{x^3}{6}+o(x^3)\right)$$

$$=\frac{x^3}{6}+\frac{x^4}{12}+o(x^3)+o(x^4)$$

$$=\frac{x^3}{6}+o(x^3),$$

$$\sin x-x\cos x=x-\frac{x^3}{6}+o(x^3)-x\left(1-\frac{x^2}{2}+o(x^3)\right)$$

$$=\frac{x^3}{3}+o(x^3),$$

从而

$$\lim_{x\to 0}\frac{\mathrm{e}^x-1-x-\frac{x}{2}\sin x}{\sin x-x\cos x}=\lim_{x\to 0}\frac{\frac{x^3}{6}+o(x^3)}{\frac{x^3}{3}+o(x^3)}=\frac{1}{2}.$$

在这个题目中我们用到了下述事实：

$$xo(x^3)=o(x^4),\quad o(x^3)+o(x^4)=o(x^3).$$

根据高阶无穷小的定义可证明这两个等式.

2. 利用泰勒公式讨论无穷小的比较和阶

设 $f(x)$ 有泰勒展式

$$f(x)=\frac{1}{k!}f^{(k)}(a)(x-a)^k+o((x-a)^k)\quad(x\to a),$$

其中 $f^{(k)}(a)\neq 0$(即 $f^{(k)}(a)$ 是泰勒展式中第一个不等于零的系数)，则当 $x\to a$ 时，$f(x)$ 是关于 $x-a$ 的 k 阶无穷小. 因此泰勒公式是进行无穷小的比较、确定无穷小的阶的有效工具.

例 3.2.9 设当 $x\to 0$ 时，$\mathrm{e}^x-(ax^2+bx+1)$ 是比 x^2 高阶的无穷小，计算常数 a，b 的值.

解 因 $\mathrm{e}^x=1+x+\frac{1}{2!}x^2+o(x^2)$，故

$$e^x-(ax^2+bx+1)=(1-b)x+\left(\frac{1}{2}-a\right)x^2+o(x^2).$$

又当 $x\to 0$ 时，$e^x-(ax^2+bx+1)$是比 x^2 高阶的无穷小，所以 $a=\frac{1}{2}$，$b=1$.

例 3.2.10 试确定当 $x\to 0$ 时，$\sqrt{1-2x}-\sqrt[3]{1-3x}$ 是关于 x 的几阶无穷小？

解 由于

$$\begin{aligned}&\sqrt{1-2x}-\sqrt[3]{1-3x}\\&=\left[1+\frac{1}{2}(-2x)-\frac{1}{8}(-2x)^2+o(x^2)\right]-\left[1+\frac{1}{3}(-3x)-\frac{1}{9}(-3x)^2+o(x^2)\right]\\&=\frac{1}{2}x^2+o(x^2),\end{aligned}$$

因此，当 $x\to 0$ 时，$\sqrt{1-2x}-\sqrt[3]{1-3x}$ 是关于 x 的 2 阶无穷小.

3. 利用泰勒公式证明等式或不等式

由于泰勒公式给出了函数在任一点处的函数值与一定点处的函数值、各阶导数值及中值之间的等式关系，因此泰勒公式也是证明与中值或各阶导数值有关的等式及不等式的有效工具.

例 3.2.11 设 $f(x)$在$[0, 1]$上有二阶导数，且对一切 $x\in[0, 1]$，有

$$|f(x)|\leqslant A,\quad |f''(x)|\leqslant B,$$

其中 A，B 为正常数，证明：

$$|f'(x)|\leqslant 2A+\frac{B}{2},\quad \forall x\in(0, 1).$$

证明 在$(0, 1)$内任意取定一点 x_0，考虑 $f(0)$，$f(1)$在 x_0 处的 1 阶泰勒公式，有

$$f(0)=f(x_0)+f'(x_0)(0-x_0)+\frac{1}{2}f''(\xi_1)(0-x_0)^2,\quad 0<\xi_1<x_0,$$

$$f(1)=f(x_0)+f'(x_0)(1-x_0)+\frac{1}{2}f''(\xi_2)(1-x_0)^2,\quad 0<\xi_2<x_1,$$

以上两式相减得

$$f(0)-f(1)=-f'(x_0)+\frac{1}{2}[x_0^2f''(\xi_1)-(1-x_0)^2f''(\xi_2)],$$

则

$$f'(x_0)=f(1)-f(0)+\frac{1}{2}[x_0^2f''(\xi_1)-(1-x_0)^2f''(\xi_2)],$$

于是

$$\begin{aligned}|f'(x_0)|&\leqslant|f(0)|+|f(1)|+\frac{1}{2}B[x_0^2+(1-x_0)^2]\\&\leqslant 2A+\frac{1}{2}B[x_0+(1-x_0)]=2A+\frac{1}{2}B.\end{aligned}$$

由点 x_0 的任意性可知$|f'(x)|\leqslant 2A+\frac{B}{2}$，$\forall x\in(0, 1)$.

例 3.2.12　设函数 $f(x)$在$(0, +\infty)$上有二阶导数，且对一切 $x>0$，有

$$|f(x)|\leqslant A, \quad |f''(x)|\leqslant B,$$

其中 A，B 为正常数，证明：

$$|f'(x)|\leqslant 2\sqrt{AB}, \quad \forall x\in(0, +\infty).$$

证明　任意取定正数 x 及 h，有

$$f(x+h)=f(x)+f'(x)\cdot h+\frac{1}{2}f''(x+\theta h)\cdot h^2,$$

其中 $0<\theta<1$. 移项并取绝对值可得

$$\begin{aligned}|f'(x)\cdot h|&=\left|f(x+h)-f(x)-\frac{1}{2}f''(x+\theta h)\cdot h^2\right|\\&\leqslant|f(x+h)|+|f(x)|+\frac{1}{2}|f''(x+\theta h)\cdot h^2|\\&\leqslant 2A+\frac{B}{2}h^2,\end{aligned}$$

即

$$|f'(x)|\leqslant\frac{2A}{h}+\frac{Bh}{2}.$$

因为上式对一切 $h\in(0, +\infty)$都成立，所以若函数 $g(h)=\frac{2A}{h}+\frac{Bh}{2}$在区间$(0, +\infty)$上有最小值，则应有

$$|f'(x)|\leqslant\min_{h\in(0, +\infty)}g(h).$$

令 $g'(h)=-\frac{2A}{h^2}+\frac{B}{2}=0$，得该方程的正根为 $h_0=2\sqrt{\frac{A}{B}}$，可以验证 $g(h)$在 $h_0=2\sqrt{\frac{A}{B}}$处取到最小值，故有

$$|f'(x)|\leqslant g\left(2\sqrt{\frac{A}{B}}\right)=2\sqrt{AB}.$$

由于 x 是任意取定的正数，因此上式对一切 $x\in(0, +\infty)$都成立.

注　(1) 本例求函数 $g(h)$的最小值时用到了本章第四节的方法，对于该方法不清楚的初学者可学习完本章第四节再来学习本例.

(2) 本例说明了当 $f(x)$与 $f''(x)$在$(0, +\infty)$上都是有界函数时，$f'(x)$在$(0, +\infty)$上也是有界函数. 进一步，由 $f(x)$与 $f^{(n)}(x)$是有界函数可推出 $f^{(k)}(x)(k=1, 2, \cdots, n-1)$也是有界函数.

例 3.2.13　设 $f(x)$三阶可导，且 $f'''(a)\neq 0$，

$$f(x)=f(a)+f'(a)(x-a)+\frac{f''[a+\theta(x-a)]}{2}(x-a)^2 \quad (0<\theta<1). \tag{3.2.10}$$

证明：$\lim\limits_{x\to a}\theta=\frac{1}{3}$.

证明　$f(x)$在 $x=a$ 处的泰勒公式为

$$f(x)=f(a)+f'(a)(x-a)+\frac{f''(a)}{2}(x-a)^2+\frac{f'''(a)}{3!}(x-a)^3+o((x-a)^3). \tag{3.2.11}$$

$f''(x)$在 $x=a$ 处的泰勒公式为

$$f''(x)=f''(a)+f'''(a)(x-a)+o(x-a). \tag{3.2.12}$$

在式(3.2.12)中用 $a+\theta(x-a)$代替 x 得

$$f''[a+\theta(x-a)]=f''(a)+f'''(a)\theta(x-a)+o(x-a). \tag{3.2.13}$$

另一方面，由式(3.2.10)－式(3.2.11)得

$$f''[a+\theta(x-a)]=f''(a)+\frac{f'''(a)}{3}(x-a)+o(x-a), \tag{3.2.14}$$

联立式(3.2.13)与式(3.2.14)得

$$\frac{1}{3}f'''(a)(x-a)+o(x-a)=f'''(a)\theta(x-a)+o(x-a),$$

所以$\lim\limits_{x\to a}\theta=\frac{1}{3}$.

习　题　3－2

基　础　题

1. 按$(x-4)$的幂展开多项式 $f(x)=x^4-5x^3+x^2-3x+4$.

2. 求函数 $f(x)=\sqrt{x}$ 按$(x-4)$的幂展开的带拉格朗日余项的 3 阶泰勒公式.

3. 求函数 $f(x)=\ln x$ 按$(x-2)$的幂展开的带佩亚诺余项的 n 阶泰勒公式.

4. 求函数 $f(x)=\frac{1}{x}$按$(x+1)$的幂展开的带拉格朗日余项的 n 阶泰勒公式.

5. 求函数 $f(x)=x\mathrm{e}^x$ 的带佩亚诺余项的 n 阶麦克劳林公式.

6. 求下列极限：

(1) $\lim\limits_{x\to 0}\frac{\mathrm{e}^x-\left(1+x+\frac{x^2}{2!}+\cdots+\frac{x^n}{n!}\right)}{x^n}(n\in\mathbf{N}^+)$；　　(2) $\lim\limits_{x\to 0}\frac{\ln(1+x)-\sin x}{\sqrt{1+x^2}-\cos x^2}$；

(3) $\lim\limits_{x\to 0}\frac{\mathrm{e}^x\sin x-x(1+x)}{x^3}$.

7. 设函数 $f(x)$在闭区间$[-1,1]$上具有三阶连续导数，且 $f(-1)=0$，$f(1)=1$，$f'(0)=0$，证明在开区间$(-1,1)$内至少存在一点 ξ 使得 $f'''(\xi)=3$.

8. 设函数 $f(x)$在闭区间$[0,1]$上二阶可导，且满足条件 $f(0)=f(1)$，$|f''(x)|\leqslant 2$，证明：$\forall x\in[0,1]$，$|f'(x)|\leqslant 1$.

9. 设函数 $f(x)$与 $g(x)$在$[a,+\infty]$上均 n 阶可导，且满足：

(1) $f^{(k)}(a)=g^{(k)}(a)$ $(k=0,1,2,\cdots,n-1)$；

(2) 当 $x>a$ 时，$f^{(n)}(a)>g^{(n)}(a)$.

证明：当 $x>a$ 时，有 $f(x)>g(x)$.

10. 应用3阶泰勒公式求$\sqrt[3]{30}$的近似值，并估计误差.

提　高　题

1. 证明不等式$\left|\dfrac{\sin x-\sin y}{x-y}-\cos y\right|\leqslant\dfrac{1}{2}|x-y|$，$\forall x, y\in(-\infty, +\infty)$.

2. 设 $f(x)$在$[0, 1]$上具有二阶导数，且满足条件$|f(x)|\leqslant a$，$|f''(x)|\leqslant b$，其中 a，b 都是非负常数，c 是$(0, 1)$内任意一点，证明$|f'(c)|\leqslant 2a+\dfrac{b}{2}$.

3. 设函数 $f(x)=x+a\ln(1+x)+bx\sin x$，$g(x)=kx^3$，若 $f(x)$与 $g(x)$在 $x\to 0$ 时是等价无穷小，求 a，b，k 的值.

4. 设函数 $f(x)=\arctan x-\dfrac{x}{1+ax^2}$，且 $f'''(0)=1$，求 a 的值.

5. 设 $f'''(a)\neq 0$，且 $f(a+h)=f(a)+f'(a)h+\dfrac{f''(a+\theta h)}{2!}h^2$，求证：$\lim\limits_{h\to 0}\theta=\dfrac{1}{3}$.

6. 设 $f^{(n+1)}(x)\neq 0$，且

$$f(x+h)=f(x)+f'(x)h+\frac{f''(x)}{2!}h^2+\cdots+\frac{f^{(n-1)}(x)}{(n-1)!}h^{n-1}+\frac{f^{(n)}(x+\theta h)}{n!}h^n,$$

求证：$\lim\limits_{h\to 0}\theta=\dfrac{1}{n+1}$.

7. 设 $f(x)$在$(-1, 1)$内具有二阶连续导数且 $f''(x)\neq 0$，试证：

(1) 对于$(-1, 1)$内的任一 $x\neq 0$，存在唯一的 $\theta(x)\in(-1, 0)\cup(0, 1)$，使得

$$f(x)=f(0)+xf'[\theta(x)x];$$

(2) $\lim\limits_{x\to 0}\theta(x)=\dfrac{1}{2}$.

8. 设函数 $f(x)$在闭区间$[a, b]$上具有二阶导数，且 $f''(x)<0$，试证：对于(a, b)内的任意两个不同的 x_1 与 x_2，以及满足 $s+t=1$，$0<s<1$ 的两个数 s 与 t，均有

$$f(sx_1+tx_2)>sf(x_1)+tf(x_2).$$

9. 设函数 $f(x)$二阶可微，且 $f(0)=f(1)=0$，$\max\limits_{0\leqslant x\leqslant 1}f(x)=2$，试证：

$$\min_{0\leqslant x\leqslant 1}f''(x)\leqslant -16.$$

10. 设函数 $f(x)$在闭区间$[a, b]$上具有二阶导数，且 $f'(a)=f'(b)=0$，试证：$\exists\xi\in(a, b)$,使得

$$|f''(\xi)|\geqslant\frac{4}{(b-a)^2}|f(b)-f(a)|.$$

注　利用本题结果可以证明：若火车从起点到终点共行驶了 t 秒钟，行驶距离为 s 米，则途中必有一个时刻，其加速度的绝对值不低于$\dfrac{4s}{t^2}$米/秒^2.

习题 3－2 参考答案

11. 设函数 $f(x)$在区间$(-1, 1)$内有二阶导数，且

$$f(0)=f'(0)=0,\quad |f''(x)|\leqslant|f(x)|+|f'(x)|.$$

试证：$\exists\delta>0$，使得在$(-\delta,\delta)$内$f(x)\equiv 0$.

第三节　洛必达法则

教学目标

柯西中值定理是拉格朗日中值定理的一种推广，这种推广的一个应用是推导确定未定式值的洛必达(L'Hospital)法则. 现在我们先来解释什么是未定式. 考虑两个函数$y=f(x)$及$y=g(x)$，设它们在点a附近有定义(点a可除外). 若$\lim\limits_{x\to a}g(x)\neq 0$，则比值$f(x)/g(x)$在$x\to a$时有极限

$$\lim_{x\to a}\frac{f(x)}{g(x)}=\frac{\lim\limits_{x\to a}f(x)}{\lim\limits_{x\to a}g(x)},$$

这时求极限值毫无困难. 若$\lim\limits_{x\to a}g(x)=0$，而$\lim\limits_{x\to a}f(x)\neq 0$，则比值

$$\frac{f(x)}{g(x)}\to\infty\quad(x\to a),$$

这时结论也是清楚的. 若$\lim\limits_{x\to a}g(x)=0$且$\lim\limits_{x\to a}f(x)=0$，则当$x\to a$时，比值$f(x)/g(x)$的变化趋势有多种可能性：

(1) 极限存在，如$\lim\limits_{x\to 0}\dfrac{\sin x}{x}=1$；

(2) 极限不存在，如$\lim\limits_{x\to 0}\dfrac{x\sin\frac{1}{x}}{x}=\lim\limits_{x\to 0}\sin\dfrac{1}{x}$；

(3) 是无穷大量，如$\lim\limits_{x\to 0}\dfrac{x^2+\sin^2 x}{x^3}=\infty$.

正因为如此，当$\lim\limits_{x\to a}f(x)=\lim\limits_{x\to a}g(x)=0$时，我们称比值$f(x)/g(x)$的极限为未定式，简记为$\dfrac{0}{0}$. 下面我们讨论求这类极限的洛必达法则.

一、$\dfrac{0}{0}$型未定式

问题　在学习导数时，我们利用极限给出了导数的基本定义，那么我们可否反过来利用导数的知识求未定式的值呢？

不妨先来看个简单的例子. 利用泰勒公式我们可以得到$\lim\limits_{x\to 0}\dfrac{1-\mathrm{e}^x}{x}=-1$. 另一方面，$(1-\mathrm{e}^x)'=-\mathrm{e}^x$，$(x)'=1$，从而

$$\lim_{x\to 0}\frac{(1-\mathrm{e}^x)'}{(x)'}=\lim_{x\to 0}\frac{-\mathrm{e}^x}{1}=-1,$$

可以看到$\lim\limits_{x\to 0}\dfrac{1-\mathrm{e}^x}{x}=\lim\limits_{x\to 0}\dfrac{(1-\mathrm{e}^x)'}{(x)'}$.

观察这个例子，我们提出猜想：确定未定式的值是否可以先分别将分子与分母求导数

后再求极限?如果可以,这种方法对未定式是否都适用呢?请看下面的定理.

定理 3.3.1(洛必达法则) 设 $y=f(x)$ 及 $y=g(x)$ 在点 a 的一个去心邻域内有定义,并在该邻域内可导且 $g'(x)\neq 0$. 若 $\lim\limits_{x\to a}f(x)=\lim\limits_{x\to a}g(x)=0$ 并且当 $x\to a$ 时 $\dfrac{f'(x)}{g'(x)}$ 的极限存在或为 ∞,则当 $x\to a$ 时 $\dfrac{f(x)}{g(x)}$ 的极限存在或为 ∞,且

$$\lim_{x\to a}\frac{f(x)}{g(x)}=\lim_{x\to a}\frac{f'(x)}{g'(x)}.$$

证明 补充定义 $f(a)=g(a)=0$,于是,由定理所给条件,这时 $f(x)$ 和 $g(x)$ 在点 a 的一个邻域内连续. 设 x 是在该邻域内任意取定的一点且 $x\neq a$,则在 $[a, x]$ 或 $[x, a]$ 上柯西中值定理的条件均满足,从而

$$\frac{f(x)}{g(x)}=\frac{f(x)-f(a)}{g(x)-g(a)}=\frac{f'(\xi_x)}{g'(\xi_x)}, \tag{3.3.1}$$

这里 ξ_x 介于 a 与 x 之间,故当 $x\to a$ 时,ξ_x 也趋于 a. 令 $x\to a$,并对式(3.3.1)取极限,即有

$$\lim_{x\to a}\frac{f(x)}{g(x)}=\lim_{\xi_x\to a}\frac{f'(\xi_x)}{g'(\xi_x)}=\lim_{x\to a}\frac{f'(x)}{g'(x)}.$$

注 在这个证明中,$\xi_x\to a$ 表示点列 ξ_x 以特殊的、离散的方式趋于 a,而 $x\to a$ 中变量 x 是连续趋于 a 的.

现在我们来看前面提到的极限 $\lim\limits_{x\to 0}\dfrac{1-e^x}{x}$,显然这是一个 $\dfrac{0}{0}$ 型未定式,且满足洛必达法则的条件,从而利用洛必达法则可得

$$\lim_{x\to 0}\frac{1-e^x}{x}=\lim_{x\to 0}\frac{(1-e^x)'}{(x)'}=\lim_{x\to 0}\frac{-e^x}{1}=-1.$$

这说明我们的猜想是正确的. 接下来我们看看洛必达法则在计算其他 $\dfrac{0}{0}$ 型未定式时的应用.

例 3.3.1 计算极限 $\lim\limits_{x\to 0}\dfrac{\ln(x+1)-x}{x^2}$.

解 显然,这是一个 $\dfrac{0}{0}$ 型未定式,应用洛必达法则,有

$$\lim_{x\to 0}\frac{\ln(x+1)-x}{x^2}=\lim_{x\to 0}\frac{\frac{1}{1+x}-1}{2x}=\frac{1}{2}\lim_{x\to 0}\frac{-1}{1+x}=-\frac{1}{2}.$$

这里值得注意的是,虽然式子可以按照现在的次序书写,但实际上推理步骤是反过来的. 严格地讲,因为极限 $\lim\limits_{x\to 0}\dfrac{\frac{1}{1+x}-1}{2x}$ 存在,才肯定了极限 $\lim\limits_{x\to 0}\dfrac{\ln(x+1)-x}{x^2}$ 存在并等于 $-\dfrac{1}{2}$.

思考题

例 3.3.2　计算极限$\lim\limits_{x\to 0}\dfrac{e^x-1-x-\dfrac{1}{2}x^2}{x^3}$.

解　这是一个$\dfrac{0}{0}$型未定式，分子与分母求导后仍是$\dfrac{0}{0}$型未定式，继续对分子与分母求导二次后才得到非未定式，故

$$\lim_{x\to 0}\frac{e^x-1-x-\frac{1}{2}x^2}{x^3}=\lim_{x\to 0}\frac{e^x-1-x}{3x^2}=\lim_{x\to 0}\frac{e^x-1}{6x}=\lim_{x\to 0}\frac{e^x}{6}=\frac{1}{6}.$$

值得说明的是，洛必达法则对于其他极限过程，如 $x\to a^+$ 或 $x\to a^-$ 也是成立的.

下面给出洛必达法则的一个重要应用——证明带佩亚诺余项的泰勒中值定理(定理 3.2.2).

证明　记 $R_n(x)=f(x)-P_n(x)$，只要证明$\lim\limits_{x\to x_0}\dfrac{R_n(x)}{(x-x_0)^n}=0$ 即可.

由定理 3.2.2 的条件可知

$$R_n(x_0)=R'_n(x_0)=\cdots=R_n^{(n)}(x_0)=0.$$

由于 $f(x)$在 x_0 处有 n 阶导数，因此 $f(x)$必在 x_0 的某邻域内存在直到 $n-1$ 阶导数，从而 $R_n(x)$也在该邻域内存在直到 $n-1$ 阶导数，反复应用洛必达法则，得

$$\begin{aligned}\lim_{x\to x_0}\frac{R_n(x)}{(x-x_0)^n}&=\lim_{x\to x_0}\frac{R'_n(x)}{n(x-x_0)^{n-1}}=\lim_{x\to x_0}\frac{R''_n(x)}{n(n-1)(x-x_0)^{n-2}}\\&=\cdots=\lim_{x\to x_0}\frac{R_n^{(n-1)}(x)}{n!\,(x-x_0)}\\&=\frac{1}{n!}\lim_{x\to x_0}\frac{R_n^{(n-1)}(x)-R_n^{(n-1)}(x_0)}{x-x_0}\\&=\frac{1}{n!}R_n^{(n)}(x_0)=0,\end{aligned}$$

于是 $R_n(x)=o((x-x_0)^n)$，定理证毕.

问题　当自变量趋于定点时，未定式的值可以通过分子与分母求导再计算极限的方法求解，那么当自变量趋于无穷时，是否可以用这样的方法求解未定式的值呢？如果可以，该怎样给出呢？

事实上，对于 $x\to\infty$(或 $x\to+\infty$或 $x\to-\infty$)的极限过程，洛必达法则仍然成立. 但定理的叙述与证明需要改写. 下面仅以 $x\to\infty$的情况为例给出定理及其证明.

定理 3.3.2　设 $y=f(x)$及 $y=g(x)$在 $\mathbf{R}\setminus[-A,A]$内可导且 $g'(x)\neq 0$，其中 $A>0$，若$\lim\limits_{x\to\infty}f(x)=\lim\limits_{x\to\infty}g(x)=0$ 且极限$\lim\limits_{x\to\infty}\dfrac{f'(x)}{g'(x)}$存在，则当 $x\to\infty$时$\dfrac{f(x)}{g(x)}$的极限存在，且

$$\lim_{x\to\infty}\frac{f(x)}{g(x)}=\lim_{x\to\infty}\frac{f'(x)}{g'(x)}.$$

证明　令 $x=\dfrac{1}{t}$，则 $F(t)=f\left(\dfrac{1}{t}\right)$，$G(t)=g\left(\dfrac{1}{t}\right)$在点 0 的某去心 δ 邻域$\mathring{U}(0,\delta)$内有

定义且可导，其中 $\delta=\dfrac{1}{A}$. 补充定义 $F(0)=0$，$G(0)=0$，由 $\lim\limits_{x\to\infty}f(x)=\lim\limits_{x\to\infty}g(x)=0$ 可知，函数 $F(t)$ 及 $G(t)$ 在 $(-\delta,\ \delta)$ 内连续. 此外，根据极限 $\lim\limits_{x\to\infty}\dfrac{f'(x)}{g'(x)}$ 存在，可知极限 $\lim\limits_{t\to0}[F'(t)/G'(t)]$ 存在，并且

$$\lim_{t\to0}\frac{F'(t)}{G'(t)}=\lim_{x\to\infty}\frac{f'(x)}{g'(x)}.$$

对 $F(t)$ 与 $G(t)$ 应用定理 3.3.1 得

$$\lim_{t\to0}\frac{F(t)}{G(t)}=\lim_{t\to0}\frac{F'(t)}{G'(t)},$$

故

$$\lim_{x\to\infty}\frac{f(x)}{g(x)}=\lim_{x\to\infty}\frac{f'(x)}{g'(x)}.$$

对于 $x\to+\infty$ 或 $x\to-\infty$ 的情况，定理 3.3.2 的结论依然成立. 下面针对自变量的不同变化趋势来看洛必达法则的应用.

例 3.3.3 计算下列极限：

(1) $\lim\limits_{x\to0}\dfrac{\arctan x-x}{\ln(1+2x^3)}$； (2) $\lim\limits_{x\to1^+}\dfrac{\ln\cos(x-1)}{1-\sin\dfrac{\pi}{2}x}$； (3) $\lim\limits_{x\to+\infty}\dfrac{\ln\left(1+\dfrac{1}{x}\right)}{\operatorname{arccot}x}$.

解 (1) 这是一个 $\dfrac{0}{0}$ 型未定式，注意到分母可用等价无穷小代换，即当 $x\to0$ 时，$\ln(1+2x^3)\sim2x^3$，于是有

$$\lim_{x\to0}\frac{\arctan x-x}{\ln(1+2x^3)}=\lim_{x\to0}\frac{\arctan x-x}{2x^3}=\lim_{x\to0}\frac{\dfrac{1}{1+x^2}-1}{6x^2}$$
$$=\frac{1}{6}\lim_{x\to0}\frac{-x^2}{x^2(1+x^2)}=-\frac{1}{6}.$$

(2) 这是一个 $\dfrac{0}{0}$ 型未定式，应用洛必达法则，得

$$\lim_{x\to1^+}\frac{\ln\cos(x-1)}{1-\sin\dfrac{\pi}{2}x}=\lim_{x\to1^+}\frac{-\tan(x-1)}{-\dfrac{\pi}{2}\cos\dfrac{\pi}{2}x}=\frac{2}{\pi}\lim_{x\to1^+}\frac{x-1}{\cos\dfrac{\pi}{2}x}$$
$$\overset{\frac{0}{0}}{=}\frac{2}{\pi}\lim_{x\to1^+}\frac{1}{-\dfrac{\pi}{2}\sin\dfrac{\pi}{2}x}=-\frac{4}{\pi^2}.$$

(3) 这是一个 $\dfrac{0}{0}$ 型未定式，可先将分子用等价无穷小代换，即

$$\ln\left(1+\frac{1}{x}\right)\sim\frac{1}{x}\quad\left(x\to+\infty,\ \frac{1}{x}\to0^+\right)$$

于是有

$$\text{原式}=\lim_{x\to+\infty}\frac{\frac{1}{x}}{\operatorname{arccot}x}\overset{\frac{0}{0}}{=}\lim_{x\to+\infty}\frac{-\frac{1}{x^2}}{-\frac{1}{1+x^2}}=\lim_{x\to+\infty}\frac{1+x^2}{x^2}=1.$$

注　利用洛必达法则计算未定式时，能应用等价无穷小替换或重要极限要尽可能应用，可以化简要尽可能先化简，从而简化运算.

例 3.3.4　计算极限$\lim\limits_{x\to0}\dfrac{\sin^2x-x^2\cos^2x}{x(e^{2x}-1)\ln(1+\tan^2x)}$.

解　先对分母利用等价无穷小替换，即当 $x\to0$ 时，

$$e^{2x}-1\sim2x,\quad \ln(1+\tan^2x)\sim\tan^2x\sim x^2,$$

再相继应用洛必达法则，得

$$\begin{aligned}\lim_{x\to0}\frac{\sin^2x-x^2\cos^2x}{x(e^{2x}-1)\ln(1+\tan^2x)}&=\lim_{x\to0}\frac{(\sin x-x\cos x)(\sin x+x\cos x)}{x\cdot2x\cdot x^2}\\&=\frac{1}{2}\lim_{x\to0}\frac{\sin x-x\cos x}{x^3}\cdot\lim_{x\to0}\frac{\sin x+x\cos x}{x}\\&=\frac{1}{2}\lim_{x\to0}\frac{\sin x-x\cos x}{x^3}\cdot2\\&\overset{\frac{0}{0}}{=}\lim_{x\to0}\frac{\cos x-\cos x+x\sin x}{3x^2}\\&=\lim_{x\to0}\frac{x\sin x}{3x^2}=\lim_{x\to0}\frac{x^2}{3x^2}=\frac{1}{3}.\end{aligned}$$

二、$\dfrac{\infty}{\infty}$型未定式

对于极限$\lim\limits_{x\to a}\dfrac{f(x)}{g(x)}$，当$\lim\limits_{x\to a}g(x)=\lim\limits_{x\to a}f(x)=\infty$时，其值可能存在，也可能不存在，此时称该极限为$\dfrac{\infty}{\infty}$型未定式.

对于$\dfrac{\infty}{\infty}$型未定式，同样有洛必达法则，下面仅以 $x\to a^+$ 的极限过程为例叙述定理，至于 $x\to a^-$，$x\to-\infty$，$x\to+\infty$的极限过程，定理及其证明只需稍加改变即可.

定理 3.3.3(洛必达法则)　设 $y=f(x)$及 $y=g(x)$在区间(a,c)内有定义，并在该区间内可导且 $g'(x)\neq0$，若 $\lim\limits_{x\to a^+}f(x)=\lim\limits_{x\to a^+}g(x)=\infty$且极限 $\lim\limits_{x\to a^+}\dfrac{f'(x)}{g'(x)}$存在，则当 $x\to a^+$ 时$\dfrac{f(x)}{g(x)}$的极限存在，且

$$\lim_{x\to a^+}\frac{f(x)}{g(x)}=\lim_{x\to a^+}\frac{f'(x)}{g'(x)}.$$

这个定理的证明略长，如果仅想掌握计算方法的读者可忽略.

证明　令$\lim\limits_{x\to a^+}\dfrac{f'(x)}{g'(x)}=K$.

首先考察 K 有限的情形.

由极限的定义知，对任意给定的 $\varepsilon>0$，必存在 $\eta>0(\eta<c-a)$，使得当 $x\in(a, a+\eta)$ 时有

$$\left|\frac{f'(x)}{g'(x)}-K\right|<\frac{\varepsilon}{2}.$$

令 $a+\eta=b$，而 x 在 a 与 b 之间，在区间$[x, b]$上应用柯西中值定理，得

$$\frac{f(x)-f(b)}{g(x)-g(b)}=\frac{f'(\xi)}{g'(\xi)},$$

其中 $\xi\in(x, b)\subset(a, a+\eta)$，因此

$$\left|\frac{f(x)-f(b)}{g(x)-g(b)}-K\right|=\left|\frac{f'(\xi)}{g'(\xi)}-K\right|<\frac{\varepsilon}{2}.$$

另一方面，当 $x\neq b$ 时，

$$\frac{f(x)}{g(x)}-K=\frac{f(b)-K\cdot g(b)}{g(x)}+\left[1-\frac{g(b)}{g(x)}\right]\left[\frac{f(x)-f(b)}{g(x)-g(b)}-K\right].$$

又 $\lim\limits_{x\to a^+}g(x)=\infty$，所以可以找到正数 $\delta<\eta$，当 $x\in(a, a+\delta)$时，有

$$\left|1-\frac{g(b)}{g(x)}\right|<1,\quad \left|\frac{f(b)-K\cdot g(b)}{g(x)}\right|<\frac{\varepsilon}{2},$$

于是

$$\left|\frac{f(x)}{g(x)}-K\right|\leqslant\left|\frac{f(b)-K\cdot g(b)}{g(x)}\right|+\left|1-\frac{g(b)}{g(x)}\right|\cdot\left|\frac{f(x)-f(b)}{g(x)-g(b)}-K\right|<\frac{\varepsilon}{2}+\frac{\varepsilon}{2}=\varepsilon.$$

由定义即得

$$\lim_{x\to a^+}\frac{f(x)}{g(x)}=K=\lim_{x\to a^+}\frac{f'(x)}{g'(x)}.$$

再考察 $K=+\infty$的情形. 由于在点 a 的某个右邻域内 $f'(x)\neq 0$,因此

$$\lim_{x\to a^+}\frac{g'(x)}{f'(x)}=0,$$

于是有

$$\lim_{x\to a^+}\frac{g(x)}{f(x)}=0,$$

从而

$$\lim_{x\to a^+}\frac{f(x)}{g(x)}=+\infty.$$

因为(至少在点 a 的某个右邻域内) $f(x)$和 $g(x)$都大于零，所以 $K=-\infty$的情形是不可能的.

例 3.3.5 证明 $\lim\limits_{x\to+\infty}\dfrac{P(x)}{e^x}=0$，其中 $P(x)$为 x 的一个 $n(n>1)$次多项式函数.

证明 这是一个$\dfrac{\infty}{\infty}$型未定式. 设 $P(x)=a_0x^n+a_1x^{n-1}+\cdots+a_n$，则 $P(x)$的 n 阶导数 $P^{(n)}(x)=a_0n!$ 是一个常数，而 e^x 的 n 阶导数仍是 e^x，故

$$\lim_{x\to+\infty}\frac{P^{(n)}(x)}{e^x}=0.$$

于是反复运用洛必达法则，得

$$\lim_{x\to+\infty}\frac{P(x)}{e^x}=\lim_{x\to+\infty}\frac{P'(x)}{e^x}=\cdots=\lim_{x\to+\infty}\frac{P^{(n-1)}(x)}{e^x}=\lim_{x\to+\infty}\frac{P^{(n)}(x)}{e^x}=0.$$

例 3.3.6　计算极限 $\lim\limits_{x\to+\infty}\dfrac{\ln^n x}{x^\alpha}$ $(\alpha>0,\ n\in\mathbf{N}^*)$.

解　这是一个$\dfrac{\infty}{\infty}$型未定式. 根据洛必达法则，可知

$$\begin{aligned}\lim_{x\to+\infty}\frac{\ln^n x}{x^\alpha}&=\lim_{x\to+\infty}\frac{n\ln^{n-1}x\cdot x^{-1}}{\alpha x^{\alpha-1}}=\lim_{x\to+\infty}\frac{n\ln^{n-1}x}{\alpha x^\alpha}\\&=\lim_{x\to+\infty}\frac{n(n-1)\ln^{n-2}x\cdot x^{-1}}{\alpha\cdot\alpha x^{\alpha-1}}=\lim_{x\to+\infty}\frac{n(n-1)\ln^{n-2}x}{\alpha^2x^\alpha}\\&=\cdots=\lim_{x\to+\infty}\frac{n!}{\alpha^n x^\alpha}=0.\end{aligned}$$

引入概念：如果函数 $\Phi(x)$，$F(x)$当 $x\to a$(或 $x\to\infty$) 时均是无穷大量，且

$$\lim_{x\to a}\frac{\Phi(x)}{F(x)}=0\quad\left(\text{或}\ \lim_{x\to\infty}\frac{\Phi(x)}{F(x)}=0\right),$$

则当 $x\to a$(或 $x\to\infty$)时 $F(x)$是比 $\Phi(x)$高阶的无穷大量，或 $\Phi(x)$是比 $F(x)$低阶的无穷大量. 以上两例可以说明，当 $x\to+\infty$时，不论 α 是多么小的一个正数，x^α 总是比 $\ln^n x$ 高阶的无穷大量；不论 n 是多么大的整数，x^n 总是比 $e^{\alpha x}(\alpha>0)$低阶的无穷大量. 因此，我们对这三个无穷大量按阶数由大到小排列如下：

$$e^{\alpha x},\ x^n,\ \ln^n x\ (\alpha>0,\ n\in\mathbf{N}^*,\ x\to+\infty).$$

三、其他类型未定式

当 $x\to a$ 时，我们需要计算的大部分极限是下列情况之一：

$$\lim_{x\to a}\frac{f(x)}{g(x)},\quad \lim_{x\to a}[f(x)-g(x)],\quad \lim_{x\to a}f(x)g(x),\quad \lim_{x\to a}f(x)^{g(x)}.$$

如果函数在 $x=a$ 连续，那么利用连续性直接将 $x=a$ 代入计算函数值即可. 但这种方法不可能解决所有问题，例如$\dfrac{0}{0}$型未定式、$\dfrac{\infty}{\infty}$型未定式以及许多其他类型的未定式便不能用这种方法计算. 对于$\dfrac{0}{0}$型和$\dfrac{\infty}{\infty}$型未定式，直接应用洛必达法则计算即可；对于一些非$\dfrac{0}{0}$型和$\dfrac{\infty}{\infty}$型未定式，可以通过恒等变形将它们转化为$\dfrac{0}{0}$型和$\dfrac{\infty}{\infty}$型未定式后再利用洛必达法则计算.

1. 0 · ∞型未定式

若

$$\lim_{x\to a}f(x)=0,\quad \lim_{x\to a}g(x)=\infty,$$

则有

$$f(x)g(x)=\frac{f(x)}{\frac{1}{g(x)}}=\frac{g(x)}{\frac{1}{f(x)}},$$

显然当 $x\to a$ 时，$\dfrac{f(x)}{\frac{1}{g(x)}}$的极限是$\dfrac{0}{0}$型未定式，$\dfrac{g(x)}{\frac{1}{f(x)}}$的极限是$\dfrac{\infty}{\infty}$型未定式.

2. ∞－∞型未定式

若

$$\lim_{x\to a}f(x)=\infty,\quad \lim_{x\to a}g(x)=\infty,$$

则

$$f(x)-g(x)=\frac{1}{\frac{1}{f(x)}}-\frac{1}{\frac{1}{g(x)}}=\frac{\frac{1}{g(x)}-\frac{1}{f(x)}}{\frac{1}{f(x)}\cdot\frac{1}{g(x)}},$$

即 $f(x)-g(x)$的极限可以变形为$\dfrac{0}{0}$型未定式.

3. 0^0，∞^0，1^∞型未定式

对于形如幂指数类型的未定式，可以先对函数表达式取对数.

设 $y=[f(x)]^{g(x)}$，$\lim\limits_{x\to a}f(x)=\infty$，$\lim\limits_{x\to a}g(x)=0$，则 $\ln y=g(x)\cdot\ln[f(x)]$，此时 $\ln y$ 的极限就是已经研究过的 $0\cdot\infty$型未定式. 假设用洛必达法则能求出$\lim\limits_{x\to a}\ln y$，若该值为有限数 K，$+\infty$或$-\infty$，则$\lim\limits_{x\to a}y$ 就分别为 e^K，$+\infty$或 0.

当 $x\to a^+$，$x\to a^-$，$x\to\infty$，$x\to+\infty$，$x\to-\infty$时，上述对未定式的各种结论均成立. 下面分别举例来说明这几种类型未定式的计算.

例 3.3.7 计算 $\lim\limits_{x\to 0^+}x^\mu\cdot\ln x(\mu>0)$.

解 这是一个 $0\cdot\infty$型未定式，先对其进行恒等变形，再应用洛必达法则，得

$$\lim_{x\to 0^+}x^\mu\cdot\ln x=\lim_{x\to 0^+}\frac{\ln x}{x^{-\mu}}\overset{\frac{\infty}{\infty}}{=}\lim_{x\to 0^+}\frac{\frac{1}{x}}{-\mu x^{-\mu-1}}=\lim_{x\to 0^+}\frac{x^\mu}{-\mu}=0.$$

例 3.3.8 计算$\lim\limits_{x\to 0}\left(\dfrac{1}{x^2}-\cot^2 x\right)$.

解 这是一个$\infty-\infty$型未定式，对其进行恒等变形，得

$$\lim_{x\to 0}\left(\frac{1}{x^2}-\cot^2 x\right)=\lim_{x\to 0}\frac{\sin^2 x-x^2\cos^2 x}{x^2\sin^2 x}.$$

显然变形后为$\dfrac{0}{0}$型未定式，但该未定式中函数表达式比较复杂，直接求导后的式子也不简单，从而先化简函数表达式，得

$$\frac{\sin^2 x-x^2\cos^2 x}{x^2\sin^2 x}=\frac{\sin x+x\cos x}{\sin x}\cdot\frac{\sin x-x\cos x}{x^2\sin x}.$$

前一因式的极限可以用初等方法求出，即

$$\lim_{x\to 0}\frac{\sin x+x\cos x}{\sin x}=\lim_{x\to 0}\left(1+\frac{x}{\sin x}\cdot\cos x\right)=2.$$

对第二个因式分母利用等价无穷小替换后再应用洛必达法则，得

$$\lim_{x\to 0}\frac{\sin x-x\cos x}{x^2\sin x}=\lim_{x\to 0}\frac{\sin x-x\cos x}{x^3}\overset{\frac{0}{0}}{=}\lim_{x\to 0}\frac{\cos x-\cos x+x\sin x}{3x^2}$$

$$=\lim_{x\to 0}\frac{x\sin x}{3x^2}=\frac{1}{3},$$

于是，所求极限为

$$\lim_{x\to 0}\left(\frac{1}{x^2}-\cot^2 x\right)=\frac{2}{3}.$$

例 3.3.9　计算$\lim\limits_{x\to 0}\left(\frac{\sin x}{x}\right)^{\frac{1}{1-\cos x}}$.

解　这是一个1^∞型未定式. 设$y=\left(\frac{\sin x}{x}\right)^{\frac{1}{1-\cos x}}$，若$x>0$(由于$y$是偶函数，因此可限于讨论这个情形)，则

$$\ln y=\frac{\ln\frac{\sin x}{x}}{1-\cos x},$$

显然$x\to 0$时$\ln y$的极限是$\frac{0}{0}$型未定式，应用等价无穷小替换与洛必达法则，有

$$\lim_{x\to 0}\ln y=\lim_{x\to 0}\frac{\ln\left(1+\frac{\sin x}{x}-1\right)}{1-\cos x}=\lim_{x\to 0}\frac{\frac{\sin x-x}{x}}{1-\cos x}$$

$$=2\lim_{x\to 0}\frac{\sin x-x}{x^3}=2\lim_{x\to 0}\frac{\cos x-1}{3x^2}=-\frac{1}{3}.$$

于是

$$\lim_{x\to 0}\left(\frac{\sin x}{x}\right)^{\frac{1}{1-\cos x}}=\lim_{x\to 0}y=e^{\lim\limits_{x\to 0}\ln y}=e^{-\frac{1}{3}}=\frac{1}{\sqrt[3]{e}}.$$

例 3.3.10　计算$\lim\limits_{x\to 0^+}(\cot x)^{\sin x}$.

解　这是一个∞^0型未定式. 设$y=(\cot x)^{\sin x}$，则

$$\ln y=\sin x\cdot\ln\cot x=\sin x\ln\cos x-\sin x\ln\sin x,$$

而

$$\lim_{x\to 0^+}\sin x\ln\cos x=0\cdot\ln 1=0,$$

$$\lim_{x\to 0^+}\sin x\ln\sin x\ \overset{\text{令}}{\underset{t=\sin x}{=\!=\!=}}\ \lim_{t\to 0^+}\frac{\ln t}{1/t}\overset{\frac{\infty}{\infty}}{=}\lim_{t\to 0^+}\frac{1/t}{-1/t^2}=0,$$

所以

$$\lim_{x\to 0^+}(\cot x)^{\sin x}=\lim_{x\to 0^+}y=e^{\lim\limits_{x\to 0^+}\ln y}=e^0=1.$$

例 3.3.11 计算 $\lim\limits_{x\to+\infty}\left(\frac{\pi}{2}-\arctan x\right)^{\frac{1}{\ln x}}$.

解 这是一个 0^0 型未定式. 设 $y=\left(\frac{\pi}{2}-\arctan x\right)^{\frac{1}{\ln x}}$，则

$$\ln y=\frac{1}{\ln x}\cdot\ln\left(\frac{\pi}{2}-\arctan x\right),$$

直接利用洛必达法则，得

$$\begin{aligned}\lim_{x\to+\infty}\ln y&=\lim_{x\to+\infty}\frac{\ln\left(\frac{\pi}{2}-\arctan x\right)}{\ln x}=\lim_{x\to+\infty}\frac{1}{\pi/2-\arctan x}\cdot\frac{-x}{1+x^2}\\&=\lim_{x\to+\infty}\frac{1/x}{\pi/2-\arctan x}\cdot\lim_{x\to+\infty}\frac{-x^2}{1+x^2}\\&=(-1)\cdot\lim_{x\to+\infty}\frac{1/x}{\pi/2-\arctan x}\\&\overset{\frac{0}{0}}{=}-\lim_{x\to+\infty}\frac{-1/x^2}{-1/(1+x^2)}=-1,\end{aligned}$$

所以 $\lim\limits_{x\to+\infty}\left(\frac{\pi}{2}-\arctan x\right)^{\frac{1}{\ln x}}=\lim\limits_{x\to+\infty}y=e^{\lim\limits_{x\to+\infty}\ln y}=e^{-1}$.

值得注意的是，对于幂指函数型的未定式，我们可以先利用公式 $u^v=e^{v\ln u}$ 将未定式中的幂指函数变形，再利用洛必达法则得到结果，例如，因为

$$\left(\frac{\pi}{2}-\arctan x\right)^{\frac{1}{\ln x}}=e^{\frac{1}{\ln x}\cdot\ln\left(\frac{\pi}{2}-\arctan x\right)}=e^{\frac{\ln\left(\frac{\pi}{2}-\arctan x\right)}{\ln x}},$$

而根据洛必达法则，可知 $\lim\limits_{x\to+\infty}\frac{\ln\left(\frac{\pi}{2}-\arctan x\right)}{\ln x}=-1$，所以由指数函数的连续性可得

$$\lim_{x\to+\infty}\left(\frac{\pi}{2}-\arctan x\right)^{\frac{1}{\ln x}}=e^{\lim\limits_{x\to+\infty}\frac{\ln\left(\frac{\pi}{2}-\arctan x\right)}{\ln x}}=e^{-1}.$$

以上，我们通过不同的例子说明了应用洛必达法则计算未定式值的过程，需要注意的是，洛必达法则虽然是求解未定式值的有效途径，但却不是万能的工具，如果不注意使用条件的限制就会出现错误. 下面给出使用洛必达法则的注意事项.

(1) 洛必达法则仅对满足条件的 $\frac{0}{0}$ 型和 $\frac{\infty}{\infty}$ 型未定式可直接使用，每次使用前都要验证是否满足条件.

例如，计算 $\lim\limits_{x\to1}\frac{x^3-3x+2}{x^3-x^2-x+1}$.

错解：这是 $\frac{0}{0}$ 型未定式，若相继应用洛必达法则，则过程如下：

$$\lim_{x\to1}\frac{x^3-3x+2}{x^3-x^2-x+1}=\lim_{x\to1}\frac{3x^2-3}{3x^2-2x-1}=\lim_{x\to1}\frac{6x}{6x-2}=\lim_{x\to1}\frac{6}{6}=1.$$

注　上式中$\lim\limits_{x\to 1}\dfrac{6x}{6x-2}$已不是未定式，不能对它使用洛必达法则，否则会导致结果错误.

正解：$\lim\limits_{x\to 1}\dfrac{x^3-3x+2}{x^3-x^2-x+1}=\lim\limits_{x\to 1}\dfrac{3x^2-3}{3x^2-2x-1}=\lim\limits_{x\to 1}\dfrac{6x}{6x-2}\overset{\text{连续}}{=}\dfrac{3}{2}$.

(2) $\lim\limits_{x\to a}\dfrac{f'(x)}{g'(x)}$不存在，不能说明$\lim\limits_{x\to a}\dfrac{f(x)}{g(x)}$不存在.

例如，计算$\lim\limits_{x\to\infty}\dfrac{x+\sin x}{x}$.

错解：因$\lim\limits_{x\to\infty}\dfrac{x+\sin x}{x}=\lim\limits_{x\to\infty}(1+\cos x)$不存在，故该极限不存在.

正解：$\lim\limits_{x\to\infty}\dfrac{x+\sin x}{x}=\lim\limits_{x\to\infty}\left(1+\dfrac{1}{x}\sin x\right)=1$.

(3) 不要盲目使用洛必达法则，否则会陷入无限循环.

例如，计算$\lim\limits_{x\to+\infty}\dfrac{\sqrt{1+x^2}}{x}$.

错解：
$$\lim_{x\to+\infty}\frac{\sqrt{1+x^2}}{x}\overset{\frac{\infty}{\infty}}{=}\lim_{x\to+\infty}\frac{(\sqrt{1+x^2})'}{x'}=\lim_{x\to+\infty}\frac{x}{\sqrt{1+x^2}}$$
$$\overset{\frac{\infty}{\infty}}{=}\lim_{x\to+\infty}\frac{x'}{(\sqrt{1+x^2})'}=\lim_{x\to+\infty}\frac{\sqrt{1+x^2}}{x},$$

陷入无限循环，无法求出该极限.

正解：$\lim\limits_{x\to+\infty}\dfrac{\sqrt{1+x^2}}{x}=\lim\limits_{x\to+\infty}\sqrt{\dfrac{1}{x^2}+1}=\sqrt{\lim\limits_{x\to+\infty}\left(\dfrac{1}{x^2}+1\right)}=1$.

(4) 求数列极限时不能直接使用洛必达法则，而要先将数列极限转化为函数极限后再使用.

例如，计算$\lim\limits_{n\to\infty}\dfrac{\ln n}{n}$.

错解：$\lim\limits_{n\to\infty}\dfrac{\ln n}{n}=\lim\limits_{n\to\infty}\dfrac{(\ln n)'}{n'}=\lim\limits_{n\to\infty}\dfrac{1}{n}=0$.

注　虽然极限的结果是正确的，但计算过程是错误的. 因为数列是没有导数的，所以不能直接使用洛必达法则. 事实上，根据沟通数列极限与函数极限的海涅定理可得正确解法.

正解：因为
$$\lim_{x\to+\infty}\frac{\ln x}{x}=\lim_{x\to+\infty}\frac{(\ln x)'}{x'}=\lim_{x\to+\infty}\frac{1}{x}=0,$$
所以 $\lim\limits_{n\to+\infty}\dfrac{\ln n}{n}=\lim\limits_{x\to+\infty}\dfrac{\ln x}{x}=0$.

(5) 洛必达法则需要与等价无穷小代换、非零因子求极限、变量代换等综合起来应用.

例如，计算$\lim\limits_{x\to 0}\dfrac{e^{2x}-e^{\sin 2x}}{2x-\sin 2x}$.

解　这是$\dfrac{0}{0}$型未定式，直接使用洛必达法则，得

$$\lim_{x\to 0}\frac{e^{2x}-e^{\sin 2x}}{2x-\sin 2x}=\lim_{x\to 0}\frac{2e^{2x}-e^{\sin 2x}\cdot\cos 2x\cdot 2}{2-2\cos 2x}$$

$$=\lim_{x\to 0}\frac{4e^{2x}-4(e^{\sin 2x}\cdot\cos^2 2x-e^{\sin 2x}\cdot\sin 2x)}{4\sin 2x}$$

$$=\lim_{x\to 0}\frac{8e^{2x}-8e^{\sin 2x}(\cos^3 2x-3\cos 2x\sin 2x-\cos 2x)}{8\cos 2x}=1.$$

不难发现，直接使用洛必达法则计算，整个过程不仅需要使用三次洛必达法则，还需要多次使用复合函数求导法则，最后将一个简单形式的函数变为复杂函数后才得出极限.其实，此例无需使用洛必达法则，而只需对式子进行初等变形后再利用等价无穷小代换 $e^{\alpha(x)}-1\sim\alpha(x)$(当 $x\to 0$ 时，$\alpha(x)\to 0$)进行变换，即可得出极限值，具体过程如下：

$$\lim_{x\to 0}\frac{e^{2x}-e^{\sin 2x}}{2x-\sin 2x}=\lim_{x\to 0}e^{\sin 2x}\cdot\frac{e^{2x-\sin 2x}-1}{2x-\sin 2x}$$

$$=\lim_{x\to 0}e^{\sin 2x}\cdot\frac{2x-\sin 2x}{2x-\sin 2x}=1.$$

 **问题** 下列证明过程是否正确？为什么？

证明：若 $f(x)$ 在 x_0 处二阶可导，则

$$\lim_{h\to 0}\frac{f(x_0+h)+f(x_0-h)-2f(x_0)}{h^2}=f''(x_0).$$

证明 $\lim\limits_{h\to 0}\dfrac{f(x_0+h)+f(x_0-h)-2f(x_0)}{h^2}$

$$\overset{\frac{0}{0}}{=}\lim_{h\to 0}\frac{f'(x_0+h)-f'(x_0-h)}{2h}\overset{\frac{0}{0}}{=}\lim_{h\to 0}\frac{f''(x_0+h)+f''(x_0-h)}{2}$$

$$=f''(x_0).$$

分析 不正确.理由如下：第二次使用洛必达法则的前提条件是 $f(x)$ 在 x_0 的附近二阶可导，即 $f(x)$ 具有二阶导函数，而题目中的条件是 $f(x)$ 仅在 x_0 处二阶可导；第三个等号成立的条件是 $f(x)$ 的二阶导数在 x_0 处连续，显然题目中并没有这个条件.事实上，在第一次使用洛必达法则后，可以根据导数的定义来进行证明，具体过程如下：

$$\lim_{h\to 0}\frac{f(x_0+h)+f(x_0-h)-2f(x_0)}{h^2}$$

$$\overset{\frac{0}{0}}{=}\lim_{h\to 0}\frac{f'(x_0+h)-f'(x_0-h)}{2h}$$

$$=\lim_{h\to 0}\left[\frac{f'(x_0+h)-f'(x_0)}{2h}+\frac{1}{2}\frac{f'(x_0-h)-f'(x_0)}{-h}\right]$$

$$=\frac{1}{2}f''(x_0)+\frac{1}{2}f''(x_0)=f''(x_0).$$

例 3.3.12 设 $g(x)=\begin{cases}\dfrac{f(x)}{x}, & x\neq 0\\ f'(0), & x=0\end{cases}$，其中 $f(x)$ 具有二阶连续导数，且 $f(0)=0$，试

证：函数 $g(x)$ 具有一阶连续导数.

证明　当 $x\neq 0$ 时，$g'(x)=\left[\dfrac{f(x)}{x}\right]'=\dfrac{xf'(x)-f(x)}{x^2}$，因 $f(x)$，$f'(x)$ 均连续，故 $g'(x)$ 存在且连续.

下面证明当 $x=0$ 时，$g'(x)$ 存在且连续. 先证 $g(x)$ 在 $x=0$ 处可导. 由导数定义可知

$$g'(0)=\lim_{x\to 0}\frac{g(x)-g(0)}{x-0}=\lim_{x\to 0}\frac{\dfrac{f(x)}{x}-f'(0)}{x}=\lim_{x\to 0}\frac{f(x)-xf'(0)}{x^2}$$

$$\overset{\text{洛必达}}{=}\lim_{x\to 0}\frac{f'(x)-f'(0)}{2x}=\frac{1}{2}f''(0),$$

所以 $g'(x)=\begin{cases}\dfrac{xf'(x)-f(x)}{x^2}, & x\neq 0\\ \dfrac{1}{2}f''(0), & x=0\end{cases}$.

再证 $g'(x)$ 在 $x=0$ 处连续. 由于 $f(x)$ 的二阶导数连续，因此

$$\lim_{x\to 0}g'(x)=\lim_{x\to 0}\frac{xf'(x)-f(x)}{x^2}\overset{\text{洛必达}}{=}\lim_{x\to 0}\frac{xf''(x)+f'(x)-f'(x)}{2x}$$

$$=\frac{1}{2}\lim_{x\to 0}f''(x)=\frac{1}{2}f''(0)=g'(0).$$

综上可知函数 $g(x)$ 具有一阶连续导数.

例 3.3.13　设 $f(x)$ 在点 a 的某邻域内二阶可导，且 $f'(a)\neq 0$，计算

$$\lim_{x\to a}\left[\frac{1}{f(x)-f(a)}-\frac{1}{(x-a)f'(a)}\right].$$

解　依题设，$f(x)$ 在 $x=a$ 处连续，则 $\lim\limits_{x\to a}f(x)=f(a)$，因此所求极限是 $\infty-\infty$ 型未定式. 记

$$I=\lim_{x\to a}\left[\frac{1}{f(x)-f(a)}-\frac{1}{(x-a)f'(a)}\right]=\lim_{x\to a}\frac{f'(a)(x-a)-f(x)+f(a)}{f'(a)(x-a)[f(x)-f(a)]},$$

这是 $\dfrac{0}{0}$ 型未定式且满足洛必达法则的条件，从而利用洛必达法则可得

$$I=\frac{1}{f'(a)}\lim_{x\to a}\frac{f'(a)-f'(x)}{f(x)-f(a)+(x-a)f'(x)}$$

$$=\frac{1}{f'(a)}\lim_{x\to a}\frac{-\dfrac{f'(x)-f'(a)}{x-a}}{\dfrac{f(x)-f(a)}{x-a}+f'(x)}$$

$$=-\frac{1}{f'(a)}\cdot\frac{f''(a)}{2f'(a)}=-\frac{f''(a)}{2[f'(a)]^2}.$$

注　本题虽然利用洛必达法则后所得极限仍是 $\dfrac{0}{0}$ 型未定式，但却不适合继续利用洛必达法则，因为题中没有 $f''(x)$ 连续的条件，所以不能判定 $\lim\limits_{x\to a}f''(x)=f''(a)$. 但 $f(x)$ 在

$x=a$ 处二阶可导，故可用导数定义计算所得极限. 若题设 $f(x)$ 有二阶连续导数，则可再用一次洛必达法则.

四、知识延展——广义洛必达法则

问题 洛必达法则是计算未定式值的有力工具，它可以解决一大批极限问题，但对有些极限问题却无能为力. 例如，设 $f(x)$ 在 $(0, +\infty)$ 上可微，且 $\lim\limits_{x\to0^+}f'(x)$ 存在，计算 $\lim\limits_{x\to0^+}\dfrac{f(x)}{\ln x}$. 这里因为没有给出 $\lim\limits_{x\to0^+}f(x)=\infty$ 的条件，所以不能直接用定理 3.3.3 的洛必达法则求解. 那么条件 $\lim\limits_{x\to0^+}f(x)=\infty$ 真的必不可少吗？

事实上，回顾我们关于定理 3.3.3 的证明，就可以看到这个条件是可以去掉的，于是有下面的广义洛必达法则.

定理 3.3.4 $\left(\dfrac{*}{\infty}\text{型未定式的洛必达法则}\right)$ 设 $f(x)$ 和 $g(x)$ 在 $(a, a+r]$ $(r>0)$ 上可导，且满足

(1) $g'(x)\neq0$；

(2) $\lim\limits_{x\to a^+}g(x)=\infty$；

(3) $\lim\limits_{x\to a^+}\dfrac{f'(x)}{g'(x)}=A$ (A 为有限数、$+\infty$ 或 $-\infty$).

则有 $\lim\limits_{x\to a^+}\dfrac{f(x)}{g(x)}=A$.

对极限过程 $x\to a$，$x\to+\infty$，$x\to-\infty$，$x\to\infty$ 也有类似结论，如 $x\to+\infty$ 时有如下定理：

定理 3.3.5 $\left(\dfrac{*}{\infty}\text{型未定式的洛必达法则}\right)$ 设 $f(x)$ 和 $g(x)$ 在 $(a, +\infty)$ 上可导，且满足

(1) $g'(x)\neq0$；

(2) $\lim\limits_{x\to+\infty}g(x)=\infty$；

(3) $\lim\limits_{x\to+\infty}\dfrac{f'(x)}{g'(x)}=A$ (A 为有限数或 ∞).

则有 $\lim\limits_{x\to+\infty}\dfrac{f(x)}{g(x)}=A$.

例 3.3.14 设 $f(x)$ 在 $(-1, 1)$ 内可微，且 $\lim\limits_{x\to0}f'(x)=1$，求 $\lim\limits_{x\to0}\dfrac{f(x)}{\ln x^2}$.

解 这是 $\dfrac{*}{\infty}$ 型未定式，根据广义洛必达法则，有

$$\lim_{x\to0}\frac{f(x)}{\ln x^2}=\lim_{x\to0}\frac{f'(x)}{(\ln x^2)'}=\lim_{x\to0}\frac{1}{2}xf'(x)=0.$$

例 3.3.15 设 $f(x)$ 在 $(a, +\infty)$ 上可微，且 $\lim\limits_{x\to+\infty}[f(x)+f'(x)]=A$，证明：

$$\lim_{x\to+\infty}f(x)=A,\quad \lim_{x\to+\infty}f'(x)=0.$$

证明　因为 $\lim\limits_{x\to+\infty}f(x)=\lim\limits_{x\to+\infty}\dfrac{f(x)e^x}{e^x}=\lim\limits_{x\to+\infty}\dfrac{e^x[f(x)+f'(x)]}{e^x}=A$，由此可见 $\lim\limits_{x\to+\infty}f(x)=A$，$\lim\limits_{x\to+\infty}f'(x)=0$.

这一节主要利用柯西中值定理证明了计算未定式值的洛必达法则，使用时应注意以下几点：

(1) 设$\lim\dfrac{f(x)}{g(x)}$为$\dfrac{0}{0}\left(或\dfrac{\infty}{\infty}\right)$型未定式，验证条件满足后可使用洛必达法则求解.

(2) 设 $\lim\dfrac{f(x)}{g(x)}$为未定式，若$\dfrac{f(x)}{g(x)}=\varphi(x)\dfrac{f_1(x)}{g_1(x)}$且已知$\lim\varphi(x)=a$，$\lim\dfrac{f_1(x)}{g_1(x)}$为未定式，则可对$\lim\dfrac{f_1(x)}{g_1(x)}$用洛必达法则以简化计算. 若由此可求得$\lim\dfrac{f_1(x)}{g_1(x)}=b$，那么$\lim\dfrac{f(x)}{g(x)}=ab$.

(3) 设 $\lim\dfrac{f(x)}{g(x)}$为未定式，求极限时$\dfrac{f(x)}{g(x)}$的无穷小因子可用其等价无穷小量代替. 但$\dfrac{f(x)}{g(x)}$中出现的非无穷小因子不能用等价无穷小量代替.

习　题　3－3

基　础　题

1. 下述论证是否正确？为什么？

(1) 因为

$$\lim_{x\to\infty}\frac{x+\sin x}{x-\cos x}=\lim_{x\to\infty}\frac{(x+\sin x)'}{(x-\cos x)'}=\lim_{x\to\infty}\frac{1+\cos x}{1+\sin x},$$

而右端极限不存在，所以左端极限也不存在，即 $x\to\infty$时，$\dfrac{x+\sin x}{x-\cos x}$的极限不存在.

(2) $\lim\limits_{x\to0}\dfrac{x+\cos x}{\sin x}=\lim\limits_{x\to0}\dfrac{(x+\cos x)'}{(\sin x)'}=\lim\limits_{x\to0}\dfrac{1-\sin x}{\cos x}=1$.

2. 求下列极限：

(1) $\lim\limits_{x\to e}\dfrac{\ln x-1}{x-e}$；　　(2) $\lim\limits_{x\to\frac{\pi}{2}}\dfrac{\ln\sin x}{(\pi-2x)^2}$；

(3) $\lim\limits_{x\to0}\dfrac{\ln(1+x^2)}{\sec x-\cos x}$；　　(4) $\lim\limits_{x\to a}\dfrac{x^m-a^m}{x^n-a^n}$ (m，n 为正整数)；

(5) $\lim\limits_{x\to+\infty}\dfrac{\ln\left(1+\dfrac{1}{x}\right)}{\operatorname{arccot}x}$；　　(6) $\lim\limits_{x\to+\infty}\dfrac{\ln(1+x)}{x^\alpha}$ ($\alpha>0$)；

(7) $\lim\limits_{x\to1}(1-x)\tan\dfrac{\pi}{2}x$；　　(8) $\lim\limits_{x\to0}x^2e^{\frac{1}{x^2}}$；

(9) $\lim\limits_{x\to0^+}x^a\ln x\,(a>0)$；　　(10) $\lim\limits_{x\to1}\left(\dfrac{1}{\ln x}-\dfrac{x}{\ln x}\right)$；

(11) $\lim\limits_{x\to\infty}\left[x-x^2\ln\left(1+\dfrac{1}{x}\right)\right]$； (12) $\lim\limits_{x\to 0^+}\left(\dfrac{1}{x}\right)^{\tan x}$；

(13) $\lim\limits_{x\to\infty}\left(\tan\dfrac{\pi x}{2x+1}\right)^{\frac{1}{x}}$； (14) $\lim\limits_{x\to 0}\left(\dfrac{a^x+b^x+c^x}{3}\right)^{\frac{1}{x}}(a, b, c>0)$；

(15) $\lim\limits_{x\to 0}\left(\dfrac{\sin x}{x}\right)^{\frac{1}{1-\cos x}}$.

3. 计算下列极限：

(1) $\lim\limits_{x\to 0}\dfrac{\sqrt{1+\tan x}-\sqrt{1+\sin x}}{x\ln(1+x)-x^2}$； (2) $\lim\limits_{x\to 0}\dfrac{\mathrm{e}-\mathrm{e}^{\cos x}}{\sqrt[3]{1+x^2}-1}$；

(3) $\lim\limits_{x\to+\infty}(x+\sqrt{1+x^2})^{\frac{1}{x}}$； (4) $\lim\limits_{n\to\infty}\left(n\tan\dfrac{1}{n}\right)^{n^2}$.

4. 已知$\lim\limits_{x\to\infty}\left(\dfrac{x+c}{x-c}\right)^x=4$，求常数 c 的值.

5. 设 $f(x)$在 $x=0$ 处可导，且 $f(0)=0$，求$\lim\limits_{x\to 0}\dfrac{f(1-\cos x)}{\tan x^2}$.

6. 试确定常数 a，b 使极限$\lim\limits_{x\to 0}\dfrac{1+a\cos 2x+b\cos 4x}{x^4}$存在，并求出该极限的值.

7. 设 $f(x)$在$(-\infty, +\infty)$内具有二阶导数，且 $f(0)=f'(0)=0$，试求

$$g(x)=\begin{cases}\dfrac{f(x)}{x}, & x\neq 0\\ 0, & x=0\end{cases}$$

的导数.

提 高 题

1. 计算下列极限：

(1) $\lim\limits_{x\to 0^+}(\cos\sqrt{x})^{\frac{\pi}{x}}$； (2) $\lim\limits_{x\to 0}\dfrac{\sqrt{1+x}+\sqrt{1-x}-2}{x^2}$；

(3) $\lim\limits_{x\to 0}\left(\dfrac{1}{x^2}-\dfrac{1}{x\tan x}\right)$.

2. 设函数 $f(x)$在 x_0 处具有二阶导数，且 $f''(x_0)>0$，证明：存在 $\delta>0$，使当 $0<|\Delta x|<\delta$ 时，有

$$\frac{f(x_0+\Delta x)+f(x_0-\Delta x)}{2}>f(x_0).$$

3. 设函数 $f(x)$在 $x=0$ 的某邻域内具有一阶连续导数，且 $f(0)\neq 0$，$f'(0)\neq 0$，若 $af(h)+bf(2h)-f(0)$当 $h\to 0$ 时是比 h 高阶的无穷小，试确定 a，b 的值.

4. 当 $x\to 0$ 时，$f(x)=x-\sin ax$ 与 $g(x)=x^2\ln(1-bx)$是等价无穷小，试确定 a，b 的值.

5. 设 $f(x)$，$g(x)$在(a, b)内可微，$\forall x\in(a, b)$，$g'(x)\neq 0$，当 $x\to a^+$时，$g(x)\to\infty$，且$\lim\limits_{x\to a^+}\dfrac{f'(x)}{g'(x)}=A$（有限数或$\infty$），证明：$\lim\limits_{x\to a^+}\dfrac{f(x)}{g(x)}=A$.

6. 设 $f(x)$ 在 $(a, +\infty)$ 内可微，且 $\lim\limits_{x\to+\infty}\left[f(x)+\frac{1}{\alpha}f'(x)\right]=A$，$\alpha$ 为正数，求：$\lim\limits_{x\to+\infty}f(x)$，$\lim\limits_{x\to+\infty}f'(x)$.

7. 设数列 $\{y_n\}$ 满足 $0<y_1<\pi$，$y_{n+1}=\sin y_n (n=1, 2, \cdots)$.

(1) 证明：$\lim\limits_{n\to\infty}y_n$ 存在，并求出该极限的值；

(2) 计算 $\lim\limits_{n\to\infty}\left(\frac{y_{n+1}}{y_n}\right)^{\frac{1}{y_n^2}}$.

习题 3-3 参考答案

第四节　函数的单调性与曲线的凹凸性

教学目标

在中学我们通过定义研究过一些简单初等函数的单调性、极值及最值问题，这些问题具有广泛的应用背景. 例如，图 3.4.1 和图 3.4.2 分别是常见的产量曲线和总成本曲线.

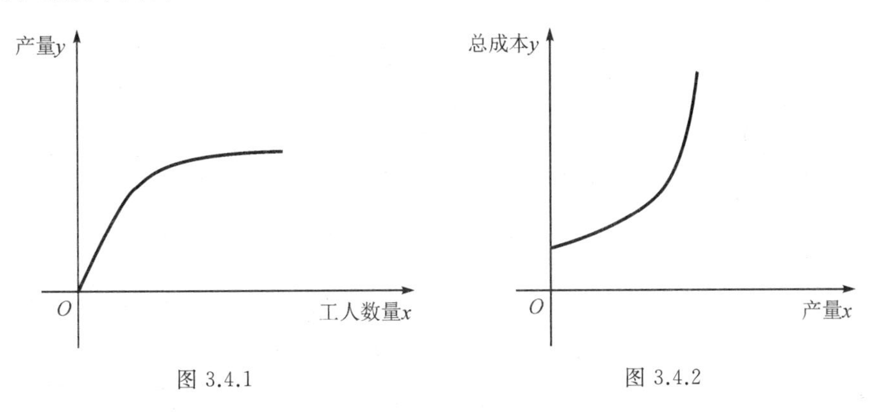

图 3.4.1　　　　图 3.4.2

图 3.4.1 描述的是雇佣工人数量与产量间的关系，曲线自左向右上升，说明随着工人数量的增加产量在增加. 图 3.4.2 描述的是产量与总成本间的关系，曲线自左向右上升，说明随着产量增加总成本在增加. 注意到两曲线的弯曲方向相反，说明两函数的特性是不一样的，因此研究函数的单调性和曲线的弯曲方向是十分有必要的. 本节以导数为工具，介绍如何利用一阶导数的符号判断函数的单调性、利用二阶导数的符号判定曲线的凹凸性.

一、函数单调性的判定法

函数的单调性是函数的一个重要特性.如图 3.4.3(a)所示，如果连续函数 $f(x)$ 在区间 $[a, b]$ 上单调增加，并且在曲线 $y=f(x)$ 上每一点处都有不垂直于 x 轴的切线，则曲线上各点处的切线斜率是非负的，即 $f'(x)\geqslant 0$；如图 3.4.3(b)所示，如果连续函数 $f(x)$ 在区间 $[a, b]$ 上单调减少，并且在曲线 $y=f(x)$ 上每一点处都有不垂直于 x 轴的切线，则曲线上各点处的切线斜率是非正的，即 $f'(x)\leqslant 0$.由此可见，函数的单调性与导数的符号有着密切的联系.

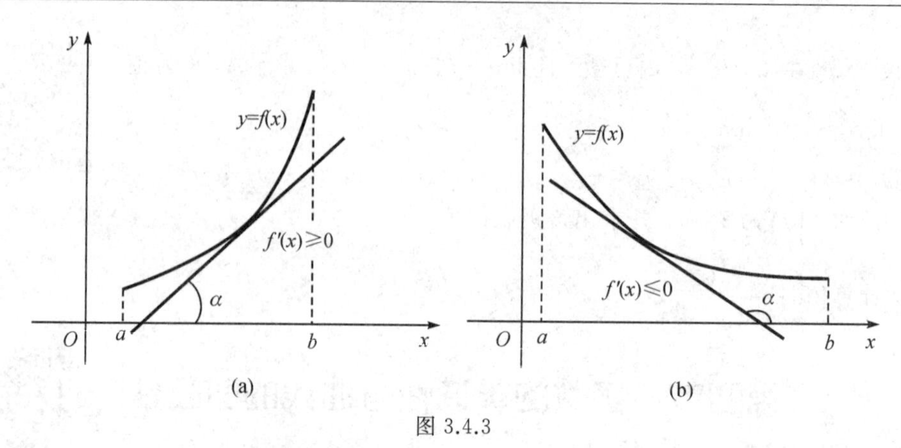

图 3.4.3

定理 3.4.1(函数单调性判定法) 设函数 $y=f(x)$ 在闭区间 $[a, b]$ 上连续，在开区间 (a, b) 内可导.

(1) 如果在 (a, b) 内 $f'(x)\geqslant 0$，且等号仅在有限多个点处成立，那么函数 $y=f(x)$ 在 $[a, b]$ 上单调增加；

(2) 如果在 (a, b) 内 $f'(x)\leqslant 0$，且等号仅在有限多个点处成立，那么函数 $y=f(x)$ 在 $[a, b]$ 上单调减少.

证明 (1) 设在 (a, b) 内 $f'(x)>0$，任取两点 $x_1, x_2\in[a, b]$，且 $x_1<x_2$，则 $f(x)$ 在 $[x_1, x_2]$ 上连续，在 (x_1, x_2) 内可导.由拉格朗日中值定理知，至少存在一点 $\xi\in(x_1, x_2)$，使得

$$f(x_2)-f(x_1)=f'(\xi)(x_2-x_1).$$

由假设知 $f'(\xi)>0$，而 $x_2-x_1>0$，所以 $f(x_2)-f(x_1)>0$，即 $f(x_2)>f(x_1)$.这表明函数 $f(x)$ 在区间 $[a, b]$ 上单调增加. 此外，如果 $f'(x)$ 在 (a, b) 内的某点 $x=c$ 处等于零，而在其余各点处均为正，那么 $f(x)$ 在区间 $[a, c]$ 和区间 $[c, b]$ 上都是单调增加的，因此其在区间 $[a, b]$ 上仍是单调增加的. 显然，如果 $f'(x)$ 在 (a, b) 内等于零的点为有限多个，只要它在其余各点处保持定号，那么 $f(x)$ 在区间 $[a, b]$ 上仍是单调的.

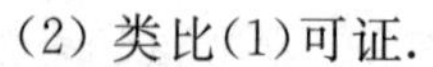

(2) 类比(1)可证.

思考题

注 若将区间 $[a, b]$ 改为区间 (a, b)、$(-\infty, b]$、$[a, +\infty)$ 或 $(-\infty, +\infty)$，结论也成立.

例 3.4.1 讨论函数 $f(x)=\dfrac{\ln x}{x}$ 的单调性.

解 函数 $f(x)$ 的定义域为 $(0, +\infty)$.在定义域内

$$f'(x)=\frac{1-\ln x}{x^2}.$$

令 $f'(x)=0$，得 $x=\mathrm{e}$，这点将 $f(x)$ 的定义域分成两个区间 $(0, \mathrm{e})$ 和 $(\mathrm{e}, +\infty)$. 在 $(0, \mathrm{e})$ 内 $f'(x)>0$，故函数 $f(x)=\dfrac{\ln x}{x}$ 在 $(0, \mathrm{e}]$ 上单调增加；在 $(\mathrm{e}, +\infty)$ 内 $f'(x)<0$，故函数 $f(x)=\dfrac{\ln x}{x}$ 在 $[\mathrm{e}, +\infty)$ 上单调减少.

注　本例中，函数 $f(x)$的驻点 $x=\mathrm{e}$ 恰好是函数 $f(x)$单调增加区间与单调减少区间的分界点.

例 3.4.2　讨论函数 $y=\sqrt[3]{(2x-a)(a-x)^2}\ (a>0)$的单调性.

解　函数的定义域为$(-\infty,+\infty)$. 由函数的表达式知

$$y'=\frac{1}{3}\cdot\frac{2(a-x)(2a-3x)}{\sqrt[3]{(2x-a)^2(a-x)^4}},$$

令 $y'=0$，解得驻点为 $x=\frac{2}{3}a$. 当 $x=a$ 或 $x=\frac{1}{2}a$ 时，函数的导数不存在. 于是 y'、y 随 x 变化而变化的情况如表 3.4.1 所示.

表 3.4.1

x	$\left(-\infty,\frac{1}{2}a\right)$	$\left(\frac{1}{2}a,\frac{2}{3}a\right)$	$\left(\frac{2}{3}a,a\right)$	$(a,+\infty)$
y'	+	+	−	+
y	↗	↗	↘	↗

由表 3.4.1 可得，函数在$\left[\frac{2}{3}a,a\right]$上单调减少，在$\left(-\infty,\frac{2}{3}a\right]$，$[a,+\infty)$上单调增加.

注　本例中，驻点 $x=\frac{2}{3}a$ 和导数不存在的点 $x=a$，恰好是函数单调增加区间与单调减少区间的分界点.

由例 3.4.1 和例 3.4.2 可总结出确定函数 $f(x)$的单调性的一般步骤如下：

(1) 确定函数 $f(x)$的定义域；

(2) 计算 $f'(x)$，并求出使得 $f'(x)=0$ 的点(驻点) 及 $f'(x)$不存在的点，用这些点把函数 $f(x)$的定义域划分为若干个子区间；

(3) 列出表格，确定 $f'(x)$在各子区间上的符号，从而判断出函数 $f(x)$在各子区间上的单调性.

通常，利用函数单调性还可以证明不等式、确定方程根的个数等.

例 3.4.3　证明：当 $0<x<\frac{\pi}{2}$时，$\sin x>\frac{2}{\pi}x$.

证明　当 $0<x<\frac{\pi}{2}$时，$\sin x>\frac{2}{\pi}x$ 可变形为$\frac{\sin x}{x}>\frac{2}{\pi}$.令 $f(x)=\frac{\sin x}{x}$，$x\in\left(0,\frac{\pi}{2}\right)$，则

$$f'(x)=\frac{x\cos x-\sin x}{x^2}=\frac{\cos x}{x^2}(x-\tan x).$$

记 $g(x)=x-\tan x$，则当 $0<x<\frac{\pi}{2}$时，$g'(x)=1-\sec^2 x<0$，故 $g(x)$在$\left[0,\frac{\pi}{2}\right)$上单调减少，$g(x)<g(0)=0$，从而 $f'(x)=\frac{\cos x}{x^2}(x-\tan x)<0$，因此 $f(x)$在$\left(0,\frac{\pi}{2}\right]$上单调减少，于是 $f(x)>f\left(\frac{\pi}{2}\right)=\frac{2}{\pi}$，即$\frac{\sin x}{x}>\frac{2}{\pi}$.

例 3.4.4　证明方程 $2x-\sin x=5$ 在闭区间$[0, 4]$上只有一个根.

证明　设 $f(x)=2x-\sin x-5$，则 $f(x)$在$[0, 4]$上连续，且

$$f(0)=-5<0,\quad f(4)=8-\sin 4-5>0.$$

由闭区间上连续函数的零点定理知，至少存在一点 $\xi\in(0, 4)$，使得 $f(\xi)=0$，即方程 $2x-\sin x=5$ 在$[0, 4]$上至少有一个根.

又 $f'(x)=2-\cos x>0$，所以 $f(x)$在$[0, 4]$上严格单调增加.因此，方程 $2x-\sin x=5$ 在$[0, 4]$上至多有一个根.

综上可知，方程 $2x-\sin x=5$ 在闭区间$[0, 4]$上只有一个根.

例 3.4.5　设函数 $f(x)$在$[0, +\infty)$上具有二阶导数，且 $f(0)=0$，$f''(x)>0$，证明函数 $F(x)=\dfrac{f(x)}{x}$在$(0, +\infty)$上单调增加.

证明　由 $F(x)=\dfrac{f(x)}{x}$得 $F'(x)=\dfrac{xf'(x)-f(x)}{x^2}$，令 $G(x)=xf'(x)-f(x)$，则当 $x>0$ 时，$G'(x)=xf''(x)>0$(由题设知 $f''(x)>0$)，故 $G(x)$在$[0, +\infty)$上单调增加.又 $G(0)=0$，所以 $G(x)>G(0)=0$，由此可得当 $x>0$ 时，$F'(x)=\dfrac{xf'(x)-f(x)}{x^2}>0$，因此 $F(x)=\dfrac{f(x)}{x}$在$(0, +\infty)$上单调增加.

例 3.4.6　证明函数 $f(x)=\left(1+\dfrac{1}{x}\right)^x$ 在$(0, +\infty)$上单调增加.

证明　由 $f(x)=\left(1+\dfrac{1}{x}\right)^x$ 得

$$f'(x)=\left(1+\frac{1}{x}\right)^x\left[\ln\left(1+\frac{1}{x}\right)-\frac{1}{1+x}\right].$$

令

$$g(x)=\ln\left(1+\frac{1}{x}\right)-\frac{1}{1+x},$$

则

$$g'(x)=-\frac{1}{x(1+x)}+\frac{1}{(1+x)^2}=-\frac{1}{x(1+x)^2}<0\quad(x>0),$$

故当 $x>0$ 时，$g(x)$单调减少.又 $\lim\limits_{x\to+\infty}g(x)=0$，所以对任意的 $x>0$，都有 $g(x)>0$.而在$(0, +\infty)$上$\left(1+\dfrac{1}{x}\right)^x>0$，因此，在$(0, +\infty)$上，$f'(x)>0$，$f(x)$单调增加.

二、曲线的凹凸性与拐点

函数的单调性反映在图形上，就是曲线的上升或下降.但是曲线在上升或下降的过程中，还有一个弯曲方向的问题.例如函数 $y=x^3$ 在区间$(-\infty, 0)$和区间$(0, +\infty)$上都是单调增加的，即曲线都是上升的，但两个区间内曲线弯曲的方向相反，这说明在这两个区间内曲线的凹凸性是不一样的.

从几何上看，在有的曲线弧上，如果任取两点，则联结这两点的弦总位于这两点间的弧段的上方(见图 3.4.4(a))，而有的曲线弧则正好相反(见图 3.4.4(b)).曲线的这种性质就是曲线的凹凸性，因此曲线的凹凸性可以用联结曲线弧上任意两点的弦的中点与曲线弧上相应点的位置关系来描述.

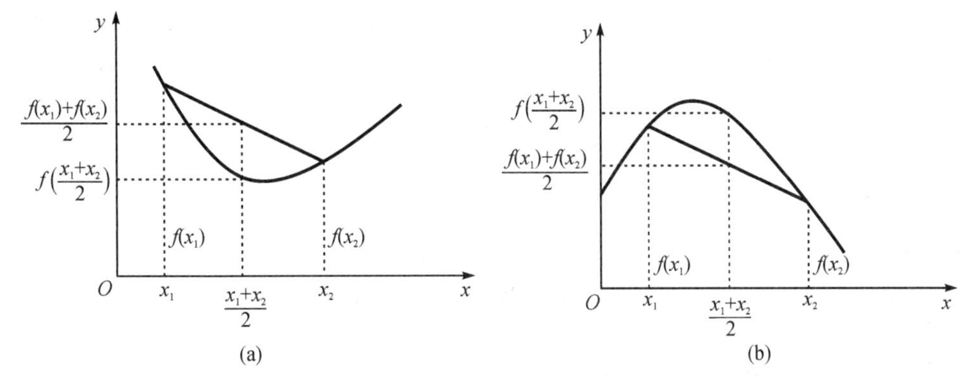

图 3.4.4

定义 3.4.1　设 $f(x)$在区间 I 上连续，如果对 I 上任意两点 x_1，x_2，恒有

$$f\left(\frac{x_1+x_2}{2}\right)<\frac{f(x_1)+f(x_2)}{2},$$

那么称 $f(x)$在 I 上的图形是(向上)凹的(或凹弧)；如果恒有

$$f\left(\frac{x_1+x_2}{2}\right)>\frac{f(x_1)+f(x_2)}{2},$$

那么称 $f(x)$在 I 上的图形是(向上)凸的(或凸弧).

结合曲线凹凸性的定义，我们再来分析图 3.4.1 和图 3.4.2 中的产量曲线和总成本曲线. 显然图 3.4.1 中的曲线是凸的，当 x 逐渐增加时，其上每一点切线的斜率逐渐变小，即一阶导函数 $f'(x)$单调减少，从而 $f''(x)<0$，说明随着工人数量的增加，产量低效率增加，也就是说，当工人数量达到一定值后，每个新增加的工人对于产量的贡献就会越来越小. 图 3.4.2 中的曲线是凹的，当 x 逐渐增加时，其上每一点切线的斜率逐渐变大，即一阶导函数 $f'(x)$单调增加，从而 $f''(x)>0$，说明随着产量的增加，总成本高效率增加，也就是说，新增产量的成本也在急剧增加.

通过以上分析，我们发现曲线的凹凸性与二阶导数的符号有着密切联系. 如果函数 $f(x)$在区间(a, b)内具有二阶导数，那么可利用二阶导数的符号来判定曲线的凹凸性.

定理 3.4.2　设函数 $f(x)$在$[a, b]$上连续，在(a, b)内具有二阶导数.

(1) 如果在(a, b)内 $f''(x)>0$，则 $f(x)$在$[a, b]$上的图形是凹的；

(2) 如果在(a, b)内 $f''(x)<0$，则 $f(x)$在$[a, b]$上的图形是凸的.

证明　(1) 设 x_1，x_2 为$[a, b]$内任意两点，且 $x_1<x_2$，记 $x_0=\frac{x_1+x_2}{2}$，则函数 $f(x)$在点 x_0 处的一阶泰勒公式为

$$f(x)=f(x_0)+f'(x_0)(x-x_0)+\frac{1}{2}f''(\xi)(x-x_0)^2,\quad \xi \text{ 介于 } x \text{ 与 } x_0 \text{ 之间}.$$

令 $x_2-x_0=x_0-x_1=h$，将 $x=x_1$，$x=x_2$ 分别代入上述公式得

$$f(x_1)=f(x_0)-f'(x_0)h+\frac{1}{2}f''(\xi_1)h^2,\quad x_1<\xi_1<x_0,$$

$$f(x_2)=f(x_0)+f'(x_0)h+\frac{1}{2}f''(\xi_2)h^2,\quad x_0<\xi_2<x_2,$$

两式相加得

$$f(x_1)+f(x_2)-2f(x_0)=\frac{1}{2}[f''(\xi_2)+f''(\xi_1)]h^2.$$

又在(a, b)内 $f''(x)>0$，故$\frac{f(x_1)+f(x_2)}{2}>f\left(\frac{x_1+x_2}{2}\right)$，所以 $f(x)$在$[a, b]$上的图形是凹的.

(2) 类比(1)可证明.

注 如果将区间$[a, b]$改为区间(a, b)、$(-\infty, b]$、$[a, +\infty)$或$(-\infty, +\infty)$，结论也成立.

例 3.4.7 判断曲线 $y=x^3$ 的凹凸性.

解 所给曲线为$(-\infty, +\infty)$内的连续曲线.因为 $y'=3x^2$，$y''=6x$，所以，当 $x<0$ 时，$y''=6x<0$，曲线在$(-\infty, 0]$上为凸弧；当 $x>0$ 时，$y''=6x>0$，曲线在$[0, +\infty)$上为凹弧.

例 3.4.8 当 $x>0$，$y>0$，$x\neq y$ 时，证明 $x\ln x+y\ln y>(x+y)\ln\frac{x+y}{2}$.

证明 设 $f(t)=t\ln t\ (t>0)$，则 $f'(t)=\ln t+1\ (t>0)$，$f''(t)=\frac{1}{t}>0$，故 $f(t)$在$(0, +\infty)$上的图形是凹的，因此当 $x>0$，$y>0$，$x\neq y$ 时，有

$$f\left(\frac{x+y}{2}\right)<\frac{f(x)+f(y)}{2},$$

即

$$\frac{x+y}{2}\ln\frac{x+y}{2}<\frac{x\ln x+y\ln y}{2},$$

亦即

$$x\ln x+y\ln y>(x+y)\ln\frac{x+y}{2}.$$

例 3.4.9 研究曲线 $y=\sqrt[3]{x}$ 的凹凸性.

解 函数 $y=\sqrt[3]{x}$ 的定义域为$(-\infty, +\infty)$. 当 $x\neq 0$ 时，$y'=\frac{1}{3\sqrt[3]{x^2}}$，$y''=-\frac{2}{9x\sqrt[3]{x^2}}$；当$x=0$时，$y'$，$y''$都不存在. 故二阶导数在$(-\infty, +\infty)$内不连续且不具有零点. 但 $x=0$ 是 y''不存在的点，它把$(-\infty, +\infty)$分成两个部分区间$(-\infty, 0]$和$[0, +\infty)$.

在$(-\infty, 0)$内，$y''>0$，则曲线在$(-\infty, 0)$上是凹的；在$(0, +\infty)$内，$y''<0$，则曲线在$(0, +\infty)$上是凸的.

曲线 $y=x^3$ 和 $y=\sqrt[3]{x}$ 在经过点$(0, 0)$时，曲线的凹凸性都发生了改变，这个点对于研究曲线的凹凸性具有重要意义.

定义 3.4.2　连续曲线 $y=f(x)$ 上凹弧与凸弧的分界点，称为这条曲线的拐点.

注　拐点是从几何角度用曲线形态的变化来给出定义的，是平面上的点，必须用坐标如 $(x_0, f(x_0))$ 来表示.

如何寻找曲线 $y=f(x)$ 的拐点？显然它与曲线的凹凸性有关. 由拐点的定义知，如果点 $(x_0, f(x_0))$ 是曲线的拐点，那么在 x_0 的左、右两侧邻近曲线的凹凸性一定改变. 进一步，若 $f(x)$ 二阶可导，则 $f''(x)$ 在 x_0 的左、右两侧邻近一定是异号的，如果 $f''(x_0)$ 存在，那么必有 $f''(x_0)=0$.

定理 3.4.3(拐点的必要条件)　设函数 $f(x)$ 二阶可导，如果点 $(x_0, f(x_0))$ 是曲线 $y=f(x)$ 的拐点，那么 $f''(x_0)=0$.

思考题

定理 3.4.3 表明，具有二阶导数 $f''(x)$ 的曲线 $y=f(x)$，其拐点的横坐标 x_0 只需从方程 $f''(x)=0$ 的根中去寻找.

根据拐点的定义，容易得到如下判定拐点的定理.

定理 3.4.4(拐点的第一充分条件)　设函数 $f(x)$ 在点 x_0 的某一邻域内有二阶导数(点 x_0 可以除外)，并且 $f''(x)$ 在点 x_0 的左、右两侧邻近分别保持一定的符号，那么当两侧符号相反时，点 $(x_0, f(x_0))$ 是拐点；当两侧符号相同时，点 $(x_0, f(x_0))$ 不是拐点.

综上所述，求连续曲线 $y=f(x)$ 在定义区间上拐点的一般步骤如下：

(1) 求出 $f''(x)=0$ 和 $f''(x)$ 不存在的点.

(2) 判断(1)中求出的点的两侧函数的二阶导数是否变号.若 $f''(x)$ 在 x_0 的两侧异号，则点 $(x_0, f(x_0))$ 为曲线 $y=f(x)$ 的拐点；若 $f''(x)$ 在 x_0 的两侧同号，则点 $(x_0, f(x_0))$ 不是曲线的拐点.

例 3.4.10　求曲线 $y=x^4-6x^3+12x^2-10$ 的拐点及凹凸区间.

解　函数 $y=x^4-6x^3+12x^2-10$ 的定义域为 $(-\infty, +\infty)$.

$$y'=4x^3-18x^2+24x,$$

$$y''=12x^2-36x+24=12(x-1)(x-2).$$

令 $y''=0$，得 $x=1$，$x=2$. 当 x 变化时，y'' 的变化情况如表 3.4.2 所示.

表 3.4.2

x	$(-\infty, 1)$	1	$(1, 2)$	2	$(2, +\infty)$
y''	+	0	−	0	+
y	凹	拐点	凸	拐点	凹

由表 3.4.2 可知，凹区间为 $(-\infty, 1]$ 和 $[2, +\infty)$，凸区间为 $[1, 2]$，拐点为 $(1, -3)$ 和 $(2, 6)$.

例 3.4.11　证明曲线 $y=\dfrac{x-1}{x^2+1}$ 有三个拐点位于同一条直线上.

证明　$y'=\dfrac{-x^2+2x+1}{(x^2+1)^2}$，$y''=\dfrac{2(x+1)(x-2-\sqrt{3})(x-2+\sqrt{3})}{(x^2+1)^3}$. 令 $y''=0$，得 $x=-1$ 或 $x=2+\sqrt{3}$ 或 $x=2-\sqrt{3}$.

当 $x\in(-\infty,-1)$时，$y''<0$；当 $x\in(-1,2-\sqrt{3})$时，$y''>0$；当 $x\in(2-\sqrt{3},2+\sqrt{3})$时，$y''<0$；当 $x\in(2+\sqrt{3},+\infty)$时，$y''>0$. 因此点$(-1,-1)$，$\left(2-\sqrt{3},\dfrac{-1-\sqrt{3}}{4}\right)$，$\left(2+\sqrt{3},\dfrac{-1+\sqrt{3}}{4}\right)$是曲线的三个拐点.

又过两点$\left(2-\sqrt{3},\dfrac{-1-\sqrt{3}}{4}\right)$，$\left(2+\sqrt{3},\dfrac{-1+\sqrt{3}}{4}\right)$的直线方程为

$$y=\frac{1}{4}x-\frac{3}{4},$$

显然点$(-1,-1)$在此直线上，故曲线 $y=\dfrac{x-1}{x^2+1}$有三个拐点位于同一条直线上.

当 x_0 两侧二阶导数的符号不易判断时，我们可以用如下方法求曲线的拐点.

定理 3.4.5(拐点的第二充分条件) 设函数 $f(x)$在(a,b)内具有三阶导数，若 $f''(x_0)=0$，$f'''(x_0)\neq0$，则点$(x_0,f(x_0))$为曲线 $y=f(x)$的拐点.

证明 不妨假设 $f'''(x_0)>0$，由导数的定义知

$$f'''(x_0)=\lim_{x\to x_0}\frac{f''(x)-f''(x_0)}{x-x_0}=\lim_{x\to x_0}\frac{f''(x)}{x-x_0}>0.$$

由函数极限的局部保号性知，存在 $\delta>0$，当 $0<|x-x_0|<\delta$ 时，有$\dfrac{f''(x)}{x-x_0}>0$，即 $f''(x)$在 x_0 的两侧异号，则点$(x_0,f(x_0))$为曲线 $y=f(x)$的拐点.

例 3.4.12 求曲线 $y=\sin x+\cos x$ 在$(0,2\pi)$内的拐点.

解 $y'=\cos x-\sin x$，$y''=-\sin x-\cos x=-\sqrt{2}\sin\left(x+\dfrac{\pi}{4}\right)$. 令 $y''=0$，得 $x_1=\dfrac{3\pi}{4}$，$x_2=\dfrac{7\pi}{4}$. 因为$y'''\Big|_{x=\frac{3\pi}{4}}>0$，$y'''\Big|_{x=\frac{7\pi}{4}}<0$，所以曲线在$(0,2\pi)$内的拐点为$\left(\dfrac{3\pi}{4},0\right)$和$\left(\dfrac{7\pi}{4},0\right)$.

三、知识延展——凸函数的几种定义

凸函数是一个重要的概念，它在许多学科里都有着重要的应用. 下面给出凸函数的几种定义及它们之间的关系.

定义 3.4.3 设函数 $f(x)$在区间 I 上有定义，若$\forall x_1,x_2\in I$，$\forall\lambda\in(0,1)$有

$$f[\lambda x_1+(1-\lambda)x_2]\leqslant\lambda f(x_1)+(1-\lambda)f(x_2),\tag{3.4.1}$$

则称 $f(x)$在区间 I 上是凸函数.

若将式(3.4.1)中的“$\leqslant$”改成“$<$”，则得到严格凸函数的定义；若将“$\leqslant$”改成“$\geqslant$”或“$>$”，则分别得到凹函数与严格凹函数的定义. 由于凸与凹是对偶的概念，即对一个有什么结论，对另一个亦有相应的结论，因此以下仅对凸函数进行讨论.

几何意义 设 $x_1<x_2$，因为 $\lambda\in(0,1)$，所以

$$x\equiv\lambda x_1+(1-\lambda)x_2<\lambda x_2+(1-\lambda)x_2=x_2.$$

同理可证 $x>x_1$. 因此 $x\in(x_1,x_2)$，且当 λ 从 0 连续变化到 1 时，x 也从 x_2 连续变化到 x_1. 联结曲线 $y=f(x)$ $(x\in I)$上两点 $A(x_1,f(x_1))$，$B(x_2,f(x_2))$，作弦 AB(见图

3.4.5)，则 AB 的方程为

$$\frac{y-f(x_2)}{f(x_1)-f(x_2)}=\frac{x-x_2}{x_1-x_2}.$$

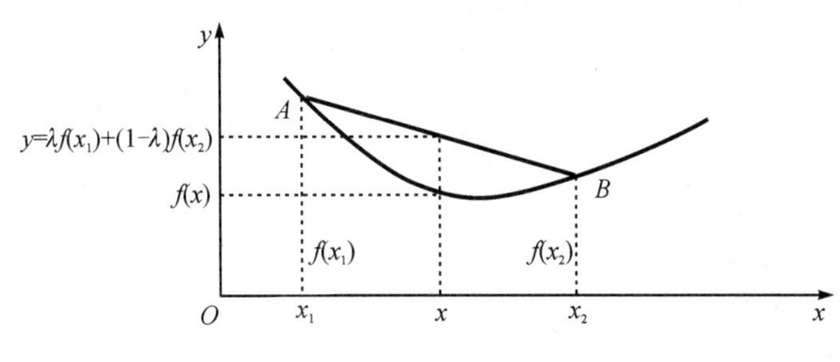

图 3.4.5

将此式的比值记为 λ，可得 AB 的参数方程为

$$\begin{cases}y=\lambda f(x_1)+(1-\lambda)f(x_2)\\ x=\lambda x_1+(1-\lambda)x_2\end{cases}.$$

这表明，在点 $x=\lambda x_1+(1-\lambda)x_2$ 处，弦 AB 的高度为 $y=\lambda f(x_1)+(1-\lambda)f(x_2)$. 不等式(3.4.1) 说明在 (x_1, x_2) 内任意点 x 处，曲线 $y=f(x)$ 的高度不超过弦 AB 的高度. 换句话说，曲线 $y=f(x)$ 在弦 AB 以下. 对曲线 $y=f(x)$ 上任意两点 A，B 都是如此. 因此，凸函数意味着函数图形向下凸.

由于本节中向下凸的函数图形称为向上凹的弧，因此凸函数也可有如下定义.

定义 3.4.4　设函数 $f(x)$ 在区间 I 上有定义，若 $\forall x_1, x_2\in I$，有

$$f\left(\frac{x_1+x_2}{2}\right)\leqslant\frac{f(x_1)+f(x_2)}{2},\tag{3.4.2}$$

则称 $f(x)$ 在区间 I 上是凸函数.

若将式(3.4.2)中的"$\leqslant$"改成"$<$"，则得到严格凸函数的定义.

凸函数还可定义如下：

定义 3.4.5　设函数 $f(x)$ 在区间 I 上有定义，若 $\forall x_1, x_2, \cdots, x_n\in I$，有

$$f\left(\frac{x_1+x_2+\cdots+x_n}{n}\right)\leqslant\frac{f(x_1)+f(x_2)+\cdots+f(x_n)}{n},\tag{3.4.3}$$

则称 $f(x)$ 在区间 I 上是凸函数.

若将式(3.4.3)中的"$\leqslant$"改成"$<$"，则得到严格凸函数的定义.

定义 3.4.6　设函数 $f(x)$ 在区间 I 上有定义，当且仅当曲线 $y=f(x)$ 的切线恒保持在曲线以下时，称 $f(x)$ 是凸函数. 若除切点之外，切线严格保持在曲线下方，则称 $f(x)$ 是严格凸函数.

可以证明定义 3.4.4 与定义 3.4.5 等价. 当 $f(x)$ 连续时，定义 3.4.3 与定义 3.4.5 等价. 当 $f(x)$ 处处可导时，定义 3.4.3 与定义 3.4.6 等价.（关于这些定义的等价性证明可参考裴礼文的《数学分析中的典型例题》）.

例 3.4.13　设 $x_i>0$ $(i=1, 2, \cdots, n)$，证明：

$$\frac{n}{\frac{1}{x_1}+\frac{1}{x_2}+\cdots+\frac{1}{x_n}}\leqslant\sqrt[n]{x_1x_2\cdots x_n}\leqslant\frac{x_1+x_2+\cdots+x_n}{n},$$

当且仅当 x_i 全部相等时等号成立.

证明　将不等式各部分同时取对数，则左边的不等式可变形为

$$-\ln\frac{\frac{1}{x_1}+\frac{1}{x_2}+\cdots+\frac{1}{x_n}}{n}\leqslant\frac{1}{n}\left(-\ln\frac{1}{x_1}-\ln\frac{1}{x_2}-\cdots-\ln\frac{1}{x_n}\right).$$

由于函数 $f(x)=-\ln x$ 在$(0, +\infty)$上是严格凸函数，因此根据定义 3.4.5 可得不等式成立. 右边的不等式可变形为

$$\frac{1}{n}(\ln x_1+\ln x_2+\cdots+\ln x_n)\leqslant\ln\left(\frac{x_1+x_2+\cdots+x_n}{n}\right).$$

根据函数 $g(x)=\ln x$ 在$(0, +\infty)$上是严格凸函数可得该不等式成立.

例 3.4.14　设函数 $f(x)$在区间 I 上为凸函数. 试证：$f(x)$在区间 I 的任一闭子区间上有界.

证明　设$[a, b]\subset I$ 为任一闭子区间.

先证明 $f(x)$在$[a, b]$上有上界. $\forall x\in[a, b]$，取$\lambda=\frac{x-a}{b-a}\in[0, 1]$，则 $x=\lambda b+(1-\lambda)a$. 因为 $f(x)$为凸函数，所以

$$f(x)=f[\lambda b+(1-\lambda)a]\leqslant\lambda f(b)+(1-\lambda)f(a)\leqslant\lambda M+(1-\lambda)M=M,$$

其中 $M=\max\{f(b), f(a)\}$，即 $f(x)$在$[a, b]$上有上界 M.

再证明 $f(x)$在$[a, b]$上有下界. 记 $c=\frac{a+b}{2}$为 a，b 的中点，则 $\forall x\in[a, b]$有关于 c 的对称点 x'. 因为 $f(x)$为凸函数，所以

$$f(c)\leqslant\frac{f(x)+f(x')}{2}\leqslant\frac{1}{2}f(x)+\frac{1}{2}M,$$

从而

$$f(x)\geqslant 2f(c)-M\overset{\text{记}}{\equiv}m,$$

即 m 为 $f(x)$在$[a, b]$上的下界.

综上可知，$f(x)$在区间 I 的任一闭子区间上有界.

习 题 3-4

基 础 题

1. 求函数 $y=(x-1)x^{\frac{2}{3}}$的单调区间.

2. 设在$[a, b]$上 $f''(x)>0$，证明函数

$$\varphi(x)=\begin{cases}\dfrac{f(x)-f(a)}{x-a}, & x\in(a, b]\\ f'_+(a), & x=a\end{cases}$$

在区间$[a,b]$上是单调增加的.

3. 利用导数证明：当 $x>1$ 时，$\dfrac{\ln(1+x)}{\ln x}>\dfrac{x}{1+x}$.

4. 设 $f(x)$，$g(x)$二阶可导，当 $x>0$ 时，

$$f''(x)>g''(x)，且\ f(0)=g(0)，f'(0)=g'(0)，$$

证明：当 $x>0$ 时，$f(x)>g(x)$.

5. 证明不等式$\dfrac{e^x+e^y}{2}>e^{\frac{x+y}{2}}\ (x\neq y)$.

6. 求曲线 $x=2t-t^2$，$y=3t-t^3$ 的拐点.

7. 若曲线 $y=x^3+ax^2+bx+1$ 有拐点$(-1,0)$，求常数 b 的值.

8. 设函数 $y=y(x)$由方程 $y\ln y-x+y=0$ 确定，试判断函数 $y=y(x)$在点$(1,1)$附近的凹凸性.

9. 证明方程 $x+p+q\cos x=0$ 恰有一个实根，其中 p，q 为常数，且 $0<q<1$.

10. 设 I 为一无穷区间，函数 $f(x)$在 I 上连续，在 I 内可导，试证明：如果在 I 的任一有限的子区间上，$f'(x)\geqslant 0$(或 $f'(x)\leqslant 0$)，且等号仅在有限多个点处成立，那么 $f(x)$在区间 I 上单调增加(或单调减少).

提　高　题

1. 求曲线 $y=(x-1)(x-2)^2(x-3)^3(x-4)^4$ 的拐点.

2. 证明不等式$(m^m+n^n)^2>4\left(\dfrac{m+n}{2}\right)^{m+n}$($m\neq n$，且 m，n 为正整数).

3. 设 $0<a<b$，证明不等式$\dfrac{2a}{a^2+b^2}<\dfrac{\ln b-\ln a}{b-a}<\dfrac{1}{\sqrt{ab}}$.

4. 证明：若 $f(x)$在点 x_0 的某邻域内有二阶连续导数，当 h 充分小时，

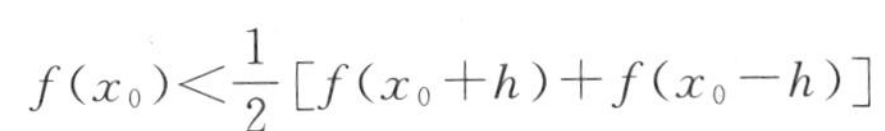

$$f(x_0)<\frac{1}{2}[f(x_0+h)+f(x_0-h)]$$

恒成立，试证 $f''(x_0)\geqslant 0$.

习题 3-4 参考答案

5. 讨论曲线 $y=4\ln x+k$ 与 $y=4x+\ln^4 x$ 的交点个数.

第五节　函数的极值与最值

这一节我们将学习导数在最优化方面的应用. 在工农业生产、工程技术及科学实验中，我们常会遇到这样一类问题，即在一定条件下，如何保证产品最多、成本最低、用料最省、利润最高等，这就引出了数学上的一个分支——最优化问题，这类问题有时可归结为求函数在某一个区间上的最大值和最小值问题.

教学目标

**问题**　你是否注意到，市场上等量的小包装物品一般比大包装物品要贵些？你能用数学知识解释其中的道理吗？

要解决这个问题，我们先介绍一个与函数最大值和最小值有关的概念，即函数极值的概念.

一、函数的极值及其求法

定义 3.5.1　设函数 $f(x)$ 在点 x_0 的某邻域 $U(x_0)$ 内有定义.如果对于去心邻域 $\mathring{U}(x_0)$ 内的任一 x，有

(1) $f(x)<f(x_0)$，则称 $f(x_0)$ 为 $f(x)$ 的极大值，称 x_0 为 $f(x)$ 的极大值点；

(2) $f(x)>f(x_0)$，则称 $f(x_0)$ 为 $f(x)$ 的极小值，称 x_0 为 $f(x)$ 的极小值点.

极值定义的补充说明

函数的极大值与极小值统称为极值.极大值点和极小值点统称为极值点.

如图 3.5.1 所示，函数 $f(x)$ 有两个极大值点 x_2，x_5；有三个极小值点 x_1，x_4，x_6. 其中极大值 $f(x_2)$ 比极小值 $f(x_6)$ 还小. 从图中还可以看到，在点 x_1，x_2，x_3，x_4，x_5，x_6 处，曲线有水平切线，即曲线在该点处的导数值等于 0. 但曲线上有水平切线的地方，函数不一定取得极值，例如在图中点 $x=x_3$ 处，曲线有水平切线，但 $f(x_3)$ 并不是 $f(x)$ 的极值.

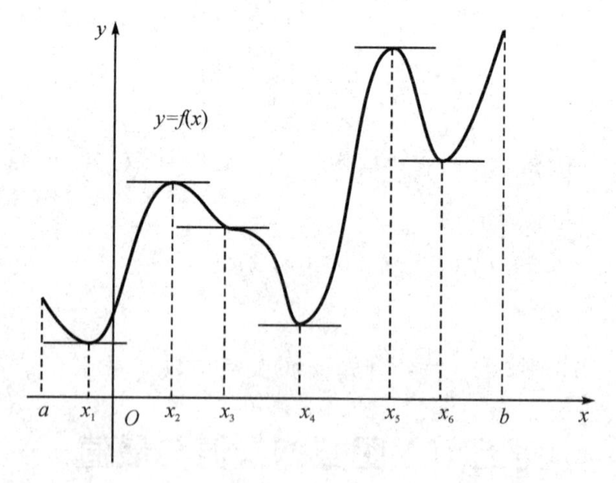

图 3.5.1

由费马引理可知，如果函数 $f(x)$ 在点 x_0 处可导，且在 x_0 处取得极值，那么 $f'(x_0)=0$. 这就是可微函数取得极值的必要条件. 将此结论叙述成如下定理：

定理 3.5.1(极值的必要条件)　设函数 $f(x)$ 在点 x_0 处可导，且 $f(x_0)$ 为极值，则有 $f'(x_0)=0$.

定理 3.5.1 表明，可微函数 $f(x)$ 的极值点 x_0 必是 $f(x)$ 的驻点，但 $f(x)$ 的驻点却不一定是极值点. 例如 $x=0$ 是函数 $f(x)=x^3$ 的驻点，却不是它的极值点. 此外，导数不存

在的点也有可能是函数的极值点，例如 $f(x)=|x-1|$ 在点 $x=1$ 处不可导，但 $f(1)=0$ 是函数的极小值.因此函数在驻点、不可导点都有可能取得极值.

定理 3.5.2(极值的第一充分条件)　设函数 $f(x)$ 在点 x_0 处连续，且在 x_0 的某去心邻域 $\mathring{U}(x_0, \delta)$ 内可导.

(1) 若 $x\in(x_0-\delta, x_0)$ 时，$f'(x)>0$，而 $x\in(x_0, x_0+\delta)$ 时，$f'(x)<0$，则 $f(x_0)$ 为 $f(x)$ 的极大值；

(2) 若 $x\in(x_0-\delta, x_0)$ 时，$f'(x)<0$，而 $x\in(x_0, x_0+\delta)$ 时，$f'(x)>0$，则 $f(x_0)$ 为 $f(x)$ 的极小值；

(3) 若 $x\in\mathring{U}(x_0, \delta)$ 时，$f'(x)$ 的符号保持不变，则 $f(x_0)$ 不是极值.

证明　对于情形(1)，由函数单调性的判定法知，在 x_0 左侧附近 $f(x)$ 单调增加，$f(x)<f(x_0)$，在 x_0 右侧附近 $f(x)$ 单调减少，$f(x)<f(x_0)$.因此 $f(x_0)$ 是 $f(x)$ 的极大值(见图 3.5.2(a)).

类似地可以证明情形(2)(见图 3.5.2(b))和情形(3)(见图 3.5.2(c)、(d)).

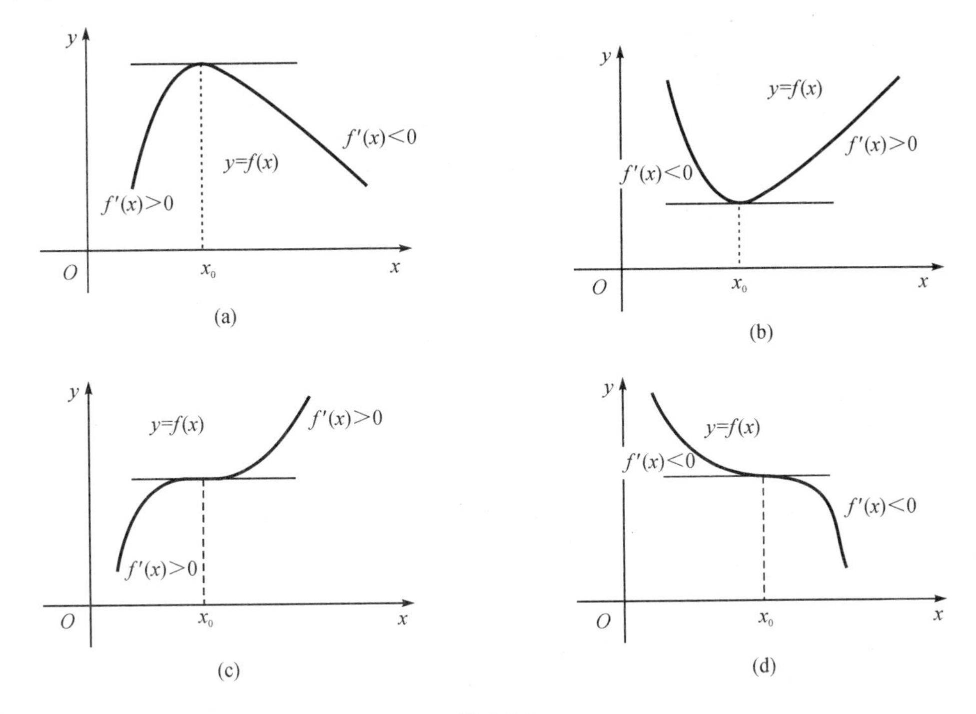

图 3.5.2

根据上面两个定理，如果函数 $f(x)$ 在所讨论的区间内连续，并且除个别点外处处可导，则可按下列步骤求 $f(x)$ 在该区间内的极值：

(1) 确定 $f(x)$ 的定义域；

(2) 计算 $f'(x)$，求出 $f(x)$ 的所有可能的极值点：驻点及导数不存在的点 $x_i(i=1, 2, \cdots, n)$；

(3) 考察 $f'(x)$ 在每个驻点或不可导点的左、右两侧的符号，以判定该点是否为极值点，并进一步确定极值点是极大值点还是极小值点；

(4) 求出各极值点的函数值，得函数 $f(x)$的全部极值.

例 3.5.1　求函数 $y=\sqrt[3]{x}\cdot\sqrt[3]{(1-x)^2}$ 的极值.

解　在函数的定义域$(-\infty,+\infty)$内，

$$y'=\frac{1}{3}x^{-\frac{2}{3}}(1-x)^{\frac{2}{3}}-\frac{2}{3}x^{\frac{1}{3}}(1-x)^{-\frac{1}{3}}=\frac{1-3x}{3\sqrt[3]{x^2}\cdot\sqrt[3]{1-x}},$$

则 $y=\sqrt[3]{x}\cdot\sqrt[3]{(1-x)^2}$ 存在一个驻点 $x=\frac{1}{3}$ 和两个不可导点 $x=0$，$x=1$.

当 x 变化时，y'、y 的变化情况如表 3.5.1 所示.

表 3.5.1

x	$(-\infty,0)$	0	$\left(0,\frac{1}{3}\right)$	$\frac{1}{3}$	$\left(\frac{1}{3},1\right)$	1	$(1,+\infty)$
y'	+		+	0	−		+
y	↗	非极值	↗	极大值	↘	极小值	↗

由表 3.5.1 可知，函数的极大值为 $f\left(\frac{1}{3}\right)=\frac{\sqrt[3]{4}}{3}$，极小值为 $f(1)=0$.

当函数 $f(x)$在驻点处的二阶导数存在且不为零时，也可以利用下面的极值第二充分条件来判定驻点处的函数值是函数 $f(x)$的极大值还是极小值.

定理 3.5.3(极值的第二充分条件)　设函数 $f(x)$在点 x_0 处具有二阶导数，且 $f'(x_0)=0$，$f''(x_0)\neq 0$，那么

(1) 当 $f''(x_0)<0$ 时，$f(x_0)$为 $f(x)$的极大值；

(2) 当 $f''(x_0)>0$ 时，$f(x_0)$为 $f(x)$的极小值.

证明　对于情形(1)，由二阶导数的定义知

$$\lim_{x\to x_0}\frac{f'(x)-f'(x_0)}{x-x_0}=f''(x_0)<0.$$

根据函数极限的局部保号性，在 x_0 的某去心邻域内

$$\frac{f'(x)-f'(x_0)}{x-x_0}<0.$$

因为 $f'(x_0)=0$，所以

$$\frac{f'(x)-f'(x_0)}{x-x_0}=\frac{f'(x)}{x-x_0}<0.$$

当 $x<x_0$ 时，$f'(x)>0$；当 $x>x_0$ 时，$f'(x)<0$.由定理 3.5.2 知，$f(x_0)$为 $f(x)$的极大值.

类似地可以证明情形(2).

如果函数 $f(x)$在驻点 x_0 处的二阶导数 $f''(x_0)=0$，那么函数 $f(x)$在 x_0 处可能取得极值，也可能不取得极值. 如函数 $y=x^3$ 虽然在 $x_0=0$ 处有二阶导数 $y''(x_0)=0$，但 $x_0=0$ 不是其极值点；函数 $y=x^4$ 在 $x_0=0$ 处也有 $y''(x_0)=0$，而 $x_0=0$ 是其极小值点. 对于这种情况，可改用极值的第一充分条件判定函数是否取得极值.

例 3.5.2　求函数 $f(x)=-2x^3+6x^2+18x+7$ 的极值.

解　在函数的定义域$(-\infty, +\infty)$内,

$$f'(x)=-6x^2+12x+18=-6(x-3)(x+1).$$

令 $f'(x)=0$，求得驻点 $x_1=-1$，$x_2=3$. 又 $f''(x)=-12x+12$，得

$$f''(-1)=24>0, \quad f''(3)=-24<0,$$

故 $f(-1)=-3$ 是极小值，$f(3)=61$ 是极大值.

例 3.5.3　设 $f(x)$满足 $xf''(x)+3x[f'(x)]^2=1-e^{-x}$，且 $f(x)$在 $x_0(x_0\neq 0)$处取得极值，判断 $f(x_0)$是极大值还是极小值.

解　由题意知 $f(x)$的二阶导数存在. 当 x_0 为 $f(x)$的极值点时，x_0 一定是 $f(x)$的驻点，故 $f'(x_0)=0$. 将 $x=x_0$ 代入 $xf''(x)+3x[f'(x)]^2=1-e^{-x}$ 得

$$x_0 f''(x_0)=1-e^{-x_0},$$

即

$$f''(x_0)=\frac{1-e^{-x_0}}{x_0}=\frac{e^{x_0}-1}{x_0 e^{x_0}}>0(\forall x_0\neq 0).$$

由定理 3.5.3 知 $f(x_0)$是函数 $f(x)$的极小值.

例 3.5.4　试确定方程 $e^x=ax^2(a>0)$的根的个数，并指出每个根所在的范围.

解　当 $x\neq 0$ 时，$\frac{e^x}{x^2}=a$，令 $f(x)=\frac{e^x}{x^2}-a$，则 $f'(x)=\frac{e^x(x-2)}{x^3}$，由 $f'(x)=0$ 得驻点 $x=2$. 由定理 3.5.2 可知，$f(x)$在 $x=2$ 处取得极小值 $f(2)=\frac{e^2}{4}-a$.

当 $x<0$ 时，$f(x)=\frac{e^x}{x^2}-a$ 单调增加，且 $\lim\limits_{x\to-\infty}f(x)=-a<0$，$\lim\limits_{x\to 0^-}f(x)=+\infty$，所以 $f(x)=0$ 在$(-\infty, 0)$内有一个实根.

当 $x>0$ 时，$f(x)=\frac{e^x}{x^2}-a$ 在$(0, 2)$内单调减少，在$(2, +\infty)$内单调增加，所以当 $f(2)>0$时，$f(x)=0$ 在$(0, +\infty)$内无根；当 $f(2)=0$ 时，$f(x)=0$ 在$(0, +\infty)$内有一个实根；当 $f(2)<0$ 时，$f(x)=0$ 在$(0, +\infty)$内有两个实根.

综上所述，当 $0<a<\frac{e^2}{4}$时，方程 $e^x=ax^2(a>0)$在区间$(-\infty, 0)$内有一个实根；当 $a=\frac{e^2}{4}$时，方程 $e^x=ax^2(a>0)$有两个实根，其中一根为 $x=2$，另一根在区间$(-\infty, 0)$内；当 $a>\frac{e^2}{4}$时，方程 $e^x=ax^2(a>0)$有三个实根，它们分别在$(-\infty, 0)$，$(0, 2)$和$(2, +\infty)$内.

前面给出的求极值的方法都要求函数在极值点处连续，但极值定义中只要求函数在 x_0 的某邻域 $U(x_0)$内有定义，并没有要求函数在 x_0 处连续，因此不连续的点也有可能是极值点.

例 3.5.5　设 $f(x)=\begin{cases}x^{2x}, & x>0\\ x+2, & x\leqslant 0\end{cases}$，求 $f(x)$的极值.

解　$x=0$ 是函数 $f(x)$的分段点. 因为 $f(0)=2$，并且

$$\lim_{x\to 0^-}f(x)=2=f(0), \quad \lim_{x\to 0^+}f(x)=\lim_{x\to 0^+}x^{2x}=\lim_{x\to 0^+}e^{2x\ln x}=1\neq f(0),$$

所以 $f(x)$ 在 $x=0$ 处不连续. 由极值的定义知，$f(x)$ 在 $x=0$ 处取得极大值 $f(0)=2$.

当 $x<0$ 时，$f'(x)=1>0$，函数 $f(x)$ 单调增加.

当 $x>0$ 时，$f'(x)=x^{2x}(2x\ln x)'=2x^{2x}(\ln x+1)$，令 $f'(x)=0$，得 $x=\dfrac{1}{e}$. 因此，当 $x\in\left(0,\ \dfrac{1}{e}\right)$ 时，$f'(x)<0$；当 $x\in\left(\dfrac{1}{e},\ +\infty\right)$ 时，$f'(x)>0$. 由定理 3.5.2 知，$f(x)$ 在 $x=\dfrac{1}{e}$ 处取得极小值 $f\left(\dfrac{1}{e}\right)=e^{-\frac{2}{e}}$.

二、最大值最小值问题

极值反映的是函数的局部性质，用以描述函数在一点的某邻域内的性态. 而最大值(或最小值)是函数在所讨论区间上全部函数值中的最大者(或最小者)，反映的是函数的全局性质. 极值未必是最值，最值也未必是极值，因为极值只能在定义区间的内点取得，而最值可以在函数定义区间的端点取得，所以只有区间内部的最值点才是极值点.

设函数 $f(x)$ 在闭区间 $[a,\ b]$ 上连续，则由闭区间上连续函数的最值定理知，$f(x)$ 在 $[a,\ b]$ 上一定取得最大值和最小值，并且最大值和最小值只可能在驻点、不可导点以及端点 $x=a$，$x=b$ 处取得. 于是求函数 $f(x)$ 在闭区间 $[a,\ b]$ 上的最值的一般步骤如下：

(1) 求出 $f(x)$ 在 $(a,\ b)$ 内的驻点 x_1，x_2，…，x_m 及不可导点 x'_1，x'_2，…x'_n；

(2) 计算 $f(x_i)(i=1,\ 2,\ \cdots,\ m)$，$f(x'_j)(j=1,\ 2,\ \cdots,\ n)$ 及 $f(a)$，$f(b)$；

(3) 比较(2) 中诸值的大小，其中最大的便是 $f(x)$ 在 $[a,\ b]$ 上的最大值，最小的便是 $f(x)$ 在 $[a,\ b]$ 上的最小值.

下面给出几种特殊情形下函数最值的简便求法：

(1) 闭区间上的连续函数如果单调，则必在两个端点处分别取到其最大值和最小值.

(2) 若函数 $f(x)$ 在所讨论的区间 I 上处处连续，且 $f(x)$ 在 I 内有唯一的驻点 x_0，则如果 $f(x_0)$ 是极大(小) 值，那么它就是 $f(x)$ 的最大(小) 值.

思考题

(3) 在实际问题中，如果能根据实际意义断定函数必定在所讨论的区间内取得最大值或最小值，而且区间内仅有一个驻点或不可导点，那么可以判定函数在该点处取得最大值或最小值.

例 3.5.6 求函数 $f(x)=-3x^4+4x^3-2$ 在 $[-1,\ 2]$ 上的最大值与最小值.

解 所给函数是闭区间 $[-1,\ 2]$ 上的连续函数. 令

$$f'(x)=-12x^2(x-1)=0,$$

求得 $f(x)$ 在 $(-1,\ 2)$ 内的驻点为 $x=0$ 及 $x=1$. 又

$$f(-1)=-9,\quad f(0)=-2,\quad f(1)=-1,\quad (2)=-18,$$

所以 $f(x)$ 在 $[-1,\ 2]$ 上的最大值为 $f(1)=-1$，最小值为 $f(2)=-18$.

例 3.5.7 求数列 $\{\sqrt[n]{n}\}$ 的最大项.

分析 数列是特殊的函数，不连续也不能求导，但可将其过渡到函数进行研究.

解 设 $f(x)=x^{\frac{1}{x}}=e^{\frac{1}{x}\ln x}(x>0)$，则

$$f'(x)=x^{\frac{1}{x}}\frac{(1-\ln x)}{x^2}\quad (x>0).$$

令 $f'(x)=0$，得驻点 $x=\mathrm{e}$. 当 $0<x<\mathrm{e}$ 时，$f'(x)>0$；当 $x>\mathrm{e}$ 时，$f'(x)<0$.所以 $x=\mathrm{e}$ 是 $f(x)$的唯一极大值点，也是最大值点.

由此可见，数列$\{\sqrt[n]{n}\}$的最大项在接近 e 的两个自然数 2 和 3 所对应的项$\sqrt{2}$，$\sqrt[3]{3}$之中. 由于

$$\sqrt{2}=\sqrt[6]{8}<\sqrt[6]{9}=\sqrt[3]{3},$$

因此$\sqrt[3]{3}$ 是数列$\{\sqrt[n]{n}\}$的最大项.

例 3.5.8　假设某制造商制造并出售某种球形瓶装饮料，每个瓶子的制造成本是 $0.8\pi r^2$ 分，其中 r 是瓶子的半径，单位是 cm. 已知每出售 1 mL 的饮料，制造商可获利 0.2 分，且制造商能制造的瓶子的最大半径为 6 cm. 问：瓶子的半径分别为多大时，每瓶饮料的利润最大、最小？

解　由题意知，每瓶饮料的利润为

$$L=L(r)=0.2\cdot\frac{4}{3}\pi r^3-0.8\pi r^2=0.8\pi\left(\frac{r^3}{3}-r^2\right),\quad 0<r\leqslant 6.$$

令 $L'(r)=0.8\pi(r^2-2r)=0$，得 $r=2$.当 $r\in(0,2)$时，$L'(r)<0$，这时利润函数单调减少；当 $r\in(2,6)$时，$L'(r)>0$，这时利润函数单调增加. 因此有下面的结论：

(1) $L(r)$在 $r=2$ 处取得最小值 $L(2)=-\frac{16}{15}\pi$，即瓶子半径 $r=2$ cm 时，每瓶饮料的利润最小，而利润为负，说明这时利润不够瓶子的成本.

(2) $L(r)$在 $r=6$ 处取得最大值 $L(6)=28.8\pi$，即瓶子半径 $r=6$ cm 时，每瓶饮料的利润最大.

例 3.5.9　要做一个容积为 V 的圆柱形容器，问怎样设计才能使得所用材料最省？

解　设圆柱形容器的底面半径为 r，则其高为 $h=\frac{V}{\pi r^2}$，表面积为

$$S=2\pi r^2+2\pi rh=2\pi r^2+\frac{2V}{r}\quad (r>0).$$

对 S 关于 r 求导得

$$S'=4\pi r-\frac{2V}{r^2}=\frac{2(2\pi r^3-V)}{r^2}.$$

令 $S'=0$，求得唯一驻点 $r=\sqrt[3]{\frac{V}{2\pi}}$，从而函数 S 在 $r=\sqrt[3]{\frac{V}{2\pi}}$ 处取得极小值，也是最小值. 此时 $h=\frac{V}{\pi r^2}=2\sqrt[3]{\frac{V}{2\pi}}=2r$，即当圆柱形容器的高和底面直径相等时所用材料最省.

三、知识延展——定理 3.5.3 的推广

定理 3.5.4　设函数 $f(x)$在 x_0 的某邻域 $U(x_0)$内 n 阶导数连续，并且

$$f'(x_0)=f''(x_0)=\cdots=f^{(n-1)}(x_0)=0,\quad f^{(n)}(x_0)\neq 0,$$

那么，当 n 为奇数时，$f(x_0)$不是函数的极值；当 n 为偶数时，$f(x_0)$是函数的极值. 进一步，若 $f^{(n)}(x_0)>0$，则取极小值；若 $f^{(n)}(x_0)<0$，则取极大值.

分析 由所给的 n 阶导数条件，利用 $f(x)$的$(n-1)$阶泰勒展开式证明.

证明 由 $f^{(n)}(x_0)\neq 0$，不妨设 $f^{(n)}(x_0)>0$. 由于 $f^{(n)}(x)$连续，因此

$$\lim_{x\to x_0} f^{(n)}(x)=f^{(n)}(x_0)>0,$$

由函数极限的局部保号性知，当 $x\in \mathring{U}(x_0)$时，$f^{(n)}(x)>0$. $\forall x\in \mathring{U}(x_0)$，$f(x)$在 x_0 处的$(n-1)$阶泰勒展开式为

$$f(x)=f(x_0)+f'(x_0)(x-x_0)+\cdots+\frac{f^{(n-1)}(x_0)}{(n-1)!}(x-x_0)^{n-1}+\frac{f^{(n)}(\xi)}{n!}(x-x_0)^n \quad (\xi\text{ 介于 } x_0 \text{ 与 } x \text{ 之间}),$$

由已知条件有

$$f(x)-f(x_0)=\frac{f^{(n)}(\xi)}{n!}(x-x_0)^n.$$

因为 $\xi\in \mathring{U}(x_0)$，所以 $f^{(n)}(\xi)>0$. 当 n 为奇数时，在$(x_0-\delta, x_0)$内 $f(x)-f(x_0)<0$，在$(x_0, x_0+\delta)$内 $f(x)-f(x_0)>0$，故 $f(x_0)$不是函数的极值；当 n 为偶数时，不论在$(x_0-\delta, x_0)$内还是在$(x_0, x_0+\delta)$内都有 $f(x)-f(x_0)>0$，故 $f(x_0)$是函数的极小值.

对 $f^{(n)}(x_0)<0$ 可类似证明.

习 题 3-5

基 础 题

1. 设三次曲线 $y=x^3+3ax^2+3bx+c$ 在 $x=-1$ 处取极大值，点(0, 3)是拐点，求 a，b，c 的值.

2. 设 $f(x)$在$(-\infty, +\infty)$内有一阶导数且 $f'(x)$为单调增加函数，又设$\lim\limits_{x\to 0}\dfrac{f(x)}{x}=1$. 证明：$f(x)\geqslant x$，当且仅当 $x=0$ 时等号成立.

3. 设函数 $y=y(x)$由参数方程$\begin{cases} x=\dfrac{1}{3}t^3+t+\dfrac{1}{3} \\ y=\dfrac{1}{3}t^3-t+\dfrac{1}{3} \end{cases}$确定，求 $y=y(x)$的极值和曲线 $y=y(x)$的凹凸区间及拐点.

4. 求函数 $y=x^{\frac{1}{x}}$，$x\in(0, +\infty)$的最值.

5. 证明：当 $x<1$ 且 $x\neq 0$ 时，有$\dfrac{1}{x}+\dfrac{1}{\ln(1-x)}<1$.

6. 设函数 $f(x)$，$g(x)$都具有二阶导数，且 $g''(x)<0$.若 $g(x_0)=a$ 是 $g(x)$的极值，则 $f[g(x)]$在 x_0 处取极大值的一个充分条件是(　　).

A. $f'(a)<0$　　B. $f'(a)>0$　　C. $f''(a)<0$　　D. $f''(a)>0$

7. 设$\lim\limits_{x\to a}\dfrac{f(x)-f(a)}{(x-a)^2}=-1$，则在点 $x=a$ 处(　　).

A. $f(x)$的导数存在，且 $f'(a)\neq 0$　　B. $f(x)$取到极大值

C. $f(x)$取到极小值　　D. $f(x)$的导数不存在

8. 假设某种商品的需求量 Q 是单价 P(单位：元) 的函数：$Q=12\,000-80P$，商品的总成本 C 是需求量 Q 的函数：$C=25\,000+50Q$，每单位商品需要纳税 2 元，试求使销售利润最大的商品价格和最大利润额.

9. 要造一圆柱形油罐，体积为 V，问底面半径 r 和高 h 各等于多少时，才能使表面积最小？这时底面直径与高的比是多少？

提　高　题

1. 设 $f(x)$与 $g(x)$可求任意阶导数，且

$$f''(x)+f'(x)g(x)+xf(x)=e^x-1,\quad f(0)=1,\quad f'(0)=0,$$

则 $f(0)$是 $f(x)$的极__________值.

2. 函数 $f(x)=|x-2|e^x$ 在区间 $[0, 3]$上的最大值为__________；最小值为__________.

3. 设函数 $y=f(x)$由方程 $x^3-3xy^2+2y^3=32$ 所确定，求函数 $y=f(x)$的极值.

4. 设函数 $f(x)=\dfrac{1}{4}x^4+\dfrac{1}{3}ax^3+\dfrac{1}{2}bx^2+2x$ 在 $x=-2$ 处取得极值，又在 $x=c(c\neq-2)$处有 $f'(c)=0$，但在 $x=c$ 处无极值，求 a，b 的值.

习题 3 - 5
参考答案

5. 在椭圆$\dfrac{x^2}{a^2}+\dfrac{y^2}{b^2}=1$ 内嵌入一内接矩形，使其边平行于椭圆的轴，且面积最大.

第六节　函数图形的描绘

教学目标

对于一个函数，若能画出其图形，就能从直观上了解该函数的性态特征，并可从其图形上清楚地看出因变量与自变量之间的相互依赖关系. 在研究函数图形时，需要研究曲线的渐近线. 当函数 $y=f(x)$的图形具有渐近线时，只有描绘出它的渐近线之后，才能较准确地描绘出函数 $y=f(x)$的图形. 下面给出渐近线的定义与求法.

一、曲线的渐近线

1. 水平渐近线

设函数 $y=f(x)$的定义域是无穷区间，若 $\lim\limits_{x\to+\infty}f(x)=b$(或 $\lim\limits_{x\to-\infty}f(x)=b$ 或$\lim\limits_{x\to\infty}f(x)=b$)，则称 $y=b$ 为曲线 $y=f(x)$当 $x\to+\infty$(或 $x\to-\infty$或 $x\to\infty$)时的水平渐近线，或简称曲线 $y=f(x)$有水平渐近线 $y=b$.

例如 $\lim\limits_{x\to+\infty}\arctan x=\dfrac{\pi}{2}$，$\lim\limits_{x\to-\infty}\arctan x=-\dfrac{\pi}{2}$，故曲线 $y=\arctan x$ 有两条水平渐近线，分别是 $y=\dfrac{\pi}{2}$ 和 $y=-\dfrac{\pi}{2}$.

2. 铅直渐近线

若 $\lim\limits_{x\to a^+}f(x)=+\infty$(或 $\lim\limits_{x\to a^+}f(x)=-\infty$ 或 $\lim\limits_{x\to a^-}f(x)=+\infty$ 或 $\lim\limits_{x\to a^-}f(x)=-\infty$)，则曲线 $y=f(x)$ 有铅直渐近线 $x=a$.

例 3.6.1 求曲线 $y=\dfrac{1}{x-1}$ 的水平渐近线和铅直渐近线.

解 因为 $\lim\limits_{x\to\infty}\dfrac{1}{x-1}=0$，所以曲线的水平渐近线为 $y=0$. 因为 $\lim\limits_{x\to1}\dfrac{1}{x-1}=\infty$，所以曲线的铅直渐近线为 $x=1$.

3. 斜渐近线

设函数 $y=f(x)$ 的定义域是无穷区间，若有

$$\lim_{x\to-\infty}[f(x)-(kx+b)]=0 \quad 或 \quad \lim_{x\to+\infty}[f(x)-(kx+b)]=0, \tag{3.6.1}$$

其中 k 存在且 $k\neq0$，b 为常数，则称直线 $y=kx+b$ 为曲线 $y=f(x)$ 的斜渐近线.

下面仅就 $x\to+\infty$ 的情况给出斜渐近线中 k，b 的计算公式，$x\to-\infty$ 的情况可类似推得.

根据式(3.6.1)，有 $\lim\limits_{x\to+\infty}\left[\dfrac{f(x)}{x}-k-\dfrac{b}{x}\right]=0$. 又 $\lim\limits_{x\to+\infty}\dfrac{b}{x}=0$，故 $\lim\limits_{x\to+\infty}\left[\dfrac{f(x)}{x}-k\right]=0$，即

$$k=\lim_{x\to+\infty}\frac{f(x)}{x}. \tag{3.6.2}$$

将求出的 k 值代入式(3.6.1)可确定 b，即

$$b=\lim_{x\to+\infty}[f(x)-kx]. \tag{3.6.3}$$

由式(3.6.2)和式(3.6.3)求出 k，b 后，即可得斜渐近线 $y=kx+b$.

例 3.6.2 求曲线 $f(x)=\dfrac{x^2}{1+x}$ 的渐近线.

解 因 $\lim\limits_{x\to-1}\dfrac{x^2}{1+x}=\infty$，故 $x=-1$ 是曲线的铅直渐近线.

因

$$k=\lim_{x\to\infty}\frac{f(x)}{x}=\lim_{x\to\infty}\frac{x}{1+x}=1,$$

$$b=\lim_{x\to\infty}[f(x)-kx]=\lim_{x\to\infty}\left(\frac{x^2}{1+x}-x\right)=\lim_{x\to\infty}\frac{-x}{1+x}=-1,$$

故 $y=x-1$ 是曲线的斜渐近线.

该曲线没有水平渐近线.

二、函数图形的描绘

在描绘函数图形时，确定函数的单调性、极值、凹凸性、拐点等性态后，按照“求点连线”

法，就可以把函数图形画得比较准确.

求点，重要的是求函数单调性改变的点(极值点、不可导点)和曲线凹凸性改变的点(拐点、二阶导数不存在的点)，除此之外，至多再求曲线上个别的附加点(如与坐标轴的交点)，便可很好地把握函数的数值性质.

连线，可以结合这段曲线的单调性和凹凸性来进行连接，再求出曲线的渐近线来把握曲线在平面上向无穷远伸展的性态.

这样就做到了“有目的”的求点和“有指导”的连线，如此描绘出的函数图形，在性态上是准确的.

综上所述，利用导数描绘函数图形的一般步骤如下：

(1) 确定函数 $y=f(x)$的定义域、间断点，考察函数的某些特性，如对称性和周期性等；

(2) 求出一阶导数 $f'(x)$和二阶导数 $f''(x)$及使 $f'(x)=0$ 和 $f''(x)=0$ 的点，再求出 $f'(x)$，$f''(x)$不存在的点；

(3) 以上述各点为分点，将函数定义域分成若干个部分区间，列表讨论 $f'(x)$与 $f''(x)$ 在各部分区间内的符号，从而确定函数的单调区间、极值及曲线的凹凸区间、拐点；

(4) 考察函数图形的渐近线；

(5) 计算特殊点的函数值，如极值点、拐点，并补充一些有助于确定图形位置的点(如与坐标轴的交点)，结合(3)、(4)中得到的结果，联结这些点画出函数 $y=f(x)$的图形.

例 3.6.3　描绘函数 $f(x)=1+\dfrac{1-2x}{x^2}$的图形.

解　依据描绘函数图形的五个步骤进行.

(1) 函数 $f(x)=1+\dfrac{1-2x}{x^2}$的定义域为$(-\infty, 0)\cup(0, +\infty)$，且不具备奇偶性与周期性.

(2) 求出一阶导数 $f'(x)=\dfrac{2(x-1)}{x^3}$，令 $f'(x)=0$ 得驻点 $x_1=1$；

求出二阶导数 $f''(x)=\dfrac{2(3-2x)}{x^4}$，令 $f''(x)=0$ 得 $x_2=\dfrac{3}{2}$.

(3) 用点 $x_1=1$，$x_2=\dfrac{3}{2}$将函数的定义域分为 4 个部分区间，列表 3.6.1 分析函数$f(x)$的单调性、极值及曲线 $f(x)$的凹凸性、拐点.

表 3.6.1

x	$(-\infty, 0)$	$(0, 1)$	1	$\left(1, \frac{3}{2}\right)$	$\frac{3}{2}$	$\left(\frac{3}{2}, +\infty\right)$
$f'(x)$	+	−	0	+	+	+
$f''(x)$	+	+	+	+	0	−
$f(x)$	单增、凹	单减、凹	极小值点 $f(1)=0$	单增、凹	拐点 $\left(\frac{3}{2}, \frac{1}{9}\right)$	单增、凸

(4) 因$\lim\limits_{x\to\infty}f(x)=1$，$\lim\limits_{x\to 0}f(x)=+\infty$，所以该曲线有水平渐近线 $y=1$ 和铅直渐近线 $x=0$.

(5) 点$M_1(1, 0)$，$M_2\left(\frac{3}{2}, \frac{1}{9}\right)$都在函数的图形上，再取辅助点$M_3\left(\frac{1}{2}, 1\right)$，$M_4(-1, 4)$，$M_5\left(-2, \frac{9}{4}\right)$，将它们描绘在坐标平面上，结合以上信息并联结这五个点，即可描绘出函数的图形(见图 3.6.1).

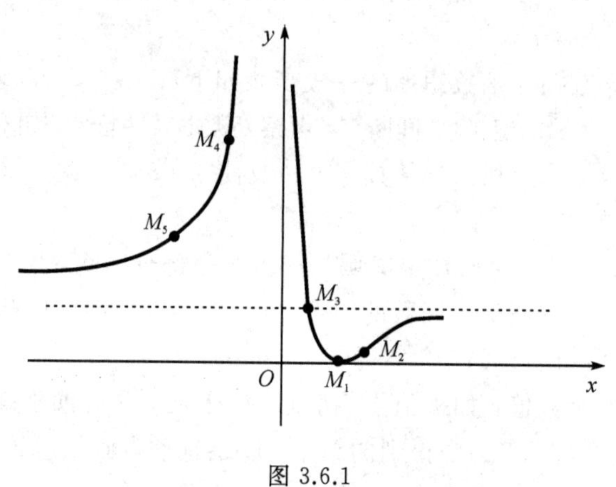

图 3.6.1

习 题 3-6

基 础 题

1. 求曲线 $y=\frac{x+4\sin x}{5x-2\cos x}$的水平渐近线.

2. 求曲线 $y=\frac{x^2}{1+x}$的渐近线.

3. 求曲线$\begin{cases}x=t\ln t\\ y=\frac{\ln t}{t}\end{cases}$ 的渐近线.

4. 描绘函数 $y=\frac{1}{5}(x^4-6x^2+8x+7)$的图形.

提 高 题

1. 求曲线$\begin{cases}x=\frac{3t}{1+t^3}\\ y=\frac{3t^2}{1+t^3}\end{cases}$ $(t\neq-1)$的斜渐近线.

2. 求曲线 $y=\dfrac{1}{x}+\ln(1+e^x)$ 的渐近线.

3. 求曲线 $y=f(x)=\dfrac{(x^2+x-2)2^{\frac{1}{x}}}{(x^2-1)\arctan x}$ 的渐近线.

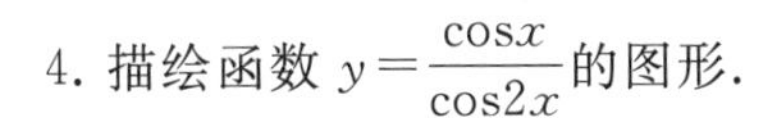

4. 描绘函数 $y=\dfrac{\cos x}{\cos 2x}$ 的图形.

习题 3-6 参考答案

第七节　曲　　率

一、曲率的概念

教学目标

曲率是用来描述曲线弯曲程度的量，对曲线弯曲程度的研究，在日常生活与生产实践中经常遇到. 例如，骑自行车的人都会有这一感觉：转小弯与转大弯是不一样的，转大弯显然比转小弯轻松些. 又如在转弯的地方，火车轨道需要用适当的缓冲曲线来衔接，确保火车能够平稳地转过弯道. 这些都与曲线的弯曲程度有关.

曲线的弯曲程度与曲线本身的表示形式有着密切的关系. 关于曲线的研究，瑞士数学家欧拉在 1736 年首先引进了平面曲线的内在坐标这一概念，从而开始了曲线的内在研究. 曲线可由直角坐标方程、极坐标方程和参数方程来表示，在这一节中我们主要考虑直角坐标系下的曲线方程，其他情况可类似推导.

问题　用什么方法可以定量地描述曲线的弯曲程度呢?

我们先弄清楚曲线的弯曲程度与哪些因素有关.如图 3.7.1(a)，在曲线 L_1 上取点 P，过点 P 作曲线的切线；取点 M，过点 M 作曲线的切线. 当动点沿曲线 L_1 从点 P 移动到点 M 时，切线转过的角度为 α. 随着角度 α 的增大，曲线的弯曲程度也增大. 由此可见，曲线的弯曲程度依赖于切线转过的角度，即弧长相同，转角越大，弯曲程度越大.

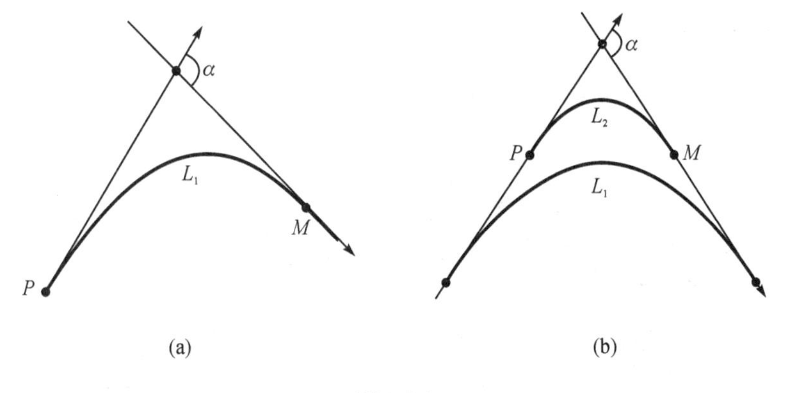

图 3.7.1

但是仅仅知道切线转过的角度还难以断言曲线的弯曲程度. 如图 3.7.1(b)，曲线弧 L_2 上的弧段 $\overset{\frown}{PM}$ 对应的切线转角为 α，在切线转角保持不变的情况下，弧段越短，曲线的弯曲程度越大. 由此可见，曲线的弯曲程度不仅依赖于切线转过的角度，还依赖于切线究竟是在多长的一段曲线上转过这个角度的. 因此，在转角相同的情况下，弧段越长，曲线的弯曲程度越小. 很自然地，我们用单位弧长上切线转过的角度来衡量曲线的弯曲程度. 为此，我们给出如下定义：

设曲线 C 是光滑的(见图 3.7.2)，在曲线 C 上选定一点 M_0 作为度量弧长的基点，并规定以 x 增大的方向作为曲线的正向. 设曲线上点 M 对应于弧 s，曲线在点 M 处切线的倾角为 α，s 的绝对值等于弧段 $\overset{\frown}{M_0M}$ 的长度. 当有向弧段 $\overset{\frown}{M_0M}$ 的方向与曲线的正向一致时，$s>0$；否则，$s<0$. 设曲线上另外一点 M' 对应于弧 $s+\Delta s$，曲线在点 M' 处切线的倾角为 $\alpha+\Delta\alpha$，那么弧段 $\overset{\frown}{MM'}$ 的长度为 $|\Delta s|$，当动点从 M 移动到 M' 时，切线转过的角度为 $|\Delta\alpha|$.

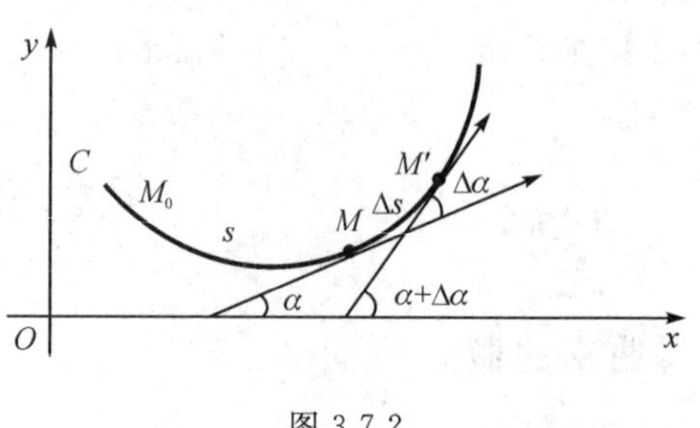

图 3.7.2

定义 3.7.1　比值 $\dfrac{|\Delta\alpha|}{|\Delta s|}$ 表示单位弧长上切线转过的角度，它刻画了弧段 $\overset{\frown}{MM'}$ 的平均弯曲程度，称为弧段 $\overset{\frown}{MM'}$ 的平均曲率，记作 $\overline{K}$，即 $\overline{K}=\left|\dfrac{\Delta\alpha}{\Delta s}\right|$.

对于一般的曲线弧，各弧段的弯曲程度不一定相同，甚至曲线弧上每一点处的弯曲程度也是不尽相同的. 例如，观察图 3.7.2，我们认为曲线 C 在点 M 处附近的弯曲程度最大，那么我们如何度量它呢？考察曲线从点 M 到与它邻近的点 M' 这段小弧段 Δs 的平均曲率. 当弧长 $|\Delta s|$ 很小时，小弧段 $\overset{\frown}{MM'}$ 的弯曲程度变化也很小，也就是说，在很小的弧段内，弧段上各点处的弯曲程度可近似看成是相同的. 这样我们可以用弧段 $\overset{\frown}{MM'}$ 的平均曲率近似刻画点 M 处的弯曲程度，并且弧长 $|\Delta s|$ 越小，这种近似越精确.

定义 3.7.2　当 $\Delta s\to 0$，且 $\dfrac{\Delta\alpha}{\Delta s}$ 的极限存在时，弧段 $\overset{\frown}{MM'}$ 的平均曲率的极限叫作曲线 C 在点 M 处的曲率，记作 K，即 $K=\lim\limits_{\Delta s\to 0}\left|\dfrac{\Delta\alpha}{\Delta s}\right|$. 在 $\lim\limits_{\Delta s\to 0}\dfrac{\Delta\alpha}{\Delta s}=\dfrac{\mathrm{d}\alpha}{\mathrm{d}s}$ 存在的条件下，$K=\left|\dfrac{\mathrm{d}\alpha}{\mathrm{d}s}\right|$.

**问题**　这样定义曲线的弯曲程度是否合适呢？

直觉告诉我们：直线不弯曲，半径较小的圆弯曲得比半径较大的圆厉害些. 下面我们就分别计算直线和圆上任意一点的曲率.

例 3.7.1　求直线上任意一点处的曲率.

解　如图 3.7.3，设 M，M' 为直线上任意两点，则点 M 和点 M' 的切线在一条直线上. 因此，切线转过的角度 $\Delta\alpha=0$，平均曲率 $\overline{K}=\left|\dfrac{\Delta\alpha}{\Delta s}\right|=0$，从而曲率

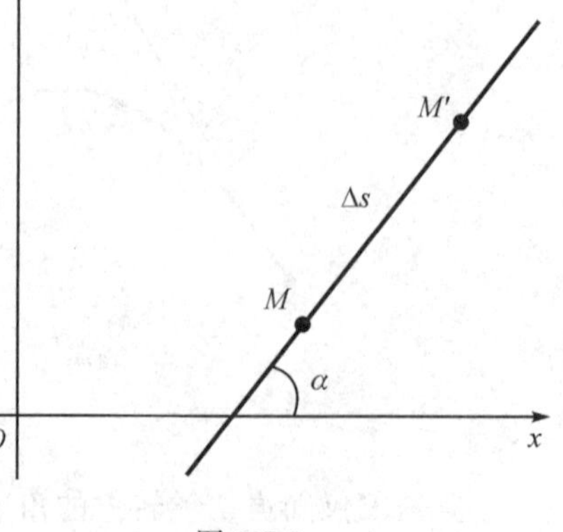

图 3.7.3

$K=\left|\dfrac{\mathrm{d}\alpha}{\mathrm{d}s}\right|=0$. 由此可见，直线上任意一点处的曲率都等于0. 这与我们直觉认识到的“直线不弯曲”一致.

例 3.7.2　求半径为 R 的圆上任意一点处的曲率.

解　如图 3.7.4，在圆上任取一弧段 $\overset{\frown}{AB}$，弧段 $\overset{\frown}{AB}$ 对应的切线的转角为 $\Delta\alpha$，而 $\Delta\alpha$ 正好等于弧 $\overset{\frown}{AB}$ 所对圆心角的大小，故弧 $\overset{\frown}{AB}$ 的长度为 $\Delta s=R\cdot\Delta\alpha$，所以弧 $\overset{\frown}{AB}$ 的平均曲率为

$$\overline{K}=\left|\frac{\Delta\alpha}{\Delta s}\right|=\left|\frac{\Delta\alpha}{R\cdot\Delta\alpha}\right|=\frac{1}{R}.$$

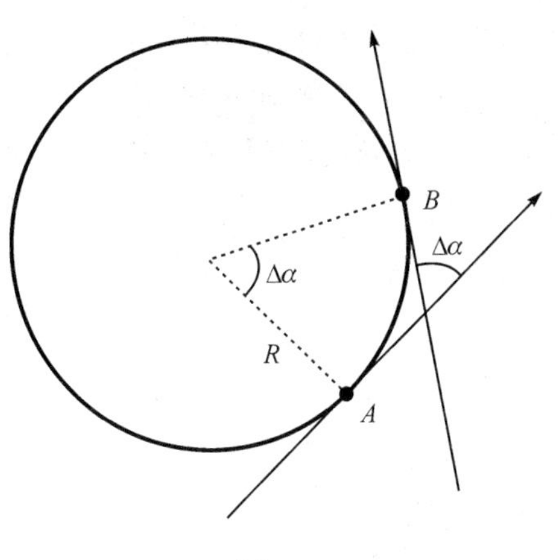

图 3.7.4

由此可见，圆上任一段弧的平均曲率为常数 $\dfrac{1}{R}$. 当点 B 沿圆弧趋于点 A 时，得圆弧在点 A 处的曲率为

$$K=\lim_{\Delta s\to 0}\left|\frac{\Delta\alpha}{\Delta s}\right|=\lim_{\Delta s\to 0}\frac{1}{R}=\frac{1}{R}.$$

因为点 A 是圆上任意取定的一点，所以可得如下结论：

(1) 圆上各点处的曲率都相等；

(2) 半径越小，曲率越大，圆弧弯曲得越厉害；

(3) 半径越大，曲率越小，圆弧弯曲得越平缓.

这也与我们的直觉一致. 因此，用定义 3.7.2 描述曲线的弯曲程度(即曲率) 是合适的.

二、曲率的计算公式

任给一条曲线，曲线上每一点处的曲率都有可能是不相同的，因此利用曲率的定义 $K=\left|\dfrac{\mathrm{d}\alpha}{\mathrm{d}s}\right|$ 计算曲率是十分不方便的. 下面我们来推导便于实际计算曲率的公式.

根据定义，我们首先需要弄清楚切线倾角 α 与弧 s 之间的函数关系(见图 3.7.5).

设曲线的直角坐标方程为 $y=f(x)$，且 $f(x)$ 在(a,b)内有二阶导数，M_0 是基点. 曲线上点 M 对应于弧 s，有向弧段 $\overset{\frown}{M_0M}$ 的长度随着 x 的改变而改变. 当 x 增大时，弧 $\overset{\frown}{M_0M}$ 的长度也增大；当 x 减小时，弧 $\overset{\frown}{M_0M}$ 的长度也减小. 因此弧 $\overset{\frown}{M_0M}$ 的长度是一个关于 x 的函数，我们把它记为 $s(x)$，显然 $s(x)$ 是 x 的单调增加函数.

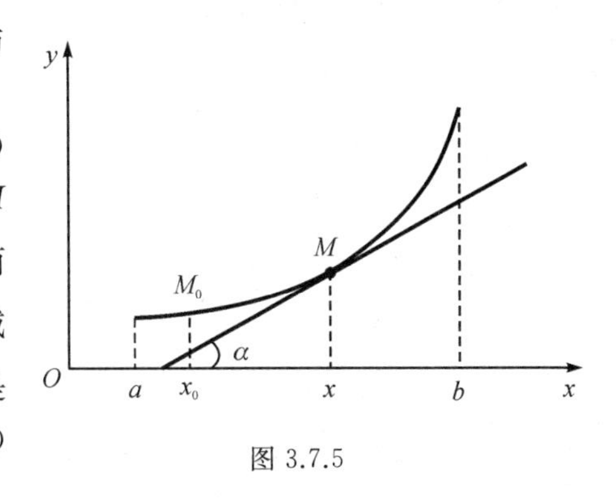

图 3.7.5

设 α 是曲线在点 M 处切线的倾角，它随着 x 的变动而变动，因此切线倾角 α 也可以看成 x 的函数 $\alpha=\alpha(x)$. 这样，弧 s 与切线倾角 α 都与 x 存在函数关系. 于是我们可以用参数

方程来确定 s 与 α 之间的函数关系. 根据由参数方程所确定的函数的求导法，曲率 K 等于函数 $\alpha(x)$ 对 x 的导数除以函数 $s(x)$ 对 x 的导数的绝对值. 下面我们首先计算弧函数 $s(x)$ 对 x 的导数.

设 x，$x+\Delta x$ 为 (a, b) 内两个邻近的点(见图 3.7.6)，它们在曲线 $y=f(x)$ 上的对应点为 M, M'，并设对应于 x 的增量为 Δx，弧 s 的增量为 Δs，即 $\Delta s=|\overset{\frown}{MM'}|$. 过点 M 作 x 轴的平行线，过点 M' 作 y 轴的平行线，得到 Δx 和曲线上纵坐标的改变量 Δy. 为了求弧函数 $s(x)$ 对 x 的导数，我们先计算 Δs 与 Δx 之间的比值.

$$\begin{aligned}\left(\frac{\Delta s}{\Delta x}\right)^2&=\left(\frac{|\overset{\frown}{MM'}|}{\Delta x}\right)^2=\left(\frac{|\overset{\frown}{MM'}|}{|MM'|}\right)^2\cdot\frac{|MM'|^2}{(\Delta x)^2}\\&=\left(\frac{|\overset{\frown}{MM'}|}{|MM'|}\right)^2\cdot\frac{(\Delta x)^2+(\Delta y)^2}{(\Delta x)^2}\\&=\left(\frac{|\overset{\frown}{MM'}|}{|MM'|}\right)^2\cdot\left[1+\left(\frac{\Delta y}{\Delta x}\right)^2\right],\end{aligned}$$

等式两边同时开平方，得

$$\frac{\Delta s}{\Delta x}=\pm\sqrt{\left(\frac{|\overset{\frown}{MM'}|}{|MM'|}\right)^2\cdot\left[1+\left(\frac{\Delta y}{\Delta x}\right)^2\right]}.$$

因为

$$\lim_{\Delta x\to 0}\frac{|\overset{\frown}{MM'}|}{|MM'|}=\lim_{M'\to M}\frac{|\overset{\frown}{MM'}|}{|MM'|}=1,$$

而 $\lim\limits_{\Delta x\to 0}\dfrac{\Delta y}{\Delta x}=y'$，所以 $\dfrac{\mathrm{d}s}{\mathrm{d}x}=\pm\sqrt{1+y'^2}$. 由于 $s=s(x)$ 是单调增加函数，因此 $\dfrac{\mathrm{d}s}{\mathrm{d}x}>0$，从而

$$\frac{\mathrm{d}s}{\mathrm{d}x}=\sqrt{1+y'^2},$$

即

$$\mathrm{d}s=\sqrt{1+y'^2}\,\mathrm{d}x,$$

这就是弧微分公式，对其进行变形，得

$$\mathrm{d}s=\sqrt{(\mathrm{d}x)^2+(\mathrm{d}y)^2}.$$

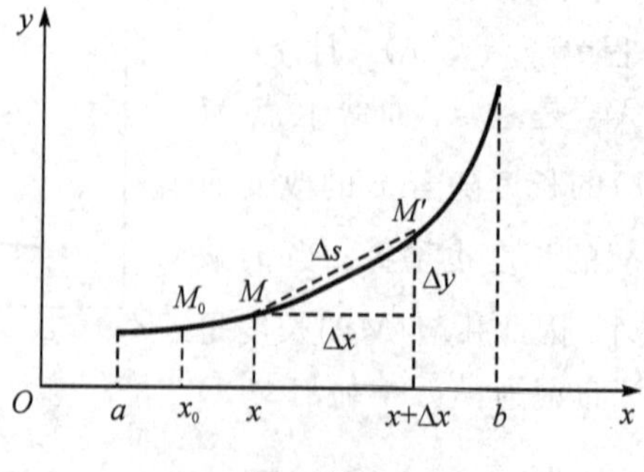

图 3.7.6

接下来我们推导函数 $\alpha(x)$ 对 x 的导数. 因为 $y'=\tan\alpha$，所以 $\alpha=\arctan y'(x)$，从而函数 $\alpha(x)$ 的导数为

$$\frac{\mathrm{d}\alpha}{\mathrm{d}x}=(\arctan y')'=\frac{y''}{1+y'^2}.$$

又$\dfrac{\mathrm{d}s}{\mathrm{d}x}=\sqrt{1+y'^2}$，故曲率的计算公式为

$$K=\left|\frac{\mathrm{d}\alpha}{\mathrm{d}s}\right|=\frac{|y''|}{(1+y'^2)^{\frac{3}{2}}}.$$

例 3.7.3　抛物线 $y=ax^2+bx+c$ 上哪一点处的曲率最大?

解　由 $y=ax^2+bx+c$ 得 $y'=2ax+b$，$y''=2a$，代入曲率公式，得

$$K=\frac{|2a|}{[1+(2ax+b)^2]^{3/2}}.$$

显然，当 $2ax+b=0$，即 $x=-\dfrac{b}{2a}$时曲率最大. 而 $x=-\dfrac{b}{2a}$对应的点为抛物线的顶点，因此，抛物线在顶点处的曲率最大，为$|2a|$.

例 3.7.4　设 $y=f(x)$和 $y=g(x)$为两个函数，试给出$\begin{cases}f(a)=g(a)\\f'(a)=g'(a)\\|f''(a)|>|g''(a)|\end{cases}$的几何意义.

解　$f(a)=g(a)$且 $f'(a)=g'(a)$表示曲线 $y=f(x)$和 $y=g(x)$在点 $x=a$ 处相交，且在该点处两曲线的切线斜率相等(即在该点处两曲线有公共切线).

由$|f''(a)|>|g''(a)|$及 $f'(a)=g'(a)$，可得

$$\left|\frac{f''(a)}{[1+f'(a)]^{\frac{3}{2}}}\right|>\left|\frac{g''(a)}{[1+g'(a)]^{\frac{3}{2}}}\right|.$$

故在点 $x=a$ 处曲线 $y=f(x)$比曲线 $y=g(x)$更弯些.

例 3.7.5　设曲线 $x=x(t)$，$y=y(t)$由方程组$\begin{cases}x=t\mathrm{e}^t\\\mathrm{e}^t+\mathrm{e}^y=2\mathrm{e}\end{cases}$确定，求该曲线在 $t=1$ 对应的点处的曲率.

分析　因题中曲线由参数方程给出，且 $y=y(t)$是隐函数形式，故求导时要综合运用由参数方程所确定的函数的求导法和隐函数求导法则，再将结果代入曲率公式.

解　对方程 $\mathrm{e}^t+\mathrm{e}^y=2\mathrm{e}$ 两端关于 t 求导得

$$\mathrm{e}^t+\mathrm{e}^y\,\frac{\mathrm{d}y}{\mathrm{d}t}=0,$$

整理得

$$\frac{\mathrm{d}y}{\mathrm{d}t}=-\frac{\mathrm{e}^t}{\mathrm{e}^y}=\frac{\mathrm{e}^t}{\mathrm{e}^t-2\mathrm{e}}.$$

对方程 $x=t\mathrm{e}^t$ 两端关于 t 求导得

$$\frac{\mathrm{d}x}{\mathrm{d}t}=\mathrm{e}^t+t\mathrm{e}^t,$$

从而

$$\frac{\mathrm{d}y}{\mathrm{d}x}=\frac{\dfrac{\mathrm{e}^t}{\mathrm{e}^t-2\mathrm{e}}}{\mathrm{e}^t+t\mathrm{e}^t}=\frac{1}{(1+t)(\mathrm{e}^t-2\mathrm{e})},$$

$$\frac{\mathrm{d}^2y}{\mathrm{d}x^2}=\frac{\mathrm{d}}{\mathrm{d}t}\left[\frac{1}{(1+t)(\mathrm{e}^t-2\mathrm{e})}\right]\Bigg/\frac{\mathrm{d}x}{\mathrm{d}t}=-\frac{2\mathrm{e}^t-2\mathrm{e}+t\mathrm{e}^t}{(1+t)^3\,(\mathrm{e}^t-2\mathrm{e})^2\mathrm{e}^t}.$$

所以$\left.\dfrac{\mathrm{d}y}{\mathrm{d}x}\right|_{t=1}=-\dfrac{1}{2\mathrm{e}}$, $\left.\dfrac{\mathrm{d}^2y}{\mathrm{d}x^2}\right|_{t=1}=-\dfrac{1}{8\mathrm{e}^2}$，于是曲线在 $t=1$ 对应的点处的曲率为

实际问题中曲率的近似

$$K=\left.\frac{|y''|}{(1+y'^2)^{\frac{3}{2}}}\right|_{t=1}=\frac{\dfrac{1}{8\mathrm{e}^2}}{\left(1+\dfrac{1}{4\mathrm{e}^2}\right)^{\frac{3}{2}}}=\mathrm{e}\,(1+4\mathrm{e}^2)^{-\frac{3}{2}}.$$

三、曲率圆与曲率半径

如图 3.7.7，当质点做曲线运动时，其运动轨迹的每一小段都可以用一段圆弧来近似. 这样，质点所做的曲线运动可看成是无数个连绵相继、半径不同的圆周运动. 因此，圆周运动是讨论一般曲线运动的基础. 考察此质点在某点 M 处的局部情形时，可用圆周曲线来替代这点附近的曲线 L，这样就可以用圆周运动的知识来分析这点处的曲线运动. 那么什么样的圆周曲线在点 M 处更接近曲线 L 呢？

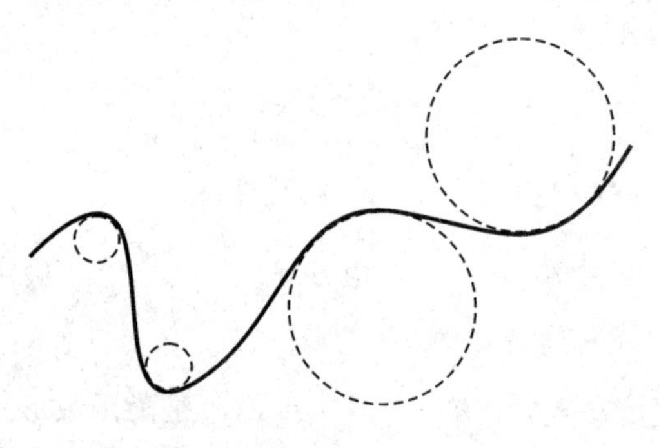

图 3.7.7

首先，在点 M 处曲线 L 与该圆的曲率应该是相同的. 由于圆上各点处的曲率都相等并且等于半径的倒数，因此这个圆的半径 R 应该等于曲线 L 在点 M 处的曲率的倒数. 我们把 R 称为曲率半径，相应的圆称为曲率圆.

下面讨论曲率圆与曲率半径. 如图 3.7.8，设 M 为曲线 C 上任一点，在点 M 处作曲线的切线和法线，在曲线的凹向一侧法线上取点 D，使

$$|DM|=R=\frac{1}{K}.$$

如果设曲线的方程为 $y=f(x)$，并且 $y''\neq0$，那么由曲率的计算公式可得

$$R=\frac{(1+y'^2)^{3/2}}{|y''|}.$$

以 D 为圆心，R 为半径的圆叫作曲线在点 M 处的曲率圆，R 叫作曲率半径，D 叫作曲率中心.

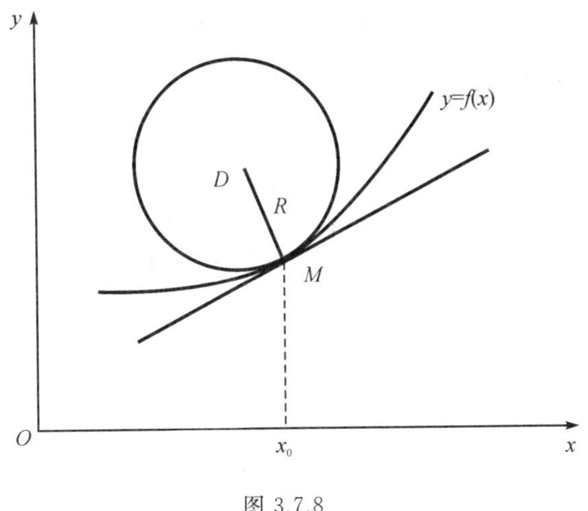

图 3.7.8

不难发现，曲线在点 M 处的曲率圆与曲线有下列关系：(1) 有公切线；(2) 凹向一致；(3) 曲率相同. 于是，也把曲率圆称为密切圆. 由于曲率圆具有这些性质，因此在解决有关曲线凹凸性和曲率问题时，我们往往用曲率圆来代替曲线，使问题得以简化.

例 3.7.6　火车轨道由直道转入弯道时，通常不是直接将直道与弯道对接，而是在直道和弯道之间接入一段缓冲段，这是为什么？

分析　如图 3.7.9，x 轴负半轴上 BO 段表示直道，弧$\overset{\frown}{OA}$是缓冲段，弧$\overset{\frown}{AC}$是圆弧弯道，它的半径为 R.

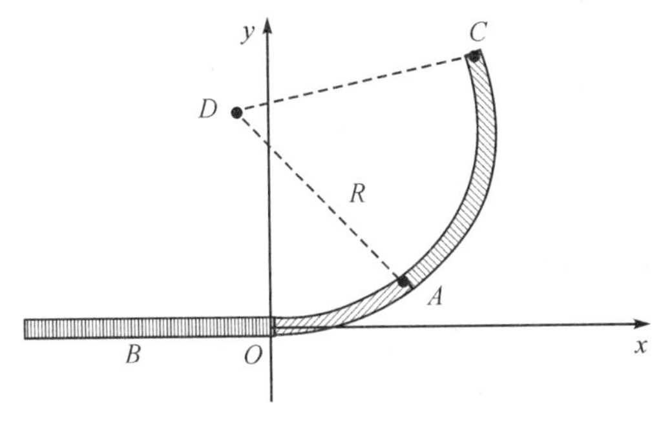

图 3.7.9

易知直道 BO 的曲率为 $K_{BO}=0$，圆弧$\overset{\frown}{AC}$的曲率为 $K_{AC}=\dfrac{1}{R}$. 设想一下，如果在直道和弯道之间没有接入一段缓冲段，而是将直道 BO 与圆弧弯道$\overset{\frown}{AC}$直接相切，那么切点 O 处的曲率突然由 0 跳跃到$\dfrac{1}{R}$. 这样，轨道所受离心力会突然增大，可能导致轨道损坏，甚至造成火车脱轨. 因此，为了使火车在转弯时既平稳又安全，往往在直道和弯道之间接入一段缓冲段，使曲率连续地由 0 过渡到$\frac{1}{R}$.

例 3.7.7　如图 3.7.10，我国铁路常用立方抛物线 $y=\frac{1}{6Rl}x^3$ 作为缓冲曲线，其中 R 是圆弧弯道的半径，l 是缓冲曲线的长度，且 $l \ll R$(实际要求 $l \approx x_0$)，求缓冲曲线在两个端点 O，A 处的曲率.

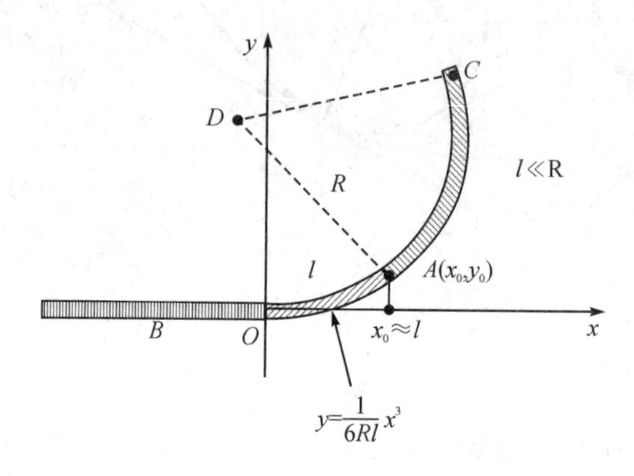

图 3.7.10

解　$y=\frac{1}{6Rl}x^3$ 的一阶、二阶导数分别为 $y'=\frac{1}{2Rl}x^2$，$y''=\frac{1}{Rl}x$. 由于 $l \ll R$，因此当 $x \in [0, l]$时，

$$y'=\frac{1}{2Rl}x^2 \leqslant \frac{l}{2R} \approx 0,$$

从而可得曲率的近似计算公式为

$$K \approx |y''|=\frac{1}{Rl}x.$$

于是，缓冲始点的曲率 $K_O\Big|_{x=0}=0$；缓冲终点的曲率 $K_A\Big|_{x=l} \approx \frac{1}{R}$.

四、知识延展——弧微分公式

在推导曲率的计算公式时，我们得到了弧微分公式

$$\mathrm{d}s=\sqrt{(\mathrm{d}x)^2+(\mathrm{d}y)^2} \quad 与 \quad \mathrm{d}s=\sqrt{1+y'^2}\,\mathrm{d}x,$$

它们将在第六章利用定积分求曲线弧长时扮演重要角色.

如果曲线由参数方程$\begin{cases} x=\varphi(t) \\ y=\psi(t) \end{cases}(a \leqslant t \leqslant b)$给出，则公式 $\mathrm{d}s=\sqrt{(\mathrm{d}x)^2+(\mathrm{d}y)^2}$ 就化为

$$\mathrm{d}s=\sqrt{[\varphi'(t)]^2+[\psi'(t)]^2}\,\mathrm{d}t.$$

如果曲线由极坐标方程 $\rho=\rho(\theta)(\alpha \leqslant \theta \leqslant \beta)$给出，并且 $\rho'(\theta)$在$[\alpha, \beta]$上连续，那么由极坐标与直角坐标的关系，可得曲线以 θ 为参数的参数方程

$$\begin{cases} x=\rho(\theta)\cos\theta \\ y=\rho(\theta)\sin\theta \end{cases} \quad (\alpha \leqslant \theta \leqslant \beta),$$

于是

$$x'(\theta)=\rho'(\theta)\cos\theta-\rho(\theta)\sin\theta,$$
$$y'(\theta)=\rho'(\theta)\sin\theta+\rho(\theta)\cos\theta,$$
$$x'^2(\theta)+y'^2(\theta)=\rho^2(\theta)+\rho'^2(\theta),$$

从而可求得弧微分公式为

$$ds=\sqrt{\rho^2(\theta)+\rho'^2(\theta)}\,d\theta.$$

下面讨论弧微分 ds 所代表的几何意义.

如图 3.7.11，P_0R 是曲线在点 P_0 处的切线，前面我们已经学习过，函数的微分就是曲线的切线上点的纵坐标的增量，因此 $|RQ|=dy$. 而弧微分 ds 则是以 dx，dy 为直角边的直角三角形 P_0QR 的斜边长，也就是曲线在点 P_0 处的切线段 P_0R 的长，即 $ds=|P_0R|$.

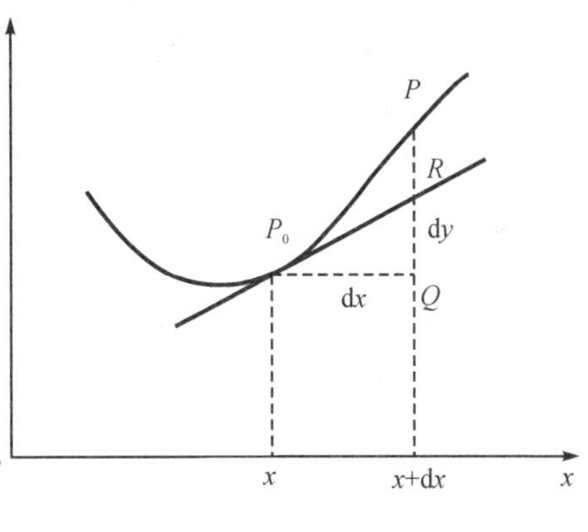

图 3.7.11

直角三角形 P_0QR 称为曲线在点 P_0 处的微分三角形. 微分三角形在一元微分学中占有重要地位. 我们知道，牛顿和莱布尼茨相互独立地创立了微积分理论，而在微积分的创立过程中，莱布尼茨更多地是从几何角度考虑问题，微分三角形便是他用以解决问题的一个重要工具.

习　题　3－7

基　础　题

1. 求抛物线 $y=x^2-x$ 在点(1，0)处的曲率.

2. 求曲线 $y=\tan x$ 在点$\left(\frac{\pi}{4},1\right)$处的曲率与曲率半径.

3. 求椭圆 $4x^2+y^2=4$ 在点(0，2)处的曲率.

4. 求曲线 $x=a\cos^3t$，$y=a\sin^3t$ 在 $t=t_0$ 相应的点处的曲率.

5. 求曲线 $y=\ln x$ 在与 x 轴的交点处的曲率圆方程.

提　高　题

习题 3－7
参考答案

1. 设 $y=f(x)$ 为过原点的一条曲线，$f'(0)$，$f''(0)$存在，抛物线 $y=g(x)$与曲线$y=f(x)$在原点处相切，并在该点处有相同的曲率，且在该点附近有相同的凹向，求 $g(x)$.

2. 一飞机沿抛物线路径 $y=\frac{x^2}{10\ 000}$(y 轴铅直向上，单位为 m)做俯冲飞行，在坐标原点 O 处飞机的速度为 $v=200$ m/s，飞行员体重 $G=70$ kg. 求飞机俯冲至最低点即原点 O 处时座椅对飞行员的反力.

总习题三

基础题

1. 设常数 $k>0$，函数 $f(x)=\ln x-\frac{x}{\mathrm{e}}+k$ 在$(0, +\infty)$内零点的个数为________.

2. 以下两题中给出了四个结论，从中选择一个正确的结论：

(1) 设在$[0, 1]$上 $f''(x)>0$，则 $f'(0)$，$f'(1)$，$f(1)-f(0)$或 $f(0)-f(1)$几个数的大小顺序为(　　).

A. $f'(1)>f'(0)>f(1)-f(0)$　　B. $f'(1)>f(1)-f(0)>f'(0)$

C. $f(1)-f(0)>f'(1)>f'(0)$　　D. $f'(1)>f(0)-f(1)>f'(0)$

(2) 设 $f'(x_0)=f''(x_0)=0$，$f'''(x_0)>0$，则(　　).

A. $f'(x_0)$是 $f'(x)$的极大值　　B. $f(x_0)$是 $f(x)$的极大值

C. $f(x_0)$是 $f(x)$的极小值　　D. $(x_0, f(x_0))$是曲线 $y=f(x)$的拐点

3. 设 $f(x)$，$g(x)$在$(-\infty, +\infty)$上有定义、恒正、可导且满足不等式

$$f'(x)g(x)-f(x)g'(x)<0,$$

则当 $a<x<b$ 时，有(　　).

A. $f(x)g(b)>f(b)g(x)$　　B. $f(x)g(a)>f(a)g(x)$

C. $f(x)g(x)>f(b)g(b)$　　D. $f(x)g(x)>f(a)g(a)$

4. 已知 $f(x)$在 $U(0, \delta)$内有定义，$f(0)=0$，$\lim\limits_{x\to 0}\frac{f(x)}{1-\cos x}=a\,(a>0)$，则在 $x=0$ 处 $f(x)$(　　).

A. 不可导　　B. 可导，且 $f'(0)\neq 0$

C. 取极大值　　D. 取极小值

5. 设 $f(x)$在 $U(0, \delta)$内具有连续的二阶导数，$f'(0)=0$，$\lim\limits_{x\to 0}\frac{f''(x)}{\sqrt[3]{x}}=a(a<0)$，则(　　).

A. $x=0$ 是函数 $f(x)$的极小值点　　B. $x=0$ 是函数 $f(x)$的极大值点

C. $(0, f(0))$是曲线 $y=f(x)$的拐点　　D. $(0, f(0))$不是曲线 $y=f(x)$的拐点

6. 设函数 $f(x)$在$[0, 1]$上连续，在$(0, 1)$内可导，$f'(x)\neq 0$，且 $f(0)=0$，$f(1)=1$. 对任意给定的正数 a 与 b，证明：

(1) 存在 $c\in(0, 1)$，使得 $f(c)=\frac{a}{a+b}$；

(2) 在$(0, 1)$内必存在不相等的 ξ，η，使得$\frac{a}{f'(\xi)}+\frac{b}{f'(\eta)}=a+b$.

7. 证明以下四个命题成立：

(1) 若 $f(x)$在$[0, +\infty)$上连续，在$(0, +\infty)$内可微，且 $f(0)=0$，当 $x>0$ 时，$f'(x)>0$，则当 $x>0$ 时，$f(x)>0$；

(2) 若 $f(x)$，$g(x)$在$[0, +\infty)$上连续，在$(0, +\infty)$内可微，且 $f(0)=g(0)$，当 $x>0$

时，$f'(x)>g'(x)$，则当 $x>0$ 时，$f(x)>g(x)$；

(3) 若 $f(b)=0$，$f'(x)<0\ (a<x<b)$，则 $f(x)>0\ (a<x<b)$；

(4) 若 $f(b)=g(b)$，$f'(x)<g'(x)\ (a<x<b)$，则 $f(x)>g(x)\ (a<x<b)$.

8. 证明下列不等式：

(1) $e^x-(1+x)>1-\cos x\ (x>0)$；

(2) $(x^2-1)\ln x\geqslant(x-1)^2(x>0)$；

(3) $\dfrac{1}{1-x}\geqslant e^x(x<1)$.

9. 计算下列极限：

(1) $\lim\limits_{x\to0}\dfrac{e^x-1}{xe^x+e^x-1}$；　(2) $\lim\limits_{x\to0}\dfrac{x}{\ln\cos x}$；　(3) $\lim\limits_{x\to0}\dfrac{\cos\alpha x-\cos\beta x}{x^2}$；

(4) $\lim\limits_{x\to1}\left(\dfrac{1}{\ln x}-\dfrac{x}{\ln x}\right)$；　(5) $\lim\limits_{x\to\frac{\pi}{2}^+}(\sec x-\tan x)$；　(6) $\lim\limits_{x\to0}\left(\cot x-\dfrac{1}{x}\right)$；

(7) $\lim\limits_{x\to0^+}\sin x\ln x$；　(8) $\lim\limits_{x\to1}(1-x)\tan\dfrac{\pi}{2}x$；　(9) $\lim\limits_{x\to0}\dfrac{a^x-a^{\sin x}}{x^3}\ (a>0)$；

(10) $\lim\limits_{x\to1}(2-x)^{\tan\frac{\pi x}{2}}$；　(11) $\lim\limits_{x\to\frac{\pi}{2}}(\cos x)^{\frac{\pi}{2}-x}$；　(12) $\lim\limits_{x\to0}\left[\dfrac{\ln(1+x)^{(1+x)}}{x^2}-\dfrac{1}{x}\right]$.

10. 在坐标平面上通过一已知点 $P(1,4)$引一条直线，要使它在两坐标轴上的截距都为正，且两截距之和最小，求这条直线的方程.

11. 船航行一昼夜的耗费由两部分组成，一部分为固定耗费，设为 a 元，另一部分为变动耗费，已知它与速度的立方成比例，试问船应以怎样的速度 v 行驶最为经济？

12. 已知函数 $f(x)$在$[0,+\infty)$上连续可导，$f(0)=0$，$f'(x)$在$(0,+\infty)$上单调递增，令 $g(x)=\dfrac{f(x)}{x}(x>0)$，证明在$(0,+\infty)$上，函数 $g(x)$单调增加.

提　高　题

1. 证明下列不等式：

(1) $ab^{a-1}(a-b)<a^a-b^a<\alpha a^{a-1}(a-b)$，其中实数 $a>1$，$a>b>0$；

(2) $\dfrac{a^{\frac{1}{n+1}}}{(n+1)^2}<\dfrac{a^{\frac{1}{n}}-a^{\frac{1}{n+1}}}{\ln a}<\dfrac{a^{\frac{1}{n}}}{n^2}$，其中 $a>1$，$n\geqslant1$.

2. 设 $f(x)$，$g(x)$在包含原点的区间 I 上可导，且 $f'(x)=-g(x)$，$g'(x)=f(x)$，$x\in I$. 又 $f(0)=1$，$g(0)=0$，证明：

(1) $f^2(x)+g^2(x)\equiv1$，$x\in I$.

(2) $f(x)=\cos x$，$g(x)=\sin x$，$I=(-\infty,+\infty)$.

3. 设 $a>0$，证明 $f(x)=\left(1+\dfrac{a}{x}\right)^x$ 在其定义域$(-\infty,-a)\cup(0,+\infty)$内为单调增加函数.

4. 设 $f(x)$在 $U(0,\delta)$内具有一阶连续导数，且 $f(0)\neq0$，$f'(0)\neq0$，如果

$$af(h)+bf(2h)-f(0)=o(h)\quad(h\to0),$$

试确定 a，b 的值.

5. 设在区间$[a, b]$上函数 $f(x)$非负，且具有非负的二阶导数，又在$[a, b]$的任一子区间上 $f'(x)$不恒为零，证明：方程 $f(x)=0$ 在$[a, b]$上至多有一个根.

6. 设 $y=f(x)$有二阶导数，且满足

$$xf''(x)+3x[f'(x)]^2=1-\mathrm{e}^{-x}.$$

求证：若 $f'(x_0)=0$，则 $f(x_0)$为极小值.

7. 设有方程 $x^n+nx-1=0$，其中 n 为正整数. 证明此方程存在唯一正根 x_n，并求 $\lim\limits_{n\to\infty}x_n$.

8. 设 p，q 是大于 1 的常数，且$\dfrac{1}{p}+\dfrac{1}{q}=1$，证明：

$$\frac{1}{p}x^p+\frac{1}{q}\geqslant x, \quad 0<x<+\infty.$$

9. 设有曲线 $y=x^2$ 及定点 $P(0, h)(h>0)$.

(1) 过点 P 能作曲线 $y=x^2$ 的几条法线？写出这些法线的方程.

(2) 设点 P 到曲线 $y=x^2$ 的最短距离等于点 P 与该曲线上点 M_0 的连线的长度，即 $|\overline{PM_0}|$. 证明：P 与 M_0 的连线是 $y=x^2$ 的法线.

10. 设 $f(x)=1-x+\dfrac{x^2}{2}-\dfrac{x^3}{3}+\cdots+(-1)^n\dfrac{x^n}{n}$. 证明：方程 $f(x)=0$ 当 n 为奇数时有一个实根；当 n 为偶数时无实根.

总习题三参考答案

第四章　不定积分

正如加法有其逆运算减法，乘法有其逆运算除法一样，微分法也有它的逆运算——积分法. 微分法的基本问题是研究如何求已知函数的导函数，那么与之相反的问题是寻求一个可导函数，使其导函数等于已知函数，这就是本章要介绍的内容——不定积分.

知识图谱

第一节　不定积分的概念与性质

本章教学目标

一、原函数与不定积分的概念

问题　数学中的各种运算及其逆运算都是客观规律的反映. 因此，一种运算的逆运算不仅是存在的，而且是解决实际问题所必需的，那么解决哪些实际问题需要应用求导运算的逆运算呢？例如，已知物体的运动规律是 $s=s(t)$，其中 t 是时间，s 是距离，我们由微分法得出速度 $v=\dfrac{\mathrm{d}s}{\mathrm{d}t}$，加速度 $a=\dfrac{\mathrm{d}v}{\mathrm{d}t}$. 在力学中，有时会遇到相反的问题：已知物体的加速度 a 是时间 t 的函数 $a=a(t)$，求速度 v、路程 s 依赖于时间 t 的关系. 显然这是求导运算的逆运算问题.

教学目标

定义 4.1.1　如果在区间 I 上，可导函数 $F(x)$ 的导函数为 $f(x)$，即对任一 $x\in I$，都有

$$F'(x)=f(x)\quad 或\quad \mathrm{d}F(x)=f(x)\mathrm{d}x,$$

那么函数 $F(x)$ 称为 $f(x)$（或 $f(x)\mathrm{d}x$）在区间 I 上的一个原函数.

注　这里及下文，区间 I 可以是有限区间或无穷区间，也可以是闭区间、开区间或半开半闭区间，区间端点处的导数可理解为单侧导数.

例如：

$\forall x\in\mathbf{R}$，$(\sin x)'=\cos x$，即 $\sin x$ 是 $\cos x$ 在 $\mathbf{R}$ 上的一个原函数.

$\forall x\in(-1,1)$，$(\arcsin x)'=\dfrac{1}{\sqrt{1-x^2}}$，即 $\arcsin x$ 是 $\dfrac{1}{\sqrt{1-x^2}}$ 在 $(-1,1)$ 上的一个原函数.

$\forall x\in\mathbf{R}$，$(x^3)'=3x^2$，即 x^3 是 $3x^2$ 的一个原函数；$\forall x\in\mathbf{R}$ 及任意给定的常数 C，有 $(x^3+C)'=3x^2$，即 x^3+C 也是 $3x^2$ 的原函数.

关于原函数，我们首先要问：一个函数具备什么条件，能保证它的原函数一定存在？如果存在，是否唯一？我们用下面两个定理来回答这两个问题.

定理 4.1.1(原函数存在定理) 如果函数 $f(x)$在区间 I 上连续，那么在区间 I 上存在可导函数 $F(x)$，使对任一 $x\in I$ 都有

$$F'(x)=f(x),$$

简单地说就是：**连续函数一定有原函数.**

由于初等函数在其定义区间上为连续函数，因此每个初等函数在其定义区间上都有原函数(有些初等函数的原函数不一定仍是初等函数).

定理 4.1.2 设函数 $F(x)$是函数 $f(x)$在区间 I 上的一个原函数，则

(1) $F(x)+C$ 也是函数 $f(x)$在区间 I 上的原函数，其中 C 为任意常数；

(2) 函数 $f(x)$在区间 I 上的任意两个原函数之间相差一个常数.

证明 (1) 如果 $f(x)$在区间 I 上有原函数，即有一个函数 $F(x)$，使对任一 $x\in I$ 都有 $F'(x)=f(x)$，那么对任意常数 C，显然也有

$$[F(x)+C]'=f(x),$$

即对任意常数 C，函数 $F(x)+C$ 也是函数 $f(x)$在区间 I 上的原函数. 这说明，如果函数 $f(x)$有一个原函数，那么 $f(x)$有无限多个原函数.

(2) 设 $\Phi(x)$是 $f(x)$的另一个原函数，即对任一 $x\in I$ 都有 $\Phi'(x)=f(x)$，于是

$$[\Phi(x)-F(x)]'=\Phi'(x)-F'(x)=f(x)-f(x)=0,$$

由拉格朗日中值定理的推论知，在一个区间上导数恒为零的函数必为常数，所以

$$\Phi(x)-F(x)=C_0 \quad (C_0 \text{ 为某个常数}),$$

这表明 $\Phi(x)$与 $F(x)$只差一个常数.

思考题

定义 4.1.2 在区间 I 上，函数 $f(x)$的带有任意常数项的原函数称为 $f(x)$(或 $f(x)\mathrm{d}x$)在区间 I 上的不定积分，记作

$$\int f(x)\mathrm{d}x.$$

其中记号$\int$称为积分号，$f(x)$ 称为被积函数，$f(x)\mathrm{d}x$ 称为被积表达式，x 称为积分变量.

注 (1) 由定义 4.1.2 可知，如果函数 $F(x)$是函数 $f(x)$在区间 I 上的一个原函数，那么 $F(x)+C$ 就是 $f(x)$的不定积分，即

$$\int f(x)\mathrm{d}x=F(x)+C.$$

(2) 不定积分与原函数是总体与个体的关系.

(3) 求不定积分的运算和求导运算互为逆运算. 若以记号$\frac{\mathrm{d}}{\mathrm{d}x}$表示求导运算，以记号$\int$表示求不定积分的运算，当记号$\int$与$\frac{\mathrm{d}}{\mathrm{d}x}$连在一起时，或者抵消，或者抵消后相差一个常数，即

$$\frac{\mathrm{d}}{\mathrm{d}x}\left(\int f(x)\mathrm{d}x\right)=f(x) \quad \text{或} \quad \int f'(x)\mathrm{d}x=f(x)+C.$$

(4) 不定积分的定义和导数定义不同，导数是一种特殊形式的极限，定义本身已提供了求函数导数的方法，而不定积分的定义仅仅指明了所求函数的特性，并未告诉我们求出这个函数不定积分的方法. 不定积分定义的这种“非构造性”使得在求不定积分时，方法要比求导灵活得多.

(5) 一个可导函数求导的结果是唯一的，但一个函数的原函数若存在则有无穷多个，这就是说，求导运算具有唯一性，求不定积分的运算具有多值性.

例 4.1.1　求$\int x^2\mathrm{d}x$.

解　由于$\left(\frac{x^3}{3}\right)'=x^2$，因此$\frac{x^3}{3}$是 x^2 的一个原函数，于是

$$\int x^2\mathrm{d}x=\frac{x^3}{3}+C.$$

例 4.1.2　求$\int\frac{1}{x}\mathrm{d}x$.

解　当 $x>0$ 时，由于$(\ln x)'=\frac{1}{x}$，因此 $\ln x$ 是$\frac{1}{x}$在$(0,+\infty)$内的一个原函数. 于是，在$(0,+\infty)$内，有

$$\int\frac{1}{x}\mathrm{d}x=\ln x+C.$$

当 $x<0$ 时，由于$[\ln(-x)]'=\frac{1}{x}$，因此 $\ln(-x)$是$\frac{1}{x}$在$(-\infty,0)$内的一个原函数. 于是，在$(-\infty,0)$内，有

$$\int\frac{1}{x}\mathrm{d}x=\ln(-x)+C.$$

把 $x>0$ 及 $x<0$ 时的结果合起来，可写作

$$\int\frac{1}{x}\mathrm{d}x=\ln|x|+C.$$

不定积分的几何意义　若函数 $F(x)$是函数 $f(x)$在区间 I 上的一个原函数，则称$y=F(x)$的图形为 $f(x)$的一条**积分曲线**. 于是，$f(x)$的不定积分在几何上表示 $f(x)$的某一积分曲线沿纵轴方向任意平移所得一切曲线组成的曲线族. 显然，若在每一条积分曲线上横坐标相同的点处作切线，则这些切线互相平行(见图 4.1.1).

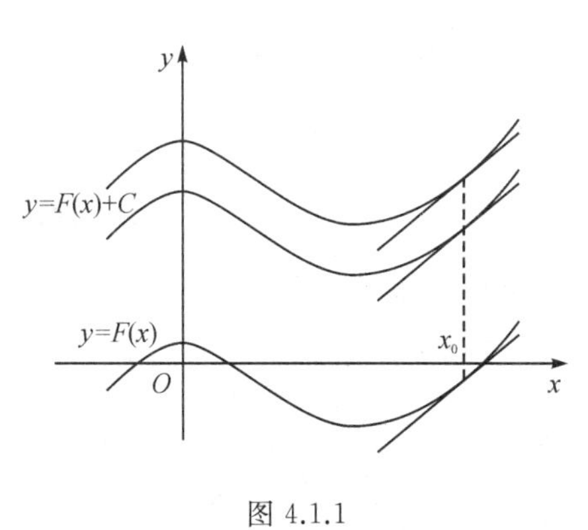

图 4.1.1

二、基本积分表

积分运算是微分运算的逆运算，那么很自然地可以从导数公式得到相应的积分公式. 我们把一些基本的积分公式列成一个表，这个表通常叫作基本积分表.

(1) $\int k\,\mathrm{d}x=kx+C$(k 是常数).

(2) $\int x^{\mu}\mathrm{d}x=\frac{x^{\mu+1}}{\mu+1}+C(\mu\neq-1)$.

(3) $\int\frac{1}{x}\mathrm{d}x=\ln|x|+C$.

(4) $\int\frac{1}{1+x^{2}}\mathrm{d}x=\arctan x+C$.

(5) $\int\frac{1}{\sqrt{1-x^{2}}}\mathrm{d}x=\arcsin x+C$.

(6) $\int\cos x\,\mathrm{d}x=\sin x+C$.

(7) $\int\sin x\,\mathrm{d}x=-\cos x+C$.

(8) $\int\frac{\mathrm{d}x}{\cos^{2}x}=\int\sec^{2}x\,\mathrm{d}x=\tan x+C$.

(9) $\int\frac{\mathrm{d}x}{\sin^{2}x}=\int\csc^{2}x\,\mathrm{d}x=-\cot x+C$.

(10) $\int\sec x\tan x\,\mathrm{d}x=\sec x+C$.

(11) $\int\csc x\cot x\,\mathrm{d}x=-\csc x+C$.

(12) $\int\mathrm{e}^{x}\mathrm{d}x=\mathrm{e}^{x}+C$.

(13) $\int a^{x}\mathrm{d}x=\frac{a^{x}}{\ln a}+C$.

以上13个基本积分公式是求不定积分的基础，请读者熟记.

三、不定积分的性质

性质1　设函数$f(x)$及$g(x)$的原函数存在，则

$$\int[f(x)+g(x)]\mathrm{d}x=\int f(x)\mathrm{d}x+\int g(x)\mathrm{d}x.\tag{4.1.1}$$

证明　将式(4.1.1)右端求导，得

$$\left[\int f(x)\mathrm{d}x+\int g(x)\mathrm{d}x\right]'=\left[\int f(x)\mathrm{d}x\right]'+\left[\int g(x)\mathrm{d}x\right]'=f(x)+g(x).$$

这表示式(4.1.1)右端是$f(x)+g(x)$的原函数，又式(4.1.1)右端有两个积分记号，形式上含两个任意常数，但任意常数之和仍为任意常数，故实际上含一个任意常数，因此式(4.1.1)右端是$f(x)+g(x)$的不定积分.

注　性质1对于有限个函数都是成立的.

性质2　设函数$f(x)$的原函数存在，k为非零常数，则

$$\int kf(x)\mathrm{d}x=k\int f(x)\mathrm{d}x.$$

利用基本积分表与不定积分的性质，可以计算一些简单函数的不定积分，这个方法称为**直接积分法**.

例 4.1.3　求不定积分$\int\left(3x^2+\frac{4}{x}\right)\mathrm{d}x$.

解　$$\int\left(3x^2+\frac{4}{x}\right)\mathrm{d}x=\int 3x^2\mathrm{d}x+\int\frac{4}{x}\mathrm{d}x=3\int x^2\mathrm{d}x+4\int\frac{1}{x}\mathrm{d}x$$
$$=3\left(\frac{x^3}{3}+C_1\right)+4(\ln|x|+C_2)$$
$$=x^3+4\ln|x|+C,$$
其中$C=3C_1+4C_2$，C_1，C_2为任意常数.

注　因C_1和C_2都是任意常数，故它们进行四则运算的结果(除数不为零)仍然是任意常数，最后只需写一个任意常数即可. 后文沿用这个约定.

例 4.1.4　求不定积分$\int\frac{x^2+1}{\sqrt{x}}\mathrm{d}x$.

解　把被积函数拆成两项之和，然后分别积分，得
$$\int\frac{x^2+1}{\sqrt{x}}\mathrm{d}x=\int x^{\frac{3}{2}}\mathrm{d}x+\int x^{-\frac{1}{2}}\mathrm{d}x=\frac{1}{\frac{3}{2}+1}x^{\frac{3}{2}+1}+\frac{1}{-\frac{1}{2}+1}x^{-\frac{1}{2}+1}+C$$
$$=\frac{2}{5}x^{\frac{5}{2}}+2x^{\frac{1}{2}}+C.$$

注　检验积分结果是否正确，只要对结果求导，看它的导数是否等于被积函数，相等时结果正确，否则结果是错误的. 如就例 4.1.4 的结果来看，由于
$$\left(\frac{2}{5}x^{\frac{5}{2}}+2x^{\frac{1}{2}}+C\right)'=x^{\frac{3}{2}}+x^{-\frac{1}{2}}=\frac{x^2+1}{\sqrt{x}},$$
因此结果是正确的.

例 4.1.5　求不定积分$\int\frac{1}{x^4(x^2+1)}\mathrm{d}x$.

解　对分子凑项，将被积函数变成容易求积分的两项之和，得
$$\int\frac{1}{x^4(x^2+1)}\mathrm{d}x=\int\frac{1-x^4+x^4}{x^4(x^2+1)}\mathrm{d}x=\int\frac{1-x^2}{x^4}\mathrm{d}x+\int\frac{1}{x^2+1}\mathrm{d}x$$
$$=\int\frac{1}{x^4}\mathrm{d}x-\int\frac{1}{x^2}\mathrm{d}x+\int\frac{1}{x^2+1}\mathrm{d}x$$
$$=-\frac{1}{3x^3}+\frac{1}{x}+\arctan x+C.$$

例 4.1.6　求不定积分$\int\frac{\cos 2x}{\cos^2x\sin^2x}\mathrm{d}x$.

解　利用三角恒等式$\cos 2x=\cos^2x-\sin^2x$把被积函数拆成两项之和，得
$$\int\frac{\cos 2x}{\cos^2x\sin^2x}\mathrm{d}x=\int\frac{\cos^2x-\sin^2x}{\cos^2x\sin^2x}\mathrm{d}x$$
$$=\int\frac{1}{\sin^2x}\mathrm{d}x-\int\frac{1}{\cos^2x}\mathrm{d}x=-\cot x-\tan x+C.$$

例 4.1.7　求函数$f(x)=\begin{cases}2^x, & x\leqslant 0\\ 1-x^2, & x>0\end{cases}$的不定积分.

解 因为 $f(x)$ 在 $(-\infty,+\infty)$ 上连续，所以 $f(x)$ 在 $(-\infty,+\infty)$ 上的不定积分存在. 当 $x\leqslant 0$ 时，

$$\int 2^x \mathrm{d}x=\frac{2^x}{\ln 2}+C_1.$$

当 $x>0$ 时，

$$\int(1-x^2)\mathrm{d}x=x-\frac{x^3}{3}+C_2.$$

由于 $f(x)$ 的任一原函数都在 $x=0$ 处连续，因此

$$\lim_{x\to 0^-}\left(\frac{2^x}{\ln 2}+C_1\right)=\lim_{x\to 0^+}\left(x-\frac{x^3}{3}+C_2\right).$$

由此得 $C_1=C_2-\dfrac{1}{\ln 2}$，从而

$$\int f(x)\mathrm{d}x=\begin{cases}\dfrac{2^x}{\ln 2}+C_2-\dfrac{1}{\ln 2}, & x\leqslant 0\\ x-\dfrac{x^3}{3}+C_2, & x>0\end{cases},$$

其中 C_2 为任意常数.

例 4.1.8 已知曲线上任一点的二阶导数为 $y''=x$，并且此曲线上点 $(0,-2)$ 处的切线方程为 $2x-3y=6$，求这条曲线的方程.

解 设曲线的方程为 $y=f(x)$，由题意得 $f''(x)=x$，$f'(0)=\dfrac{2}{3}$(将切线方程变形为 $y=\dfrac{2}{3}x-2$ 即得此结果)，$f(0)=-2$.

对 $f''(x)=x$ 两边积分，得 $f'(x)=\dfrac{x^2}{2}+C_1$. 利用 $f'(0)=\dfrac{2}{3}$，可得 $C_1=\dfrac{2}{3}$.

对 $f'(x)=\dfrac{x^2}{2}+\dfrac{2}{3}$ 两边积分，得 $f(x)=\dfrac{x^3}{6}+\dfrac{2x}{3}+C_2$. 利用 $f(0)=-2$，可得 $C_2=-2$. 所以，所求曲线的方程为

$$y=f(x)=\frac{x^3}{6}+\frac{2x}{3}-2.$$

四、知识延展 —— 不连续函数的原函数

在区间 I 内有第一类间断点的函数 $f(x)$ 不存在原函数. 也就是说，如果 $f(x)$ 在区间 I 内有原函数 $F(x)$，且 x_0 为 $f(x)$ 在区间 I 内的间断点，则 x_0 必为 $f(x)$ 的第二类间断点.

证明 假设 x_0 为函数 $f(x)$ 的第一类间断点，则 $f(x)$ 在 x_0 处的左、右极限都存在，即 $\lim\limits_{x\to x_0^-}f(x)=\lim\limits_{x\to x_0^-}F'(x)$ 及 $\lim\limits_{x\to x_0^+}f(x)=\lim\limits_{x\to x_0^+}F'(x)$ 都存在. 又原函数 $F(x)$ 在点 x_0 可导，从而必连续，即

$$\lim_{x\to x_0^-}f(x)=\lim_{x\to x_0^-}F'(x)=F'(x_0^-)=F'(x_0)=f(x_0),$$
$$\lim_{x\to x_0^+}f(x)=\lim_{x\to x_0^+}F'(x)=F'(x_0^+)=F'(x_0)=f(x_0),$$

故 $f(x)$ 在 x_0 处连续，这与 x_0 为 $f(x)$ 的第一类间断点相矛盾. 所以，x_0 为 $f(x)$ 的第二类间断点.

习　题　4 - 1

基　础　题

求下列不定积分：

(1) $\int \frac{\mathrm{d}x}{x^2}$；　　(2) $\int \sqrt[m]{x^n}\,\mathrm{d}x$；

(3) $\int (x^2+1)^2\mathrm{d}x$；　　(4) $\int\left(2\mathrm{e}^x+\frac{3}{x}\right)\mathrm{d}x$；

(5) $\int 3^x\mathrm{e}^x\mathrm{d}x$；　　(6) $\int \frac{2\cdot 3^x-5\cdot 2^x}{3^x}\mathrm{d}x$；

(7) $\int \cos^2\frac{x}{2}\mathrm{d}x$；　　(8) $\int \frac{\cos 2x}{\cos x-\sin x}\mathrm{d}x$；

(9) $\int \cot^2 x\,\mathrm{d}x$；　　(10) $\int \frac{x^2\mathrm{d}x}{x^2+1}$；

(11) $\int \frac{x^4+x^2+1}{x^4+x^2}\mathrm{d}x$.

提　高　题

1. 求下列不定积分：

(1) $\int(\sqrt{x}+1)\left(x-\frac{1}{\sqrt{x}}\right)\mathrm{d}x$；

(2) $\int\left(\cos\frac{x}{2}-\sin\frac{x}{2}\right)^2\mathrm{d}x$.

习题 4 - 1 参考答案

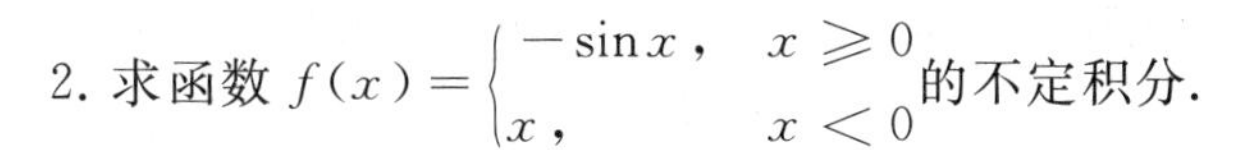

2. 求函数 $f(x)=\begin{cases}-\sin x, & x\geqslant 0\\ x, & x<0\end{cases}$ 的不定积分.

第二节　第一类换元法

教学目标

一般来说，求不定积分要比求导数困难得多. 这是因为，如果函数存在导数，则根据求导法则、导数公式或者导数定义，按求导运算步骤，总能求出函数的导数. 但是根据不定积分运算法则和不定积分公式只能求出很少一部分函数的不定积分，而对更多函数如复合函数、乘积函数、有理函数等的不定积分要根据函数的不同形式或不同类型选用不同的计算方法.

把复合函数的微分法反过来用于求不定积分，利用中间变量的代换，得到复合函数积分的方法，称为换元积分法，简称换元法. 换元法通常分为两类，本节先介绍第一类换元法.

一、第一类换元法

定理 4.2.1 设 $f(u)$具有原函数，$u=\varphi(x)$可导，则有换元公式

$$\int f[\varphi(x)]\varphi'(x)\mathrm{d}x=\left[\int f(u)\mathrm{d}u\right]_{u=\varphi(x)}. \tag{4.2.1}$$

证明 设 $f(u)$ 具有原函数 $F(u)$，即

$$F'(u)=f(u),\quad \int f(u)\mathrm{d}u=F(u)+C.$$

如果 u 是中间变量：$u=\varphi(x)$，且设 $\varphi(x)$ 可微，那么根据复合函数微分法，有

$$\mathrm{d}F[\varphi(x)]=f[\varphi(x)]\varphi'(x)\mathrm{d}x.$$

从而根据不定积分的定义得

$$\int f[\varphi(x)]\varphi'(x)\mathrm{d}x=F[\varphi(x)]+C=F(u)+C=\left[\int f(u)\mathrm{d}u\right]_{u=\varphi(x)}.$$

不难发现，要得到定理 4.2.1 的结论，关键是把被积函数写成两个函数的乘积. 这两个函数中，一个是中间变量的函数；另一个是中间变量的导函数，它与 $\mathrm{d}x$ 构成该中间变量的微分. 我们把这一步称为凑微分，把这种积分法称为**凑微分法**或**第一类换元积分法**，简称**第一类换元法**.

如何应用公式(4.2.1) 求不定积分呢？由于第一类换元法(凑微分法) 实际是复合函数求导运算的逆运算，因此当不定积分$\int g(x)\mathrm{d}x$ 不能直接求出时，先将被积函数 $g(x)$ 恒等变形为 $f[\varphi(x)]\varphi'(x)$ 的形式，再从函数 $f[\varphi(x)]\varphi'(x)$ 中提出因子 $\varphi'(x)$，与 $\mathrm{d}x$ 凑成新的微分. 用这种方法计算不定积分的一般步骤如下：

$$\int g(x)\mathrm{d}x \xlongequal{\text{恒等变形}} \int f[\varphi(x)]\varphi'(x)\mathrm{d}x \xlongequal{\text{凑微分}} \int f[\varphi(x)]\mathrm{d}\varphi(x)$$

$$\xlongequal{u=\varphi(x)} \int f(u)\mathrm{d}u \xlongequal{\text{求积分}} F(u)+C \xlongequal{u=\varphi(x)} F[\varphi(x)]+C.$$

上述方法的关键在于如何利用微分形式的不变性，通过逆向思维把被积表达式复原成某个复合函数的微分形式.

注 无论经过多少次换元，最终积分结果中的自变量应仍是原不定积分的积分变量.

设 $F(u)$ 是 $f(u)$ 的原函数，常用第一类换元法计算以下几种类型的积分.

1. 线性型：

$$\int f(ax+b)\mathrm{d}x=\frac{1}{a}\int f(ax+b)\mathrm{d}(ax+b)=\frac{1}{a}F(ax+b)+C(a\neq 0)$$

例 4.2.1 求$\int 2\cos 2x\,\mathrm{d}x$.

解 被积函数中 $\cos 2x$ 是一个由 $\cos 2x=\cos u$，$u=2x$ 复合而成的复合函数，常数因子恰好是中间变量 u 的导数. 因此，作变换 $u=2x$，便有

$$\int 2\cos 2x\,\mathrm{d}x=\int\cos 2x\cdot 2\mathrm{d}x=\int\cos 2x\cdot(2x)'\mathrm{d}x$$

$$=\int \cos u \, \mathrm{d}u = \sin u + C.$$

再将 $u=2x$ 代入上式，即得

$$\int 2\cos 2x \, \mathrm{d}x = \sin 2x + C.$$

例 4.2.2　求 $\int \frac{1}{3+2x}\mathrm{d}x$.

解　被积函数 $\frac{1}{3+2x}=\frac{1}{u}$，$u=3+2x$. 这里缺少 $\frac{\mathrm{d}u}{\mathrm{d}x}=2$ 这样一个因子，但因 $\frac{\mathrm{d}u}{\mathrm{d}x}$ 是一个常数，故可改变系数凑出这个因子：

$$\frac{1}{3+2x}=\frac{1}{2}\cdot\frac{1}{3+2x}\cdot 2=\frac{1}{2}\cdot\frac{1}{3+2x}(3+2x)'.$$

再令 $u=3+2x$，便有

$$\int \frac{1}{3+2x}\mathrm{d}x=\int \frac{1}{2}\cdot\frac{1}{3+2x}(3+2x)'\mathrm{d}x=\int \frac{1}{2}\cdot\frac{1}{u}\mathrm{d}u$$
$$=\frac{1}{2}\ln|u|+C=\frac{1}{2}\ln|3+2x|+C.$$

例 4.2.3　求下列不定积分：

(1) $\int \frac{1}{a^2+x^2}\mathrm{d}x$ $(a\neq 0)$；

(2) $\int \frac{1}{\sqrt{a^2-x^2}}\mathrm{d}x$ $(a>0)$；

(3) $\int \frac{1}{x^2-a^2}\mathrm{d}x$ $(a\neq 0)$.

解　(1) $\int \frac{1}{a^2+x^2}\mathrm{d}x=\int \frac{1}{a^2}\cdot\frac{1}{1+\left(\frac{x}{a}\right)^2}\mathrm{d}x$

$$=\frac{1}{a}\int \frac{1}{1+\left(\frac{x}{a}\right)^2}\mathrm{d}\left(\frac{x}{a}\right)=\frac{1}{a}\arctan\frac{x}{a}+C.$$

(2) $$\int \frac{1}{\sqrt{a^2-x^2}}\mathrm{d}x=\int \frac{1}{a}\cdot\frac{1}{\sqrt{1-\left(\frac{x}{a}\right)^2}}\mathrm{d}x=\int \frac{\mathrm{d}\left(\frac{x}{a}\right)}{\sqrt{1-\left(\frac{x}{a}\right)^2}}=\arcsin\frac{x}{a}+C.$$

(3) 由于

$$\frac{1}{x^2-a^2}=\frac{1}{2a}\left(\frac{1}{x-a}-\frac{1}{x+a}\right),$$

因此

$$\int \frac{1}{x^2-a^2}\mathrm{d}x=\frac{1}{2a}\int\left(\frac{1}{x-a}-\frac{1}{x+a}\right)\mathrm{d}x=\frac{1}{2a}\left(\int \frac{1}{x-a}\mathrm{d}x-\int \frac{1}{x+a}\mathrm{d}x\right)$$
$$=\frac{1}{2a}\left[\int \frac{1}{x-a}\mathrm{d}(x-a)-\int \frac{1}{x+a}\mathrm{d}(x+a)\right]$$

$$=\frac{1}{2a}(\ln|x-a|-\ln|x+a|)+C$$

$$=\frac{1}{2a}\ln\left|\frac{x-a}{x+a}\right|+C.$$

2. 方幂型:

$$\int f(x^n)\cdot x^{n-1}\mathrm{d}x=\frac{1}{n}\int f(x^n)\mathrm{d}(x^n)=\frac{1}{n}F(x^n)+C$$

例 4.2.4 求$\int 2x\mathrm{e}^{x^2}\mathrm{d}x$.

解 被积函数中的一个因子为 $\mathrm{e}^{x^2}=\mathrm{e}^u$, $u=x^2$, 剩下的因子恰好是中间变量 $u=x^2$ 的导数, 于是有

$$\int 2x\mathrm{e}^{x^2}\mathrm{d}x=\int \mathrm{e}^{x^2}\mathrm{d}(x^2)=\int \mathrm{e}^u\mathrm{d}u=\mathrm{e}^u+C=\mathrm{e}^{x^2}+C.$$

例 4.2.5 求$\int x\sqrt{1-x^2}\mathrm{d}x$.

解 令 $u-1-x^2$, 则 $\mathrm{d}u=-2x\mathrm{d}x$, 即 $-\frac{1}{2}\mathrm{d}u=x\mathrm{d}x$, 因此

$$\int x\sqrt{1-x^2}\mathrm{d}x=\int u^{\frac{1}{2}}\cdot\left(-\frac{1}{2}\right)\mathrm{d}u=-\frac{1}{2}\cdot\frac{u^{\frac{3}{2}}}{\frac{3}{2}}+C$$

$$=-\frac{1}{3}u^{\frac{3}{2}}+C=-\frac{1}{3}(1-x^2)^{\frac{3}{2}}+C.$$

3. 方根型:

$$\int f(\sqrt{x})\cdot\frac{1}{\sqrt{x}}\mathrm{d}x=2\int f(\sqrt{x})\mathrm{d}(\sqrt{x})=2F(\sqrt{x})+C$$

例 4.2.6 求$\int\frac{\mathrm{e}^{3\sqrt{x}}}{\sqrt{x}}\mathrm{d}x$.

解 由于 $\mathrm{d}\sqrt{x}=\frac{1}{2}\cdot\frac{\mathrm{d}x}{\sqrt{x}}$, 因此

$$\int\frac{\mathrm{e}^{3\sqrt{x}}}{\sqrt{x}}\mathrm{d}x=2\int \mathrm{e}^{3\sqrt{x}}\mathrm{d}(\sqrt{x})=\frac{2}{3}\int \mathrm{e}^{3\sqrt{x}}\mathrm{d}(3\sqrt{x})=\frac{2}{3}\mathrm{e}^{3\sqrt{x}}+C.$$

4. 倒数型:

$$\int f\left(\frac{1}{x}\right)\cdot\frac{1}{x^2}\mathrm{d}x=-\int f\left(\frac{1}{x}\right)\mathrm{d}\left(\frac{1}{x}\right)=-F\left(\frac{1}{x}\right)+C$$

例 4.2.7 求$\int\frac{1}{x^2}\mathrm{e}^{\frac{1}{x}}\mathrm{d}x$.

解 $\int\frac{1}{x^2}\mathrm{e}^{\frac{1}{x}}\mathrm{d}x=-\int \mathrm{e}^{\frac{1}{x}}\mathrm{d}\left(\frac{1}{x}\right)=-\mathrm{e}^{\frac{1}{x}}+C.$

5. 对数型：

$$\int f(\ln x)\cdot\frac{1}{x}\mathrm{d}x=\int f(\ln x)\mathrm{d}(\ln x)=F(\ln x)+C$$

例 4.2.8　求$\int\frac{\ln\ln x}{x\ln x}\mathrm{d}x$.

解　$\int\frac{\ln\ln x}{x\ln x}\mathrm{d}x=\int\frac{\ln\ln x}{\ln x}\mathrm{d}(\ln x)=\int\ln\ln x\,\mathrm{d}(\ln\ln x)=\frac{1}{2}(\ln\ln x)^2+C$.

6. 三角函数型：

$$\int f(\sin x)\cdot\cos x\,\mathrm{d}x=\int f(\sin x)\mathrm{d}(\sin x)=F(\sin x)+C,$$

$$\int f(\cos x)\cdot\sin x\,\mathrm{d}x=-\int f(\cos x)\mathrm{d}(\cos x)=-F(\cos x)+C$$

和

$$\int f(\tan x)\cdot\frac{1}{\cos^2 x}\mathrm{d}x=\int f(\tan x)\mathrm{d}(\tan x)=F(\tan x)+C$$

例 4.2.9　求$\int\tan x\,\mathrm{d}x$.

解　$\int\tan x\,\mathrm{d}x=\int\frac{\sin x}{\cos x}\mathrm{d}x=-\int\frac{1}{\cos x}\mathrm{d}(\cos x)=-\ln|\cos x|+C$.

同理可得

$$\int\cot x\,\mathrm{d}x=\ln|\sin x|+C.$$

例 4.2.10　求$\int\csc x\,\mathrm{d}x$.

解　方法 1：$\int\csc x\,\mathrm{d}x=\int\frac{1}{\sin x}\mathrm{d}x=\int\frac{\mathrm{d}x}{2\sin\frac{x}{2}\cos\frac{x}{2}}=\int\frac{\mathrm{d}\left(\frac{x}{2}\right)}{\tan\frac{x}{2}\cos^2\frac{x}{2}}$

$$=\int\frac{\mathrm{d}\left(\tan\frac{x}{2}\right)}{\tan\frac{x}{2}}=\ln\left|\tan\frac{x}{2}\right|+C.$$

方法 2：$\int\csc x\,\mathrm{d}x=\int\frac{\sin x}{\sin^2 x}\mathrm{d}x=-\int\frac{\mathrm{d}(\cos x)}{1-\cos^2 x}=\frac{1}{2}\ln\left|\frac{1-\cos x}{1+\cos x}\right|+C$

$$=\ln\left|\frac{1-\cos x}{\sin x}\right|+C=\ln|\csc x-\cot x|+C.$$

方法 3：$\int\csc x\,\mathrm{d}x=\int\frac{\csc x(\csc x-\cot x)}{\csc x-\cot x}\mathrm{d}x=\int\frac{\mathrm{d}(\csc x-\cot x)}{\csc x-\cot x}$

$$=\ln|\csc x-\cot x|+C.$$

例 4.2.11　求$\int\sec x\,\mathrm{d}x$.

解 $\int \sec x\,dx = \int \csc\left(x + \frac{\pi}{2}\right) d\left(x + \frac{\pi}{2}\right)$

$$= \ln\left|\csc\left(x + \frac{\pi}{2}\right) - \cot\left(x + \frac{\pi}{2}\right)\right| + C$$

$$= \ln|\sec x + \tan x| + C.$$

7. 反三角函数型：

$$\int f(\arcsin x) \cdot \frac{1}{\sqrt{1 - x^2}} dx = \int f(\arcsin x) d(\arcsin x) = F(\arcsin x) + C$$

和

$$\int f(\arctan x) \cdot \frac{1}{1 + x^2} dx = \int f(\arctan x) d(\arctan x) = F(\arctan x) + C$$

例 4.2.12 求 $\int \frac{\arctan\sqrt{x}}{\sqrt{x}(1 + x)} dx$.

解 $\int \frac{\arctan\sqrt{x}}{\sqrt{x}(1 + x)} dx = 2\int \frac{\arctan\sqrt{x}}{1 + (\sqrt{x})^2} d(\sqrt{x})$

$$= 2\int \arctan\sqrt{x}\, d(\arctan\sqrt{x})$$

$$= (\arctan\sqrt{x})^2 + C.$$

在本节的例题中，有几个积分是以后经常会遇到的，所以它们通常也被当作公式使用. 这样，常用的积分公式，除了基本积分表中的 13 个外，再添加下面几个(其中常数 $a > 0$)：

(14) $\int \tan x\,dx = -\ln|\cos x| + C$.

(15) $\int \cot x\,dx = \ln|\sin x| + C$.

(16) $\int \sec x\,dx = \ln|\sec x + \tan x| + C$.

(17) $\int \csc x\,dx = \ln|\csc x - \cot x| + C$.

(18) $\int \frac{dx}{a^2 + x^2} = \frac{1}{a}\arctan\frac{x}{a} + C$.

(19) $\int \frac{dx}{x^2 - a^2} = \frac{1}{2a}\ln\left|\frac{x - a}{x + a}\right| + C$.

(20) $\int \frac{dx}{\sqrt{a^2 - x^2}} = \arcsin\frac{x}{a} + C$.

(21) $\int \frac{dx}{\sqrt{x^2 + a^2}} = \ln(x + \sqrt{x^2 + a^2}) + C$ (后面证明).

(22) $\int \frac{dx}{\sqrt{x^2 - a^2}} = \ln\left|x + \sqrt{x^2 - a^2}\right| + C$ (后面证明).

例 4.2.13 求下列不定积分：

(1) $\int \sin^3 x \, dx$； (2) $\int \sin^2 x \cos^5 x \, dx$.

解 (1) $\int \sin^3 x \, dx = \int \sin^2 x \sin x \, dx = -\int (1-\cos^2 x) d(\cos x)$

$$= -\cos x + \frac{1}{3}\cos^3 x + C.$$

(2) $\int \sin^2 x \cos^5 x \, dx = \int \sin^2 x \cos^4 x \cos x \, dx$

$$= \int \sin^2 x (1-\sin^2 x)^2 d(\sin x)$$

$$= \int (\sin^2 x - 2\sin^4 x + \sin^6 x) d(\sin x)$$

$$= \frac{1}{3}\sin^3 x - \frac{2}{5}\sin^5 x + \frac{1}{7}\sin^7 x + C.$$

一般地，对于$\sin^{2k+1} x \cos^n x$ 或$\sin^n x \cos^{2k+1} x (n, k \in \mathbf{N})$型函数的积分，总可依次作变换 $u = \cos x$ 或 $u = \sin x$，进而求得积分的结果.

例 4.2.14 求下列不定积分：

(1) $\int \cos^2 x \, dx$； (2) $\int \sin^2 x \cos^4 x \, dx$.

解 (1) $\int \cos^2 x \, dx = \int \frac{1+\cos 2x}{2} dx = \frac{1}{2}\left(\int dx + \int \cos 2x \, dx\right)$

$$= \frac{1}{2}\int dx + \frac{1}{4}\int \cos 2x \, d(2x) = \frac{x}{2} + \frac{\sin 2x}{4} + C.$$

(2) $\int \sin^2 x \cos^4 x \, dx = \frac{1}{8}\int (1-\cos 2x)(1+\cos 2x)^2 dx$

$$= \frac{1}{8}\int (1+\cos 2x - \cos^2 2x - \cos^3 2x) dx$$

$$= \frac{1}{8}\int (\cos 2x - \cos^3 2x) dx + \frac{1}{8}\int (1-\cos^2 2x) dx$$

$$= \frac{1}{8}\int \sin^2 2x \cdot \frac{1}{2} d(\sin 2x) + \frac{1}{8}\int \frac{1}{2}(1-\cos 4x) dx$$

$$= \frac{1}{48}\sin^3 2x + \frac{x}{16} - \frac{1}{64}\sin 4x + C.$$

一般地，对于$\sin^{2k} x \cos^{2l} x (k, l \in \mathbf{N})$型函数，总可利用三角恒等式$\sin^2 x = \frac{1}{2}(1-\cos 2x)$，$\cos^2 x = \frac{1}{2}(1+\cos 2x)$将其化为 $\cos 2x$ 的多项式，进而求得积分的结果.

例 4.2.15 求下列不定积分：

(1) $\int \sec^6 x \, dx$； (2) $\int \tan^5 x \sec^3 x \, dx$.

解 (1) $\int \sec^6 x \, dx = \int (\sec^2 x)^2 \sec^2 x \, dx = \int (1+\tan^2 x)^2 d(\tan x)$

$$=\int(1+2\tan^2x+\tan^4x)\mathrm{d}(\tan x)$$

$$=\tan x+\frac{2}{3}\tan^3x+\frac{1}{5}\tan^5x+C.$$

(2) $\int\tan^5x\sec^3x\,\mathrm{d}x=\int\tan^4x\sec^2x\sec x\tan x\,\mathrm{d}x$

$$=\int(\sec^2x-1)^2\sec^2x\,\mathrm{d}(\sec x)$$

$$=\int(\sec^6x-2\sec^4x+\sec^2x)\mathrm{d}(\sec x)$$

$$=\frac{1}{7}\sec^7x-\frac{2}{5}\sec^5x+\frac{1}{3}\sec^3x+C.$$

一般地，对于$\tan^nx\sec^{2k}x$或$\tan^{2k-1}x\sec^nx$($n,k\in\mathbf{N}^+$)型函数的积分，总可依次作变换$u=\tan x$或$u=\sec x$，进而求得积分的结果.

例 4.2.16 计算下列不定积分：

(1) $\int\frac{1}{(1+\mathrm{e}^x)^2}\mathrm{d}x$； (2) $\int\frac{1-\ln x}{(x-\ln x)^2}\mathrm{d}x$； (3) $\int\frac{\sqrt{\arctan\frac{1}{x}}}{1+x^2}\mathrm{d}x$.

解 (1) 原式$=\int\frac{1+\mathrm{e}^x-\mathrm{e}^x}{(1+\mathrm{e}^x)^2}\mathrm{d}x=\int\frac{1}{1+\mathrm{e}^x}\mathrm{d}x-\int\frac{\mathrm{e}^x}{(1+\mathrm{e}^x)^2}\mathrm{d}x$

$$=\int\frac{\mathrm{e}^{-x}}{\mathrm{e}^{-x}+1}\mathrm{d}x-\int\frac{1}{(1+\mathrm{e}^x)^2}\mathrm{d}(1+\mathrm{e}^x)$$

$$=-\int\frac{1}{\mathrm{e}^{-x}+1}\mathrm{d}(\mathrm{e}^{-x}+1)+\frac{1}{1+\mathrm{e}^x}$$

$$=-\ln(1+\mathrm{e}^{-x})+\frac{1}{1+\mathrm{e}^x}+C=x-\ln(1+\mathrm{e}^x)+\frac{1}{1+\mathrm{e}^x}+C.$$

(2) 由于$-\mathrm{d}\left(1-\frac{\ln x}{x}\right)=\frac{1-\ln x}{x^2}\mathrm{d}x$，因此

$$原式=\int\frac{1}{\left(1-\frac{\ln x}{x}\right)^2}\cdot\frac{1-\ln x}{x^2}\mathrm{d}x=-\int\frac{1}{\left(1-\frac{\ln x}{x}\right)^2}\mathrm{d}\left(1-\frac{\ln x}{x}\right)$$

$$=\frac{1}{1-\frac{\ln x}{x}}+C=\frac{x}{x-\ln x}+C.$$

(3) 为了凑成$\mathrm{d}\left(\frac{1}{x}\right)$，被积函数中应有因子$\frac{1}{x^2}$，于是

$$原式=\int\frac{\sqrt{\arctan\frac{1}{x}}}{x^2\left(\frac{1}{x^2}+1\right)}\mathrm{d}x=-\int\frac{\sqrt{\arctan\frac{1}{x}}}{1+\frac{1}{x^2}}\mathrm{d}\left(\frac{1}{x}\right)$$

$$=-\int\sqrt{\arctan\frac{1}{x}}\,\mathrm{d}\left(\arctan\frac{1}{x}\right)$$

$$=-\frac{2}{3}\left(\arctan\frac{1}{x}\right)^{\frac{3}{2}}+C.$$

例 4.2.17　求不定积分$\int\frac{\sin x}{\sin x+\cos x}\mathrm{d}x$.

解　方法 1：原式$=\frac{1}{2}\int\frac{(\sin x+\cos x)-(\cos x-\sin x)}{\sin x+\cos x}\mathrm{d}x$

$$=\frac{1}{2}\int\mathrm{d}x-\frac{1}{2}\int\frac{\cos x-\sin x}{\sin x+\cos x}\mathrm{d}x$$

$$=\frac{1}{2}x-\frac{1}{2}\int\frac{1}{\sin x+\cos x}\mathrm{d}(\sin x+\cos x)$$

$$=\frac{1}{2}x-\frac{1}{2}\ln|\sin x+\cos x|+C.$$

方法 2：原式$=\frac{1}{\sqrt{2}}\int\frac{\sin x}{\sin\left(x+\frac{\pi}{4}\right)}\mathrm{d}x=\frac{1}{\sqrt{2}}\int\frac{\sin\left(x+\frac{\pi}{4}-\frac{\pi}{4}\right)}{\sin\left(x+\frac{\pi}{4}\right)}\mathrm{d}x$

$$=\frac{1}{2}\int\frac{\sin\left(x+\frac{\pi}{4}\right)-\cos\left(x+\frac{\pi}{4}\right)}{\sin\left(x+\frac{\pi}{4}\right)}\mathrm{d}x=\frac{1}{2}\int\left\{1-\frac{\left[\sin\left(x+\frac{\pi}{4}\right)\right]'}{\sin\left(x+\frac{\pi}{4}\right)}\right\}\mathrm{d}x$$

$$=\frac{1}{2}\left[x-\ln\left|\sin\left(x+\frac{\pi}{4}\right)\right|\right]+C.$$

方法 3：记 $I=\int\frac{\sin x}{\sin x+\cos x}\mathrm{d}x$，$J=\int\frac{\cos x}{\sin x+\cos x}\mathrm{d}x$，则

$$J+I=\int\mathrm{d}x=x+C_1,$$

$$J-I=\int\frac{\cos x-\sin x}{\sin x+\cos x}\mathrm{d}x=\int\frac{1}{\sin x+\cos x}\mathrm{d}(\sin x+\cos x)=\ln|\sin x+\cos x|+C_2,$$

解得

$$I=\int\frac{\sin x}{\sin x+\cos x}\mathrm{d}x=\frac{1}{2}[x-\ln|\sin x+\cos x|]+C,$$

其中 $C=\frac{1}{2}(C_1-C_2)$；

$$J=\int\frac{\cos x}{\sin x+\cos x}\mathrm{d}x=\frac{1}{2}[x+\ln|\sin x+\cos x|]+C,$$

其中 $C=\frac{1}{2}(C_1+C_2)$.

例 4.2.18　设 $F(x)$ 为 $f(x)$ 的原函数，且当 $x\geqslant 0$ 时有 $f(x)F(x)=\sin^2 2x$，又 $F(0)=1$，$F(x)\geqslant 0$，求 $f(x)$.

解　因为 $F(x)$ 为 $f(x)$ 的原函数，所以 $F'(x)=f(x)$. 又 $f(x)F(x)=\sin^2 2x$，于是有

$$F'(x)F(x)=\sin^2 2x.$$

两边积分，得

$$\int F(x)F'(x)\mathrm{d}x=\int \sin^2 2x\,\mathrm{d}x,$$

即

$$\int F(x)\mathrm{d}F(x)=\int \frac{1-\cos 4x}{2}\mathrm{d}x,$$

亦即

$$\frac{1}{2}F^2(x)=\int \frac{1-\cos 4x}{2}\mathrm{d}x=\frac{x}{2}-\frac{1}{8}\sin 4x+C.$$

由 $F(0)=1$ 得 $C=\frac{1}{2}$. 注意到 $F(x)\geqslant 0$，则 $F(x)=\sqrt{x-\frac{1}{4}\sin 4x+1}$，故

$$f(x)=F'(x)=\frac{1-\cos 4x}{2\sqrt{x-\frac{1}{4}\sin 4x+1}}=\frac{\sin^2 2x}{\sqrt{x-\frac{1}{4}\sin 4x+1}}.$$

二、知识延展 —— 含有抽象函数的不定积分

例 4.2.19 计算下列不定积分：

(1) $\int \frac{f'(\ln x)}{x\sqrt{f(\ln x)}}\mathrm{d}x$；　　(2) $\int \left\{\frac{f(x)}{f'(x)}-\frac{f^2(x)f''(x)}{[f'(x)]^3}\right\}\mathrm{d}x$.

解 (1) $\int \frac{f'(\ln x)}{x\sqrt{f(\ln x)}}\mathrm{d}x=\int \frac{f'(\ln x)}{\sqrt{f(\ln x)}}\mathrm{d}(\ln x)$

$$=\int \frac{1}{\sqrt{f(\ln x)}}\mathrm{d}[f(\ln x)]=2\sqrt{f(\ln x)}+C.$$

(2)

$$\begin{aligned}
&\int \left\{\frac{f(x)}{f'(x)}-\frac{f^2(x)f''(x)}{[f'(x)]^3}\right\}\mathrm{d}x\\
=&\int \left\{\frac{f(x)\,[f'(x)]^2-f^2(x)f''(x)}{[f'(x)]^3}\right\}\mathrm{d}x\\
=&\int \left\{\frac{f(x)}{f'(x)}\cdot\frac{[f'(x)]^2-f(x)f''(x)}{[f'(x)]^2}\right\}\mathrm{d}x\\
=&\int \frac{f(x)}{f'(x)}\mathrm{d}\left[\frac{f(x)}{f'(x)}\right]=\frac{1}{2}\left[\frac{f(x)}{f'(x)}\right]^2+C.
\end{aligned}$$

思考题

上面所举的例子，可以使我们认识到第一类换元法在求不定积分中所起的作用. 像复合函数的求导法则在微分学中经常使用一样，第一类换元法在积分学中也是经常使用的. 但利用第一类换元法求不定积分，一般比利用复合函数的求导法则求函数的导数要来得困难，因为其中需要一定的技巧，而且如何适当地选择变量代换没有一般规律可循. 因此，要掌握换元法，除了熟悉一些典型的例子外，还需要读者多做练习.

习题 4-2

基础题

求下列不定积分：

(1) $\int \sin\left(3x-\frac{\pi}{4}\right)\mathrm{d}x$；

(2) $\int \frac{1}{(2x-3)^2}\mathrm{d}x$；

(3) $\int \mathrm{e}^{-\frac{3}{4}x+1}\mathrm{d}x$；

(4) $\int \frac{1}{2x+1}\mathrm{d}x$；

(5) $\int \frac{1}{9+4x^2}\mathrm{d}x$；

(6) $\int x\sqrt{1+x^2}\mathrm{d}x$；

(7) $\int \frac{\ln x}{x}\mathrm{d}x$；

(8) $\int \mathrm{e}^x\cos\mathrm{e}^x\mathrm{d}x$；

(9) $\int \frac{\sec^2 x}{\sqrt{1+\tan x}}\mathrm{d}x$；

(10) $\int \frac{x^2}{\sqrt{1-x^6}}\mathrm{d}x$；

(11) $\int \frac{\cos\sqrt{x}}{\sqrt{x}}\mathrm{d}x$；

(12) $\int \frac{x^3}{1+x^2}\mathrm{d}x$；

(13) $\int \frac{\sin x\cos x}{\sin^4 x+\cos^4 x}\mathrm{d}x$；

(14) $\int \frac{2^x\cdot 3^x}{9^x+4^x}\mathrm{d}x$；

(15) $\int \frac{1+\ln x}{1+x^2\ln^2 x}\mathrm{d}x$；

(16) $\int \sqrt{\frac{\mathrm{e}^x-1}{\mathrm{e}^x+1}}\mathrm{d}x$；

(17) $\int \frac{1}{\sqrt{2x+1}-\sqrt{2x-1}}\mathrm{d}x$；

(18) $\int \frac{x^3}{1+x^2}\mathrm{d}x$.

提高题

1. 求下列不定积分：

(1) $\int \cos x\cos\frac{x}{2}\mathrm{d}x$；

(2) $\int \tan^3 x\sec x\,\mathrm{d}x$；

(3) $\int \frac{\arctan\frac{1}{x}}{1+x^2}\mathrm{d}x$；

(4) $\int \frac{\arcsin\sqrt{x}}{\sqrt{x}\sqrt{1-x}}\mathrm{d}x$；

(5) $\int \frac{1+\ln x}{(x\ln x)^2}\mathrm{d}x$；

(6) $\int \frac{1}{\mathrm{e}^x+\mathrm{e}^{-x}}\mathrm{d}x$；

(7) $\int \frac{1+x}{x(1+x\mathrm{e}^x)}\mathrm{d}x$；

(8) $\int \frac{1}{x^2+2x+3}\mathrm{d}x$；

(9) $\int \sqrt{1+\mathrm{e}^x}\mathrm{d}x$；

(10) $\int \frac{x-3}{\sqrt{3-4x+x^2}}\mathrm{d}x$.

习题 4-2
参考答案

2. 已知 $F(x)$ 的导数为 $f(x)=\dfrac{1}{\sin^2 x+2\cos^2 x}$，且 $F\left(\dfrac{\pi}{4}\right)=0$，求 $F(x)$.

第三节　第二类换元法

教学目标

不定积分 $\int x\sqrt{a^2-x^2}\,\mathrm{d}x$ 显然可用第一类换元法来计算，因为 $x\,\mathrm{d}x$ 可以凑成 a^2-x^2 的微分. 但对于不定积分 $\int\sqrt{a^2-x^2}\,\mathrm{d}x$，因为被积函数中无 x 的因子，所以无法凑成 a^2-x^2 的微分，从而不能用第一类换元法来计算.

由于计算不定积分 $\int\sqrt{a^2-x^2}\,\mathrm{d}x$ 的困难在于被积表达式中含有根式 $\sqrt{a^2-x^2}$，因此要想计算出该积分，就要想办法去掉 $\sqrt{a^2-x^2}$ 中的根号，于是考虑利用变量代换，将 a^2-x^2 化为完全平方项. 注意到 $1-\sin^2 t=\cos^2 t$，因此可令 $x=a\sin t,-\dfrac{\pi}{2}<x<\dfrac{\pi}{2}$，从而

$$\sqrt{a^2-x^2}=\sqrt{a^2-a^2\sin^2 t}=a\cos t,\quad \mathrm{d}x=a\cos t\,\mathrm{d}t,$$

于是

$$\int\sqrt{a^2-x^2}\,\mathrm{d}x=\int a\cos t\cdot a\cos t\,\mathrm{d}t=a^2\int\frac{1+\cos 2t}{2}\mathrm{d}t=\frac{a^2}{2}t+\frac{a^2}{2}\sin t\cos t+C.$$

把 t 还原成 x 的函数，就求出了不定积分 $\int\sqrt{a^2-x^2}\,\mathrm{d}x$.

对于一般的积分，第一类换元法解决的问题是：如果 $\int f[\varphi(x)]\varphi'(x)\mathrm{d}x$ 难求而 $\int f(u)\mathrm{d}u$ 易求，那么可作代换 $u=\varphi(x)$，得 $\int f[\varphi(x)]\varphi'(x)\mathrm{d}x=\int f(u)\mathrm{d}u$，从而求出不定积分 $\int f[\varphi(x)]\varphi'(x)\mathrm{d}x$. 但现在的问题是 $\int f(x)\mathrm{d}x$ 难求，于是作代换 $x=\psi(t)$，将积分 $\int f(x)\mathrm{d}x$ 化为积分 $\int f[\psi(t)]\psi'(t)\mathrm{d}t$，使积分 $\int f[\psi(t)]\psi'(t)\mathrm{d}t$ 易求，从而求出不定积分 $\int f(x)\mathrm{d}x$. 这样的积分方法称为第二类换元法. 下面给出第二类换元法公式.

定理 4.3.1　设 $x=\psi(t)$ 是单调的可导函数，并且 $\psi'(t)\neq 0$. 又设 $f[\psi(t)]\psi'(t)$ 具有原函数，则有换元公式

$$\int f(x)\mathrm{d}x=\left[\int f[\psi(t)]\psi'(t)\mathrm{d}t\right]_{t=\psi^{-1}(x)},\tag{4.3.1}$$

其中 $t=\psi^{-1}(x)$ 是 $x=\psi(t)$ 的反函数.

证明　设 $f[\psi(t)]\psi'(t)$ 的原函数为 $F(t)$，则

$$\left[\int f[\psi(t)]\psi'(t)\mathrm{d}t\right]_{t=\psi^{-1}(x)}=\Big[F(t)+C\Big]_{t=\psi^{-1}(x)}=F[\psi^{-1}(x)]+C.$$

由复合函数的求导法则可得

$$\{F[\psi^{-1}(x)]\}' = F'(t)\frac{\mathrm{d}t}{\mathrm{d}x} = f[\psi(t)]\psi'(t)\frac{1}{\psi'(t)} = f(x),$$

故有

$$\int f(x)\mathrm{d}x = \left[\int f[\psi(t)]\psi'(t)\mathrm{d}t\right]_{t=\psi^{-1}(x)}.$$

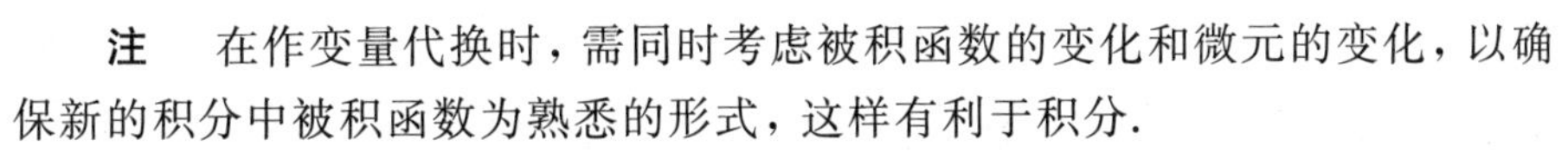

从而证明了公式(4.3.1).

思考题

注　在作变量代换时，需同时考虑被积函数的变化和微元的变化，以确保新的积分中被积函数为熟悉的形式，这样有利于积分.

在用第二类换元法求函数的不定积分时，常用的代换有以下四类.

1. 三角代换

例 4.3.1　求$\int\sqrt{a^2-x^2}\mathrm{d}x\ (a>0)$.

解　令 $x=a\sin t$，$-\frac{\pi}{2}<t<\frac{\pi}{2}$，则$\sqrt{a^2-x^2}=a\cos t$，$\mathrm{d}x=a\cos t\mathrm{d}t$，于是所求积分化为

$$\int\sqrt{a^2-x^2}\mathrm{d}x = \int a\cos t\cdot a\cos t\mathrm{d}t = a^2\int\frac{1+\cos 2t}{2}\mathrm{d}t$$

$$=\frac{a^2}{2}t+\frac{a^2}{4}\sin 2t + C = \frac{a^2}{2}t+\frac{a^2}{2}\sin t\cos t + C.$$

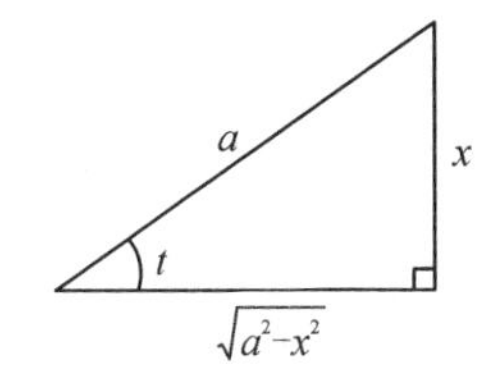

图 4.3.1

根据 $x=a\sin t$，$-\frac{\pi}{2}<t<\frac{\pi}{2}$，并结合图 4.3.1 得

$$\sin t=\frac{x}{a},\quad \cos t=\sqrt{1-\left(\frac{x}{a}\right)^2}=\frac{1}{a}\sqrt{a^2-x^2},\quad t=\arcsin\frac{x}{a},$$

从而所求积分为

$$\int\sqrt{a^2-x^2}\mathrm{d}x=\frac{a^2}{2}\arcsin\frac{x}{a}+\frac{1}{2}x\sqrt{a^2-x^2}+C.$$

例 4.3.2　求$\int\frac{\mathrm{d}x}{\sqrt{x^2+a^2}}\ (a>0)$.

分析　为去掉被积函数中的根号，可用公式 $1+\tan^2 t=\sec^2 t$. 令 $x=a\tan t$，则

$$a^2+x^2=a^2+a^2\tan^2 t=a^2\sec^2 t,\quad \sqrt{a^2+x^2}=a\sec t.$$

解　令 $x=a\tan t$，$-\frac{\pi}{2}<t<\frac{\pi}{2}$，则

$$\sqrt{x^2+a^2}=\sqrt{a^2\tan^2 t+a^2}=a\sqrt{\tan^2 t+1}=a\sec t,\quad \mathrm{d}x=a\sec^2 t\mathrm{d}t,$$

于是

$$\int\frac{\mathrm{d}x}{\sqrt{x^2+a^2}}=\int\frac{a\sec^2 t}{a\sec t}\mathrm{d}t=\int\sec t\mathrm{d}t=\ln|\sec t+\tan t|+C.$$

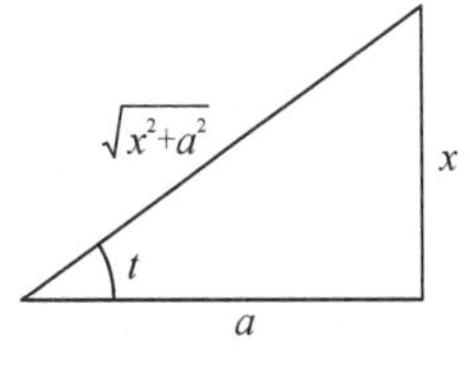

图 4.3.2

根据 $\tan t=\frac{x}{a}$，并结合图 4.3.2 得 $\sec t=\frac{\sqrt{x^2+a^2}}{a}$，所以

$$\int \frac{dx}{\sqrt{x^2+a^2}} = \ln|\sec t + \tan t| + C$$
$$= \ln\left(\frac{x}{a} + \frac{\sqrt{x^2+a^2}}{a}\right) + C$$
$$= \ln(x + \sqrt{x^2+a^2}) + C_1,$$

其中 $C_1 = C - \ln a$.

例 4.3.3 求$\int \frac{1}{\sqrt{x^2-a^2}}dx\,(a>0)$.

分析 为去掉被积函数中的根号，可用公式$\sec^2 t - 1 = \tan^2 t$. 令 $x = a\sec t$，则

$$x^2 - a^2 = a^2\sec^2 t - a^2 = a^2\tan^2 t.$$

注意到被积函数的定义域是$(a, +\infty)$和$(-\infty, -a)$两个区间，因此我们在这两个区间内分别求不定积分.

解 当 $x > a$ 时，令 $x = a\sec t\left(0 < t < \frac{\pi}{2}\right)$，则

$$\sqrt{x^2-a^2} = a\tan t, \quad dx = a\sec t\tan t\,dt,$$

于是

$$\int \frac{1}{\sqrt{x^2-a^2}}dx = \int \frac{1}{a\tan t}a\sec t\tan t\,dt$$
$$= \int \sec t\,dt = \ln|\sec t + \tan t| + C_1.$$

由 $x = a\sec t$ 得 $\sec t = \frac{x}{a}$，则 $\tan t = \frac{\sqrt{x^2-a^2}}{a}$(见图 4.3.3)，故

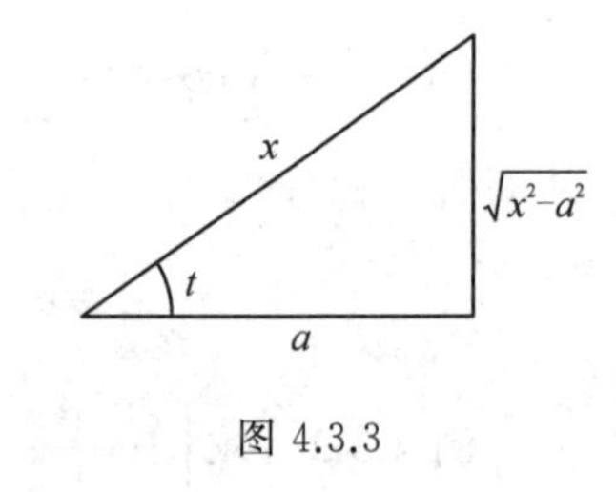

图 4.3.3

$$\int \frac{1}{\sqrt{x^2-a^2}}dx = \ln\left|\frac{x}{a} + \frac{\sqrt{x^2-a^2}}{a}\right| + C_1$$
$$= \ln\left|x + \sqrt{x^2-a^2}\right| - \ln a + C_1$$
$$= \ln\left|x + \sqrt{x^2-a^2}\right| + C,$$

其中 $C = -\ln a + C_1$.

当 $x < -a$ 时，令 $x = -u$，则 $u > a$. 由上面结果可得

$$\int \frac{1}{\sqrt{x^2-a^2}}dx = -\int \frac{1}{\sqrt{u^2-a^2}}du$$
$$= -\ln\left|u + \sqrt{u^2-a^2}\right| + C_2$$
$$= -\ln\left|-x + \sqrt{x^2-a^2}\right| + C_2$$
$$= -\ln\left|\frac{-a^2}{x + \sqrt{x^2-a^2}}\right| + C_2$$
$$= \ln\left|x + \sqrt{x^2-a^2}\right| + C,$$

其中 $C = -\ln a^2 + C_2$.

综上可知

$$\int \frac{1}{\sqrt{x^2-a^2}}\mathrm{d}x=\ln\left|x+\sqrt{x^2-a^2}\right|+C.$$

例 4.3.4 计算$\displaystyle\int \frac{x}{\sqrt{1+x-x^2}}\mathrm{d}x$.

解 方法 1：换元法.

令 $x-\frac{1}{2}=\frac{\sqrt{5}}{2}\sin t$，$-\frac{\pi}{2}<t<\frac{\pi}{2}$，则

$$\begin{aligned}\int \frac{x}{\sqrt{1+x-x^2}}\mathrm{d}x&=\int \frac{x}{\sqrt{\left(\frac{\sqrt{5}}{2}\right)^2-\left(x-\frac{1}{2}\right)^2}}\mathrm{d}x=\int \frac{\frac{1}{2}+\frac{\sqrt{5}}{2}\sin t}{\frac{\sqrt{5}}{2}\cos t}\frac{\sqrt{5}}{2}\cos t\,\mathrm{d}t\\&=\frac{1}{2}\int(1+\sqrt{5}\sin t)\mathrm{d}t=\frac{1}{2}(t-\sqrt{5}\cos t)+C\\&=-\sqrt{1+x-x^2}+\frac{1}{2}\arcsin\frac{2x-1}{\sqrt{5}}+C.\end{aligned}$$

方法 2：凑微分法.

$$\begin{aligned}\int \frac{x}{\sqrt{1+x-x^2}}\mathrm{d}x&=\int \frac{x-\frac{1}{2}+\frac{1}{2}}{\sqrt{\frac{5}{4}-\left(x-\frac{1}{2}\right)^2}}\mathrm{d}x\\&=\int \frac{x-\frac{1}{2}}{\sqrt{\frac{5}{4}-\left(x-\frac{1}{2}\right)^2}}\mathrm{d}x+\frac{1}{2}\int \frac{1}{\sqrt{\frac{5}{4}-\left(x-\frac{1}{2}\right)^2}}\mathrm{d}\left(x-\frac{1}{2}\right)\\&=-\sqrt{\frac{5}{4}-\left(x-\frac{1}{2}\right)^2}+\frac{1}{2}\arcsin\frac{2x-1}{\sqrt{5}}+C\\&=-\sqrt{1+x-x^2}+\frac{1}{2}\arcsin\frac{2x-1}{\sqrt{5}}+C.\end{aligned}$$

注 (1) 第二类换元法中常用的三角代换如下：

① 若被积函数中含有$\sqrt{a^2-x^2}$，则常作代换 $x=a\sin t$，其中 $-\frac{\pi}{2}<t<\frac{\pi}{2}$；

② 若被积函数中含有$\sqrt{x^2+a^2}$，则常作代换 $x=a\tan t$，其中 $-\frac{\pi}{2}<t<\frac{\pi}{2}$；

③ 若被积函数中含有$\sqrt{x^2-a^2}$，则当 $x>a$ 时，常作代换 $x=a\sec t$，$0<t<\frac{\pi}{2}$，当 $x<-a$ 时，常作代换 $x=-u$，再利用 $x>a$ 时的积分结果.

(2) 若被积函数中含有$\sqrt{ax^2+bx+c}$($b^2-4ac\neq 0$)，则常利用配方法，将其化为$\sqrt{p^2-u^2}$ 或$\sqrt{u^2\pm p^2}$ 的形式，然后作三角代换.

2. 简单无理根式代换

形如$\sqrt[n]{ax+b}$或$\sqrt[n]{\dfrac{ax+b}{cx+d}}$的函数称为简单无理根式函数. 如何求含简单无理根式函数的不定积分？下面我们通过例题来说明.

例 4.3.5 求$\displaystyle\int\frac{dx}{(2-x)\sqrt{1-x}}$.

解 令$\sqrt{1-x}=t$，则$x=1-t^2$，$dx=-2t\,dt$，于是

$$\int\frac{dx}{(2-x)\sqrt{1-x}}=\int\frac{-2t\,dt}{(1+t^2)t}=-2\int\frac{dt}{1+t^2}$$
$$=-2\arctan t+C=-2\arctan\sqrt{1-x}+C.$$

例 4.3.6 求$\displaystyle\int\frac{1}{\sqrt{x}+\sqrt[3]{x}}dx$.

解 令$x=t^6$，则$dx=6t^5dt$，于是

$$\int\frac{1}{\sqrt{x}+\sqrt[3]{x}}dx=\int\frac{6t^5}{t^3+t^2}dt=6\int\frac{(t+1)(t^2-t+1)-1}{t+1}dt$$
$$=6\int\left(t^2-t+1-\frac{1}{t+1}\right)dt=6\left[\frac{t^3}{3}-\frac{t^2}{2}+t-\ln(t+1)\right]+C$$
$$=2\sqrt{x}-3\sqrt[3]{x}+6\sqrt[6]{x}-6\ln(\sqrt[6]{x}+1)+C.$$

例 4.3.7 求$\displaystyle\int\frac{1}{x}\sqrt{\frac{x+1}{x-1}}dx$.

解 令$t=\sqrt{\dfrac{x+1}{x-1}}$，则$x=\dfrac{t^2+1}{t^2-1}$，$dx=\dfrac{-4t\,dt}{(t^2-1)^2}$，于是

$$\text{原式}=-4\int\frac{t^2dt}{(t^2+1)(t^2-1)}=\int\left(\frac{1}{t+1}-\frac{1}{t-1}-\frac{2}{t^2+1}\right)dt$$
$$=\ln\left|\frac{t+1}{t-1}\right|-2\arctan t+C$$
$$=\ln\left(\sqrt{\frac{x+1}{x-1}}+1\right)-\ln\left|\sqrt{\frac{x+1}{x-1}}-1\right|-2\arctan\sqrt{\frac{x+1}{x-1}}+C.$$

注 第二类换元法中常用的简单无理根式代换如下：

(1) 若被积函数中含有$\sqrt[n]{ax+b}$，则常作代换$\sqrt[n]{ax+b}=t$；

(2) 若被积函数中含有$\sqrt[n_1]{ax+b}$，$\sqrt[n_2]{ax+b}$，则常作代换$\sqrt[n]{ax+b}=t$，其中n为n_1，n_2的最小公倍数；

(3) 若被积函数中含有$\sqrt[n]{\dfrac{ax+b}{cs+d}}$，则常作代换$\sqrt[n]{\dfrac{ax+b}{cx+d}}=t$.

3. 倒代换

下面我们通过例子介绍一种求不定积分很有用的代换 —— 倒代换. 利用倒代换可以消去被积函数分母中的变量因子.

例 4.3.8　求$\int \frac{1}{x(x^6+4)}\mathrm{d}x$.

解　为了去掉被积函数分母中的 x 因式，作倒代换. 令 $x=\frac{1}{t}$，则

$$\begin{aligned}\int \frac{1}{x(x^6+4)}\mathrm{d}x &= \int \frac{1}{\frac{1}{t}\left(\frac{1}{t^6}+4\right)}\left(-\frac{1}{t^2}\right)\mathrm{d}t = -\int \frac{t^5}{1+4t^6}\mathrm{d}t \\ &= -\frac{1}{24}\int \frac{\mathrm{d}(1+4t^6)}{1+4t^6} = -\frac{1}{24}\ln(1+4t^6)+C \\ &= -\frac{1}{24}\ln\left(1+\frac{4}{x^6}\right)+C = \frac{1}{4}\ln|x| - \frac{1}{24}\ln(x^6+4)+C.\end{aligned}$$

4. 指数代换

例 4.3.9　求下列不定积分：

(1) $\int \frac{2^x}{1+2^x+4^x}\mathrm{d}x$；　(2) $\int \frac{1}{\mathrm{e}^x(1+\mathrm{e}^{2x})}\mathrm{d}x$.

解　(1) 令 $2^x=t$，则 $x=\frac{\ln t}{\ln 2}$，$\mathrm{d}x=\frac{1}{t\ln 2}\mathrm{d}t$，于是

$$\begin{aligned}\int \frac{2^x}{1+2^x+4^x}\mathrm{d}x &= \int \frac{t}{1+t+t^2}\frac{1}{t\ln 2}\mathrm{d}t = \frac{1}{\ln 2}\int \frac{1}{1+t+t^2}\mathrm{d}t \\ &= \frac{1}{\ln 2}\int \frac{1}{\frac{3}{4}+\left(t+\frac{1}{2}\right)^2}\mathrm{d}\left(t+\frac{1}{2}\right) \\ &= \frac{1}{\ln 2}\frac{2}{\sqrt{3}}\arctan\frac{2\left(t+\frac{1}{2}\right)}{\sqrt{3}}+C \\ &= \frac{2}{\sqrt{3}\ln 2}\arctan\frac{2^{x+1}+1}{\sqrt{3}}+C.\end{aligned}$$

(2) 令 $\mathrm{e}^x=t$，则 $x=\ln t$，$\mathrm{d}x=\frac{1}{t}\mathrm{d}t$，于是

$$\begin{aligned}\int \frac{1}{\mathrm{e}^x(1+\mathrm{e}^{2x})}\mathrm{d}x &= \int \frac{1}{t(1+t^2)}\frac{1}{t}\mathrm{d}t = \int \frac{1}{t^2(1+t^2)}\mathrm{d}t \\ &= \int\left(\frac{1}{t^2}-\frac{1}{1+t^2}\right)\mathrm{d}t = -\frac{1}{t}-\arctan t+C \\ &= -\mathrm{e}^{-x}-\arctan\mathrm{e}^x+C.\end{aligned}$$

在用第二类换元法求不定积分时，除以上四类常用的代换外，还有其他代换. 下面通过例题来说明.

例 4.3.10　求$\int \frac{x^3}{(1-x)^5}\mathrm{d}x$.

解　令 $t=1-x$，则 $x=1-t$，于是

$$\int \frac{x^3}{(1-x)^5}\mathrm{d}x = -\int \frac{(1-t)^3}{t^5}\mathrm{d}t = -\int\left(\frac{1}{t^5}-\frac{3}{t^4}+\frac{3}{t^3}-\frac{1}{t^2}\right)\mathrm{d}t$$

$$=\frac{1}{4}t^{-4}-t^{-3}+\frac{3}{2}t^{-2}-\frac{1}{t}+C$$

$$=\frac{1}{4(1-x)^4}-\frac{1}{(1-x)^3}+\frac{3}{2(1-x)^2}-\frac{1}{1-x}+C.$$

例 4.3.11 求$\int\frac{1}{\sqrt{1+e^x}}dx$.

解 令 $t=\sqrt{1+e^x}$，则 $x=\ln(t^2-1)$，$dx=\frac{2t}{t^2-1}dt$，于是

$$\int\frac{1}{\sqrt{1+e^x}}dx=\int\frac{1}{t}\cdot\frac{2t}{t^2-1}dt=2\int\frac{1}{t^2-1}dt=\ln\left|\frac{t-1}{t+1}\right|+C=\ln\left|\frac{\sqrt{1+e^x}-1}{\sqrt{1+e^x}+1}\right|+C.$$

例 4.3.12 计算$\int\frac{x\,dx}{\sqrt{1+x^2+\sqrt{(1+x^2)^3}}}$.

解 $\int\frac{x\,dx}{\sqrt{1+x^2+\sqrt{(1+x^2)^3}}}=\frac{1}{2}\int\frac{d(1+x^2)}{\sqrt{1+x^2+\sqrt{(1+x^2)^3}}}$. 令 $t=1+x^2$，则

$$\int\frac{x\,dx}{\sqrt{1+x^2+\sqrt{(1+x^2)^3}}}=\frac{1}{2}\int\frac{dt}{\sqrt{t+\sqrt{t^3}}}=\frac{1}{2}\int\frac{dt}{\sqrt{t+t\sqrt{t}}}=\frac{1}{2}\int\frac{dt}{\sqrt{t}\sqrt{1+\sqrt{t}}}$$

$$=\int\frac{d(\sqrt{t})}{\sqrt{1+\sqrt{t}}}=2\int\frac{d(1+\sqrt{t})}{2\sqrt{1+\sqrt{t}}}=2\sqrt{1+\sqrt{t}}+C,$$

故

$$\int\frac{x\,dx}{\sqrt{1+x^2+\sqrt{(1+x^2)^3}}}=2\sqrt{1+\sqrt{1+x^2}}+C.$$

例 4.3.13 计算 $I=\int\frac{dx}{\sqrt[3]{(x+1)^2(x-1)^4}}$.

解 $I=\int\frac{dx}{\sqrt[3]{(x+1)^2(x-1)^4}}=\int\frac{1}{(x+1)(x-1)}\sqrt[3]{\frac{x+1}{x-1}}dx$. 令 $t=\sqrt[3]{\frac{x+1}{x-1}}$，则

$$x=\frac{t^3+1}{t^3-1},\quad dx=\frac{-6t^2}{(t^3-1)^2}dt,$$

于是

$$I=\int\frac{1}{(x+1)(x-1)}\sqrt[3]{\frac{x+1}{x-1}}dx=\int\frac{t}{\frac{4t^3}{(t^3-1)^2}}\cdot\frac{-6t^2}{(t^3-1)^2}dt$$

$$=-\frac{3}{2}\int dt=-\frac{3}{2}t+C=-\frac{3}{2}\sqrt[3]{\frac{x+1}{x-1}}+C.$$

第二类换元法把所求不定积分$\int f(x)dx$ 化为容易求出的不定积分$\int f[\psi(t)]\psi'(t)dt$. 应该强调的是，在求出积分$\int f[\psi(t)]\psi'(t)dt$ 后，要把变量 t 用 $x=\psi(t)$ 的反函数 $t=\psi^{-1}(x)$ 代回，这就要求 $x=\psi(t)$ 的反函数存在且可导，为此 $x=\psi(t)$ 应在 t 的某区间

(该区间与 x 的积分区间相对应)上单调、可导且 $\psi'(t) \neq 0$.

习 题 4-3

基础题

求下列不定积分:

(1) $\int \frac{x^2}{\sqrt{a^2 - x^2}} \mathrm{d}x$;

(2) $\int \frac{1}{\sqrt{(1+x^2)^3}} \mathrm{d}x$;

(3) $\int \frac{\sqrt{x^2 - 9}}{x} \mathrm{d}x$;

(4) $\int \frac{1}{1+\sqrt{2x}} \mathrm{d}x$;

(5) $\int \frac{\mathrm{d}x}{1+\sqrt{1-x^2}}$;

(6) $\int \sqrt{5-4x-x^2}\, \mathrm{d}x$;

(7) $\int \frac{x}{x-\sqrt{x^2-1}} \mathrm{d}x$;

(8) $\int \frac{\mathrm{d}x}{(1+x^2)\sqrt{1-x^2}}$;

(9) $\int \frac{x\,\mathrm{d}x}{(2-x^2)\sqrt{1-x^2}}$;

(10) $\int \frac{x+1}{x^2\sqrt{x^2-1}} \mathrm{d}x$;

(11) $\int x^3 \sqrt{4-x^2}\, \mathrm{d}x$;

(12) $\int \frac{\mathrm{d}x}{(2x+1)\sqrt{3+4x-4x^2}}$;

(13) $\int \frac{x+1}{\sqrt{x^2+2x+2}} \mathrm{d}x$;

(14) $\int \frac{\mathrm{e}^{\arctan x}}{(1+x^2)^{\frac{3}{2}}} \mathrm{d}x$;

(15) $\int \frac{x^2+1}{x\sqrt{x^4+1}} \mathrm{d}x$;

(16) $\int \frac{x^4}{(4+x^2)^2} \mathrm{d}x$;

(17) $\int \frac{x^7}{(1-x^2)^5} \mathrm{d}x$.

提高题

求下列不定积分:

(1) $\int \frac{x+1}{\sqrt[3]{3x+1}} \mathrm{d}x$;

(2) $\int \mathrm{e}^{\sqrt{2x+3}}\, \mathrm{d}x$;

(3) $\int \frac{\mathrm{d}x}{(2+x)\sqrt{1+x}}$;

(4) $\int \frac{\sqrt[3]{x}}{x(\sqrt{x}+\sqrt[3]{x})} \mathrm{d}x$;

(5) $\int x\sqrt{\frac{x}{2-x}}\, \mathrm{d}x$;

(6) $\int \sqrt[3]{\frac{2-x}{2+x}} \cdot \frac{1}{(2-x)^2} \mathrm{d}x$;

(7) $\int \frac{\mathrm{d}x}{x\sqrt{1+x^4}}$;

(8) $\int \frac{1}{x\sqrt{3x^2-2x-1}} \mathrm{d}x \ (x>0)$;

(9) $\int \frac{\mathrm{d}x}{x\sqrt{x^2-1}} \ (x>1)$;

(10) $\int \frac{\mathrm{d}x}{x^6(1+x^2)}$;

(11) $\int \sqrt{1+\mathrm{e}^x}\,\mathrm{d}x$；　　(12) $\int \frac{\sqrt{1+\ln x}}{x\ln x}\mathrm{d}x$；

(13) $\int \sqrt{\frac{1-\sqrt{x}}{x}}\,\mathrm{d}x$；　　(14) $\int \frac{x^5}{\sqrt{x^3-1}}\mathrm{d}x$.

习题 4-3 参考答案

第四节　分部积分法

教学目标

一、分部积分法

问题　对两个函数乘积的积分$\int 2x\mathrm{e}^{x^2}\mathrm{d}x$，可用第一类换元法计算，得$\int 2x\mathrm{e}^{x^2}\mathrm{d}x=\int \mathrm{e}^{x^2}\mathrm{d}(x^2)=\mathrm{e}^{x^2}+C$. 但对积分$\int x\mathrm{e}^x\mathrm{d}x$，因为$\int x\mathrm{e}^x\mathrm{d}x=\frac{1}{2}\int \mathrm{e}^x\mathrm{d}(x^2)$，所以无法用第一类换元法计算，那么如何计算该积分呢？

下面我们用两个函数乘积的求导公式，推导求此类积分的方法.

定理 4.4.1　若函数 $u=u(x)$ 及 $v=v(x)$ 具有连续导数，不定积分$\int u'(x)v(x)\mathrm{d}x$ 存在，则$\int u(x)v'(x)\mathrm{d}x$ 也存在，并有

$$\int u(x)v'(x)\mathrm{d}x=u(x)v(x)-\int u'(x)v(x)\mathrm{d}x.$$

证明　两个函数乘积的导数公式为

$$(uv)'=u'v+uv',$$

移项得

$$uv'=(uv)'-u'v.$$

对这个等式两端求不定积分，得

$$\int uv'\mathrm{d}x=uv-\int u'v\mathrm{d}x. \tag{4.4.1}$$

公式(4.4.1) 称为分部积分公式. 利用分部积分公式求不定积分的方法称为分部积分法. 为方便应用，可以把公式(4.4.1) 写成下面的形式：

$$\int u\mathrm{d}v=uv-\int v\mathrm{d}u.$$

问题　分部积分公式的作用是什么？

因为分部积分公式是把左端的不定积分$\int uv'\mathrm{d}x$ 转换为右端的不定积分$\int u'v\mathrm{d}x$，所以要想求出左端的不定积分$\int uv'\mathrm{d}x$，必须保证右端的不定积分$\int u'v\mathrm{d}x$ 容易求出. 因此，分部积分公式的作用是“化难为易”.

下面通过例子说明如何利用这个重要公式求不定积分.

例 4.4.1　求$\int x\mathrm{e}^x\mathrm{d}x$.

解　这个积分用换元积分法不易求出结果. 现在试用分部积分法来求它. 但是如何选取 u 和 v 呢？若令 $u=x$，$\mathrm{d}v=\mathrm{e}^x\mathrm{d}x=\mathrm{d}(\mathrm{e}^x)$，则 $\mathrm{d}u=\mathrm{d}x$，$v=\mathrm{e}^x$，于是

$$\int x\mathrm{e}^x\mathrm{d}x=\int x\mathrm{d}(\mathrm{e}^x)=x\mathrm{e}^x-\int\mathrm{e}^x\mathrm{d}x=x\mathrm{e}^x-\mathrm{e}^x+C.$$

用了一次分部积分公式后，$\int v\mathrm{d}u=\int\mathrm{e}^x\mathrm{d}x$ 容易积出，故求出了此不定积分.

如果令 $u=\mathrm{e}^x$，$\mathrm{d}v=x\mathrm{d}x=\mathrm{d}\left(\dfrac{x^2}{2}\right)$，则 $\mathrm{d}u=\mathrm{e}^x\mathrm{d}x$，$v=\dfrac{x^2}{2}$，于是

$$\int x\mathrm{e}^x\mathrm{d}x=\int\mathrm{e}^x\mathrm{d}\left(\frac{x^2}{2}\right)=\frac{x^2}{2}\mathrm{e}^x-\int\frac{x^2}{2}\mathrm{e}^x\mathrm{d}x.$$

积分$\int\dfrac{x^2}{2}\mathrm{e}^x\mathrm{d}x$ 比原积分$\int x\mathrm{e}^x\mathrm{d}x$ 更加复杂.

由此可见，如果 u 和 v 选取不当，就无法利用分部积分公式求出不定积分. 因此在用分部积分公式时，必须恰当选取 u 和 v. 选取 u 和 v 的一般原则如下：

（1）不定积分$\int u'v\mathrm{d}x$ 要比$\int uv'\mathrm{d}x$ 更容易积分；

（2）v 要容易求出.

为了便于求出积分$\int u'v\mathrm{d}x$，被积函数 $u'v$ 应越简单越好，也就是 u' 和 v 越简单越好，即：求导变简选为 u，积分变简凑 $\mathrm{d}v$. 根据基本初等函数的导数，最好按照反三角函数、对数函数、幂函数、三角函数和指数函数（简称“反、对、幂、三、指”）的顺序选取 u. u 选定后，剩余部分就是 $v'\mathrm{d}x$，将其凑微分得 $v'\mathrm{d}x=\mathrm{d}v$，进而得到 v.

常用分部积分法计算以下四种类型的积分.

1. 分部化简型

例 4.4.2　$\int\arcsin x\mathrm{d}x$.

解　令 $u=\arcsin x$，$v=x$，则

$$\begin{aligned}\int\arcsin x\mathrm{d}x&=x\arcsin x-\int x\mathrm{d}(\arcsin x)\\&=x\arcsin x-\int\frac{x}{\sqrt{1-x^2}}\mathrm{d}x\\&=x\arcsin x+\sqrt{1-x^2}+C.\end{aligned}$$

例 4.4.3　求$\int x^3\ln x\mathrm{d}x$.

解　令 $u=\ln x$，$x^3\mathrm{d}x=\mathrm{d}\left(\dfrac{x^4}{4}\right)=\mathrm{d}v$，则

$$\int x^3\ln x\mathrm{d}x=\int\ln x\mathrm{d}\left(\frac{x^4}{4}\right)=\frac{x^4}{4}\ln x-\int\frac{x^4}{4}\frac{1}{x}\mathrm{d}x=\frac{x^4}{4}\ln x-\frac{x^4}{16}+C.$$

例 4.4.4　求$\int x^2\sin x\mathrm{d}x$.

解 令 $u=x^2$，$\sin x\,dx=d(-\cos x)=dv$，则

$$\begin{aligned}\int x^2\sin x\,dx&=\int x^2 d(-\cos x)=-x^2\cos x+2\int x\cos x\,dx\\&=-x^2\cos x+2\int x\,d(\sin x)\\&=-x^2\cos x+2x\sin x-2\int\sin x\,dx\\&=-x^2\cos x+2x\sin x+2\cos x+C.\end{aligned}$$

以上几个例子，皆是通过分部积分公式，把复杂的不定积分转化为简单的不定积分，故称为分部化简型.

2. 循环型

例 4.4.5 求$\int e^x\sin x\,dx$.

解 因为

$$\int e^x\sin x\,dx=\int\sin x\,d(e^x)=e^x\sin x-\int e^x d(\sin x)=e^x\sin x-\int e^x\cos x\,dx,$$

等式右端的积分与等式左端的积分是同一类型的，所以对右端的积分再用一次分部积分法，得

$$\int e^x\sin x\,dx=e^x\sin x-\int\cos x\,d(e^x)=e^x\sin x-e^x\cos x-\int e^x\sin x\,dx.$$

经过两次分部积分，等式右端出现了原积分$\int e^x\sin x\,dx$，把它移到等式左端，等式两端再同除以 2，便得

$$\int e^x\sin x\,dx=\frac{1}{2}e^x(\sin x-\cos x)+C.$$

在求这类三角函数与指数函数乘积的积分时，连续两次使用分部积分法，原积分再现，通过移项求出原积分，故将这种类型称为循环型.

注 (1) 在两次用分部积分公式时，u 必须选同类函数.

(2) 移项求积分时，因为右端不再含积分项，所以求出的积分一定要加上任意常数 C.

例 4.4.6 求$\int\sec^3 x\,dx$.

解 因为

$$\begin{aligned}\int\sec^3 x\,dx&=\int\sec x\cdot\sec^2 x\,dx=\int\sec x\,d(\tan x)\\&=\sec x\tan x-\int\sec x\tan^2 x\,dx\\&=\sec x\tan x-\int\sec x(\sec^2 x-1)dx\\&=\sec x\tan x-\int\sec^3 x\,dx+\int\sec x\,dx\\&=\sec x\tan x+\ln|\sec x+\tan x|-\int\sec^3 x\,dx,\end{aligned}$$

等式右端出现了原积分$\int\sec^3 x\,dx$，把它移到等式左端，等式两端再同除以 2，便得

$$\int \sec^3 x\,dx = \frac{1}{2}(\sec x\tan x + \ln|\sec x + \tan x|) + C.$$

例 4.4.7 求$\int \sqrt{x^2+a^2}\,dx\ (a>0)$.

解 令 $u=\sqrt{x^2+a^2}$，$v'=1$，则 $u'=\frac{x}{\sqrt{x^2+a^2}}$，$v=x$，于是

$$\begin{aligned}\int \sqrt{x^2+a^2}\,dx &= x\sqrt{x^2+a^2} - \int \frac{x^2}{\sqrt{x^2+a^2}}dx \\ &= x\sqrt{x^2+a^2} - \int \frac{(x^2+a^2)-a^2}{\sqrt{x^2+a^2}}dx \\ &= x\sqrt{x^2+a^2} - \int \sqrt{x^2+a^2}\,dx + a^2\int \frac{1}{\sqrt{x^2+a^2}}dx,\end{aligned}$$

等式右端出现了原积分$\int \sqrt{x^2+a^2}\,dx$，把它移到等式左端，等式两端再同除以 2，便得

$$\int \sqrt{x^2+a^2}\,dx = \frac{1}{2}x\sqrt{x^2+a^2} + \frac{a^2}{2}\ln(x+\sqrt{x^2+a^2}) + C.$$

3. 消去型

例 4.4.8 求$\int \left(\ln x + \frac{1}{x}\right)e^x\,dx$.

解
$$\begin{aligned}\int \left(\ln x + \frac{1}{x}\right)e^x\,dx &= \int e^x \ln x\,dx + \int \frac{1}{x}e^x\,dx = \int \ln x\,d(e^x) + \int \frac{1}{x}e^x\,dx \\ &= e^x\ln x - \int \frac{1}{x}e^x\,dx + \int \frac{1}{x}e^x\,dx \\ &= e^x \ln x + C.\end{aligned}$$

例 4.4.9 求$\int e^{\sin x}\frac{x\cos^3 x - \sin x}{\cos^2 x}dx$.

解
$$\begin{aligned}&\int e^{\sin x}\frac{x\cos^3 x - \sin x}{\cos^2 x}dx \\ &= \int x e^{\sin x}\cos x\,dx - \int e^{\sin x}\sec x\tan x\,dx \\ &= \int x\,d(e^{\sin x}) - \int e^{\sin x}\,d(\sec x) \\ &= x e^{\sin x} - \int e^{\sin x}\,dx - e^{\sin x}\sec x + \int \sec x\cdot e^{\sin x}\cos x\,dx \\ &= x e^{\sin x} - e^{\sin x}\sec x + C.\end{aligned}$$

4. 递推型

例 4.4.10 求 $I_n = \int \frac{dx}{(x^2+a^2)^n}$，其中 n 为正整数.

解 $I_1 = \int \frac{dx}{x^2+a^2} = \frac{1}{a}\arctan\frac{x}{a} + C$. 当 $n>1$ 时，用分部积分法，有

$$\int \frac{\mathrm{d}x}{(x^2+a^2)^{n-1}} = \frac{x}{(x^2+a^2)^{n-1}} + 2(n-1)\int \frac{x^2}{(x^2+a^2)^n}\mathrm{d}x$$

$$= \frac{x}{(x^2+a^2)^{n-1}} + 2(n-1)\int \left[\frac{1}{(x^2+a^2)^{n-1}} - \frac{a^2}{(x^2+a^2)^n}\right]\mathrm{d}x,$$

即

$$I_{n-1} = \frac{x}{(x^2+a^2)^{n-1}} + 2(n-1)(I_{n-1} - a^2 I_n),$$

于是

$$I_n = \frac{1}{2a^2(n-1)}\left[\frac{x}{(x^2+a^2)^{n-1}} + (2n-3)I_{n-1}\right].$$

以此作为递推公式，并由 $I_1 = \frac{1}{a}\arctan\frac{x}{a} + C$ 即可得 I_n.

二、知识延展 —— 推广的分部积分法

求形如 $\int P_n(x)\mathrm{e}^{kx}\mathrm{d}x$，$\int P_n(x)\sin(ax+b)\mathrm{d}x$，$\int P_n(x)\cos(ax+b)\mathrm{d}x$，$\int x^m(ax+b)^n\mathrm{d}x$ ($ab\neq 0$，$n\neq -1$，m 为正整数) 的不定积分，可反复利用分部积分法，但比较麻烦，也容易出错，有没有更好的方法来计算这些类型函数的积分？下面介绍一种推广的分部积分法.

定理 4.4.2 设函数 $u=u(x)$，$v=v(x)$ 有 $n+1$ 阶导数，则

$$\int uv^{(n+1)}\mathrm{d}x = uv^{(n)} - u'v^{(n-1)} + u''v^{(n-2)} - u'''v^{(n-3)} + \cdots + (-1)^{n+1}\int u^{(n+1)}v\mathrm{d}x. \tag{4.4.2}$$

证明 当 $n=0$ 时，

$$\int uv'\mathrm{d}x = uv - \int u'v\mathrm{d}x.$$

当 $n\geqslant 1$ 时，

$$\int uv^{(n+1)}\mathrm{d}x = uv^{(n)} - \int u'v^{(n)}\mathrm{d}x,$$

$$\int u'v^{(n)}\mathrm{d}x = u'v^{(n-1)} - \int u''v^{(n-1)}\mathrm{d}x,$$

$$\int u''v^{(n-1)}\mathrm{d}x = u''v^{(n-2)} - \int u'''v^{(n-2)}\mathrm{d}x,$$

$$\vdots$$

$$\int u^{(n)}v'\mathrm{d}x = u^{(n)}v - \int u^{(n+1)}v\mathrm{d}x.$$

由下往上依次代入，即可得公式(4.4.2).

注 应用公式(4.4.2)时，将求导简单者选为 u，积分简单者选为 $v^{(n+1)}$.

例 4.4.11 求 $\int (x^3+3x^2-1)\mathrm{e}^{3x}\mathrm{d}x$.

解 因为对函数 x^3+3x^2-1 求各阶导数简单，而对函数 e^{3x} 依次求积分比较简单，所

以令 $u=x^3+3x^2-1$，$v^{(n+1)}=e^{3x}$，代入公式(4.4.2)可得

$$\begin{aligned}\int(x^3+3x^2-1)e^{3x}dx&=\frac{(x^3+3x^2-1)e^{3x}}{3}-\frac{(3x^2+6x)e^{3x}}{9}+\frac{(6x+6)e^{3x}}{27}-\int\frac{6e^{3x}}{27}dx\\&=e^{3x}\left(\frac{1}{3}x^3+\frac{2}{3}x^2-\frac{4}{9}x-\frac{1}{9}\right)-\frac{2}{27}e^{3x}+C\\&=e^{3x}\left(\frac{1}{3}x^3+\frac{2}{3}x^2-\frac{4}{9}x-\frac{5}{27}\right)+C.\end{aligned}$$

例 4.4.12　求 $\int(x^4+2x^2)\sin 2x\,dx$.

解　因为对函数 x^4+2x^2 求各阶导数简单，而对函数 $\sin 2x$ 依次求积分比较简单，所以令 $u=x^4+2x^2$，$v^{(n+1)}=\sin 2x$，代入公式(4.4.2)可得

$$\begin{aligned}&\int(x^4+2x^2)\sin 2x\,dx\\&=\frac{-(x^4+2x^2)\cos 2x}{2}+\frac{(4x^3+4x)\sin 2x}{4}+\frac{(12x^2+4)\cos 2x}{8}-\frac{24x\sin 2x}{16}+\int\frac{24\sin 2x}{16}dx\\&=\left(-\frac{x^4}{2}+\frac{x^2}{2}-\frac{1}{4}\right)\cos 2x+\left(x^3-\frac{x}{2}\right)\sin 2x+C.\end{aligned}$$

在用分部积分法求不定积分时，分部积分公式可连续使用. 此外，也可以用推广的分部积分法求不定积分. 分部积分法也可以和其他积分方法结合使用.

例 4.4.13　求不定积分 $\int x^2\cos^2\frac{x}{2}dx$.

分析　先将 $\cos^2\frac{x}{2}$ 降次，由于三角函数无法消去，因此选取幂函数 $x^2=u$，再用分部积分法求解.

解　
$$\begin{aligned}\int x^2\cos^2\frac{x}{2}dx&=\int x^2\cdot\frac{1+\cos x}{2}dx=\frac{1}{2}\int(x^2+x^2\cos x)dx\\&=\frac{1}{2}\left[\frac{1}{3}x^3+\int x^2 d(\sin x)\right]\\&=\frac{1}{6}x^3+\frac{1}{2}x^2\sin x-\frac{1}{2}\int 2x\sin x\,dx\\&=\frac{1}{6}x^3+\frac{1}{2}x^2\sin x+\int x\,d(\cos x)\\&=\frac{1}{6}x^3+\frac{1}{2}x^2\sin x+x\cos x-\sin x+C.\end{aligned}$$

例 4.4.14　求不定积分 $\int\frac{x^2e^x}{(x+2)^2}dx$.

解　
$$\begin{aligned}\int\frac{x^2e^x}{(x+2)^2}dx&=\int x^2e^x d\left(\frac{-1}{x+2}\right)=-\frac{x^2e^x}{x+2}+\int\frac{2xe^x+x^2e^x}{x+2}dx\\&=-\frac{x^2e^x}{x+2}+\int xe^x dx=-\frac{x^2e^x}{x+2}+xe^x-\int e^x dx\\&=-\frac{x^2e^x}{x+2}+xe^x-e^x+C=\frac{x-2}{x+2}e^x+C.\end{aligned}$$

例 4.4.15 求不定积分 $I=\int \frac{x^2}{1+x^2}\arctan x\,dx$.

解 $I=\int\left(1-\frac{1}{1+x^2}\right)\arctan x\,dx=\int \arctan x\,dx-\int \frac{\arctan x}{1+x^2}dx$

$$=x\arctan x-\int x\,d(\arctan x)-\int \arctan x\,d(\arctan x)$$

$$=x\arctan x-\int \frac{x}{1+x^2}dx-\frac{1}{2}\arctan^2 x$$

$$=x\arctan x-\frac{1}{2}\int \frac{1}{1+x^2}d(1+x^2)-\frac{1}{2}\arctan^2 x$$

$$=x\arctan x-\frac{1}{2}\ln(1+x^2)-\frac{1}{2}\arctan^2 x+C.$$

例 4.4.16 求不定积分$\int \frac{xe^x}{\sqrt{e^x-1}}dx$.

解 $\int \frac{xe^x}{\sqrt{e^x-1}}dx=2\int x\,d(\sqrt{e^x-1})=2x\sqrt{e^x-1}-2\int\sqrt{e^x-1}\,dx$. 令$\sqrt{e^x-1}=t$，则 $dx=\frac{2t}{1+t^2}dt$，从而

$$\int\sqrt{e^x-1}\,dx=\int \frac{2t^2}{1+t^2}dt=2\int dt-2\int \frac{1}{1+t^2}dt=2t-2\arctan t+C_1$$

$$=2\sqrt{e^x-1}-2\arctan\sqrt{e^x-1}+C_1.$$

于是

$$\int \frac{xe^x}{\sqrt{e^x-1}}dx=2x\sqrt{e^x-1}-4\sqrt{e^x-1}+4\arctan\sqrt{e^x-1}+C\quad (C=-2C_1).$$

分部积分法主要解决的是不同类型函数乘积的不定积分问题，常见的积分类型有：分部化简型、循环型、消去型、递推型.

习 题 4－4

基 础 题

1. 求下列不定积分：

(1) $\int \arccos x\,dx$； (2) $\int (\arcsin x)^2dx$；

(3) $\int x\arctan x\,dx$； (4) $\int \ln(1+x^2)dx$；

(5) $\int x\ln(1+x)dx$； (6) $\int x\ln x\,dx$；

(7) $\int x\ln(x-1)dx$； (8) $\int x^3(\ln x)^2dx$；

(9) $\int 2x\ln(1+x^2)\mathrm{d}x$；

(10) $\int \frac{\ln^2 x}{x^2}\mathrm{d}x$；

(11) $\int \frac{\ln x}{(1-x)^2}\mathrm{d}x$；

(12) $\int \frac{x\ln x}{(1+x^2)^2}\mathrm{d}x$；

(13) $\int \frac{\ln\sqrt{1+\ln x}}{x}\mathrm{d}x$；

(14) $\int \frac{\ln\ln x}{x}\mathrm{d}x$；

(15) $\int \sin x\ln\tan x\,\mathrm{d}x$；

(16) $\int x\tan^2 x\,\mathrm{d}x$；

(17) $\int x\sin 5x\,\mathrm{d}x$；

(18) $\int x\sin^2 x\,\mathrm{d}x$；

(19) $\int (x^2+x)\sin 2x\,\mathrm{d}x$；

(20) $\int \frac{x\cos\frac{x}{2}}{\sin^3\frac{x}{2}}\mathrm{d}x$；

(21) $\int \frac{x\cos^4\frac{x}{2}}{\sin^3 x}\mathrm{d}x$；

(22) $\int \frac{x\cos x}{\sin^2 x}\mathrm{d}x$；

(23) $\int x\sin x\cos x\,\mathrm{d}x$；

(24) $\int x^2\mathrm{e}^x\,\mathrm{d}x$；

(25) $\int x^2\mathrm{e}^{-x}\,\mathrm{d}x$；

(26) $\int x^3\mathrm{e}^{x^2}\,\mathrm{d}x$；

(27) $\int \frac{\ln(1+\mathrm{e}^{-x})}{\mathrm{e}^x}\mathrm{d}x$.

2. 求下列不定积分：

(1) $\int \cos\ln x\,\mathrm{d}x$；

(2) $\int \sin(\ln x)\mathrm{d}x$；

(3) $\int \mathrm{e}^{ax}\cos bx\,\mathrm{d}x$；

(4) $\int \mathrm{e}^{-2x}\sin\frac{x}{2}\mathrm{d}x$.

3. 求下列不定积分：

(1) $\int \mathrm{e}^{2x}(\tan x+1)^2\mathrm{d}x$；

(2) $\int \frac{\mathrm{e}^x(1+\sin x)}{1+\cos x}\mathrm{d}x$；

(3) $\int \frac{\ln\sin x}{\sin^2 x}\mathrm{d}x$；

(4) $\int \frac{\mathrm{e}^{-\sin x}\sin x\cos x}{(1-\sin x)^2}\mathrm{d}x$；

(5) $\int \frac{x^5}{(1+x^3)^2}\mathrm{d}x$.

4. 求下列不定积分：

(1) $\int \mathrm{e}^{\sqrt{2x-1}}\mathrm{d}x$；

(2) $\int \sin\sqrt{x}\,\mathrm{d}x$；

(3) $\int \mathrm{e}^{\sqrt{x}}\mathrm{d}x$；

(4) $\int \frac{x\mathrm{e}^x}{\sqrt{1+\mathrm{e}^x}}\mathrm{d}x$；

(5) $\int \frac{\sqrt{x-1}\arctan\sqrt{x-1}}{x}\mathrm{d}x$；

(6) $\int \frac{x\mathrm{e}^{\arctan x}}{(1+x^2)^{3/2}}\mathrm{d}x$；

(7) $\int \frac{\arctan e^{\frac{x}{2}}}{e^{\frac{x}{2}}(1+e^x)}dx$；　　(8) $\int \frac{\arctan e^x}{e^{2x}}dx$；

(9) $\int \frac{\arcsin\sqrt{x}+\ln x}{\sqrt{x}}dx$.

提　高　题

习题4-4参考答案

1. 推导 $I_n=\int \tan^n x\,dx$ 的递推公式，并计算不定积分 $\int \tan^5 x\,dx$.

2. 求不定积分 $\int \frac{xf'(x)-(1+x)f(x)}{x^2e^x}dx$.

3. 已知 $f(x)=\frac{e^x}{x}$，求 $\int xf''(x)dx$.

第五节　有理函数及可化为有理函数的不定积分

教学目标

前面几节我们学习了求不定积分的四种基本方法：直接积分法、第一类换元法、第二类换元法、分部积分法. 下面讨论有理函数及可化为有理函数的不定积分.

一、有理函数的不定积分

有理函数是指由两个多项式的商所表示的函数，即具有如下形式的函数：

$$\frac{P_n(x)}{Q_m(x)}=\frac{a_0x^n+a_1x^{n-1}+\cdots+a_{n-1}x+a_n}{b_0x^m+b_1x^{m-1}+\cdots+b_{m-1}x+b_m},$$

其中 m 和 n 都是非负整数，$a_0, a_1, a_2, \cdots, a_n$ 及 $b_0, b_1, b_2, \cdots, b_m$ 都是实数，并且 $a_0\neq0$，$b_0\neq0$. 假设分子多项式 $P_n(x)$ 和分母多项式 $Q_m(x)$ 之间没有公因式，则当 $n<m$ 时，称有理函数是真分式；当 $n\geqslant m$ 时，称有理函数是假分式.

形如

$$\frac{A}{(x-a)^k},\quad \frac{Mx+N}{(x^2+px+q)^k}\quad (k\text{ 为正整数}, p^2-4q<0)$$

的真分式称为部分分式(或最简分式).

注　部分分式的分母是 $(x-a)^k$ 或 $(x^2+px+q)^k$，分子分别比一次因式 $(x-a)$ 低一次或比二次质因式 (x^2+px+q) 低一次，且与 k 无关.

问题　如何求假分式的不定积分?

利用多项式的除法，总可以将一个假分式化成一个多项式与一个真分式之和的形式. 例如：

$$\frac{x^4+2}{x^2+1}=\frac{(x^2+1)(x^2-1)+3}{x^2+1}=x^2-1+\frac{3}{x^2+1}.$$

这样就能把假分式的不定积分化成多项式的不定积分与真分式的不定积分的和，而多项式的不定积分非常简单，故求假分式的不定积分的关键是求真分式的不定积分.

问题　如何求真分式的不定积分？

例如：

$$\int \frac{x^2+x+1}{x^3+x}\mathrm{d}x=\int \frac{(x^2+1)+x}{x(x^2+1)}\mathrm{d}x=\int\left(\frac{1}{x}+\frac{1}{x^2+1}\right)\mathrm{d}x.$$

在求此真分式的不定积分时，先把真分式的分母分解因式，再把真分式化为最简分式之和，从而求出其不定积分.

一般的真分式能否化为最简分式之和呢？我们来看代数学中的两个结论：

(1) 一般实系数 m 次多项式在实数范围内可分解为一次与二次质因式之积，如

$$Q_m(x)=b(x-a)^{\alpha}\cdots(x-b)^{\beta}(x+px+q)^{\lambda}\cdots(x+rx+s)^{\mu},$$

其中 α，β，λ，μ 为正整数，$p^2-4q<0$，$r^2-4s<0$.

(2) 真分式$\dfrac{P_n(x)}{Q_m(x)}$可以分解为如下最简分式之和：

$$\begin{aligned}\frac{P_n(x)}{Q_m(x)}=&\frac{A_1}{x-a}+\frac{A_2}{(x-a)^2}+\cdots+\frac{A_{\alpha-1}}{(x-a)^{\alpha-1}}+\frac{A_{\alpha}}{(x-a)^{\alpha}}+\\&\frac{B_1}{x-b}+\frac{B_2}{(x-b)^2}+\cdots+\frac{B_{\beta-1}}{(x-b)^{\beta-1}}+\frac{B_{\beta}}{(x-b)^{\beta}}+\\&\frac{M_1x+N_1}{x^2+px+q}+\frac{M_2x+N_2}{(x^2+px+q)^2}+\cdots+\frac{M_{\lambda}x+N_{\lambda}}{(x^2+px+q)^{\lambda}}+\\&\frac{R_1x+S_1}{x^2+rx+s}+\frac{R_2x+S_2}{(x^2+rx+s)^2}+\cdots+\frac{R_{\mu}x+S_{\mu}}{(x^2+rx+s)^{\mu}},\end{aligned}$$

其中 A_1，…，A_{α}，B_1，…，B_{β}，M_1，…，M_{λ}，N_1，…，N_{λ}，R_1，…，R_{μ}，S_1，…，S_{μ} 为常数.

由此可见，真分式可以化为若干个最简分式之和，从而真分式的不定积分可以转化为最简分式的不定积分.

注　(1) 真分式的分母 $Q_m(x)$ 的因式$(x-a)^{\alpha}$ 对应的 α 个最简分式的和为

$$\frac{A_1}{x-a}+\frac{A_2}{(x-a)^2}+\cdots+\frac{A_{\alpha-1}}{(x-a)^{\alpha-1}}+\frac{A_{\alpha}}{(x-a)^{\alpha}},$$

即 $Q_m(x)$ 的因式$(x-a)^{\alpha}$ 对应最简分式的个数等于 α.

(2) 真分式的分母 $Q_m(x)$ 的因式$(x^2+px+q)^{\lambda}$ 对应的 λ 个最简分式的和为

$$\frac{M_1x+N_1}{x^2+px+q}+\frac{M_2x+N_2}{(x^2+px+q)^2}+\cdots+\frac{M_{\lambda}x+N_{\lambda}}{(x^2+px+q)^{\lambda}},$$

即 $Q_m(x)$ 的因式$(x^2+px+q)^{\lambda}$ 对应最简分式的个数等于 λ.

问题　如何把一个真分式化为最简分式之和？

下面介绍几种常用的方法.

方法 1：比较系数法.

先把真分式用含待定系数的最简分式之和表示出来，再进行通分. 因为等式两端相等，

所以等式两端分式的分子相等. 根据两多项式相等，同次幂的系数相等，列出关于待定系数的方程组并求解.

例 4.5.1 把真分式$\dfrac{3x+1}{(x^2+1)(x+2)}$分解为最简分式之和.

解 令$\dfrac{3x+1}{(x^2+1)(x+2)}=\dfrac{A}{x+2}+\dfrac{Bx+C}{x^2+1}$，则

$$\frac{3x+1}{(x^2+1)(x+2)}=\frac{A}{x+2}+\frac{Bx+C}{x^2+1}=\frac{A(x^2+1)+(Bx+C)(x+2)}{(x^2+1)(x+2)},$$

故

$$3x+1=A(x^2+1)+(Bx+C)(x+2),$$

即

$$3x+1=(A+B)x^2+(2B+C)x+A+2C.$$

比较上式两端同次幂的系数，得

$$\begin{cases}A+B=0\\2B+C=3,\\A+2C=1\end{cases}$$

解得 $A=-1$，$B=C=1$，从而

$$\frac{3x+1}{(x^2+1)(x+2)}=\frac{-1}{x+2}+\frac{x+1}{x^2+1}.$$

方法 2：赋值法.

例 4.5.2 把真分式$\dfrac{2x+2}{(x-1)(x-3)}$分解为最简分式之和.

解 令$\dfrac{2x+2}{(x-1)(x-3)}=\dfrac{A}{x-1}+\dfrac{B}{x-3}$，则

$$2x+2=A(x-3)+B(x-1).$$

令 $x=1$，得 $A=-2$，令 $x=3$，得 $B=4$，所以

$$\frac{2x+2}{(x-1)(x-3)}=\frac{-2}{x-1}+\frac{4}{x-3}.$$

方法 3：凑分母因式法.

例 4.5.3 把真分式$\dfrac{1}{x^3(x^2+1)}$分解为最简分式之和.

解 $$\frac{1}{x^3(x^2+1)}=\frac{1+x^2-x^2}{x^3(x^2+1)}=\frac{1}{x^3}-\frac{1}{x(x^2+1)}$$

$$=\frac{1}{x^3}-\frac{1+x^2-x^2}{x(x^2+1)}=\frac{1}{x^3}-\frac{1}{x}+\frac{x}{x^2+1}.$$

 **问题** 如何求最简分式的不定积分?

不同形式的最简分式的不定积分可采用不同方法求出，具体如下：

(1) $\displaystyle\int\frac{1}{x-a}\mathrm{d}x=\ln|x-a|+C$（$a$ 为实数）.

(2) $\int \frac{1}{(x-a)^k}\mathrm{d}x = \frac{1}{(1-k)(x-a)^{k-1}} + C$($k$ 为正整数且 $k \neq 1$).

(3) $\int \frac{Mx+N}{x^2+px+q}\mathrm{d}x$ ($p^2-4q<0$). 令 $a=\frac{M}{2}$，$b=N-\frac{1}{2}Mp$，则

$$\begin{aligned}\int \frac{Mx+N}{x^2+px+q}\mathrm{d}x &= \int \frac{a(x^2+px+q)'+b}{x^2+px+q}\mathrm{d}x \\ &= \int \frac{a\,\mathrm{d}(x^2+px+q)}{x^2+px+q} + \int \frac{b}{\left(x+\frac{p}{2}\right)^2+q-\frac{p^2}{4}}\mathrm{d}\left(x+\frac{p}{2}\right) \\ &= a\ln|x^2+px+q| + \frac{b}{\sqrt{q-\frac{p^2}{4}}}\arctan\frac{x+\frac{p}{2}}{\sqrt{q-\frac{p^2}{4}}} + C.\end{aligned}$$

(4) $\int \frac{Mx+N}{(x^2+px+q)^k}\mathrm{d}x$ ($p^2-4q<0$). 令 a，b 同上，则

$$\begin{aligned}\int \frac{Mx+N}{(x^2+px+q)^k}\mathrm{d}x &= \int \frac{a(x^2+px+q)'+b}{(x^2+px+q)^k}\mathrm{d}x \\ &= \int \frac{a\,\mathrm{d}(x^2+px+q)}{(x^2+px+q)^k} + \int \frac{b}{(x^2+px+q)^k}\mathrm{d}x \\ &= \frac{a}{(1-k)(x^2+px+q)^{k-1}} + b\cdot\int \frac{1}{(x^2+px+q)^k}\mathrm{d}x.\end{aligned}$$

对于最后一个不定积分 $I_k = \int \frac{1}{(x^2+px+q)^k}\mathrm{d}x$，令 $x+\frac{p}{2}=u$，$v=\sqrt{q-\frac{p^2}{4}}$，得

$$I_k = \frac{u}{2v^2(k-1)(u^2+v^2)^{k-1}} + \frac{2k-3}{2v^2(k-1)}I_{k-1}.$$

通过上述讨论，可以得到如下求有理函数不定积分的方法：

(1) 将假分式化为多项式与真分式之和；

(2) 将真分式的分母分解为一次与二次质因式的乘积；

(3) 将真分式分解为最简分式之和；

(4) 求多项式和最简分式的不定积分.

这种求有理函数不定积分的方法称为“最简分式化”法.

例 4.5.4　求 $\int \frac{3x+1}{(x^2+1)(x+2)}\mathrm{d}x$.

解　由例 4.5.1 可知 $\frac{3x+1}{(x^2+1)(x+2)} = \frac{-1}{x+2} + \frac{x+1}{x^2+1}$，于是

$$\begin{aligned}\int \frac{3x+1}{(x^2+1)(x+2)}\mathrm{d}x &= \int \frac{-1}{x+2}\mathrm{d}x + \int \frac{x+1}{x^2+1}\mathrm{d}x \\ &= -\ln|x+2| + \frac{1}{2}\ln(x^2+1) + \arctan x + C \\ &= \ln\frac{\sqrt{x^2+1}}{|x+2|} + \arctan x + C.\end{aligned}$$

例 4.5.5 求$\int \frac{2x+2}{(x-1)(x-3)}dx$.

解 由例 4.5.2 可知 $\frac{2x+2}{(x-1)(x-3)}=\frac{-2}{x-1}+\frac{4}{x-3}$，于是

$$\int \frac{2x+2}{(x-1)(x-3)}dx=\int \frac{-2}{x-1}dx+\int \frac{4}{x-3}dx=4\ln|x-3|-2\ln|x-1|+C.$$

例 4.5.6 求$\int \frac{x+1}{x^2-4x+7}dx$.

解 因为 x^2-4x+7 是质因式，所以$\frac{x+1}{x^2-4x+7}$ 为最简分式，于是

$$\begin{aligned}\int \frac{x+1}{x^2-4x+7}dx&=\frac{1}{2}\int \frac{2x-4+6}{x^2-4x+7}dx\\&=\frac{1}{2}\int\left(\frac{2x-4}{x^2-4x+7}+\frac{6}{x^2-4x+7}\right)dx\\&=\frac{1}{2}\int \frac{d(x^2-4x+7)}{x^2-4x+7}+3\int \frac{d(x-2)}{(\sqrt{3})^2+(x-2)^2}\\&=\frac{1}{2}\ln(x^2-4x+7)+\sqrt{3}\arctan\frac{x-2}{\sqrt{3}}+C.\end{aligned}$$

例 4.5.7 求$\int \frac{1}{(x^2+1)^2}dx$.

解 方法 1：分部积分法.

因$\int \frac{1}{x^2+1}dx=\frac{x}{x^2+1}+2\int \frac{x^2}{(x^2+1)^2}dx=\frac{x}{x^2+1}+2\int \frac{1}{x^2+1}dx-2\int \frac{1}{(x^2+1)^2}dx$，故

$$\begin{aligned}\int \frac{1}{(x^2+1)^2}dx&=\frac{1}{2}\frac{x}{x^2+1}+\frac{1}{2}\int \frac{1}{x^2+1}dx\\&=\frac{1}{2}\frac{x}{x^2+1}+\frac{1}{2}\arctan x+C.\end{aligned}$$

方法 2：公式法.

由

$$I_n=\int \frac{dx}{(x^2+a^2)^n}=\frac{1}{2a^2(n-1)}\left[\frac{x}{(x^2+a^2)^{n-1}}+(2n-3)I_{n-1}\right],\quad I_1=\frac{1}{a}\arctan\frac{x}{a}+C,$$

可得

$$\int \frac{1}{(x^2+1)^2}dx=\frac{1}{2}\left(\frac{x}{x^2+1}+\int \frac{1}{x^2+1}dx\right)=\frac{1}{2}\left(\frac{x}{x^2+1}+\arctan x\right)+C.$$

注 “最简分式化”法是求有理函数不定积分的基本方法，但并不是最简单的方法. 因为在用“最简分式化”法将有理函数化为最简分式之和时，要将有理函数的分母分解因式，且要把真分式化为最简分式之和，有时计算比较烦琐，所以对于有理函数的不定积分问题，应当根据具体问题的特点灵活地解决.

例 4.5.8 求$\int \frac{x^4+1}{x^6+1}dx$.

分析 被积函数分母的次数比较高，要在实数范围内分解因式相当困难，故可用其他方法求该不定积分.

解 $$\int\frac{x^4+1}{x^6+1}dx=\int\frac{x^4-x^2+1+x^2}{x^6+1}dx=\int\frac{x^4-x^2+1}{x^6+1}dx+\int\frac{x^2}{x^6+1}dx$$

$$=\int\frac{1}{x^2+1}dx+\frac{1}{3}\int\frac{1}{x^6+1}dx^3=\arctan x+\frac{1}{3}\arctan x^3+C.$$

例 4.5.9 求$\int\frac{1}{x(1+x^3)}dx$.

解 方法 1：凑微分法.

$$\int\frac{1}{x(1+x^3)}dx=\int\frac{(1+x^3)-x^3}{x(1+x^3)}dx=\int\left(\frac{1}{x}-\frac{x^2}{1+x^3}\right)dx$$

$$=\ln|x|-\frac{1}{3}\ln|1+x^3|+C.$$

方法 2：凑微分法.

$$\int\frac{1}{x(1+x^3)}dx=\int\frac{x^2}{x^3(1+x^3)}dx=\frac{1}{3}\int\frac{1}{x^3(1+x^3)}d(x^3)$$

$$=\frac{1}{3}\int\left(\frac{1}{x^3}-\frac{1}{1+x^3}\right)d(x^3)=\frac{1}{3}\ln\left|\frac{x^3}{1+x^3}\right|+C.$$

方法 3：第二类换元法.

令 $x=\frac{1}{t}$，则 $dx=-\frac{1}{t^2}dt$，于是

$$\int\frac{1}{x(1+x^3)}dx=\int\frac{t^4}{1+t^3}\left(-\frac{1}{t^2}\right)dt=\int\frac{-t^2}{1+t^3}dt$$

$$=-\frac{1}{3}\ln|1+t^3|+C=\frac{1}{3}\ln\left|\frac{x^3}{1+x^3}\right|+C.$$

方法 4：“最简分式化”法.

$$\int\frac{1}{x(1+x^3)}dx=\int\frac{1}{x(1+x)(x^2-x+1)}dx=\int\left[\frac{1}{x}-\frac{1}{3(1+x)}-\frac{2x-1}{x^2-x+1}\right]dx$$

$$=\ln|x|-\frac{1}{3}\ln|1+x|-\frac{1}{3}\ln|x^2-x+1|+C.$$

例 4.5.10 求$\int\frac{x^4}{(x^2+4)^2}dx$.

解 方法 1：$\int\frac{x^4}{(x^2+4)^2}dx=\int\frac{(x^2+4-4)^2}{(x^2+4)^2}dx=\int\left[1-\frac{8}{x^2+4}+\frac{16}{(x^2+4)^2}\right]dx$.

由递推公式

$$I_n=\int\frac{dx}{(x^2+a^2)^n}=\frac{1}{2a^2(n-1)}\left[\frac{x}{(x^2+a^2)^{n-1}}+(2n-3)I_{n-1}\right],$$

$$I_1=\frac{1}{a}\arctan\frac{x}{a}+C,$$

可得

$$\int \frac{1}{(x^2+4)^2}dx = \frac{1}{8}\left(\frac{x}{x^2+4}+\int \frac{1}{x^2+4}dx\right) = \frac{1}{8}\left(\frac{x}{x^2+4}+\frac{1}{2}\arctan\frac{x}{2}\right)+C,$$

所以

$$\int \frac{x^4}{(x^2+4)^2}dx = x - 3\arctan\frac{x}{2}+\frac{2x}{x^2+4}+C.$$

方法 2：$\displaystyle\int \frac{x^4}{(x^2+4)^2}dx = \frac{1}{2}\int \frac{x^3}{(x^2+4)^2}d(x^2+4) = \frac{1}{2}\int x^3 d\left(\frac{-1}{x^2+4}\right)$

$$= -\frac{1}{2}\,\frac{x^3}{x^2+4}+\frac{3}{2}\int \frac{x^2}{x^2+4}dx$$

$$= -\frac{1}{2}\,\frac{x^3}{x^2+4}+\frac{3}{2}\int\left(1-\frac{4}{x^2+4}\right)dx$$

$$= -\frac{1}{2}\,\frac{x^3}{x^2+4}+\frac{3}{2}x-3\arctan\frac{x}{2}+C.$$

方法 3：令 $x=2\tan t$，则 $dx=2\sec^2 t\,dt$，于是

$$\int \frac{x^4}{(x^2+4)^2}dx = \int \frac{16\tan^4 t}{16\sec^4 t}2\sec^2 t\,dt = 2\int \frac{\sin^4 t}{\cos^2 t}dt = 2\int \frac{(1-\cos^2 t)^2}{\cos^2 t}dt$$

$$= 2\int(\sec^2 t - 2 + \cos^2 t)dt = 2\tan t - 4t + \int(1+\cos 2t)dt$$

$$= 2\tan t - 4t + t + \frac{1}{2}\sin 2t + C = 2\tan t - 3t + \frac{1}{2}\sin 2t + C$$

$$= x - 3\arctan\frac{x}{2}+\frac{2x}{x^2+4}+C.$$

在求有理函数的不定积分时，可以先考虑直接积分法、第一类换元法、第二类换元法、分部积分法. 如果这些方法都不能用，再考虑"最简分式化"法.

二、知识延展 —— 奥斯特洛格拉得斯基方法

设$\dfrac{P_n(x)}{Q_m(x)}$为真分式，$Q_m(x)=(x-a)^\alpha\cdots(x-b)^\beta(x+px+q)^\lambda\cdots(x+rx+s)^\mu$.

$Q_m(x)$ 的因式$(x-a)^\alpha$ 对应的 α 个部分分式的和为

$$\frac{A_1}{(x-a)^\alpha}+\frac{A_2}{(x-a)^{\alpha-1}}+\cdots+\frac{A_\alpha}{x-a},$$

这些部分分式积分的结果是

$$\frac{M(x)}{(x-a)^{\alpha-1}}+\int\frac{A}{x-a}dx;$$

$Q_m(x)$ 的因式$(x+px+q)^\lambda$ 对应的 λ 个部分分式的和为

$$\frac{B_1x+C_1}{(x^2+px+q)^\lambda}+\frac{B_2x+C_2}{(x^2+px+q)^{\lambda-1}}+\cdots+\frac{B_\lambda x+C_\lambda}{x^2+px+q},$$

这些部分分式积分的结果是

$$\frac{N(x)}{(x^2+px+q)^{\lambda-1}}+\int\frac{Bx+C}{x^2+px+q}dx.$$

如果把 $Q_m(x)$ 中所有因式对应的部分分式的积分结果加起来，就是

$$\int \frac{P_n(x)}{Q_m(x)}\mathrm{d}x = \frac{P_1(x)}{Q_1(x)} + \int \frac{P_2(x)}{Q_2(x)}\mathrm{d}x, \tag{4.5.1}$$

其中

$$Q_1(x) = (x-a)^{\alpha-1}\cdots(x-b)^{\beta-1}(x+px+q)^{\lambda-1}\cdots(x+rx+s)^{\mu-1},$$

$$Q_2(x) = (x-a)\cdots(x-b)(x+px+q)\cdots(x+rx+s),$$

$P_1(x)$ 是次数比 $Q_1(x)$ 低的多项式，$P_2(x)$ 是次数比 $Q_2(x)$ 低的多项式.

公式(4.5.1) 称为奥斯特洛格拉得斯基公式. 对公式(4.5.1) 两边求导，得

$$\frac{P_n(x)}{Q_m(x)} = \left[\frac{P_1(x)}{Q_1(x)}\right]' + \frac{P_2(x)}{Q_2(x)},$$

然后比较等式两边分子的同次项系数，求出积分.

例 4.5.11　求 $\int \frac{x}{(x-1)^2(x+1)^3}\mathrm{d}x$.

解　利用公式(4.5.1) 得

$$\int \frac{x}{(x-1)^2(x+1)^3}\mathrm{d}x = \frac{Ax^2+Bx+C}{(x-1)(x+1)^2} + \int \frac{Dx+E}{(x-1)(x+1)}\mathrm{d}x.$$

对上式两边求导，则有

$$\frac{x}{(x-1)^2(x+1)^3} = \left[\frac{Ax^2+Bx+C}{(x-1)(x+1)^2}\right]' + \frac{Dx+E}{(x-1)(x+1)},$$

即

$$\frac{x}{(x-1)^2(x+1)^3} = \frac{2Ax+B}{(x-1)(x+1)^2} - \frac{Ax^2+Bx+C}{(x-1)^2(x+1)^2} - 2\frac{Ax^2+Bx+C}{(x-1)(x+1)^3} + \frac{Dx+E}{(x-1)(x+1)},$$

故

$$x = (2Ax+B)(x-1)(x+1) - (Ax^2+Bx+C)(x+1) - 2(Ax^2+Bx+C)(x-1) + (Dx+E)(x-1)(x+1)^2.$$

比较系数，得

$$A = B = E = -\frac{1}{8}, \quad C = -\frac{1}{4}, \quad D = 0,$$

于是

$$\begin{aligned}\int \frac{x}{(x-1)^2(x+1)^3}\mathrm{d}x &= -\frac{x^2+x+2}{8(x-1)(x+1)^2} - \frac{1}{8}\int \frac{1}{(x-1)(x+1)}\mathrm{d}x \\ &= -\frac{x^2+x+2}{8(x-1)(x+1)^2} + \frac{1}{8}\int \frac{1}{1-x^2}\mathrm{d}x \\ &= -\frac{x^2+x+2}{8(x-1)(x+1)^2} + \frac{1}{16}\ln\left|\frac{1+x}{1-x}\right| + C.\end{aligned}$$

三、三角函数有理式的不定积分

三角函数有理式是指由三角函数和常数经过有限次四则运算所构成的函数，如

$$\frac{3+\sin x\cos x}{2+\cos x+\sin^2 x}.$$

由于各种三角函数都可以用 $\sin x$，$\cos x$ 的有理式表示，因此三角函数有理式也就是 $\sin x$，$\cos x$ 的有理式，记为 $R(\sin x,\ \cos x)$，其中 $R(u,\ v)$ 表示 u，v 两个变量的有理式.

根据万能公式，把 $\sin x$，$\cos x$ 表示成 $\tan\dfrac{x}{2}$ 的函数，然后作变换 $t=\tan\dfrac{x}{2}$，得

$$\sin x=2\sin\frac{x}{2}\cos\frac{x}{2}=\frac{2\tan\dfrac{x}{2}}{\sec^2\dfrac{x}{2}}=\frac{2\tan\dfrac{x}{2}}{1+\tan^2\dfrac{x}{2}}=\frac{2t}{1+t^2},$$

$$\cos x=\cos^2\frac{x}{2}-\sin^2\frac{x}{2}=\frac{1-\tan^2\dfrac{x}{2}}{1+\tan^2\dfrac{x}{2}}=\frac{1-t^2}{1+t^2}.$$

显然，$\sin x$，$\cos x$ 能够表示成 t 的有理函数，从而三角函数有理式可以表示成 t 的有理函数

$$\int R(\sin x,\ \cos x)\mathrm{d}x=\int R\left(\frac{2t}{1+t^2},\ \frac{1-t^2}{1+t^2}\right)\frac{2}{1+t^2}\mathrm{d}t.$$

例 4.5.12 求 $\displaystyle\int\frac{1+\sin x}{\sin x(1+\cos x)}\mathrm{d}x$.

解 令 $t=\tan\dfrac{x}{2}$，则 $\sin x=\dfrac{2t}{1+t^2}$，$\cos x=\dfrac{1-t^2}{1+t^2}$，$x=2\arctan t$，$\mathrm{d}x=\dfrac{2}{1+t^2}\mathrm{d}t$，于是

$$\begin{aligned}\int\frac{1+\sin x}{\sin x(1+\cos x)}\mathrm{d}x&=\int\frac{1+\dfrac{2t}{1+t^2}}{\dfrac{2t}{1+t^2}\left(1+\dfrac{1-t^2}{1+t^2}\right)}\cdot\frac{2}{1+t^2}\mathrm{d}t=\frac{1}{2}\int\left(t+2+\frac{1}{t}\right)\mathrm{d}t\\&=\frac{1}{2}\left(\frac{t^2}{2}+2t+\ln|t|\right)+C\\&=\frac{1}{4}\tan^2\frac{x}{2}+\tan\frac{x}{2}+\frac{1}{2}\ln\left|\tan\frac{x}{2}\right|+C.\end{aligned}$$

注 求三角函数有理式的不定积分，应用万能代换在理论上是可行的，但却不一定是最简便的. 例如：

当 $R(\sin x,-\cos x)=-R(\sin x,\ \cos x)$ 时，可令 $t=\sin x$；

当 $R(-\sin x,\ \cos x)=-R(\sin x,\ \cos x)$ 时，可令 $t=\cos x$；

当 $R(-\sin x,-\cos x)=R(\sin x,\ \cos x)$ 时，可令 $t=\tan x$.

上述代换都比万能代换更简便.

例 4.5.13 求 $\displaystyle\int\frac{1}{(2+\cos x)\sin x}\mathrm{d}x$.

解 因为 $R(-\sin x,\ \cos x)=-R(\sin x,\ \cos x)$，所以可令 $u=\cos x$，有

$$\int\frac{1}{(2+\cos x)\sin x}\mathrm{d}x=\int\frac{\sin x}{(2+\cos x)\sin^2 x}\mathrm{d}x=\int\frac{1}{(2+u)(u^2-1)}\mathrm{d}u.$$

令$\dfrac{1}{(2+u)(u^2-1)}=\dfrac{A}{2+u}+\dfrac{B}{u-1}+\dfrac{C}{u+1}$，由比较系数法可以求得

$$A=\frac{1}{3},\quad B=\frac{1}{6},\quad C=-\frac{1}{2},$$

故

$$\begin{aligned}\int\frac{1}{(2+\cos x)\sin x}\mathrm{d}x&=\int\left(\frac{1}{3}\frac{1}{2+u}+\frac{1}{6}\frac{1}{u-1}-\frac{1}{2}\frac{1}{u+1}\right)\mathrm{d}u\\&=\frac{1}{3}\ln|u+2|+\frac{1}{6}\ln|u-1|-\frac{1}{2}\ln|u+1|+C\\&=\frac{1}{3}\ln(\cos x+2)+\frac{1}{6}\ln(1-\cos x)-\frac{1}{2}\ln(\cos x+1)+C.\end{aligned}$$

例 4.5.14　求$\displaystyle\int\frac{\mathrm{d}x}{2+\cos x}$.

解　方法 1：作变换 $t=\tan\dfrac{x}{2}$，则有 $\mathrm{d}x=\dfrac{2}{1+t^2}\mathrm{d}t$，$\cos x=\dfrac{1-t^2}{1+t^2}$，于是

$$\begin{aligned}\int\frac{\mathrm{d}x}{2+\cos x}&=\int\frac{\frac{2\mathrm{d}t}{1+t^2}}{2+\frac{1-t^2}{1+t^2}}=2\int\frac{1}{3+t^2}\mathrm{d}t=\frac{2}{\sqrt{3}}\int\frac{1}{1+\left(\frac{t}{\sqrt{3}}\right)^2}\mathrm{d}\left(\frac{t}{\sqrt{3}}\right)\\&=\frac{2}{\sqrt{3}}\arctan\frac{t}{\sqrt{3}}+C=\frac{2}{\sqrt{3}}\arctan\left(\frac{1}{\sqrt{3}}\tan\frac{x}{2}\right)+C.\end{aligned}$$

方法 2：
$$\begin{aligned}\int\frac{\mathrm{d}x}{2+\cos x}&=\int\frac{2-\cos x}{4-\cos^2x}\mathrm{d}x=\int\frac{2}{4-\cos^2x}\mathrm{d}x-\int\frac{\cos x}{4-\cos^2x}\mathrm{d}x\\&=\int\frac{2}{4\sin^2x+3\cos^2x}\mathrm{d}x-\int\frac{1}{3+\sin^2x}\mathrm{d}(\sin x)\\&=\int\frac{1}{4\tan^2x+3}\mathrm{d}(2\tan x)-\frac{1}{\sqrt{3}}\arctan\frac{\sin x}{\sqrt{3}}+C\\&=\frac{1}{\sqrt{3}}\arctan\frac{2\tan x}{\sqrt{3}}-\frac{1}{\sqrt{3}}\arctan\frac{\sin x}{\sqrt{3}}+C.\end{aligned}$$

注　(1) 并非所有的不定积分都要通过变换化为有理函数的不定积分. 三角函数有理式的不定积分也可以用其他方法计算. 例如：

$$\int\frac{\cos x}{1+\sin x}\mathrm{d}x=\int\frac{1}{1+\sin x}\mathrm{d}(1+\sin x)=\ln(1+\sin x)+C.$$

(2) 在求三角函数有理式的不定积分时，也可令 $\sin x=t$，$\cos x=t$，$\tan x=t$，但这三种变换不一定能够把三角函数有理式化成 t 的有理函数. 而令 $\tan\dfrac{x}{2}=t$，则一定能够把三角函数有理式化成 t 的有理函数. 故这种变换称为半角变换或万能变换.

(3) 由第二类换元法可知，简单无理根式的不定积分通过适当变量代换也能化成有理函数的不定积分.

四、杂例

在求不定积分时，有时需要对函数进行恒等变形，将其化为比较容易积分的形式，同时要注意综合使用各种基本积分法，简化计算.

例 4.5.15 计算$\int \frac{dx}{4\sin^2 x+3\cos^2 x}$.

解 $$\int \frac{dx}{4\sin^2 x+3\cos^2 x}=\int \frac{dx}{\cos^2 x(4\tan^2 x+3)}=\int \frac{d(\tan x)}{2^2\tan^2 x+3}$$
$$=\frac{1}{2\sqrt{3}}\arctan\frac{2\tan x}{\sqrt{3}}+C.$$

例 4.5.16 计算 $I=\int \frac{\sin 2x\,dx}{a^2\cos^2 x+b^2\sin^2 x}dx\ (a^2\neq b^2)$.

解 因为
$$(a^2\cos^2 x+b^2\sin^2 x)'=a^2 2\cos x(-\sin x)+b^2 2\sin x\cos x$$
$$=(b^2-a^2)\sin 2x,$$
所以
$$I=\frac{1}{b^2-a^2}\int \frac{d(a^2\cos^2 x+b^2\sin^2 x)}{a^2\cos^2 x+b^2\sin^2 x}=\frac{1}{b^2-a^2}\ln|a^2\cos^2 x+b^2\sin^2 x|+C.$$

例 4.5.17 计算$\int \frac{\tan x}{a^2\sin^2 x+b^2\cos^2 x}dx\ (a\neq 0)$.

解 原式$=\int \frac{\tan x}{\cos^2 x(a^2\tan^2 x+b^2)}dx=\int \frac{\tan x\,d(\tan x)}{a^2\tan^2 x+b^2}$
$$=-\frac{1}{2a^2}\int \frac{d(a^2\tan^2 x+b^2)}{a^2\tan^2 x+b^2}=\frac{1}{2a^2}\ln(a^2\tan^2 x+b^2)+C.$$

通过三角函数恒等变形化简积分表达式，再利用积分公式计算.

例 4.5.18 计算$\int \frac{\sin x\cos x}{\sin^4 x+\cos^4 x}dx$.

解 $$\int \frac{\sin x\cos x}{\sin^4 x+\cos^4 x}dx=\int \frac{\sin 2x}{1+\cos^2 2x}dx=-\frac{1}{2}\int \frac{1}{1+\cos^2 2x}d(\cos 2x)$$
$$=-\frac{1}{2}\arctan(\cos 2x)+C.$$

例 4.5.19 求$\int \frac{dx}{\sin^3 x}$.

解 因为
$$\int \frac{dx}{\sin^3 x}=\int \frac{\sin^2 x+\cos^2 x}{\sin^3 x}dx$$
$$=\int \csc x\,dx+\int \cot^2 x\csc x\,dx$$
$$=\int \csc x\,dx-\int \cot x\,d(\csc x)$$

$$=\ln|\csc x-\cot x|-\left(\cot x\csc x+\int\csc x\ \csc^2 x\,\mathrm{d}x\right)$$

$$=\ln|\csc x-\cot x|-\cot x\csc x-\int\frac{1}{\sin^3 x}\mathrm{d}x,$$

所以

$$\int\frac{\mathrm{d}x}{\sin^3 x}=\frac{1}{2}\ln|\csc x-\cot x|-\frac{1}{2}\cot x\csc x+C.$$

由此可见，在求$\int\frac{\mathrm{d}x}{\sin^n x\cdot\cos^m x}$类型的不定积分时，妙用$\cos^2 x+\sin^2 x=1$可将被积函数化简.

例 4.5.20　求$\int \mathrm{e}^x\frac{1+\sin x}{1+\cos x}\mathrm{d}x$.

解　方法 1：被积函数的分子和分母同乘 $1-\cos x$，得

$$\int\mathrm{e}^x\frac{1+\sin x}{1+\cos x}\mathrm{d}x=\int\mathrm{e}^x\frac{(1+\sin x)(1-\cos x)}{1-\cos^2 x}\mathrm{d}x$$

$$=\int\mathrm{e}^x\frac{1}{\sin^2 x}\mathrm{d}x-\int\mathrm{e}^x\frac{\cos x}{\sin x}\mathrm{d}x+\int\mathrm{e}^x\frac{1}{\sin x}\mathrm{d}x-\int\mathrm{e}^x\frac{\cos x}{\sin^2 x}\mathrm{d}x$$

$$=\int\mathrm{e}^x\mathrm{d}(-\cot x)-\int\mathrm{e}^x\cot x\,\mathrm{d}x+\int\mathrm{e}^x\frac{\mathrm{d}x}{\sin x}-\int\mathrm{e}^x\mathrm{d}\left(-\frac{1}{\sin x}\right)$$

$$=-\mathrm{e}^x\cot x+\int\cot x\,\mathrm{d}(\mathrm{e}^x)-\int\mathrm{e}^x\cot x\,\mathrm{d}x+\int\mathrm{e}^x\frac{\mathrm{d}x}{\sin x}+\frac{\mathrm{e}^x}{\sin x}-\int\frac{1}{\sin x}\mathrm{d}(\mathrm{e}^x)$$

$$=-\mathrm{e}^x\cot x+\frac{\mathrm{e}^x}{\sin x}+C.$$

方法 2：由分部积分法得

$$\int\mathrm{e}^x\frac{1+\sin x}{1+\cos x}\mathrm{d}x=\frac{1+\sin x}{1+\cos x}\cdot\mathrm{e}^x-\int\mathrm{e}^x\mathrm{d}\left(\frac{1+\sin x}{1+\cos x}\right)$$

$$=\frac{1+\sin x}{1+\cos x}\cdot\mathrm{e}^x-\left[\int\mathrm{e}^x\mathrm{d}\left(\frac{1}{1+\cos x}\right)+\int\mathrm{e}^x\cdot\frac{1}{1+\cos x}\mathrm{d}x\right]$$

$$=\frac{1+\sin x}{1+\cos x}\cdot\mathrm{e}^x-\left(\frac{1}{1+\cos x}\mathrm{e}^x-\int\frac{1}{1+\cos x}\mathrm{e}^x\mathrm{d}x+\int\mathrm{e}^x\frac{1}{1+\cos x}\mathrm{d}x\right)$$

$$=\frac{1+\sin x}{1+\cos x}\cdot\mathrm{e}^x-\frac{1}{1+\cos x}\cdot\mathrm{e}^x+C=\frac{\sin x}{1+\cos x}\cdot\mathrm{e}^x+C.$$

方法 3：利用三角恒等式，得

$$\int\mathrm{e}^x\frac{1+\sin x}{1+\cos x}\mathrm{d}x=\int\left(\frac{1+2\sin\frac{x}{2}\cos\frac{x}{2}}{2\cos^2\frac{x}{2}}\right)\mathrm{e}^x\mathrm{d}x$$

$$=\int\frac{\mathrm{e}^x}{2\cos^2\frac{x}{2}}\mathrm{d}x+\int\mathrm{e}^x\tan\frac{x}{2}\mathrm{d}x$$

$$=\int\mathrm{e}^x\mathrm{d}\left(\tan\frac{x}{2}\right)+\int\tan\frac{x}{2}\mathrm{d}(\mathrm{e}^x)$$

$$=e^x\tan\frac{x}{2}-\int\tan\frac{x}{2}d(e^x)+\int\tan\frac{x}{2}d(e^x)$$

$$=e^x\tan\frac{x}{2}+C.$$

例 4.5.21 求$\int\frac{\sqrt{x(x+1)}}{\sqrt{x}+\sqrt{x+1}}dx$.

解 $\int\frac{\sqrt{x(x+1)}}{\sqrt{x}+\sqrt{x+1}}dx=\int\sqrt{x(x+1)}(\sqrt{x+1}-\sqrt{x})dx$

$$=\int(x+1)\sqrt{x}\,dx-\int x\sqrt{x+1}\,dx$$

$$=\int(x^{\frac{3}{2}}+x^{\frac{1}{2}})dx-\int[(x+1)^{\frac{3}{2}}-(x+1)^{\frac{1}{2}}]dx$$

$$=\frac{2}{5}x^{\frac{5}{2}}+\frac{2}{3}x^{\frac{3}{2}}-\frac{2}{5}(x+1)^{\frac{5}{2}}+\frac{2}{3}(x+1)^{\frac{3}{2}}+C.$$

例 4.5.22 求$\int\frac{xe^x}{(1+x)^2}dx$.

解 方法 1： $\int\frac{xe^x}{(1+x)^2}dx=\int\frac{xe^x+e^x-e^x}{(1+x)^2}dx$

$$=\int\frac{e^x}{1+x}dx-\int\frac{e^x}{(1+x)^2}dx$$

$$=\int\frac{e^x}{1+x}dx+\int e^x\,d\left(\frac{1}{1+x}\right)$$

$$=\int\frac{e^x}{1+x}dx+\frac{e^x}{1+x}-\int\frac{e^x}{1+x}dx$$

$$=\frac{e^x}{1+x}+C.$$

方法 2：$\int\frac{xe^x}{(1+x)^2}dx=\int xe^x\,d\left(\frac{-1}{1+x}\right)=\frac{-xe^x}{1+x}+\int\frac{e^x(1+x)}{1+x}dx$

$$=\frac{-xe^x}{1+x}+\int e^x\,dx$$

$$=\frac{-xe^x}{1+x}+e^x+C.$$

例 4.5.23 求$\int\frac{x^2}{(x\sin x+\cos x)^2}dx$.

解 因为被积函数的分母中有$(x\sin x+\cos x)^2$，所以先求$\left(\frac{1}{x\sin x+\cos x}\right)'$.

由于

$$\left(\frac{1}{x\sin x+\cos x}\right)'=\frac{-(x\sin x+\cos x)'}{(x\sin x+\cos x)^2}=\frac{-x\cos x}{(x\sin x+\cos x)^2},$$

因此

$$\begin{aligned}
\int\frac{x^2}{(x\sin x+\cos x)^2}\mathrm{d}x&=\int\frac{x}{-\cos x}\frac{-x\cos x}{(x\sin x+\cos x)^2}\mathrm{d}x\\
&=\int\frac{x}{-\cos x}\mathrm{d}\left(\frac{1}{x\sin x+\cos x}\right)\\
&=\frac{x}{-\cos x}\frac{1}{x\sin x+\cos x}+\int\frac{1}{x\sin x+\cos x}\mathrm{d}\left(\frac{x}{\cos x}\right)\\
&=-\frac{x}{\cos x(x\sin x+\cos x)}+\int\frac{1}{x\sin x+\cos x}\frac{\cos x+x\sin x}{\cos^2 x}\mathrm{d}x\\
&=-\frac{x}{\cos x(x\sin x+\cos x)}+\int\sec^2 x\,\mathrm{d}x\\
&=-\frac{x}{\cos x(x\sin x+\cos x)}+\tan x+C.
\end{aligned}$$

例 4.5.24　设 $f(x^2-1)=\ln\dfrac{x^2}{x^2-2}$，且 $f[g(x)]=\ln x$，计算$\int g(x)\mathrm{d}x$.

解　设 $x^2-1=t$，则 $f(t)=\ln\dfrac{t+1}{t-1}$. 由 $f[g(x)]=\ln x$ 得

$$f[g(x)]=\ln\frac{g(x)+1}{g(x)-1}=\ln x,$$

故 $g(x)=\dfrac{x+1}{x-1}$. 因此

$$\int g(x)\mathrm{d}x=\int\frac{x+1}{x-1}\mathrm{d}x=\int\left(1+\frac{2}{x-1}\right)\mathrm{d}x=x+2\ln|x-1|+C.$$

例 4.5.25　已知$\int x^5f(x)\mathrm{d}x=\sqrt{x^2-1}+C$，求$\int f(x)\mathrm{d}x$.

解　对$\int x^5f(x)\mathrm{d}x=\sqrt{x^2-1}+C$ 两边求导，得

$$x^5f(x)=\frac{x}{\sqrt{x^2-1}},\quad f(x)=\frac{1}{x^4\sqrt{x^2-1}},$$

于是

$$\begin{aligned}
\int f(x)\mathrm{d}x&=\int\frac{1}{x^4\sqrt{x^2-1}}\mathrm{d}x\overset{x=\frac{1}{t}}{=}\int\frac{1}{\frac{1}{t^4}\sqrt{\frac{1}{t^2}-1}}\left(-\frac{1}{t^2}\right)\mathrm{d}t\\
&=-\int\frac{t^3}{\sqrt{1-t^2}}\mathrm{d}t=\frac{1}{2}\int\frac{t^2}{\sqrt{1-t^2}}\mathrm{d}(1-t^2)\\
&=\int t^2\mathrm{d}(\sqrt{1-t^2})\overset{u=\sqrt{1-t^2}}{=}\int(1-u^2)\mathrm{d}u=u-\frac{1}{3}u^3+C\\
&=\sqrt{1-t^2}-\frac{1}{3}(\sqrt{1-t^2})^3+C\\
&=\sqrt{1-\frac{1}{x^2}}-\frac{1}{3}\left(\sqrt{1-\frac{1}{x^2}}\right)^3+C.
\end{aligned}$$

习题 4－5

基础题

1. 求下列不定积分：

(1) $\int \frac{x^3}{x+3}dx$；

(2) $\int \frac{x+1}{(x-1)^3}dx$；

(3) $\int \frac{3x+2}{x(x+1)^3}dx$；

(4) $\int \frac{x\,dx}{(x+2)(x+3)^2}$；

(5) $\int \frac{x^2}{(x+2)(x^2+2x+2)}dx$；

(6) $\int \frac{1+2x^2}{x^4(1+x^2)}dx$；

(7) $\int \frac{1}{(x^2-4x+4)(x^2-4x+5)}dx$；

(8) $\int \frac{x^5+x^4-8}{x^3-x}dx$；

(9) $\int \frac{3}{x^3+1}dx$；

(10) $\int \frac{x}{(x^2+1)(x^2+4)}dx$；

(11) $\int \frac{x(1-x^2)}{1+x^4}dx$；

(12) $\int \frac{dx}{x(x^6+4)}$；

(13) $\int \frac{x-2}{x^2+2x+3}dx$；

(14) $\int \frac{dx}{x(x-1)^2}$；

(15) $\int \frac{x^2+2x-1}{(x-1)(x^2-x+1)}dx$；

(16) $\int \frac{x}{(x-1)(x^2+x-2)}dx$；

(17) $\int \frac{1}{x(x+1)(x^2+x+1)}dx$；

(18) $\int \frac{x+2}{(2x+1)(x^2+x+1)}dx$；

(19) $\int \frac{x^5}{1+x}dx$；

(20) $\int \frac{x}{(x+1)(x+2)(x+3)}dx$；

(21) $\int \frac{-x^2-2}{(x^2+x+1)^2}dx$；

(22) $\int \frac{1}{x^4+1}dx$.

提高题

求下列不定积分：

(1) $\int \frac{dx}{3+\sin^2 x}$；

(2) $\int \frac{dx}{3+\cos x}$；

(3) $\int \frac{dx}{2+\sin x}$；

(4) $\int \frac{dx}{1+\tan x}$.

习题 4－5 参考答案

总习题四

基础题

计算下列不定积分：

(1) $\int \frac{1}{1+\sqrt{x^2+2x+2}}dx$；

(2) $\int \frac{dx}{1+\sqrt[3]{x+2}}$；

(3) $\int \sqrt{\frac{x}{1-x\sqrt{x}}}dx$；

(4) $\int \frac{x^5}{\sqrt{1+x^2}}dx$；

(5) $\int \frac{dx}{x^2\sqrt{x^2+a^2}}$；

(6) $\int \frac{1}{2x+\sqrt{1-x^2}}dx$；

(7) $\int \frac{1}{(2x^2+1)\sqrt{1+x^2}}dx$；

(8) $\int \frac{1}{\sqrt{x}}\sqrt[3]{1+\sqrt[4]{x}}\,dx$；

(9) $\int x^2 \arctan x\,dx$；

(10) $\int \frac{\ln^3 x}{x^2}dx$；

(11) $\int \frac{\ln\cos x}{\cos^2 x}dx$；

(12) $\int x^3(2x+1)^9 dx$；

(13) $\int \frac{x^4}{(x+2)^3}dx$；

(14) $\int \frac{\operatorname{arccot} e^x}{e^x}dx$；

(15) $\int \frac{2x^3+2x^2+5x+5}{x^4+5x^2+4}dx$；

(16) $\int \frac{x^3+1}{x(x-1)^3}dx$；

(17) $\int \frac{x^3-2x^2+4x-1}{x^2-2x+5}dx$；

(18) $\int \frac{x^2}{(x-1)^{10}}dx$；

(19) $\int \frac{x^{11}}{x^8+3x^4+2}dx$；

(20) $\int \frac{x^2+3x-2}{(x-1)(x^2+x+1)^2}dx$；

(21) $\int \frac{dx}{2\sin x-\cos x}$；

(22) $\int \frac{1}{\sin 2x+2\sin x}dx$；

(23) $\int \frac{1}{(1+\sqrt[3]{x})\sqrt{x}}dx$；

(24) $\int \frac{dx}{2\cos^2 x+\sin x\cos x+\sin^2 x}$；

(25) $\int e^{2x}\tan x(2+\tan x)dx$；

(26) $\int \frac{dx}{\sin^3 x\cdot\cos^5 x}$；

(27) $\int \frac{1}{1+\sqrt{x}+\sqrt{x+1}}dx$；

(28) $\int \ln\left(1+\sqrt{\frac{1+x}{x}}\right)dx\ (x>0)$；

(29) $\int e^x\left(\frac{1-x}{1+x^2}\right)^2 dx$；

(30) $\int \frac{\arctan e^{\frac{x}{2}}}{e^{\frac{x}{2}}(1+e^x)}dx$.

提 高 题

总习题四
参考答案

1. 写出不定积分 $I_n=\int \sec^n x\,\mathrm{d}x$ 的递推公式，其中 n 为正整数.

2. 已知$\dfrac{\sin x}{x}$是函数 $f(x)$ 的一个原函数，求$\int x^3 f'(x)\mathrm{d}x$.

第五章　定　积　分

知识图谱

本章从几何问题出发引入定积分的概念，然后讨论定积分的性质以及计算方法. 定积分的计算与不定积分密切相关. 关于定积分的应用，将在第六章讨论.

第一节　定积分的概念与性质

本章教学目标

一、引例

1. 曲边三角形的面积

教学目标

由曲线 $y=x^2$ 与 $y=0$，$x=1$ 所围成的平面图形称为曲边三角形，计算这个曲边三角形面积的步骤如下：

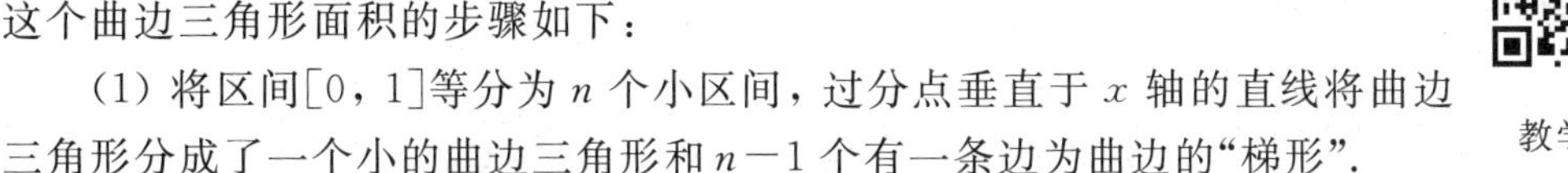

(1) 将区间[0，1]等分为 n 个小区间，过分点垂直于 x 轴的直线将曲边三角形分成了一个小的曲边三角形和 $n-1$ 个有一条边为曲边的“梯形”.

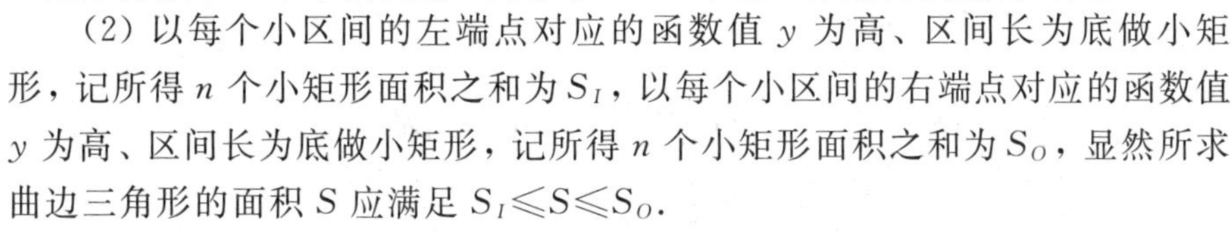

(2) 以每个小区间的左端点对应的函数值 y 为高、区间长为底做小矩形，记所得 n 个小矩形面积之和为 S_I，以每个小区间的右端点对应的函数值 y 为高、区间长为底做小矩形，记所得 n 个小矩形面积之和为 S_O，显然所求曲边三角形的面积 S 应满足 $S_I \leqslant S \leqslant S_O$.

随着 n 的增加，$S-S_I$，S_O-S 都越来越接近零，因此当 n 足够大时，所求面积 S 与 S_I，S_O 就几乎没有差别了.

计算 S_I、S_O 的极限值

(3) 算出 $\lim\limits_{n\to\infty}S_I=\dfrac{1}{3}$，$\lim\limits_{n\to\infty}S_O=\dfrac{1}{3}$，从而所求曲边三角形的面积 $S=\dfrac{1}{3}$.

在上面的过程中，有一条边为曲边的“梯形”需要特别注意，因为它的面积的计算是一般曲边图形面积计算的基础.

2. 曲边梯形的面积

设函数 $y=f(x)$在区间$[a，b]$上非负、连续. 由直线 $x=a$、$x=b$、$y=0$ 及曲线 $y=f(x)$ 所围成的图形(见图 5.1.1)称为曲边梯形，其中曲线弧称为曲边. 接下来我们讨论如何计算曲边梯形的面积 A.

由于 $y=f(x)$在区间$[a，b]$上连续，在很小一段区间上函数值的变化很小，因此，如果将区间$[a，b]$划分为许多小区间，在每个小区间上用其中某一点处的函数值近似作为同一个小区间上的窄曲边梯形的高，那么每个窄曲边梯形都可用一个等宽的窄矩形代替，从而所有窄矩形面积的和就是曲边梯形面积的近似值. 把区间$[a，b]$无限细分下去，使每个小区间的

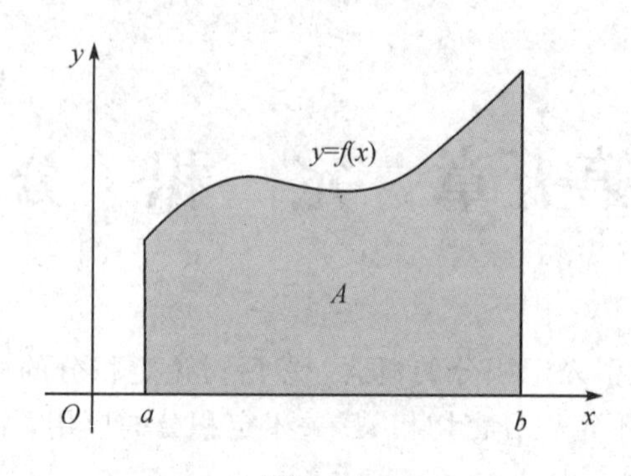

图 5.1.1

长度都趋于零，这时所有窄矩形面积和的极限即曲边梯形的面积A. 具体过程如下：

(1) 分割：在区间$[a, b]$中任意插入$n-1$个分点$x_1, x_2, \cdots, x_{n-1}$，它们满足

$$a=x_0<x_1<x_2<\cdots<x_{n-1}<x_n=b,$$

并把$[a, b]$分成n个小区间

$$[x_0, x_1], [x_1, x_2], \cdots, [x_{n-1}, x_n],$$

这n个小区间的长度依次为

$$\Delta x_1=x_1-x_0, \Delta x_2=x_2-x_1, \cdots, \Delta x_n=x_n-x_{n-1}.$$

相应地，将曲边梯形分成n个窄曲边梯形，它们的面积依次为

$$\Delta A_1, \Delta A_2, \cdots, \Delta A_n.$$

(2) 近似：在第i个小区间$[x_{i-1}, x_i]$上任取一点ξ_i，用以Δx_i为底、$f(\xi_i)$为高的窄矩形近似代替第i个窄曲边梯形，则有

$$\Delta A_i \approx f(\xi_i) \cdot \Delta x_i \quad (i=1, 2, \cdots, n).$$

(3) 求和：这n个窄矩形面积之和即曲边梯形面积A的近似值，即

$$A=\sum_{i=1}^{n} \Delta A_i \approx \sum_{i=1}^{n} f(\xi_i) \Delta x_i.$$

(4) 取极限：记$\lambda=\max\{\Delta x_1, \Delta x_2, \cdots, \Delta x_n\}$，令$\lambda \to 0$，即可保证每个小区间的长度都趋于零，此时上述和式的极限就可定义为曲边梯形的面积，即

$$A=\lim_{\lambda \to 0} \sum_{i=1}^{n} f(\xi_i) \Delta x_i.$$

实际问题中的一些量，比如变速直线运动的路程、非均匀细棒的质量等都可以转化为这种类型的特殊和式的极限. 我们抛开这些问题的实际意义，只抓住它们在数量关系上共同的本质与特征进行抽象，便可以得到定积分的定义.

二、定积分的定义

为了叙述方便，我们先引入几个定义.

定义 5.1.1 设闭区间$[a, b]$中有$n-1$个点，依次为$x_1, x_2, \cdots, x_{n-1}$，它们满足$a=x_0<x_1<\cdots<x_{n-1}<x_n=b$，称$D=\{x_0, x_1, \cdots, x_{n-1}, x_n\}$是$[a, b]$的一个分割；称有限序列$x_0, x_1, \cdots, x_{n-1}, x_n$为分割$D$的分点序列；称子区间$[x_{k-1}, x_k]$$(k=1, 2, \cdots, n)$是分割$D$的第$k$个子区间. 记$\Delta x_k=x_k-x_{k-1}$$(k=1, 2, \cdots, n)$，则称$\|D\|=\max\limits_{1\leqslant k\leqslant n}\{\Delta x_k\}$为

分割 D 的模，记为 $\lambda(D)$ 或 λ.

定义 5.1.2　设 $f(x)$ 是定义在 $[a, b]$ 上的一个函数，$D=\{x_0, x_1, \cdots, x_{n-1}, x_n\}$ 是 $[a, b]$ 的一个分割，$\xi_k \in [x_{k-1}, x_k](k=1, 2, \cdots, n)$，则称和式 $\sum\limits_{k=1}^{n} f(\xi_k)\Delta x_k$ 为函数 $f(x)$ 关于分割 D 的一个黎曼(Riemann)和(也叫积分和).

下面我们给出定积分的“$\varepsilon-\delta$”定义.

定义 5.1.3　设 $f(x)$ 在 $[a, b]$ 上有定义，S 为一个确定的实数，如果对任意的 $\varepsilon>0$，存在 $\delta>0$，使得对 $[a, b]$ 的任意分割 $D=\{x_0, x_1, \cdots, x_{n-1}, x_n\}$，以及任意的

$$\xi_k \in [x_{k-1}, x_k] \quad (k=1, 2, \cdots, n),$$

只要 $\lambda(D)<\delta$，就有

$$\left|\sum_{k=1}^{n} f(\xi_k)\Delta x_k - S\right| < \varepsilon,$$

则称函数 $f(x)$ 在 $[a, b]$ 上黎曼(Riemann)可积或可积，称实数 S 为函数 $f(x)$ 在 $[a, b]$ 上的黎曼(Riemann)积分或定积分，记作 $S=\int_a^b f(x)\mathrm{d}x$. 其中 $f(x)$ 称为被积函数，x 称为积分变量，$[a, b]$ 称为积分区间，$f(x)\mathrm{d}x$ 称为被积表达式，a 与 b 分别称为积分的下限和上限.

根据定义 5.1.3，我们可以确定以下几个事实：

(1) 定积分的值只与被积函数及积分区间有关，而与积分变量的记法无关，即

$$\int_a^b f(x)\mathrm{d}x = \int_a^b f(t)\mathrm{d}t = \int_a^b f(u)\mathrm{d}u.$$

(2) 函数 $f(x)$ 在 $[a, b]$ 上的定积分存在 $\Leftrightarrow$ 函数 $f(x)$ 在区间 $[a, b]$ 上可积.

(3) 可以将定积分 $S=\int_a^b f(x)\mathrm{d}x$ 看成是黎曼(Riemann)和 $\sum\limits_{k=1}^{n} f(\xi_k)\Delta x_k$ 的极限(当 $\lambda(D)\to 0$ 时)，即

思考题

$$S=\int_a^b f(x)\mathrm{d}x = \lim_{\lambda(D)\to 0}\sum_{k=1}^{n} f(\xi_k)\Delta x_k.$$

(4) 若 $f(x)$ 在 $[a, b]$ 上可积，则 $f(x)$ 在 $[a, b]$ 上有界. 这就是说，定积分是对区间 $[a, b]$ 上的有界函数来定义的. 因此，若函数 $g(x)$ 在区间 $[a, b]$ 上无界，则一定不存在定积分 $\int_a^b g(x)\mathrm{d}x$.

三、定积分的存在条件

函数 $f(x)$ 在 $[a, b]$ 上满足什么条件时，$f(x)$ 在 $[a, b]$ 上可积呢？这个问题我们不作深入讨论，而只给出以下两个充分条件.

定理 5.1.1　设函数 $f(x)$ 在 $[a, b]$ 上连续，则 $f(x)$ 在 $[a, b]$ 上可积.

定理 5.1.2　设函数 $f(x)$ 在 $[a, b]$ 上有界，且只有有限个间断点，则 $f(x)$ 在 $[a, b]$ 上可积.

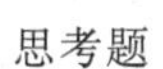

思考题

推论　有界的分段连续函数是可积的.

四、定积分的几何意义

在区间$[a,b]$上，当$f(x)\geqslant 0$时，由引例及定积分的定义知，定积分$\int_a^b f(x)\mathrm{d}x$表示由曲线$y=f(x)$，两条直线$x=a$、$x=b$与x轴所围成的曲边梯形的面积；

当$f(x)\leqslant 0$时，由曲线$y=f(x)$，两条直线$x=a$、$x=b$与x轴所围成的曲边梯形位于x轴的下方，由定义知

$$\int_a^b f(x)\mathrm{d}x=\lim_{\lambda\to 0}\sum_{i=1}^{n}f(\xi_i)\Delta x_i=-\lim_{\lambda\to 0}\sum_{i=1}^{n}[-f(\xi_i)]\Delta x_i=-\int_a^b[-f(x)]\mathrm{d}x,$$

即定积分$\int_a^b f(x)\mathrm{d}x$表示上述曲边梯形面积的负值；

当$f(x)$既取得正值又取得负值时，函数$f(x)$的图形某些部分在x轴的上方，某些部分在x轴的下方，此时定积分$\int_a^b f(x)\mathrm{d}x$表示x轴上方图形的面积减去x轴下方图形的面积所得之差.

如果我们对面积赋以正、负号，x轴上方图形的面积赋以正号，x轴下方图形的面积赋以负号，则在一般情形下，定积分$\int_a^b f(x)\mathrm{d}x$表示介于x轴，函数$f(x)$的图形及两条直线$x=a$、$x=b$之间的各部分图形面积的代数和.

五、定积分的性质

(1) (线性性质) 若函数$f(x)$，$g(x)$都在$[a,b]$上可积，λ，μ为常数，则$\lambda f(x)+\mu g(x)$在$[a,b]$上可积，且

$$\int_a^b[\lambda f(x)+\mu g(x)]\mathrm{d}x=\lambda\int_a^b f(x)\mathrm{d}x+\mu\int_a^b g(x)\mathrm{d}x.$$

(2) (可加性) 函数$f(x)$在$[a,b]$上可积的充要条件：对任意的$c\in[a,b]$，函数$f(x)$在$[a,c]$，$[c,b]$上都可积. 当函数$f(x)$在$[a,b]$上可积时，有

$$\int_a^b f(x)\mathrm{d}x=\int_a^c f(x)\mathrm{d}x+\int_c^b f(x)\mathrm{d}x.$$

注 若规定$\int_a^a f(x)\mathrm{d}x=0$，且当$a>b$时，$\int_a^b f(x)\mathrm{d}x=-\int_b^a f(x)\mathrm{d}x$，则在出现的积分均存在的条件下，对任意的$a$，$b$，$c$，均有

$$\int_a^b f(x)\mathrm{d}x=\int_a^c f(x)\mathrm{d}x+\int_c^b f(x)\mathrm{d}x.$$

(3) (单调性) 若$f(x)$，$g(x)$在$[a,b]$上可积，且对任意的$x\in[a,b]$，都有$f(x)\geqslant g(x)$，则

$$\int_a^b f(x)\mathrm{d}x\geqslant\int_a^b g(x)\mathrm{d}x.$$

推论 1 若$f(x)$在$[a,b]$上可积，且对任意的$x\in[a,b]$，都有$f(x)\geqslant 0$，则

$$\int_a^b f(x)\mathrm{d}x\geqslant 0.$$

推论 2 若$f(x)$在$[a,b]$上可积，则$|f(x)|$也在$[a,b]$上可积，且有

$$\left|\int_a^b f(x)\mathrm{d}x\right| \leqslant \int_a^b |f(x)|\mathrm{d}x.$$

推论 3 （估值定理）若 $f(x)$在$[a, b]$上可积，且有上界 L_1 和下界 L_2，则

$$L_2(b-a) \leqslant \int_a^b f(x)\mathrm{d}x \leqslant L_1(b-a).$$

特别地，$\int_a^b 1\mathrm{d}x = b-a$.

(4)（定积分中值定理）设 $f(x)$在$[a, b]$上连续，则存在 $\xi\in[a, b]$，使得

$$\int_a^b f(x)\mathrm{d}x = f(\xi)(b-a).$$

证明　设 $f(x)$在$[a, b]$上的最大值和最小值分别为 M，m，则对任意的 $x\in[a, b]$，都有

$$m\leqslant f(x)\leqslant M.$$

根据定积分的单调性得

$$m(b-a) = \int_a^b m\mathrm{d}x \leqslant \int_a^b f(x)\mathrm{d}x \leqslant \int_a^b M\mathrm{d}x = M(b-a),$$

从而

$$m \leqslant \frac{1}{b-a}\int_a^b f(x)\mathrm{d}x \leqslant M.$$

根据闭区间上连续函数的介值定理，存在 $\xi \in [a, b]$，使得 $f(\xi) = \frac{1}{b-a}\int_a^b f(x)\mathrm{d}x$，即

$$\int_a^b f(x)\mathrm{d}x = f(\xi)(b-a).$$

一般地，称$\frac{1}{b-a}\int_a^b f(x)\mathrm{d}x$ 为 $f(x)$ 在$[a, b]$上的积分平均值.

更一般地，有如下定理：

（第一积分中值定理）设 $f(x)$ 在$[a, b]$上连续，$g(x)$ 在$[a, b]$上可积且不变号，则存在 $\xi \in [a, b]$，使得

$$\int_a^b f(x)g(x)\mathrm{d}x = f(\xi)\int_a^b g(x)\mathrm{d}x.$$

第一积分中值定理的证明

六、知识延展——定积分的进一步性质

(1)（严格单调性）若 $f(x)$，$g(x)$在$[a, b]$上连续，且对任意的 $x\in[a, b]$，都有 $f(x)>g(x)$，则

$$\int_a^b f(x)\mathrm{d}x > \int_a^b g(x)\mathrm{d}x.$$

推论 1　若 $f(x)$在$[a, b]$上连续，且对任意的 $x \in [a, b]$，都有 $f(x) > 0$，则 $\int_a^b f(x)\mathrm{d}x > 0$.

推论 2　若 $f(x)$在$[a, b]$上连续，且对任意的 $x \in [a, b]$，都有 $f(x) \geqslant 0$，又

$\int_a^b f(x)\mathrm{d}x = 0$，则 $f(x) \equiv 0$，$x \in [a, b]$.

(2) 设 $f(x)$，$g(x)$ 是定义在区间$[a, b]$上的函数，且只在有限个点处有不同的函数值. 若 $f(x)$ 在$[a, b]$上可积，则 $g(x)$ 也在$[a, b]$上可积，且

$$\int_a^b f(x)\mathrm{d}x = \int_a^b g(x)\mathrm{d}x.$$

思考题

例 5.1.1 比较$\int_0^1 \mathrm{e}^x \mathrm{d}x$ 与$\int_0^1 (1+x)\mathrm{d}x$ 的大小.

解 当 $0 < x < 1$ 时，$\mathrm{e}^x > 1 + x$，所以$\int_0^1 \mathrm{e}^x \mathrm{d}x > \int_0^1 (1+x)\mathrm{d}x$.

习 题 5-1

基 础 题

1. 设 $I = \int_0^{\frac{\pi}{4}} \ln\sin x\,\mathrm{d}x$，$J = \int_0^{\frac{\pi}{4}} \ln\cot x\,\mathrm{d}x$，$K = \int_0^{\frac{\pi}{4}} \ln\cos x\,\mathrm{d}x$，则 I、J、K 的大小关系是(　　).

A. $I < J < K$　　B. $I < K < J$

C. $J < I < K$　　D. $K < J < I$

2. 若在$[0, 1]$上有 $f(0) = g(0) = 0$，$f(1) = g(1) = a > 0$，且 $f''(x) > 0$，$g''(x) < 0$，则 $I_1 = \int_0^1 f(x)\mathrm{d}x$，$I_2 = \int_0^1 g(x)\mathrm{d}x$，$I_3 = \int_0^1 ax\,\mathrm{d}x$ 的大小关系为(　　).

A. $I_1 \geqslant I_2 \geqslant I_3$　　B. $I_3 \geqslant I_2 \geqslant I_1$

C. $I_2 \geqslant I_1 \geqslant I_3$　　D. $I_2 \geqslant I_3 \geqslant I_1$

3. 利用定积分的几何意义和性质计算$\int_{-1}^1 \left(x + \sqrt{1 - x^2}\right)^2 \mathrm{d}x$.

4. 估计下列积分的值：

(1) $\int_2^0 \mathrm{e}^{x^2 - x}\mathrm{d}x$；　　(2) $\int_{\frac{\pi}{4}}^{\frac{\pi}{2}} \dfrac{\sin x}{x}\mathrm{d}x$.

5. 计算函数 $f(x) = \sin x$ 在$[0, \pi]$上的积分平均值.

6. 设 $f(x)$ 在$[a, b]$上连续，且$\int_a^b f^2(x)\mathrm{d}x = 0$，证明 $f(x) \equiv 0$，$x \in [a, b]$.

提 高 题

习题 5-1 参考答案

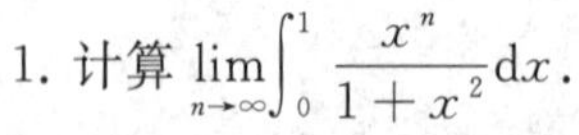

1. 计算 $\lim\limits_{n\to\infty}\int_0^1 \dfrac{x^n}{1 + x^2}\mathrm{d}x$.

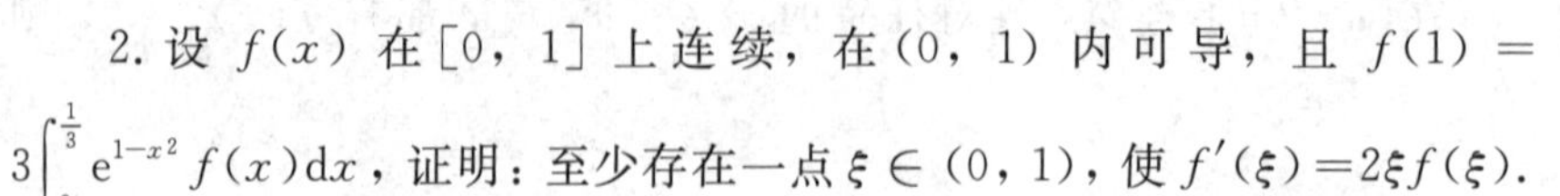

2. 设 $f(x)$ 在$[0, 1]$上连续，在$(0, 1)$内可导，且 $f(1) = 3\int_0^{\frac{1}{3}} \mathrm{e}^{1 - x^2} f(x)\mathrm{d}x$，证明：至少存在一点 $\xi \in (0, 1)$，使 $f'(\xi) = 2\xi f(\xi)$.

3. 设 $f(x)$ 在$[a, b]$上连续，且 $0 < m \leqslant f(x) \leqslant M$，证明：

$$\int_a^b f(x)\,\mathrm{d}x \cdot \int_a^b \frac{1}{f(x)}\,\mathrm{d}x \leqslant \frac{(m+M)^2}{4mM}(b-a)^2.$$

第二节　定积分的计算

一、利用数列极限计算定积分

教学目标

若 $f(x)$ 在 $[a, b]$ 上的定积分存在，则定积分定义中的和式的极限与区间的分法及每一个小区间上点 ξ_i 的取法无关，那么我们可以用特殊的分割代替任意的分割，在每一个小区间上用特殊的取点代替任意的取点，从而将定积分化为用和式表示的数列极限. 这为计算定积分提供了一定的可行性.

通常，我们将闭区间 $[a, b]$ 进行 n 等分，则每一个小区间长度为 $\frac{1}{n}(b-a)$，从而最大的区间长度 λ 也为 $\frac{1}{n}(b-a)$，于是 $\lambda \to 0$ 等价于 $n \to \infty$. 此时，在每一个小区间内取右端点 $\xi_i = a + \frac{i}{n}(b-a)$，有

$$\begin{aligned}\int_a^b f(x)\,\mathrm{d}x &= \lim_{\lambda\to 0}\sum_{i=1}^{n} f(\xi_i)\Delta x_i \\ &= \lim_{n\to\infty}\sum_{i=1}^{n}\left[f\left(a+\frac{i}{n}(b-a)\right)\cdot\frac{1}{n}(b-a)\right].\end{aligned}$$

思考题

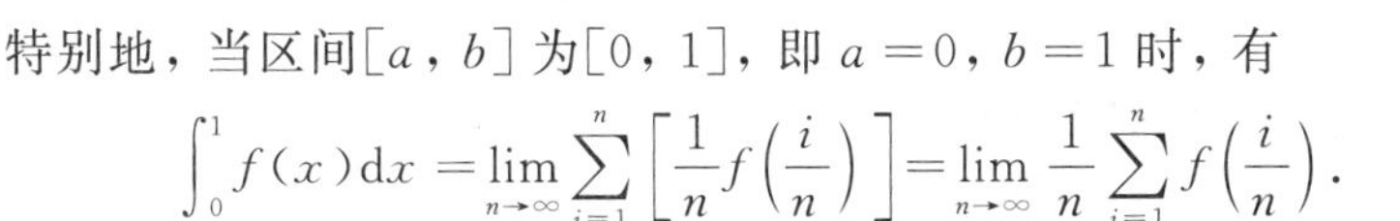

特别地，当区间 $[a, b]$ 为 $[0, 1]$，即 $a=0$，$b=1$ 时，有

$$\int_0^1 f(x)\,\mathrm{d}x = \lim_{n\to\infty}\sum_{i=1}^{n}\left[\frac{1}{n}f\left(\frac{i}{n}\right)\right] = \lim_{n\to\infty}\frac{1}{n}\sum_{i=1}^{n} f\left(\frac{i}{n}\right).$$

例 5.2.1　利用定义计算定积分 $\int_0^1 \mathrm{e}^x\,\mathrm{d}x$.

解　因为 $f(x)=\mathrm{e}^x$ 在区间 $[0, 1]$ 上连续，所以 $\int_0^1 \mathrm{e}^x\,\mathrm{d}x$ 存在，因此积分值与区间的分法及点 ξ_i 的取法无关. 为便于计算，将区间 $[0, 1]$ 进行 n 等分，则分点为

$$x_i = \frac{i}{n},\ i=1, 2, \cdots, n-1,$$

每个小区间 $[x_{i-1}, x_i]$ 的长度为 $\Delta x_i = \frac{1}{n}$，$i=1, 2, \cdots, n$. 取 $\xi_i = \frac{i-1}{n}$，$i=1, 2, \cdots, n$，则

$$\begin{aligned}\int_0^1 \mathrm{e}^x\,\mathrm{d}x &= \lim_{n\to\infty}\sum_{i=1}^{n} f(\xi_i)\Delta x_i = \lim_{n\to\infty}\sum_{i=1}^{n}\mathrm{e}^{\frac{i-1}{n}}\cdot\frac{1}{n} = \lim_{n\to\infty}\frac{1}{n}\sum_{i=1}^{n}\mathrm{e}^{\frac{i-1}{n}} \\ &= \lim_{n\to\infty}\frac{1}{n}\cdot\frac{1-(\mathrm{e}^{\frac{1}{n}})^n}{1-\mathrm{e}^{\frac{1}{n}}} = \lim_{n\to\infty}\frac{1}{n}\cdot\frac{1-\mathrm{e}}{-\frac{1}{n}} = \mathrm{e}-1.\end{aligned}$$

例 5.2.2　利用定义计算定积分 $\int_0^{\pi} \sin x\,\mathrm{d}x$.

解 $\int_0^{\pi}\sin x\,\mathrm{d}x=\lim\limits_{n\to\infty}\sum\limits_{i=1}^{n}\sin\frac{i\pi}{n}\cdot\frac{\pi}{n}$. 注意到

$$\sin\alpha\cdot\sin\beta=\frac{1}{2}[\cos(\alpha-\beta)-\cos(\alpha+\beta)],$$

从而

$$\sum_{i=1}^{n}\sin\frac{i\pi}{n}=\frac{1}{\sin\frac{\pi}{2n}}\cdot\sin\frac{n+1}{2n}\pi,$$

思考题

于是

$$\int_0^{\pi}\sin x\,\mathrm{d}x=\lim_{n\to\infty}\sum_{i=1}^{n}\sin\frac{i\pi}{n}\cdot\frac{\pi}{n}=\lim_{n\to\infty}\frac{\pi}{n}\cdot\frac{1}{\sin\frac{\pi}{2n}}\cdot\sin\frac{n+1}{2n}\pi=2.$$

注 根据上面的分析，我们也可以把一些和式形式的数列极限转化为定积分来计算.

例 5.2.3 求极限 $I=\lim\limits_{n\to\infty}\left(\frac{1}{n+1}+\frac{1}{n+2}+\cdots+\frac{1}{n+n}\right)$.

解 $I=\lim\limits_{n\to\infty}\frac{1}{n}\left(\frac{1}{1+\frac{1}{n}}+\frac{1}{1+\frac{2}{n}}+\cdots+\frac{1}{1+\frac{n}{n}}\right)=\int_0^1\frac{1}{1+x}\mathrm{d}x$.

例 5.2.4 求极限 $I=\lim\limits_{n\to\infty}\frac{1^p+2^p+\cdots+n^p}{n^{p+1}}$.

解 $I=\lim\limits_{n\to\infty}\frac{1}{n}\left[\left(\frac{1}{n}\right)^p+\left(\frac{2}{n}\right)^p+\cdots+\left(\frac{n}{n}\right)^p\right]=\int_0^1 x^p\,\mathrm{d}x$.

二、利用定积分的几何意义计算定积分

如果定积分表示的曲边梯形面积能够利用其他方法获得，就可以利用定积分的几何意义求积分.

例 5.2.5 利用定积分的几何意义计算定积分 $\int_0^1(1-x)\mathrm{d}x$.

解 函数 $y=1-x$ 在区间$[0, 1]$上的定积分是以 $y=1-x$ 为曲边，以区间长 1 为底的曲边梯形的面积. 因为以 $y=1-x$ 为曲边，以区间长 1 为底的曲边梯形是一直角三角形，其底边长及高均为 1，所以

$$\int_0^1(1-x)\mathrm{d}x=\frac{1}{2}\times1\times1=\frac{1}{2}.$$

例 5.2.6 利用定积分的几何意义计算定积分 $\int_{-1}^1\sqrt{1-x^2}\,\mathrm{d}x$.

解 $\int_{-1}^1\sqrt{1-x^2}\,\mathrm{d}x=\frac{1}{2}\cdot\pi\cdot1^2=\frac{1}{2}\pi$.

例 5.2.7 利用定积分的几何意义计算定积分 $\int_0^1\sqrt{2x-x^2}\,\mathrm{d}x$.

解 $\int_0^1\sqrt{2x-x^2}\,\mathrm{d}x=\frac{1}{4}\cdot\pi\cdot1^2=\frac{1}{4}\pi$.

三、利用牛顿-莱布尼茨公式计算定积分

通过前面计算定积分的几个例子可以看出：利用定积分的几何意义计算定积分，需要被积函数和积分区间比较特殊；利用可积性将定积分转化为数列极限计算又过于麻烦. 前面例子中被积函数只是简单的指数函数 $f(x)=\mathrm{e}^x$，但直接按定积分的定义来计算它的定积分已非易事，如果被积函数是其他复杂的函数，困难就更大了. 因此，我们必须寻求计算定积分的新方法.

下面先从实际问题中寻找解决问题的线索.

1. 变速直线运动中位置函数与速度函数之间的联系

设物体从某定点开始做直线运动，在 t 时刻位置函数为 $s(t)$，速度函数为 $v(t)(v(t)\geqslant 0)$. 一方面，在时间间隔 $[T_1, T_2]$ 内物体所经过的路程 s 可表示为

$$\int_{T_1}^{T_2} v(t)\mathrm{d}t.$$

另一方面，这段路程也可以通过位置函数 $s(t)$ 在区间 $[T_1, T_2]$ 上的增量表示为

$$s(T_2)-s(T_1).$$

由此可见

$$\int_{T_1}^{T_2} v(t)\mathrm{d}t=s(T_2)-s(T_1).$$

因为 $s'(t)=v(t)$，即位置函数是速度函数的原函数，所以上式表示速度函数 $v(t)$ 在区间 $[T_1, T_2]$ 上的定积分等于 $v(t)$ 的原函数 $s(t)$ 在区间 $[T_1, T_2]$ 上的增量.

从这个特殊问题中得出的关系是否具有普遍意义呢？即如果函数 $F(x)$ 是连续函数 $f(x)$ 在区间 $[a, b]$ 上的一个原函数，那么

$$\int_a^b f(x)\mathrm{d}x=F(b)-F(a)$$

是否也成立？

2. 牛顿-莱布尼茨公式

定理 5.2.1　设函数 $f(x)$ 在 $[a, b]$ 上连续，且当 $x\in[a, b]$ 时，$F'(x)=f(x)$，则

$$\int_a^b f(x)\mathrm{d}x=F(b)-F(a).$$

此公式称为牛顿-莱布尼茨公式，也称为微积分基本公式.

为了方便起见，以后把 $F(b)-F(a)$ 记成 $[F(x)]_a^b$ 或 $F(x)|_a^b$，于是

$$\int_a^b f(x)\mathrm{d}x=[F(x)]_a^b=F(b)-F(a).$$

上述公式进一步揭示了定积分与被积函数的原函数或不定积分之间的联系，这就给定积分提供了一个有效而简便的计算方法.

例 5.2.8　计算下列定积分：

(1) $\int_0^1 x^2\mathrm{d}x$；　(2) $\int_1^2 \frac{1}{x}\mathrm{d}x$；　(3) $\int_0^1 \arcsin x\,\mathrm{d}x$；　(4) $\int_0^1 (1-x)\mathrm{d}x$.

解 (1) 令 $F(x)=\frac{1}{3}x^3$，则 $F'(x)=f(x)=x^2$. 又函数 $f(x)=x^2$ 在$[0,1]$上连续，所以

$$\int_0^1 x^2\mathrm{d}x=\left[\frac{1}{3}x^3\right]_0^1=\frac{1}{3}.$$

(2) $\int_1^2\frac{1}{x}\mathrm{d}x=[\ln x]_1^2=\ln 2$.

(3) $\int_0^1\arcsin x\,\mathrm{d}x=\left[x\arcsin x+\sqrt{1-x^2}\right]_0^1=\frac{\pi}{2}-1$.

(4) $\int_0^1(1-x)\mathrm{d}x=\left[-\frac{1}{2}(1-x)^2\right]_0^1=\frac{1}{2}$.

例 5.2.9 计算曲线 $y=\sin x$，$x\in[0,\pi]$ 与 x 轴所围成的平面图形的面积.

解 曲线 $y=\sin x$，$x\in[0,\pi]$ 与 x 轴所围成的平面图形是曲边梯形的一个特例. 它的面积为

$$A=\int_0^{\pi}\sin x\,\mathrm{d}x=[-\cos x]_0^{\pi}=-(-1)-(-1)=2.$$

四、知识延展 —— 定理 5.2.1 的更一般的表述

牛顿-莱布尼茨公式是计算定积分的有力工具，它架起了微分和积分的桥梁，使定积分的计算变得非常简便. 然而定理 5.2.1 要求被积函数 $f(x)$ 连续并非必要，于是还有如下更一般的定理.

定理 5.2.2 设函数 $F(x)$ 在$[a,b]$上连续，函数 $f(x)$ 在$[a,b]$上可积，且当 $x\in(a,b)$ 时，有 $F'(x)=f(x)$，则

$$\int_a^b f(x)\mathrm{d}x=F(b)-F(a).$$

证明 设$\int_a^b f(x)\mathrm{d}x=S$，则由定积分的定义知，对任意的 $\varepsilon>0$，总存在 $\delta>0$，使得对任意的分割 $D=\{x_0,x_1,\cdots,x_{n-1},x_n\}$ 及 $\xi_k\in[x_{k-1},x_k]$ $(k=1,2,\cdots,n)$，只要 $\|D\|<\delta$，就有 $\left|\sum_{k=1}^{n}f(\xi_k)\Delta x_k-S\right|<\varepsilon$. 而对任意的 $k\in\{1,2,\cdots,n\}$，由拉格朗日中值定理知，存在 $\eta_k\in(x_{k-1},x_k)$，使得 $F'(\eta_k)\Delta x_k=F(x_k)-F(x_{k-1})$，故

$$F(b)-F(a)=\sum_{k=1}^{n}[F(x_k)-F(x_{k-1})]=\sum_{k=1}^{n}F'(\eta_k)\Delta x_k=\sum_{k=1}^{n}f(\eta_k)\Delta x_k,$$

因此

$$|F(b)-F(a)-S|=\left|\sum_{k=1}^{n}f(\eta_k)\Delta x_k-S\right|<\varepsilon,$$

从而 $F(b)-F(a)=S$，即$\int_a^b f(x)\mathrm{d}x=F(b)-F(a)$.

习 题 5 - 2

基 础 题

1. 判断 $M=\int_{-\frac{\pi}{2}}^{\frac{\pi}{2}}\frac{(1+x)^2}{1+x^2}\mathrm{d}x$，$N=\int_{-\frac{\pi}{2}}^{\frac{\pi}{2}}\frac{1+x}{\mathrm{e}^x}\mathrm{d}x$，$K=\int_{-\frac{\pi}{2}}^{\frac{\pi}{2}}(1+\sqrt{\cos x})\mathrm{d}x$ 的大小关系.

2. 设 $f(x)$ 是连续函数，且 $f(x)=x+2\int_0^1 f(x)\mathrm{d}x$，求 $f(x)$.

3. 计算下列定积分：

(1) $\int_0^1\sqrt{2x-x^2}\,\mathrm{d}x$；　　(2) $\int_0^2\frac{1}{1+\mathrm{e}^x}\mathrm{d}x$；

(3) $\int_0^1 x\arctan x\,\mathrm{d}x$；　　(4) $\int_0^1\cos x\cdot\sin x\,\mathrm{d}x$；

(5) $\int_0^{2\pi}|\sin x+\cos x|\,\mathrm{d}x$；　　(6) $\int_{-1}^1(x^2+\arcsin x)\sqrt{1-x^2}\,\mathrm{d}x$；

(7) $\int_0^{2\pi}(x+1)|\sin x|\,\mathrm{d}x$.

提 高 题

1. 极限 $\lim\limits_{n\to\infty}\ln\sqrt[n]{\left(1+\frac{1}{2n}\right)^2\left(1+\frac{3}{2n}\right)^2\cdots\left(1+\frac{2n-1}{2n}\right)^2}=(\quad)$.

A. $\int_1^2\ln^2x\,\mathrm{d}x$　　B. $2\int_1^2\ln x\,\mathrm{d}x$

C. $2\int_1^2\ln(1+x)\mathrm{d}x$　　D. $\int_1^2\ln^2(1+x)\mathrm{d}x$

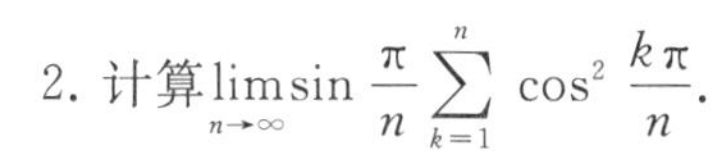

2. 计算 $\lim\limits_{n\to\infty}\sin\frac{\pi}{n}\sum\limits_{k=1}^{n}\cos^2\frac{k\pi}{n}$.

习题 5 - 2
参考答案

第三节　定积分的换元积分法和分部积分法

在不定积分的计算中，换元积分法和分部积分法是十分重要的方法，而在定理 5.2.1 的条件下，定积分的计算归结为求原函数——不定积分，因此定积分也有相应的换元积分法和分部积分法，下面我们逐一介绍.

教学目标

一、定积分的换元积分法

定理 5.3.1　假设函数 $f(x)$ 在区间 $[a,b]$ 上连续，函数 $x=\varphi(t)$ 满足条件：

(1) $\varphi(\alpha)=a$，$\varphi(\beta)=b$，

(2) $\varphi(t)$ 在 $[\alpha,\beta]$（或 $[\beta,\alpha]$）上具有连续导数，且其值域不超出 $[a,b]$，则有

$$\int_a^b f(x)\mathrm{d}x=\int_\alpha^\beta f[\varphi(t)]\varphi'(t)\mathrm{d}t. \tag{5.3.1}$$

公式(5.3.1) 叫作定积分的换元公式.

证明 由假设知，$f(x)$ 在区间$[a, b]$上是连续的，$f[\varphi(t)]\varphi'(t)$ 在区间$[\alpha, \beta]$(或$[\beta, \alpha]$) 上也是连续的，因此式(5.3.1) 两边的定积分都存在. 假设 $F(x)$ 是 $f(x)$ 的一个原函数，即 $F'(x)=f(x)$，则

$$\int_a^b f(x)\mathrm{d}x=F(b)-F(a).$$

另一方面，因为$\{F[\varphi(t)]\}'=f[\varphi(t)]\varphi'(t)$，所以 $F[\varphi(t)]$ 是 $f[\varphi(t)]\varphi'(t)$ 的一个原函数，从而

$$\int_\alpha^\beta f[\varphi(t)]\varphi'(t)\mathrm{d}t=F[\varphi(\beta)]-F[\varphi(\alpha)]=F(b)-F(a).$$

因此

$$\int_a^b f(x)\mathrm{d}x=\int_\alpha^\beta f[\varphi(t)]\varphi'(t)\mathrm{d}t.$$

定积分$\int_a^b f(x)\mathrm{d}x$ 中的 $\mathrm{d}x$ 本来是整个定积分记号中不可分割的一部分，但由定理5.3.1 可知，在一定条件下，它确实可以作为微分记号来对待. 这就是说，用换元公式时，如果把定积分$\int_a^b f(x)\mathrm{d}x$ 中的 x 换成$\varphi(t)$，则 $\mathrm{d}x$ 就换成$\varphi'(t)\mathrm{d}t$，这正好是 $x=\varphi(t)$ 的微分 $\mathrm{d}x$.

应用换元公式时要注意以下两点：

(1) 用 $x=\varphi(t)$ 把原变量 x 代换成新变量 t 时，积分限也要换成相应于新变量 t 的积分限；

(2) 求出 $f[\varphi(t)]\varphi'(t)$ 的一个原函数 $F[\varphi(t)]$ 后，不必像计算不定积分那样再把 $F[\varphi(t)]$ 变换成原变量 x 的函数，而只要把新变量 t 的上、下限分别代入 $F[\varphi(t)]$ 中然后相减就行了.

例 5.3.1 计算$\int_0^a \sqrt{a^2-x^2}\,\mathrm{d}x\,(a>0)$.

解 令 $x=a\sin t$，$t\in\left[0, \frac{\pi}{2}\right]$，则 $\mathrm{d}x=a\cos t\,\mathrm{d}t$，且当 $x=0$ 时，$t=0$；当 $x=a$ 时，$t=\frac{\pi}{2}$. 于是

$$\begin{aligned}\int_0^a \sqrt{a^2-x^2}\,\mathrm{d}x&=\int_0^{\frac{\pi}{2}} a\cos t\cdot a\cos t\,\mathrm{d}t=a^2\int_0^{\frac{\pi}{2}}\cos^2 t\,\mathrm{d}t=\frac{a^2}{2}\int_0^{\frac{\pi}{2}}(1+\cos 2t)\mathrm{d}t\\&=\frac{a^2}{2}\left[t+\frac{1}{2}\sin 2t\right]_0^{\frac{\pi}{2}}=\frac{1}{4}\pi a^2.\end{aligned}$$

例 5.3.2 计算$\int_0^1 x\sqrt[3]{1+x^2}\,\mathrm{d}x$.

解 $\int_0^1 x\sqrt[3]{1+x^2}\,\mathrm{d}x=\frac{1}{2}\int_0^1\sqrt[3]{1+x^2}\,\mathrm{d}(1+x^2)$. 令 $t=1+x^2$，则

$$\int_0^1 x\sqrt[3]{1+x^2}\,\mathrm{d}x=\frac{1}{2}\int_1^2\sqrt[3]{t}\,\mathrm{d}t=\left[\frac{3}{8}t^{\frac{4}{3}}\right]_1^2=\frac{3}{8}(2\sqrt[3]{2}-1).$$

注　例 5.3.2 计算过程中也可以不换元，此时积分限也不改变，即

$$\int_0^1 x\sqrt[3]{1+x^2}\,\mathrm{d}x=\frac{1}{2}\int_0^1\sqrt[3]{1+x^2}\,\mathrm{d}(1+x^2)=\left[\frac{1}{2}\cdot\frac{3}{4}(1+x^2)^{\frac{4}{3}}\right]_0^1=\frac{3}{8}(2\sqrt[3]{2}-1).$$

例 5.3.3　计算$\int_0^{\pi}\sqrt{\sin x-\sin^3 x}\,\mathrm{d}x$.

解　$\int_0^{\pi}\sqrt{\sin x-\sin^3 x}\,\mathrm{d}x=\int_0^{\pi}\sqrt{\sin x}\,|\cos x|\,\mathrm{d}x$

$$=\int_0^{\frac{\pi}{2}}\sqrt{\sin x}\cos x\,\mathrm{d}x-\int_{\frac{\pi}{2}}^{\pi}\sqrt{\sin x}\cos x\,\mathrm{d}x$$

$$=\int_0^{\frac{\pi}{2}}\sqrt{\sin x}\,\mathrm{d}(\sin x)-\int_{\frac{\pi}{2}}^{\pi}\sqrt{\sin x}\,\mathrm{d}(\sin x)$$

$$=\left[\frac{2}{3}\sin^{\frac{3}{2}}x\right]_0^{\frac{\pi}{2}}-\left[\frac{2}{3}\sin^{\frac{3}{2}}x\right]_{\frac{\pi}{2}}^{\pi}=\frac{4}{3}.$$

注　如果忽略 $\cos x$ 在$\left[\frac{\pi}{2},\pi\right]$上非正，而按

$$\sqrt{\sin x-\sin^3 x}=\sqrt{\sin x(1-\sin^2 x)}=\sin^{\frac{1}{2}}x\cos x$$

计算，则会导致错误. 因此计算定积分时，碰到开方一定要注意符号问题.

例 5.3.4　设函数 $f(x)=\begin{cases}\dfrac{1}{1+x}, & x\geqslant 0\\ \dfrac{1}{1+\mathrm{e}^x}, & -1<x<0\end{cases}$，计算$\int_0^2 f(x-1)\,\mathrm{d}x$.

解　设 $x-1=t$，则

$$\int_0^2 f(x-1)\,\mathrm{d}x=\int_{-1}^1 f(t)\,\mathrm{d}t=\int_{-1}^0\frac{1}{1+\mathrm{e}^t}\mathrm{d}t+\int_0^1\frac{1}{1+t}\mathrm{d}t=\ln(1+\mathrm{e}).$$

二、定积分的分部积分法

定理 5.3.2　设函数 $u(x)$，$v(x)$ 在区间$[a,b]$上具有连续导数 $u'(x)$，$v'(x)$，则有

$$\int_a^b u(x)v'(x)\,\mathrm{d}x=[u(x)\cdot v(x)]_a^b-\int_a^b u'(x)v(x)\,\mathrm{d}x. \tag{5.3.2}$$

证明　由

$$[u(x)\cdot v(x)]'=u'(x)v(x)+u(x)v'(x)$$

得

$$u(x)v'(x)=[u(x)\cdot v(x)]'-u'(x)v(x),$$

等式两端在区间$[a,b]$上积分得

$$\int_a^b u(x)v'(x)\,\mathrm{d}x=[u(x)\cdot v(x)]_a^b-\int_a^b u'(x)v(x)\,\mathrm{d}x.$$

公式(5.3.2)可简记为

$$\int_a^b u\,\mathrm{d}v=[uv]_a^b-\int_a^b v\,\mathrm{d}u,$$

这就是定积分的分部积分公式.

思考题

例 5.3.5 计算$\int_0^{\frac{1}{2}}\arccos x\,\mathrm{d}x$.

解 $\int_0^{\frac{1}{2}}\arccos x\,\mathrm{d}x=[x\arccos x]_0^{\frac{1}{2}}-\int_0^{\frac{1}{2}}x\,\mathrm{d}(\arccos x)$

$$=\frac{1}{2}\cdot\frac{\pi}{3}+\int_0^{\frac{1}{2}}\frac{x}{\sqrt{1-x^2}}\mathrm{d}x=\frac{\pi}{6}-\frac{1}{2}\int_0^{\frac{1}{2}}\frac{1}{\sqrt{1-x^2}}\mathrm{d}(1-x^2)$$

$$=\frac{\pi}{6}-[\sqrt{1-x^2}]_0^{\frac{1}{2}}=\frac{\pi}{6}-\frac{\sqrt{3}}{2}+1.$$

例 5.3.6 计算$\int_1^{\mathrm{e}}x\ln^2 x\,\mathrm{d}x$.

解 $\int_1^{\mathrm{e}}x\ln^2 x\,\mathrm{d}x=\int_1^{\mathrm{e}}\ln^2 x\,\mathrm{d}\left(\frac{1}{2}x^2\right)=\left[\frac{1}{2}x^2\ln^2 x\right]_1^{\mathrm{e}}-\frac{1}{2}\int_1^{\mathrm{e}}x^2\cdot 2\ln x\cdot\frac{1}{x}\mathrm{d}x$

$$=\frac{1}{2}\mathrm{e}^2-\int_1^{\mathrm{e}}x\ln x\,\mathrm{d}x=\frac{1}{2}\mathrm{e}^2-\int_1^{\mathrm{e}}\ln x\,\mathrm{d}\left(\frac{1}{2}x^2\right)$$

$$=\frac{1}{2}\mathrm{e}^2-\left[\frac{1}{2}x^2\ln x\right]_1^{\mathrm{e}}+\int_1^{\mathrm{e}}\frac{1}{2}x^2\cdot\frac{1}{x}\mathrm{d}x=\frac{1}{4}(\mathrm{e}^2-1).$$

三、知识延展——定积分的换元积分法和分部积分法的使用注意事项

定积分的换元积分法和分部积分法是计算定积分的重要方法，在使用中需注意以下几点：

(1) 若将定理 5.3.1 的条件改为 $f(x)$在区间$[a, b]$上可积、$\varphi'(t)$在区间$[\alpha, \beta]$上可积，则仍能得到相同的换元积分公式；

(2) 定积分的换元积分法和不定积分的换元积分法在形式上十分类似，但在实质上是有区别的，对定积分换元的同时要改变积分限，而对不定积分换元不需要过多关注区间的因素，因此不能把定积分的换元积分法简单看成不定积分的换元积分法与牛顿-莱布尼茨公式的结合；

(3) 对定积分使用换元积分法和分部积分法，往往能使一些积分项相互抵消，因此，即使被积函数的原函数不是初等函数，我们仍然有可能计算出定积分的值，这与不定积分完全不同.

例 5.3.7 计算定积分 $I=\int_0^{\frac{\pi}{2}}\frac{\mathrm{e}^{\cos x}}{\mathrm{e}^{\sin x}+\mathrm{e}^{\cos x}}\mathrm{d}x$.

分析 由于被积函数的原函数很难用初等函数表示出来，因此本例不能用牛顿-莱布尼茨公式直接计算，但可借助换元积分法，巧妙得出定积分的值.

解 令 $x=\frac{\pi}{2}-t$，则

$$I=\int_0^{\frac{\pi}{2}}\frac{\mathrm{e}^{\cos x}}{\mathrm{e}^{\sin x}+\mathrm{e}^{\cos x}}\mathrm{d}x=\int_{\frac{\pi}{2}}^0\frac{\mathrm{e}^{\sin t}}{\mathrm{e}^{\cos t}+\mathrm{e}^{\sin t}}(-\mathrm{d}t)=\int_0^{\frac{\pi}{2}}\frac{\mathrm{e}^{\sin x}}{\mathrm{e}^{\cos x}+\mathrm{e}^{\sin x}}\mathrm{d}x,$$

从而

$$2I=\int_0^{\frac{\pi}{2}}\frac{\mathrm{e}^{\cos x}}{\mathrm{e}^{\sin x}+\mathrm{e}^{\cos x}}\mathrm{d}x+\int_0^{\frac{\pi}{2}}\frac{\mathrm{e}^{\sin x}}{\mathrm{e}^{\cos x}+\mathrm{e}^{\sin x}}\mathrm{d}x=\int_0^{\frac{\pi}{2}}1\mathrm{d}x=\frac{\pi}{2},$$

所以 $I=\int_0^{\frac{\pi}{2}}\frac{e^{\cos x}}{e^{\sin x}+e^{\cos x}}dx=\frac{\pi}{4}$.

习 题 5－3

基 础 题

1. 计算下列定积分：

(1) $\int_0^{\pi}|\cos x|\sqrt{1+\sin^2 x}\,dx$；　(2) $\int_0^{\ln 2}\sqrt{1-e^{-2x}}\,dx$；

(3) $\int_0^1\frac{x^2\arctan x}{1+x^2}dx$；　(4) $\int_0^{\frac{\pi}{2}}\frac{\sin x+\sin 2x}{1+\cos^2 x}dx$；

(5) $\int_0^1\sqrt{1-x^2}\arccos x\,dx$；　(6) $\int_0^2\frac{dx}{2+\sqrt{4+x^2}}$；

(7) $\int_{-\frac{\pi}{2}}^{\frac{\pi}{2}}\left(\sqrt{\cos x-\cos^3 x}+\frac{\sin x}{x^2+1}\right)dx$；　(8) $\int_0^{\frac{\pi}{2}}\frac{\sin x\cos^3 x}{1+\cos^2 x}dx$；

(9) $\int_0^1(\arcsin x)^2dx$；　(10) $\int_0^{\frac{\pi}{4}}\frac{x}{(\sin x+\cos x)^2}dx$；

(11) $\int_2^3\frac{\sqrt{3+2x-x^2}}{(x-1)^2}dx$；　(12) $\int_{\frac{1}{4}}^{\frac{1}{2}}\frac{\arcsin\sqrt{x}}{\sqrt{x(1-x)}}dx$.

2. 已知 $f(0)=1$，$f(2)=3$，$f'(2)=5$，计算$\int_0^1 xf''(2x)dx$.

3. 设 $f(x)$ 连续且 $f(x)=3x-\sqrt{1-x^2}\int_0^1 f^2(x)dx$，求 $f(x)$.

4. 设 $f(x)$ 有一个原函数为$\frac{\sin x}{x}$，计算$\int_{\frac{\pi}{2}}^{\pi}xf'(x)dx$.

5. 设函数 $f(x)$ 在$(-\infty,+\infty)$ 内满足

$$f(x)=f(x-\pi)+\sin x,\ 且\ f(x)=x,\ x\in[0,\pi],$$

计算$\int_{\pi}^{3\pi}f(x)dx$.

6. 设 $f(x)=\begin{cases}\frac{1}{1+e^x}, & x<0\\ \frac{1}{1+x}, & x\geqslant 0\end{cases}$，计算 $I=\int_1^3 f(x-2)dx$.

提 高 题

1. 计算下列定积分：

(1) $\int_0^{\frac{\pi}{4}}\ln(1+\tan x)dx$；　(2) $\int_{-\frac{\pi}{4}}^{\frac{\pi}{4}}\frac{\cos^2 x}{1+e^{-x}}dx$；

(3) $\int_0^1\frac{\ln(1+x)}{1+x^2}dx$.

2. (1) 比较$\int_0^1 |\ln t| [\ln(1+t)]^n \mathrm{d}t$与$\int_0^1 t^n |\ln t| \mathrm{d}t (n=1, 2, \cdots)$的大小，并说明理由；

(2) 设$u_n=\int_0^1 |\ln t| [\ln(1+t)]^n \mathrm{d}t (n=1, 2, \cdots)$，求极限$\lim\limits_{n\to\infty} u_n$.

习题 5-3 参考答案

3. 证明：$\int_0^{\frac{\pi}{2}} \dfrac{\sin(2n+1)x}{\sin x}\mathrm{d}x=\dfrac{\pi}{2}$，其中 n 为自然数.

第四节　积分上限的函数

教学目标

在学习牛顿-莱布尼茨公式时，我们假定被积函数有原函数. 那么，什么函数一定有原函数呢？本节我们就来探讨这个问题.

一、积分上限的函数

引例　设 $y=f(x)$是有界闭区间$[a, b]$上的非负连续函数. 曲线 $y=f(x)$与直线 $x=a$，$x=b$及 $y=0$ 围成曲边梯形 $ABCD$. 任取 $x\in[a, b]$，过点 x 作平行于 y 轴的直线段 MN，记曲边梯形 $AMND$ 的面积为$S(x)$(见图 5.4.1)，则

$$S(x)=\int_a^x f(x)\mathrm{d}x=\int_a^x f(t)\mathrm{d}t.$$

$S(x)=\int_a^x f(t)\mathrm{d}t$ 称为面积函数，它是 x 的函数. 这是一个用定积分定义的变动积分上限的函数，我们称其为**积分上限的函数**. 特别地，$S(a)=0$，$S(b)=S$(S 为曲边梯形 $ABCD$ 的面积).

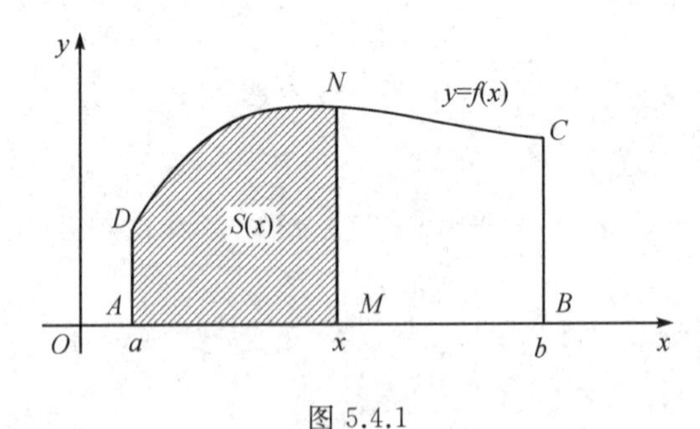

图 5.4.1

对一般的可积函数，我们也可定义积分上限的函数.

定义 5.4.1　设函数 $f(x)$ 在区间$[a, b]$上可积，则称

$$\Phi(x)=\int_a^x f(t)\mathrm{d}t,\quad x\in[a, b]$$

为**积分上限的函数**.

类似可定义**积分下限的函数**：

$$\Psi(x)=\int_x^b f(t)\mathrm{d}t,\quad x\in[a, b].$$

显然 $\Psi(x)=\int_x^b f(t)\mathrm{d}t=-\int_b^x f(t)\mathrm{d}t$，所以我们只需讨论积分上限的函数.

注　(1) 积分上限的函数是用定积分定义的函数，它有别于我们常见的初等函数，是一种全新的函数.

(2) 为了区分积分上限的函数的自变量和定积分的积分变量，用"t"表示积分变量，用"x"表示函数自变量.

二、积分上限函数的连续性

例 5.4.1　设 $f(x)=\begin{cases}x^2, & x\in[0,1)\\ 2x, & x\in[1,2]\end{cases}$，求 $\Phi(x)=\int_0^x f(t)\mathrm{d}t$ 在$[0,2]$上的表达式，并讨论 $\Phi(x)$ 在$[0,2]$上的连续性.

解　由于 $f(x)$ 在$[0,2]$上有界且仅有一个不连续点 $x=1$，从而 $f(x)$ 在$[0,2]$上可积. 当 $x\in[0,1)$ 时，

$$\Phi(x)=\int_0^x f(t)\mathrm{d}t=\int_0^x t^2\mathrm{d}t=\frac{1}{3}x^3;$$

当 $x\in[1,2]$ 时，

$$\Phi(x)=\int_0^x f(t)\mathrm{d}t=\int_0^1 t^2\mathrm{d}t+\int_1^x 2t\mathrm{d}t=\frac{1}{3}+x^2-1=x^2-\frac{2}{3}.$$

从而

$$\Phi(x)=\begin{cases}\frac{1}{3}x^3, & x\in[0,1)\\ x^2-\frac{2}{3}, & x\in[1,2]\end{cases}.$$

当 $x\in[0,1)$ 及 $x\in(1,2]$时，$\Phi(x)$ 显然连续；当 $x=1$时，$\Phi(1^-)=\Phi(1^+)=\Phi(1)=\frac{1}{3}$，所以 $\Phi(x)$ 在 $x=1$ 处连续. 因此 $\Phi(x)$ 在$[0,2]$上处处连续.

问题　对任一可积函数，积分上限的函数是否一定连续？

定理 5.4.1　设函数 $f(x)$ 在区间$[a,b]$上可积，则积分上限的函数 $\Phi(x)=\int_a^x f(t)\mathrm{d}t$ 是$[a,b]$上的连续函数.

定理 5.4.1 的证明

例 5.4.2　设 $f(x)=\begin{cases}x^2+1, & x\in[0,1)\\ 2x, & x\in[1,2]\end{cases}$，求 $\Phi(x)=\int_0^x f(t)\mathrm{d}t$ 在$[0,2]$上的表达式，并讨论 $\Phi(x)$ 在$[0,2]$上的连续性和可导性.

解　由于函数 $f(x)$ 在$[0,2]$上连续，因此函数 $f(x)$ 在$[0,2]$上可积，从而由定理 5.4.1 知，$\Phi(x)$ 在$[0,2]$上连续. 当 $x\in[0,1)$ 时，

$$\Phi(x)=\int_0^x f(t)\mathrm{d}t=\int_0^x (t^2+1)\mathrm{d}t=\frac{1}{3}x^3+x;$$

当 $x\in[1,2]$ 时，

$$\Phi(x)=\int_0^x f(t)\mathrm{d}t=\int_0^1(t^2+1)\mathrm{d}t+\int_1^x 2t\mathrm{d}t=\frac{4}{3}+x^2-1=x^2+\frac{1}{3}.$$

于是

$$\Phi(x)=\begin{cases}\frac{1}{3}x^3+x, & x\in[0,1)\\ x^2+\frac{1}{3}, & x\in[1,2]\end{cases}.$$

当 $x\in[0,1)$ 时，$\Phi'(x)=x^2+1=f(x)$；当 $x\in(1,2]$ 时，$\Phi'(x)=2x=f(x)$. 又当 $x=1$ 时，

$$\Phi'_-(1)=\lim_{x\to1^-}\frac{\frac{1}{3}x^3+x-\frac{4}{3}}{x-1}=2=f(1),$$

思考题

$$\Phi'_+(1)=\lim_{x\to1^+}\frac{x^2+\frac{1}{3}-\frac{4}{3}}{x-1}=2=f(1),$$

故 $\Phi'(1)=2=f(1)$，所以 $\Phi(x)$ 在$[0,2]$上处处可导，且导数为被积函数 $f(x)$ 在该点的函数值.

三、积分上限函数的可导性

问题 对连续函数而言，积分上限的函数是否一定可导？如果可导，其导数是否一定等于该点处的函数值？

定理5.4.2 如果函数 $f(x)$ 在区间$[a,b]$上连续，则积分上限的函数 $\Phi(x)=\int_a^x f(t)\mathrm{d}t$ 在$[a,b]$上可导，且其导数

$$\Phi'(x)=\frac{\mathrm{d}}{\mathrm{d}x}\int_a^x f(t)\mathrm{d}t=f(x),\quad x\in[a,b].$$

证明 设 x 为$[a,b]$上任意一点，$\Delta x\neq0$ 且 $x+\Delta x\in[a,b]$，则

$$\begin{aligned}\frac{\Phi(x+\Delta x)-\Phi(x)}{\Delta x}&=\frac{1}{\Delta x}\left[\int_a^{x+\Delta x}f(t)\mathrm{d}t-\int_a^x f(t)\mathrm{d}t\right]\\&=\frac{1}{\Delta x}\int_x^{x+\Delta x}f(t)\mathrm{d}t=f(x+\theta\Delta x),\quad 0\leqslant\theta\leqslant1.\end{aligned}$$

由于 $f(x)$ 在点 x 连续，因此当 $\Delta x\to0$ 时，$f(x+\theta\Delta x)\to f(x)$. 于是，令 $\Delta x\to0$ 对上式各部分取极限，得

$$\Phi'(x)=\frac{\mathrm{d}}{\mathrm{d}x}\int_a^x f(t)\mathrm{d}t=f(x),\quad x\in[a,b],$$

即 $\Phi(x)=\int_a^x f(t)\mathrm{d}t$ 为 $f(x)$ 在$[a,b]$上的一个原函数.

注 定理5.4.2揭示了导数和定积分之间的内在联系，同时也提供了"连续函数必有原函数"的理论依据，并以定积分形式给出了函数 $f(x)$ 的一个原函数. 利用定理5.4.2可以给出定理5.2.1的一个简短的证明.

例 5.4.3　(1) 已知 $\Phi(x)=\int_{\cos x}^{1}\mathrm{e}^{-t^2}\,\mathrm{d}t$，求 $\Phi'(x)$；

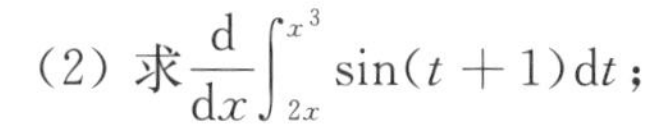

(2) 求 $\dfrac{\mathrm{d}}{\mathrm{d}x}\int_{2x}^{x^3}\sin(t+1)\,\mathrm{d}t$；

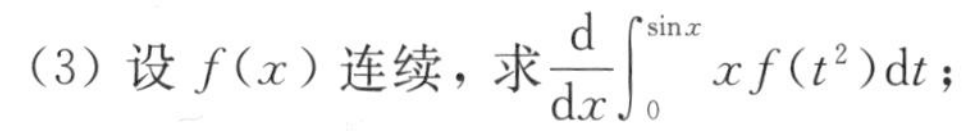

(3) 设 $f(x)$ 连续，求 $\dfrac{\mathrm{d}}{\mathrm{d}x}\int_{0}^{\sin x}xf(t^2)\,\mathrm{d}t$；

(4) 设 $f(x)$ 连续，求 $\dfrac{\mathrm{d}}{\mathrm{d}x}\int_{0}^{x}tf(x^2-t^2)\,\mathrm{d}t$.

定理 5.2.1 的一个证明

解　(1) $\int_{\cos x}^{1}\mathrm{e}^{-t^2}\,\mathrm{d}t=-\int_{1}^{\cos x}\mathrm{e}^{-t^2}\,\mathrm{d}t$ 是以 $\cos x$ 为上限的积分，它所确定的 x 的函数可看成以 $u=\cos x$ 为中间变量的复合函数，故有

$$\begin{aligned}\Phi'(x)&=\frac{\mathrm{d}}{\mathrm{d}x}\int_{\cos x}^{1}\mathrm{e}^{-t^2}\,\mathrm{d}t=-\frac{\mathrm{d}}{\mathrm{d}x}\int_{1}^{\cos x}\mathrm{e}^{-t^2}\,\mathrm{d}t=-\frac{\mathrm{d}}{\mathrm{d}u}\int_{1}^{u}\mathrm{e}^{-t^2}\,\mathrm{d}t\Big|_{u=\cos x}\cdot(\cos x)'\\&=-\mathrm{e}^{-\cos^2x}\cdot(-\sin x)=\mathrm{e}^{-\cos^2x}\sin x.\end{aligned}$$

(2) $\dfrac{\mathrm{d}}{\mathrm{d}x}\int_{2x}^{x^3}\sin(t+1)\,\mathrm{d}t=3x^2\sin(x^3+1)-2\sin(2x+1)$.

(3) 因被积函数中含有 x，故不能直接用积分上限函数的求导公式，而需设法将被积函数中的 x 移至积分号外或积分限上，然后再求导. 于是

$$\frac{\mathrm{d}}{\mathrm{d}x}\int_{0}^{\sin x}xf(t^2)\,\mathrm{d}t=\frac{\mathrm{d}}{\mathrm{d}x}\left[x\int_{0}^{\sin x}f(t^2)\,\mathrm{d}t\right]=\int_{0}^{\sin x}f(t^2)\,\mathrm{d}t+xf(\sin^2x)\cos x.$$

(4) 令 $u=x^2-t^2$，则

$$\begin{aligned}\int_{0}^{x}tf(x^2-t^2)\,\mathrm{d}t&=-\frac{1}{2}\int_{0}^{x}f(x^2-t^2)\,\mathrm{d}(x^2-t^2)\\&=-\frac{1}{2}\int_{x^2}^{0}f(u)\,\mathrm{d}u=\frac{1}{2}\int_{0}^{x^2}f(u)\,\mathrm{d}u.\end{aligned}$$

从而

$$\frac{\mathrm{d}}{\mathrm{d}x}\int_{0}^{x}tf(x^2-t^2)\,\mathrm{d}t=\frac{1}{2}\frac{\mathrm{d}}{\mathrm{d}x}\int_{0}^{x^2}f(u)\,\mathrm{d}u=\frac{1}{2}f(x^2)\cdot2x=xf(x^2).$$

例 5.4.4　求下列极限：

(1) $\lim\limits_{x\to0}\dfrac{\int_{0}^{x}\cos t^2\,\mathrm{d}t}{x}$；　　(2) $\lim\limits_{x\to+\infty}\dfrac{\left(\int_{0}^{x}\mathrm{e}^{t^2}\,\mathrm{d}t\right)^2}{\int_{0}^{x}\mathrm{e}^{2t^2}\,\mathrm{d}t}$.

解　(1) 该极限是 $\dfrac{0}{0}$ 型未定式，应用洛必达法则，得

$$\lim_{x\to0}\frac{\int_{0}^{x}\cos t^2\,\mathrm{d}t}{x}=\lim_{x\to0}\cos x^2=1.$$

(2) 该极限是 $\dfrac{\infty}{\infty}$ 型未定式，应用洛必达法则，得

$$\lim_{x\to+\infty}\frac{\left(\int_{0}^{x}\mathrm{e}^{t^2}\,\mathrm{d}t\right)^2}{\int_{0}^{x}\mathrm{e}^{2t^2}\,\mathrm{d}t}=\lim_{x\to+\infty}\frac{2\mathrm{e}^{x^2}\int_{0}^{x}\mathrm{e}^{t^2}\,\mathrm{d}t}{\mathrm{e}^{2x^2}}=\lim_{x\to+\infty}\frac{2\int_{0}^{x}\mathrm{e}^{t^2}\,\mathrm{d}t}{\mathrm{e}^{x^2}}=\lim_{x\to+\infty}\frac{2\mathrm{e}^{x^2}}{2x\mathrm{e}^{x^2}}=0.$$

例 5.4.5 设 $F(x)=\int_0^x e^{-t}\cos t\,dt$，求 $F(x)$ 在闭区间 $[0,\pi]$ 上的极大值和最值.

解 由题设知 $F'(x)=e^{-x}\cos x$. 令 $F'(x)=0$，得方程 $e^{-x}\cos x=0$ 在区间 $[0,\pi]$ 上有一个根 $x=\frac{\pi}{2}$. 当 $0\leqslant x<\frac{\pi}{2}$ 时，$F'(x)>0$；当 $\pi\geqslant x>\frac{\pi}{2}$ 时，$F'(x)<0$. 故 $x=\frac{\pi}{2}$ 为 $F(x)$ 的极大值点，因此 $F(x)$ 的极大值为 $F\left(\frac{\pi}{2}\right)=\int_0^{\frac{\pi}{2}} e^{-t}\cos t\,dt=\frac{e^{-\frac{\pi}{2}}+1}{2}$.

又 $F(0)=0$，$F(\pi)=\int_0^{\pi} e^{-t}\cos t\,dt=\frac{e^{-\pi}+1}{2}$，所以 $F(x)$ 在 $[0,\pi]$ 上的最小值为 0，最大值为 $\frac{e^{-\frac{\pi}{2}}+1}{2}$.

例 5.4.6 求函数 $f(x)=\int_0^x \frac{1-2t}{\sqrt{1+t^2}}dt$ 的单调增加区间以及曲线 $y=f(x)$ 的凹区间.

解 由于 $f'(x)=\frac{1-2x}{\sqrt{1+x^2}}$，$f''(x)=-\frac{x+2}{(1+x^2)^{\frac{3}{2}}}$，因此当 $x\in\left(-\infty,\frac{1}{2}\right)$ 时，$f'(x)>0$，得 $f(x)$ 的单调增加区间为 $\left(-\infty,\frac{1}{2}\right)$；当 $x\in(-\infty,-2)$ 时，$f''(x)>0$，得曲线 $y=f(x)$ 的凹区间为 $(-\infty,-2)$.

例 5.4.7 设函数 $f(x)$ 在闭区间 $[a,b]$ 上连续，在开区间 (a,b) 内可导，且 $f'(x)\leqslant 0$，记 $F(x)=\frac{1}{x-a}\int_a^x f(t)dt$，证明在 (a,b) 内有 $F'(x)\leqslant 0$.

证明 由积分中值定理得

$$\int_a^x f(t)dt=f(\xi)(x-a),\ a\leqslant\xi\leqslant x,$$

从而

$$F'(x)=\frac{1}{x-a}\left[f(x)-\frac{1}{x-a}\int_a^x f(t)dt\right]=\frac{1}{x-a}[f(x)-f(\xi)],\ a\leqslant\xi\leqslant x.$$

由于 $f'(x)\leqslant 0$，因此 $f(x)$ 在 (a,b) 内单调减少，于是当 $x\in[\xi,b)\subset(a,b)$ 时，$F'(x)\leqslant 0$.

四、知识延展——积分上限函数的相关结论

积分上限函数是一种新型的函数，知道了它的导数如何计算后，就可以像普通函数一样去研究它.

一般地，我们有如下结论：

(1) 设 $f(x)$ 连续，$u(x)$ 可导，且可实行复合 $f\circ u$，则有

$$\frac{d}{dx}\int_a^{u(x)} f(t)dt=f[u(x)]\cdot u'(x).$$

(2) 设 $f(x)$ 连续，$u(x)$，$v(x)$ 可导，且可实行复合 $f\circ u$，$f\circ v$，则有

$$\frac{d}{dx}\int_{v(x)}^{u(x)} f(t)dt=f[u(x)]\cdot u'(x)-f[v(x)]\cdot v'(x).$$

例 5.4.8 计算 $I=\int_0^1 xf(x)\mathrm{d}x$，其中 $f(x)=\int_1^{x^2}\frac{\sin t}{t}\mathrm{d}t$.

分析 因为 $f(x)$ 不易甚至无法用初等函数表示出来，所以求出 $f(x)$ 的表达式代入被积表达式再计算定积分是不容易的. 但 $f(x)$ 的导数易求，于是尝试使用分部积分法，将 $f(x)$ 选为 u 进行计算.

解 $$I=\int_0^1 xf(x)\mathrm{d}x=\int_0^1 f(x)\mathrm{d}\left(\frac{1}{2}x^2\right)=\left[\frac{1}{2}x^2f(x)\right]_0^1-\int_0^1\frac{1}{2}x^2f'(x)\mathrm{d}x$$
$$=0-\int_0^1\frac{1}{2}x^2\frac{\sin x^2}{x^2}\mathrm{d}(x^2)=\left[\frac{1}{2}\cos x^2\right]_0^1=\frac{1}{2}(\cos 1-1).$$

例 5.4.9 某街区早晨开始下雪，整天稳降不停. 正午 12 点扫雪车开始扫雪，每小时扫雪量(按体积计算)是常数. 若到下午 2 点扫雪车扫清了 2 km 长的路，到下午 4 点它又扫清了 1 km 长的路，则降雪是从什么时候开始的?

解 设降雪是从时刻 t_0(h) 开始的，降雪量为 S(km/h)，扫雪速度(按体积算)为 $R(\mathrm{km}^3/\mathrm{h})$，街区道路宽为 W(km)，则时刻 t 路面上雪层厚度为 $S(t-t_0)$，扫雪速度(按长度算)为

$$v=\frac{R}{S(t-t_0)W},$$

故在 t 时刻清扫的路长为

$$l(t)=\int_{12}^{t}v\mathrm{d}t=\frac{R}{SW}\ln\frac{t-t_0}{12-t_0}\quad(t\geqslant 12).$$

由题意可知

$$\frac{R}{SW}\ln\frac{14-t_0}{12-t_0}=2,\qquad \frac{R}{SW}\ln\frac{16-t_0}{12-t_0}=3,$$

联立解得 $t_0=13-\sqrt{5}$，即降雪约从上午 10 点 46 分开始.

习 题 5-4

基 础 题

1. 设 $f(x)=\int_0^x \mathrm{e}^{-\frac{1}{2}t^2}\mathrm{d}t$，$-\infty<x<+\infty$，判定函数 $f(x)$ 的奇偶性和单调性，并求曲线 $y=f(x)$ 的凹凸区间和拐点.

2. 求函数 $y=\int_0^x\sqrt{t}(t-1)^3\mathrm{d}t$ 的定义域、单调区间和极值.

3. 设函数 $f(x)$ 连续，且 $f(0)\neq 0$，求极限 $\lim\limits_{x\to 0}\dfrac{\int_0^x(x-t)f(t)\mathrm{d}t}{x\int_0^x f(x-t)\mathrm{d}t}$.

4. 求 $\lim\limits_{x\to 0}\dfrac{\int_0^x(\sqrt{1+t^2}-\sqrt{1-t^2})\mathrm{d}t}{x^2\arctan x}$.

5. 求极限$\lim\limits_{x\to 0}\dfrac{\int_0^x\left[\int_0^{u^2}\arctan(1+t)\mathrm{d}t\right]\mathrm{d}u}{x(1-\cos x)}$.

6. 设函数 $f(x)$ 连续，且$\int_0^x tf(2x-t)\mathrm{d}t=\dfrac{1}{2}\arctan x^2$，$f(1)=1$，求$\int_1^2 f(x)\mathrm{d}x$.

7. 设连续函数 $f(x)$ 满足

$$f(x)=\int_0^x f(t)\mathrm{d}t+\int_{-1}^1[(t^2-1)f(t)-(t^2-1)f(-t)+\sqrt{1-t^2}]\mathrm{d}t,$$

求 $f(x)$.

8. 计算$\int_0^1 x^2 f(x)\mathrm{d}x$，其中 $f(x)=\int_1^x\dfrac{1}{\sqrt{1+t^4}}\mathrm{d}t$.

提 高 题

1. 设函数 $S(x)=\int_0^x|\cos t|\mathrm{d}t$.

(1) 当 n 为正整数，且 $n\pi\leqslant x<(n+1)\pi$ 时，证明：$2n\leqslant S(x)<2(n+1)$.

(2) 求极限 $\lim\limits_{x\to+\infty}\dfrac{S(x)}{x}$.

2. 设 $f(x)$ 是连续函数.

(1) 证明：若 $f(x)$ 为奇函数，则 $F(x)=\int_0^x f(x)\mathrm{d}x$ 为偶函数；若 $f(x)$ 为偶函数，则 $F(x)=\int_0^x f(x)\mathrm{d}x$ 为奇函数.

(2) 若 $f(x)$ 以 T 为周期，证明：函数$G(x)=T\int_0^x f(x)\mathrm{d}x-x\int_0^T f(x)\mathrm{d}x$ 以 T 为周期.

3. 设 $f(x)$ 在$[a,b]$上连续，$x\in(a,b)$，证明：

$$\lim_{h\to 0}\frac{1}{h}\int_a^x[f(t+h)-f(t)]\mathrm{d}t=f(x)-f(a).$$

4. 设函数 $f(x)$ 在区间$[a,b]$上连续，由积分中值公式知

$$\int_a^x f(x)\mathrm{d}x=(x-a)f(\xi),\ a\leqslant\xi\leqslant x<b.$$

若导数 $f'_+(a)$ 存在且非零，求$\lim\limits_{x\to a^+}\dfrac{\xi-a}{x-a}$ 的值.

习题 5-4 参考答案

第五节 反常积分

一、问题提出

教学目标

在讨论**定积分**时有两个最基本的约束：积分区间的**有限性**和被积函数的**有界性**. 但在某些问题中却突破了这两个约束，而需要考虑积分区间为无穷区间或被积函数为无界函数的积分.

引例 1　在地球表面垂直发射火箭(见图 5.5.1)，火箭要克服地球引力无限远离地球，试问初始速度 v_0 至少为多大?

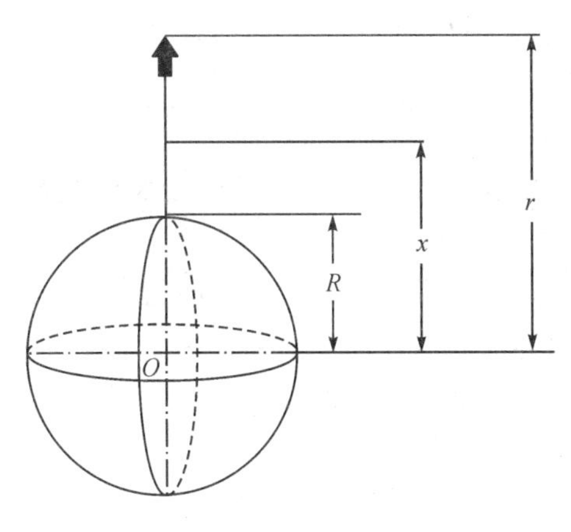

图 5.5.1

分析　设地球半径为 R，火箭质量为 M，重力加速度为 g. 由万有引力定律知，在距地心 $x(x \geqslant R)$ 处火箭所受的引力为$\dfrac{MgR^2}{x^2}$，从而火箭从地面上升到距离地心为 $r(r \geqslant R)$ 处所做的功为

$$\int_R^r \frac{MgR^2}{x^2}\mathrm{d}x = MgR^2\left(\frac{1}{R}-\frac{1}{r}\right).$$

当 $r \to +\infty$ 时，其极限 MgR 就是火箭无限远离地球所做的功，很自然这个极限可记为上限为 $+\infty$ 的"积分"，即

$$\int_R^{+\infty} \frac{MgR^2}{x^2}\mathrm{d}x = \lim_{r\to+\infty}\int_R^r \frac{MgR^2}{x^2}\mathrm{d}x = \lim_{r\to+\infty} MgR^2\left(\frac{1}{R}-\frac{1}{r}\right)=MgR.$$

由机械能守恒定律可求得初始速度 v_0 至少能使

$$\frac{1}{2}Mv_0^2 = MgR.$$

将 $g=9.81\ \mathrm{m/s^2}$，$R=7.371\times 10^6\ \mathrm{m}$ 代入上式，求得

$$v_0=\sqrt{2gR}\approx 11.2\ \mathrm{km/s},$$

即第二宇宙速度.

引例 2　有一圆柱形小桶，内壁高为 h，内半径为 R，桶底有一小洞，半径为 r. 试问在盛满水的情况下，把小洞开放起来直至水流完为止，共需多长时间?

分析　由物理学知识可知，在不考虑摩擦力的情况下，当水面下降距离为 x 时，水流在洞口的流速(即单位时间流过单位面积的流量)为

$$v=\sqrt{2g(h-x)},$$

其中 g 为重力加速度. 由于单位时间内减少的水量等于流出的水量，因此可得关系式

$$\pi R^2\mathrm{d}x = v\pi r^2\mathrm{d}t,$$

即

$$\frac{\mathrm{d}t}{\mathrm{d}x}=\frac{R^2}{r^2\sqrt{2g(h-x)}},$$

从而所需时间形式上可写成“积分”，即

$$t=\int_0^h \frac{R^2}{r^2\sqrt{2g(h-x)}}\mathrm{d}x.$$

这里，被积函数在 $x\to h^-$ 时是无界的. 而 t 的值很自然地可由下述极限得到：

$$t=\lim_{u\to h^-}\int_0^u \frac{R^2}{r^2\sqrt{2g(h-x)}}\mathrm{d}x=\lim_{u\to h^-}\sqrt{\frac{2}{g}}\,\frac{R^2}{r^2}(\sqrt{h}-\sqrt{h-u})=\sqrt{\frac{2h}{g}}\,\frac{R^2}{r^2}.$$

引例 1 和引例 2 分别提出了积分区间无限和被积函数无界的积分，它们统称为**反常积分**(**广义积分**)，而**定积分**则称为**正常积分**或**常义积分**.

二、无穷限的反常积分

定义 5.5.1 (1) 设函数 $f(x)$ 定义在无穷区间$[a,+\infty)$上，且在任何区间$[a,t]$上可积，则称对变上限定积分的极限算式

$$\lim_{t\to+\infty}\int_a^t f(x)\mathrm{d}x \tag{5.5.1}$$

为函数 $f(x)$ 在无穷区间$[a,+\infty)$上的反常积分，记为$\int_a^{+\infty}f(x)\mathrm{d}x$，即

$$\int_a^{+\infty}f(x)\mathrm{d}x=\lim_{t\to+\infty}\int_a^t f(x)\mathrm{d}x.$$

若极限(5.5.1)存在，则称反常积分$\int_a^{+\infty}f(x)\mathrm{d}x$ **收敛**，并称此极限为该反常积分的值；若极限(5.5.1)不存在，则称该反常积分**发散**.

(2) 设函数 $f(x)$ 定义在无穷区间$(-\infty,b]$上，且在任何区间$[t,b]$上可积，则称对变下限定积分的极限算式

$$\lim_{t\to-\infty}\int_t^b f(x)\mathrm{d}x \tag{5.5.2}$$

为函数 $f(x)$ 在无穷区间$(-\infty,b]$上的反常积分，记为$\int_{-\infty}^b f(x)\mathrm{d}x$，即

$$\int_{-\infty}^b f(x)\mathrm{d}x=\lim_{t\to-\infty}\int_t^b f(x)\mathrm{d}x.$$

若极限(5.5.2)存在，则称反常积分$\int_{-\infty}^b f(x)\mathrm{d}x$ **收敛**，并称此极限为该反常积分的值；若极限(5.5.2)不存在，则称该反常积分**发散**.

(3) 设函数 $f(x)$ 定义在无穷区间$(-\infty,+\infty)$上，且在任何区间$[a,b]$上可积，则称反常积分$\int_{-\infty}^0 f(x)\mathrm{d}x$ 和$\int_0^{+\infty}f(x)\mathrm{d}x$ 之和为函数 $f(x)$ 在无穷区间$(-\infty,+\infty)$上的反常积分，记为$\int_{-\infty}^{+\infty}f(x)\mathrm{d}x$，即

$$\int_{-\infty}^{+\infty}f(x)\mathrm{d}x=\int_{-\infty}^0 f(x)\mathrm{d}x+\int_0^{+\infty}f(x)\mathrm{d}x.$$

如果反常积分$\int_{-\infty}^{0} f(x)\mathrm{d}x$ 和反常积分$\int_{0}^{+\infty} f(x)\mathrm{d}x$ 均收敛，那么称反常积分$\int_{-\infty}^{+\infty} f(x)\mathrm{d}x$ **收敛**，并称反常积分$\int_{-\infty}^{0} f(x)\mathrm{d}x$ 的值和反常积分$\int_{0}^{+\infty} f(x)\mathrm{d}x$ 的值之和为反常积分$\int_{-\infty}^{+\infty} f(x)\mathrm{d}x$ 的值. 否则就称反常积分$\int_{-\infty}^{+\infty} f(x)\mathrm{d}x$ **发散**.

上述反常积分统称为**无穷限的反常积分**.

由定义 5.5.1 可知，无穷限反常积分$\int_{a}^{+\infty} f(x)\mathrm{d}x$ 收敛与否，取决于函数 $F(t)=\int_{a}^{t} f(x)\mathrm{d}x$ 在 $t\to+\infty$ 时的极限是否存在，从而由牛顿-莱布尼茨公式可得如下结果：

(1) 设 $F(x)$ 为 $f(x)$ 在$[a, +\infty)$ 上的一个原函数，若 $\lim\limits_{x\to+\infty} F(x)$ 存在，则反常积分

$$\int_{a}^{+\infty} f(x)\mathrm{d}x=[F(x)]_{a}^{+\infty}=F(+\infty)-F(a)=\lim_{x\to+\infty} F(x)-F(a);$$

(2) 设 $F(x)$ 为 $f(x)$ 在$(-\infty, b]$ 上的一个原函数，若 $\lim\limits_{x\to-\infty} F(x)$ 存在，则反常积分

$$\int_{-\infty}^{b} f(x)\mathrm{d}x=[F(x)]_{-\infty}^{b}=F(b)-F(-\infty)=F(b)-\lim_{x\to-\infty} F(x);$$

(3) 设 $F(x)$ 为 $f(x)$ 在$(-\infty, +\infty)$ 上的一个原函数，若 $\lim\limits_{x\to-\infty} F(x)$ 和 $\lim\limits_{x\to+\infty} F(x)$ 均存在，则反常积分

$$\int_{-\infty}^{+\infty} f(x)\mathrm{d}x=[F(x)]_{-\infty}^{+\infty}=F(+\infty)-F(-\infty)=\lim_{x\to+\infty} F(x)-\lim_{x\to-\infty} F(x).$$

例 5.5.1　讨论无穷限反常积分$\int_{1}^{+\infty} \frac{1}{x^2}\mathrm{d}x$ 的收敛性.

解　$\int_{1}^{+\infty} \frac{1}{x^2}\mathrm{d}x=\left[-\frac{1}{x}\right]_{1}^{+\infty}=\lim\limits_{x\to+\infty}\left(-\frac{1}{x}\right)+1=1$，从而无穷限反常积分$\int_{1}^{+\infty} \frac{1}{x^2}\mathrm{d}x$ 收敛且其值为 1.

注　无穷限反常积分$\int_{1}^{+\infty} \frac{1}{x^2}\mathrm{d}x=1$ 的几何意义为**无界曲边梯形**

$$\left\{(x, y) \mid 1\leqslant x, 0\leqslant y\leqslant \frac{1}{x^2}\right\}$$

的面积等于**有限值** 1.

例 5.5.2　计算无穷限反常积分$\int_{-\infty}^{+\infty} \frac{\mathrm{d}x}{1+x^2}$.

解

$$\begin{aligned}\int_{-\infty}^{+\infty} \frac{\mathrm{d}x}{1+x^2}&=\int_{-\infty}^{0} \frac{\mathrm{d}x}{1+x^2}+\int_{0}^{+\infty} \frac{\mathrm{d}x}{1+x^2}\\&=[\arctan x]_{-\infty}^{0}+[\arctan x]_{0}^{+\infty}\\&=\frac{\pi}{2}+\frac{\pi}{2}=\pi.\end{aligned}$$

思考题

例 5.5.3　讨论无穷限反常积分$\int_{a}^{+\infty} \frac{\mathrm{d}x}{x^p}(a>0)$ 的收敛性.

解　当 $p=1$ 时，

$$\int_a^{+\infty}\frac{\mathrm{d}x}{x^p}=\int_a^{+\infty}\frac{\mathrm{d}x}{x}=[\ln x]_a^{+\infty}=+\infty,$$

当 $p\neq 1$ 时，

$$\int_a^{+\infty}\frac{\mathrm{d}x}{x^p}=\left[\frac{x^{1-p}}{1-p}\right]_a^{+\infty}=\begin{cases}+\infty, & p<1\\ \dfrac{a^{1-p}}{p-1}, & p>1\end{cases}.$$

因此，当 $p>1$ 时，该反常积分收敛，其值为$\dfrac{a^{1-p}}{p-1}$；当 $p\leqslant 1$ 时，该反常积分发散.

例 5.5.4　讨论无穷限反常积分$\displaystyle\int_2^{+\infty}\frac{\mathrm{d}x}{x(\ln x)^p}$的收敛性.

解　由于无穷限反常积分是通过变限定积分的极限来定义的，因此有关定积分的换元积分法和分部积分法都可运用到无穷限反常积分中来.

令 $u=\ln x$，则$\displaystyle\int_2^{+\infty}\frac{\mathrm{d}x}{x(\ln x)^p}=\int_{\ln 2}^{+\infty}\frac{\mathrm{d}u}{u^p}$. 由例 5.5.3 知，当 $p>1$ 时，该反常积分收敛；当 $p\leqslant 1$ 时，该反常积分发散.

例 5.5.5　计算无穷限反常积分$\displaystyle\int_2^{+\infty}\frac{1}{x(x^2+1)}\mathrm{d}x$.

解

$$\int_2^{+\infty}\frac{1}{x(x^2+1)}\mathrm{d}x=\int_2^{+\infty}\frac{1}{x^3\left(1+\frac{1}{x^2}\right)}\mathrm{d}x=-\frac{1}{2}\int_2^{+\infty}\frac{1}{1+\frac{1}{x^2}}\mathrm{d}\left(1+\frac{1}{x^2}\right)$$

$$=-\left[\frac{1}{2}\ln\left(1+\frac{1}{x^2}\right)\right]_2^{+\infty}=\ln\frac{\sqrt{5}}{2}.$$

注　这里$\displaystyle\int_2^{+\infty}\frac{1}{x(x^2+1)}\mathrm{d}x\neq\int_2^{+\infty}\frac{1}{x}\mathrm{d}x-\int_2^{+\infty}\frac{x}{x^2+1}\mathrm{d}x$，因为右边两个反常积分都发散.

例 5.5.6　在某种传染病流行期间，人们被传染的速度可以表示为 $r(t)=10^4te^{-0.1t}$（人/天），其中 t 为传染病开始流行的天数($t\geqslant 0$). 如果不加控制，最终会传染多少人?

解　由题意知，如果不加控制，最终被传染人数总量为

$$Q=\int_0^{+\infty}r(t)\mathrm{d}t=\int_0^{+\infty}10^4te^{-0.1t}\mathrm{d}t=-10^5\int_0^{+\infty}t\,\mathrm{d}e^{-0.1t}$$

$$=-10^5\left(\left[te^{-0.1t}\right]_0^{+\infty}-\int_0^{+\infty}e^{-0.1t}\mathrm{d}t\right)$$

$$=-10^5\left(0+\left[10e^{-0.1t}\right]_0^{+\infty}\right)=10^6.$$

三、无界函数的反常积分

定义 5.5.2　如果函数 $f(x)$ 在点 a 的任一邻域(或单侧邻域)内都无界，那么点 a 称为函数 $f(x)$ 的**瑕点**(也称为**无界间断点**).

注　常见的无界间断点为无穷间断点.

定义 5.5.3　(1) 设函数 $f(x)$ 定义在区间$(a,b]$上，点 a 为 $f(x)$ 的瑕点. 任取 $t>a$，函数 $f(x)$ 在$[t,b]$上可积. 称对变下限定积分的极限算式

$$\lim_{t\to a^+}\int_t^b f(x)\mathrm{d}x \tag{5.5.3}$$

为函数 $f(x)$ 在区间 $(a, b]$ 上的**反常积分**，也称其为**瑕积分**，记作 $\int_a^b f(x)\mathrm{d}x$，即

$$\int_a^b f(x)\mathrm{d}x = \lim_{t\to a^+}\int_t^b f(x)\mathrm{d}x.$$

如果极限(5.5.3)存在，那么称反常积分 $\int_a^b f(x)\mathrm{d}x$ 收敛，并称此极限为该反常积分的值；如果极限(5.5.3)不存在，那么称反常积分 $\int_a^b f(x)\mathrm{d}x$ 发散.

注　尽管瑕积分 $\int_a^b f(x)\mathrm{d}x$ 采用与定积分一样的记号，但却与定积分不同，注意区分.

(2) 设函数 $f(x)$ 定义在区间 $[a, b)$ 上，点 b 为 $f(x)$ 的瑕点. 任取 $t<b$，函数 $f(x)$ 在 $[a, t]$ 上可积. 称对变上限定积分的极限算式

$$\lim_{t\to b^-}\int_a^t f(x)\mathrm{d}x \tag{5.5.4}$$

为函数 $f(x)$ 在区间 $[a, b)$ 上的**反常积分**，也称其为**瑕积分**，记作 $\int_a^b f(x)\mathrm{d}x$，即

$$\int_a^b f(x)\mathrm{d}x = \lim_{t\to b^-}\int_a^t f(x)\mathrm{d}x.$$

如果极限(5.5.4)存在，那么称反常积分 $\int_a^b f(x)\mathrm{d}x$ 收敛，并称此极限为该反常积分的值；如果极限(5.5.4)不存在，那么称反常积分 $\int_a^b f(x)\mathrm{d}x$ 发散.

注　若函数 $f(x)$ 在开区间 (a, b) 内的任何闭区间上可积，点 a 和点 b 均为函数 $f(x)$ 的瑕点，则瑕积分可定义为

$$\int_a^b f(x)\mathrm{d}x = \int_a^c f(x)\mathrm{d}x + \int_c^b f(x)\mathrm{d}x,$$

其中 c 为 (a, b) 内任意一点，当且仅当右端两个瑕积分都收敛时左端瑕积分才收敛.

(3) 若函数 $f(x)$ 的瑕点 c 在闭区间 $[a, b]$ 的内部，即 $a<c<b$，则瑕积分 $\int_a^b f(x)\mathrm{d}x$ 可定义为

$$\int_a^b f(x)\mathrm{d}x = \int_a^c f(x)\mathrm{d}x + \int_c^b f(x)\mathrm{d}x,$$

当且仅当右端两个瑕积分都收敛时左端瑕积分才收敛，否则左端这个瑕积分发散.

由定义 5.5.3 可知，瑕积分 $\int_a^b f(x)\mathrm{d}x$ (a 为瑕点) 收敛与否，取决于函数 $F(t)=\int_t^b f(x)\mathrm{d}x$ 在 $t\to a^+$ 时的极限是否存在，从而由牛顿-莱布尼茨公式可得如下结果：

(1) 设 $x=a$ 为 $f(x)$ 的瑕点，在 $(a, b]$ 上有 $F'(x)=f(x)$，如果极限 $\lim\limits_{x\to a^+}F(x)$ 存在，则瑕积分

$$\int_a^b f(x)\mathrm{d}x = [F(x)]_a^b = F(b)-F(a^+);$$

(2) 设 $x=b$ 为 $f(x)$ 的瑕点，在 $[a,b)$ 上有 $F'(x)=f(x)$，如果极限 $\lim\limits_{x\to b^-}F(x)$ 存在，则瑕积分

$$\int_a^b f(x)\mathrm{d}x=[F(x)]_a^b=F(b^-)-F(a).$$

例 5.5.7 计算反常积分 $\int_0^1 \ln x\,\mathrm{d}x$.

解 易知 $x=0$ 为被积函数的瑕点，所以

$$\int_0^1 \ln x\,\mathrm{d}x=[x\ln x-x]_0^1=-1.$$

思考题

注 瑕积分 $\int_0^1 \ln x\,\mathrm{d}x=-1$ 的几何意义为**无界曲边梯形**

$$\{(x,y)\mid 0<x\leqslant 1,\ \ln x\leqslant y\leqslant 0\}$$

的面积等于**有限值** 1.

例 5.5.8 计算反常积分 $\int_0^2 \frac{\mathrm{d}x}{\sqrt{x(2-x)}}$.

解 因为 $x=0$，$x=2$ 为被积函数的瑕点，且被积函数在 $(0,2)$ 上连续，所以

$$\int_0^2 \frac{\mathrm{d}x}{\sqrt{x(2-x)}}=\int_0^2 \frac{\mathrm{d}(x-1)}{\sqrt{1-(x-1)^2}}=[\arcsin(x-1)]_0^2=\frac{\pi}{2}-\left(-\frac{\pi}{2}\right)=\pi.$$

例 5.5.9 证明反常积分 $\int_a^b \frac{\mathrm{d}x}{(x-a)^q}$ 当 $0<q<1$ 时收敛，当 $q\geqslant 1$ 时发散.

证明 当 $q=1$ 时，

$$\begin{aligned}\int_a^b \frac{\mathrm{d}x}{(x-a)^q}&=\int_a^b \frac{\mathrm{d}x}{x-a}=[\ln(x-a)]_a^b\\&=\ln(b-a)-\lim_{x\to a^+}\ln(x-a)=+\infty.\end{aligned}$$

当 $q\neq 1$ 时，

$$\int_a^b \frac{\mathrm{d}x}{(x-a)^q}=\left[\frac{(x-a)^{1-q}}{1-q}\right]_a^b=\begin{cases}\dfrac{(b-a)^{1-q}}{1-q}, & 0<q<1\\ +\infty, & q>1\end{cases}.$$

因此，当 $0<q<1$ 时，该反常积分收敛，其值为 $\frac{(b-a)^{1-q}}{1-q}$；当 $q\geqslant 1$ 时，该反常积分发散.

例 5.5.10 计算反常积分 $\int_0^2 \frac{x^3}{\sqrt{4-x^2}}\mathrm{d}x$.

解 易知 $x=2$ 为被积函数的瑕点. 令 $x=2\sin t$，则

$$\int_0^2 \frac{x^3}{\sqrt{4-x^2}}\mathrm{d}x=8\int_0^{\frac{\pi}{2}}\sin^3 t\,\mathrm{d}t=\frac{16}{3}.$$

注 在例 5.5.10 中，瑕积分在换元后变成了定积分，这与收敛的反常积分的值为有限数是一致的，但不能将收敛的反常积分看成定积分.

例 5.5.11 讨论反常积分 $\int_2^{+\infty} \frac{\mathrm{d}x}{x^2-4x+3}$ 的收敛性. 若该反常积分收敛，求出其值.

解　因为 $x=3$ 为被积函数的瑕点，积分区间为无穷区间，所以所给反常积分可写成两个反常积分之和，即

$$\int_2^{+\infty}\frac{\mathrm{d}x}{x^2-4x+3}=\int_2^3\frac{\mathrm{d}x}{x^2-4x+3}+\int_3^{+\infty}\frac{\mathrm{d}x}{x^2-4x+3},$$

其中 $\int_2^3\frac{\mathrm{d}x}{x^2-4x+3}$ 为瑕积分，$\int_3^{+\infty}\frac{\mathrm{d}x}{x^2-4x+3}$ 为无穷限的反常积分，只有当这两个反常积分均收敛时，所给反常积分才收敛.

又瑕积分

$$\int_2^3\frac{\mathrm{d}x}{x^2-4x+3}=\frac{1}{2}\left[\ln|x-3|-\ln|x-1|\right]_2^3=-\infty,$$

故瑕积分 $\int_2^3\frac{\mathrm{d}x}{x^2-4x+3}$ 发散，从而反常积分 $\int_2^{+\infty}\frac{\mathrm{d}x}{x^2-4x+3}$ 发散.

四、知识延展 —— 反常积分的审敛法与 Γ 函数

1. 无穷限反常积分的审敛法

我们已经知道，无穷限反常积分 $\int_a^{+\infty}f(x)\mathrm{d}x$ 收敛与否，取决于函数 $F(t)=\int_a^t f(x)\mathrm{d}x$ 在 $t\to+\infty$ 时的极限是否存在，那么当被积函数的原函数不便或不能求出时，我们可以通过别的方法判别其收敛性.

定义 5.5.4　若反常积分 $\int_a^{+\infty}|f(x)|\mathrm{d}x$ 收敛，则称反常积分 $\int_a^{+\infty}f(x)\mathrm{d}x$ **绝对收敛**；若 $\int_a^{+\infty}f(x)\mathrm{d}x$ 收敛，但 $\int_a^{+\infty}|f(x)|\mathrm{d}x$ 发散，则称反常积分 $\int_a^{+\infty}f(x)\mathrm{d}x$ **条件收敛**.

定理 5.5.1　若反常积分 $\int_a^{+\infty}|f(x)|\mathrm{d}x$ 收敛，则反常积分 $\int_a^{+\infty}f(x)\mathrm{d}x$ 一定收敛，且有

$$\int_a^{+\infty}|f(x)|\mathrm{d}x\geqslant\left|\int_a^{+\infty}f(x)\mathrm{d}x\right|.$$

注　定理 5.5.1 的证明要用到无穷限反常积分的柯西收敛准则.

定理 5.5.2(无穷限反常积分的柯西收敛准则)　无穷限反常积分 $\int_a^{+\infty}f(x)\mathrm{d}x$ 收敛的**充要条件**如下：任给正数 ε，总存在 $M>a$，使得当 A_1，$A_2>M$ 时，都有 $\left|\int_{A_1}^{A_2}f(x)\mathrm{d}x\right|<\varepsilon$.

注　为了方便，在下面的讨论中，我们只考虑连续函数.

定理 5.5.3　设非负函数 $f(x)$ 在区间 $[a,+\infty)$ 上连续. 若函数 $F(x)=\int_a^x f(t)\mathrm{d}t$ 在 $[a,+\infty)$ 上有上界，则反常积分 $\int_a^{+\infty}f(x)\mathrm{d}x$ 收敛.

证明　由于 $f(x)\geqslant 0$，因此 $F(x)$ 在 $[a,+\infty)$ 上单调增加，又 $F(x)$ 在 $[a,+\infty)$ 上有上界，故由单调有界函数必有极限可知反常积分收敛.

根据定理 5.5.3，我们易得如下比较审敛原理：

定理 5.5.4(比较审敛原理 1)　设有定义在 $[a,+\infty)$ 上的非负连续函数 $f(x)$ 和 $g(x)$，

且 $f(x) \leqslant g(x)$ $(a \leqslant x < +\infty)$.

(1) 若$\int_a^{+\infty} g(x)\mathrm{d}x$ 收敛，则$\int_a^{+\infty} f(x)\mathrm{d}x$ 也收敛；

(2) 若$\int_a^{+\infty} f(x)\mathrm{d}x$ 发散，则$\int_a^{+\infty} g(x)\mathrm{d}x$ 也发散.

由例5.5.3知无穷限反常积分$\int_a^{+\infty} \frac{\mathrm{d}x}{x^p}(a>0)$当$p>1$时收敛，当$p\leqslant 1$时发散，故可用反常积分$\int_a^{+\infty} \frac{A}{x^p}\mathrm{d}x\,(a>0)$与其他无穷限反常积分作比较，得到反常积分的比较审敛法.

定理 5.5.5(比较审敛法 1) 设有定义在$[a,+\infty)$上的非负连续函数 $f(x)$.

(1) 若存在常数 $M>0$ 及 $p>1$，使得 $f(x) \leqslant \frac{M}{x^p}(a \leqslant x < +\infty)$，则反常积分$\int_a^{+\infty} f(x)\mathrm{d}x$ 收敛；

(2) 若存在常数 $N>0$，使得 $f(x) \geqslant \frac{N}{x}(a \leqslant x < +\infty)$，则反常积分$\int_a^{+\infty} f(x)\mathrm{d}x$ 发散.

例 5.5.12 讨论无穷限反常积分$\int_1^{+\infty} \frac{\sin x}{1+x^2}\mathrm{d}x$ 的收敛性.

解 由于$\left|\frac{\sin x}{1+x^2}\right| \leqslant \frac{1}{1+x^2} < \frac{1}{x^2}$，而由例 5.5.3 知$\int_1^{+\infty} \frac{1}{x^2}\mathrm{d}x$ 收敛，因此反常积分$\int_1^{+\infty} \frac{\sin x}{1+x^2}\mathrm{d}x$ 绝对收敛，再根据定理 5.5.1 可知反常积分$\int_1^{+\infty} \frac{\sin x}{1+x^2}\mathrm{d}x$ 收敛.

比较审敛原理 1 的极限形式如下：

定理 5.5.6 设有定义在$[a,+\infty)$上的连续函数 $f(x) \geqslant 0$ 和 $g(x)>0$，且 $\lim\limits_{x\to+\infty} \frac{f(x)}{g(x)} = c$，则

(1) 当 $0 < c < +\infty$ 时，$\int_a^{+\infty} f(x)\mathrm{d}x$ 和$\int_a^{+\infty} g(x)\mathrm{d}x$ 同时收敛或同时发散；

(2) 当 $c=0$，且$\int_a^{+\infty} g(x)\mathrm{d}x$ 收敛时，$\int_a^{+\infty} f(x)\mathrm{d}x$ 也收敛；

(3) 当 $c=+\infty$，且$\int_a^{+\infty} g(x)\mathrm{d}x$ 发散时，$\int_a^{+\infty} f(x)\mathrm{d}x$ 也发散.

用$\int_a^{+\infty} \frac{\mathrm{d}x}{x^p}(a>0)$作为比较对象$\int_a^{+\infty} g(x)\mathrm{d}x$ 时，可得到如下**极限审敛法**：

定理 5.5.7(极限审敛法 1) 设有定义在$[a,+\infty)$上的非负连续函数 $f(x)$.

(1) 如果存在 $p>1$，使得 $\lim\limits_{x\to+\infty} x^p f(x) = c < +\infty$，则反常积分$\int_a^{+\infty} f(x)\mathrm{d}x$ 收敛；

(2) 如果 $\lim\limits_{x\to+\infty} xf(x) = d > 0$(或 $\lim\limits_{x\to+\infty} xf(x) = +\infty$)，则反常积分$\int_a^{+\infty} f(x)\mathrm{d}x$ 发散.

注 由定理 5.5.7 可知，当 $x\to+\infty$ 时，如果函数 $f(x)$ 是关于$\frac{1}{x}$ 的高于一阶的无穷小，则反常积分$\int_a^{+\infty} f(x)\mathrm{d}x$ 收敛；如果 $f(x)$ 是关于$\frac{1}{x}$ 的不高于一阶的无穷小，则反常积分发散.

例 5.5.13　讨论无穷限反常积分$\int_0^{+\infty} x^{\alpha} e^{-x} dx$（$\alpha > 0$）的收敛性.

解　由于$\lim\limits_{x \to +\infty} x^2 \cdot x^{\alpha} e^{-x} = \lim\limits_{x \to +\infty} \dfrac{x^{2+\alpha}}{e^x} = 0$，这里$c=0$，$p=2$，因此由极限审敛法1可知该反常积分收敛.

例 5.5.14　讨论无穷限反常积分$\int_0^{+\infty} \dfrac{x^2}{\sqrt{x^5+1}} dx$ 的收敛性.

解　由于$\lim\limits_{x \to +\infty} x^{\frac{1}{2}} \cdot \dfrac{x^2}{\sqrt{x^5+1}} = \lim\limits_{x \to +\infty} \dfrac{1}{\sqrt{x^{-5}+1}} = 1$，这里$c=1$，$p=\dfrac{1}{2}$，因此由极限审敛法1可知该反常积分发散.

对于被积函数为一般函数，即不要求其为非负函数的无穷限反常积分，我们有以下两个审敛法：

定理 5.5.8(阿贝尔审敛法)　若无穷限反常积分$\int_a^{+\infty} f(x) dx$ 收敛，函数$g(x)$在$[a, +\infty)$上单调有界，则反常积分$\int_a^{+\infty} f(x) g(x) dx$ 收敛.

定理 5.5.9(狄利克雷审敛法)　若函数$F(x) = \int_a^x f(t) dt$在$[a, +\infty)$上有界，$g(x)$在$[a, +\infty)$上单调且$\lim\limits_{x \to +\infty} g(x) = 0$，则反常积分$\int_a^{+\infty} f(x) g(x) dx$ 收敛.

例 5.5.15　讨论无穷限反常积分$\int_1^{+\infty} \dfrac{\sin x}{x^p} dx$（$p > 0$）的收敛性. 如果收敛，是条件收敛还是绝对收敛？

解　(1) 当$p > 1$时，$\left| \dfrac{\sin x}{x^p} \right| \leqslant \dfrac{1}{x^p}$，而$\int_1^{+\infty} \dfrac{1}{x^p} dx$ 当$p > 1$时收敛，故由比较审敛原理1可知，该反常积分收敛且为绝对收敛.

(2) 当$0 < p \leqslant 1$时，因

$$\left| \frac{\sin x}{x^p} \right| \geqslant \frac{\sin^2 x}{x} = \frac{1}{2x} - \frac{\cos 2x}{2x},$$

而

$$\left| \int_1^x \cos 2t \, dt \right| = \frac{1}{2} \left| \sin 2x - \sin 2 \right| \leqslant 1,$$

$\dfrac{1}{2x}$在$[1, +\infty)$上单调且$\lim\limits_{x \to +\infty} \dfrac{1}{2x} = 0$，故由狄利克雷审敛法知$\int_1^{+\infty} \dfrac{\cos 2x}{2x} dx$ 收敛，但$\int_1^{+\infty} \dfrac{1}{2x} dx$ 发散，从而$\int_1^{+\infty} \dfrac{\sin^2 x}{x} dx$ 发散. 于是由比较审敛原理1知$\int_1^{+\infty} \left| \dfrac{\sin x}{x^p} \right| dx$ 发散.

另一方面，对任意的$x \geqslant 1$，有$\left| \int_1^x \sin t \, dt \right| = \left| \cos x - \cos 1 \right| \leqslant 2$，而当$p > 0$时，$\dfrac{1}{x^p}$在$[1, +\infty)$上单调且$\lim\limits_{x \to +\infty} \dfrac{1}{x^p} = 0$，故由狄利克雷审敛法知$\int_1^{+\infty} \dfrac{\sin x}{x^p} dx$ 当$p > 0$时收敛. 因此，当$0 < p \leqslant 1$时，该反常积分条件收敛.

2. 无界函数的反常积分的审敛法

与无穷限反常积分类似，对于无界函数的反常积分，当被积函数的原函数不便甚至不能求出时，我们同样可以通过别的方法判断其收敛性.

定理 5.5.10(比较审敛原理 2) 设非负连续函数 $f(x)$ 和 $g(x)$ 在区间 $(a, b]$ 上连续，$x=a$ 为它们的瑕点，且 $f(x) \leqslant g(x)$ $(a < x \leqslant b)$.

(1) 若 $\int_a^b g(x)\mathrm{d}x$ 收敛，则 $\int_a^b f(x)\mathrm{d}x$ 也收敛；

(2) 若 $\int_a^b f(x)\mathrm{d}x$ 发散，则 $\int_a^b g(x)\mathrm{d}x$ 也发散.

用 $\int_a^b \frac{\mathrm{d}x}{(x-a)^q}$ 作为比较对象 $\int_a^b g(x)\mathrm{d}x$ 时，可得到如下审敛法：

定理 5.5.11(比较审敛法 2) 设非负函数 $f(x)$ 在区间 $(a, b]$ 上连续，$x=a$ 为 $f(x)$ 的瑕点.

(1) 如果存在常数 $M>0$ 及 $q<1$，使得

$$f(x) \leqslant \frac{M}{(x-a)^q} \quad (a < x \leqslant b),$$

则反常积分 $\int_a^b f(x)\mathrm{d}x$ 收敛；

(2) 如果存在常数 $N>0$，使得

$$f(x) \geqslant \frac{N}{x-a} \quad (a < x \leqslant b),$$

则反常积分 $\int_a^b f(x)\mathrm{d}x$ 发散.

定理 5.5.12(极限审敛法 2) 设函数 $f(x)$ 在区间 $(a, b]$ 上连续，$x=a$ 为 $f(x)$ 的瑕点，且 $\lim\limits_{x\to a^+}(x-a)^q f(x)=\lambda$.

(1) 如果 $0<q<1$，$0 \leqslant \lambda < +\infty$，则瑕积分 $\int_a^b f(x)\mathrm{d}x$ 收敛；

(2) 如果 $q \geqslant 1$，$0 < \lambda \leqslant +\infty$，则瑕积分 $\int_a^b f(x)\mathrm{d}x$ 发散.

例 5.5.16 判定反常积分 $\int_0^1 \frac{\ln x}{\sqrt{x}}\mathrm{d}x$ 的收敛性.

解 易知 $x=0$ 为被积函数的瑕点. 取 $q=\frac{3}{4}<1$，则

$$\lambda = \lim_{x\to 0^+} x^{\frac{3}{4}} \cdot \frac{\ln x}{\sqrt{x}} = \lim_{x\to 0^+} \frac{\ln x}{x^{-\frac{1}{4}}} = 0,$$

故由极限审敛法 2 知，反常积分 $\int_0^1 \frac{\ln x}{\sqrt{x}}\mathrm{d}x$ 收敛.

例 5.5.17 判定椭圆积分 $\int_0^1 \frac{\mathrm{d}x}{\sqrt{(1-x^2)(1-k^2x^2)}}$ $(k^2<1)$ 的收敛性.

解 易知 $x=1$ 为被积函数的瑕点. 由于

$$\lim_{x\to 1^-}(1-x)^{\frac{1}{2}}\frac{1}{\sqrt{(1-x^2)(1-k^2x^2)}}=\lim_{x\to 1^-}\frac{1}{\sqrt{(1+x)(1-k^2x^2)}}=\frac{1}{\sqrt{2(1-k^2)}},$$

因此根据极限审敛法 2，所给椭圆积分收敛.

注　这类瑕积分最初出现于椭圆弧长的有关问题中，故称为椭圆积分. 椭圆积分的被积函数是三次或者四次多项式的平方根的有理函数.

3. Γ 函数

1) Γ 函数的定义

给出反常积分

$$\int_0^{+\infty} e^{-x}x^{s-1}dx \quad (s>0),$$

这个反常积分的积分区间为无穷区间，且 $s-1<0$ 时 $x=0$ 是被积函数的瑕点. 为此我们讨论下列两个积分

$$I_1=\int_0^1 e^{-x}x^{s-1}dx, \qquad I_2=\int_1^{+\infty} e^{-x}x^{s-1}dx$$

的收敛性.

先讨论 I_1. 当 $s\geqslant 1$ 时，I_1 是定积分；当 $0<s<1$ 时，因为

$$e^{-x}x^{s-1}=\frac{1}{e^x}\cdot\frac{1}{x^{1-s}}<\frac{1}{x^{1-s}},$$

而 $1-s<1$，所以根据比较审敛法 2，反常积分 I_1 收敛.

再讨论 I_2. 因为

$$\lim_{x\to+\infty}x^2\cdot(e^{-x}x^{s-1})=\lim_{x\to+\infty}\frac{x^{s+1}}{e^x}=0,$$

所以根据极限审敛法 1，反常积分 I_2 也收敛.

综上可知，反常积分 $\int_0^{+\infty} e^{-x}x^{s-1}dx$ 对 $s>0$ 均收敛，从而在 $s>0$ 的范围内反常积分 $\int_0^{+\infty} e^{-x}x^{s-1}dx$ 确定了一个以 s 为自变量的函数，称为 **Γ 函数**，记为 $\Gamma(s)$，即

$$\Gamma(s)=\int_0^{+\infty} e^{-x}x^{s-1}dx \quad (s>0).$$

2) Γ 函数的性质

(1) 递推公式：$\Gamma(s+1)=s\Gamma(s)(s>0)$.

注　① 这个递推公式可由分部积分法得出.

② 一般地，对任何正整数 n，有 $\Gamma(n+1)=n!$，所以 **Γ 函数**可以看成是阶乘的推广.

(2) 当 $s\to 0^+$ 时，$\Gamma(s)\to+\infty$.

(3) 余元公式：$\Gamma(s)\Gamma(1-s)=\dfrac{\pi}{\sin\pi s}(0<s<1)$.

注　当 $s=\dfrac{1}{2}$ 时，由余元公式可得 $\Gamma\left(\dfrac{1}{2}\right)=\sqrt{\pi}$.

(4) 在 $\Gamma(s)=\int_0^{+\infty} e^{-x}x^{s-1}dx$ 中，令 $x=u^2$，则有

$$\Gamma(s)=\int_0^{+\infty}\mathrm{e}^{-x}x^{s-1}\mathrm{d}x=2\int_0^{+\infty}\mathrm{e}^{-u^2}u^{2s-1}\mathrm{d}u.$$

再令 $2s-1=t$，则有

$$\int_0^{+\infty}\mathrm{e}^{-u^2}u^t\mathrm{d}u=\frac{1}{2}\Gamma\left(\frac{1+t}{2}\right)\quad(t>-1).$$

令 $t=0$，得

$$\int_0^{+\infty}\mathrm{e}^{-u^2}\mathrm{d}u=\frac{1}{2}\Gamma\left(\frac{1}{2}\right)=\frac{\sqrt{\pi}}{2}.$$

这是在概率论中常用的一个积分结果.

例 5.5.18 设 $f(x)$ 在 $[0,+\infty)$ 上的反常积分 $\int_0^{+\infty}f(x)\mathrm{d}x$ 收敛，且

$$f(x)=3x^3\mathrm{e}^{-3x}-\frac{2\mathrm{e}^{-x^2}}{\sqrt{\pi}}\int_0^{+\infty}f(x)\mathrm{d}x$$

对任意 $x\geqslant 0$ 成立，求 $f(x)$ 和 $\int_0^{+\infty}f(x)\mathrm{d}x$.

解 由题设知 $\int_0^{+\infty}f(x)\mathrm{d}x$ 收敛，因而其值为常数，设此常数为 A，即 $\int_0^{+\infty}f(x)\mathrm{d}x=A$，则

$$f(x)=3x^3\mathrm{e}^{-3x}-\frac{2A\mathrm{e}^{-x^2}}{\sqrt{\pi}},$$

上式两端在区间 $[0,+\infty)$ 上积分，得

$$\begin{aligned}A&=\int_0^{+\infty}f(x)\mathrm{d}x=\int_0^{+\infty}3x^3\mathrm{e}^{-3x}\mathrm{d}x-2\int_0^{+\infty}\frac{A}{\sqrt{\pi}}\mathrm{e}^{-x^2}\mathrm{d}x\\&=\frac{1}{27}\int_0^{+\infty}(3x)^3\mathrm{e}^{-3x}\mathrm{d}(3x)-\frac{2A}{\sqrt{\pi}}\cdot\frac{\sqrt{\pi}}{2}\\&=\frac{1}{27}\Gamma(4)-\frac{2A}{\sqrt{\pi}}\cdot\frac{\sqrt{\pi}}{2}=\frac{3!}{27}-A,\end{aligned}$$

故 $A=\frac{1}{9}=\int_0^{+\infty}f(x)\mathrm{d}x$. 将 A 的值代入 $f(x)=3x^3\mathrm{e}^{-3x}-\frac{2A\mathrm{e}^{-x^2}}{\sqrt{\pi}}$，得

$$f(x)=3x^3\mathrm{e}^{-3x}-\frac{2\mathrm{e}^{-x^2}}{9\sqrt{\pi}}.$$

习 题 5-5

基 础 题

计算下列积分：

(1) $I=\int_0^{+\infty}\frac{1}{x^2+4x+8}\mathrm{d}x$； (2) $I=\int_{\mathrm{e}}^{+\infty}\frac{1}{x\ln^2x}\mathrm{d}x$；

(3) $I=\int_1^{+\infty}\frac{1}{x\sqrt{x^2-1}}\mathrm{d}x$； (4) $I=\int_2^{+\infty}\frac{\mathrm{d}x}{(x+7)\sqrt{x-2}}$；

(5) $I=\int_0^{+\infty}\frac{x\mathrm{e}^{-x}}{(1+\mathrm{e}^{-x})^2}\mathrm{d}x$；　　(6) $I=\int_{\frac{1}{2}}^{\frac{3}{2}}\frac{1}{\sqrt{|x-x^2|}}\mathrm{d}x$.

提　高　题

1. 若反常积分$\int_0^{+\infty}\frac{1}{x^a(1+x)^b}\mathrm{d}x$收敛，则(　　).

A. $a<1$ 且 $b>1$　　B. $a>1$ 且 $b>1$

C. $a<1$ 且 $a+b>1$　　D. $a>1$ 且 $a+b>1$

习题 5 - 5
参考答案

2. 设 $f(x)=\begin{cases}\frac{1}{(x-1)^{a-1}}, & 1<x<\mathrm{e}\\ \frac{1}{x\ln^{a+1}x}, & x\geqslant \mathrm{e}\end{cases}$，若反常积分$\int_1^{+\infty}f(x)\mathrm{d}x$收敛，则(　　).

A. $a<-2$　　B. $a>2$

C. $-2<a<0$　　D. $0<a<2$

3. 设 $f(x)$ 在$[0,+\infty)$上连续，$\int_A^{+\infty}\frac{f(x)}{x}\mathrm{d}x$ 存在，其中 $A>0$，证明：

$$\int_0^{+\infty}\frac{f(ax)-f(bx)}{x}\mathrm{d}x=f(0)\cdot\ln\frac{b}{a}，其中 a,b>0.$$

第六节　定积分相关综合问题

本节是一元函数积分学的综合应用与深化，虽然大纲没有对此部分提出明确要求，但是读者要引起足够的重视. 由于一元函数积分学的综合应用涉及定积分的计算、积分中值定理、定积分等式、定积分不等式，等等，形式极其丰富，同时也会融合一元函数微分学中的极限问题、无穷小问题、微分中值定理、洛必达法则、泰勒公式以及单调性、最值等函数性态，因此读者要熟练掌握一元函数微分学与一元函数积分学的相关知识.

教学目标

一、常用结论

1. 对称区间上的积分性质

定理 5.6.1　若函数 $f(x)$在$[-a,a]$上连续，则有

$$\int_{-a}^{a}f(x)\mathrm{d}x=\int_0^a[f(-x)+f(x)]\mathrm{d}x. \tag{5.6.1}$$

特别地，

(1) 若 $f(x)$ 为偶函数，则$\int_{-a}^{a}f(x)\mathrm{d}x=2\int_0^a f(x)\mathrm{d}x$；

(2) 若 $f(x)$ 为奇函数，则$\int_{-a}^{a}f(x)\mathrm{d}x=0$.

证明 $\int_{-a}^{a} f(x)\mathrm{d}x = \int_{-a}^{0} f(x)\mathrm{d}x + \int_{0}^{a} f(x)\mathrm{d}x$. 对积分$\int_{-a}^{0} f(x)\mathrm{d}x$ 作代换 $x = -t$，得

$$\int_{-a}^{0} f(x)\mathrm{d}x = \int_{a}^{0} f(-t)(-\mathrm{d}t) = \int_{0}^{a} f(-t)\mathrm{d}t = \int_{0}^{a} f(-x)\mathrm{d}x,$$

从而

$$\int_{-a}^{a} f(x)\mathrm{d}x = \int_{0}^{a} f(-x)\mathrm{d}x + \int_{0}^{a} f(x)\mathrm{d}x = \int_{0}^{a} [f(-x) + f(x)]\mathrm{d}x.$$

(1) 若 $f(x)$ 为偶函数，则 $f(-x) = f(x)$，即 $f(-x) + f(x) = 2f(x)$，故

$$\int_{-a}^{a} f(x)\mathrm{d}x = 2\int_{0}^{a} f(x)\mathrm{d}x.$$

(2) 若 $f(x)$ 为奇函数，则 $f(-x) = -f(x)$，即 $f(-x) + f(x) = 0$，故

$$\int_{-a}^{a} f(x)\mathrm{d}x = 0.$$

注 定理 5.6.1 的结果常常称为对称区间上积分的"偶倍奇零"性质，利用这个性质可简化偶函数、奇函数在关于原点对称的区间上的定积分的计算.

例 5.6.1 计算定积分$\int_{-1}^{1} \frac{2x^2 + x\cos x}{1 + \sqrt{1 - x^2}}\mathrm{d}x$.

解 利用对称区间上积分的"偶倍奇零"性质，得

$$\begin{aligned}\int_{-1}^{1} \frac{2x^2 + x\cos x}{1 + \sqrt{1 - x^2}}\mathrm{d}x &= \int_{-1}^{1} \frac{2x^2}{1 + \sqrt{1 - x^2}}\mathrm{d}x + \int_{-1}^{1} \frac{x\cos x}{1 + \sqrt{1 - x^2}}\mathrm{d}x \\ &= 4\int_{0}^{1} \frac{x^2}{1 + \sqrt{1 - x^2}}\mathrm{d}x + 0 = 4\int_{0}^{1} \frac{x^2(1 - \sqrt{1 - x^2})}{1 - (1 - x^2)}\mathrm{d}x \\ &= 4\int_{0}^{1} (1 - \sqrt{1 - x^2})\mathrm{d}x = 4 - 4\int_{0}^{1} \sqrt{1 - x^2}\,\mathrm{d}x = 4 - \pi.\end{aligned}$$

在定积分的计算中，如果积分区间不是对称区间，但是通过换元可将其化为对称区间，那么依然可以使用"偶倍奇零"性质，使计算量大大减少.

例 5.6.2 计算定积分$\int_{0}^{2} x\sqrt{2x - x^2}\,\mathrm{d}x$.

解 $\int_{0}^{2} x\sqrt{2x - x^2}\,\mathrm{d}x = \int_{0}^{2} x\sqrt{1 - (x - 1)^2}\,\mathrm{d}x$. 令 $x - 1 = t$，则

$$\begin{aligned}\int_{0}^{2} x\sqrt{2x - x^2}\,\mathrm{d}x &= \int_{-1}^{1} (t + 1)\sqrt{1 - t^2}\,\mathrm{d}t \\ &= \int_{-1}^{1} t\sqrt{1 - t^2}\,\mathrm{d}t + \int_{-1}^{1} \sqrt{1 - t^2}\,\mathrm{d}t = 0 + \frac{\pi}{2} = \frac{\pi}{2}.\end{aligned}$$

例 5.6.3 计算定积分$\int_{0}^{2} \frac{x^2}{(x^2 - 2x + 2)^2}\mathrm{d}x$.

解 $\int_{0}^{2} \frac{x^2}{(x^2 - 2x + 2)^2}\mathrm{d}x = \int_{0}^{2} \frac{x^2}{[(x - 1)^2 + 1]^2}\mathrm{d}x$. 令 $x - 1 = u$，则

$$\begin{aligned}\int_{0}^{2} \frac{x^2}{(x^2 - 2x + 2)^2}\mathrm{d}x &= \int_{-1}^{1} \frac{(u + 1)^2}{(u^2 + 1)^2}\mathrm{d}u = \int_{-1}^{1} \frac{u^2 + 1}{(u^2 + 1)^2}\mathrm{d}u + \int_{-1}^{1} \frac{2u}{(u^2 + 1)^2}\mathrm{d}u \\ &= 2\int_{0}^{1} \frac{1}{u^2 + 1}\mathrm{d}u + 0 = 2\arctan 1 = \frac{\pi}{2}.\end{aligned}$$

例 5.6.4　计算下列定积分：

(1) $\displaystyle\int_{-\frac{\pi}{4}}^{\frac{\pi}{4}} \frac{1}{1+\sin x}\mathrm{d}x$；　　(2) $\displaystyle\int_{-\frac{\pi}{4}}^{\frac{\pi}{4}} \frac{\sin^2 x}{1+\mathrm{e}^{-x}}\mathrm{d}x$.

解　(1) 使用公式(5.6.1)，可得

$$\begin{aligned}\int_{-\frac{\pi}{4}}^{\frac{\pi}{4}} \frac{1}{1+\sin x}\mathrm{d}x &= \int_0^{\frac{\pi}{4}}\left(\frac{1}{1+\sin x}+\frac{1}{1-\sin x}\right)\mathrm{d}x \\ &= \int_0^{\frac{\pi}{4}}\frac{2}{1-\sin^2 x}\mathrm{d}x = 2\int_0^{\frac{\pi}{4}} \sec^2 x\,\mathrm{d}x \\ &= 2\left[\tan x\right]_0^{\frac{\pi}{4}} = 2.\end{aligned}$$

(2) 使用公式(5.6.1)，可得

$$\begin{aligned}\int_{-\frac{\pi}{4}}^{\frac{\pi}{4}} \frac{\sin^2 x}{1+\mathrm{e}^{-x}}\mathrm{d}x &= \int_0^{\frac{\pi}{4}}\left(\frac{\sin^2 x}{1+\mathrm{e}^{-x}}+\frac{\sin^2 x}{1+\mathrm{e}^{x}}\right)\mathrm{d}x \\ &= \int_0^{\frac{\pi}{4}}\left(\frac{1}{1+\mathrm{e}^{-x}}+\frac{1}{1+\mathrm{e}^{x}}\right)\sin^2 x\,\mathrm{d}x \\ &= \int_0^{\frac{\pi}{4}} \sin^2 x\,\mathrm{d}x = \int_0^{\frac{\pi}{4}} \frac{1-\cos 2x}{2}\mathrm{d}x \\ &= \frac{\pi}{8}-\frac{1}{4}.\end{aligned}$$

思考题

2. 区间再现公式

定理 5.6.2　若函数 $f(x)$在区间$[a, b]$上连续，则

$$\int_a^b f(x)\mathrm{d}x = \int_a^b f(a+b-x)\mathrm{d}x. \tag{5.6.2}$$

注　公式(5.6.2)一般叫作“区间再现公式”，这个公式的奇妙之处在于等式左、右两边积分的积分限没有改变，而维持积分限不变的关键是换元 $t=a+b-x$ 或 $x=a+b-t$，请读者自行证明.

例 5.6.5　计算定积分 $I=\displaystyle\int_0^{\pi} x\sin^9 x\,\mathrm{d}x$.

解　根据公式(5.6.2)，可令 $x=0+\pi-t$，则

$$\begin{aligned}I = \int_0^{\pi} x\sin^9 x\,\mathrm{d}x &= \int_{\pi}^{0}(\pi-t)\sin^9(\pi-t)(-\mathrm{d}t) \\ &= \int_0^{\pi}\pi\sin^9 t\,\mathrm{d}t - \int_0^{\pi} t\sin^9 t\,\mathrm{d}t = \int_0^{\pi}\pi\sin^9 t\,\mathrm{d}t - I,\end{aligned}$$

从而

$$I = \frac{\pi}{2}\int_0^{\pi}\sin^9 x\,\mathrm{d}x = 2\times\frac{\pi}{2}\int_0^{\frac{\pi}{2}}\sin^9 x\,\mathrm{d}x = \pi\times\frac{8}{9}\times\frac{6}{7}\times\frac{4}{5}\times\frac{2}{3}\times 1 = \frac{128}{315}\pi.$$

例 5.6.6　设常数 $\alpha>0$，计算定积分 $I=\displaystyle\int_0^{\frac{\pi}{2}}\frac{1}{1+\tan^{\alpha} x}\mathrm{d}x$.

解　根据公式(5.6.2)，可令 $x=0+\dfrac{\pi}{2}-t$，则

$$I=\int_0^{\frac{\pi}{2}}\frac{1}{1+\tan^\alpha x}\mathrm{d}x=\int_{\frac{\pi}{2}}^0\frac{1}{1+\tan^\alpha\left(\frac{\pi}{2}-t\right)}(-\mathrm{d}t)$$

$$=\int_0^{\frac{\pi}{2}}\frac{1}{1+\cot^\alpha t}\mathrm{d}t=\int_0^{\frac{\pi}{2}}\frac{\tan^\alpha t}{1+\tan^\alpha t}\mathrm{d}t=\int_0^{\frac{\pi}{2}}\frac{\tan^\alpha x}{1+\tan^\alpha x}\mathrm{d}x,$$

从而

$$I=\frac{1}{2}\left(\int_0^{\frac{\pi}{2}}\frac{1}{1+\tan^\alpha x}\mathrm{d}x+\int_0^{\frac{\pi}{2}}\frac{\tan^\alpha x}{1+\tan^\alpha x}\mathrm{d}x\right)=\frac{1}{2}\int_0^{\frac{\pi}{2}}\mathrm{d}x=\frac{\pi}{4}.$$

例 5.6.7 计算定积分 $I=\int_0^{\frac{\pi}{4}}\ln(1+\tan x)\mathrm{d}x$.

解 直接使用公式(5.6.2)，得

$$I=\int_0^{\frac{\pi}{4}}\ln(1+\tan x)\mathrm{d}x=\int_0^{\frac{\pi}{4}}\ln\left[1+\tan\left(\frac{\pi}{4}-x\right)\right]\mathrm{d}x$$

$$=\int_0^{\frac{\pi}{4}}\ln\left(1+\frac{\tan\frac{\pi}{4}-\tan x}{1+\tan\frac{\pi}{4}\tan x}\right)\mathrm{d}x=\int_0^{\frac{\pi}{4}}\ln\left(1+\frac{1-\tan x}{1+\tan x}\right)\mathrm{d}x$$

$$=\int_0^{\frac{\pi}{4}}\ln\frac{2}{1+\tan x}\mathrm{d}x=\int_0^{\frac{\pi}{4}}\ln 2\mathrm{d}x-\int_0^{\frac{\pi}{4}}\ln(1+\tan x)\mathrm{d}x=\frac{\pi}{4}\ln 2-I,$$

移项，可解得 $I=\frac{\pi}{8}\ln 2$.

通过上述讨论，进一步可得结论：

$$\int_a^b f(x)\mathrm{d}x=\frac{1}{2}\int_a^b[f(x)+f(a+b-x)]\mathrm{d}x.$$

如果 $\int_a^b f(x)\mathrm{d}x$ 不好计算，可以考虑先计算 $\int_a^b[f(x)+f(a+b-x)]\mathrm{d}x$，也会得到结果.

3. 周期函数的积分性质

定理 5.6.3 设 $f(x)$ 是连续的周期函数，且其周期为 T，则

(1) $\int_a^{a+T}f(x)\mathrm{d}x=\int_0^T f(x)\mathrm{d}x$ (积分值与 a 无关)；

(2) $\int_a^{a+nT}f(x)\mathrm{d}x=n\int_0^T f(x)\mathrm{d}x$, $n\in\mathbf{N}$.

证明 (1) 记 $\Phi(a)=\int_a^{a+T}f(x)\mathrm{d}x$，则

$$\Phi'(a)=f(a+T)-f(a)=0,$$

故 $\Phi(a)\equiv C$，因此 $\Phi(0)=C=\Phi(a)$，即

$$\int_a^{a+T}f(x)\mathrm{d}x=\int_0^T f(x)\mathrm{d}x.$$

(2) 利用定积分对积分区间的可加性，得

$$\int_a^{a+nT}f(x)\mathrm{d}x=\int_a^{a+T}f(x)\mathrm{d}x+\int_{a+T}^{a+T+T}f(x)\mathrm{d}x+\int_{a+2T}^{a+2T+T}f(x)\mathrm{d}x+\cdots+\int_{a+(n-1)T}^{a+(n-1)T+T}f(x)\mathrm{d}x.$$

又由(1) 可知

$$\int_{a+kT}^{a+kT+T} f(x)\mathrm{d}x = \int_0^T f(x)\mathrm{d}x,$$

故有

$$\int_a^{a+nT} f(x)\mathrm{d}x = n\int_0^T f(x)\mathrm{d}x.$$

例 5.6.8　计算定积分 $\int_0^{n\pi} |\sin x|\mathrm{d}x$.

解　由定积分对积分区间的可加性及周期函数的积分性质，得

$$\int_0^{n\pi} |\sin x| \mathrm{d}x = n\int_0^{\pi} |\sin x| \mathrm{d}x = n\int_0^{\pi} \sin x \mathrm{d}x = 2n.$$

例 5.6.9　设函数 $f(x)$ 在 $(-\infty, +\infty)$ 内连续，且满足条件 $f(x+\pi)=-f(x)$，分别求定积分 $\int_{-\pi}^{\pi} f(x)\cos 2nx\mathrm{d}x$ 和 $\int_{-\pi}^{\pi} f(x)\sin 2nx\mathrm{d}x$.

解　由条件 $f(x+\pi)=-f(x)$，知

$$f(x+2\pi)=f(x+\pi+\pi)=-f(x+\pi)=f(x),$$

即 $f(x)$ 是以 2π 为周期的周期函数. 令 $u=x+\pi$，则

$$\begin{aligned}\int_{-\pi}^{\pi} f(x)\cos 2nx\mathrm{d}x &= -\int_{-\pi}^{\pi} f(x+\pi)\cos 2nx\mathrm{d}x \\ &= -\int_0^{2\pi} f(u)\cos 2n(u-\pi)\mathrm{d}u \\ &= -\int_0^{2\pi} f(u)\cos 2nu\mathrm{d}u.\end{aligned}$$

因为 $f(u)\cos 2nu$ 的周期是 2π，所以由周期函数的积分性质，可得

$$\int_0^{2\pi} f(u)\cos 2nu\mathrm{d}u = \int_{-\pi}^{\pi} f(x)\cos 2nx\mathrm{d}x,$$

从而

$$\int_{-\pi}^{\pi} f(x)\cos 2nx\mathrm{d}x = -\int_{-\pi}^{\pi} f(x)\cos 2nx\mathrm{d}x,$$

于是

$$\int_{-\pi}^{\pi} f(x)\cos 2nx\mathrm{d}x = 0.$$

同理，可求得 $\int_{-\pi}^{\pi} f(x)\sin 2nx\mathrm{d}x=0$，请读者自行完成.

例 5.6.10　已知 $F(x)=\int_x^{x+2\pi} \mathrm{e}^{\sin t}\sin t\mathrm{d}t$，利用周期函数的积分性质，证明 $F(x)$ 是与 x 无关的正常数.

证明　对于函数 $f(t)=\mathrm{e}^{\sin t}\sin t$，$2\pi$ 是其周期，则

$$\begin{aligned}F(x) &= \int_x^{x+2\pi} \mathrm{e}^{\sin t}\sin t\mathrm{d}t = \int_0^{2\pi} \mathrm{e}^{\sin t}\sin t\mathrm{d}t = -\int_0^{2\pi} \mathrm{e}^{\sin t}\mathrm{d}(\cos t) \\ &= -\left[\mathrm{e}^{\sin t}\cos t\right]_0^{2\pi} + \int_0^{2\pi} \mathrm{e}^{\sin t}\cos^2 t\mathrm{d}t = \int_0^{2\pi} \mathrm{e}^{\sin t}\cos^2 t\mathrm{d}t,\end{aligned}$$

故 $F(x)$ 是与 x 无关的常数. 又 $\mathrm{e}^{\sin t}\cos^2 t \geqslant 0$，但不恒为零，所以 $\int_0^{2\pi} \mathrm{e}^{\sin t}\cos^2 t\mathrm{d}t > 0$，即

$F(x)$ 是正常数.

4. 瓦利斯公式

定理 5.6.4　设 n 是非负整数，则

$$I_n=\int_0^{\frac{\pi}{2}}\sin^n x\,\mathrm{d}x=\int_0^{\frac{\pi}{2}}\cos^n x\,\mathrm{d}x$$

$$=\begin{cases}\dfrac{n-1}{n}\cdot\dfrac{n-3}{n-2}\cdot\cdots\cdot\dfrac{3}{4}\cdot\dfrac{1}{2}\cdot\dfrac{\pi}{2}, & n\text{ 为正偶数}\\ \dfrac{n-1}{n}\cdot\dfrac{n-3}{n-2}\cdot\cdots\cdot\dfrac{4}{5}\cdot\dfrac{2}{3}\cdot 1, & n\text{ 为大于 1 的正奇数}\end{cases}. \tag{5.6.3}$$

证明　使用公式(5.6.2)，可得

$$I_n=\int_0^{\frac{\pi}{2}}\sin^n x\,\mathrm{d}x=\int_0^{\frac{\pi}{2}}\sin^n\left(\frac{\pi}{2}-x\right)\mathrm{d}x=\int_0^{\frac{\pi}{2}}\cos^n x\,\mathrm{d}x.$$

下面使用分部积分法计算 $I_n=\int_0^{\frac{\pi}{2}}\sin^n x\,\mathrm{d}x$，即

$$\begin{aligned}I_n&=\int_0^{\frac{\pi}{2}}\sin^n x\,\mathrm{d}x=-\int_0^{\frac{\pi}{2}}\sin^{n-1}x\,\mathrm{d}(\cos x)\\&=-[\cos x\sin^{n-1}x]_0^{\frac{\pi}{2}}+\int_0^{\frac{\pi}{2}}\cos x\,\mathrm{d}(\sin^{n-1}x)\\&=(n-1)\int_0^{\frac{\pi}{2}}\cos^2 x\ \sin^{n-2}x\,\mathrm{d}x\\&=(n-1)\int_0^{\frac{\pi}{2}}(\sin^{n-2}x-\sin^n x)\mathrm{d}x\\&=(n-1)\int_0^{\frac{\pi}{2}}\sin^{n-2}x\,\mathrm{d}x-(n-1)\int_0^{\frac{\pi}{2}}\sin^n x\,\mathrm{d}x\\&=(n-1)I_{n-2}-(n-1)I_n,\end{aligned}$$

由此得递推公式

$$I_n=\frac{n-1}{n}I_{n-2},$$

故有

$$I_{2m}=\frac{2m-1}{2m}\cdot\frac{2m-3}{2m-2}\cdot\frac{2m-5}{2m-4}\cdot\cdots\cdot\frac{3}{4}\cdot\frac{1}{2}I_0,$$

$$I_{2m+1}=\frac{2m}{2m+1}\cdot\frac{2m-2}{2m-1}\cdot\frac{2m-4}{2m-3}\cdot\cdots\cdot\frac{4}{5}\cdot\frac{2}{3}I_1\quad(m=1,2,\cdots).$$

而

$$I_0=\int_0^{\frac{\pi}{2}}\mathrm{d}x=\frac{\pi}{2},\qquad I_1=\int_0^{\frac{\pi}{2}}\sin x\,\mathrm{d}x=1,$$

因此

$$I_{2m}=\frac{2m-1}{2m}\cdot\frac{2m-3}{2m-2}\cdot\frac{2m-5}{2m-4}\cdot\cdots\cdot\frac{3}{4}\cdot\frac{1}{2}\cdot\frac{\pi}{2},$$

$$I_{2m+1}=\frac{2m}{2m+1}\cdot\frac{2m-2}{2m-1}\cdot\frac{2m-4}{2m-3}\cdot\cdots\cdot\frac{4}{5}\cdot\frac{2}{3}\cdot 1\quad(m=1,2,\cdots),$$

即

$$I_n=\int_0^{\frac{\pi}{2}}\sin^n x\,dx=\int_0^{\frac{\pi}{2}}\cos^n x\,dx$$
$$=\begin{cases}\dfrac{n-1}{n}\cdot\dfrac{n-3}{n-2}\cdot\cdots\cdot\dfrac{3}{4}\cdot\dfrac{1}{2}\cdot\dfrac{\pi}{2}, & n\text{ 为正偶数}\\[2mm] \dfrac{n-1}{n}\cdot\dfrac{n-3}{n-2}\cdot\cdots\cdot\dfrac{4}{5}\cdot\dfrac{2}{3}\cdot 1, & n\text{ 为大于 1 的正奇数}\end{cases}.$$

公式(5.6.3) 就是瓦利斯公式，它的形式就像火箭发射前的计时器倒计时一样，因此又称为点火公式. 虽然在形式上它是$\left[0,\dfrac{\pi}{2}\right]$上的积分，但在实际使用中它能解决一大类与正弦函数或余弦函数的 n 次方有关的积分问题. 例如

$$\int_{-\frac{\pi}{6}}^{\frac{\pi}{6}}\cos^6 3x\,dx=2\int_0^{\frac{\pi}{6}}\cos^6 3x\,dx=\frac{2}{3}\int_0^{\frac{\pi}{2}}\cos^6 u\,du$$
$$=\frac{2}{3}\cdot\frac{5}{6}\cdot\frac{3}{4}\cdot\frac{1}{2}\cdot\frac{\pi}{2}=\frac{5\pi}{48}.$$

$$\int_0^1 x^4\sqrt{1-x^2}\,dx=\int_0^{\frac{\pi}{2}}\sin^4 t\cos^2 t\,dt=\int_0^{\frac{\pi}{2}}\sin^4 t\,dt-\int_0^{\frac{\pi}{2}}\sin^6 t\,dt$$
$$=\frac{3}{4}\cdot\frac{1}{2}\cdot\frac{\pi}{2}-\frac{5}{6}\cdot\frac{3}{4}\cdot\frac{1}{2}\cdot\frac{\pi}{2}=\frac{\pi}{32}.$$

例 5.6.11 设 n 是非负整数，计算定积分 $I_n=\int_0^{2\pi}\sin^n x\,dx$.

解 被积函数$\sin^n x$ 是以 2π 为周期的周期函数，根据周期函数的积分性质，有

$$I_n=\int_0^{2\pi}\sin^n x\,dx=\int_{-\pi}^{\pi}\sin^n x\,dx.$$

若 n 为正奇数，则$\sin^n x$ 为奇函数；若 n 为正偶数，则$\sin^n x$ 为偶函数. 从而

$$I_n=\int_0^{2\pi}\sin^n x\,dx=\begin{cases}0, & n\text{ 为正奇数}\\ 2\int_0^{\pi}\sin^n x\,dx, & n\text{ 为正偶数}\end{cases}.$$

又当 n 为正偶数时，

$$2\int_0^{\pi}\sin^n x\,dx=4\int_0^{\frac{\pi}{2}}\sin^n x\,dx=4\cdot\frac{n-1}{n}\cdot\frac{n-3}{n-2}\cdot\cdots\cdot\frac{3}{4}\cdot\frac{1}{2}\cdot\frac{\pi}{2},$$

故

$$I_n=\int_0^{2\pi}\sin^n x\,dx$$
$$=\begin{cases}0, & n\text{ 为正奇数}\\ 4\cdot\dfrac{n-1}{n}\cdot\dfrac{n-3}{n-2}\cdot\cdots\cdot\dfrac{3}{4}\cdot\dfrac{1}{2}\cdot\dfrac{\pi}{2}, & n\text{ 为正偶数}\end{cases}.$$

思考题

注 $I_n=\int_0^{2\pi}\sin^n x\,\mathrm{d}x=\int_0^{2\pi}\cos^n x\,\mathrm{d}x$

$$=\begin{cases}0, & n\text{ 为正奇数}\\ 4\int_0^{\frac{\pi}{2}}\sin^n x\,\mathrm{d}x=4\int_0^{\frac{\pi}{2}}\cos^n x\,\mathrm{d}x, & n\text{ 为正偶数}\end{cases}$$

$$=\begin{cases}0, & n\text{ 为正奇数}\\ 4\cdot\frac{n-1}{n}\cdot\frac{n-3}{n-2}\cdot\cdots\cdot\frac{3}{4}\cdot\frac{1}{2}\cdot\frac{\pi}{2}, & n\text{ 为正偶数}\end{cases}$$

5. 有关三角函数的几个公式

定理 5.6.5 若 $f(x)$ 在$[0, 1]$上连续，则

(1) $\int_0^{\frac{\pi}{2}}f(\sin x)\mathrm{d}x=\int_0^{\frac{\pi}{2}}f(\cos x)\mathrm{d}x$；

(2) $\int_0^{\pi}f(\sin x)\mathrm{d}x=2\int_0^{\frac{\pi}{2}}f(\sin x)\mathrm{d}x$；

(3) $\int_0^{\pi}xf(\sin x)\mathrm{d}x=\frac{\pi}{2}\int_0^{\pi}f(\sin x)\mathrm{d}x$.

请读者自行证明.

二、含参数的积分的极限问题

由于积分号和极限符号通常情况下不能交换次序，因此在不太容易将积分算出的情况下，可利用积分中值定理去掉积分号后再求极限，或者利用单调性、估值定理将其转化为更简单的函数的积分，再利用夹逼准则求极限. 当被积函数非常复杂，不易进行计算或比较时，还可以利用分部积分公式对被积函数进行相应的转化.

1. 利用定积分的概念与性质求解

例 5.6.12 计算极限$\lim\limits_{n\to\infty}\int_0^1\frac{x^n\mathrm{e}^x}{1+\mathrm{e}^x}\mathrm{d}x$.

解 因为当 $x\in[0, 1]$ 时，$0\leqslant\frac{x^n\mathrm{e}^x}{1+\mathrm{e}^x}\leqslant x^n$，所以

$$0\leqslant\int_0^1\frac{x^n\mathrm{e}^x}{1+\mathrm{e}^x}\mathrm{d}x\leqslant\int_0^1 x^n\mathrm{d}x=\frac{1}{n+1}.$$

由夹逼准则，可得$\lim\limits_{n\to\infty}\int_0^1\frac{x^n\mathrm{e}^x}{1+\mathrm{e}^x}\mathrm{d}x=0$.

例 5.6.13 设 $f(n)=\int_0^{\frac{\pi}{4}}\tan^n x\,\mathrm{d}x$.

(1) 证明$\frac{1}{2(n+1)}\leqslant f(n)\leqslant\frac{1}{2(n-1)}$；

(2) 计算极限$\lim\limits_{n\to\infty}n\int_0^{\frac{\pi}{4}}\tan^n x\,\mathrm{d}x$.

(1) 证明 因 $f(n)=\int_0^{\frac{\pi}{4}}\tan^n x\,\mathrm{d}x$，故

$$f(n)+f(n+2)=\int_0^{\frac{\pi}{4}}\tan^n x\,dx+\int_0^{\frac{\pi}{4}}\tan^{n+2}x\,dx$$

$$=\int_0^{\frac{\pi}{4}}\tan^n x\sec^2 x\,dx=\left[\frac{\tan^{n+1}x}{n+1}\right]_0^{\frac{\pi}{4}}=\frac{1}{n+1}.$$

因为当 $x\in\left[0,\frac{\pi}{4}\right]$时，$\tan^{n+2}x\leqslant\tan^n x\leqslant\tan^{n-2}x$，所以

$$f(n+2)\leqslant f(n)\leqslant f(n-2),$$

于是

$$f(n)+f(n+2)\leqslant 2f(n)\leqslant f(n-2)+f(n).$$

又 $f(n)+f(n+2)=\dfrac{1}{n+1}$，$f(n-2)+f(n)=\dfrac{1}{n-1}$，从而

$$\frac{1}{2(n+1)}\leqslant f(n)\leqslant\frac{1}{2(n-1)}.$$

(2) **解**　由(1)知

$$\frac{n}{2(n+1)}\leqslant nf(n)\leqslant\frac{n}{2(n-1)}.$$

因为$\lim\limits_{n\to\infty}\dfrac{n}{2(n+1)}=\lim\limits_{n\to\infty}\dfrac{n}{2(n-1)}=\dfrac{1}{2}$，所以由夹逼准则，可得

$$\lim_{n\to\infty}n\int_0^{\frac{\pi}{4}}\tan^n x\,dx=\lim_{n\to\infty}nf(n)=\frac{1}{2}.$$

2. 利用分部积分公式求解

例 5.6.14　计算$\lim\limits_{n\to\infty}\displaystyle\int_0^{2\pi}\frac{\cos nx}{1+x}dx$.

解　利用分部积分公式，有

$$\int_0^{2\pi}\frac{\cos nx}{1+x}dx=\frac{1}{n}\left[\frac{\sin nx}{1+x}\right]_0^{2\pi}+\int_0^{2\pi}\frac{1}{n}\cdot\frac{\sin nx}{(1+x)^2}dx=\int_0^{2\pi}\frac{1}{n}\cdot\frac{\sin nx}{(1+x)^2}dx.$$

由定积分的单调性的推论 2 得

$$0\leqslant\left|\int_0^{2\pi}\frac{\cos nx}{1+x}dx\right|=\left|\int_0^{2\pi}\frac{1}{n}\cdot\frac{\sin nx}{(1+x)^2}dx\right|\leqslant\int_0^{2\pi}\left|\frac{1}{n}\cdot\frac{\sin nx}{(1+x)^2}\right|dx$$

$$\leqslant\int_0^{2\pi}\frac{1}{n(1+x)^2}dx=\frac{2\pi}{n(1+2\pi)}.$$

于是，由夹逼准则得

$$\lim_{n\to\infty}\int_0^{2\pi}\frac{\cos nx}{1+x}dx=0.$$

3. 利用积分中值定理求解

例 5.6.15　证明$\lim\limits_{n\to\infty}\displaystyle\int_0^{\frac{1}{2}}\frac{x^n}{1+x}dx=0$.

证明　根据积分中值定理知

$$\int_0^{\frac{1}{2}}\frac{x^n}{1+x}dx=\frac{\xi_n^n}{1+\xi_n}\cdot\frac{1}{2},\quad 0\leqslant\xi_n\leqslant\frac{1}{2}.$$

又 $0 \leqslant \xi_n^n \leqslant \left(\frac{1}{2}\right)^n$，$\lim\limits_{n\to\infty}\left(\frac{1}{2}\right)^n=0$，故由夹逼准则知$\lim\limits_{n\to\infty}\xi_n^n=0$. 而 $0<\frac{1}{1+\xi_n}\leqslant 1$，所以

思考题

$$\lim_{n\to\infty}\int_0^{\frac{1}{2}}\frac{x^n}{1+x}\mathrm{d}x=\lim_{n\to\infty}\frac{1}{2}\cdot\frac{\xi_n^n}{1+\xi_n}=0.$$

三、积分不等式的证明

1. 被积函数为具体函数的积分不等式的证明

例 5.6.16 证明$\int_0^{2\pi}\mathrm{e}^{\sin x}\mathrm{d}x>\frac{5\pi}{2}$.

证明 因为$\mathrm{e}^{\sin x}$是周期为2π的周期函数，所以由周期函数的积分性质和公式(5.6.1)可得

$$\int_0^{2\pi}\mathrm{e}^{\sin x}\mathrm{d}x=\int_{-\pi}^{\pi}\mathrm{e}^{\sin x}\mathrm{d}x=\int_0^{\pi}(\mathrm{e}^{\sin x}+\mathrm{e}^{-\sin x})\mathrm{d}x.$$

利用 $\mathrm{e}^t>1+t+\frac{t^2}{2}$，$\mathrm{e}^t+\mathrm{e}^{-t}>2+t^2$ 及定积分的单调性，可得

$$\int_0^{\pi}(\mathrm{e}^{\sin x}+\mathrm{e}^{-\sin x})\mathrm{d}x>\int_0^{\pi}(2+\sin^2 x)\mathrm{d}x=\frac{5\pi}{2}.$$

从而，有$\int_0^{2\pi}\mathrm{e}^{\sin x}\mathrm{d}x>\frac{5\pi}{2}$.

例 5.6.17 证明对任意的 $x\geqslant 0$，不等式$\int_0^x(t-t^2)\sin^{2n}t\,\mathrm{d}t\leqslant\frac{1}{(2n+2)(2n+3)}$.

证明 记 $F(x)=\int_0^x(t-t^2)\sin^{2n}t\,\mathrm{d}t$，则

$$F'(x)=(x-x^2)\sin^{2n}x=x(1-x)\sin^{2n}x.$$

当$0<x<1$时，$F'(x)>0$，当$x>1$时，$F'(x)\leqslant 0$，故$F(1)$是函数的最大值，即对任意的$x\geqslant 0$，有$F(x)\leqslant F(1)$. 又

$$F(1)=\int_0^1(t-t^2)\sin^{2n}t\,\mathrm{d}t\leqslant\int_0^1(t-t^2)t^{2n}\mathrm{d}t=\frac{1}{(2n+2)(2n+3)},$$

所以

$$\int_0^x(t-t^2)\sin^{2n}t\,\mathrm{d}t\leqslant\frac{1}{(2n+2)(2n+3)}.$$

2. 被积函数为抽象函数的积分不等式的证明

(1) 利用定积分的单调性.

若不用计算积分值，而直接比较两个积分的大小或估计积分值的范围，则可以使用定积分的单调性及其推论中的不等关系. 在积分不等式的证明中，与单调性相关的不等关系是“捅破”积分不等式的“利剑”，但使用时需要注意积分下限必须小于积分上限.

例 5.6.18 设函数 $f(x)$ 在$[a,b]$上连续，且满足 $0<m\leqslant f(x)\leqslant M$，证明

$$\int_a^b f(x)\mathrm{d}x\int_a^b\frac{1}{f(x)}\mathrm{d}x\leqslant\frac{(m+M)^2}{4mM}(b-a)^2.$$

证明　因为$\dfrac{[f(x)-m][f(x)-M]}{f(x)}\leqslant 0$，所以$f(x)+\dfrac{mM}{f(x)}\leqslant m+M$. 利用定积分的单调性，可得

$$\int_a^b f(x)\mathrm{d}x+mM\int_a^b \frac{1}{f(x)}\mathrm{d}x\leqslant\int_a^b(m+M)\mathrm{d}x=(m+M)(b-a).$$

又

$$\int_a^b f(x)\mathrm{d}x+mM\int_a^b \frac{1}{f(x)}\mathrm{d}x\geqslant 2\sqrt{mM\int_a^b f(x)\mathrm{d}x\int_a^b \frac{1}{f(x)}\mathrm{d}x},$$

故

$$4mM\int_a^b f(x)\mathrm{d}x\int_a^b \frac{1}{f(x)}\mathrm{d}x\leqslant\left[\int_a^b f(x)\mathrm{d}x+mM\int_a^b \frac{1}{f(x)}\mathrm{d}x\right]^2\leqslant(m+M)^2(b-a)^2,$$

整理得

$$\int_a^b f(x)\mathrm{d}x\int_a^b \frac{1}{f(x)}\mathrm{d}x\leqslant\frac{(m+M)^2}{4mM}(b-a)^2.$$

(2) 利用函数的单调性.

通常将积分限(一般取积分上限) 变量化，然后移项，构造辅助函数，利用辅助函数的单调性证明不等式.

例 5.6.19　设函数$f(x)$在$[a, b]$上连续，且$f(x)>0$，证明

$$\int_a^b f(x)\mathrm{d}x\int_a^b \frac{1}{f(x)}\mathrm{d}x\geqslant(b-a)^2.$$

证明　将积分上限b取为x，构造函数

$$F(x)=\int_a^x f(t)\mathrm{d}t\int_a^x \frac{1}{f(t)}\mathrm{d}t-(x-a)^2\quad(x\geqslant a),$$

则

$$\begin{aligned}F'(x)&=f(x)\int_a^x \frac{1}{f(t)}\mathrm{d}t+\frac{1}{f(x)}\int_a^x f(t)\mathrm{d}t-2(x-a)\\&=\int_a^x\left[\frac{f(x)}{f(t)}+\frac{f(t)}{f(x)}-2\right]\mathrm{d}t\geqslant\int_a^x(2-2)\mathrm{d}t=0,\end{aligned}$$

故当$x\geqslant a$时$F(x)$单调增加(非严格). 又$F(a)=0$，所以$F(b)\geqslant F(a)=0$，即

$$\int_a^b f(x)\mathrm{d}x\int_a^b \frac{1}{f(x)}\mathrm{d}x\geqslant(b-a)^2.$$

思考　如何证明以下结论:

若函数$f(x)$, $g(x)$在$[a, b]$上连续，则

$$\left(\int_a^b f(x)g(x)\mathrm{d}x\right)^2\leqslant\int_a^b f^2(x)\mathrm{d}x\int_a^b g^2(x)\mathrm{d}x.$$

例 5.6.20　设$f(x)$, $g(x)$在$[0, 1]$上的导数连续，且$f(0)=0$, $f'(x)\geqslant 0$, $g'(x)\geqslant 0$，证明：对任何$a\in[0, 1]$，有

$$\int_0^a g(x)f'(x)\mathrm{d}x+\int_0^1 f(x)g'(x)\mathrm{d}x\geqslant f(a)g(1).$$

证明　令

$$F(a)=\int_0^a g(x)f'(x)\mathrm{d}x+\int_0^1 f(x)g'(x)\mathrm{d}x-f(a)g(1),\quad a\in[0,1],$$

则

$$F'(a)=g(a)f'(a)-f'(a)g(1)=f'(a)[g(a)-g(1)].$$

由 $g'(x)\geqslant 0$ 知 $g(x)$ 在 $[0,1]$ 上单调增加，从而 $g(a)\leqslant g(1)$，即 $F'(a)\leqslant 0$，故 $F(a)$ 在 $[0,1]$ 上单调非增. 又

$$\begin{aligned}F(1)&=\int_0^1 g(x)f'(x)\mathrm{d}x+\int_0^1 f(x)g'(x)\mathrm{d}x-f(1)g(1)\\&=\int_0^1 g(x)\mathrm{d}[f(x)]+\int_0^1 f(x)\mathrm{d}[g(x)]-f(1)g(1)\\&=\Big[f(x)g(x)\Big]_0^1-f(1)g(1)=0,\end{aligned}$$

所以 $F(a)\geqslant F(1)=0$，移项即得

$$\int_0^a g(x)f'(x)\mathrm{d}x+\int_0^1 f(x)g'(x)\mathrm{d}x\geqslant f(a)g(1).$$

(3) 利用微分中值定理建立函数与导数的关系.

在所证明的积分不等式中，如果出现函数的导数信息，那么可利用微分中值定理建立函数与其导数之间的联系，特别是当所给题目的条件或结论中出现函数的二阶或二阶以上的导数时，采用泰勒公式建立关系式就很有必要.

例 5.6.21 设函数 $f(x)$ 在 $[a,b]$ 上连续可微，且 $|f'(x)|\leqslant M$，$f(a)=0$，证明

$$\left|\int_a^b f(x)\mathrm{d}x\right|\leqslant\frac{M}{2}(b-a)^2.$$

证明 方法 1：利用定积分的单调性，可得

$$\left|\int_a^b f(x)\mathrm{d}x\right|\leqslant\int_a^b|f(x)|\mathrm{d}x=\int_a^b|f(x)-f(a)|\mathrm{d}x.$$

由微分中值定理可知

$$|f(x)-f(a)|=|f'(\xi)(x-a)|\leqslant M(x-a),\quad \xi\text{ 介于 }a\text{ 与 }x\text{ 之间},$$

从而

$$\left|\int_a^b f(x)\mathrm{d}x\right|\leqslant\int_a^b M(x-a)\mathrm{d}x=\frac{M}{2}(b-a)^2.$$

方法 2：记 $F(x)=\int_a^x f(t)\mathrm{d}t$，则

$$F(a)=\int_a^a f(t)\mathrm{d}t=0,\quad F'(a)=f(a)=0,\quad F''(x)=f'(x).$$

由一阶泰勒公式，可得

$$F(b)=F(a)+F'(a)(b-a)+F''(\xi)\frac{(b-a)^2}{2},\quad \xi\in(a,b),$$

故 $F(b)=F''(\xi)\dfrac{(b-a)^2}{2}$，即 $\int_a^b f(x)\mathrm{d}x=f'(\xi)\dfrac{(b-a)^2}{2}$. 又 $|f'(x)|\leqslant M$，所以

$$\left|\int_a^b f(x)\mathrm{d}x\right|=\left|f'(\xi)\frac{(b-a)^2}{2}\right|\leqslant\frac{M}{2}(b-a)^2.$$

例 5.6.22　设函数 $f(x)$ 在 $[a, b]$ 上二阶连续可微，且 $|f''(x)| \leqslant M$，$f\left(\frac{a+b}{2}\right)=0$，证明

$$\left|\int_a^b f(x)\mathrm{d}x\right| \leqslant \frac{M}{24}(b-a)^3.$$

证明　记 $c=\frac{a+b}{2}$，则函数 $f(x)$ 在该点处的一阶泰勒公式为

$$f(x)=f(c)+f'(c)(x-c)+f''(\xi)\frac{(x-c)^2}{2},\quad \xi \text{ 介于 } x \text{ 与 } c \text{ 之间}.$$

令 $t=x-c$，得

$$\int_a^b f'(c)(x-c)\mathrm{d}x=\int_{-(c-a)}^{b-c} f'(c)t\,\mathrm{d}t=\int_{-\frac{b-a}{2}}^{\frac{b-a}{2}} f'(c)t\,\mathrm{d}t=0.$$

又 $f(c)=0$，所以

$$\int_a^b f(x)\mathrm{d}x=\int_a^b\left[f'(c)(x-c)+f''(\xi)\frac{(x-c)^2}{2}\right]\mathrm{d}x=\frac{1}{2}\int_a^b f''(\xi)(x-c)^2\mathrm{d}x.$$

于是

$$\left|\int_a^b f(x)\mathrm{d}x\right|=\frac{1}{2}\left|\int_a^b f''(\xi)(x-c)^2\mathrm{d}x\right| \leqslant \frac{1}{2}\int_a^b|f''(\xi)(x-c)^2|\mathrm{d}x \leqslant$$

$$\frac{M}{2}\int_a^b(x-c)^2\mathrm{d}x=\frac{M}{24}(b-a)^3.$$

习　题　5-6

基　础　题

1. 计算下列极限：

(1) $\lim\limits_{n\to\infty}\int_0^{\frac{\pi}{2}}\sin^n x\,\mathrm{d}x$；　　(2) $\lim\limits_{n\to\infty}\int_0^1\frac{x^n}{1+x}\mathrm{d}x$.

2. 设 $f(x)$ 在 $[0, \pi]$ 上连续，且

$$\int_0^{\pi} f(x)\mathrm{d}x=0,\quad \int_0^{\pi} f(x)\cos x\,\mathrm{d}x=0,$$

证明：存在 $\xi_1, \xi_2 \in (0, \pi)$，$\xi_1 \neq \xi_2$，使得 $f(\xi_1)=f(\xi_2)=0$.

3. 计算 $\int_{-\frac{\pi}{4}}^{\frac{\pi}{4}}\frac{\sin^2 x}{1+\mathrm{e}^x}\mathrm{d}x$.

4. 设 $f(x)$，$g(x)$ 为 $[a, b]$ 上的连续函数，试证至少存在一点 $\xi \in (a, b)$，使

$$f(\xi)\int_{\xi}^b g(x)\mathrm{d}x=g(\xi)\int_a^{\xi} f(x)\mathrm{d}x.$$

5. 计算 $\int_0^{n\pi}\sqrt{1-\sin 2x}\,\mathrm{d}x$.

6. 设 $f(x)$ 在 $[a, b]$ 上连续且单调增加，证明：

$$\int_a^b x f(x)\mathrm{d}x \geqslant \frac{a+b}{2}\int_a^b f(x)\mathrm{d}x.$$

提 高 题

1. 设 $f(x)$ 在 $[a,b]$ 上有连续的导函数，证明：

$$\max_{x\in[a,b]} |f(x)| \leqslant \frac{1}{b-a}\left|\int_a^b f(x)\mathrm{d}x\right| + \int_a^b |f'(x)|\mathrm{d}x.$$

2. 设函数 $f(x)$ 二次可微，证明：存在 $\xi\in(a,b)$，使得

$$f''(\xi)=\frac{24}{(b-a)^3}\int_a^b\left[f(x)-f\left(\frac{a+b}{2}\right)\right]\mathrm{d}x.$$

习题 5-6
参考答案

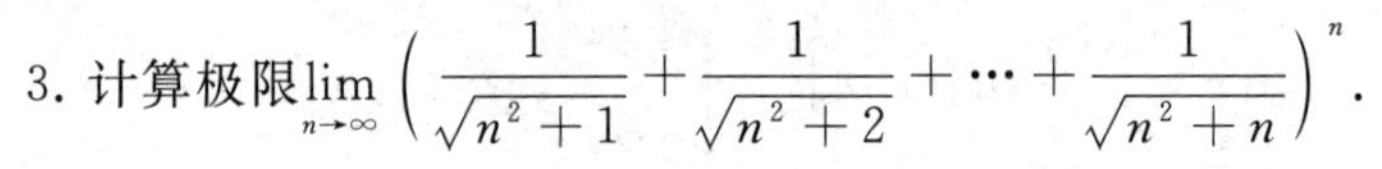

3. 计算极限 $\lim\limits_{n\to\infty}\left(\dfrac{1}{\sqrt{n^2+1}}+\dfrac{1}{\sqrt{n^2+2}}+\cdots+\dfrac{1}{\sqrt{n^2+n}}\right)^n$.

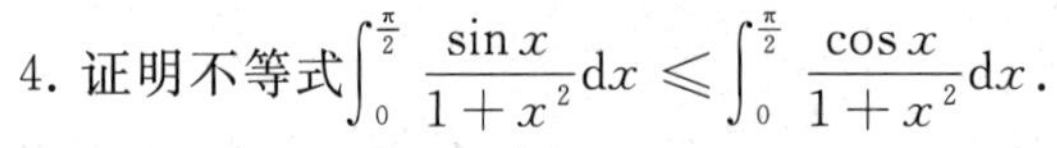

4. 证明不等式 $\displaystyle\int_0^{\frac{\pi}{2}}\frac{\sin x}{1+x^2}\mathrm{d}x \leqslant \int_0^{\frac{\pi}{2}}\frac{\cos x}{1+x^2}\mathrm{d}x$.

总 习 题 五

基 础 题

1. 计算下列积分：

(1) $\displaystyle\int_1^{\mathrm{e}}\sin(\ln x)\mathrm{d}x$；

(2) $\displaystyle\int_0^{\pi^2}\sqrt{x}\cos\sqrt{x}\,\mathrm{d}x$；

(3) $\displaystyle\int_0^3\arcsin\sqrt{\frac{x}{1+x}}\mathrm{d}x$；

(4) $\displaystyle\int_{\frac{1}{\sqrt{2}}}^1\frac{\sqrt{1-x^2}}{x^2}\mathrm{d}x$；

(5) $\displaystyle\int_{-\frac{1}{2}}^{\frac{1}{2}}\left[\frac{\sin x}{x^8+1}+\sqrt{\ln^2(1-x)}\right]\mathrm{d}x$；

(6) $\displaystyle\int_1^{+\infty}\frac{\ln x}{(1+x)^2}\mathrm{d}x$；

(7) $\displaystyle\int_{-\infty}^1\frac{1}{x^2+2x+5}\mathrm{d}x$.

2. 判断

$$M=\int_{-\frac{\pi}{2}}^{\frac{\pi}{2}}\frac{\sin x\cos^4 x}{1+x^2}\mathrm{d}x,\quad N=\int_{-\frac{\pi}{2}}^{\frac{\pi}{2}}(\sin^3 x+\cos^4 x)\mathrm{d}x,\quad P=\int_{-\frac{\pi}{2}}^{\frac{\pi}{2}}(x^2\sin^3 x-\cos^4 x)\mathrm{d}x$$

三者的大小关系.

3. 设 $f(x)=x-\displaystyle\int_0^{\pi}f(x)\cos x\,\mathrm{d}x$，求 $f(x)$.

4. 设 $f(x)=\begin{cases}x^2, & 0\leqslant x<1\\ 2-x, & 1\leqslant x\leqslant 2\end{cases}$，求 $\displaystyle\int_1^3 f(x-1)\mathrm{d}x$.

5. 设函数 $f(x)$ 连续，且 $\displaystyle\int_0^x tf(x-t)\mathrm{d}t=\arctan x$，求 $\displaystyle\int_0^1 f(x)\mathrm{d}x$.

6. 计算极限 $\lim\limits_{n\to\infty}\left(\dfrac{1}{4n^2-2^2}+\dfrac{2}{4n^2-3^2}+\cdots+\dfrac{n-1}{4n^2-n^2}\right)$.

7. 计算$\int_0^1 \frac{f(x)}{\sqrt{x}}\mathrm{d}x$，其中 $f(x)=\int_1^x \frac{\ln(1+t)}{t}\mathrm{d}t$.

提　高　题

1. 设在$[a, b]$上恒有 $f''(x)>0$，证明：$\int_a^b f(x)\mathrm{d}x<(b-a)\frac{f(a)+f(b)}{2}$.

2. 设 $f(x)$ 在$[0, 1]$上连续，且 $1\leqslant f(x)\leqslant 2$，证明：

$$\int_0^1 f(x)\mathrm{d}x \cdot \int_0^1 \frac{1}{f(x)}\mathrm{d}x \leqslant \frac{9}{8}.$$

3. 设 $f(x)$ 具有 n 阶连续导数，且 $f(0)=f'(0)=\cdots=f^{(n-1)}(0)=0$，但 $f^{(n)}(0)\neq 0$，求极限$\lim\limits_{x\to 0}\frac{\int_0^x (x-t)f(t)\mathrm{d}t}{x\int_0^x f(x-t)\mathrm{d}t}$.

总习题五
参考答案

第六章　定积分的应用

知识图谱

本章应用前面学过的定积分理论来分析和求解一些几何、物理问题，不仅建立了计算这些问题中的几何、物理量的公式，还介绍了运用元素法将所求量表达成定积分的方法.

第一节　定积分的元素法

本章教学目标

定积分是从许多实际问题中抽象、概括出的数学概念(即从特殊到一般)，反过来我们又可以利用定积分来解决许多实际问题(即从一般到特殊). 将一个实际问题中要求的量表达成定积分的分析方法称为定积分的元素法，元素法是定积分应用的关键所在. 为了说明元素法，我们先回顾第五章中讨论过的曲边梯形的面积问题.

教学目标

由连续曲线 $y=f(x)(f(x)\geqslant 0)$，直线 $x=a$、$x=b$、$y=0(a<b)$ 所围成的曲边梯形的面积 A 的求解过程如下：

(1) 分割：在$[a, b]$中任意插入 $n-1$ 个分点 $x_1, x_2, \cdots, x_{n-1}$，它们满足 $a=x_0<x_1<\cdots<x_n=b$，并把区间$[a, b]$分成 n 个小区间，相应地把曲边梯形分成了 n 个窄曲边梯形，第 i 个小区间$[x_{i-1}, x_i]$的长度为 $\Delta x_i=x_i-x_{i-1}$，其对应的第 i 个窄曲边梯形的面积为 $\Delta A_i(i=1, 2, \cdots, n)$，则

$$A=\sum_{i=1}^{n}\Delta A_i;$$

(2) 近似：任取 $\xi_i\in[x_{i-1}, x_i]$，用以 Δx_i 为底、$f(\xi_i)$ 为高的窄矩形的面积近似代替第 i 个窄曲边梯形的面积，则有

$$\Delta A_i\approx f(\xi_i)\Delta x_i\quad(i=1, 2, \cdots, n);$$

(3) 求和：所求曲边梯形面积 A 的近似值为

$$A\approx\sum_{i=1}^{n}f(\xi_i)\Delta x_i;$$

(4) 取极限：记 $\lambda=\max\{\Delta x_1, \Delta x_2, \cdots, \Delta x_n\}$，则所求曲边梯形的面积为

$$A=\lim_{\lambda\to 0}\sum_{i=1}^{n}f(\xi_i)\Delta x_i=\int_a^b f(x)\mathrm{d}x.$$

在上述问题中，所求量(即面积 A) 有如下特点：

(1) A 是一个与变量 x 的变化区间$[a, b]$有关的量；

(2) A 对于区间$[a, b]$具有可加性，即若把区间$[a, b]$分成若干个小区间，则所求量

相应地分成了若干个部分量(即 ΔA_i)，而所求量等于所有部分量的和(即 $A=\sum_{i=1}^{n}\Delta A_i$)，此性质称为所求量对于区间$[a, b]$具有可加性；

(3) 以 $f(\xi_i)\Delta x_i$ 近似代替 ΔA_i 时，要求

$$\Delta A_i - f(\xi_i)\Delta x_i = o(\Delta x_i) \quad (\Delta x_i \to 0).$$

通过“分割、近似、求和、取极限”四步，我们将曲边梯形的面积 A 表示为定积分

$$A=\int_a^b f(x)\mathrm{d}x.$$

在上述四步中，关键的是第二步，这一步是要确定 ΔA_i 的近似值 $f(\xi_i)\Delta x_i$，使得

$$A=\lim_{\lambda\to 0}\sum_{i=1}^{n} f(\xi_i)\Delta x_i=\int_a^b f(x)\mathrm{d}x.$$

为简便起见，略去下标 i，用 ΔA 表示任一小区间$[x, x+\Delta x]$上窄曲边梯形的面积，用 $f(x)\Delta x$ 近似 ΔA，则有 $\Delta A - f(x)\Delta x = o(\Delta x)(\Delta x \to 0)$.

因为 $f(x)$ 在$[a, b]$上连续，所以 $f(x)$ 在$[a, b]$内的小区间$[x, x+\Delta x]$上的最大值和最小值存在. 设 $f(x_2)$、$f(x_1)$ 分别为 $f(x)$ 在$[x, x+\Delta x]$上的最大值和最小值，则

$$|\Delta A - f(x)\Delta x| \leqslant [f(x_2)-f(x_1)]\Delta x,$$

故

$$\left|\frac{\Delta A - f(x)\Delta x}{\Delta x}\right| \leqslant [f(x_2)-f(x_1)] \to 0 \quad (\Delta x \to 0),$$

即 $f(x)\Delta x$ 为 ΔA 的线性主部，称为面积 A 的元素(或微元)，记作 $\mathrm{d}A=f(x)\Delta x$. 若 Δx 用 $\mathrm{d}x$ 表示，则有 $\mathrm{d}A=f(x)\mathrm{d}x$，从而求曲边梯形面积的过程可以简化为以下两步：

(1) 确定积分变量 x 及积分区间$[a, b]$，并在$[a, b]$上任取一小区间$[x, x+\mathrm{d}x]$，求面积 A 的元素(或微元)

$$\mathrm{d}A=f(x)\mathrm{d}x;$$

(2) 写出面积 A 的积分表达式，即 $A=\int_a^b f(x)\mathrm{d}x$.

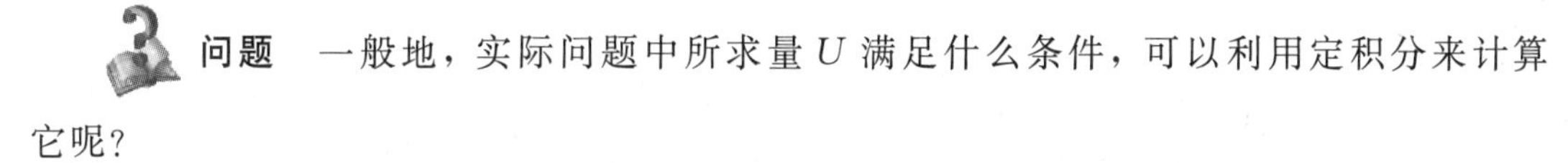

问题　一般地，实际问题中所求量 U 满足什么条件，可以利用定积分来计算它呢?

由上述讨论过程可知，如果某一实际问题中的所求量 U 满足下列条件：

(1) U 是与一个变量如 x 的变化区间$[a, b]$有关的量；

(2) U 对于区间$[a, b]$具有可加性；

(3) 区间$[x, x+\Delta x]$上分布的部分量 ΔU 的近似值可表示为 $f(x)\Delta x$，且

$$\Delta U - f(x)\Delta x = o(\Delta x) \quad (\Delta x \to 0),$$

那么这个量就可以用定积分来表达. 写出这个量 U 的积分表达式的具体步骤如下：

① 根据具体问题，选取一个变量如 x 为积分变量，并确定其变化区间$[a, b]$. 在$[a, b]$上任取一小区间$[x, x+\mathrm{d}x]$，求出量 U 在这个小区间上的部分量 ΔU 的近似表达式，从而得量 U 的元素 $\mathrm{d}U=f(x)\mathrm{d}x$，这里

$$\Delta U - \mathrm{d}U = o(\mathrm{d}x) \quad (\mathrm{d}x \to 0).$$

② 以所求量 U 的元素 $f(x)\mathrm{d}x$ 为被积表达式，在区间 $[a, b]$ 上作定积分，即得

$$U = \int_a^b f(x)\mathrm{d}x.$$

元素法的
另一种理解

这就是所求量 U 的积分表达式.

这一方法称为元素法(或微元法).

在解决实际问题时，通常在一个小范围内把一个非均匀变化看作均匀变化来确定所求量的元素，进而对所求量的元素在该量的分布区间上积分即得实际问题中的所求量. 这就是元素法(或微元法)的基本思想.

下面两节我们将借助这一方法，讨论一些几何问题和物理问题.

第二节　定积分在几何学上的应用

一、平面图形的面积

教学目标

1. 直角坐标情形

在第五章中我们已经知道，由连续曲线 $y = f(x)(f(x) \geqslant 0)$，直线 $x = a$、$x = b$、$y = 0(a < b)$ 所围成的曲边梯形(见图 6.2.1) 的面积 $A = \int_a^b f(x)\mathrm{d}x$.

应用定积分，不仅可以计算曲边梯形的面积，还可以计算一些比较复杂的平面图形的面积.

问题　设平面图形由上、下两条连续曲线 $y = f(x)$ 与 $y = g(x)$ 及左、右两条直线 $x = a$ 与 $x = b$ 所围成(见图 6.2.2)，求所围平面图形的面积 A.

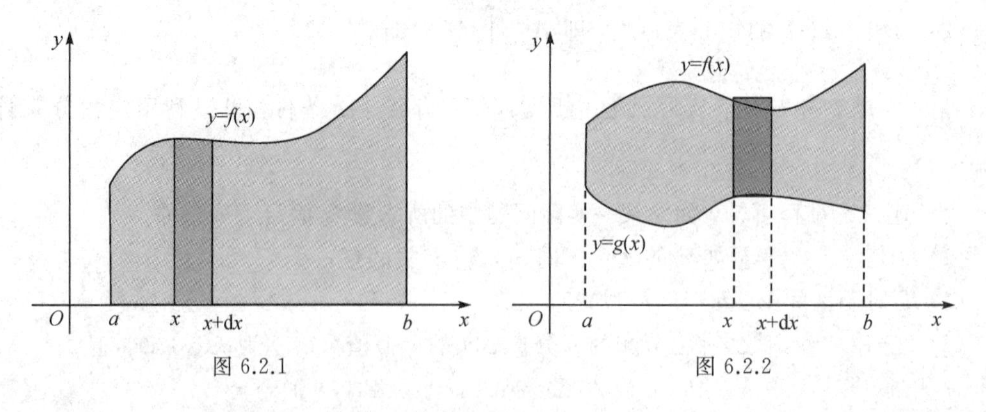

图 6.2.1　　　　图 6.2.2

由于所求面积对区间 $[a, b]$ 具有可加性，因此可以考虑用元素法求解. 取 x 为积分变量，其变化区间为 $[a, b]$. 在 $[a, b]$ 上任取小区间 $[x, x + \mathrm{d}x]$，得面积元素为

$$\mathrm{d}A = [f(x) - g(x)]\mathrm{d}x.$$

因此所围平面图形的面积为

$$A=\int_a^b \mathrm{d}A=\int_a^b [f(x)-g(x)]\mathrm{d}x.$$

直角坐标面积元素的证明

同理易得下面的结论.

(1) 由连续曲线 $x=\varphi(y)\geqslant 0$ 及直线 $y=c$、$y=d$、$x=0(c<d)$ 所围成的曲边梯形(见图 6.2.3) 的面积为

$$A=\int_c^d \varphi(y)\mathrm{d}y.$$

(2) 由连续曲线 $x=\varphi(y)$，$x=\psi(y)(\psi(y)\geqslant\psi(y))$ 及直线 $y=c$，$y=d(c<d)$ 所围成的平面图形(见图 6.2.4) 的面积为

$$A=\int_c^d [\psi(y)-\varphi(y)]\mathrm{d}y.$$

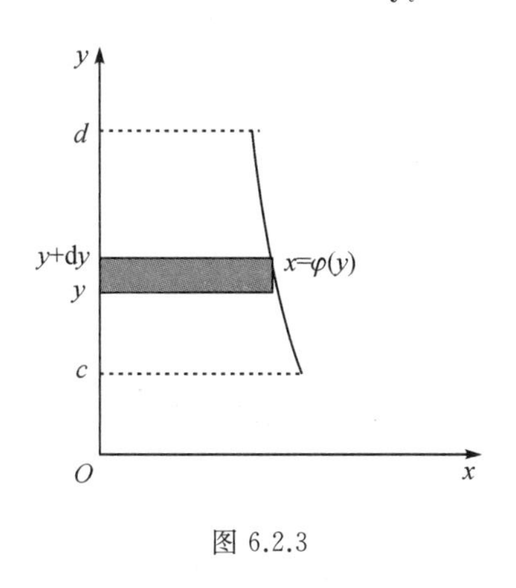

图 6.2.3

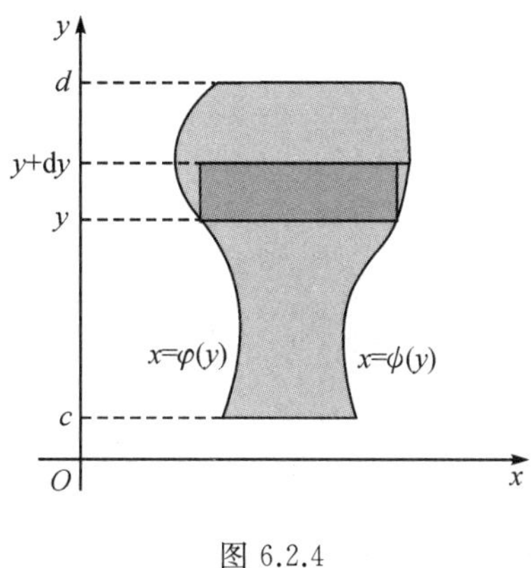

图 6.2.4

例 6.2.1　计算由抛物线 $x=y^2$，$y=x^2$ 所围成的图形的面积.

解　这两条抛物线所围成的图形如图 6.2.5 所示. 由 $\begin{cases}x=y^2\\ y=x^2\end{cases}$ 求得两抛物线的交点为 $(0,0)$，$(1,1)$. 取 x 为积分变量，其变化区间为$[0,1]$. 在$[0,1]$上任取一小区间$[x,x+\mathrm{d}x]$，得面积元素为

$$\mathrm{d}A=(\sqrt{x}-x^2)\mathrm{d}x,$$

图 6.2.5

所以所求图形面积为

$$A=\int_0^1(\sqrt{x}-x^2)\mathrm{d}x=\left[\frac{2}{3}x^{\frac{3}{2}}-\frac{1}{3}x^3\right]_0^1=\frac{1}{3}.$$

注　本例也可取 y 为积分变量进行计算，请读者自行完成.

例 6.2.2　计算由抛物线 $y^2=2x$ 与直线 $y=x-4$ 所围成的图形的面积.

解　所围成的图形如图 6.2.6 所示. 由 $\begin{cases}y^2=2x\\ y=x-4\end{cases}$ 求得所给抛物线与直线的交点为(2, −2), (8, 4). 为计算简便，选取 y 为积分变量，它的变化区间为[−2, 4]. 在[−2, 4]上任取一小区间[y, $y+\mathrm{d}y$]，得面积元素为

$$\mathrm{d}A=\left(y+4-\frac{y^2}{2}\right)\mathrm{d}y,$$

从而所求图形面积为

$$A=\int_{-2}^4\left(y+4-\frac{1}{2}y^2\right)\mathrm{d}y$$

$$=\left[\frac{1}{2}y^2+4y-\frac{1}{6}y^3\right]_{-2}^4=18.$$

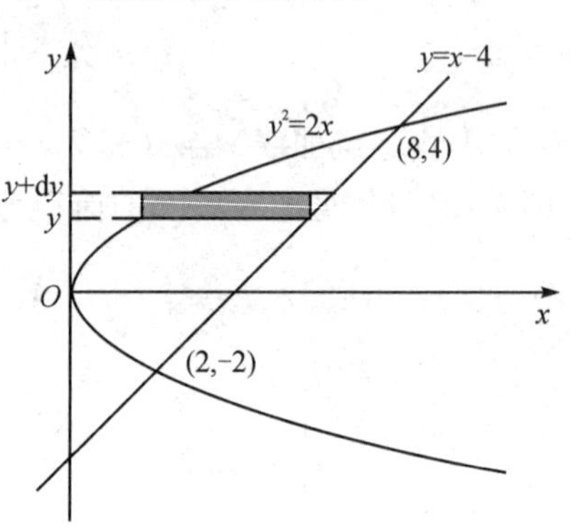

图 6.2.6

若选取 x 为积分变量，则 x 的变化区间为[0, 8]，此时所求图形面积需要分成两部分计算，从而得

$$A=\int_0^2[\sqrt{2x}-(-\sqrt{2x})]\mathrm{d}x+\int_2^8[\sqrt{2x}-(x-4)]\mathrm{d}x=18.$$

注　由此例可知，积分变量选择适当，可使得计算简便.

例 6.2.3　求椭圆 $\frac{x^2}{a^2}+\frac{y^2}{b^2}=1$ 所围成的图形的面积.

解　如图 6.2.7，因为椭圆关于两个坐标轴都对称，所以整个椭圆的面积 A 是该椭圆在第一象限部分与两坐标轴所围图形面积 A_1 的 4 倍. 选 x 为积分变量，其变化区间为 [0, a]. 在[0, a] 上任取一小区间[x , $x+\mathrm{d}x$]，得面积元素为

$$\mathrm{d}A_1=y\mathrm{d}x,$$

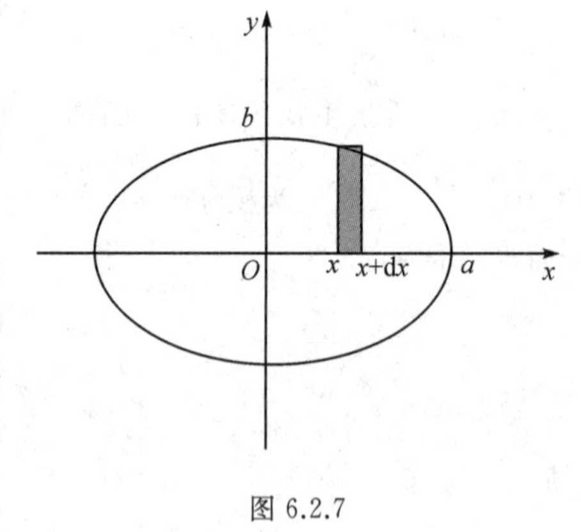

图 6.2.7

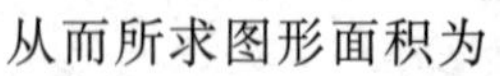

从而所求图形面积为

$$A=4\int_0^a\mathrm{d}A_1=4\int_0^a y\mathrm{d}x.$$

利用椭圆的参数方程 $\begin{cases}x=a\cos t\\ y=b\sin t\end{cases}$，$0\leqslant t\leqslant\frac{\pi}{2}$，应用定积分的换元法，令 $x=a\cos t$，则

$$y=b\sin t,\quad \mathrm{d}x=-a\sin t\mathrm{d}t.$$

当 x 由 0 变到 a 时，t 由 $\pi/2$ 变到 0，于是

$$A=4\int_0^a y\mathrm{d}x=4\int_{\frac{\pi}{2}}^0 b\sin t(-a\sin t)\mathrm{d}t$$

$$=-4ab\int_{\frac{\pi}{2}}^0 \sin^2 t\,\mathrm{d}t=4ab\int_0^{\frac{\pi}{2}}\sin^2 t\,\mathrm{d}t$$

$$=4ab\cdot\frac{1}{2}\cdot\frac{\pi}{2}=\pi ab.$$

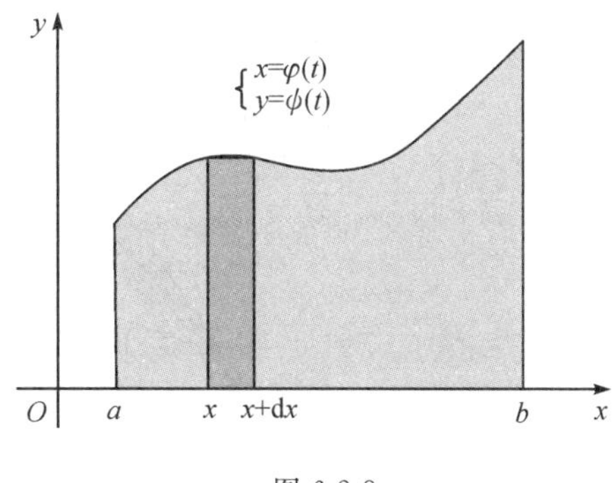

图 6.2.8

一般地，若曲边梯形(见图 6.2.8) 的曲边对应的参数方程为 $\begin{cases}x=\varphi(t)\\ y=\psi(t)\end{cases}$ $(\psi(t)\leqslant 0)$，且 $a=\varphi(t_1)$，$b=\varphi(t_2)$，则曲边梯形的面积为

$$A=\int_a^b y\mathrm{d}x=\int_{t_1}^{t_2}\psi(t)\varphi'(t)\mathrm{d}t.$$

例 6.2.4　求由摆线 $x=a(t-\sin t)$，$y=a(1-\cos t)$，$a>0$ 的一拱$(0\leqslant t\leqslant 2\pi)$与 x 轴所围成的图形的面积.

解　所围成的图形如图 6.2.9 所示. 选 x 为积分变量，其变化区间为$[0, 2\pi a]$. 在$[0, 2\pi a]$上任取一小区间$[x, x+\mathrm{d}x]$，得面积元素为

$$\mathrm{d}A=y\mathrm{d}x,$$

从而所求图形面积为

$$A=\int_0^{2\pi a}y\mathrm{d}x=\int_0^{2\pi}a^2(1-\cos t)^2\mathrm{d}t=a^2\int_0^{2\pi}\left(1-2\cos t+\frac{1+\cos 2t}{2}\right)\mathrm{d}t=a^2\int_0^{2\pi}\frac{3}{2}\mathrm{d}t=3\pi a^2.$$

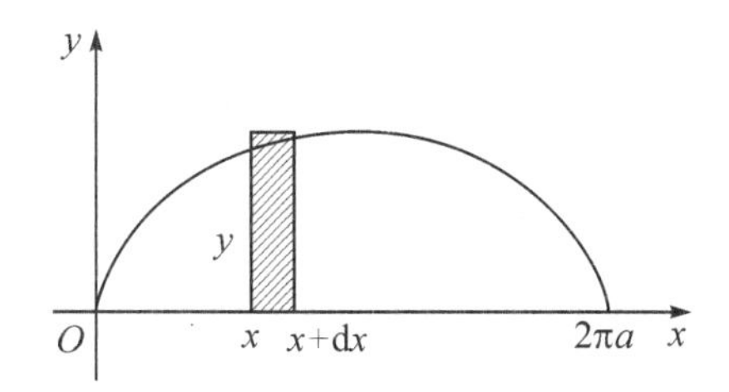

图 6.2.9

利用参数方程计算平面图形面积的方法总结

2. 极坐标情形

有些平面图形的面积，利用极坐标来计算比较方便.

问题　设 $\rho=\varphi(\theta)(\varphi(\theta)\geqslant 0)$ 在$[\alpha, \beta]$上连续，求由曲线 $\rho=\varphi(\theta)$ 及射线 $\theta=\alpha$，$\theta=\beta$ 所围成的曲边扇形(见图 6.2.10) 的面积 A.

选 θ 为积分变量，其变化区间为$[\alpha, \beta]$. 在$[\alpha, \beta]$上任取小区间$[\theta, \theta+\mathrm{d}\theta]$，得面积元素为 $\mathrm{d}A=\frac{1}{2}[\varphi(\theta)]^2\mathrm{d}\theta$，从而所求曲边扇形的面积为

$$A=\int_\alpha^\beta\frac{1}{2}[\varphi(\theta)]^2\mathrm{d}\theta.$$

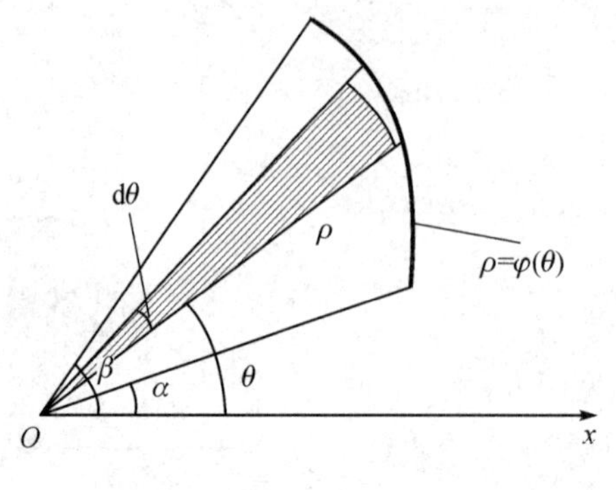

图 6.2.10

极坐标面积元素的证明

例 6.2.5 计算阿基米德螺线 $\rho = a\theta(a > 0)$ 上相应于 θ 从 0 变到 2π 的一段弧与极轴所围成的图形的面积.

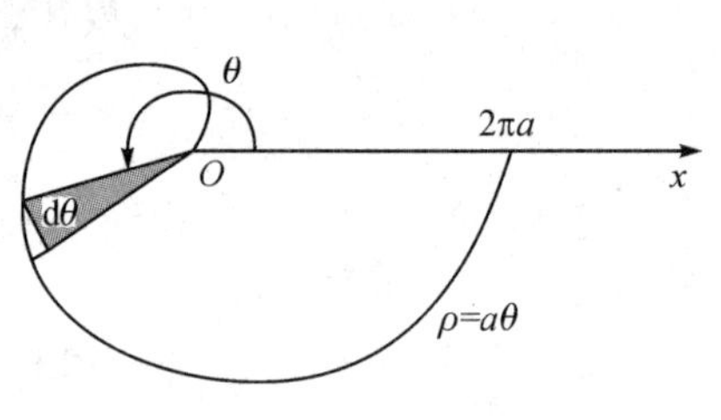

图 6.2.11

解 指定的这段螺线与极轴所围图形如图 6.2.11 所示. 选 θ 为积分变量，其变化区间为 $[0, 2\pi]$. 在 $[0, 2\pi]$ 上任取小区间 $[\theta, \theta + d\theta]$，得面积元素为

$$dA = \frac{1}{2}(a\theta)^2 d\theta,$$

从而所求图形的面积为

$$A = \int_0^{2\pi} \frac{1}{2}(a\theta)^2 d\theta = \frac{1}{2}a^2 \left[\frac{1}{3}\theta^3\right]_0^{2\pi} = \frac{4}{3}a^2\pi^3.$$

例 6.2.6 计算心形线 $\rho = a(1 + \cos\theta)(a > 0)$ 所围成的图形的面积.

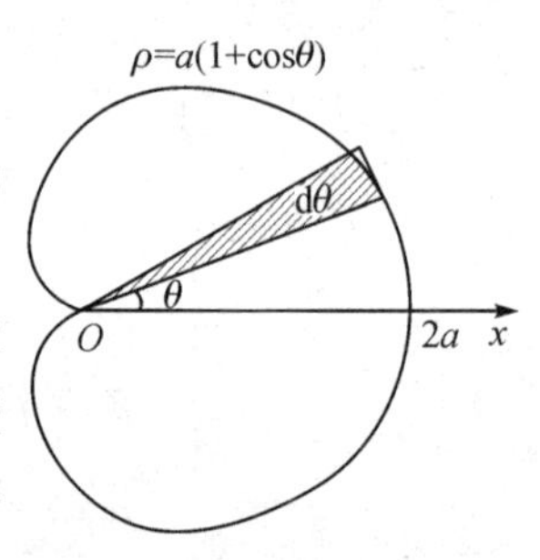

图 6.2.12

解 心形线所围成的图形如图 6.2.12 所示. 由对称性知，所求图形的面积 A 等于极轴上方部分图形面积 A_1 的 2 倍. 选 θ 为积分变量，其变化区间为 $[0, \pi]$. 在 $[0, \pi]$ 上任取小区间 $[\theta, \theta + d\theta]$，得面积元素为

$$dA_1 = \frac{1}{2}[a(1 + \cos\theta)]^2 d\theta,$$

则所求图形的面积为

$$A = 2A_1 = 2\int_0^{\pi} \frac{1}{2}[a(1 + \cos\theta)]^2 d\theta$$

$$= a^2 \int_0^{\pi} \left(\frac{3}{2} + 2\cos\theta + \frac{1}{2}\cos 2\theta\right) d\theta = \frac{3}{2}a^2\pi.$$

例 6.2.7 计算心形线 $\rho = a(1 + \cos\theta)(a > 0)$ 与圆 $\rho = a$ 所围图形(公共部分)的面积.

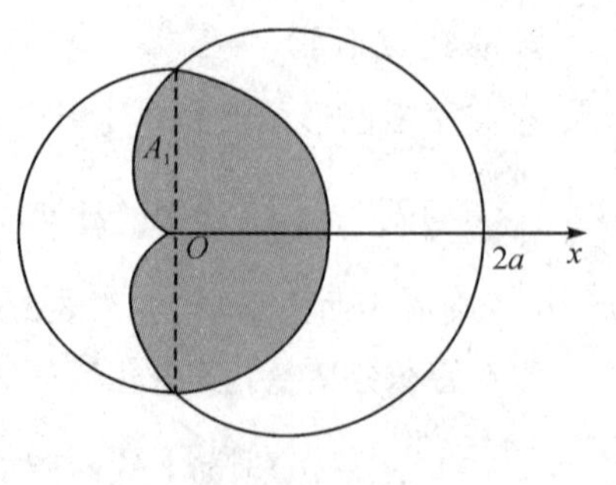

图 6.2.13

解 所围图形如图 6.2.13 所示. 由对称性知所围图形的面积为

$$S=\frac{1}{2}\pi a^2+2A_1=\frac{1}{2}\pi a^2+2\int_{\frac{\pi}{2}}^{\pi}\frac{1}{2}\left[a(1+\cos\theta)\right]^2\mathrm{d}\theta$$
$$=\frac{1}{2}\pi a^2+a^2\int_{\frac{\pi}{2}}^{\pi}\left(\frac{3}{2}+2\cos\theta+\frac{1}{2}\cos 2\theta\right)\mathrm{d}\theta$$
$$=\frac{5}{4}a^2\pi-2a^2.$$

例 6.2.8　设 $y=f(x)$ 为区间 $[0, 1]$ 上的非负连续函数.

(1) 试证：存在 $x_0\in(0, 1)$，使得在区间 $[0, x_0]$ 上以 $f(x_0)$ 为高的矩形面积等于在区间 $[x_0, 1]$ 上以 $f(x)$ 为曲边的曲边梯形的面积；

(2) 若 $f(x)$ 在 $(0, 1)$ 内可导，且 $xf'(x)+2f(x)>0$，证明(1)中的 x_0 是唯一的.

分析　如图 6.2.14，$[x_0, 1]$ 上以 $f(x)$ 为曲边的曲边梯形的面积为 $\int_{x_0}^{1}f(x)\mathrm{d}x$. 要证(1)的结论成立，即证存在 $x_0\in(0, 1)$，使 $x_0f(x_0)=\int_{x_0}^{1}f(x)\mathrm{d}x$，只需证明存在 $x_0\in(0, 1)$，使 $\int_{x_0}^{1}f(x)\mathrm{d}x-x_0f(x_0)=0$. 为此构造辅助函数

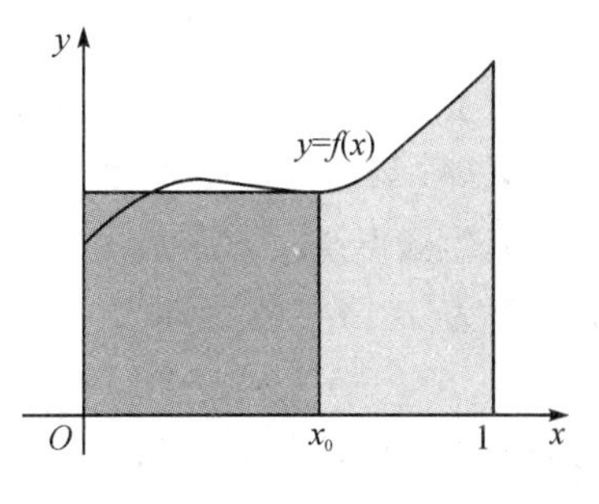

图 6.2.14

$$F(x)=x\int_{x}^{1}f(x)\mathrm{d}x,$$

利用罗尔定理即可证明 x_0 的存在性. x_0 的唯一性可借助辅助函数的单调性进行证明.

证明　(1) 设 $F(x)=x\int_{x}^{1}f(x)\mathrm{d}x$，则 $F(x)$ 在区间 $[0, 1]$ 上连续可导，且

$$F'(x)=\int_{x}^{1}f(x)\mathrm{d}x-xf(x),\quad F(0)=F(1)=0,$$

所以 $F(x)$ 在区间 $[0, 1]$ 上满足罗尔定理的条件，因此由罗尔定理知，存在一点 $x_0\in(0, 1)$，使得 $F'(x_0)=0$，即

$$x_0f(x_0)=\int_{x_0}^{1}f(x)\mathrm{d}x.$$

(2) 要证(1)中的 x_0 是唯一的，即证 x_0 为 $F'(x)=\int_{x}^{1}f(x)\mathrm{d}x-xf(x)$ 在 $(0, 1)$ 内的唯一零点. 因为 $F''(x)=-[xf'(x)+2f(x)]<0$，所以 $F'(x)$ 在 $(0, 1)$ 内单调减少，从而(1)中的 x_0 唯一.

二、立体的体积

1. 旋转体的体积

旋转体就是由一个平面图形绕这平面内一条直线旋转一周而成的立体，这直线叫作旋转轴. 常见的旋转体有圆柱、圆锥、圆台、球体，这些规则旋转体的体积可以用体积公式计算. 但在日常应用中，我们常常会遇到很多不规则的旋转体，为此我们考虑下面的问题.

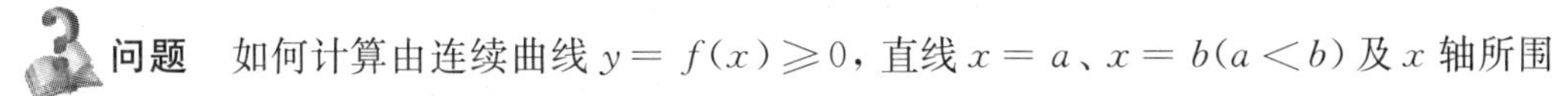
问题　如何计算由连续曲线 $y=f(x)\geqslant 0$，直线 $x=a$、$x=b(a<b)$ 及 x 轴所围

成的曲边梯形(见图 6.2.15)绕 x 轴旋转一周所成的旋转体的体积?

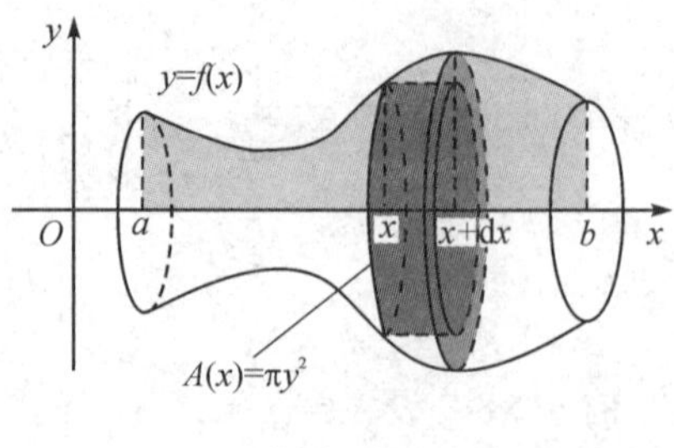

图 6.2.15

选 x 为积分变量，其变化区间为$[a, b]$，在区间$[a, b]$上任取一小区间$[x, x+\mathrm{d}x]$，将该小区间对应的窄曲边梯形绕 x 轴旋转一周所成的旋转体的体积用以 $f(x)$ 为底半径、$\mathrm{d}x$ 为高的圆柱体薄片的体积近似代替，得体积元素为

$$\mathrm{d}V=\pi y^2\mathrm{d}x=\pi[f(x)]^2\mathrm{d}x,$$

所以所求旋转体的体积为

$$V=\int_a^b \pi y^2\mathrm{d}x=\int_a^b \pi[f(x)]^2\mathrm{d}x.$$

体积元素的证明

上述方法称为切片法.

同理，计算由连续曲线 $x=\varphi(y)\geqslant 0$，直线 $y=c$、$y=d$、$x=0(c<d)$所围成的图形绕 y 轴旋转一周所成的旋转体的体积，选 y 为积分变量，其变化区间为$[c, d]$. 在区间$[c, d]$上任取一小区间$[y, y+\mathrm{d}y]$，得体积元素为

$$\mathrm{d}V=\pi x^2\mathrm{d}y=\pi[\varphi(y)]^2\mathrm{d}y,$$

从而所求旋转体的体积为

$$V=\int_c^d \pi x^2\mathrm{d}y=\int_c^d \pi[\varphi(y)]^2\mathrm{d}y.$$

例 6.2.9 连接坐标原点 O 及点 $P(h, r)$ 的直线、直线 $x=h$ 及 x 轴围成一个直角三角形(见图 6.2.16)，将它绕 x 轴旋转一周构成一个底半径为 r、高为 h 的圆锥体，计算这个圆锥体的体积.

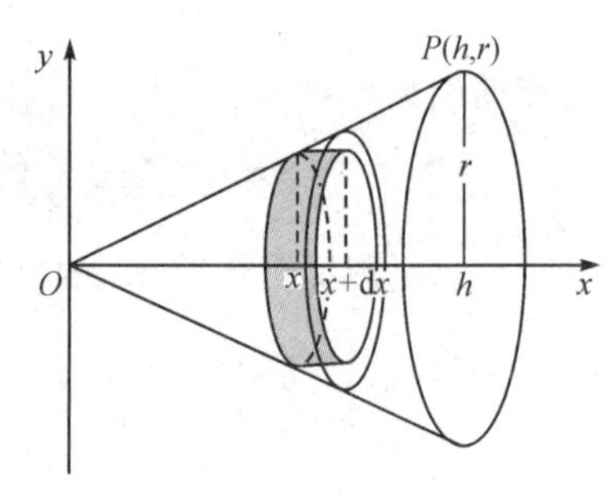

图 6.2.16

解 直角三角形斜边所在的直线方程为 $y=\dfrac{r}{h}x$. 选 x 为积分变量，其变化区间为$[0, h]$. 在区间$[0, h]$上任取一小区间$[x, x+\mathrm{d}x]$，得体积元素为

$$\mathrm{d}V=\pi\left(\frac{r}{h}x\right)^2\mathrm{d}x,$$

从而所求圆锥体的体积为

$$V=\int_0^h \pi\left(\frac{r}{h}x\right)^2\mathrm{d}x=\frac{\pi r^2}{h^2}\left[\frac{1}{3}x^3\right]_0^h=\frac{1}{3}\pi h r^2.$$

例 6.2.10 计算由椭圆$\dfrac{x^2}{a^2}+\dfrac{y^2}{b^2}=1$所围成的图形(见图 6.2.17)绕 x 轴旋转一周所成的旋转体(旋转椭球体)的体积.

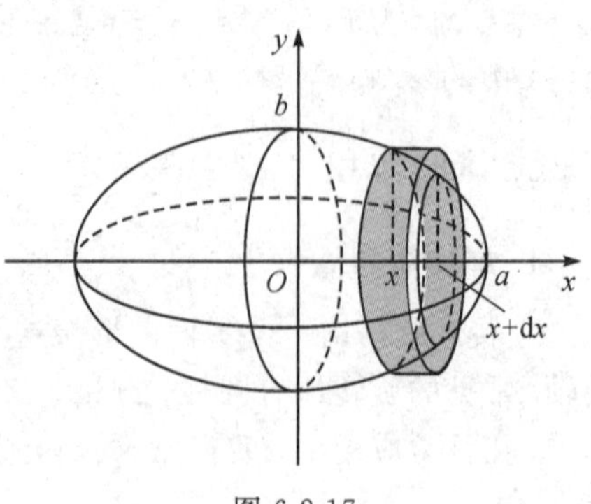

图 6.2.17

解 此旋转椭球体也可以看作是由上半个椭圆

$y=\frac{b}{a}\sqrt{a^2-x^2}$ 及 x 轴围成的图形绕 x 轴旋转一周而成的立体. 选 x 为积分变量，其变化区间为 $[-a, a]$. 在 $[-a, a]$ 上任取小区间 $[x, x+\mathrm{d}x]$，得体积元素为

$$\mathrm{d}V=\pi y^2\mathrm{d}x,$$

于是所求旋转椭球体的体积为

$$V=\int_{-a}^{a}\pi\frac{b^2}{a^2}(a^2-x^2)\mathrm{d}x=\pi\frac{b^2}{a^2}\left[a^2x-\frac{1}{3}x^3\right]_{-a}^{a}=\frac{4}{3}\pi ab^2.$$

例 6.2.11　计算由摆线 $x=a(t-\sin t)$，$y=a(1-\cos t)$ 的一拱$(0\leqslant t\leqslant 2\pi)$ 与直线 $y=0$ 所围成的图形(见图 6.2.18(a)) 分别绕 x 轴、y 轴旋转一周所成的旋转体的体积.

解　(1) 求绕 x 轴旋转一周所成的旋转体的体积. 选 x 为积分变量，其变化区间为 $[0, 2\pi a]$，在 $[0, 2\pi a]$ 上任取小区间 $[x, x+\mathrm{d}x]$，则所求旋转体的体积为

$$V_x=\int_0^{2\pi a}\pi y^2\mathrm{d}x.$$

利用定积分的换元法得

$$V_x=\int_0^{2\pi a}\pi y^2\mathrm{d}x=\pi\int_0^{2\pi}a^2(1-\cos t)^2\cdot a(1-\cos t)\mathrm{d}t$$

$$=\pi a^3\int_0^{2\pi}(1-3\cos t+3\cos^2 t-\cos^3 t)\mathrm{d}t=5\pi^2a^3.$$

(2) 求绕 y 轴旋转一周所成的旋转体的体积.

方法 1：选 y 为积分变量，其变化区间为 $[0, 2a]$. 记曲线段 AB 的方程为 $x=x_2(y)$、曲线段 BO 的方程为 $x=x_1(y)$，则所求旋转体的体积可看作曲边梯形 $OABC$ 绕 y 轴旋转一周所成的旋转体的体积与曲边三角形 OBC 绕 y 轴旋转一周所成的旋转体的体积之差. 因此所求旋转体的体积为

$$V_y=\pi\int_0^{2a}[x_2^2(y)-x_1^2(y)]\mathrm{d}y$$

$$=\pi\int_{2\pi}^{\pi}a^2(t-\sin t)^2\cdot a\sin t\mathrm{d}t-\pi\int_0^{\pi}a^2(t-\sin t)^2\cdot a\sin t\mathrm{d}t$$

$$=-\pi a^3\int_0^{2\pi}(t-\sin t)^2\sin t\mathrm{d}t=6\pi^3a^3.$$

方法 2：选 x 为积分变量，其变化区间为 $[0, 2\pi a]$. 在 $[0, 2\pi a]$ 上任取小区间 $[x, x+\mathrm{d}x]$，用底半径为 x、壁厚为 $\mathrm{d}x$ 的圆柱壳近似代替该小区间对应的窄曲边梯形绕 y 轴旋转一周所成的旋转体(见图 6.2.18(b))，则

$$\Delta V_y\approx\pi(x+\mathrm{d}x)^2y-\pi x^2y=2\pi xy\mathrm{d}x+\pi y(\mathrm{d}x)^2.$$

容易验证

$$\Delta V_y-2\pi xy\mathrm{d}x=o(\mathrm{d}x)\quad(\mathrm{d}x\to 0),$$

从而得体积元素为

$$\mathrm{d}V_y=2\pi xy\mathrm{d}x.$$

因此所求旋转体的体积为

$$V_y=\int_0^{2\pi a}2\pi xy\mathrm{d}x=2\pi\int_0^{2\pi}a(t-\sin t)\cdot a(1-\cos t)\cdot a(1-\cos t)\mathrm{d}t$$

$$=2\pi a^3\int_0^{2\pi}(t-\sin t)(1-\cos t)^2\mathrm{d}t=6\pi^3a^3.$$

上述方法称为柱壳法.

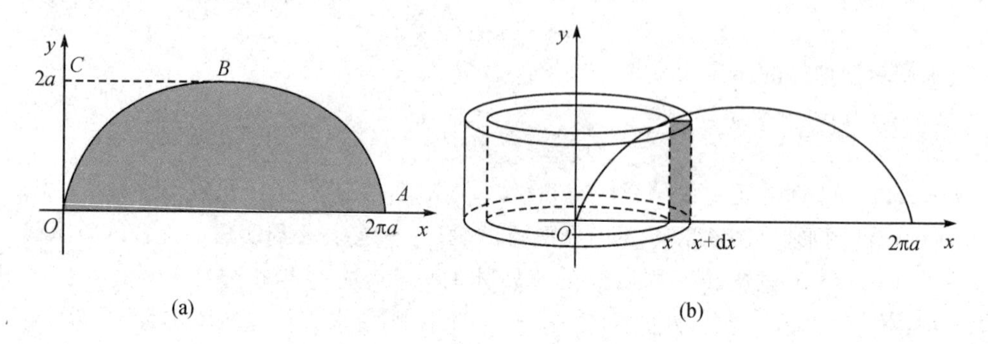

图 6.2.18

例 6.2.12 求圆盘 $x^2+y^2\leqslant 1$ 绕 $x=-2$ 旋转一周所成旋转体的体积.

解 方法 1：选 y 为积分变量(见图 6.2.19(a))，其变化区间为$[-1, 1]$. 在$[-1, 1]$上任取小区间$[y, y+\mathrm{d}y]$，得体积元素为

$$\mathrm{d}V=[\pi(\sqrt{1-y^2}+2)^2-\pi(-\sqrt{1-y^2}+2)^2]\mathrm{d}y.$$

因此所求旋转体的体积为

$$V=\int_{-1}^{1}[\pi(\sqrt{1-y^2}+2)^2-\pi(-\sqrt{1-y^2}+2)^2]\mathrm{d}y$$

$$=8\pi\int_{-1}^{1}\sqrt{1-y^2}\,\mathrm{d}y=8\pi\cdot\frac{\pi}{2}=4\pi^2.$$

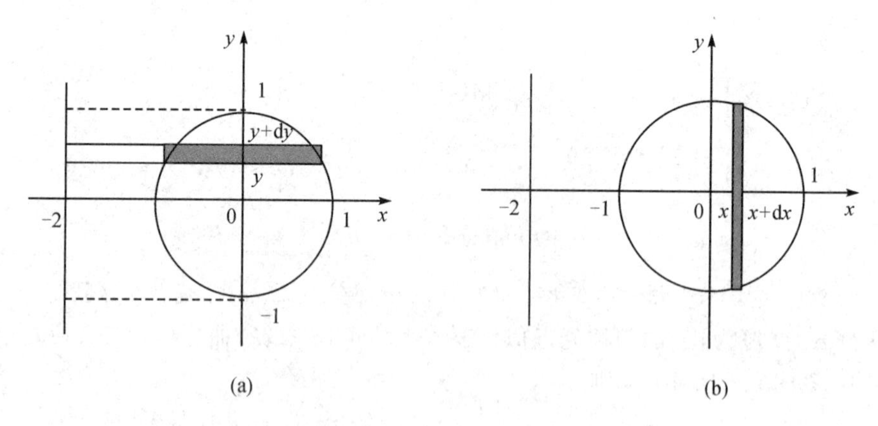

图 6.2.19

方法 2：选 x 为积分变量(见图 6.2.19(b))，其变化区间为$[-1, 1]$. 在$[-1, 1]$上任取小区间$[x, x+\mathrm{d}x]$，得体积元素为

$$\mathrm{d}V=2\pi(x+2)\cdot 2\sqrt{1-x^2}\cdot\mathrm{d}x=4\pi(x+2)\sqrt{1-x^2}\,\mathrm{d}x.$$

因此所求旋转体的体积为

$$V=4\pi\int_{-1}^{1}(x+2)\sqrt{1-x^2}\,\mathrm{d}x=8\pi\int_{-1}^{1}\sqrt{1-x^2}\,\mathrm{d}x=8\pi\cdot\frac{\pi}{2}=4\pi^2.$$

下面通过例题说明极坐标系下的图形绕极轴旋转所成旋转体的体积的计算方法.

旋转体体积计算方法总结

例 6.2.13　证明曲边扇形 $0\leqslant\alpha\leqslant\theta\leqslant\beta$，$0\leqslant\rho\leqslant\rho(\theta)$ 绕极轴旋转一周所成的旋转体的体积为

$$V_{极轴}=\frac{2\pi}{3}\int_{\alpha}^{\beta}\rho^{3}(\theta)\sin\theta\,\mathrm{d}\theta,$$

这里 $\rho(\theta)$ 在区间$[\alpha,\beta]$上连续.

证明　选 θ 为积分变量，其变化区间为$[\alpha,\beta]$，在$[\alpha,\beta]$上任取小区间$[\theta,\theta+\mathrm{d}\theta]$，将该小区间对应的小曲边扇形绕极轴旋转而成的旋转体用半径为 $\rho(\theta)$、圆心角为 $\mathrm{d}\theta$ 的小扇形绕极轴旋转而成的旋转体来近似代替.

为此先计算半径为 $\rho=R$ 的扇形绕极轴旋转一周所成旋转体的体积 V，即该扇形绕 x 轴旋转所成的旋转体的体积(见图 6.2.20).

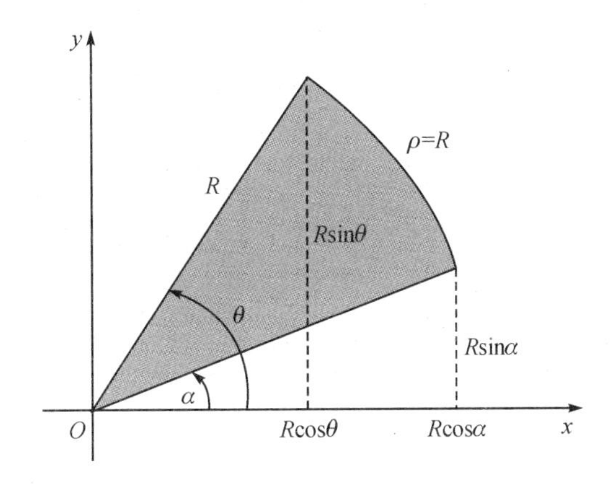

图 6.2.20

利用旋转体体积的计算方法得

$$V=\frac{\pi}{3}(R\sin\theta)^{2}R\cos\theta+\int_{R\cos\theta}^{R\cos\alpha}\pi(R^{2}-x^{2})\mathrm{d}x-\frac{\pi}{3}(R\sin\alpha)^{2}R\cos\alpha$$

$$=\frac{\pi}{3}R^{3}\sin^{2}\theta\cos\theta+\pi R^{3}(\cos\alpha-\cos\theta)-\frac{\pi}{3}R^{3}(\cos^{3}\alpha-\cos^{3}\theta)-\frac{\pi}{3}R^{3}\sin^{2}\alpha\cos\alpha,$$

对上式求微分得

$$\mathrm{d}V=\frac{2\pi}{3}R^{3}\sin\theta\,\mathrm{d}\theta.$$

由上述推导过程即得旋转体的体积元素为

$$\mathrm{d}V=\frac{2\pi}{3}[\rho(\theta)]^{3}\sin\theta\,\mathrm{d}\theta,$$

故所求旋转体的体积为

$$V_{极轴}=\frac{2\pi}{3}\int_{\alpha}^{\beta}\rho^{3}(\theta)\sin\theta\,\mathrm{d}\theta.$$

例 6.2.14　求心形线 $\rho=a(1-\cos\theta)$ 所围图形(见图 6.2.21)绕极轴旋转一周所成旋转

体的体积.

解 所求旋转体的体积即曲边扇形 $\rho=a(1-\cos\theta)$，$0\leqslant\theta\leqslant\pi$ 绕极轴旋转一周所成旋转体的体积，由例 6.2.13 可知所求体积为

$$\begin{aligned}V&=\frac{2\pi}{3}\int_0^{\pi}[a(1-\cos\theta)]^3\sin\theta\,d\theta\\&=\frac{2\pi}{3}a^3\int_0^{\pi}(1-\cos\theta)^3\,d(1-\cos\theta)\\&=\frac{2\pi}{3}a^3\left[\frac{1}{4}(1-\cos\theta)^4\right]_0^{\pi}=\frac{8\pi}{3}a^3.\end{aligned}$$

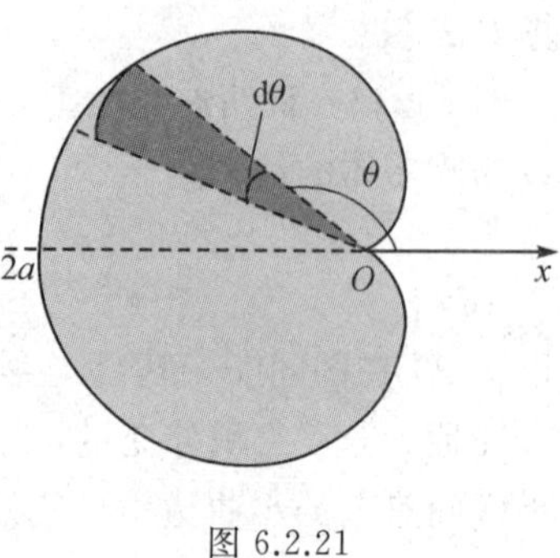

图 6.2.21

2. 平行截面面积为已知的立体的体积

问题 设立体在 x 轴上的投影区间为$[a, b]$，过点 x 且垂直于 x 轴的平面与立体相截，截面面积为 $A(x)$(见图 6.2.22)，且 $A(x)$ 在区间$[a, b]$上连续. 求该立体的体积 V.

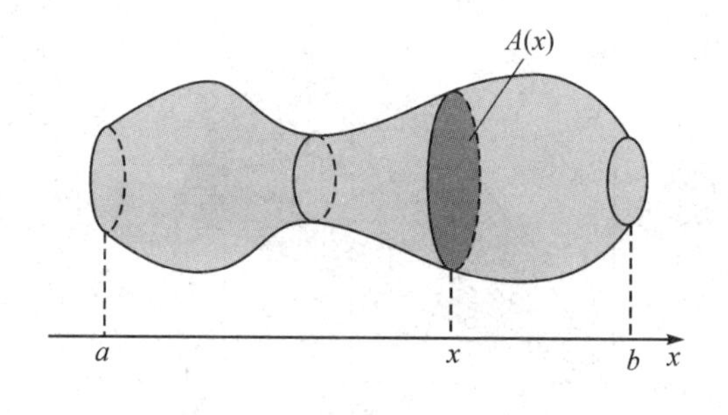

图 6.2.22

选 x 为积分变量，其变化区间为$[a, b]$. 在$[a, b]$上任取一小区间$[x, x+dx]$，得体积元素为

$$dV=A(x)dx,$$

从而所求立体的体积为

$$V=\int_a^b A(x)dx.$$

例 6.2.15 一平面经过半径为 R 的圆柱体的底圆中心，并与底面交成角 α，计算这个平面截圆柱体所得立体的体积.

解 如图 6.2.23(a) 所示，取该平面与圆柱体的底面的交线为 x 轴，圆心为坐标原点，则底圆的方程为 $x^2+y^2=R^2$，立体中过点 x 且垂直于 x 轴的截面是一个直角三角形，它的两条直角边长分别为 $\sqrt{R^2-x^2}$ 及 $\sqrt{R^2-x^2}\tan\alpha$，因而截面面积为

$$A(x)=\frac{1}{2}(R^2-x^2)\tan\alpha,$$

于是所求立体的体积为

$$V=\int_{-R}^{R}\frac{1}{2}(R^2-x^2)\tan\alpha\,dx=\frac{1}{2}\tan\alpha\left[R^2x-\frac{1}{3}x^3\right]_{-R}^{R}=\frac{2}{3}R^3\tan\alpha.$$

若选 y 为积分变量，则 $y\in[0,R]$，立体中过点 y 且垂直于 y 轴的截面是一个矩形(见图 6.2.23(b))，从而截面面积为

$$A(y)=2\sqrt{R^2-y^2}\cdot y\tan\alpha,$$

于是所求立体的体积为

$$V=\int_0^R 2y\sqrt{R^2-y^2}\tan\alpha\,\mathrm{d}y=2\tan\alpha\int_0^R y\sqrt{R^2-y^2}\,\mathrm{d}y=\frac{2}{3}R^3\tan\alpha.$$

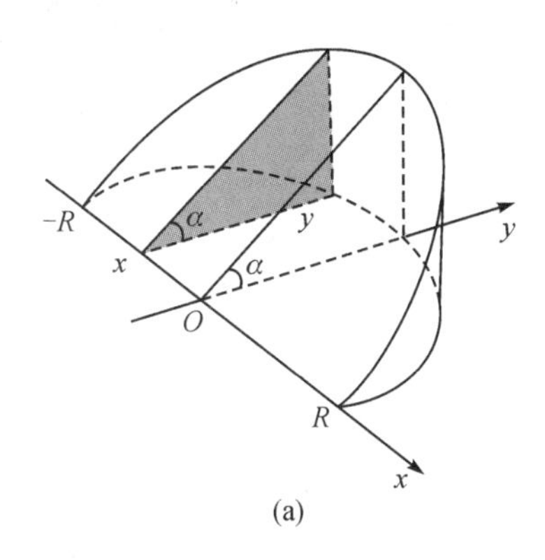

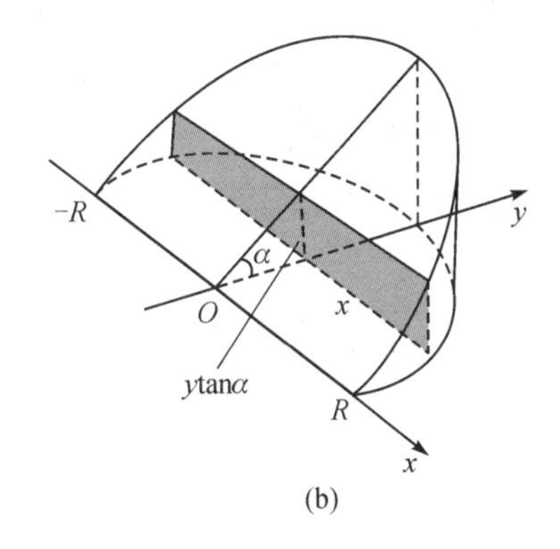

图 6.2.23

例 6.2.16　求以半径为 R 的圆为底、平行且等于底圆直径的线段为顶、高为 h 的正劈锥体的体积.

解　如图 6.2.24 所示，取底圆所在的平面为 xOy 平面，圆心为原点，并使 x 轴与正劈锥的顶平行，则底圆的方程为 $x^2+y^2=R^2$. 过 x 轴上的点 $x(-R<x<R)$ 作垂直于 x 轴的平面，截正劈锥体得等腰三角形，该截面的面积为

$$A(x)=\frac{1}{2}\cdot 2\sqrt{R^2-x^2}\cdot h=h\sqrt{R^2-x^2},$$

于是所求正劈锥体的体积为

$$V=\int_{-R}^{R}h\sqrt{R^2-x^2}\,\mathrm{d}x=\frac{1}{2}\pi R^2h.$$

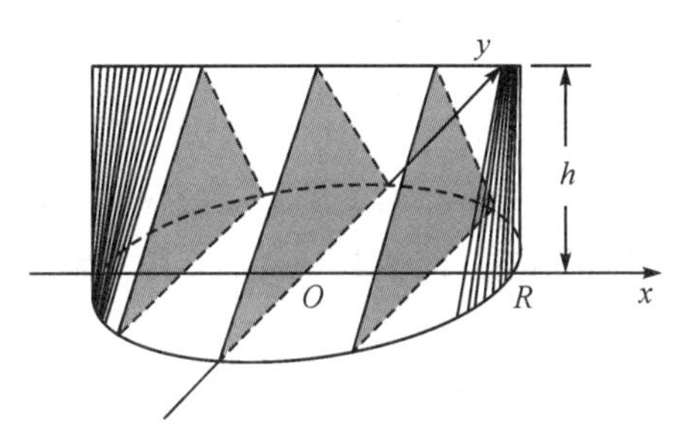

图 6.2.24

三、平面曲线的弧长

1. 弧长的定义

设 A，B 是曲线弧的两个端点，在弧 $\widehat{AB}$ 上依次任取分点 $A=M_0$，M_1，M_2，…，M_{i-1}，M_i，…，M_{n-1}，$M_n=B$，并依次连接相邻的分点得一折线(见图 6.2.25). 记 $\lambda=\max\limits_{1\leqslant i\leqslant n}\{|\overline{M_{i-1}M_i}|\}$，如果极限 $\lim\limits_{\lambda\to 0}\sum\limits_{i=1}^{n}|\overline{M_{i-1}M_i}|$ 存在，则称此极限为曲线弧 $\widehat{AB}$ 的弧长，并称此曲线弧 $\widehat{AB}$

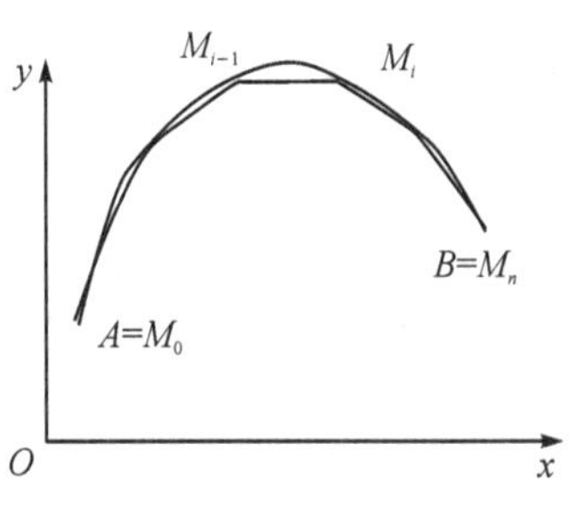

图 6.2.25

是可求长的.

定理 6.2.1 光滑曲线弧是可求长的.

2. 弧长的计算方法

设曲线弧$\overset{\frown}{AB}$由直角坐标方程

$$y=f(x) \quad (a \leqslant x \leqslant b)$$

给出，其中 $f(x)$ 在区间$[a, b]$上具有一阶连续导数，现在来计算这曲线弧的长度.

在$[a, b]$上任取区间长度为 Δx 的小区间$[x, x+\Delta x]$，记对应的小弧段的长度为 Δs，由第三章第七节中弧微分的概念知

$$\lim_{\Delta x \to 0} \frac{\Delta s}{\Delta x}=\sqrt{1+y'^2} \Rightarrow \Delta s=\sqrt{1+y'^2}\,\Delta x+o(\Delta x),$$

则

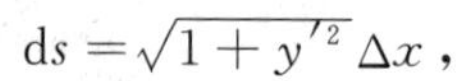

$$\mathrm{d}s=\sqrt{1+y'^2}\,\Delta x,$$

所以弧长元素为

$$\mathrm{d}s=\sqrt{1+y'^2}\,\mathrm{d}x,$$

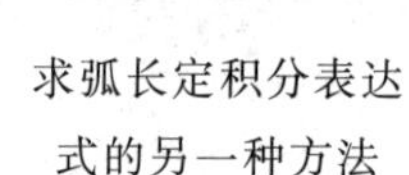

求弧长定积分表达式的另一种方法

于是所求弧长为

$$s=\int_a^b \sqrt{1+y'^2}\,\mathrm{d}x.$$

设曲线弧$\overset{\frown}{AB}$由参数方程

$$\begin{cases} x=\varphi(t) \\ y=\psi(t) \end{cases} \quad (\alpha \leqslant t \leqslant \beta)$$

给出，其中 $\varphi(t)$，$\psi(t)$ 在$[\alpha, \beta]$上具有连续导数，且 $\varphi'(t)$，$\psi'(t)$ 不同时为零，则曲线弧$\overset{\frown}{AB}$是可求长的. 选 t 为积分变量，其变化区间为$[\alpha, \beta]$，在$[\alpha, \beta]$上任取一小区间$[t, t+\mathrm{d}t]$，得弧长元素为

$$\mathrm{d}s=\sqrt{(\mathrm{d}x)^2+(\mathrm{d}y)^2}=\sqrt{\varphi'^2(t)+\psi'^2(t)}\,\mathrm{d}t.$$

于是所求弧长为

$$s=\int_\alpha^\beta \sqrt{x'^2(t)+y'^2(t)}\,\mathrm{d}t=\int_\alpha^\beta \sqrt{\varphi'^2(t)+\psi'^2(t)}\,\mathrm{d}t.$$

若曲线弧由极坐标方程

$$\rho=\rho(\theta) \quad (\alpha \leqslant \theta \leqslant \beta)$$

给出，其中 $\rho(\theta)$ 在$[\alpha, \beta]$上具有连续导数，则由直角坐标与极坐标的关系可得$x=\rho(\theta)\cos\theta$，$y=\rho(\theta)\sin\theta(\alpha \leqslant \theta \leqslant \beta)$，故弧长元素为

$$\mathrm{d}s=\sqrt{x'^2(\theta)+y'^2(\theta)}\,\mathrm{d}\theta=\sqrt{\rho^2(\theta)+\rho'^2(\theta)}\,\mathrm{d}\theta,$$

从而所求弧长为

$$s=\int_\alpha^\beta \sqrt{\rho^2(\theta)+\rho'^2(\theta)}\,\mathrm{d}\theta.$$

例 6.2.17 计算曲线 $y=\dfrac{2}{3}x^{\frac{3}{2}}$ 上相应于 x 从 a 变到 b 的一段弧的长度.

解　由 $y=\frac{2}{3}x^{\frac{3}{2}}$ 得 $y'=x^{\frac{1}{2}}$，从而弧长元素为

$$ds=\sqrt{1+y'^2}\,dx=\sqrt{1+x}\,dx,$$

因此，所求弧长为

$$s=\int_a^b\sqrt{1+x}\,dx=\left[\frac{2}{3}(1+x)^{\frac{3}{2}}\right]_a^b=\frac{2}{3}\left[(1+b)^{\frac{3}{2}}-(1+a)^{\frac{3}{2}}\right].$$

例 6.2.18　计算悬链线 $y=c\,\mathrm{ch}\,\frac{x}{c}(c>0)$ 上介于 $x=-b$ 与 $x=b$ 之间的一段弧的长度.

解　由 $y=c\,\mathrm{ch}\,\frac{x}{c}$ 得 $y'=\mathrm{sh}\,\frac{x}{c}$，从而弧长元素为

$$ds=\sqrt{1+\mathrm{sh}^2\frac{x}{c}}\,dx=\mathrm{ch}\,\frac{x}{c}dx,$$

因此，所求弧长为

$$s=\int_{-b}^b\mathrm{ch}\,\frac{x}{c}dx=2\int_0^b\mathrm{ch}\,\frac{x}{c}dx=2c\left[\mathrm{sh}\,\frac{x}{c}dx\right]_0^b=2c\,\mathrm{sh}\,\frac{b}{c}.$$

例 6.2.19　计算摆线 $x=a(\theta-\sin\theta)$，$y=a(1-\cos\theta)$ 的一拱$(0\leqslant\theta\leqslant 2\pi)$的长度.

解　因为曲线弧由参数方程给出，所以弧长元素为

$$ds=\sqrt{a^2(1-\cos\theta)^2+a^2\sin^2\theta}\,d\theta=a\sqrt{2(1-\cos\theta)}\,d\theta=2a\sin\frac{\theta}{2}d\theta,$$

从而所求弧长为

$$s=\int_0^{2\pi}2a\sin\frac{\theta}{2}d\theta=2a\left[-2\cos\frac{\theta}{2}\right]_0^{2\pi}=8a.$$

例 6.2.20　求阿基米德螺线 $\rho=a\theta(a>0)$ 相应于 θ 从 0 变到 2π 的一段弧的长度.

解　因为曲线弧由极坐标方程给出，所以弧长元素为

$$ds=\sqrt{a^2\theta^2+a^2}\,d\theta=a\sqrt{1+\theta^2}\,d\theta,$$

于是所求弧长为

$$s=\int_0^{2\pi}a\sqrt{1+\theta^2}\,d\theta\ \underline{\underline{令\theta=\tan t}}\ a\int_0^{\arctan 2\pi}\sec^3t\,dt$$

$$=\frac{a}{2}\left[2\pi\sqrt{1+4\pi^2}+\ln(2\pi+\sqrt{1+4\pi^2})\right].$$

四、知识延展——旋转曲面的面积

**问题**　设 xOy 面上一条曲线 AB 由直角坐标方程

$$y=f(x)\quad(a\leqslant x\leqslant b)$$

给出，其中 $f(x)$ 在区间$[a,b]$上具有一阶连续导数，求此曲线绕 x 轴旋转一周所成旋转曲面的面积(见图 6.2.26).

选 x 为积分变量，在$[a,b]$上任取小区间$[x,x+\Delta x]$，记对应的小弧段的长度为 Δs，该小弧段绕 x 轴旋转一周所成旋转曲面的面积 ΔA 可用直线段 M_1M_2 绕 x 轴旋转一周所得

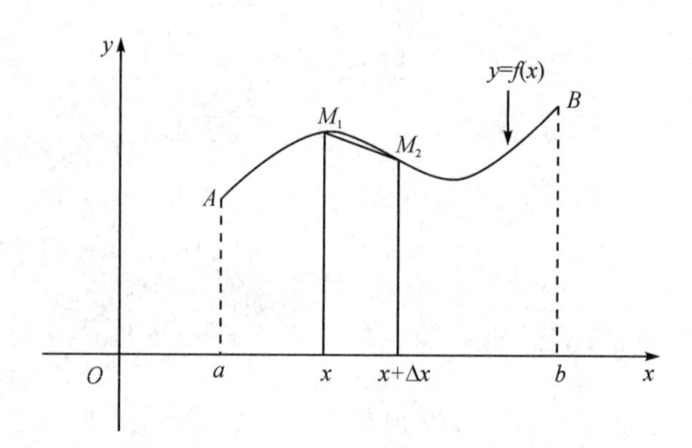

图 6.2.26

圆台的侧面积近似代替，于是有

$$\Delta A \approx 2\pi\frac{y+(y+\Delta y)}{2}\sqrt{\Delta x^2+\Delta y^2}=(2\pi y+\pi\Delta y)\sqrt{\Delta x^2+\Delta y^2}.$$

由 $f(x)$ 在区间 $[a, b]$ 上具有一阶连续导数及弧长部分的讨论知

$$\sqrt{\Delta x^2+\Delta y^2}=\sqrt{1+y'^2}\,\Delta x+\alpha\Delta x=\sqrt{1+y'^2}\,\Delta x+o(\Delta x),$$

则

$$\Delta A \approx (2\pi y+\pi\Delta y)(\sqrt{1+y'^2}\,\Delta x+o(\Delta x))=2\pi y\sqrt{1+y'^2}\,\Delta x+o(\Delta x),$$

所以面积元素为

$$\mathrm{d}A=2\pi y\sqrt{1+y'^2}\,\mathrm{d}x=2\pi y\,\mathrm{d}s.$$

从而所求旋转曲面的面积为

$$A=\int_a^b 2\pi y\sqrt{1+y'^2}\,\mathrm{d}x. \tag{6.2.1}$$

设曲线 AB 由参数方程

$$\begin{cases}x=\varphi(t)\\ y=\psi(t)\end{cases}\quad(\alpha\leqslant t\leqslant\beta)$$

给出，其中 $\varphi(t)$，$\psi(t)$ 在 $[\alpha, \beta]$ 上具有连续导数，且 $\varphi(t)$ 单调，$\psi(t)$ 不变号，求此曲线绕 x 轴旋转一周所成旋转曲面的面积.

此时选 t 为积分变量，其变化区间为 $[\alpha, \beta]$. 在 $[\alpha, \beta]$ 上任取一小区间 $[t, t+\mathrm{d}t]$，得面积元素为

$$\mathrm{d}A=2\pi y\,\mathrm{d}s=2\pi\psi(t)\sqrt{\varphi'^2(t)+\psi'^2(t)}\,\mathrm{d}t,$$

因此所求旋转曲面的面积为

$$A=\int_\alpha^\beta 2\pi\psi(t)\sqrt{\varphi'^2(t)+\psi'^2(t)}\,\mathrm{d}t. \tag{6.2.2}$$

例 6.2.21 求抛物线 $y=\frac{1}{2}x^2(0\leqslant x\leqslant 1)$ 绕 x 轴旋转一周所成旋转曲面的面积.

解 由公式(6.2.1)即得所求旋转曲面的面积为

$$A=\int_0^1 \pi x^2\sqrt{1+x^2}\,\mathrm{d}x=\frac{\pi}{8}[3\sqrt{2}-\ln(1+\sqrt{2})].$$

例 6.2.22　求摆线 $x=a(t-\sin t)$，$y=a(1-\cos t)$ 的一拱$(0\leqslant t\leqslant 2\pi)$绕 x 轴旋转一周所成旋转曲面的面积.

解　由公式(6.2.2)即得所求旋转曲面的面积为

$$A=2\pi\int_0^{2\pi}a(1-\cos t)\sqrt{[a(1-\cos t)]^2+(a\sin t)^2}\,dt$$

$$=2\sqrt{2}\pi a^2\int_0^{2\pi}(1-\cos t)^{\frac{3}{2}}dt=8\pi a^2\int_0^{2\pi}\sin^3\frac{t}{2}dt$$

$$=16\pi a^2\int_0^{\pi}\sin^3 u\,du=\frac{64}{3}\pi a^2.$$

例 6.2.23　求心形线 $\rho=a(1+\cos\theta)$ 所围图形绕极轴旋转一周所成旋转体的表面积 A.

解　利用直角坐标与极坐标的关系，可将方程 $\rho=a(1+\cos\theta)$ 化为参数方程

$$\begin{cases}x=\rho\cos\theta=a(1+\cos\theta)\cos\theta\\ y=\rho\sin\theta=a(1+\cos\theta)\sin\theta\end{cases},\quad \theta\in[0,\pi].$$

由公式(6.2.2)即得所求表面积为

$$A=\int_0^{\pi}2\pi a(1+\cos\theta)\sin\theta\cdot\sqrt{2}a\sqrt{1+\cos\theta}\,d\theta$$

$$=2\sqrt{2}\pi a^2\int_0^{\pi}(1+\cos\theta)^{\frac{3}{2}}\sin\theta\,d\theta=\frac{32}{5}\pi a^2.$$

习　题　6-2

基　础　题

1. 求曲线 $y^2=4+x$ 与直线 $x+2y=4$ 所围成的平面图形的面积.

2. 求曲线 $y=e^x$，$y=e^{-x}$ 和直线 $x=1$ 所围成的平面图形的面积.

3. 求曲线 $y=\sqrt{x}$ 的一条切线 L，使该曲线与切线 L 及直线 $x=0$，$x=2$ 所围成的图形的面积最小.

4. 求由直线 $y=\dfrac{3}{2}\pi-x$ 和余弦曲线 $y=\cos x$ 及 y 轴所围成的图形的面积.

5. 求由曲线 $y=\dfrac{1}{x}$，$y=\sqrt{x}$ 和直线 $y=2$ 所围成的图形的面积.

6. 求由曲线 $y=\sqrt{2x}$ 及曲线在点(2，2)处的切线和 y 轴所围成的图形的面积.

7. 求曲线 $y=x^3-6x$ 和 $y=x^2$ 所围成的图形的面积及其绕极轴旋转一周所围成立体的体积.

8. 求由 $\rho=3\cos\theta$ 与 $\rho=1+\cos\theta$ 所围成的公共部分图形的面积及其绕极轴旋转一周所围成立体的体积.

9. 求由曲线 $y=\sqrt{1-x^2}$ 和直线 $y=1$，$x=1$ 所围成的图形绕直线 $x=1$ 旋转一周所成旋转体的体积.

10. 计算底面为椭圆$\dfrac{x^2}{a^2}+\dfrac{y^2}{b^2}=1$，而垂直于 x 轴的截面是等边三角形的立体的体积.

11. 从原点 $O(0, 0)$ 作曲线 $y=\sqrt{x-1}$ 的切线，求由曲线、切线和 x 轴所围成图形分别绕 x 轴和 y 轴旋转所得旋转体的体积 V_x 和 V_y.

12. 计算半立方抛物线 $y^2=\dfrac{2}{3}(x-1)^3$ 被抛物线 $y^2=\dfrac{1}{3}x$ 截得的一段弧的长度.

13. 求曲线 $y=\int_0^x \sqrt{1-t^2}\,\mathrm{d}t$ 的全长.

14. 求星形线 $x=a\cos^3 t$，$y=a\sin^3 t$ 的周长，所围图形的面积及其绕 x 轴旋转一周所成旋转体的体积和表面积.

15. 求对数螺线 $\rho=\mathrm{e}^{a\theta}$ 上相应于 $0\leqslant\theta\leqslant\pi$ 的一段弧长.

提 高 题

1. 设在区间$[a, b](1<a<b)$上，数 p，q 满足 $px+q\geqslant\ln x$，试求 p，q 的值，使得直线 $x=a$，$x=b$，$y=px+q$ 与曲线 $y=\ln x$ 所围成的图形的面积最小.

2. 在椭圆 $x^2+\dfrac{y^2}{4}=1$ 绕其长轴旋转所成的椭球体上，沿其长轴方向穿心打一圆孔，使剩下部分的体积恰好等于椭球体体积的一半，求圆孔的直径.

3. 曲线 $y=\dfrac{\mathrm{e}^x+\mathrm{e}^{-x}}{2}$ 与直线 $x=0$，$x=t(t>0)$ 及 $y=0$ 围成一曲边梯形，该曲边梯形绕 x 轴旋转一周得一旋转体，其体积为 $V(t)$，侧面积为 $S(t)$，在 $x=t$ 处的底面积为 $F(t)$.

(1) 求$\dfrac{S(t)}{V(t)}$的值；

(2) 计算极限 $\lim\limits_{t\to+\infty}\dfrac{S(t)}{F(t)}$.

4. 在第一象限内，求曲线 $y=-x^2+1$ 上的一点，使该点处切线与所给曲线及两坐标轴围成的图形的面积最小，并求此最小面积.

习题 6-2 参考答案

5. 计算 $\rho^2=a^2\cos 2\theta$(双纽线) 所围图形的面积.

6. 求曲线 $y=\int_4^x \sqrt{-\sin t}\,\mathrm{d}t$ 的全长.

7. 求伯努利双纽线 $\rho^2=a^2\cos 2\theta$ 绕极轴旋转一周所成立体的表面积.

8. 求曲线 $y=\dfrac{2}{3}x\sqrt{x}\,(0\leqslant x\leqslant 1)$ 绕 x 轴旋转一周所得旋转曲面的面积.

第三节 定积分在物理学上的应用

教学目标

前面一节应用定积分的元素法解决了几类几何学中的应用问题. 这一节将介绍定积分的元素法在物理学中的应用，主要涉及变力沿直线做功问题、水压力问题和引力问题.

一、变力沿直线所做的功

由物理学知识可知，如果物体受常力 F 作用沿 x 轴从 $x=a$ 移动到 $x=b$，且力 F 的方向与物体运动的方向一致，那么力 F 对物体所做的功为 $W=F\cdot(b-a)$.

问题　如果物体在连续变力 $F(x)$ 的作用下沿 x 轴从 $x=a$ 移动到 $x=b$，且力 $F(x)$ 的方向与物体运动的方向一致，那么如何求变力 $F(x)$ 对物体所做的功?

因为物体在运动过程中所受到的力是变化的，所以需要用元素法来求解力对物体所做的功.

在 $[a, b]$ 上任取小区间 $[x, x+\mathrm{d}x]$，物体受变力作用沿 x 轴从 x 移动到 $x+\mathrm{d}x$ 处的过程中，变力所做的功近似为 $F(x)\mathrm{d}x$(可近似看作常力做功)，即功元素为 $\mathrm{d}W=F(x)\mathrm{d}x$，于是变力 $F(x)$ 所做的功为

$$W=\int_a^b \mathrm{d}W=\int_a^b F(x)\mathrm{d}x.$$

下面通过具体例子说明如何利用元素法解决变力沿直线所做的功问题.

例 6.3.1　将一个带电荷量为 $+q$ 的点电荷置于 Or 轴上坐标原点 O 处(见图 6.3.1)，它产生一个电场. 此电场对周围的电荷有作用力. 由物理学知识可知，如果有一个单位正电荷放在这个电场中距离原点 O 为 r 的地方，那么电场对它的作用力的大小为 $F=k\dfrac{q}{r^2}$(k 是常数). 如图 6.3.1 所示，当这个单位正电荷在电场中从 $r=a$ 处沿 r 轴移动到 $r=b(a<b)$ 处时，计算电场力 F 对它所做的功.

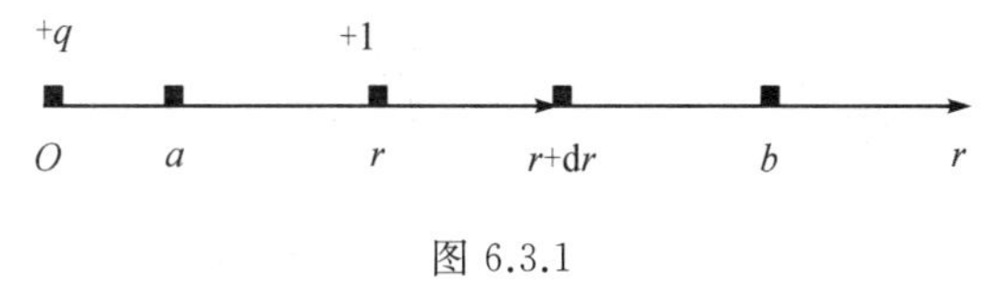

图 6.3.1

解　因为在上述移动过程中，这个单位正电荷所受的电场力是变力，所以要用元素法求解电场力所做的功. 取 r 为积分变量，其变化区间为 $[a, b]$. 在 $[a, b]$ 上任取一小区间 $[r, r+\mathrm{d}r]$，当单位正电荷从 r 移动到 $r+\mathrm{d}r$ 时，电场力对它所做的功近似为 $\dfrac{kq}{r^2}\mathrm{d}r$，即功元素为 $\mathrm{d}W=\dfrac{kq}{r^2}\mathrm{d}r$，于是所求的功为

$$W=\int_a^b \frac{kq}{r^2}\mathrm{d}r=kq\left[-\frac{1}{r}\right]_a^b=kq\left(\frac{1}{a}-\frac{1}{b}\right).$$

进一步，在计算静电场中某点的电位时，要考虑将单位正电荷从该点处($r=a$)移到无穷远处时电场力所做的功 W. 此时，电场力对单位正电荷所做的功就是反常积分

$$W=\int_a^{+\infty} \frac{kq}{r^2}\mathrm{d}r=\left[-\frac{kq}{r}\right]_a^{+\infty}=\frac{kq}{a}.$$

例 6.3.2 在底面积为 S 的圆柱形容器中盛有一定量的气体. 在等温条件下，由于气体的膨胀，把容器中的一个活塞(面积为 S) 从点 a 处推移到点 b 处. 计算在移动过程中，气体压力所做的功.

解 建立坐标系如图 6.3.2 所示.

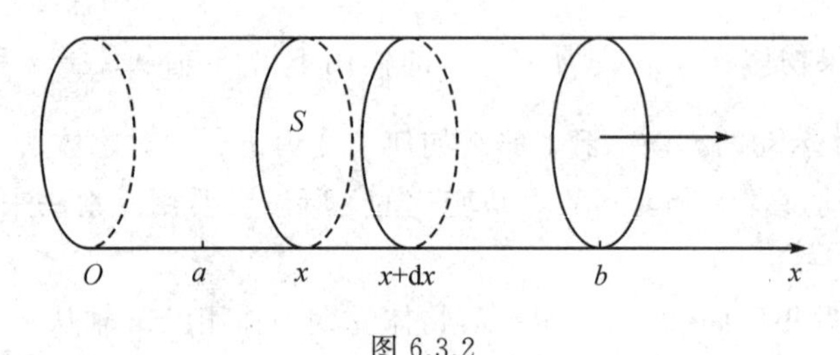

图 6.3.2

活塞的位置可以用坐标 x 来表示. 由物理学知识可知，一定量的气体在等温条件下，压强 p 与体积 V 的乘积是常数 k，即 $pV=k$，从而活塞位于 x 处时，$p_x V_x = k$. 因为 $V_x = xS$，所以

$$p_x = \frac{k}{xS}.$$

因此，作用在活塞上的压力为

$$F = p_x \cdot S = \frac{k}{xS} \cdot S = \frac{k}{x}.$$

在气体膨胀过程中，作用在活塞上的力是变化的，因而要用元素法求解气体压力所做的功.

取 x 为积分变量，其变化区间为 $[a, b]$. 在 $[a, b]$ 上任取一小区间 $[x, x+\mathrm{d}x]$，当活塞从 x 移动到 $x+\mathrm{d}x$ 时，变力 F 所做的功近似为 $\frac{k}{x}\mathrm{d}x$，即功元素为 $\mathrm{d}W = \frac{k}{x}\mathrm{d}x$，于是气体压力所做的功为

$$W = \int_a^b \frac{k}{x}\mathrm{d}x = k\left[\ln x\right]_a^b = k\ln\frac{b}{a}.$$

下面再举两个例子，它们虽不是变力做功问题，但也可用元素法来求解.

例 6.3.3 高为 10 m、底面半径为 5 m 的圆柱形油箱横放着，油箱内装有半箱汽油，试问要把油箱中的汽油全部抽出需要做多少功？已知汽油的密度是 $\rho \approx 737\ \mathrm{kg/m^3}$，重力加速度 $g \approx 9.8\ \mathrm{m/s^2}$.

解 作 y 轴如图 6.3.3 所示，令 $y=0$ 和 $y=-5$ 分别对应油箱的中心和底部. 取 y 为积分变量，其变化区间为 $[-5, 0]$. 在 $[-5, 0]$ 上任取一小区间 $[y, y+\mathrm{d}y]$，则将深为 y 处、厚度为 $\mathrm{d}y$ 的一薄层汽油抽出可近似看作将长为 10 m、宽为 $2\sqrt{25-y^2}$、高为 $\mathrm{d}y$ 的长方体油层抽出，提升的距离是 $D(y)=5-y$. 因此功元素为

$$\mathrm{d}W = \rho g \cdot \underbrace{10 \cdot 2\sqrt{25-y^2}}_{A(y)} \cdot \mathrm{d}y \cdot \underbrace{(5-y)}_{D(y)} = 20\rho g(5-y)\sqrt{25-y^2}\,\mathrm{d}y,$$

于是所求的功为

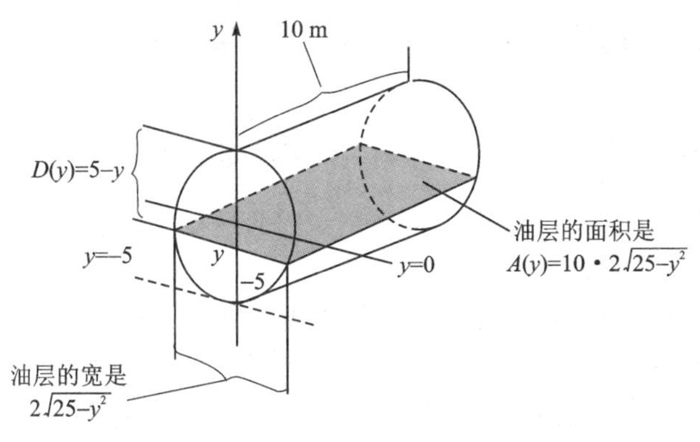

图 6.3.3

$$W=20\rho g\int_{-5}^{0}(5-y)\sqrt{25-y^2}\,\mathrm{d}y=20\rho g\left(5\int_{-5}^{0}\sqrt{25-y^2}\,\mathrm{d}y-\int_{-5}^{0}y\sqrt{25-y^2}\,\mathrm{d}y\right)$$

$$=20\rho g\left(5\cdot\frac{25\pi}{4}+\frac{125}{3}\right)=20\rho g\,\frac{375\pi+500}{12}\approx 20\ 200(\mathrm{kJ}).$$

例 6.3.4 （1）证明：把质量为 m 的物体从地球表面升高到 h 所做的功是

$$W=G\,\frac{mMh}{R\,(R+h)},$$

其中 G 是引力常数，M 是地球的质量，R 是地球的半径；

（2）一颗人造地球卫星的质量为 173 kg，在高于地面 630 km 处进入轨道，问把这颗卫星从地面送到 630 km 的高空处，克服地球引力要做多少功？已知引力常数 $G=6.67\times10^{-11}$ N • m²/kg²，地球质量 $M=5.98\times10^{24}$ kg，地球半径 $R=6370$ km.

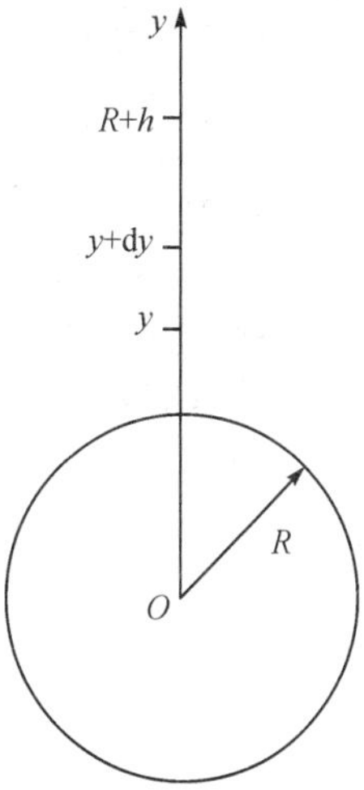

（1）**证明**　取地心为坐标原点，建立坐标系如图 6.3.4 所示，其中 y 轴向上. 取 y 为积分变量，其变化区间为$[R, R+h]$. 在$[R, R+h]$上任取一小区间$[y, y+\mathrm{d}y]$，得功元素为

$$\mathrm{d}W=G\,\frac{Mm}{y^2}\cdot\mathrm{d}y,$$

于是所做功为

图 6.3.4

$$W=\int_{R}^{R+h}\frac{GMm}{y^2}\mathrm{d}y=\left[GMm\left(-\frac{1}{y}\right)\right]_{R}^{R+h}$$

$$=GMm\left(\frac{1}{R}-\frac{1}{R+h}\right)=G\,\frac{mMh}{R(R+h)}. \qquad (6.3.1)$$

（2）**解**　由题意知 $m=173$ kg，$h=630$ km，将 m、h、M、G、R 的值代入式(6.3.1)中即得所求功为

$$W=\frac{6.67\times10^{-11}\times173\times5.98\times10^{24}\times630\times10^{3}}{6370\times10^{3}\times(6370+630)\times10^{3}}=9.75\times10^{5}(\mathrm{kJ}).$$

二、水压力

由物理学知识可知，在水深为 h 处的压强为 $p=\rho gh$，这里 ρ 是水的密度，g 是重力加速

度. 如果有一面积为 A 的平板水平地放置在水深为 h 处，那么平板一侧所受的水压力为

$$P=p\cdot A.$$

**问题**　当平板铅直地放置在水中时，平板一侧所受的水压力如何计算呢?

此时由于水深不同的点处的压强 p 不相等，因此平板一侧所受的水压力不能用上述方法计算. 下面具体说明它的计算方法.

设有一块曲边梯形平面薄板，曲边对应的曲线方程为 $y=f(x)$，将其铅直地放置在密度为 μ 的液体中，求液体对薄板一侧的压力.

建立坐标系，如图 6.3.5 所示，其中水平方向为 y 轴，垂直向下方向为 x 轴.

取 x 为积分变量，它的变化区间为$[a,b]$. 设$[x,x+\mathrm{d}x]$为$[a,b]$上任一小区间，则在水深 x 处，宽度为 $\mathrm{d}x$ 的薄板条的面积近似等于 $f(x)\mathrm{d}x$，此薄板条所受压力为 $g\mu xf(x)\mathrm{d}x$，即压力元素为

$$\mathrm{d}P=g\mu xf(x)\mathrm{d}x,$$

于是液体对薄板一侧的压力为

$$P=g\mu\int_a^b xf(x)\mathrm{d}x.$$

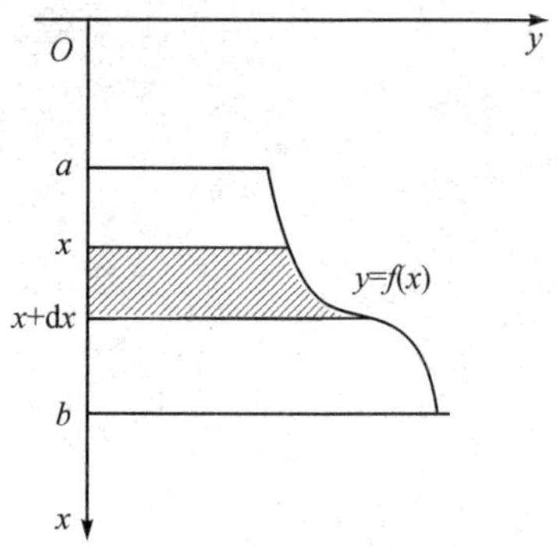

图 6.3.5

例 6.3.5　一个横放着的圆柱形水桶，桶内盛有半桶水(见图 6.3.6(a)). 设桶的底半径为 R，水的密度为 ρ，计算桶的一个端面上所受的压力.

解　由于桶的一个端面是圆片，因此所求压力等价于铅直放置水中的一个半圆片的直径与水面平齐时，半圆片的一侧所受的水压力.

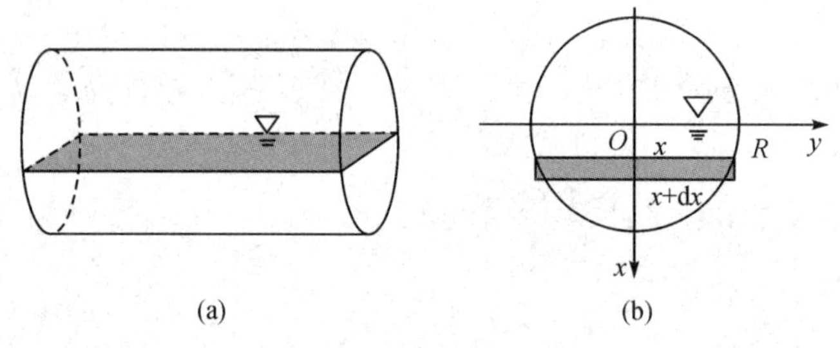

图 6.3.6

建立坐标系如图 6.3.6(b) 所示，则半圆的方程为 $x^2+y^2=R^2(0\leqslant x\leqslant R)$. 取 x 为积分变量，它的变化区间为$[0,R]$. 设$[x,x+\mathrm{d}x]$为$[0,R]$上的任一小区间，半圆片上相应于$[x,x+\mathrm{d}x]$的窄条上各点处的压强近似为 ρgx，则窄条一侧所受水压力的近似值即压力元素为

$$\mathrm{d}P=\rho gx\cdot 2\sqrt{R^2-x^2}\,\mathrm{d}x.$$

于是所求压力为

$$\begin{aligned}P&=\int_0^R 2\rho gx\sqrt{R^2-x^2}\,\mathrm{d}x=-\rho g\int_0^R (R^2-x^2)^{\frac{1}{2}}\mathrm{d}(R^2-x^2)\\&=-\rho g\left[\frac{2}{3}(R^2-x^2)^{\frac{3}{2}}\right]_0^R=\frac{2\rho g}{3}R^3.\end{aligned}$$

例 6.3.6　将长为 a、宽为 b 的矩形薄板放置在与液面成 α 角的液体内，长边平行于液面且位于深 h 处，设液体的密度为 ρ，求薄板一侧所受的压力 P.

解　建立直角坐标系如图 6.3.7 所示.

取 x 为积分变量，它的变化区间为 $[h, h+b\sin\alpha]$. 在 $[h, h+b\sin\alpha]$ 上任取一小区间 $[x, x+\mathrm{d}x]$，则该小区间对应薄板的宽度为 $\mathrm{d}l=\dfrac{\mathrm{d}x}{\sin\alpha}$，故薄板条的面积为 $a\dfrac{\mathrm{d}x}{\sin\alpha}$，从而压力元素为

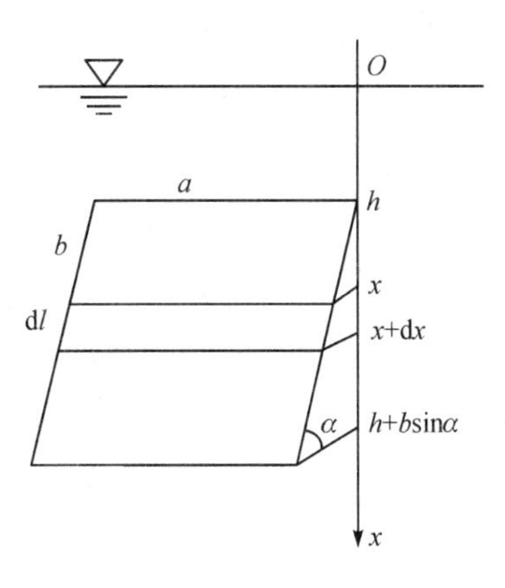

图 6.3.7

$$\mathrm{d}P=g\rho x\cdot\frac{a\,\mathrm{d}x}{\sin\alpha}=\frac{g\rho xa}{\sin\alpha}\mathrm{d}x,$$

所以所求的压力为

$$P=\int_h^{h+b\sin\alpha}\mathrm{d}P=\int_h^{h+b\sin\alpha}\frac{g\rho xa}{\sin\alpha}\mathrm{d}x=ab\rho g\left(h+\frac{b}{2}\sin\alpha\right).$$

例 6.3.7　一闸门的上部为矩形，下部边线为二次抛物线，如图 6.3.8(a) 所示. 当水面与闸门的上端相平时，欲使闸门矩形部分承受的水压力与闸门下部分承受的水压力之比为 5∶4，则闸门矩形部分的高度应是多少?

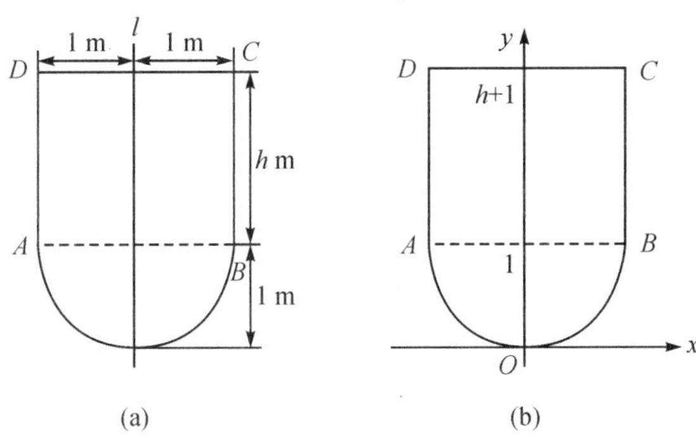

图 6.3.8

解　建立坐标系如图 6.3.8(b) 所示，则抛物线方程为 $y=x^2(-1\leqslant x\leqslant 1)$. 设闸门矩形部分的高度为 h m，则矩形部分承受的水压力为

$$P_1=2\int_1^{h+1}\rho g(h+1-y)\mathrm{d}y=\rho gh^2;$$

闸门下部分承受的水压力为

$$P_2=2\int_0^1\rho g(h+1-y)\sqrt{y}\,\mathrm{d}y=4\rho g\left(\frac{1}{3}h+\frac{2}{15}\right).$$

根据 $\dfrac{P_1}{P_2}=\dfrac{5}{4}$，可得 $h=2$.

例 6.3.8　一座等腰梯形垂直大坝高为 30 m，底宽为 20 m，顶宽为 40 m. 当水库装满水时，求大坝表面承受的总压力. 已知水的密度 $\rho=1000\ \mathrm{kg/m^3}$，重力加速度 $g=9.8\ \mathrm{m/s^2}$.

解 建立坐标系如图 6.3.9 所示，则过点 (10, 0) 和(20, 30) 的直线方程是

$$y-0=\frac{30}{10}(x-10) \quad 或 \quad x=\frac{1}{3}(y+30).$$

取 y 为积分变量，其变化区间为[0, 30]. 在 [0, 30] 上任取一小区间[y, $y+\mathrm{d}y$]，得深度为 y 处、宽度为 $\mathrm{d}y$ 的一小段坝面所受压力的近似值即压力元素为

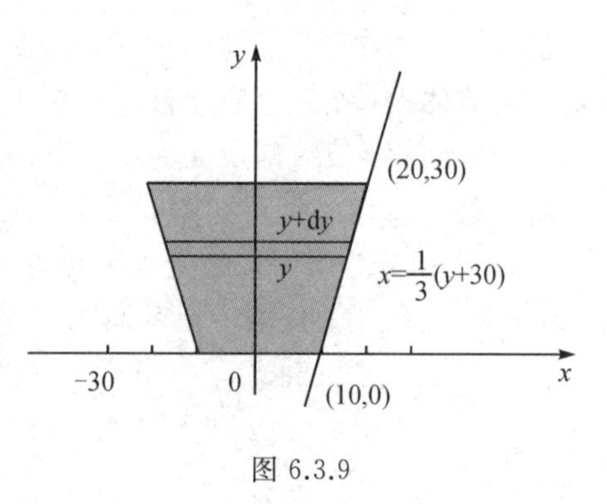

图 6.3.9

$$\mathrm{d}P=\rho g(30-y)\cdot\frac{2}{3}(y+30)\mathrm{d}y.$$

于是所求总压力为

$$F=\rho g\int_0^{30}(30-y)\cdot\frac{2}{3}(y+30)\mathrm{d}y=\frac{2}{3}\rho g\int_0^{30}(900-y^2)\mathrm{d}y$$

$$=\frac{2}{3}\rho g\left[900y-\frac{y^3}{3}\right]_0^{30}\approx 1.18\times 10^8(\mathrm{N}).$$

三、引力

由物理学知识可知，质量分别为 m_1、m_2，相距为 r 的两质点间的引力的大小为

$$F=G\frac{m_1 m_2}{r^2},$$

其中 G 为引力系数，引力的方向沿着两质点的连线方向.

**问题** 如何计算一根细棒对某一质点的引力?

由于细棒上各点与该质点的距离是变化的，且各点对该质点的引力的方向也可能变化，因此不能用上述引力公式计算. 下面举例说明一根细棒对一个质点引力的计算方法.

例 6.3.9 设有质量均匀的细直杆 AB，其长为 l、质量为 M.

(1) 在 AB 的延长线上与端点 B 距离为 a 处有一质量为 m_1 的质点 N_1，求细直杆 AB 对质点 N_1 的引力;

(2) 在 AB 的中垂线上到杆的距离为 a 处有一质量为 m_2 的质点 N_2，求细直杆 AB 对质点 N_2 的引力.

解 (1) 建立坐标系如图 6.3.10 所示，在[x, $x+\mathrm{d}x$]内的一段细杆质量为 $\frac{M}{l}\mathrm{d}x$，此段细杆对质点 N_1 的引力即引力元素为

$$\mathrm{d}F=-G\frac{\frac{M}{l}\mathrm{d}x\cdot m_1}{(l+a-x)^2}\text{(负号表示力的方向指向 } x \text{ 轴负向)},$$

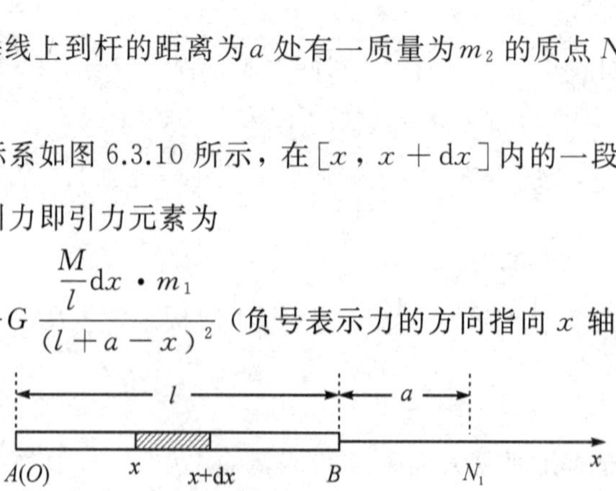

图 6.3.10

所以所求引力为

$$F=-\int_0^l G\frac{\frac{M}{l}\cdot m_1}{(l+a-x)^2}\mathrm{d}x=-\frac{GMm_1}{a(l+a)}.$$

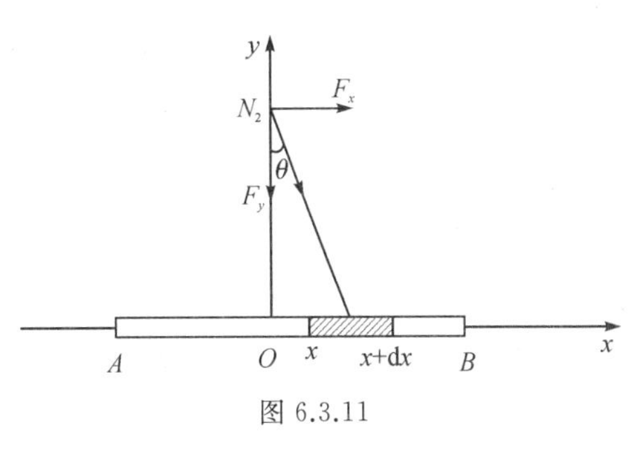

图 6.3.11

(2) 建立坐标系如图 6.3.11 所示，由对称性知，引力在水平方向的分力 $F_x=0$. 在 $[x, x+\mathrm{d}x]$ 内的一段细杆质量为$\frac{M}{l}\mathrm{d}x$，此段细杆对质点 N_2 的引力即引力元素为

$$\mathrm{d}F=G\frac{\frac{M}{l}\mathrm{d}x\cdot m_2}{a^2+x^2}.$$

引力在 y 轴方向的分力元素为

$$\mathrm{d}F_y=-G\frac{\frac{M}{l}\mathrm{d}x\cdot m_2}{a^2+x^2}\cos\theta=-G\frac{Mm_2a}{l}\frac{1}{(a^2+x^2)^{\frac{3}{2}}}\mathrm{d}x$$ （负号表示 y 轴方向分力向下），

所以 y 轴方向的分力为

$$F_y=-2\int_0^{\frac{l}{2}}\frac{GMm_2a}{l}\frac{1}{(a^2+x^2)^{\frac{3}{2}}}\mathrm{d}x=-\frac{2GMm_2}{a\sqrt{l^2+4a^2}}.$$

例 6.3.10　设有一半径为 R、圆心角为 φ 的圆弧形细棒，其线密度为常数 μ. 在圆心处有一质量为 m 的质点 M，试求这细棒对质点 M 的引力.

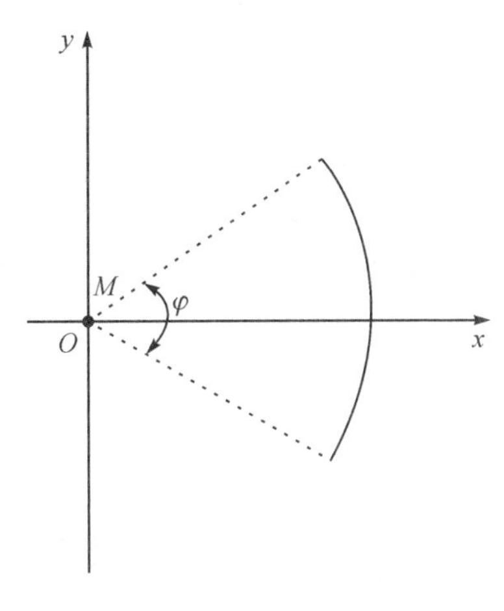

图 6.3.12

解　建立坐标系如图 6.3.12 所示. 由于细棒是圆弧形，因此选取极坐标变量 θ 作为积分变量比较合适，由题设知 $\theta\in\left[-\frac{\varphi}{2},\frac{\varphi}{2}\right]$.

相应小区间 $[\theta, \theta+\mathrm{d}\theta]$ 的一段细棒长为 $R\mathrm{d}\theta$，根据对称性可知所求的铅直方向引力分量为零，水平方向的引力分量为

$$F_x=\int_{-\frac{\varphi}{2}}^{\frac{\varphi}{2}}G\frac{m\cdot\mu R\mathrm{d}\theta}{R^2}\cos\theta=\frac{2Gm\mu}{R}\sin\frac{\varphi}{2}.$$

故所求引力的大小为$\frac{2Gm\mu}{R}\sin\frac{\varphi}{2}$，方向为由 M 指向圆弧的中心.

习　题　6－3

基　础　题

1. 设体积为 1、密度为 $\mu(\mu>1)$ 的立方体沉入深为 $H(H>1)$ 的水池底部，现将其从

水中取出，需要做多少功?

2. 有一底半径为 R、长为 L 的均匀圆柱体平放在深度为 $2R$ 的水池中(圆柱体的侧面与水面相切)，设圆柱体的密度是水密度的2倍，现将圆柱体平移出水面，需要做多少功(假设水的密度为 μ)?

3. 半径为1的半球形水池充满水，要把池内的水全部取出，需做多少功(假设水的密度为 μ)?

4. 灌溉涵洞的断面为抛物线拱形，当水面高出涵洞顶点1 m时，求涵洞闸门(底边宽为2 m、高为1 m)所受的水压力(水的密度为1 t/m^3).

5. 物体以速度 $v=3t^2+3t$ 做直线运动，计算该物体在 $t=0$ 到 $t=10$ 这一时间段内的平均速度.

6. 一薄片铅直放入水中，其形状与位置由曲线 $x=y^2-1$ 与直线 $x-2y-2=0$ 所围成的图形确定，其中 x 轴平行于水面且位于水面下1 m深处，y 轴铅直向上，试求该薄片的一侧所受的水压力(假设水的密度为 μ).

7. 由抛物线 $y=x^2$ 及 $y=4x^2$ 绕 y 轴旋转一周构成一旋转抛物面的容器，高为 H，现于其中盛水，水高为 $H/2$，问要将水全部抽出，外力需做多少功(假设水的密度为 μ)?

8. 用铁锤把钉子钉入木板，设木板对铁钉的阻力与铁钉进入木板的深度成正比，铁锤在第一次锤击时将铁钉击入1 cm，若每次锤击所做的功相等，问第 n 次锤击时又将铁钉击入多少?

9. 洒水车上的水箱是一个横放的椭圆柱体，椭圆的长轴长为2 m，短轴长为1.5 m，水箱长为4 m. 当水箱装满水时，计算水箱的一个端面所受到的压力.

10. 一圆柱形的贮水桶高为5 m，底圆半径为3 m，桶内盛满了水. 试问要把桶内的水全部吸出需做多少功?

提 高 题

1. 为清除井底的污泥，用缆绳将抓斗放入井底，抓起污泥后提出井口(见图6.3.13). 已知井深30 m，抓斗自重400 N，缆绳每米重50 N，抓斗抓起的污泥重2000 N，提升速度为3 m/s，在提升过程中，污泥以20 N/s的速度从抓斗缝隙中漏出. 现将抓起污泥的抓斗提升至井口，问克服重力需要做多少功(抓斗的高度及位于井口上方的缆绳长度忽略不计)?

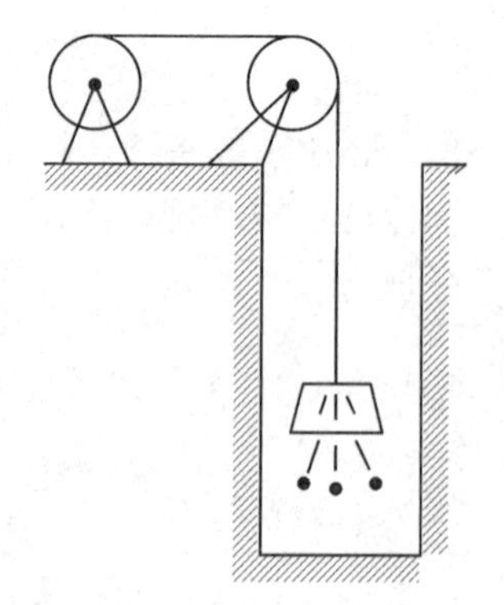

图 6.3.13

2. 半径为 r 的球沉入水中，球的上部与水面相切，球的密度与水相同，现将球从水中取出，需做多少功?

3. 设有一长度为 l、线密度为 μ 的均匀细直杆 AB，若在细直杆的延长线上，距始端 A 的距离为 a 处有一质量为 m 的质点，欲把该质点从 a 处移至无穷远处，试求克服引力所做的功.

习题 6-3 参考答案

4. 若半金属圆环 $x^2+y^2=R^2(y\geqslant 0)$ 上的任何一点处的电荷线密度等于该点到 y 轴距离的平方，求环上的总电量.

总习题六

基础题

1. 计算由直线 $x=2$，$y=x$ 及曲线 $y=\frac{1}{x}$ 所围成的图形的面积.

2. 计算由直线 $x=-1$，$x=1$，$y=2$ 及 $y=x^2$ 所围成的图形的面积.

3. 计算 $y=4-x^2$ 及 $y=0$ 所围图形绕直线 $x=3$ 旋转一周所成旋转体的体积.

4. 计算 $\rho=\sqrt{2}\sin\theta$ 及 $\rho^2=\cos 2\theta$ 所围图形公共部分的面积.

5. 已知曲线 $y=a\sqrt{x}\,(a>0)$ 与曲线 $y=\ln\sqrt{x}$ 在点 $(x_0,\ y_0)$ 处有公切线，求：

(1) 常数 a 及切点 $(x_0,\ y_0)$；

(2) 两曲线及 x 轴所围平面图形的面积 A；

(3) 两曲线及 x 轴所围平面图形绕 x 轴旋转一周而成的旋转体的体积 V.

6. 设有一正椭圆柱体，其底面的长、短轴长分别为 $2a$、$2b$，用过此柱体底面的短轴且与底面交成 α 角的平面截此柱体得一楔形体，求此楔形体的体积.

7. 设一容器是由曲线 $y=x^2(0\leqslant x\leqslant 8)$ 绕 y 轴旋转而成. 现以 8 cm^3/s 的速率向容器中注水，求水面上升到容器深度一半时水面上升的速率.

8. 求抛物线 $y=\frac{1}{2}x^2$ 含在圆 $x^2+y^2=3$ 内部分曲线段的弧长.

9. 求曲线 $\rho=a\sin^3\frac{\theta}{3}$ 的弧长.

提高题

1. 设函数 $y=\sin x\left(0\leqslant x\leqslant\frac{\pi}{2}\right)$，问：

(1) t 取何值时，图 6.1 中阴影部分的面积 S_1 与 S_2 的和 $S=S_1+S_2$ 最小？

(2) t 取何值时，$S=S_1+S_2$ 最大？

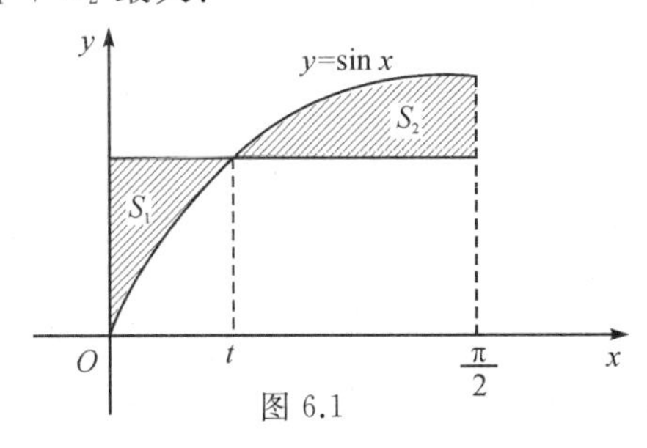

图 6.1

2. 求椭圆 $\frac{x^2}{a^2}+\frac{y^2}{b^2}=1$，$\frac{x^2}{b^2}+\frac{y^2}{a^2}=1(a>0,\ b>0)$ 所围公共部分的面积.

3. 求由曲线 $\rho=a\sin\theta$，$\rho=a(\cos\theta+\sin\theta)(a>0)$ 所围图形公共部分的面积.

4. 求截锥体的体积，其上、下底为半轴长分别为 A，B 和 a，b 的椭圆，高为 h.

5. 设$\int \frac{f(x)}{\sqrt{x}}\mathrm{d}x=\frac{1}{6}x^2-x+3$. 求曲线 $y=f(x)(4\leqslant x\leqslant 9)$ 的弧长 s 及曲线绕 x 轴旋转一周所成旋转曲面的面积.

6. 证明椭圆$\frac{x^2}{a^2}+\frac{y^2}{b^2}=1$的周长等于正弦曲线 $y=c\sin\frac{x}{b}$ 的一波之长，其中 $c=\sqrt{a^2-b^2}$.

7. 某建筑工程打地基时，需用汽锤将桩打进土层. 设土层对桩的阻力与桩被打入土层的深度成正比(比例系数为 k，$k>0$). 汽锤第一次击打将桩打进土层 a 米. 根据设计方案，要求汽锤每次击打桩时所做的功与前一次击打时所做的功之比为常数 $r(0<r<1)$. 问

(1) 汽锤击打 3 次后，可将桩打进土层多少米?

(2) 若击打次数不限，则汽锤至多能将桩打进土层多少米?

8. 设星形线 $x=a\cos^3 t$，$y=a\sin^3 t$ 上每一点处的线密度的大小等于该点到原点距离的立方，在原点 O 处有一单位质点，求星形线在第一象限的弧段对该质点的引力.

总习题六参考答案

第七章　微 分 方 程

函数是用数学语言刻画客观事物内在联系的重要工具，然而在许多实际问题中，往往不能直接得到变量之间的函数关系，但可通过建立函数与其导数(或微分)的关系式，即本章要介绍的微分方程，求解微分方程，获得函数表达式. 本章主要介绍微分方程的基本概念和几种常用的微分方程的解法.

知识图谱

第一节　微分方程的基本概念

本章教学目标

下面我们通过两个引例来引入微分方程及其基本概念.

一、微分方程的基本概念

教学目标

引例 1(单种群增长模型)　设 $x(t)$ 为某一生物种群 t 时刻的数量，$b(t)$ 为该生物种群在一无限短的时间间隔中单位种群增加的数量，即所谓瞬时出生率，$d(t)$ 为瞬时死亡率，其中 $b(t)$，$d(t)$ 都是 t 的连续函数. 假设初始时刻该生物种群数量为 $x(0)=x_0$，求 t 时刻该生物种群数量随时间的变化规律.

分析　利用微元法，在区间 $[t, t+\Delta t]$ 内，该生物种群的瞬时增长率为

$$\frac{x(t+\Delta t)-x(t)}{\Delta t}=[b(t)-d(t)]x(t),$$

令 $\Delta t\to 0$，取极限得

$$\frac{\mathrm{d}x}{\mathrm{d}t}=[b(t)-d(t)]x.$$

如果 $b(t)-d(t)\equiv r$，就得到著名的马尔萨斯(Malthus)模型，即

$$\frac{\mathrm{d}x}{\mathrm{d}t}=rx. \tag{7.1.1}$$

此外，未知函数 $x(t)$ 还应满足下列条件：

$$x(0)=x_0.$$

为了解出满足式(7.1.1)的未知函数 $x(t)$，式(7.1.1)两边同乘 e^{-rt}，得

$$\mathrm{e}^{-rt}x'(t)-\mathrm{e}^{-rt}rx(t)=0,$$

整理得 $[\mathrm{e}^{-rt}x(t)]'=0$，即 $\mathrm{e}^{-rt}x(t)=C$(C 为任意常数)，于是

$$x(t)=C\mathrm{e}^{rt}\quad(C\text{ 为任意常数}). \tag{7.1.2}$$

将条件“$x(0)=x_0$”代入式(7.1.2)，得 $C=x_0$，从而有

$$x(t)=x_0\mathrm{e}^{rt}.$$

引例 2(自由落体运动规律)　设质点仅受重力的作用而忽略空气阻力等其他外力影响，

讨论该质点的自由落体运动规律.

分析 设质点的初始位置为原点，重力方向为正方向，$x=x(t)$是 t 时刻质点的位置坐标. 根据牛顿第二运动定律，可得

$$m\frac{\mathrm{d}^2x}{\mathrm{d}t^2}=mg \quad (m \text{ 为质点的质量，} g \text{ 为重力加速度}),$$

即

$$\frac{\mathrm{d}^2x}{\mathrm{d}t^2}=g. \tag{7.1.3}$$

此外，未知函数 $x=x(t)$还应满足下列条件：

$$\begin{cases} x(0)=0 \\ x'(0)=0 \end{cases} \tag{7.1.4}$$

为了求出满足式(7.1.3)的未知函数 $x(t)$，对式(7.1.3)两边求不定积分，可得

$$\frac{\mathrm{d}x}{\mathrm{d}t}=gt+C_1 \quad (C_1 \text{ 为任意常数}), \tag{7.1.5}$$

对式(7.1.5)两边继续求不定积分，可得

$$x=\frac{1}{2}gt^2+C_1t+C_2 \quad (C_1, C_2 \text{ 为任意常数}).$$

根据条件(7.1.4)可求出 $C_1=0$，$C_2=0$. 于是描述质点位置变化的函数为

$$x=\frac{1}{2}gt^2.$$

上述两个引例中所建立的函数与其导数之间的关系式(7.1.1)和(7.1.3)都是微分方程，下面给出微分方程的基本概念.

定义 7.1.1 含自变量、未知函数和未知函数导数的方程叫作微分方程.

如果在微分方程中出现的未知函数是单个变量的函数，那么称该微分方程为常微分方程；如果在微分方程中出现的未知函数是两个或两个以上变量的函数，则称该微分方程为偏微分方程. 例如引例 1、引例 2 中给出的三个等式

$$\frac{\mathrm{d}x}{\mathrm{d}t}=[b(t)-d(t)]x, \quad \frac{\mathrm{d}x}{\mathrm{d}t}=rx \text{ 和} \frac{\mathrm{d}^2x}{\mathrm{d}t^2}=g$$

就是常微分方程. 本章中我们仅讨论常微分方程. 可以看到，常微分方程中未知函数的最高阶导数不尽相同，于是有了下面的定义.

定义 7.1.2 微分方程中所含未知函数导数的最高阶数叫作微分方程的阶.

一般地，n 阶常微分方程的形式为

$$F(x, y, y', y'', \cdots, y^{(n)})=0, \tag{7.1.6}$$

其中

$$y'=\frac{\mathrm{d}y}{\mathrm{d}x}, \quad y''=\frac{\mathrm{d}^2y}{\mathrm{d}x^2}, \quad \cdots, \quad y^{(n)}=\frac{\mathrm{d}^ny}{\mathrm{d}x^n},$$

$F(x, y, y', y'', \cdots, y^{(n)})$是 $x, y, y', y'', \cdots, y^{(n)}$ 的已知函数，而且一定含有 $y^{(n)}$，这样的微分方程也称为 n 阶隐式微分方程. 习惯上将一般的 n 阶常微分方程写成解出最高阶导数的形式，即

$$y^{(n)}=f(x, y, y', y'', \cdots, y^{(n-1)}),$$

上式称为 n 阶显式微分方程.

如果微分方程的左端为未知函数 y 及它的各阶导数 y', y'', $\cdots$, $y^{(n)}$ 的一次有理整式，则该微分方程为 n 阶线性微分方程，一般形式为

$$\frac{\mathrm{d}^n y}{\mathrm{d}x^n}+a_1(x)\frac{\mathrm{d}^{(n-1)} y}{\mathrm{d}x^{(n-1)}}+\cdots+a_{n-1}(x)\frac{\mathrm{d}y}{\mathrm{d}x}+a_n(x)y=f(x),$$

其中 $a_1(x)$, $\cdots$, $a_{n-1}(x)$, $a_n(x)$, $f(x)$都是 x 的已知函数. 例如方程

$$\frac{\mathrm{d}y}{\mathrm{d}x}=2x, \quad y''+xy'+x^2 y=\sin x$$

都是线性微分方程.

思考题

不是线性方程的微分方程称为非线性微分方程. 例如方程

$$\frac{\mathrm{d}^3 y}{\mathrm{d}x^3}-\left(\frac{\mathrm{d}y}{\mathrm{d}x}\right)^2+y=0, \quad \frac{\mathrm{d}^2 y}{\mathrm{d}x^2}+\sin y=0$$

都是非线性微分方程.

定义 7.1.3　设函数 $y=\varphi(x)$在区间 I 上连续，且有直到 n 阶的导数，如果将该函数代入微分方程

$$F(x, y, y', y'', \cdots, y^{(n)})=0$$

中，等式恒成立，则称 $y=\varphi(x)$为该微分方程的解.

例如，$y=\cos 2x$，$y=\sin 2x$ 都是微分方程 $y''+4y=0$ 的解.

通解的理解

定义 7.1.4　n 阶微分方程 $F(x, y, y', y'', \cdots, y^{(n)})=0$ 的包含 n 个相互独立的任意常数 C_1, C_2, $\cdots$, C_n 的解

$$y=\varphi(x, C_1, C_2, \cdots, C_n)$$

称为该微分方程的通解.

定义 7.1.5　如果等式 $\Phi(x, y)=0$ 确定的隐函数 $y=\varphi(x)$, $x\in I$ 为微分方程

$$F(x, y, y', y'', \cdots, y^{(n)})=0$$

的解，则称 $\Phi(x, y)=0$ 为该微分方程的隐式解.

一般地，若 $\Phi(x, y, C_1, C_2, \cdots, C_n)=0$ 是微分方程(7.1.6)的隐式解，且 C_1, C_2, $\cdots$, C_n 为相互独立的任意常数，则称它为微分方程(7.1.6)的隐式通解或通积分. 若能够从 $\Phi(x, y, C_1, C_2, \cdots, C_n)=0$ 中解出

$$y=\varphi(x, C_1, C_2, \cdots, C_n),$$

则称它是微分方程(7.1.6)的显式通解.

例如，对于微分方程$\frac{\mathrm{d}y}{\mathrm{d}x}=-\frac{x}{y}$，$y=\sqrt{1-x^2}$ 和 $y=-\sqrt{1-x^2}$ 是显式解，而 $x^2+y^2=C$ (C 为任意常数)是隐式通解.

微分方程的通解反映了由该微分方程所描述的某一运动规律的一般变化情况，如通解 $x=\frac{1}{2}gt^2+C_1 t+C_2$ 描述了做自由落体运动的质点在下落过程中的位置 x 随时间 t 的一般变化情况，如果要确定运动过程中特定的变化规律，还需要添加一些其他条件来确定微分

方程通解中的任意常数，这些条件就是定解条件.

定义 7.1.6 确定微分方程的通解中任意常数的条件称为微分方程的定解条件或初值条件.

例如，引例 1 中条件 $x(0)=x_0$ 和引例 2 中条件 $x(0)=0$，$x'(0)=0$ 就是定解条件.

一般来说，定解条件的个数与微分方程的阶数相等，即微分方程

$$F(x, y, y', y'', \cdots, y^{(n)})=0$$

应该有 n 个初值条件，如

$$y(x_0)=y_0, y'(x_0)=y_1, \cdots, y^{(n-1)}(x_0)=y_{n-1},$$

也可记为

$$y\big|_{x=x_0}=y_0, y'\big|_{x=x_0}=y_1, \cdots, y^{(n-1)}\big|_{x=x_0}=y_{n-1}.$$

特别地，一阶微分方程的初值条件记为

$$y\big|_{x=x_0}=y_0,$$

二阶微分方程的初值条件记为

$$y\big|_{x=x_0}=y_0, \quad y'\big|_{x=x_0}=y_1.$$

求微分方程满足初值条件的解的问题称为初值问题，也称为柯西(Cauchy)初值问题. 满足初值条件的解称为微分方程的特解.

例如，引例 1 给出初值问题

$$\begin{cases}\dfrac{\mathrm{d}x}{\mathrm{d}t}=rx \\ x(0)=x_0\end{cases},$$

$x(t)=C\mathrm{e}^{rt}$(C 为任意常数)为该问题的通解，而 $x(t)=x_0\mathrm{e}^{rt}$ 为该问题的特解.

微分方程的解的图形是一条曲线，此曲线称为微分方程的积分曲线；微分方程的通解在几何上对应一族积分曲线，这族积分曲线称为微分方程的积分曲线族.

注 初值问题$\begin{cases}\dfrac{\mathrm{d}y}{\mathrm{d}x}=f(x, y) \\ y(x_0)=y_0\end{cases}$的解的曲线即微分方程的过点$(x_0, y_0)$的那条积分曲线，从而可得该积分曲线在点$(x_0, y_0)$处的切线斜率为 $f(x_0, y_0)$.

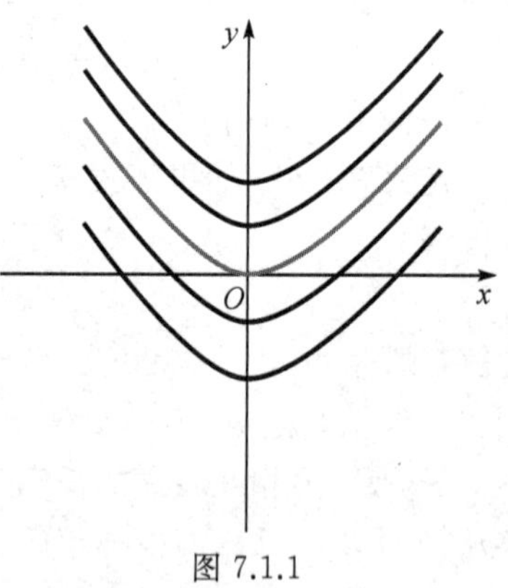

图 7.1.1

例如，对于微分方程$\dfrac{\mathrm{d}y}{\mathrm{d}x}=2x$，解 $y=x^2$ 的图形为顶点在原点的抛物线，通解的图形为积分曲线族，满足初值条件$y\big|_{x=1}=2$ 的特解的图形为过点(1, 2)的抛物线(见图7.1.1).

例 7.1.1 验证：当 $k\neq0$ 时，函数

$$x=C_1\cos kt+C_2\sin kt \tag{7.1.7}$$

是微分方程

$$\frac{\mathrm{d}^2x}{\mathrm{d}t^2}+k^2x=0 \tag{7.1.8}$$

的通解.

解 求出所给函数(7.1.7)的导数：

$$\frac{\mathrm{d}x}{\mathrm{d}t}=-kC_1\sin kt+kC_2\cos kt, \tag{7.1.9}$$

$$\frac{\mathrm{d}^2x}{\mathrm{d}t^2}=-k^2C_1\cos kt-k^2C_2\sin kt=-k^2(C_1\cos kt+C_2\sin kt).$$

把$\frac{\mathrm{d}^2x}{\mathrm{d}t^2}$及 x 的表达式代入方程(7.1.8)，得

$$-k^2(C_1\cos kt+C_2\sin kt)+k^2(C_1\cos kt+C_2\sin kt)\equiv 0.$$

由于将函数(7.1.7)及其二阶导数代入方程(7.1.8)后得到一个恒等式，因此函数(7.1.7)是微分方程(7.1.8)的解.

又当 $k\neq 0$ 时，函数 $\cos kt$，$\sin kt$ 是线性无关的(关于函数线性无关的判定将在本章第六节给出，请读者自行查阅)，从而函数(7.1.7)含有两个相互独立的任意常数，于是这个解是微分方程(7.1.8)的通解.

例 7.1.2　求微分方程(7.1.8)满足初值条件

$$x\big|_{t=0}=A,\quad \left.\frac{\mathrm{d}x}{\mathrm{d}t}\right|_{t=0}=0$$

的特解.

解　由例 7.1.1 知微分方程(7.1.8)的通解为 $x=C_1\cos kt+C_2\sin kt$，将条件“$t=0$ 时，$x=A$”代入该表达式，得

$$C_1=A.$$

将条件“$t=0$ 时，$\frac{\mathrm{d}x}{\mathrm{d}t}=0$”代入式(7.1.9)，得

$$C_2=0.$$

把 C_1，C_2 的值代入式(7.1.7)，就得所求特解

$$x=A\cos kt.$$

二、知识延展——微分方程建模

以上我们介绍了微分方程的基本概念及微分方程的解，那么微分方程是怎样得到的呢？一般地，在实际问题中，微分方程是经过合理假设得到的. 下面给出两个实用曲线的微分方程模型.

例 7.1.3　两点间柔软悬链在自身重力作用下的形状称为悬链线. 研究悬链线的曲线满足的方程.

解　建立如图 7.1.2 所示的直角坐标系，设 $M(x, y)$是悬链线上任一点，s 是原点 O 到点 M 的链长，链的密度为 $\rho(s)$，g 为重力加速度，原点 O 处的水平张力为 T_0，点 M 处的张力为 T.

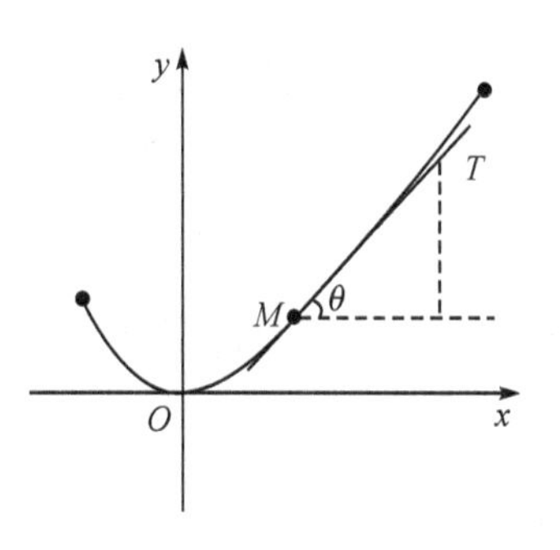

图 7.1.2

由于悬链线在平衡状态，因此 T 的方向为 M 点的切线方向(切线的倾斜角为 θ)，从而由牛顿运动定律知

$$T\cos\theta=T_0,\quad T\sin\theta=g\int_0^s\rho(s)\mathrm{d}s,$$

于是

$$T_0\tan\theta=g\int_0^s\rho(s)\mathrm{d}s.$$

注意到 $\tan\theta=\frac{\mathrm{d}y}{\mathrm{d}x}$，将其代入上式并对 x 求导，得

$$T_0\frac{\mathrm{d}^2y}{\mathrm{d}x^2}=g\rho(s)\frac{\mathrm{d}s}{\mathrm{d}x}=g\rho(s)\sqrt{1+\left(\frac{\mathrm{d}y}{\mathrm{d}x}\right)^2},$$

所以悬链线的数学模型为

$$\frac{\mathrm{d}^2y}{\mathrm{d}x^2}=\frac{g\rho(s)}{T_0}\sqrt{1+\left(\frac{\mathrm{d}y}{\mathrm{d}x}\right)^2}.$$

特别地，如果悬链线是均匀的，即 $\rho(s)\equiv\rho$，则得到方程

$$\frac{\mathrm{d}^2y}{\mathrm{d}x^2}=\frac{g\rho}{T_0}\sqrt{1+\left(\frac{\mathrm{d}y}{\mathrm{d}x}\right)^2},$$

初值条件为

$$y|_{x=0}=0,\quad y'|_{x=0}=0.$$

例 7.1.4　研究导弹追踪问题.

如图 7.1.3 所示，假设在初始时刻 $t=0$ 导弹位于坐标原点 $O(0,0)$，军舰位于点 $A(1,0)$，导弹头始终对准军舰，军舰沿平行于 y 轴正方向以速度 v(常数)行驶，导弹的行驶速度为 $5v$，试确定导弹的运动轨迹满足的方程.

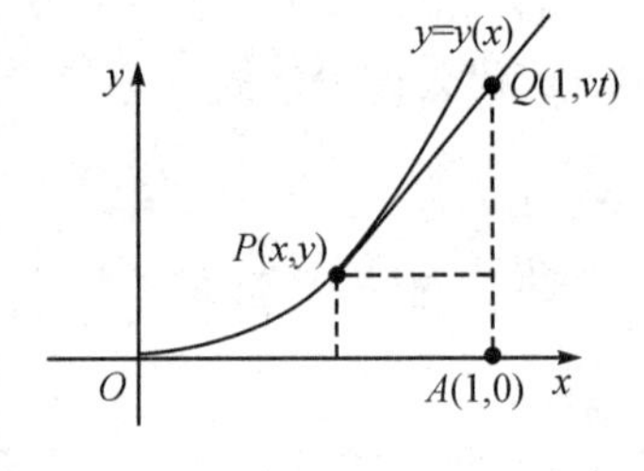

图 7.1.3

解　设自变量为导弹沿 x 轴的位移 x，未知函数为导弹运动曲线 $y=y(x)$，t 时刻导弹的位置为 $P(x,y)$，军舰的位置为 $Q(1,vt)$.

由于导弹头始终对准军舰，因此曲线 $y=y(x)$ 在点 P 处的切线为直线 PQ，从而有

$$\frac{\mathrm{d}y}{\mathrm{d}x}=\frac{vt-y(x)}{1-x},$$

即

$$(1-x)\frac{\mathrm{d}y}{\mathrm{d}x}+y(x)=vt.\tag{7.1.10}$$

又导弹的速度是军舰速度的 5 倍，所以相同时间 t 内导弹行驶的路程是军舰行驶路程的 5 倍，即弧长 OP 等于 $5|AQ|$，亦即

$$\int_0^x\sqrt{1+\left(\frac{\mathrm{d}y}{\mathrm{d}x}\right)^2}\mathrm{d}x=5vt.\tag{7.1.11}$$

联立式(7.1.10)与式(7.1.11)，得

$$(1-x)y'(x)+y(x)=\frac{1}{5}\int_0^x\sqrt{1+[y'(x)]^2}\mathrm{d}x,$$

上式两边分别对 x 求导，得导弹的运动轨迹满足的方程为

$$(1-x)\frac{\mathrm{d}^2y}{\mathrm{d}x^2}=\frac{1}{5}\sqrt{1+\left(\frac{\mathrm{d}y}{\mathrm{d}x}\right)^2}.$$

根据上述两个微分方程模型，我们可以总结出利用微分方程解决实际问题的主要步骤如下：

（1）建模，即建立反映变量间内在联系的微分方程，包括必要的初值条件；

（2）求解，即求出微分方程的解或研究解的性质；

（3）应用，即结合具体问题，给出解的实际意义的解释.

习题 7-1

基础题

1. 指出下列微分方程的阶数，同时指出方程是线性的还是非线性的：

（1）$x(y')^2-2yy'+x=0$；

（2）$x^2\frac{d^2y}{dx^2}-x\frac{dy}{dx}+y=0$；

（3）$xy'''+2y''+x^2y=0$；

（4）$(7x-6y+1)dy=(2x+y-2)dx$；

（5）$L\frac{d^2Q}{dt^2}+R\frac{dQ}{dt}+\frac{Q}{C}=0$；

（6）$(1-x)\frac{d^2y}{dx^2}=\frac{1}{5}\sqrt{1+\left(\frac{dy}{dx}\right)^2}$.

2. 判断下列函数是否为所给微分方程的解：

（1）$xy'=2y$，$y=5x^2$；

（2）$\frac{d^2S}{dt^2}+\omega^2\frac{dS}{dt}=0$，$S=4\sin\omega t+3\cos\omega t$；

（3）$y''-3y'+2y=0$，$y=C_1e^x+C_2e^{2x}$；

（4）$(1+xe^y)y'+e^y=0$，$x=-ye^y$；

（5）$(xy-x)y''+xy'^2+yy'-2y'=0$，$y=\ln(xy)$.

3. 设函数 $y=C_1+C_2\ln x$ 是某微分方程的通解，求该微分方程满足初值条件 $y(1)=1$，$y'(1)=2$ 的特解.

提高题

1. 写出由下列条件确定的曲线所满足的微分方程：

（1）曲线在任意点(x, y)处的切线斜率等于该点纵坐标的立方；

（2）曲线上任意一点(x, y)处的切线与两坐标轴围成的三角形的面积都等于常数 2；

（3）曲线上点 $P(x, y)$处的法线与 x 轴的交点为 Q，且线段 PQ 被 y 轴平分；

（4）曲线上任意一点(x, y)处的切线的纵截距等于切点横坐标的平方.

2. 用微分方程表示一物理命题：某种气体的气压 p 对于温度 T 的变化率与气压成正比，与温度的平方成反比.

习题 7-1
参考答案

第二节　可分离变量的微分方程

教学目标

一阶微分方程的形式有 $F(x, y, y')=0$ 及 $y'=f(x, y)$ 两种，下面我们仅讨论一阶显式微分方程

$$y'=f(x, y),$$

这种方程还可以表示成微分形式：

$$P(x, y)\mathrm{d}x+Q(x, y)\mathrm{d}y=0.$$

写成这种形式时，两个变量 x 和 y 在方程中具有平等的地位，可以根据具体情况灵活选择 y 或 x 作为待求的未知函数. 从本节开始，我们研究微分方程的解法.

下面我们先由上一节的引例 1 引入可分离变量的微分方程的概念.

一、可分离变量的微分方程的定义

在上一节的引例 1 中，我们得到了如下的微分方程：

$$\frac{\mathrm{d}x}{\mathrm{d}t}=[b(t)-d(t)]x, \quad \frac{\mathrm{d}x}{\mathrm{d}t}=rx.$$

当 $x\neq 0$ 时，它们可以分别变形为

$$\frac{\mathrm{d}x}{x}=[b(t)-d(t)]\mathrm{d}t, \quad \frac{\mathrm{d}x}{x}=r\mathrm{d}t.$$

也就是说，在一定的条件下，一阶微分方程 $\frac{\mathrm{d}x}{\mathrm{d}t}=[b(t)-d(t)]x$ 及 $\frac{\mathrm{d}x}{\mathrm{d}t}=rx$ 均可表示为一端是因变量的函数与其微分之积，另一端是自变量的函数与其微分之积的形式，通常这样的一阶微分方程就是可分离变量的微分方程.

定义 7.2.1　一般地，如果一阶微分方程能表示成

$$\frac{\mathrm{d}y}{\mathrm{d}x}=h(x)g(y) \tag{7.2.1}$$

或

$$f_1(x)g_1(y)\mathrm{d}x+f_2(x)g_2(y)\mathrm{d}y=0 \tag{7.2.2}$$

思考题

的形式，其中 $h(x)$，$g(y)$，$f_1(x)$，$g_1(y)$，$f_2(x)$和 $g_2(y)$在所考虑的范围内是已知的连续函数，则方程(7.2.1)或方程(7.2.2)称为可分离变量的微分方程.

二、可分离变量的微分方程的解法

注意到方程(7.2.2)在一定条件下可转化为方程(7.2.1)的形式，下面我们仅讨论方程(7.2.1)的解法.

当 $g(y)\neq 0$ 时，方程(7.2.1)可化为

$$\frac{\mathrm{d}y}{g(y)}=h(x)\mathrm{d}x. \tag{7.2.3}$$

它的特点是一端只含 y 的函数和 $\mathrm{d}y$，另一端只含 x 的函数和 $\mathrm{d}x$. 这种方程称为变量已分

离的微分方程. 化方程(7.2.1)为(7.2.3)的过程称为分离变量.

设 $y=\varphi(x)$是方程(7.2.3)的解，将它代入方程(7.2.3)，便有

$$\frac{\varphi'(x)}{g[\varphi(x)]}\mathrm{d}x=h(x)\mathrm{d}x.$$

将上式两端积分，并由 $y=\varphi(x)$引入变量 y，得

$$\int\frac{1}{g(y)}\mathrm{d}y=\int h(x)\mathrm{d}x.$$

设 $G(y)$及 $H(x)$依次为$\dfrac{1}{g(y)}$及 $h(x)$的原函数，于是有

$$G(y)=H(x)+C, \tag{7.2.4}$$

其中 C 是任意常数. 由于式(7.2.4)两端对 x 求导即得方程(7.2.3)，且式(7.2.4)含有一个任意常数 C，因此式(7.2.4)正是方程(7.2.3)的通解.

因为方程(7.2.3)的解总满足方程(7.2.1)，所以式(7.2.4)正是方程(7.2.1)的通解. 但在对方程(7.2.1)求解时，我们还应当考虑 $g(y)=0$ 的情况，因为方程(7.2.3)只有在 $g(y)\neq 0$ 的假定下才与方程(7.2.1)等价. 设 α 是方程 $g(y)=0$ 的根，则 $y=\alpha$ 也是方程(7.2.1)的一个解，因为这时 $y'=0$，而 $g(\alpha)=0$，将其代入方程(7.2.1)，恰好使方程两端都变成零.

思考题

注 利用积分即可求解可分离变量的微分方程，但求解过程与积分大不相同，要特别注意.

例 7.2.1 求微分方程$\dfrac{\mathrm{d}x}{\mathrm{d}t}=rx$ 的通解.

解 所给方程是可分离变量的. 当 $x\neq 0$ 时，分离变量，得

$$\frac{\mathrm{d}x}{x}=r\mathrm{d}t\quad(x\neq 0),$$

两端积分

$$\int\frac{\mathrm{d}x}{x}=\int r\mathrm{d}t,$$

得

$$\ln|x|=rt+C_1,$$

从而

$$x=\pm\mathrm{e}^{rt+C_1}=\pm\mathrm{e}^{C_1}\mathrm{e}^{rt}.$$

因$\pm\mathrm{e}^{C_1}$是任意非零常数，又 $x\equiv 0$ 也是原方程的解，故原方程的通解为

$$x=C\mathrm{e}^{rt}\quad(C\text{ 是任意常数}).$$

注 (1) 化简，用调整任意常数的方法，可将通解化成更简单的形式.

(2) 补解，从求解过程、附加条件中观察是否漏掉了某个或某些解.

例 7.2.2 求微分方程 $y'=\dfrac{y^2-1}{2x}$的通解.

解 所给方程是可分离变量的. 当 $y^2\neq 1$ 时，分离变量，得

$$\frac{1}{y^2-1}\mathrm{d}y=\frac{1}{2x}\mathrm{d}x,$$

两端积分

$$\int \frac{1}{y^2-1}\mathrm{d}y=\int \frac{1}{2x}\mathrm{d}x,$$

得

$$\frac{1}{2}\ln\left|\frac{y-1}{y+1}\right|=\frac{1}{2}\ln|x|+C_1,$$

即

$$\frac{y-1}{y+1}=\pm \mathrm{e}^{2C_1}x,$$

从而

$$y=\frac{1+Cx}{1-Cx}\quad (C=\pm \mathrm{e}^{2C_1}\neq 0).$$

又 $y=1$，$y=-1$ 也是原方程的解，而令 $C=0$ 即得 $y=1$ 这个解，故原方程的通解为

$$\begin{cases} y=\dfrac{1+Cx}{1-Cx}(C\text{ 是任意常数}) \\ y=-1 \end{cases}.$$

例 7.2.3 设降落伞从跳伞塔下落后，所受空气阻力与速度成正比，并设降落伞离开跳伞塔时($t=0$)速度为零. 求降落伞下落速度与时间的函数关系.

解 设降落伞下落速度为 $v(t)$. 降落伞在空中下落时，同时受到重力 P 与阻力 R 的作用(见图 7.2.1). 重力大小为 mg，方向与 v 一致；阻力大小为 kv(k 为比例系数)，方向与 v 相反. 因此，降落伞所受外力为

$$F=mg-kv.$$

根据牛顿第二运动定律

$$F=ma\quad (a\text{ 为加速度}),$$

得函数 $v(t)$ 应满足的方程为

$$m\frac{\mathrm{d}v}{\mathrm{d}t}=mg-kv. \tag{7.2.5}$$

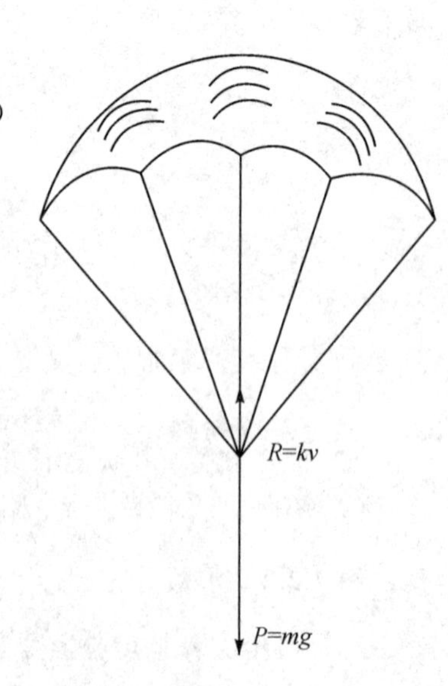

图 7.2.1

按题意，初值条件为

$$v|_{t=0}=0.$$

方程(7.2.5)是可分离变量的. 分离变量后得

$$\frac{\mathrm{d}v}{mg-kv}=\frac{\mathrm{d}t}{m},$$

两端积分

$$\int \frac{\mathrm{d}v}{mg-kv}=\int \frac{\mathrm{d}t}{m},$$

考虑到 $mg-kv>0$，得

$$-\frac{1}{k}\ln(mg-kv)=\frac{t}{m}+C_1,$$

即

$$mg-kv=\mathrm{e}^{-\frac{k}{m}t-kC_1}$$

或

$$v=\frac{mg}{k}+C\mathrm{e}^{-\frac{k}{m}t}\quad\left(C=-\frac{\mathrm{e}^{-kC_1}}{k}\right),\tag{7.2.6}$$

这就是方程(7.2.5)的通解.

将初值条件 $v|_{t=0}=0$ 代入式(7.2.6)，得

$$C=-\frac{mg}{k}.$$

于是所求的特解为

$$v=\frac{mg}{k}(1-\mathrm{e}^{-\frac{k}{m}t}).\tag{7.2.7}$$

由式(7.2.7)可以看出，随着时间 t 的增大，速度 v 逐渐接近于常数$\frac{mg}{k}$，且不会超过$\frac{mg}{k}$，也就是说，跳伞后开始阶段是加速运动，但以后逐渐接近于等速运动.

三、知识延展——变量代换法求解微分方程

对于可分离变量的微分方程，先分离变量，然后积分便可得到其通解. 在实际求解过程中，有些一阶微分方程虽然不是可分离变量的微分方程，但通过变量代换(因变量的变量代换或自变量的变量代换)可以把它化为可分离变量的微分方程，这也是求解微分方程最常用的方法之一.

例 7.2.4　求微分方程$\frac{\mathrm{d}y}{\mathrm{d}x}=\frac{1}{x-y}+1$ 的通解.

解　令 $u=x-y$，则 $y=x-u$，$\frac{\mathrm{d}y}{\mathrm{d}x}=1-\frac{\mathrm{d}u}{\mathrm{d}x}$，将其代入原方程，得

$$1-\frac{\mathrm{d}u}{\mathrm{d}x}=\frac{1}{u}+1,$$

即

$$-\frac{\mathrm{d}u}{\mathrm{d}x}=\frac{1}{u}.$$

分离变量，得

$$u\,\mathrm{d}u=-\mathrm{d}x,$$

两端积分，得

$$\frac{u^2}{2}=-x+C_1.$$

将 $u=x-y$ 代入上式，得原方程的通解为

$$\frac{(y-x)^2}{2}=-x+C_1$$

或

$$(y-x)^2+2x=C\quad(C=2C_1).$$

习 题 7-2

基 础 题

1. 求下列微分方程的通解：

(1) $xy'-y\ln y=0$；

(2) $3x^2+4\sin x-4y'=0$；

(3) $\sqrt{1-x^2}\,y'=\sqrt{1-y^2}$；

(4) $y'-xy'=a(y^2+y')$；

(5) $\dfrac{\mathrm{d}y}{\mathrm{d}x}=\dfrac{1+y^2}{xy+x^3y}$；

(6) $\dfrac{\mathrm{d}y}{\mathrm{d}x}+\dfrac{\mathrm{e}^{y^2+3x}}{y}=0$.

2. 求下列微分方程满足所给初值条件的特解：

(1) $y'=10^{x+y}$，$y|_{x=0}=0$；

(2) $y'\sin x=y\ln y$，$y\big|_{x=\frac{\pi}{2}}=\mathrm{e}$；

(3) $(\mathrm{e}^{x+y}-\mathrm{e}^x)\mathrm{d}x+(\mathrm{e}^{x+y}+\mathrm{e}^x)\mathrm{d}y=0$，$y|_{x=1}=1$；

(4) $\cos x\sin y\mathrm{d}y=\cos y\sin x\mathrm{d}x$，$y|_{x=0}=\dfrac{\pi}{4}$.

3. 镭的衰变有如下的规律：镭的衰变速度与它的现存量 R 成正比. 由经验材料得知，镭经过 1600 年后，只余原始量 R_0 的一半. 试求镭的现存量 R 与时间 t 的函数关系.

4. 质量为 1 g 的质点受外力作用做直线运动，这外力和时间成正比，和质点运动的速度成反比. 在 $t=10$ s 时，速度为 50 cm/s，外力为 4 g·cm/s^2，问从运动开始经过 1 min 后的速度是多少？

提 高 题

1. 求微分方程 $\mathrm{d}x+xy\mathrm{d}y=y^2\mathrm{d}x+y\mathrm{d}y$ 的通解.

2. 求微分方程 $(1+\mathrm{e}^x)yy'=\mathrm{e}^x$ 满足初值条件 $y|_{x=0}=0$ 的特解.

3. 已知 $f'(\sin^2x)=\cos 2x+\tan^2x$，当 $0<x<1$ 时，求 $f(x)$.

4. 用合适的变量代换将下列方程化为可分离变量的微分方程，然后求出通解：

(1) $\dfrac{\mathrm{d}y}{\mathrm{d}x}=\dfrac{1}{x+y}$；

习题 7-2
参考答案

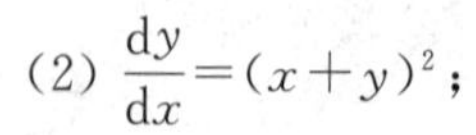

(2) $\dfrac{\mathrm{d}y}{\mathrm{d}x}=(x+y)^2$；

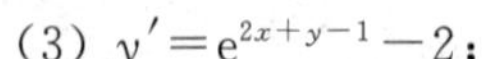

(3) $y'=\mathrm{e}^{2x+y-1}-2$；

(4) $xy'+y=y(\ln x+\ln y)$；

(5) $y'=y^2+2(\sin x-1)+\sin^2x-\cos x+1$；

(6) $y(xy+1)\mathrm{d}x+(1+xy+x^2y^2)\mathrm{d}y=0$.

第三节　齐 次 方 程

一、齐次方程的定义

教学目标

有些一阶方程经过适当的变量代换后，总可以转化为可分离变量的微分方程. 请看下面这个例子.

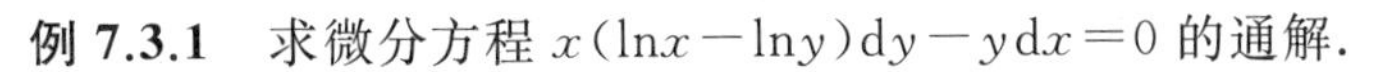

例 7.3.1　求微分方程 $x(\ln x-\ln y)\mathrm{d}y-y\mathrm{d}x=0$ 的通解.

解　原方程可变形为

$$\ln\frac{y}{x}\cdot\frac{\mathrm{d}y}{\mathrm{d}x}+\frac{y}{x}=0.$$

令 $u=\dfrac{y}{x}$，则 $y=ux$，$\dfrac{\mathrm{d}y}{\mathrm{d}x}=u+x\dfrac{\mathrm{d}u}{\mathrm{d}x}$，将其代入上述方程，得

$$\ln u\left(u+x\frac{\mathrm{d}u}{\mathrm{d}x}\right)+u=0,$$

整理得

$$\frac{\ln u}{u(1+\ln u)}\mathrm{d}u=-\frac{\mathrm{d}x}{x},$$

两边积分，得

$$\int\frac{\ln u}{1+\ln u}\mathrm{d}(\ln u)=-\int\frac{\mathrm{d}x}{x},$$

即

$$\int\left(1-\frac{1}{1+\ln u}\right)\mathrm{d}(\ln u)=-\int\frac{\mathrm{d}x}{x},$$

亦即

$$\ln u-\ln(1+\ln u)=-\ln x+\ln C\quad 或\quad xu=C(1+\ln u),$$

变量回代，得原方程的通解为 $y=C\left(1+\ln\dfrac{y}{x}\right)$.

根据例 7.3.1 可知，如果一阶微分方程 $\dfrac{\mathrm{d}y}{\mathrm{d}x}=f(x,y)$ 中的表达式 $f(x,y)$ 可化为 $\varphi\left(\dfrac{y}{x}\right)$，则通过变量代换可将方程转化为可分离变量的微分方程求解. 这类方程就是我们要研究的齐次方程.

定义 7.3.1　如果一阶微分方程能表示成

$$\frac{\mathrm{d}y}{\mathrm{d}x}=\varphi\left(\frac{y}{x}\right)\tag{7.3.1}$$

的形式，那么称这方程为**齐次方程**. 式(7.3.1)中右端是一个关于 $\dfrac{y}{x}$ 的函数，这种函数称为 x，y 的零次齐次函数.

例如$\frac{\mathrm{d}y}{\mathrm{d}x}=\frac{xy}{x^2-y^2}$是齐次方程，因为它可以化为$\frac{\mathrm{d}y}{\mathrm{d}x}=\frac{\frac{y}{x}}{1-\left(\frac{y}{x}\right)^2}$.

思考题

二、齐次方程的解法

对于齐次方程$\frac{\mathrm{d}y}{\mathrm{d}x}=\varphi\left(\frac{y}{x}\right)$，作变量代换$u=\frac{y}{x}$(变量$u$也是$x$的函数)，则

$$y=ux,\quad \frac{\mathrm{d}y}{\mathrm{d}x}=u+x\frac{\mathrm{d}u}{\mathrm{d}x},$$

将其代入方程(7.3.1)，得到方程

$$u+x\frac{\mathrm{d}u}{\mathrm{d}x}=\varphi(u),$$

即

$$x\frac{\mathrm{d}u}{\mathrm{d}x}=\varphi(u)-u.$$

当$\varphi(u)-u\neq 0$时，分离变量，得

$$\frac{\mathrm{d}u}{\varphi(u)-u}=\frac{\mathrm{d}x}{x}.$$

两端积分，得

$$\int\frac{\mathrm{d}u}{\varphi(u)-u}=\int\frac{\mathrm{d}x}{x}.$$

求出积分后，再用$\frac{y}{x}$代替u，便得所给齐次方程的通解.

当$\varphi(u)-u\equiv 0$时，原方程即$\frac{\mathrm{d}y}{\mathrm{d}x}=\frac{y}{x}$，这就是可分离变量的微分方程.

例 7.3.2 解方程$\frac{\mathrm{d}y}{\mathrm{d}x}=\frac{xy}{x^2-y^2}$.

解 当$x\equiv 0$时，$y=C$为原方程的解.

当$x\neq 0$时，原方程可写成

$$\frac{\mathrm{d}y}{\mathrm{d}x}=\frac{\frac{y}{x}}{1-\left(\frac{y}{x}\right)^2},$$

因此原方程是齐次方程. 令$u=\frac{y}{x}$，则

$$y=ux,\quad \frac{\mathrm{d}y}{\mathrm{d}x}=u+x\frac{\mathrm{d}u}{\mathrm{d}x},$$

于是原方程变为

$$u+x\frac{\mathrm{d}u}{\mathrm{d}x}=\frac{u}{1-u^2},$$

即

$$x\frac{du}{dx}=\frac{u^3}{1-u^2}.$$

当 $u\neq 0$ 时，分离变量，得

$$\left(\frac{1}{u^3}-\frac{1}{u}\right)du=\frac{dx}{x}.$$

两端积分，得

$$-\frac{1}{2u^2}-\ln|u|=\ln|x|+C_1,$$

或写为

$$ux=Ce^{-\frac{1}{2u^2}}\quad (C=\pm e^{-C_1}).$$

以$\frac{y}{x}$代替上式中的 u，得

$$y=Ce^{-\frac{x^2}{2y^2}}\quad (C\neq 0,\ x\neq 0).$$

又 $u=0$ 即 $y=0$ 是原方程的解，它也恰是上式中 $C=0$ 的情形，而当 $x\equiv 0$ 时，上式即 $y=C$，所以原方程的通解为

$$y=Ce^{-\frac{x^2}{2y^2}}\quad (C\text{ 是任意常数}).$$

例 7.3.3 设有联结点 $O(0,0)$和点 $A(1,1)$的一段向上凸的曲线弧$\overset{\frown}{OA}$，对于$\overset{\frown}{OA}$上任一点 $P(x,y)$，曲线弧$\overset{\frown}{OP}$与直线段$\overline{OP}$所围图形的面积为 x^2，求曲线弧$\overset{\frown}{OA}$的方程.

解 设曲线弧$\overset{\frown}{OA}$的方程为 $y=f(x)$，根据题意，有

$$\int_0^x f(t)dt-\frac{1}{2}\cdot x\cdot f(x)=x^2.$$

上式两端对 x 求导，得

$$f(x)-\frac{1}{2}f(x)-\frac{1}{2}xf'(x)=2x,$$

整理即得微分方程

$$\frac{df(x)}{dx}=\frac{f(x)}{x}-4,$$

或写成

$$\frac{dy}{dx}=\frac{y}{x}-4.$$

令 $u=\frac{y}{x}$，有$\frac{dy}{dx}=u+x\frac{du}{dx}$，则原方程变为

$$x\frac{du}{dx}=-4,$$

分离变量并积分，得

$$u=-4\ln x+C,$$

因 $u=\frac{y}{x}$，故有

$$y=x(-4\ln x+C).$$

又曲线过点 $A(1,1)$，所以 $1=C$. 于是得曲线弧$\overset{\frown}{OA}$的方程为

$$y=x(1-4\ln x).$$

三、知识延展——可化为齐次的方程

形如

$$\frac{\mathrm{d}y}{\mathrm{d}x}=f\left(\frac{a_1x+b_1y+c_1}{a_2x+b_2y+c_2}\right) \tag{7.3.2}$$

的方程可化为齐次方程，其中 a_1，b_1，c_1，a_2，b_2，c_2 都是常数.

当 $c_1=c_2=0$ 时，方程(7.3.2)变为

$$\frac{\mathrm{d}y}{\mathrm{d}x}=f\left(\frac{a_1x+b_1y}{a_2x+b_2y}\right)=f\left(\frac{a_1+b_1\dfrac{y}{x}}{a_2+b_2\dfrac{y}{x}}\right)\triangleq\varphi\left(\frac{y}{x}\right),$$

这是齐次方程.

当 c_1，c_2 中至少有一个不为零时，方程(7.3.2)就不是齐次的. 在非齐次的情形下，引入新的变量 X，Y 可把它化为齐次方程. 令

$$x=X+h,\quad y=Y+k,$$

其中 h，k 为待定常数. 于是

$$\mathrm{d}x=\mathrm{d}X,\quad \mathrm{d}y=\mathrm{d}Y,$$

将其代入方程(7.3.2)，得

$$\frac{\mathrm{d}Y}{\mathrm{d}X}=f\left(\frac{a_1X+b_1Y+a_1h+b_1k+c_1}{a_2X+b_2Y+a_2h+b_2k+c_2}\right). \tag{7.3.3}$$

为了使方程(7.3.3)是齐次的，自然应选择 h，k 使

$$\begin{cases}a_1h+b_1k+c_1=0\\a_2h+b_2k+c_2=0\end{cases}.$$

(1) 当 c_1，c_2 中至少有一个不为零，且$\dfrac{a_1}{a_2}\neq\dfrac{b_1}{b_2}$时，上述方程组可以唯一确定出 h 及 k，这样在变换 $x=X+h$，$y=Y+k$ 下，方程(7.3.2)就化为齐次方程

$$\frac{\mathrm{d}Y}{\mathrm{d}X}=f\left(\frac{a_1X+b_1Y}{a_2X+b_2Y}\right).$$

(2) 当 c_1，c_2 中至少有一个不为零，且$\dfrac{a_1}{a_2}=\dfrac{b_1}{b_2}$时，$h$ 及 k 无法由方程组求得，这时令$\dfrac{a_1}{a_2}=\dfrac{b_1}{b_2}=\lambda$，从而方程(7.3.2)可写成

$$\frac{\mathrm{d}y}{\mathrm{d}x}=f\left[\frac{\lambda(a_2x+b_2y)+c_1}{a_2x+b_2y+c_2}\right]\triangleq\varphi(a_2x+b_2y).$$

引入新变量 $z=a_2x+b_2y$，则

$$\frac{\mathrm{d}z}{\mathrm{d}x}=a_2+b_2\frac{\mathrm{d}y}{\mathrm{d}x}\quad 或\quad \frac{\mathrm{d}y}{\mathrm{d}x}=\frac{1}{b_2}\left(\frac{\mathrm{d}z}{\mathrm{d}x}-a_2\right),$$

故方程(7.3.2)成为

$$\frac{\mathrm{d}z}{\mathrm{d}x}=a_2+b_2\varphi(z),$$

这是可分离变量的微分方程.

例 7.3.4　解方程$\frac{\mathrm{d}y}{\mathrm{d}x}=\frac{y-x+1}{4y+x-1}$.

解　所给方程属方程(7.3.2)的类型. 令 $x=X+h$，$y=Y+k$，则 $\mathrm{d}x=\mathrm{d}X$，$\mathrm{d}y=\mathrm{d}Y$，将其代入原方程，得

$$\frac{\mathrm{d}Y}{\mathrm{d}X}=\frac{Y-X-h+k+1}{X+4Y+h+4k-1}.$$

解方程组

$$\begin{cases}-h+k+1=0\\ h+4k-1=0\end{cases},$$

得 $h=1$，$k=0$，故在变换 $x=X+1$，$y=Y$ 下，原方程化为

$$\frac{\mathrm{d}Y}{\mathrm{d}X}=\frac{Y-X}{X+4Y}=\frac{\frac{Y}{X}-1}{1+\frac{4Y}{X}}.$$

令 $u=\frac{Y}{X}$，则 $Y=uX$，$\frac{\mathrm{d}Y}{\mathrm{d}X}=u+X\frac{\mathrm{d}u}{\mathrm{d}X}$，于是方程变为

$$X\frac{\mathrm{d}u}{\mathrm{d}X}=-\frac{4u^2+1}{1+4u},$$

分离变量并积分，得

$$\int\left(\frac{4u}{4u^2+1}+\frac{1}{4u^2+1}\right)\mathrm{d}u=-\int\frac{1}{X}\mathrm{d}X+C_1,$$

即

$$\frac{1}{2}\ln(4u^2+1)+\frac{1}{2}\arctan(2u)=-\ln|X|+C_1.$$

将 $u=\frac{Y}{X}=\frac{y}{x-1}$代入上式，得原方程的通解为

$$\ln[4y^2+(x-1)^2]+\arctan\frac{2y}{x-1}=C\quad(C=2C_1).$$

习 题 7-3

基 础 题

1. 求下列齐次方程的通解：

(1) $\frac{\mathrm{d}y}{\mathrm{d}x}=2\sqrt{\frac{y}{x}}+\frac{y}{x}$;

(2) $x\dfrac{dy}{dx}=y\ln\dfrac{y}{x}$;

(3) $(1+2e^{\frac{x}{y}})dx+2e^{\frac{x}{y}}\left(1-\dfrac{x}{y}\right)dy=0$;

(4) $\left(2x\sin\dfrac{y}{x}+3y\cos\dfrac{y}{x}\right)dx-3x\cos\dfrac{y}{x}dy=0$;

(5) $\dfrac{dy}{dx}=\dfrac{2x^3y-y^4}{x^4-2xy^3}$;

(6) $xy'-y-\sqrt{y^2-x^2}=0$.

2. 求下列齐次方程满足所给初值条件的特解：

(1) $\dfrac{dy}{dx}=\dfrac{y}{x}+\tan\dfrac{y}{x}$，$y\big|_{x=1}=\dfrac{\pi}{6}$；

(2) $(y^2-3x^2)dy+2xydx=0$，$y\big|_{x=0}=1$；

(3) $y'=\dfrac{x^2+y^2}{xy}$，$y\big|_{x=1}=1$.

提 高 题

1. 方程$\int_0^x\left[2y(t)+\sqrt{t^2+y^2(t)}\right]dt=xy(x)$是否为齐次方程？

2. 探照灯的聚光镜的镜面是一张旋转曲面，它的形状由xOy坐标面上的一条曲线L绕x轴旋转而成. 按聚光镜性能的要求，在其旋转轴(x轴)上的一点O处发出的一切光线，经它反射后与旋转轴平行. 求曲线L的方程.

习题 7-3 参考答案

3. 化下列方程为齐次方程，并求出通解：

(1) $(2x-5y+3)dx-(2x+4y-6)dy=0$;

(2) $\dfrac{dy}{dx}=\dfrac{2x-y+1}{x-2y+1}$;

(3) $\dfrac{dy}{dx}=2\left(\dfrac{y+2}{x+y-1}\right)$;

(4) $(x+y)dx+(3x+3y-4)dy=0$.

第四节 一阶线性微分方程

一、线性方程

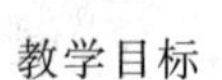

定义 7.4.1 形如

$$\frac{dy}{dx}+P(x)y=Q(x) \tag{7.4.1}$$

的方程叫作一阶线性微分方程. 如果$Q(x)\equiv 0$，则方程(7.4.1)变为

$$\frac{\mathrm{d}y}{\mathrm{d}x}+P(x)y=0, \tag{7.4.2}$$

思考题

方程(7.4.2)称为一阶齐次线性微分方程；如果 $Q(x)\not\equiv 0$，那么方程(7.4.1)称为一阶非齐次线性微分方程. 将 $Q(x)$ 换成零而写出的方程(7.4.2)叫作对应于非齐次线性微分方程(7.4.1)的齐次线性微分方程.

一阶齐次线性微分方程就是可分离变量的微分方程，前面已经讨论过其解法，下面讨论一阶非齐次线性微分方程(7.4.1)的解法. 为求一阶非齐次线性微分方程(7.4.1)的解，我们先求其对应的齐次线性微分方程(7.4.2)的解.

方程(7.4.2)是可分离变量的，分离变量后，得

$$\frac{\mathrm{d}y}{y}=-P(x)\mathrm{d}x,$$

两边积分，得

$$\ln|y|=-\int P(x)\mathrm{d}x+C_1.$$

注　这里积分 $\int P(x)\mathrm{d}x$ 中不再加任意常数，因为任意常数已经给出，为 C_1.

于是

$$y=C\mathrm{e}^{-\int P(x)\mathrm{d}x}\quad (C=\pm \mathrm{e}^{C_1}), \tag{7-4-3}$$

这就是对应的齐次线性微分方程(7.4.2)的通解.

常数变易法的说明

如果式(7.4.3)中的 C 保持为常数，那么它不可能成为方程(7.4.1)的解，因此设想将 C 换成 x 的待定函数 $u(x)$，即令 $y=u(x)\mathrm{e}^{-\int P(x)\mathrm{d}x}$，使它满足方程(7.4.1)，求出 $u(x)$，从而求得方程(7.4.1)的通解. 此法称为常数变易法. 下面利用常数变易法来求一阶非齐次线性微分方程(7.4.1)的通解.

将式(7.4.3)中的常数 C 换成 x 的未知函数 $u(x)$，即作变换

$$y=u(x)\mathrm{e}^{-\int P(x)\mathrm{d}x}, \tag{7.4.4}$$

将式(7.4.4)代入方程(7.4.1)可得

$$u'(x)\mathrm{e}^{-\int P(x)\mathrm{d}x}-u(x)\mathrm{e}^{-\int P(x)\mathrm{d}x}P(x)+P(x)u(x)\mathrm{e}^{-\int P(x)\mathrm{d}x}=Q(x),$$

化简得

$$u'(x)=Q(x)\mathrm{e}^{\int P(x)\mathrm{d}x},$$

两端积分，得

$$u(x)=\int Q(x)\mathrm{e}^{\int P(x)\mathrm{d}x}\mathrm{d}x+C,$$

于是一阶非齐次线性微分方程(7.4.1)的通解为

$$y=\mathrm{e}^{-\int P(x)\mathrm{d}x}\left[\int Q(x)\mathrm{e}^{\int P(x)\mathrm{d}x}\mathrm{d}x+C\right] \tag{7.4.5}$$

或

$$y=C\mathrm{e}^{-\int P(x)\mathrm{d}x}+\mathrm{e}^{-\int P(x)\mathrm{d}x}\int Q(x)\mathrm{e}^{\int P(x)\mathrm{d}x}\mathrm{d}x.$$

上式右端第一项为对应的齐次线性微分方程(7.4.2)的通解，第二项为一阶非齐次线性微分方程(7.4.1)的一个特解(在方程(7.4.1)的通解(7.4.5)中取 $C=0$ 即得这个特解). 可见，一阶非齐次线性微分方程(7.4.1)的通解等于对应的齐次线性微分方程的通解与非齐次线性微分方程的一个特解之和. 公式(7.4.5)称为一阶非齐次线性微分方程的通解公式，今后，读者可直接用这个公式求解一阶非齐次线性微分方程的通解，也可用常数变易法.

例 7.4.1 求方程 $\frac{dy}{dx}-\frac{2y}{x+1}=(x+1)^{\frac{5}{2}}$ 的通解.

解 方法 1：这是一个非齐次线性微分方程. 先求对应的齐次线性微分方程 $\frac{dy}{dx}-\frac{2y}{x+1}=0$ 的通解. 分离变量，得

$$\frac{dy}{y}=\frac{2dx}{x+1},$$

两边积分，得

$$\ln|y|=2\ln|x+1|+C_1,$$

于是齐次线性微分方程的通解为

$$y=C_2(x+1)^2 \quad (C_2=\pm e^{C_1}).$$

用常数变易法，把 C_2 换成 $u(x)$，即令 $y=u(x+1)^2$，将其代入所给非齐次线性微分方程，得

$$u'\cdot(x+1)^2+2u\cdot(x+1)-\frac{2}{x+1}u\cdot(x+1)^2=(x+1)^{\frac{5}{2}},$$

整理得

$$u'=(x+1)^{\frac{1}{2}},$$

两边积分，得

$$u=\frac{2}{3}(x+1)^{\frac{3}{2}}+C.$$

再把上式代入 $y=u(x+1)^2$ 中，即得所求方程的通解为

$$y=(x+1)^2\left[\frac{2}{3}(x+1)^{\frac{3}{2}}+C\right].$$

方法 2：这里 $P(x)=-\frac{2}{x+1}$，$Q(x)=(x+1)^{\frac{5}{2}}$. 因为

$$\int P(x)dx=\int\left(-\frac{2}{x+1}\right)dx=-2\ln(x+1),$$

所以

$$e^{-\int P(x)dx}=e^{2\ln(x+1)}=(x+1)^2,$$

$$\int Q(x)e^{\int P(x)dx}dx=\int (x+1)^{\frac{5}{2}}(x+1)^{-2}dx=\int (x+1)^{\frac{1}{2}}dx=\frac{2}{3}(x+1)^{\frac{3}{2}},$$

于是由公式(7.4.5)可得所给方程的通解为

$$y=e^{-\int P(x)dx}\left[\int Q(x)e^{\int P(x)dx}dx+C\right]=(x+1)^2\left[\frac{2}{3}(x+1)^{\frac{3}{2}}+C\right].$$

例 7.4.2　有一个电路如图 7.4.1 所示，其中电源电动势为 $E=E_{\mathrm{m}}\sin\omega t$（$E_{\mathrm{m}}$，$\omega$ 都是常数），电阻 R 和电感 L 都是常量. 求电流 $i(t)$.

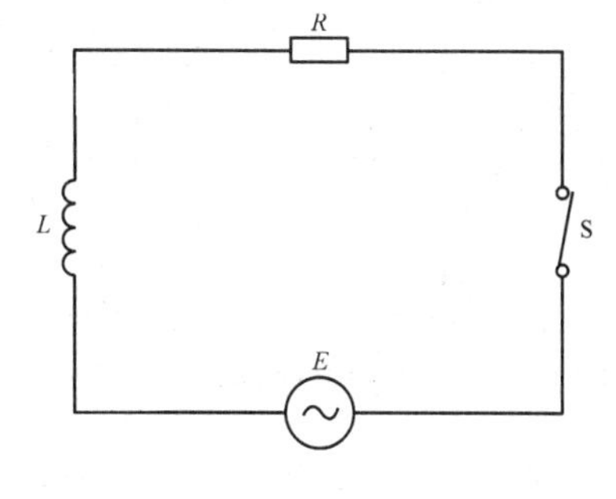

图 7.4.1

解　由电学知识知，当电流变化时，L 上有感应电动势 $-L\dfrac{\mathrm{d}i}{\mathrm{d}t}$. 由回路电压定律得出

$$E-L\frac{\mathrm{d}i}{\mathrm{d}t}-iR=0,$$

即

$$\frac{\mathrm{d}i}{\mathrm{d}t}+\frac{R}{L}i=\frac{E}{L}.$$

把 $E=E_{\mathrm{m}}\sin\omega t$ 代入上式，得

$$\frac{\mathrm{d}i}{\mathrm{d}t}+\frac{R}{L}i=\frac{E_{\mathrm{m}}}{L}\sin\omega t. \tag{7.4.6}$$

此外，设开关 S 闭合的时刻为 $t=0$，这时 $i(t)$ 还应满足初值条件

$$i|_{t=0}=0.$$

方程(7.4.6)为非齐次线性微分方程，其中

$$P(t)=\frac{R}{L},\quad Q(t)=\frac{E_{\mathrm{m}}}{L}\sin\omega t.$$

由公式(7.4.5)可得方程(7.4.6)的通解为

$$\begin{aligned}i(t)&=\mathrm{e}^{-\int P(t)\mathrm{d}t}\left[\int Q(t)\mathrm{e}^{\int P(t)\mathrm{d}t}\mathrm{d}t+C\right]\\&=\mathrm{e}^{-\int\frac{R}{L}\mathrm{d}t}\left(\int\frac{E_{\mathrm{m}}}{L}\sin\omega t\,\mathrm{e}^{\int\frac{R}{L}\mathrm{d}t}\mathrm{d}t+C\right)\\&=\frac{E_{\mathrm{m}}}{L}\mathrm{e}^{-\frac{R}{L}t}\left(\int\sin\omega t\,\mathrm{e}^{\frac{R}{L}t}\mathrm{d}t+C\right)\\&=\frac{E_{\mathrm{m}}}{R^2+\omega^2L^2}(R\sin\omega t-\omega L\cos\omega t)+C\mathrm{e}^{-\frac{R}{L}t},\end{aligned}$$

其中 C 为任意常数.

将初值条件 $i|_{t=0}=0$ 代入通解，得

$$C=\frac{\omega LE_{\mathrm{m}}}{R^2+\omega^2L^2}.$$

因此，所求电流 $i(t)$ 为

$$i(t)=\frac{\omega LE_{\mathrm{m}}}{R^2+\omega^2L^2}\mathrm{e}^{-\frac{R}{L}t}+\frac{E_{\mathrm{m}}}{R^2+\omega^2L^2}(R\sin\omega t-\omega L\cos\omega t).$$

二、伯努利方程

思考题

定义 7.4.2　形如

$$\frac{\mathrm{d}y}{\mathrm{d}x}+P(x)y=Q(x)y^{\alpha}\quad(\alpha\neq 0,1) \tag{7.4.7}$$

的微分方程称为伯努利方程.

伯努利方程不是线性方程，但可通过变量代换将其化为线性方程. 具体如下：

以 y^{α} 除方程(7.4.7)的两边，得

$$y^{-\alpha}\frac{dy}{dx}+P(x)y^{1-\alpha}=Q(x).$$

令 $z=y^{1-\alpha}$，则 $(1-\alpha)y^{-\alpha}\frac{dy}{dx}=\frac{dz}{dx}$，将其代入上式并化简得线性方程

$$\frac{dz}{dx}+(1-\alpha)P(x)z=(1-\alpha)Q(x).$$

求出此线性方程的通解后，将 $z=y^{1-\alpha}$ 回代即得伯努利方程(7.4.7)的通解.

例 7.4.3 求方程 $\frac{dy}{dx}+\frac{y}{x}=a(\ln x)y^2$ 的通解.

解 方程的两端同乘 y^{-2}，得

$$y^{-2}\frac{dy}{dx}+\frac{1}{x}y^{-1}=a\ln x,$$

即

$$-\frac{d(y^{-1})}{dx}+\frac{1}{x}y^{-1}=a\ln x.$$

令 $z=y^{-1}$，则上述方程变为

$$\frac{dz}{dx}-\frac{1}{x}z=-a\ln x.$$

这是一个线性方程，它的通解为

$$z=x\left[C-\frac{a}{2}(\ln x)^2\right].$$

以 y^{-1} 代替 z，得所求方程的通解为

$$yx\left[C-\frac{a}{2}(\ln x)^2\right]=1.$$

例 7.4.4 求方程 $y'-\frac{4}{x}y=x\sqrt{y}$ 的通解.

解 所给方程为 $\alpha=1/2$ 的伯努利方程. 方程的两端同乘 $y^{-1/2}$ 并除以 2，得

$$\frac{y'}{2\sqrt{y}}-\frac{2}{x}\sqrt{y}=\frac{1}{2}x,$$

即

$$\frac{d(\sqrt{y})}{dx}-\frac{2}{x}\sqrt{y}=\frac{1}{2}x.$$

令 $z=y^{1/2}$，则上述方程变为

$$\frac{dz}{dx}-\frac{2}{x}z=\frac{1}{2}x,$$

故

$$z=e^{-\int\left(-\frac{2}{x}\right)dx}\left[\int\frac{x}{2}e^{\int\left(-\frac{2}{x}\right)dx}dx+C\right]=x^2\left(\frac{1}{2}\ln|x|+C\right),$$

将 $z=y^{1/2}$ 代入即得原方程的通解为

$$y=x^4\left(\frac{1}{2}\ln|x|+C\right)^2.$$

例 7.4.5　解方程$\frac{dy}{dx}=\frac{1}{x+y}$.

解　方法 1：若把所给方程变形为

$$\frac{dx}{dy}-x=y,$$

则按一阶线性微分方程的解法可求得其通解为

$$x=e^{-\int(-1)dy}\left[\int ye^{\int(-1)dy}dy+C\right]=e^y\left(\int ye^{-y}dy+C\right)$$
$$=e^y[-(y+1)e^{-y}+C]=Ce^y-(y+1).$$

方法 2：令 $x+y=u$，则 $y=u-x$，$\frac{dy}{dx}=\frac{du}{dx}-1$，于是原方程可化为

$$\frac{du}{dx}-1=\frac{1}{u},$$

即

$$\frac{du}{dx}=\frac{u+1}{u}.$$

分离变量，得

$$\frac{u}{u+1}du=dx,$$

两端积分，得

$$u-\ln|u+1|=x-\ln|C|.$$

将 $u=x+y$ 代入上式，得原方程的通解为

$$y-\ln|x+y+1|=-\ln|C| \quad 或 \quad x=Ce^y-y-1.$$

三、知识延展——两种类型一阶隐式方程的解法

前面讨论的一阶微分方程都是已经解出或可以解出 y'类型的微分方程，实际中还会遇到不能解出 y'类型的微分方程，这种方程应如何求解？下面通过例子来说明两种类型一阶隐式方程的解法.

1. 形如 $y=f\left(x,\frac{dy}{dx}\right)$ 的方程

例 7.4.6　求方程 $y=\left(\frac{dy}{dx}\right)^2-x\frac{dy}{dx}+\frac{1}{2}x^2$ 的解.

解　令$\frac{dy}{dx}=p$，则 $y=p^2-xp+\frac{1}{2}x^2$，两端对 x 求导，得

$$p=2p\frac{dp}{dx}-p-x\frac{dp}{dx}+x,$$

即

$$(2p-x)\left(\frac{dp}{dx}-1\right)=0.$$

由$\frac{dp}{dx}-1=0$得$p=x+C$，将其代入原方程得方程的通解为

$$y=\frac{1}{2}x^2+Cx+C^2.$$

由$2p-x=0$得$p=\frac{x}{2}$，将其代入原方程得方程的一个解为$y=\frac{1}{4}x^2$.

例 7.4.7 求方程$\left(\frac{dy}{dx}\right)^3+2x\frac{dy}{dx}-y=0$的解.

解 由所给方程得

$$y=\left(\frac{dy}{dx}\right)^3+2x\frac{dy}{dx}.$$

令$\frac{dy}{dx}=p$，则$y=p^3+2xp$，两端对x求导，得

$$p=3p^2\frac{dp}{dx}+2x\frac{dp}{dx}+2p,$$

即

$$3p^2\frac{dp}{dx}+2x\frac{dp}{dx}+p=0.$$

当$p\neq0$时，上式两端同乘p，得

$$3p^3\frac{dp}{dx}+2xp\frac{dp}{dx}+p^2=0,$$

即

$$\frac{d}{dx}\left(\frac{3}{4}p^4+xp^2\right)=0,$$

亦即

$$\frac{3}{4}p^4+xp^2=C,$$

因此原方程的参数形式的通解为

$$\begin{cases}x=\dfrac{C}{p^2}-\dfrac{3}{4}p^2\\ y=\dfrac{2C}{p}-\dfrac{1}{2}p^3\end{cases}\quad(p\neq0).$$

当$p=0$时，$y=0$，它也是原方程的解.

2. 形如$x=f\left(y,\frac{dy}{dx}\right)$的方程

求解例 7.4.7 中的方程：$\left(\frac{dy}{dx}\right)^3+2x\frac{dy}{dx}-y=0$.

解 由所给方程解出x，并令$\frac{dy}{dx}=p$，得

$$x=\frac{y-p^3}{2p}\quad (p\neq 0).$$

上式两端对 y 求导，得

$$\frac{\mathrm{d}x}{\mathrm{d}y}=\frac{\left(1-3p^2\frac{\mathrm{d}p}{\mathrm{d}y}\right)p-(y-p^3)\frac{\mathrm{d}p}{\mathrm{d}y}}{2p^2}.$$

再利用反函数的导数，得

$$\frac{1}{p}=\frac{\left(1-3p^2\frac{\mathrm{d}p}{\mathrm{d}y}\right)p-(y-p^3)\frac{\mathrm{d}p}{\mathrm{d}y}}{2p^2}.$$

整理得

$$2p^3\frac{\mathrm{d}p}{\mathrm{d}y}+\left(y\frac{\mathrm{d}p}{\mathrm{d}y}+p\right)=0,$$

即

$$\frac{\mathrm{d}}{\mathrm{d}y}\left(\frac{1}{2}p^4+yp\right)=0,$$

亦即

$$p^4+2yp=C,$$

所以原方程的通解为

$$\begin{cases}x=\dfrac{C/4}{p^2}-\dfrac{3}{4}p^2\\ y=\dfrac{C/2}{p}-\dfrac{1}{2}p^3\end{cases}\quad (p\neq 0),$$

即

$$\begin{cases}x=\dfrac{C_1}{p^2}-\dfrac{3}{4}p^2\\ y=\dfrac{2C_1}{p}-\dfrac{1}{2}p^3\end{cases}\quad (p\neq 0,\ C/4=C_1),$$

此结果与例 7.4.7 的结果完全一样.

习　题　7－4

基　础　题

1. 求下列微分方程的通解：

(1) $\dfrac{\mathrm{d}y}{\mathrm{d}x}+y=\mathrm{e}^{-x}$；　　(2) $y'+y\tan x=\sin 2x$；

(3) $\dfrac{\mathrm{d}y}{\mathrm{d}x}=\dfrac{y}{2x-y^2}$；　　(4) $y'+\dfrac{y}{x}=x$；

(5) $y=\mathrm{e}^x+\int_0^x y(t)\mathrm{d}t$；　　(6) $\dfrac{\mathrm{d}y}{\mathrm{d}x}-\dfrac{1}{2x}y=\dfrac{1}{2y}x^2$；

(7) $\dfrac{dy}{dx}-y=xy^5$；　　(8) $\dfrac{dy}{dx}+y=y^2(\cos x-\sin x)$.

2. 求解下列初值问题：

(1) $\begin{cases}\dfrac{dy}{dx}+y\cot x=5e^{\cos x}\\ y\Big|_{x=\frac{\pi}{2}}=-4\end{cases}$；　　(2) $\begin{cases}x^2y'+xy=y^2\\ y|_{x=1}=1\end{cases}$.

3. 求下列微分方程的通解：

(1) $(5x^2y^3-2x)\dfrac{dy}{dx}+y=0$；　　(2) $xy'-y[\ln(xy)-1]=0$；

(3) $\dfrac{dy}{dx}=\dfrac{x+1-\sin y}{\cos y}$；　　(4) $\dfrac{dy}{dx}=x^2+2xy+y^2+2(x+y)$；

(5) $\dfrac{dy}{dx}=\dfrac{y}{x+y^3}$；　　(6) $\dfrac{dy}{dx}=\dfrac{1}{xy+x^3y^3}$.

提　高　题

1. 解方程：$\dfrac{dy}{dx}=\dfrac{e^y+3x}{x^2}$.

2. 设 $f(x)$是实数域上的可导函数，对任意的实数 x，y 恒有

$$f(x+y)=e^x f(y)+e^y f(x),$$

且 $f'(0)=e$，求 $f(x)$.

3. 设曲线 L 位于 xOy 平面的第一象限内，L 上任一点 M 处的切线与 y 轴相交，交点记为 A. 已知 $|\overline{MA}|=|\overline{OA}|$，且 L 过点 $\left(\dfrac{3}{2},\dfrac{3}{2}\right)$，求 L 的方程.

习题 7－4
参考答案

4. 解下列方程：

(1) $xy'^3=1+y'$；　　(2) $y=y'^2e^{y'}$.

第五节　可降阶的高阶微分方程

通过前面几节的学习，我们掌握了几种类型的一阶微分方程的解法，包括可分离变量的微分方程、齐次方程、一阶线性微分方程、伯努利方程. 从这一节开始，我们将讨论二阶及二阶以上的微分方程，即高阶微分方程. 对于某些高阶微分方程，如果可以通过变量代换把它化为较低阶微分方程，就有可能应用前面几节中所讲的方法来求出它的解.

教学目标

下面介绍三种容易降阶的高阶微分方程的解法.

一、$y^{(n)}=f(x)$型的微分方程

特点：$y^{(n)}=f(x)$型的微分方程是一个 n 阶微分方程，只含有最高阶导数项和自变量.

解法：记 $y^{(n-1)}=P$，则 $y^{(n)}=\dfrac{\mathrm{d}P}{\mathrm{d}x}$，从而 n 阶微分方程 $y^{(n)}=f(x)$ 可化为一阶微分方程 $\dfrac{\mathrm{d}P}{\mathrm{d}x}=f(x)$，对其两端积分，得 $P=\int f(x)\mathrm{d}x+D_1$，再继续降阶，接连积分即可.

例 7.5.1　求方程 $y^{(n)}=\mathrm{e}^{ax}$ 的通解.

解　积分一次，得

$$y^{(n-1)}=\frac{1}{a}\mathrm{e}^{ax}+C_1,$$

积分二次，得

$$y^{(n-2)}=\frac{1}{a^2}\mathrm{e}^{ax}+C_1x+C_2,$$

$$\vdots$$

积分 n 次，得所给方程的通解为

$$y=\frac{1}{a^n}\mathrm{e}^{ax}+C_1x^{n-1}+C_2x^{n-2}+\cdots+C_{n-1}x+C_n.$$

例 7.5.2　求方程 $y^{(5)}-\dfrac{1}{x}y^{(4)}=0$ 的通解.

解　令 $y^{(4)}=z$，则原方程变为 $z'-\dfrac{z}{x}=0$，即 $\dfrac{\mathrm{d}z}{\mathrm{d}x}=\dfrac{z}{x}$. 分离变量，得

$$\frac{\mathrm{d}z}{z}=\frac{\mathrm{d}x}{x},$$

两端积分，得

$$\ln|z|=\ln|x|+\ln C'_1,$$

即

$$|z|=C'_1|x|,$$

$$z=\pm C'_1x,$$

$$z=Dx\quad(D=\pm C'_1).$$

于是

$$\frac{\mathrm{d}^4y}{\mathrm{d}x^4}=Dx,$$

对上述方程接连积分四次，得所给方程的通解为

$$y=C_1x^5+C_2x^3+C_3x^2+C_4x+C_5.$$

二、$y''=f(x,y')$ 型的微分方程

特点：$y''=f(x,y')$ 型的微分方程是一个二阶微分方程，不显含未知函数 y.

解法：记 $y'=P$，则 $y''=\dfrac{\mathrm{d}P}{\mathrm{d}x}$，从而二阶微分方程 $y''=f(x,y')$ 可化为一阶微分方程 $\dfrac{\mathrm{d}P}{\mathrm{d}x}=f(x,P)$，若此方程可解，解得 $P=\varphi(x,C_1)$，即可得一阶微分方程 $\dfrac{\mathrm{d}y}{\mathrm{d}x}=\varphi(x,C_1)$，

对其两端积分，得 $y=\int\varphi(x, C_1)\mathrm{d}x+C_2$，这就是微分方程 $y''=f(x, y')$ 的通解.

例 7.5.3　求方程 $y''=y'+x$ 的通解.

解　令 $y'=p$，则原方程变为

$$\frac{\mathrm{d}p}{\mathrm{d}x}=p+x\ (\text{一阶线性非齐次微分方程}).$$

由常数变易法得

$$y'=p=C_1\mathrm{e}^x-x-1,$$

两端积分，得所给方程的通解为

$$y=C_1\mathrm{e}^x-\frac{1}{2}x^2-x+C_2.$$

例 7.5.4　求解初值问题 $y''=-y'^2-1$，$y(0)=y'(0)=1$.

解　令 $y'=p$，则原方程变为

$$p'=-(1+p^2)\ (\text{一阶线性非齐次微分方程}).$$

分离变量，得

$$\frac{\mathrm{d}p}{1+p^2}=-\mathrm{d}x,$$

两端积分，得

$$\arctan p=-x+C_1.$$

由题意知 $y'(0)=1$，即 $p(0)=1$，从而 $C_1=\frac{\pi}{4}$，故

$$y'=p=\tan\left(\frac{\pi}{4}-x\right),$$

两端再积分，得

$$y=\ln\left|\cos\left(\frac{\pi}{4}-x\right)\right|+C_2.$$

又 $y(0)=1$，所以 $C_2=1+\frac{1}{2}\ln 2$，于是所给方程的通解为

$$y=\ln\left|\cos\left(\frac{\pi}{4}-x\right)\right|+1+\frac{1}{2}\ln 2.$$

三、$y''=f(y, y')$ 型的微分方程

特点：$y''=f(y, y')$ 型的微分方程是一个二阶微分方程，不显含自变量 x.

解法：记 $y'=P$，则 $y''=\frac{\mathrm{d}P}{\mathrm{d}x}=\frac{\mathrm{d}P}{\mathrm{d}y}\cdot\frac{\mathrm{d}y}{\mathrm{d}x}=P\frac{\mathrm{d}P}{\mathrm{d}y}$，从而二阶微分方程 $y''=f(y, y')$ 可化为一阶微分方程 $P\frac{\mathrm{d}P}{\mathrm{d}y}=f(y, P)$，若此方程可解，解得 $P=\varphi(y, C_1)$，即可得一阶微分方程 $\frac{\mathrm{d}y}{\mathrm{d}x}=\varphi(y, C_1)$，这是一个可分离变量的微分方程，分离变量并积分，得 $x=\int\frac{1}{\varphi(y, C_1)}\mathrm{d}y+C_2$，这就是微分方程 $y''=f(y, y')$ 的通解.

例 7.5.5 求方程 $yy''-(y')^2=0$ 的通解.

解 令 $y'=P$，得 $y''=\frac{\mathrm{d}P}{\mathrm{d}x}=\frac{\mathrm{d}P}{\mathrm{d}y}\cdot\frac{\mathrm{d}y}{\mathrm{d}x}=P\frac{\mathrm{d}P}{\mathrm{d}y}$，故原方程可化为

$$yP\frac{\mathrm{d}P}{\mathrm{d}y}-P^2=0,$$

即

$$P\left(y\frac{\mathrm{d}P}{\mathrm{d}y}-P\right)=0.$$

若 $y\frac{\mathrm{d}P}{\mathrm{d}y}-P=0$，且 P 不恒为 0(由 P 的连续性知，必存在区间 I，使得 $P\neq0$，此时在区间 I 上讨论方程的解即可)，则

$$\frac{\mathrm{d}P}{\mathrm{d}y}=\frac{P}{y},$$

分离变量，得

$$\frac{\mathrm{d}P}{P}=\frac{\mathrm{d}y}{y},$$

两端积分，得

$$P=C_1y,$$

即

$$\frac{\mathrm{d}y}{C_1y}=\mathrm{d}x,$$

两端再积分，得所给方程的通解为

$$y=C_2\mathrm{e}^{C_1x}.$$

若 $P\equiv0$，即 $y'\equiv0$，则 $y\equiv C$，它也是原方程的解，包含在通解 $y=C_2\mathrm{e}^{C_1x}$ 中.

习 题 7-5

基 础 题

1. 求下列微分方程的通解：

(1) $y'''=x\mathrm{e}^{2x}$；　　(2) $y''=\frac{1}{1+x^2}$；

(3) $y''-(y')^3=y'$；　　(4) $xy''+y'=x^2$；

(5) $yy''-2(y')^2=0$；　　(6) $y'''-y''=0$；

(7) $(x+1)y''+y'=\ln(x+1)$.

2. 求下列各微分方程满足所给初值条件的特解：

(1) $\begin{cases}(1+x^2)y''=2xy'\\ y|_{x=0}=1,\ y'|_{x=0}=3\end{cases}$；　　(2) $\begin{cases}y''=\mathrm{e}^{2y}\\ y|_{x=0}=0,\ y'|_{x=0}=1\end{cases}$.

3. 求方程 $y''-2y'-\mathrm{e}^{2x}=0$ 满足 $y(0)=1$，$y'(0)=1$ 的特解.

提 高 题

1. 已知 $y''+(x+\mathrm{e}^{2y})(y')^3=0$，若把 x 看成 y 的函数，则方程可化为什么形式？(后面读者可求此方程的通解)

习题 7－5
参考答案

2. 设对任意 $x>0$，曲线 $y=f(x)$ 上点 $(x, f(x))$ 处的切线在 y 轴上的截距等于 $\dfrac{1}{x}\int_0^x f(t)\mathrm{d}t$，求 $f(x)$ 的一般表达式.

3. 求微分方程 $y''[x+(y')^2]=y'$ 满足初值条件 $y(1)=y'(1)=1$ 的特解.

第六节　高阶线性微分方程

上一节介绍了几种可降阶的高阶微分方程的解法. 从本节开始，我们将讨论在实际问题中应用得较多的高阶线性微分方程. 讨论时以二阶线性微分方程为主.

教学目标

一、高阶线性微分方程的基本概念

引例　一链条悬挂在一钉子上，启动时，一端离开钉子 8 m，另一端离开钉子 12 m，若不计钉子对链条的摩擦力，求链条全部滑下来所需要的时间.

分析　设链条线密度为 ρ(kg/m)，则链条质量为 20ρ(kg). 记在时刻 t，链条的一端离开钉子 $x=x(t)$，且当 $t=0$ 时，$x=12$，那么另一端离开钉子 $20-x$(见图 7.6.1). 由于不计摩擦力，因此运动过程中链条所受力的大小为 $[x-(20-x)]\rho g$，按牛顿第二运动定律，有

$$20\rho x''=[x-(20-x)]\rho g,$$

即

$$x''-\frac{g}{10}x=-g,$$

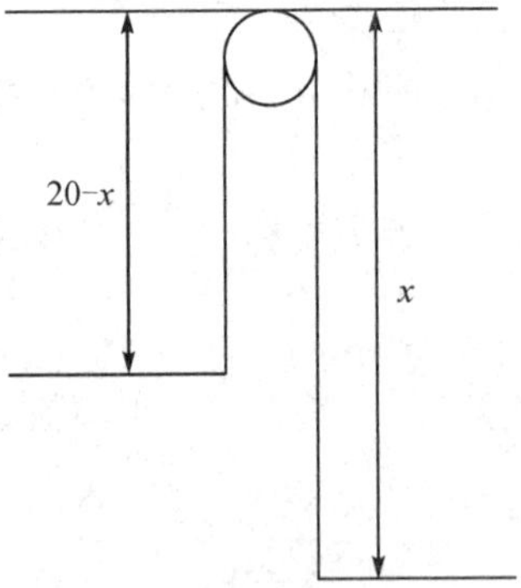

图 7.6.1

且有初值条件 $x|_{t=0}=12$，$x'|_{t=0}=0$，这是**二阶线性微分方程初值问题**.

下面给出高阶线性微分方程的概念.

定义 7.6.1　形如

$$y''+P(x)y'+Q(x)y=f(x)$$

的方程叫作**二阶线性微分方程**. 当 $f(x)\equiv 0$ 时，方程叫作二阶齐次线性微分方程；当 $f(x)\not\equiv 0$ 时，方程叫作二阶非齐次线性微分方程.

定义 7.6.2　形如

$$y^{(n)}+a_1(x)y^{(n-1)}+\cdots+a_{n-1}(x)y'+a_n(x)y=f(x)$$

的方程叫作 n **阶线性微分方程**. 当 $f(x)\equiv 0$ 时，方程叫作 n 阶齐次线性微分方程；当 $f(x)\not\equiv 0$ 时，方程叫作 n 阶非齐次线性微分方程.

二、齐次线性微分方程的解的结构

1. 二阶齐次线性微分方程的解的结构

讨论二阶齐次线性微分方程

$$y''+P(x)y'+Q(x)y=0. \tag{7.6.1}$$

定理 7.6.1 如果函数 $y_1(x)$ 与 $y_2(x)$ 是方程(7.6.1)的两个解，那么

$$y=C_1y_1(x)+C_2y_2(x)$$

也是方程(7.6.1)的解，其中 C_1 与 C_2 是任意常数.

证明 将 $y=C_1y_1(x)+C_2y_2(x)$ 代入方程(7.6.1)左端，得

$$\begin{aligned}&[C_1y_1''+C_2y_2'']+P(x)[C_1y_1'+C_2y_2']+Q(x)[C_1y_1+C_2y_2]\\=&C_1[y_1''+P(x)y_1'+Q(x)y_1]+C_2[y_2''+P(x)y_2'+Q(x)y_2]=0,\end{aligned}$$

从而 $y=C_1y_1(x)+C_2y_2(x)$ 是方程(7.6.1)的解.

思考题

**问题** $y=C_1y_1(x)+C_2y_2(x)$ 是否为方程(7.6.1)的通解？

分析 不一定. 例如，设 $y_1(x)$ 是方程(7.6.1)的解，则 $y_2(x)=2y_1(x)$ 也是方程(7.6.1)的解，但

$$\begin{aligned}y&=C_1y_1(x)+C_2y_2(x)=C_1y_1(x)+2C_2y_1(x)\\&=(C_1+2C_2)y_1(x)=Cy_1(x)\quad (C=C_1+2C_2)\end{aligned}$$

不是方程(7.6.1)的**通解**.

问题 $y=C_1y_1(x)+C_2y_2(x)$ 在什么情况下为方程(7.6.1)的通解？

要解决这个问题，需引入一个新的概念，即 n 个函数的**线性相关**与**线性无关**.

定义 7.6.3 设函数 $y_1(x)$，$y_2(x)$，$y_3(x)$，…，$y_{n-1}(x)$，$y_n(x)$ 均定义在区间 I 上，若存在 n 个不全为 0 的常数 k_1，k_2，k_3，…，k_n，使得当 $x\in I$ 时有恒等式

$$k_1y_1+k_2y_2+k_3y_3+\cdots+k_ny_n\equiv 0$$

成立，那么称这 n 个函数在区间 I 上**线性相关**；否则称这 n 个函数在区间 I 上**线性无关**.

例如，对于函数 $\tan^2x$，$\sec^2x$，1，在区间 $\left(-\frac{\pi}{2},\frac{\pi}{2}\right)$ 上有

$$1+\tan^2x-\sec^2x\equiv 0,$$

此时 $k_1=1$，$k_2=1$，$k_3=-1$，从而这三个函数在区间 $\left(-\frac{\pi}{2},\frac{\pi}{2}\right)$ 上**线性相关**. 又如，函数 1，x，x^2，…，x^n 在任何区间上都**线性无关**，因为恒等式

$$k_1+k_2x+k_3x^2+\cdots+k_{n+1}x^n\equiv 0$$

仅当所有 $k_i=0(i=1,2,\cdots,n+1)$ 时才成立.

注 两个函数线性相关当且仅当它们的比为常数.

例 7.6.1 判断函数 e^x，e^{-x} 在区间 $(-\infty,+\infty)$ 上是否线性相关.

解 由于$\frac{e^x}{e^{-x}}=e^{2x}$，即函数 e^x 与 e^{-x} 的比不为常数，因此这两个函数线性无关.

有了 n 个函数线性相关或线性无关的概念后，我们有如下关于二阶齐次线性微分方程(7.6.1)的通解结构的定理.

定理 7.6.2 如果函数 $y_1(x)$ 与 $y_2(x)$ 是方程(7.6.1)的两个线性无关的特解，那么

$$y=C_1y_1(x)+C_2y_2(x)$$

就是方程(7.6.1)的通解.

通过定理 7.6.2，我们知道，对于二阶齐次线性微分方程来说，找出两个线性无关的特解，将它们线性组合即可得到方程的通解. 这为我们提供了求解思路.

例 7.6.2 验证 $y=C_1x^2+C_2x^2\ln x$（C_1，C_2 是任意常数）是方程

$$x^2y''-3xy'+4y=0$$

的通解.

解 当 $x\neq 0$ 时，方程变形为

$$y''-\frac{3}{x}y'+\frac{4}{x^2}y=0 \quad （二阶齐次线性方程）.$$

记 $y_1=x^2$，$y_2=x^2\ln x$，则

$$y'_1=2x,\quad y''_1=2,\quad y'_2=2x\ln x+x,\quad y''_2=2\ln x+3,$$

从而

$$y''_1-\frac{3}{x}y'_1+\frac{4}{x^2}y_1=2-6+4=0,$$

$$y''_2-\frac{3}{x}y'_2+\frac{4}{x^2}y_2=2\ln x+3-3(2\ln x+1)+4\ln x=0,$$

故 y_1 与 y_2 是方程的解. 易见 y_1 与 y_2 线性无关，所以

$$y=C_1x^2+C_2x^2\ln x \quad （C_1，C_2 是任意常数）$$

是所给方程的通解.

例 7.6.3 求微分方程 $y''-y=0$ 的通解.

解 这是一个二阶齐次线性微分方程，我们需要找到它的两个线性无关的特解. 易知 $y_1(x)=e^x$，$y_2(x)=e^{-x}$ 均为微分方程 $y''-y=0$ 的解，且 $y_1(x)=e^x$ 与 $y_2(x)=e^{-x}$ 线性无关，从而所求的通解为 $y=C_1e^x+C_2e^{-x}$.

有时，我们不能很容易得到方程(7.6.1)的两个线性无关的解，但只要知道方程的一个特解，就可以利用常数变易法计算出与其线性无关的特解. 即有下述定理：

定理 7.6.3 如果 $y_1(x)$ 是方程(7.6.1) 的一个解，则

$$y_2(x)=y_1(x)\int\frac{1}{y_1^2(x)}e^{-\int P(x)dx}dx$$

是方程(7.6.1) 的一个与 $y_1(x)$ 线性无关的解.

证明 设 $y_2(x)=C(x)y_1(x)$ 也为方程(7.6.1)的解，其中 $C(x)$ 不为常数，则

$$y'_2(x)=C'(x)y_1(x)+C(x)y_1'(x),$$

$$y''_2(x)=C''(x)y_1(x)+2C'(x)y'_1(x)+C(x)y''_1(x),$$

从而

$$
\begin{aligned}
&y''_2+P(x)y'_2+Q(x)y_2 \\
=&C''(x)y_1(x)+2C'(x)y'_1(x)+C(x)y''_1(x)+P(x)[C'(x)y_1(x)+C(x)y'_1(x)]+ \\
&Q(x)C(x)y_1(x) \\
=&C''(x)y_1(x)+C'(x)[2y'_1(x)+P(x)y_1(x)]+C(x)[y''_1(x)+P(x)y'_1(x)+Q(x)y_1(x)] \\
=&C''(x)y_1(x)+C'(x)[2y'_1(x)+P(x)y_1(x)]=0,
\end{aligned}
$$

即

$$C''(x)+C'(x)\left[\frac{2y'_1(x)}{y_1(x)}+P(x)\right]=0,$$

这是一个关于 $C'(x)$ 的一阶齐次线性微分方程，解得

$$C'(x)=\mathrm{e}^{-\int\left[\frac{2y'_1(x)}{y_1(x)}+P(x)\right]\mathrm{d}x}=\frac{1}{y_1^2(x)}\mathrm{e}^{-\int P(x)\mathrm{d}x},$$

两端积分，得

$$C(x)=\int\frac{1}{y_1^2(x)}\mathrm{e}^{-\int P(x)\mathrm{d}x}\mathrm{d}x,$$

于是

$$y_2(x)=y_1(x)\int\frac{1}{y_1^2(x)}\mathrm{e}^{-\int P(x)\mathrm{d}x}\mathrm{d}x$$

是方程的解，且与 $y_1(x)$ 线性无关.

例 7.6.4　求下列微分方程的通解：

(1) $xy''-(2x-1)y'+(x-1)y=0$；　(2) $(x-1)y''-xy'+y=0$.

解　(1) 注意到所给方程的系数之和为 0，因此若一个函数的各阶导数都相同，则该函数为方程的解. 容易验证 $y_1(x)=\mathrm{e}^x$ 为方程的解，根据定理 7.6.3，可知

$$y_2(x)=\mathrm{e}^x\int\frac{1}{\mathrm{e}^{2x}}\mathrm{e}^{-\int\left(-2+\frac{1}{x}\right)\mathrm{d}x}\mathrm{d}x=\mathrm{e}^x\ln x$$

也为方程的解，且这两个解线性无关，所以方程的通解为 $y(x)=C_1\mathrm{e}^x+C_2\mathrm{e}^x\ln x$.

(2) 容易验证 $y_1(x)=\mathrm{e}^x$ 为方程的解，根据定理 7.6.3，可知

$$y_2(x)=\mathrm{e}^x\int\frac{1}{\mathrm{e}^{2x}}\mathrm{e}^{-\int\left(-\frac{x}{x-1}\right)\mathrm{d}x}\mathrm{d}x=x$$

也为方程的解，且这两个解线性无关，所以方程的通解为 $y(x)=C_1\mathrm{e}^x+C_2x$.

2. n 阶齐次线性微分方程的解的结构

对于 n 阶齐次线性微分方程，也有类似二阶齐次线性微分方程的结论.

定理 7.6.4　如果函数 $y_1(x)$，$y_2(x)$，…，$y_n(x)$ 是 n 阶齐次线性微分方程

$$y^{(n)}+a_1(x)y^{(n-1)}+\cdots+a_{n-1}(x)y'+a_n(x)y=0$$

的 n 个线性无关的特解，那么此方程的通解为

$$y=C_1y_1(x)+C_2y_2(x)+\cdots+C_ny_n(x),$$

其中 C_1，C_2，…，C_n 为任意常数.

注　n 阶齐次线性微分方程一定存在 n 个线性无关的解，且线性无关解的最大个数是 n.

三、非齐次线性微分方程的解的结构

1. 二阶非齐次线性微分方程的解的结构

定理 7.6.5 设 $y^*(x)$是二阶非齐次线性微分方程

$$y''+P(x)y'+Q(x)y=f(x) \tag{7.6.2}$$

的一个特解. $Y(x)$是与方程(7.6.2)对应的齐次方程(7.6.1)的通解，则

$$y=Y(x)+y^*(x)$$

是二阶非齐次线性微分方程(7.6.2)的通解.

证明 把 $y=Y(x)+y^*(x)$代入方程(7.6.2)的左端，得

$$\begin{aligned}&(Y''+y^{*\prime\prime})+P(x)(Y'+y^{*\prime})+Q(x)(Y+y^*)\\&=[Y''+P(x)Y'+Q(x)Y]+[y^{*\prime\prime}+P(x)y^{*\prime}+Q(x)y^*]\\&=0+f(x)=f(x),\end{aligned}$$

于是 $y=Y(x)+y^*(x)$是方程(7.6.2)的解. 又对应的齐次方程(7.6.1)的通解

$$Y=C_1y_1+C_2y_2$$

中含有两个相互独立的任意常数，故 $y=Y(x)+y^*(x)$中也含有两个相互独立的任意常数，从而其为二阶非齐次线性微分方程(7.6.2)的通解.

注 定理 7.6.5 把非齐次线性微分方程的通解分解为对应的齐次线性微分方程的通解与非齐次线性微分方程的特解之和，而齐次线性微分方程的通解在上一部分已经给出，我们只需着力找出非齐次线性微分方程的一个特解即可.

下面给出二阶非齐次线性微分方程的解的一个性质.

性质 二阶非齐次线性微分方程的任意两个解之差必为对应齐次线性微分方程的解.

例 7.6.5 设 $y_1=3+x^2$，$y_2=3+x^2+\mathrm{e}^{-x}$是某二阶非齐次线性微分方程的两个特解，且对应齐次线性微分方程的一个特解为 $y_3=x$，求该非齐次线性微分方程的通解.

解 先求对应齐次线性微分方程的通解. 已知齐次线性微分方程的一个特解 $y_3=x$，再求与其线性无关的另外一个特解即可.

由二阶非齐次线性微分方程解的性质知，$y_2-y_1=3+x^2+\mathrm{e}^{-x}-(3+x^2)=\mathrm{e}^{-x}$为对应齐次线性微分方程的一个特解，而其与 $y_3=x$ 线性无关，故对应齐次线性微分方程的通解为

$$y=C_1x+C_2\mathrm{e}^{-x},$$

从而所求二阶非齐次线性微分方程的通解为

$$y=C_1x+C_2\mathrm{e}^{-x}+3+x^2.$$

例 7.6.6 设 $y_1(x)$，$y_2(x)$，$y_3(x)$是某二阶非齐次线性微分方程的三个**线性无关**的特解，求这个二阶非齐次线性微分方程的通解.

解 由二阶非齐次线性微分方程解的性质知，y_1-y_3，y_2-y_3 均为对应齐次线性微分方程的解. 下面说明 y_1-y_3，y_2-y_3 线性无关. 设

$$k_1(y_1-y_3)+k_2(y_2-y_3)=0,$$

即

$$k_1y_1+k_2y_2+(-k_1-k_2)y_3=0,$$

由 $y_1(x)$，$y_2(x)$，$y_3(x)$线性无关知，$k_1=k_2=0$，从而 y_1-y_3，y_2-y_3 线性无关，于是这个二阶非齐次线性微分方程的通解为

$$y=C_1(y_1-y_3)+C_2(y_2-y_3)+y_3.$$

二阶非齐次线性微分方程(7.6.2)的特解有时可借助下述定理求出.

定理 7.6.6　设 $y_1^*(x)$与 $y_2^*(x)$分别是

$$y''+P(x)y'+Q(x)y=f_1(x)$$

和

$$y''+P(x)y'+Q(x)y=f_2(x)$$

的特解，则 $y_1^*(x)+y_2^*(x)$是

$$y''+P(x)y'+Q(x)y=f_1(x)+f_2(x)$$

的特解.

定理 7.6.6 的证明请读者自行完成.

当非齐次线性微分方程的非齐次项较为复杂时，定理 7.6.6 提供了一种简化方法，这个定理通常称为线性微分方程的解的叠加原理.

2. n 阶非齐次线性微分方程的解的结构

对于 n 阶非齐次线性微分方程，也有类似二阶非齐次线性微分方程的结论，我们简单叙述如下.

定理 7.6.7　设 $y^*(x)$是 n 阶非齐次线性微分方程

$$y^{(n)}+a_1(x)y^{(n-1)}+\cdots+a_{n-1}(x)y'+a_n(x)y=f(x) \tag{7.6.3}$$

的一个特解. $Y(x)$是与方程(7.6.3)对应的齐次线性微分方程的通解，则

$$y=Y(x)+y^*(x)$$

是 n 阶非齐次线性微分方程(7.6.3)的通解.

性质　n 阶非齐次线性微分方程的任意两个解之差必为对应齐次线性微分方程的解.

定理 7.6.8(线性微分方程的解的叠加原理)　设 $y_1^*(x)$与 $y_2^*(x)$分别是方程

$$y^{(n)}+a_1(x)y^{(n-1)}+\cdots+a_{n-1}(x)y'+a_n(x)y=f_1(x)$$

与

$$y^{(n)}+a_1(x)y^{(n-1)}+\cdots+a_{n-1}(x)y'+a_n(x)y=f_2(x)$$

的特解，则 $y_1^*(x)+y_2^*(x)$是

$$y^{(n)}+a_1(x)y^{(n-1)}+\cdots+a_{n-1}(x)y'+a_n(x)y=f_1(x)+f_2(x) \tag{7.6.4}$$

的特解.

证明　将 $y=y_1^*(x)+y_2^*(x)$代入方程(7.6.4)的左端，得

$$\begin{aligned}&(y_1^*+y_2^*)^{(n)}+a_1(x)(y_1^*+y_2^*)^{(n-1)}+\cdots+a_{n-1}(x)(y_1^*+y_2^*)'+a_n(x)(y_1^*+y_2^*)\\=&[y_1^{*(n)}+a_1(x)y_1^{*(n-1)}+\cdots+a_{n-1}(x)y_1^{*\prime}+a_n(x)y_1^*]+\\&[y_2^{*(n)}+a_1(x)y_2^{*(n-1)}+\cdots+a_{n-1}(x)y_2^{*\prime}+a_n(x)y_2^*]\\=&f_1(x)+f_2(x).\end{aligned}$$

因此 $y_1^*(x)+y_2^*(x)$是方程(7.6.4)的一个特解.

习 题 7-6

基 础 题

1. 验证 $y_1=\sin x$，$y_2=\cos x$ 均为二阶微分方程 $y''+y=0$ 的解，并求微分方程 $y''+y=0$ 的通解.

2. 验证 $y_1=e^x$，$y_2=e^{2x}$ 均为二阶微分方程 $y''-3y'+2y=0$ 的解，并求微分方程 $y''-3y'+2y=0$ 的通解.

3. 求二阶微分方程 $y''+y=2021$ 的通解.

4. 已知 $\sin^2 x$，$\cos^2 x$ 是方程 $y''+P(x)y'+Q(x)y=0$ 的解，C_1，C_2 为任意常数，则下列不能构成该方程的通解的是(　　).

A. $C_1\sin^2 x+C_2\cos^2 x$　　B. $C_1+C_2\cos 2x$

C. $C_1\sin^2 x+C_2\tan^2 x$　　D. $C_1+C_2\cos^2 x$

提 高 题

习题 7-6 参考答案

1. 已知 $y_1=xe^x+e^{2x}$，$y_2=xe^x+e^{-x}$，$y_3=xe^x+e^{2x}-e^{-x}$ 是某二阶非齐次线性微分方程的三个解，求此微分方程和微分方程的通解.

2. 已知函数 $y_1(x)=e^x$，$y_2(x)=u(x)e^x$ 是 $(2x-1)y''-(2x+1)y'+2y=0$ 的两个解，若 $u(-1)=e$，$u(0)=-1$，求 $u(x)$ 并写出微分方程的通解.

第七节　常系数齐次线性微分方程

一、常系数齐次线性微分方程的基本概念

教学目标

引例　设底面直径为 0.5 m 的圆柱形浮筒铅直放在水中，当稍向下压后突然放开，浮筒在水中上下振动的周期为 2 s，求浮筒的质量.

分析　设 x 轴的正向铅直向下，原点在水面处，平衡状态下浮筒上一点 A 在水平面处，又设在时刻 t，点 A 的位置为 $x=x(t)$，此时它受到的恢复力的大小为 $1000g\pi R^2|x|$（R 是浮筒的半径），恢复力的方向与位移方向相反，由牛顿第二运动定律得

$$mx''=-1000g\pi R^2 x,$$

其中 m 是浮筒的质量.

记 $\omega^2=\dfrac{1000g\pi R^2}{m}$，则得微分方程

$$x''+\omega^2 x=0.$$

此方程为二阶常系数齐次线性微分方程.

下面给出常系数齐次线性微分方程的概念.

形如

$$y''+py'+qy=0 \quad (p, q \text{ 为常数}) \tag{7.7.1}$$

的方程称为二阶常系数齐次线性微分方程.

一般地，n 阶常系数齐次线性微分方程为

$$y^{(n)}+p_1y^{(n-1)}+p_2y^{(n-2)}+\cdots+p_{n-1}y'+p_ny=0,$$

其中 $p_1, p_2, \cdots, p_n$ 都是常数.

二、二阶常系数齐次线性微分方程的通解

由上节讨论可知，如果函数 $y_1(x)$ 与 $y_2(x)$ 是方程(7.7.1)的两个线性无关的特解，那么

$$y=C_1y_1(x)+C_2y_2(x)$$

就是方程(7.7.1)的通解. 因此要求方程(7.7.1)的通解，可以先求出方程(7.7.1)的两个线性无关的解.

由于指数函数 $y=e^{rx}$ (r 为常数)与其各阶导数都只差一个常数因子，因此我们用 $y=e^{rx}$ 来尝试，看是否存在合适的 r，使得 $y=e^{rx}$ 满足方程(7.7.1).

对 $y=e^{rx}$ 求导，得

$$y'=re^{rx}, \quad y''=r^2e^{rx},$$

把 $y=e^{rx}$, $y'=re^{rx}$, $y''=r^2e^{rx}$ 代入方程(7.7.1)，得

$$(r^2+pr+q)e^{rx}=0.$$

因为 $e^{rx}\neq 0$，所以

$$r^2+pr+q=0. \tag{7.7.2}$$

由此可见，只要 r 满足代数方程(7.7.2)，函数 $y=e^{rx}$ 就是微分方程(7.7.1)的解. 我们称代数方程(7.7.2)为微分方程(7.7.1)的特征方程.

特征方程(7.7.2)的两个根 r_1, r_2 可以用公式

$$r_{1,2}=\frac{-p\pm\sqrt{p^2-4q}}{2}$$

求出. 它们有三种不同情形：

(1) 当 $p^2-4q>0$ 时，r_1, r_2 是两个不相等的实根

$$r_1=\frac{-p+\sqrt{p^2-4q}}{2}, \quad r_2=\frac{-p-\sqrt{p^2-4q}}{2};$$

(2) 当 $p^2-4q=0$ 时，r_1, r_2 是两个相等的实根

$$r_1=r_2=\frac{-p}{2};$$

(3) 当 $p^2-4q<0$ 时，r_1, r_2 是一对共轭复根

$$r_1=\alpha+\beta i, \quad r_2=\alpha-\beta i,$$

其中 $\alpha=-\dfrac{p}{2}$, $\beta=\dfrac{\sqrt{4q-p^2}}{2}$.

相应地，微分方程(7.7.1)的通解也有三种不同情形，分别讨论如下：

(1) 特征方程有两个不相等的实根：$r_1 \neq r_2$.

由上面的讨论知道，$y_1 = e^{r_1 x}$，$y_2 = e^{r_2 x}$是微分方程(7.7.1)的两个解，并且$\frac{y_2}{y_1} = \frac{e^{r_2 x}}{e^{r_1 x}} = e^{(r_2 - r_1)x}$不是常数，因此微分方程(7.7.1)的通解为

$$y = C_1 e^{r_1 x} + C_2 e^{r_2 x}.$$

(2) 特征方程有两个相等的实根：$r_1 = r_2$.

这时，只得到微分方程(7.7.1)的一个解 $y_1 = e^{r_1 x}$. 为了得出微分方程(7.7.1)的通解，还需求出另一个与 y_1 线性无关的解 y_2.

设$\frac{y_2}{y_1} = u(x)$，即 $y_2 = e^{r_1 x} u(x)$，求导得

$$y'_2 = e^{r_1 x}(u' + r_1 u), \quad y''_2 = e^{r_1 x}(u'' + 2r_1 u' + r_1^2 u),$$

将 y_2，y'_2，y''_2 代入微分方程(7.7.1)，得

$$e^{r_1 x}[(u'' + 2r_1 u' + r_1^2 u) + p(u' + r_1 u) + qu] = 0,$$

约去 $e^{r_1 x}$，并合并同类项，得

$$u'' + (2r_1 + p)u' + (r_1^2 + pr_1 + q)u = 0.$$

由于 r_1 是特征方程(7.7.2)的二重根，因此

$$2r_1 + p = 0, \quad r_1^2 + pr_1 + q = 0,$$

于是

$$u'' = 0.$$

因为这里只要得到一个不为常数的解，所以不妨选取 $u = x$，由此得到微分方程(7.7.1)的另一个解

$$y_2 = x e^{r_1 x},$$

从而微分方程(7.7.1)的通解为

$$y = C_1 e^{r_1 x} + C_2 x e^{r_1 x},$$

即

$$y = (C_1 + C_2 x) e^{r_1 x}.$$

(3) 特征方程有一对共轭的复根：$r_1 = \alpha + \beta i$，$r_2 = \alpha - \beta i (\beta \neq 0)$.

这时，$y_1 = e^{(\alpha + \beta i)x}$，$y_2 = e^{(\alpha - \beta i)x}$是微分方程(7.7.1)的两个解，但它们是复值函数形式. 为了得出实值函数形式的解，先利用欧拉公式

$$e^{i\theta} = \cos\theta + i\sin\theta$$

把 y_1，y_2 改写为

$$y_1 = e^{(\alpha + \beta i)x} = e^{\alpha x} \cdot e^{\beta x i} = e^{\alpha x}(\cos\beta x + i\sin\beta x),$$

$$y_2 = e^{(\alpha - \beta i)x} = e^{\alpha x} \cdot e^{-\beta x i} = e^{\alpha x}(\cos\beta x - i\sin\beta x).$$

由于复值函数 y_1 与 y_2 之间成共轭关系，因此，取它们的和除以 2 就得到它们的实部，取它们的差除以 2i 就得到它们的虚部. 因为方程(7.7.1) 的解符合叠加原理，所以实值函数

$$\bar{y}_1 = \frac{1}{2}(y_1 + y_2) = e^{\alpha x}\cos\beta x,$$

$$\bar{y}_2=\frac{1}{2\mathrm{i}}(y_1-y_2)=\mathrm{e}^{\alpha x}\sin\beta x$$

还是微分方程(7.7.1)的解，且$\dfrac{\bar{y}_1}{\bar{y}_2}=\dfrac{\mathrm{e}^{\alpha x}\cos\beta x}{\mathrm{e}^{\alpha x}\sin\beta x}=\cot\beta x$ 不是常数，从而微分方程(7.7.1)的通解为

$$y=\mathrm{e}^{\alpha x}(C_1\cos\beta x+C_2\sin\beta x).$$

综上所述，求二阶常系数齐次线性微分方程

$$y''+py'+qy=0 \tag{7.7.1}$$

的通解的步骤如下：

(1) 写出方程(7.7.1)的特征方程

$$r^2+pr+q=0. \tag{7.7.2}$$

(2) 求出特征方程(7.7.2)的两个根 r_1，r_2.

(3) 根据特征方程(7.7.2)的两个根的不同情形，按照表 7.7.1 写出微分方程的通解.

表 7.7.1

特征方程 $r^2+pr+q=0$ 的两个根 r_1，r_2	微分方程 $y''+py'+qy=0$ 的通解
两个不相等的实根 r_1，r_2	$y=C_1\mathrm{e}^{r_1x}+C_2\mathrm{e}^{r_2x}$
两个相等的实根 $r_1=r_2$	$y=(C_1+C_2x)\mathrm{e}^{r_1x}$
一对共轭复根 $r_{1,2}=\alpha\pm\beta\mathrm{i}$	$y=\mathrm{e}^{\alpha x}(C_1\cos\beta x+C_2\sin\beta x)$

例 7.7.1　求微分方程 $y''+y'-2y=0$ 的通解.

解　所给微分方程的特征方程为

$$r^2+r-2=0,$$

其根 $r_1=1$，$r_2=-2$ 是两个不相等的实根，因此所求微分方程的通解为

$$y=C_1\mathrm{e}^x+C_2\mathrm{e}^{-2x}.$$

例 7.7.2　求微分方程 $4y''-20y'+25y=0$ 的通解.

解　所给微分方程的特征方程为

$$4r^2-20r+25=0,$$

其根 $r_{1,2}=\dfrac{5}{2}$是两个相等的实根，因此所求微分方程的通解为

$$y=\mathrm{e}^{\frac{5}{2}x}(C_1+C_2x).$$

例 7.7.3　求微分方程 $x''+\omega^2x=0\left(\omega^2=\dfrac{1000g\pi R^2}{m}\right)$的通解及浮筒的质量(引例).

解　所给微分方程的特征方程为

$$r^2+\omega^2=0,$$

其根 $r_{1,2}=\pm\omega\mathrm{i}$ 为一对共轭复根，因此所求微分方程的通解为

$$x=C_1\cos\omega t+C_2\sin\omega t.$$

又

$$x=C_1\cos\omega t+C_2\sin\omega t=A\sin(\omega t+\varphi),\quad A=\sqrt{C_1^2+C_2^2},\quad \sin\varphi=\frac{C_1}{A},$$

且振动周期 $T=\dfrac{2\pi}{\omega}=2$，故 $\omega=\pi$，即

$$\frac{1000g\pi R^2}{m}=\pi^2,$$

从中解出

$$m=\frac{1000gR^2}{\pi}\approx 195(\text{kg}).$$

例 7.7.4 若函数 $f(x)$，$g(x)$满足下列条件：

$$f'(x)=g(x),\quad f(x)=-g'(x),\quad f(0)=0,\quad g(x)\neq 0,$$

求曲线 $y=\dfrac{f(x)}{g(x)}$与 $y=0$，$x=\dfrac{\pi}{4}$所围成图形的面积.

解 由题意得

$$f''(x)=g'(x)=-f(x),$$

即

$$f''(x)+f(x)=0,$$

解得

$$f(x)=C_1\sin x+C_2\cos x.$$

又 $f(0)=0$，故 $C_2=0$，因此

$$f(x)=C_1\sin x,$$

从而

$$g(x)=f'(x)=C_1\cos x,$$

于是所求图形的面积为

$$A=\int_0^{\frac{\pi}{4}}\frac{f(x)}{g(x)}\mathrm{d}x=\int_0^{\frac{\pi}{4}}\frac{\sin x}{\cos x}\mathrm{d}x=\left[-\ln\cos x\right]_0^{\frac{\pi}{4}}=\frac{1}{2}\ln 2.$$

例 7.7.5 求一个二阶常系数齐次线性微分方程，使 1，e^x，$2e^x$，e^x+3 都是它的解.

解 在解 1，e^x，$2e^x$，e^x+3 中，因为 $2e^x=2\cdot e^x$，$e^x+3=1\cdot e^x+3\cdot 1$，所以 $2e^x$ 和 e^x+3 不是方程的独立解. 又$\dfrac{1}{e^x}\neq$常数，故 1，e^x 是方程的两个线性无关的解. 由于 1，e^x 对应的特征方程的根分别为 0，1，因此对应的特征方程为

$$r(r-1)=0,\ 即\ r^2-r=0,$$

此特征方程对应的二阶常系数齐次线性微分方程

$$y''-y'=0$$

就是所求的微分方程.

三、n 阶常系数齐次线性微分方程的通解

上面讨论二阶常系数齐次线性微分方程所用的方法以及方程的通解的形式，可推广到 n 阶常系数齐次线性微分方程，对此我们不再详细讨论，只简单地叙述如下：

n 阶常系数齐次线性微分方程的一般形式是

$$y^{(n)}+p_1y^{(n-1)}+p_2y^{(n-2)}+\cdots+p_{n-1}y'+p_ny=0,\tag{7.7.3}$$

其中 p_1，p_2，…，p_n 都是常数.

微分方程(7.7.3)的特征方程为

$$r^n+p_1r^{n-1}+p_2r^{n-2}+\cdots+p_{n-1}r+p_n=0.$$

根据特征方程的根，可以写出对应的微分方程的解，如表 7.7.2 所示.

表 7.7.2

特征方程的根	微分方程通解中的对应项
单实根 r	给出一项：Ce^{rx}
一对单复根 $r_{1,2}=\alpha\pm\beta i$	给出两项：$e^{\alpha x}(C_1\cos\beta x+C_2\sin\beta x)$
k 重实根 r	给出 k 项：$e^{rx}(C_1+C_2x+\cdots+C_kx^{k-1})$
一对 k 重复根 $r_{1,2}=\alpha\pm\beta i$	给出 $2k$ 项：$e^{\alpha x}[(C_1+C_2x+\cdots+C_kx^{k-1})\cos\beta x+(D_1+D_2x+\cdots+D_kx^{k-1})\sin\beta x]$

由代数学知识知，n 次代数方程有 n 个根(重根按重数计算)，而特征方程的每个根都对应着通解中的一项，且每项各含一个任意常数，这样就得到了 n 阶常系数齐次线性微分方程的通解：

$$y=C_1y_1+C_2y_2+\cdots+C_ny_n.$$

例 7.7.6　求微分方程 $y'''-y=0$ 的通解.

解　所给微分方程的特征方程为 $r^3-1=0$，即

$$(r-1)(r^2+r+1)=0,$$

其根为

$$r_1=1,\quad r_{2,3}=-\frac{1}{2}\pm\frac{\sqrt{3}i}{2},$$

因此所给微分方程的通解为

$$y=C_1e^x+e^{-\frac{1}{2}x}\left(C_2\cos\frac{\sqrt{3}}{2}x+C_3\sin\frac{\sqrt{3}}{2}x\right).$$

例 7.7.7　求微分方程 $y^{(4)}-2y'''+y''=0$ 的通解.

解　所给微分方程的特征方程为 $r^4-2r^3+r^2=0$，即

$$r^2(r^2-2r+1)=0,$$

其根为

$$r_{1,2}=0,\quad r_{3,4}=1,$$

因此所给微分方程的通解为

$$y=C_1+C_2x+e^x(C_3+C_4x).$$

例 7.7.8　求微分方程 $y^{(4)}+5y''-36y=0$ 的通解.

解　所给微分方程的特征方程为 $r^4+5r^2-36=0$，即

$$(r^2+9)(r^2-4)=0,$$

其根为

$$r_{1,2}=\pm 2,\quad r_{3,4}=\pm 3\mathrm{i},$$

因此所给微分方程的通解为

$$y=C_1\mathrm{e}^{2x}+C_2\mathrm{e}^{-2x}+C_3\cos 3x+C_4\sin 3x.$$

例 7.7.9　设 $y=\mathrm{e}^x(C_1\sin x+C_2\cos x)$($C_1$，$C_2$ 为任意常数)为某二阶常系数齐次线性微分方程的通解，求该方程.

分析　二阶常系数齐次线性微分方程的解由其特征方程的根唯一确定，因此由通解表达式得到对应的特征方程的根，即可确定特征方程，从而得到微分方程.

解　由题设知，特征方程的根为 $r_{1,2}=1\pm\mathrm{i}$，从而特征方程为

$$r^2-2r+2=0,$$

于是微分方程为

$$y''-2y'+2y=0.$$

例 7.7.10　在下列微分方程中，以 $y=C_1\mathrm{e}^x+C_2\cos 2x+C_3\sin 2x$($C_1$，$C_2$，$C_3$ 为任意常数)为通解的是(　　).

A. $y'''+y''-4y'-4y=0$　　　B. $y'''+y''+4y'+4y=0$

C. $y'''-y''-4y'+4y=0$　　　D. $y'''-y''+4y'-4y=0$

解　由通解的结构得所求微分方程对应的特征方程的根是 1，$\pm 2\mathrm{i}$，从而对应的特征方程为

$$(\lambda-1)(\lambda+2\mathrm{i})(\lambda-2\mathrm{i})=(\lambda-1)(\lambda^2+4)=\lambda^3-\lambda^2+4\lambda-4=0,$$

于是所求微分方程是 $y'''-y''+4y'-4y=0$. 故选 D.

例 7.7.11　设函数 $y(x)$满足方程 $y''+2y'+ky=0$，其中 $0<k<1$.

(1) 证明：反常积分$\int_0^{+\infty}y(x)\mathrm{d}x$ 收敛；

(2) 若 $y(0)=1$，$y'(0)=1$，求$\int_0^{+\infty}y(x)\mathrm{d}x$ 的值.

(1) **证明**　所给微分方程的特征方程为 $r^2+2r+k=0$，由 $0<k<1$ 可知，此特征方程有两个不同的实根，即

$$r_{1,2}=\frac{-2\pm\sqrt{4-4k}}{2}=-1\pm\sqrt{1-k}\text{ 且 }r_{1,2}<0,$$

则所给微分方程的通解为 $y(x)=C_1\mathrm{e}^{r_1x}+C_2\mathrm{e}^{r_2x}$，故

$$\begin{aligned}\int_0^{+\infty}y(x)\mathrm{d}x&=\int_0^{+\infty}(C_1\mathrm{e}^{r_1x}+C_2\mathrm{e}^{r_2x})\mathrm{d}x\\&=\left[\frac{C_1}{r_1}\mathrm{e}^{r_1x}\right]_0^{+\infty}+\left[\frac{C_2}{r_2}\mathrm{e}^{r_2x}\right]_0^{+\infty}\\&=\frac{C_1}{r_1}(0-1)+\frac{C_2}{r_2}(0-1)=-\frac{C_1}{r_1}-\frac{C_2}{r_2},\end{aligned}$$

因此反常积分$\int_0^{+\infty}y(x)\mathrm{d}x$ 收敛.

(2) **解**　由 $y(x)=C_1\mathrm{e}^{r_1x}+C_2\mathrm{e}^{r_2x}$，$y(0)=1$，$y'(0)=1$，可得

$$\begin{cases}C_1+C_2=1\\C_1r_1+C_2r_2=1\end{cases},$$

而 $r_{1,2}=-1\pm\sqrt{1-k}$，所以 $C_1=C_2=\frac{1}{2}$，于是

$$\int_0^{+\infty}y(x)\mathrm{d}x=-\frac{C_1}{r_1}-\frac{C_2}{r_2}=-\frac{1}{2}\left(\frac{1}{-1+\sqrt{1-k}}+\frac{1}{-1-\sqrt{1-k}}\right)$$
$$=-\frac{1}{2}\times\frac{-2}{1-(1-k)}=\frac{1}{k}.$$

习 题 7－7

基 础 题

1. 求下列微分方程的通解：

(1) $y''+6y'+13y=0$；　　(2) $y''+2y'-3y=0$；

(3) $y''-4y'=0$；　　(4) $y''+y=0$；

(5) $y^{(4)}-y=0$；　　(6) $y^{(4)}+2y''+y=0$；

(7) $y'''+4y''+5y'+2y=0$.

2. 求下列微分方程满足所给初值条件的特解：

(1) $y''-4y'+3y=0$，$y|_{x=0}=6$，$y'|_{x=0}=10$；

(2) $y''-4y'+13y=0$，$y|_{x=0}=0$，$y'|_{x=0}=3$.

提 高 题

习题 7－7 参考答案

1. 设函数 $f(x)$ 可导，且满足积分方程

$$f(x)=1+2x+\int_0^x tf(t)\mathrm{d}t-x\int_0^x f(t)\mathrm{d}t,$$

试求函数 $f(x)$.

2. 一个单位质量的质点在数轴上运动，开始时质点在原点 O 处且速度为 v_0，在运动过程中，它受到一个力的作用，这个力的大小与质点到原点的距离成正比(比例系数 $k_1>0$)，而方向与初速度方向一致. 又介质的阻力与速度成正比(比例系数 $k_2>0$)，求反映这质点的运动规律的函数.

第八节　常系数非齐次线性微分方程

教学目标

二阶常系数非齐次线性微分方程的一般形式为

$$y''+py'+qy=f(x),\tag{7.8.1}$$

其中 p，q 是常数.

根据定理 7.6.5，要求得二阶常系数非齐次线性微分方程的通解，只需求得它的一个特解和对应的齐次线性微分方程的通解. 由于求二阶常系数齐次线性微分方程通解的问题已在上一节得到解决，因此这里只讨论求二阶常系数非齐次线性微分方程一个特解的方法.

**问题** 如何求非齐次线性微分方程的一个特解呢?

显然方程(7.8.1)的特解与它的右端函数 $f(x)$ 有关,因此必须针对 $f(x)$ 作具体分析. 实际问题中常见的右端函数一般含有 x 的多项式、指数函数和三角函数,当 $f(x)$ 含有这些函数时,可以用待定系数法求方程的特解. 接下来我们具体讨论当 $f(x)$ 为以下两种形式时,方程特解的求法:

(1) $f(x)=e^{\lambda x}P_m(x)$,其中 λ 是常数,$P_m(x)$ 是 x 的一个 m 次多项式,即

$$P_m(x)=a_0x^m+a_1x^{m-1}+\cdots+a_{m-1}x+a_m;$$

(2) $f(x)=e^{\lambda x}[P_l(x)\cos\omega x+P_n(x)\sin\omega x]$,其中 λ 和 ω 是常数,$\omega\neq 0$,$P_l(x)$ 和 $P_n(x)$ 分别是 x 的 l 次、n 次多项式,且仅有一个可为零.

一、$f(x)=e^{\lambda x}P_m(x)$ 形式

由于指数函数与多项式乘积的导数仍是指数函数与多项式的乘积,而微分方程的右端 $f(x)$ 就是指数函数 $e^{\lambda x}$ 与多项式 $P_m(x)$ 的乘积,因此假设方程(7.8.1)的特解为 $y^*=Q(x)e^{\lambda x}$(其中 $Q(x)$ 是 x 的多项式),将 y^* 及

$$y^{*\prime}=[Q'(x)+\lambda Q(x)]e^{\lambda x},$$

$$y^{*\prime\prime}=[Q''(x)+2\lambda Q'(x)+\lambda^2Q(x)]e^{\lambda x}$$

代入方程(7.8.1)并消去 $e^{\lambda x}$,得

$$Q''(x)+(p+2\lambda)Q'(x)+(\lambda^2+\lambda p+q)Q(x)=P_m(x). \tag{7.8.2}$$

通过以上讨论可知,如果多项式 $Q(x)$ 满足方程(7.8.2),那么函数 $y^*=Q(x)e^{\lambda x}$ 就是方程(7.8.1)的特解.

问题 右端 $P_m(x)$ 是 m 次多项式,多项式 $Q(x)$ 的幂次是多少,才可以使方程(7.8.2)恒成立?

由于 $P_m(x)$ 是 m 次多项式,因此要使方程(7.8.2)的两端恒等,其左端也应该是一个 m 次多项式,而且这两个多项式中 x 同次幂的系数应相等. 不难看出,多项式 $Q(x)$ 的次数与常数 $p+2\lambda$ 和 $\lambda^2+\lambda p+q$ 的取值有关.

(1) 如果 λ 不是 $y''+py'+qy=0$ 的特征方程 $r^2+pr+q=0$ 的根,那么 $\lambda^2+p\lambda+q\neq 0$,这时 $Q(x)$ 与 $P_m(x)$ 应为同次多项式,于是可令

$$Q(x)=Q_m(x)=b_0x^m+b_1x^{m-1}+\cdots+b_{m-1}x+b_m,$$

将其代入方程(7.8.2),比较等式两端 x 同次幂的系数,就得到以 b_0,b_1,…,b_m 为未知数的 $m+1$ 个方程的联立方程组,从而可以定出这些系数,并求得特解 $y^*=Q_m(x)e^{\lambda x}$.

(2) 如果 λ 是特征方程 $r^2+pr+q=0$ 的单根,那么 $\lambda^2+p\lambda+q=0$,而 $2\lambda+p\neq 0$,故此时 $Q'(x)$ 必须是 m 次多项式. 注意到 $Y=Ce^{\lambda x}$(C 为任意常数)为方程 $y''+py'+qy=0$ 的解,于是可令

$$Q(x)=xQ_m(x),$$

并且可用同样的方法来确定 m 次多项式 $Q_m(x)$ 的系数 $b_i(i=0,1,\cdots,m)$.

(3) 如果 λ 是特征方程 $r^2+pr+q=0$ 的重根,那么 $\lambda^2+p\lambda+q=0$,且 $2\lambda+p=0$,这

时 $Q''(x)$ 必须是 m 次多项式. 注意到 $Y_1=C_1e^{\lambda x}$ 和 $Y_2=C_2xe^{\lambda x}$(C_1, C_2 为任意常数)均为 $y''+py'+qy=0$ 的解，故可令

$$Q(x)=x^2Q_m(x),$$

并且可用同样的方法来确定 m 次多项式 $Q_m(x)$ 的系数.

综上所述，有如下结论：

如果 $f(x)=e^{\lambda x}P_m(x)$，则方程(7.8.1)具有形如

$$y^*=x^kQ_m(x)e^{\lambda x}$$

的特解，其中 $Q_m(x)$ 是与 $P_m(x)$ 同次的特定多项式，而 k 按 λ 不是特征方程的根、λ 是特征方程的单根或 λ 是特征方程的重根依次取 0、1 或 2.

例 7.8.1　求微分方程 $y''-2y'-3y=3x+1$ 的一个特解.

解　方程右端函数 $f(x)=e^{\lambda x}P_m(x)=3x+1$，所以

$$\lambda=0,\quad P_m(x)=3x+1.$$

与所给方程对应的齐次方程的特征方程为

$$r^2-2r-3=0,$$

解得 $r_1=3$，$r_2=-1$. 由于 $\lambda=0$ 不是特征方程的根，因此设特解为

$$y^*=b_0x+b_1,$$

将其代入所给方程，得

$$-3b_0x-3b_1-2b_0=3x+1.$$

比较上式两端 x 同次幂的系数，得

$$\begin{cases}-3b_0=3\\-2b_0-3b_1=1\end{cases},$$

由此求得 $b_0=-1$，$b_1=\dfrac{1}{3}$. 于是所给方程的一个特解为

$$y^*=-x+\frac{1}{3}.$$

例 7.8.2　求微分方程 $y''-6y'+9y=(x+1)e^{3x}$ 的通解.

解　方程右端函数 $f(x)=e^{\lambda x}P_m(x)=(x+1)e^{3x}$，所以

$$\lambda=3,\quad P_m(x)=x+1.$$

与所给方程对应的齐次方程的特征方程为

$$r^2-6r+9=0,$$

解得 $r_1=r_2=3$. 由于 $\lambda=3$ 是特征方程的重根，因此设特解为

$$y^*=x^2(b_0x+b_1)e^{3x},$$

将其代入所给方程，得

$$6b_0x+2b_1=x+1.$$

比较上式两端 x 同次幂的系数，得 $b_0=\dfrac{1}{6}$，$b_1=\dfrac{1}{2}$. 于是所给方程的一个特解为

$$y^*=\left(\frac{1}{6}x^3+\frac{1}{2}x^2\right)e^{3x},$$

进而可得所给方程的通解为

$$y=(C_1+C_2x)e^{3x}+\left(\frac{1}{6}x^3+\frac{1}{2}x^2\right)e^{3x}.$$

二、$f(x)=e^{\lambda x}[P_l(x)\cos\omega x+P_n(x)\sin\omega x]$形式

问题 方程 $y''+py'+qy=a\sin\omega x$(a,ω 为常数)可能具有什么形式的特解?

因为角度"ωx"的正、余弦函数的导数中仍然出现"ωx"的正、余弦函数,并且 y,y',y'' 中 $\sin\omega x$ 与 $\cos\omega x$ 总是交替出现的,所以方程 $y''+py'+qy=a\sin\omega x$ 的特解 y^* 应该形如:

$$y^*=\alpha\cos\omega x+\beta\sin\omega x.$$

在上述问题的基础上,我们讨论当右端函数 $f(x)=e^{\lambda x}[P_l(x)\cos\omega x+P_n(x)\sin\omega x]$ 时,求方程特解的一般步骤.

(1) 利用欧拉公式将 $f(x)$变形.

应用欧拉公式 $\cos\theta=\frac{1}{2}(e^{i\theta}+e^{-i\theta})$,$\sin\theta=\frac{1}{2i}(e^{i\theta}-e^{-i\theta})$,将 $f(x)$表示成复变指数函数的形式,得

$$\begin{aligned}f(x)&=e^{\lambda x}\left[P_l(x)\frac{e^{i\omega x}+e^{-i\omega x}}{2}+P_n(x)\frac{e^{i\omega x}-e^{-i\omega x}}{2i}\right]\\&=\left[\frac{P_l(x)}{2}+\frac{P_n(x)}{2i}\right]e^{(\lambda+i\omega)x}+\left[\frac{P_l(x)}{2}-\frac{P_n(x)}{2i}\right]e^{(\lambda-i\omega)x}.\end{aligned}$$

令 $m=\max\{l,n\}$,则

$$f(x)=P_m(x)e^{(\lambda+i\omega)x}+\overline{P}_m(x)e^{(\lambda-i\omega)x},$$

其中 $P_m(x)$,$\overline{P}_m(x)$是互成共轭的 m 次多项式(即它们对应项的系数是共轭复数).

(2) 求下面两个方程的特解:

$$y''+py'+qy=P_m(x)e^{(\lambda+i\omega)x},$$
$$y''+py'+qy=\overline{P}_m(x)e^{(\lambda-i\omega)x}.$$

设 $\lambda+i\omega$ 是特征方程的 k 重根($k=0,1$),应用第一部分的结果,可求出一个 m 次多项式 $Q_m(x)$,使得 $y_1^*=x^kQ_m(x)e^{(\lambda+i\omega)x}$ 为方程

$$y''+py'+qy=P_m(x)e^{(\lambda+i\omega)x}$$

的特解. 又

$$(y_1^*)''+p(y_1^*)'+qy_1^*\equiv P_m(x)e^{(\lambda+i\omega)x},$$

对等式两边取共轭,得

$$\overline{y_1^*}''+p\,\overline{y_1^*}'+q\,\overline{y_1^*}\equiv\overline{P_m(x)e^{(\lambda+i\omega)x}}=\overline{P}_m(x)e^{(\lambda-i\omega)x},$$

这说明与特解 y_1^* 成共轭的函数 $\overline{y_1^*}=x^k\overline{Q}_m(x)e^{(\lambda-i\omega)x}$ 必然是方程

$$y''+py'+qy=\overline{P}_m(x)e^{(\lambda-i\omega)x}$$

的特解.

(3) 求方程 $y''+py'+qy=e^{\lambda x}[P_l(x)\cos\omega x+P_n(x)\sin\omega x]$的特解.

利用(2)中的结论,根据线性微分方程解的叠加原理,可知原方程有特解:

$$y^*=y_1^*+\overline{y_1^*}=x^ke^{\lambda x}[Q_m(x)(\cos\omega x+i\sin\omega x)+\overline{Q}_m(x)(\cos\omega x-i\sin\omega x)].$$

由于括号内的两项是互成共轭的，相加后即无虚部，因此可写成实函数的形式：

$$y^*=x^k e^{\lambda x}[R_m^{(1)}(x)\cos\omega x+R_m^{(2)}(x)\sin\omega x],$$

其中 $R_m^{(1)}(x)$，$R_m^{(2)}(x)$ 均为 m 次实多项式.

综上所述，有如下结论：

如果 $f(x)=e^{\lambda x}[P_l(x)\cos\omega x+P_n(x)\sin\omega x]$，则二阶常系数非齐次线性微分方程(7.8.1)的特解可设为

$$y^*=x^k e^{\lambda x}[R_m^{(1)}(x)\cos\omega x+R_m^{(2)}(x)\sin\omega x],$$

其中 $R_m^{(1)}(x)$，$R_m^{(2)}(x)$ 为 m 次多项式，$m=\max\{l, n\}$，k 按 $\lambda+i\omega$（或 $\lambda-i\omega$）不是特征方程的根或是特征方程的单根分别取 0 或 1.

例 7.8.3 求微分方程 $y''+y=x\cos 2x$ 的一个特解.

解 所给方程右端函数 $f(x)=e^{\lambda x}[P_l(x)\cos\omega x+P_n(x)\sin\omega x]=x\cos 2x$，所以

$$\lambda=0,\quad \omega=2,\quad P_l(x)=x,\quad P_n(x)=0.$$

与所给方程对应的齐次方程的特征方程为

$$r^2+1=0.$$

由于 $\lambda\pm i\omega=\pm 2i$ 不是特征方程的根，因此设特解为

$$y^*=(ax+b)\cos 2x+(cx+d)\sin 2x,$$

将其代入所给方程，得

$$(-3ax-3b+4c)\cos 2x-(3cx+3d+4a)\sin 2x=x\cos 2x.$$

比较上式两端同类项的系数，得

$$a=-\frac{1}{3},\quad d=\frac{4}{9},\quad b=c=0.$$

于是所给方程的一个特解为

$$y^*=-\frac{1}{3}x\cos 2x+\frac{4}{9}\sin 2x.$$

例 7.8.4 求微分方程 $y''+y=e^x+\cos x$ 的通解.

解 所给方程对应的齐次方程为

$$y''+y=0,$$

则特征方程为 $r^2+1=0$，解得 $r_{1,2}=\pm i$，故齐次方程的通解为

$$Y=C_1\cos x+C_2\sin x.$$

设 $y''+y=e^x$ 的特解为 $y_1=C\cdot e^x$，代入得 $C=\frac{1}{2}$；

设 $y''+y=\cos x$ 的特解为 $y_2=x(A\cos x+B\sin x)$，代入得 $A=0$，$B=\frac{1}{2}$.

因此原方程的一个特解为

$$y_0=y_1+y_2=\frac{1}{2}e^x+\frac{x}{2}\sin x,$$

从而原方程的通解为

$$y=C_1\cos x+C_2\sin x+\frac{1}{2}e^x+\frac{x}{2}\sin x.$$

例 7.8.5　求解初值问题：$\begin{cases} y''+2y'+y=x\sin x \\ y(0)=0 \\ y'(0)=1 \end{cases}$.

解　特征方程为 $r^2+2r+1=0$，解得 $r_1=r_2=-1$，于是齐次方程

$$y''+2y'+y=0$$

的通解为

$$Y=C_1\mathrm{e}^{-x}+C_2x\mathrm{e}^{-x}.$$

由于非齐次项 $f(x)=x\cdot\sin x=\mathrm{e}^0(0\cdot\cos x+x\cdot\sin x)$ 且 $\lambda\pm\mathrm{i}\omega=\pm\mathrm{i}$ 不是特征根，因此可设特解形式为

$$y^*=(Ax+B)\cos x+(Cx+D)\sin x.$$

将特解代入原方程并比较系数可得

$$A=-\frac{1}{2},\quad B=\frac{1}{2},\quad C=0,\quad D=\frac{1}{2},$$

从而 $y^*=\dfrac{1-x}{2}\cos x+\dfrac{1}{2}\sin x$，于是原方程的通解为

$$y=Y+y^*=C_1\mathrm{e}^{-x}+C_2x\mathrm{e}^{-x}+\frac{1-x}{2}\cos x+\frac{1}{2}\sin x.$$

由初始条件 $y(0)=0$，$y'(0)=1$ 可得 $C_1=-\dfrac{1}{2}$，$C_2=\dfrac{3}{2}$，所以初值问题的解为

$$y=\frac{3x-1}{2}\mathrm{e}^{-x}+\frac{1-x}{2}\cos x+\frac{1}{2}\sin x.$$

例 7.8.6　已知二阶常系数非齐次线性微分方程 $y''+ay'+by=c\mathrm{e}^x$ 有特解 $y=\mathrm{e}^{-x}(1+x\mathrm{e}^{2x})$，其中 a，b，c 为常数，求该微分方程的通解.

解　将特解代入微分方程可得恒等式

$$(1-a+b)\mathrm{e}^{-x}+(2+a)\mathrm{e}^x+(1+a+b)x\mathrm{e}^x=c\cdot\mathrm{e}^x,$$

比较系数得$\begin{cases} 1-a+b=0 \\ 2+a=c \\ 1+a+b=0 \end{cases}$，解得$\begin{cases} a=0 \\ b=-1 \\ c=2 \end{cases}$，从而题中二阶方程为

$$y''-y=2\mathrm{e}^x,$$

对应的特征方程为 $r^2-1=0$，解得 $r_1=1$，$r_2=-1$，所以对应齐次方程的通解为

$$Y=C_1\mathrm{e}^x+C_2\mathrm{e}^{-x},$$

于是原方程的通解为

$$y=C_1\mathrm{e}^x+C_2\mathrm{e}^{-x}+\mathrm{e}^{-x}+x\cdot\mathrm{e}^x=C_1\mathrm{e}^x+(C_2+1)\mathrm{e}^{-x}+x\cdot\mathrm{e}^x.$$

三、知识延展——微分方程的复值解

在二阶常系数非齐次线性微分方程中，右端函数形如

$$f_1(x)=\mathrm{e}^{\lambda x}P_m(x)\cos\omega x$$

或

$$f_2(x)=\mathrm{e}^{\lambda x}P_m(x)\sin\omega x$$

的情况占大多数. 对于这类微分方程，用复数形式直接进行求解更为简便. 下面介绍这种方法.

设二阶常系数非齐次线性微分方程的右端函数为

$$F(x)=P_m(x)e^{\lambda x}(\cos\omega x+i\sin\omega x),$$

则 $f_1(x)=e^{\lambda x}P_m(x)\cos\omega x$ 可看成 $F(x)$ 的实部，$f_2(x)=e^{\lambda x}P_m(x)\sin\omega x$ 可看成 $F(x)$ 的虚部. 再设右端函数为 $f_1(x)$ 和 $f_2(x)$ 的微分方程的特解分别为 y_1^* 和 y_2^*，则以 $F(x)$ 为右端函数的微分方程的特解可表示为

$$y^*=y_1^*+iy_2^*.$$

利用欧拉公式

$$e^{i\omega x}=\cos\omega x+i\sin\omega x$$

可将 $F(x)=P_m(x)e^{\lambda x}(\cos\omega x+i\sin\omega x)$ 变形为

$$F(x)=P_m(x)e^{(\lambda+i\omega)x}.$$

于是二阶常系数非齐次线性微分方程

$$y''+py'+qy=P_m(x)e^{(\lambda+i\omega)x}$$

的特解可设为

$$x^kQ_m(x)e^{(\lambda+i\omega)x}$$

的形式，其中 k 按 $\lambda+i\omega$ 不是特征方程的根或是特征方程的单根分别取 0 或 1. 将所设特解代入微分方程后，所求的特解一定为 $y^*=y_1^*+iy_2^*$ 这种形式. 对于非齐次项为 $f_1(x)$ 的微分方程，特解取 y_1^*；对于非齐次项为 $f_2(x)$ 的微分方程，特解取 y_2^*.

下面给出利用复数形式解决例 7.8.3 求微分方程 $y''+y=x\cos 2x$ 的一个特解的过程.

将所给方程的右端函数看作函数 $xe^{2ix}=x(\cos 2x+i\sin 2x)$ 的实部. 因 $0+2i$ 不是特征方程的根，故设特解为

$$y^*=(ax+b)e^{2ix},$$

将其代入所给方程并消去 e^{2ix}，得

$$4ia-3b-3ax=x.$$

比较上式两端系数，得

$$\begin{cases}-3a=1\\4ia-3b=0\end{cases},$$

解得

$$a=-\frac{1}{3},\quad b=-\frac{4}{9}i,$$

将其代入所设特解，得

$$y^*=\left(-\frac{1}{3}x-\frac{4}{9}i\right)(\cos 2x+i\sin 2x),$$

去掉虚部，留下实部，即得原方程的一个特解为

$$y^*=-\frac{1}{3}x\cos 2x+\frac{4}{9}\sin 2x.$$

习 题 7-8

基 础 题

1. 求下列微分方程的一个特解：

(1) $y''-4y'+3y=1$； (2) $2y''+5y'=5x^2-2x-1$；

(3) $y''+a^2y=e^{ax}$； (4) $y''-2y=4x^2e^x$；

(5) $y''+2y'+5y=\cos x$； (6) $y''-4y'+4y=8e^{2x}$.

2. 求下列微分方程的通解：

(1) $y''-7y'+6y=4$； (2) $y''+y=4x^3$；

(3) $y''-2y'-3y=6e^{2x}$； (4) $y''+2y'+y=3e^{-x}$；

(5) $y''+2y'+5y=-\frac{71}{2}\cos 2x$； (6) $y''-7y'+6y=\sin x$；

(7) $y''+4y=2\sin 2x$； (8) $y''+9y=4\cos 3x$.

提 高 题

某湖泊的水量为 V，每年排入湖泊内含污染物 A 的污水量为$\frac{V}{6}$，流入湖泊内不含 A 的水量为$\frac{V}{6}$，流出湖泊的水量为$\frac{V}{3}$. 已知 2000 年底湖中 A 的含量为 $5m_0$，超过国家规定标准. 为了治理污染，从 2001 年初起，限定排入湖泊中含 A 污水的浓度不超过$\frac{m_0}{V}$. 问至多需经过多少年，湖泊中污染物 A 的含量降至 m_0 以下？(设湖水中 A 的浓度是均匀的)

习题 7-8
参考答案

总习题七

基 础 题

1. 用分离变量法解下列微分方程：

(1) $y'=xy+x+y+1$； (2) $(xy^2+x)dx+(x^2y-y)dy=0$，当 $x=0$ 时，$y=1$；

(3) $ydx+(x^2-4x)dy=0$.

2. 求下列微分方程的解：

(1) $xy'+y-e^x=0$； (2) $(x-2xy-y^2)dy+y^2dx=0$.

3. 求下列微分方程的解：

(1) $(x^2+y^2)dx=2xydy$，当 $x=1$ 时，$y=0$；

(2) $2xdy-2ydx=\sqrt{x^2+4y^2}\,dx$ $(x>0)$.

4. 求下列微分方程的解：

(1) $3xy'-y-3xy^4\ln x=0$；　(2) $2xyy'-y^2+x=0$.

5. 设 $y(x)$ 在 $[1,+\infty)$ 连续，由曲线 $y=y(x)$，直线 $x=1$，$x=t\ (t>1)$ 与 x 轴围成的平面图形绕 x 轴旋转一周所成的旋转体体积为

$$V(t)=\frac{\pi}{3}[t^2y(t)-y(1)],$$

求 $y=y(x)$.

6. 设 $y(x)$ 连续，求解方程

$$\int_0^x y(s)\mathrm{d}s+\frac{1}{2}y(x)=x^2.$$

7. 判断下列函数组是否线性相关：

(1) x，$x-1$；　(2) x，$x-3$，$x-5$.

8. 试组成线性方程，已知它的基本解组如下：

(1) e^{-2x}，e^{2x}；　(2) e^x，$x\mathrm{e}^x$.

9. 求下列常系数线性微分方程的通解：

(1) $y''-4y'+3y=0$；　(2) $y^{(4)}-2y'''+2y''-2y'+y=0$；

(3) $2y''+5y'=5x^2-2x-1$.

10. 求下列微分方程的特解：

(1) $y''-ay'=0$，当 $x=0$ 时，$y=0$，$y'=a$；

(2) $y''+y'-6y=x\mathrm{e}^{2x}$，当 $x=0$ 时，$y=0$，$y'=\frac{4}{25}$.

提　高　题

1. 设 $y=\frac{1}{2}\mathrm{e}^{2x}+\left(x-\frac{1}{3}\right)\mathrm{e}^x$ 是二阶常系数非齐次线性微分方程 $y''+ay'+by=c\mathrm{e}^x$ 的一个特解，则(　　).

A. $a=-3$，$b=2$，$c=-1$　　B. $a=3$，$b=2$，$c=-1$

C. $a=-3$，$b=2$，$c=1$　　D. $a=3$，$b=2$，$c=1$

2. 设函数 $f(x)$ 在定义域 I 上的导数大于零，若对任意的 $x_0\in I$，由曲线 $y=f(x)$ 在点 $(x_0, f(x_0))$ 处的切线与直线 $x=x_0$ 及 x 轴所围成区域的面积恒为 4，且 $f(0)=2$，求 $f(x)$ 的表达式.

3. 若函数 $f(x)$ 满足方程：

$$f''(x)+f'(x)-2f(x)=0 \text{ 及 } f''(x)+f(x)=2\mathrm{e}^x,$$

则 $f(x)=$ ________.

4. 函数 $f(x)$ 在 $[0,+\infty)$ 上可导，$f(0)=1$，且满足等式：

$$f'(x)+f(x)-\frac{1}{x+1}\int_0^x f(t)\mathrm{d}t=0.$$

(1) 求导数 $f'(x)$；

(2) 证明：当 $x\geqslant 0$ 时，不等式 $\mathrm{e}^{-x}\leqslant f(x)\leqslant 1$ 成立.

总习题七
参考答案

参考文献

[1] 同济大学数学系. 高等数学:上册[M]. 7 版. 北京：高等教育出版社，2014.

[2] BANNER A. The Calculus Lifesaver [M]. 北京：人民邮电出版社，2019.

[3] 电子科技大学数学科学学院. 微积分:上册[M]. 3 版. 北京：高等教育出版社，2019.

[4] 周建莹，李正元. 高等数学解题指南[M]. 北京：北京大学出版社，2002.

[5] 李忠，周建莹. 高等数学：上册[M]. 2 版. 北京：北京大学出版社，2009.

[6] 龚昇. 简明微积分[M]. 4 版. 北京：高等教育出版社，2006.

[7] 刘三阳，李广民. 数学分析十讲[M]. 北京：科学出版社，2011.

[8] 华苏，扈志明，莫骄. 微积分学习指导：典型例题精解[M]. 北京：科学出版社，2003.

[9] 杨有龙，陈慧婵，吴艳. 高等数学同步辅导：上册 [M]. 西安：西安电子科技大学出版社，2016.

[10] 马知恩，王绵森. 高等数学疑难问题选讲[M]. 北京：高等教育出版社，2014.

[11] 杨有龙，李菊娥，任春丽. 高等数学练习册：上册 [M]. 西安：西安电子科技大学出版社，2016.

[12] 四川大学数学学院高等数学教研室. 高等数学[M]. 4 版. 北京：高等教育出版社，2009.

[13] 西安电子科技大学高等数学教学团队. 高等数学试题与详解[M]. 西安：西安电子科技大学出版社，2019.

[14] 唐月红. 一类旋转体体积计算法[J]. 工科数学，2001，17(4)：106 - 108.

[15] 菲赫金哥尔茨 Г. M. 微积分学教程(第一卷)：第 8 版[M]. 杨弢亮，叶彦谦，译. 3 版. 北京：高等教育出版社，2006.

[16] 刘玉琏，傅沛仁，林玎，等. 数学分析讲义：上册[M]. 4 版. 北京：高等教育出版社，2003.

[17] 王学武. 高等数学进阶[M]. 北京：清华大学出版社，2019.

[18] 龚冬保，武忠祥，毛怀遂，等. 高等数学典型题[M]. 3 版. 西安：西安交通大学出版社，2008.

[19] 王东生，周泰文，刘后邘，等. 新编高等数学题解[M]. 武汉：华中理工大学出版社，1998.

[20] 阎国辉. 高等数学学习指导[M]. 武汉：武汉大学出版社，2014.

[21] 颜超，单娟，张超，等. 高等数学：上[M]. 北京：人民邮电出版社，2017.

[22] 宋国华. 高等数学：上册[M]. 北京：石油工业出版社，2009.